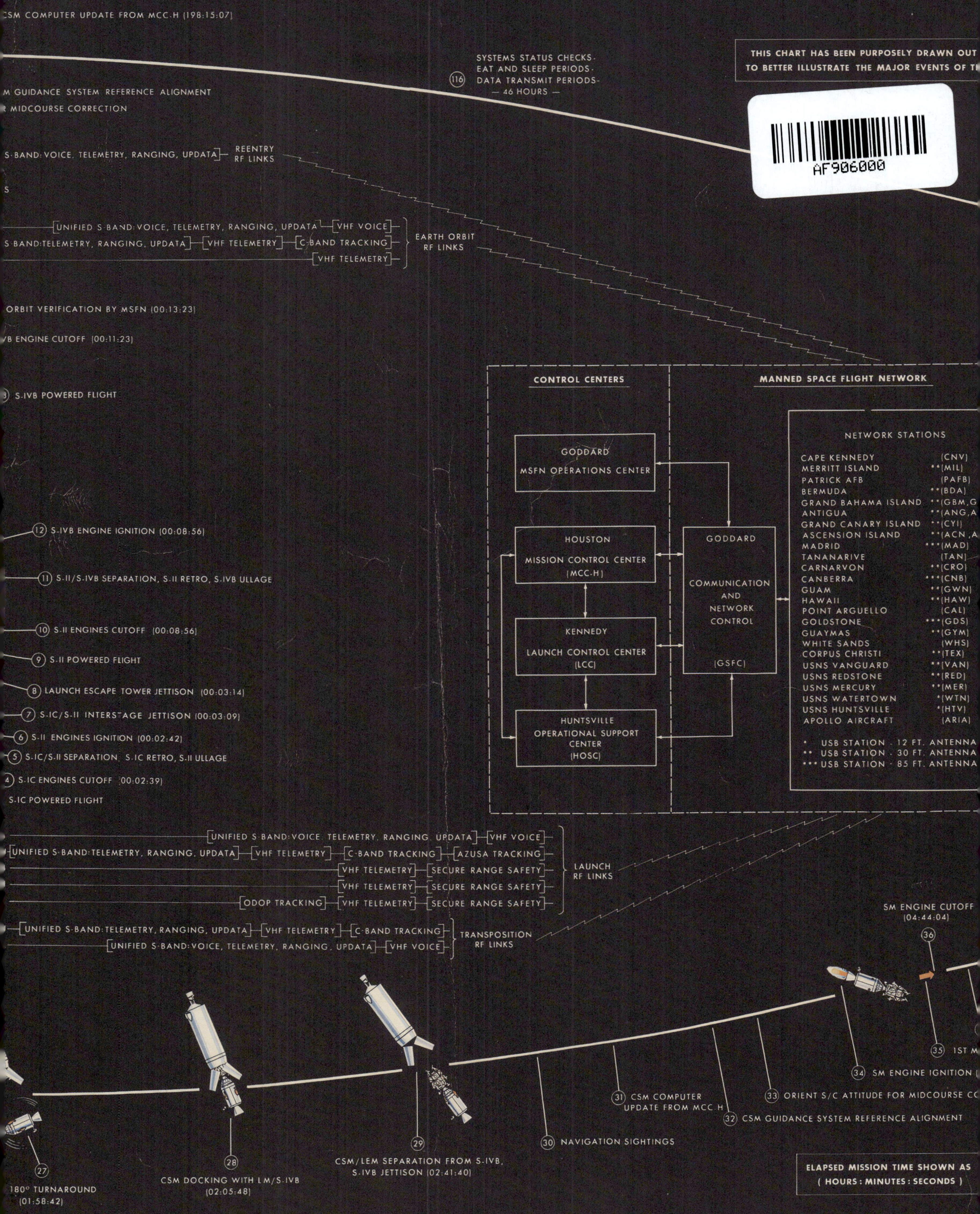
CSM COMPUTER UPDATE FROM MCC-H (198:15:07)
SYSTEMS STATUS CHECKS-
EAT AND SLEEP PERIODS-
DATA TRANSMIT PERIODS-
— 46 HOURS —
116
THIS CHART HAS BEEN PURPOSELY DRAWN OUT
TO BETTER ILLUSTRATE THE MAJOR EVENTS OF T
M GUIDANCE SYSTEM REFERENCE ALIGNMENT
MIDCOURSE CORRECTION
S-BAND: VOICE, TELEMETRY, RANGING, UPDATA
REENTRY
RF LINKS
UNIFIED S-BAND: VOICE, TELEMETRY, RANGING, UPDATA
VHF VOICE
S-BAND: TELEMETRY, RANGING, UPDATA
VHF TELEMETRY
C-BAND TRACKING
VHF TELEMETRY
EARTH ORBIT
RF LINKS
ORBIT VERIFICATION BY MSFN (00:13:23)
/B ENGINE CUTOFF (00:11:23)
S-IVB POWERED FLIGHT
CONTROL CENTERS
MANNED SPACE FLIGHT NETWORK
GODDARD
MSFN OPERATIONS CENTER
HOUSTON
MISSION CONTROL CENTER
(MCC-H)
KENNEDY
LAUNCH CONTROL CENTER
(LCC)
HUNTSVILLE
OPERATIONAL SUPPORT
CENTER
(HOSC)
GODDARD
COMMUNICATION
AND
NETWORK
CONTROL
(GSFC)
NETWORK STATIONS
CAPE KENNEDY (CNV)
MERRITT ISLAND **(MIL)
PATRICK AFB (PAFB)
BERMUDA **(BDA)
GRAND BAHAMA ISLAND **(GBM,G
ANTIGUA **(ANG,A
GRAND CANARY ISLAND **(CYI)
ASCENSION ISLAND **(ACN,A
MADRID ***(MAD)
TANANARIVE (TAN)
CARNARVON **(CRO)
CANBERRA ***(CNB)
GUAM **(GWN)
HAWAII **(HAW)
POINT ARGUELLO (CAL)
GOLDSTONE ***(GDS)
GUAYMAS **(GYM)
WHITE SANDS (WHS)
CORPUS CHRISTI **(TEX)
USNS VANGUARD **(VAN)
USNS REDSTONE **(RED)
USNS MERCURY **(MER)
USNS WATERTOWN **(WTN)
USNS HUNTSVILLE *(HTV)
APOLLO AIRCRAFT (ARIA)
* USB STATION - 12 FT. ANTENNA
** USB STATION - 30 FT. ANTENNA
*** USB STATION - 85 FT. ANTENNA
12 S-IVB ENGINE IGNITION (00:08:56)
11 S-II/S-IVB SEPARATION, S-II RETRO, S-IVB ULLAGE
10 S-II ENGINES CUTOFF (00:08:56)
9 S-II POWERED FLIGHT
8 LAUNCH ESCAPE TOWER JETTISON (00:03:14)
7 S-IC/S-II INTERSTAGE JETTISON (00:03:09)
6 S-II ENGINES IGNITION (00:02:42)
5 S-IC/S-II SEPARATION, S-IC RETRO, S-II ULLAGE
4 S-IC ENGINES CUTOFF (00:02:39)
S-IC POWERED FLIGHT
UNIFIED S-BAND: VOICE, TELEMETRY, RANGING, UPDATA
VHF VOICE
UNIFIED S-BAND: TELEMETRY, RANGING, UPDATA
VHF TELEMETRY
C-BAND TRACKING
AZUSA TRACKING
VHF TELEMETRY
SECURE RANGE SAFETY
VHF TELEMETRY
SECURE RANGE SAFETY
ODOP TRACKING
VHF TELEMETRY
SECURE RANGE SAFETY
LAUNCH
RF LINKS
UNIFIED S-BAND: TELEMETRY, RANGING, UPDATA
VHF TELEMETRY
C-BAND TRACKING
UNIFIED S-BAND: VOICE, TELEMETRY, RANGING, UPDATA
VHF VOICE
TRANSPOSITION
RF LINKS
SM ENGINE CUTOFF
(04:44:04)
36
35 1ST M
34 SM ENGINE IGNITION
33 ORIENT S/C ATTITUDE FOR MIDCOURSE CO
32 CSM GUIDANCE SYSTEM REFERENCE ALIGNMENT
31 CSM COMPUTER
UPDATE FROM MCC-H
30 NAVIGATION SIGHTINGS
29 CSM/LEM SEPARATION FROM S-IVB,
S-IVB JETTISON (02:41:40)
28 CSM DOCKING WITH LM/S-IVB
(02:05:48)
27 180° TURNAROUND
(01:58:42)
ELAPSED MISSION TIME SHOWN AS
(HOURS : MINUTES : SECONDS)

DER ATLAS DES UNIVERSUMS

DER ATLAS DES UNIVERSUMS

VOM URKNALL BIS IN DIE ZUKUNFT DES KOSMOS

ROGER D. LAUNIUS

Librero

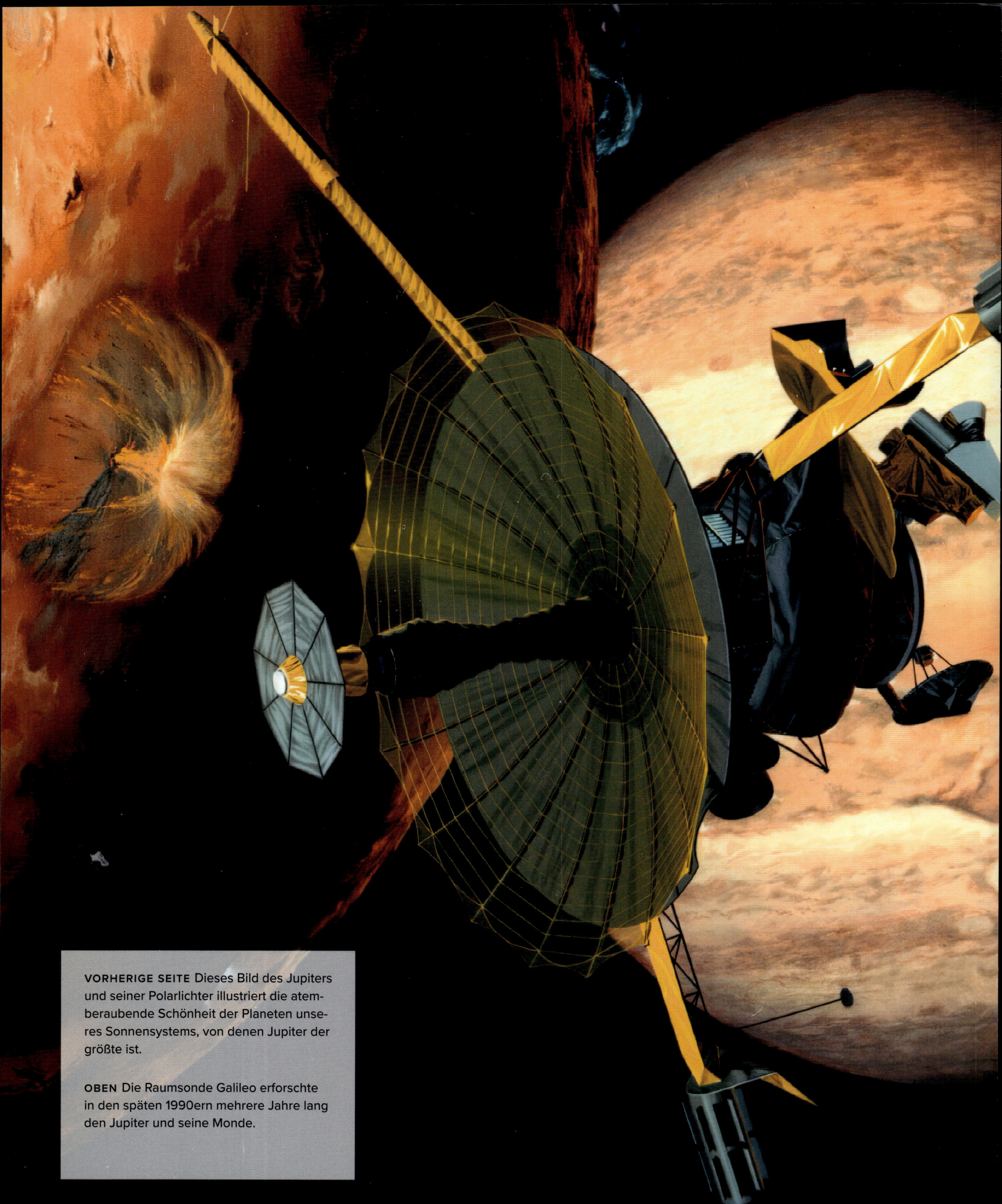

VORHERIGE SEITE Dieses Bild des Jupiters und seiner Polarlichter illustriert die atemberaubende Schönheit der Planeten unseres Sonnensystems, von denen Jupiter der größte ist.

OBEN Die Raumsonde Galileo erforschte in den späten 1990ern mehrere Jahre lang den Jupiter und seine Monde.

INHALT

EINLEITUNG

Schon über ein Jahrhundert ist vergangen, seit Albert Einsteins Relativitätstheorie, der Urknall und die Expansion des Universums erstmals ins öffentliche Bewusstsein drangen. Bis ins 20. Jahrhundert fragten sich Astronomen, ob es überhaupt mehr als eine Galaxie gab. Heute wissen wir, dass jenseits der Milchstraße Millionen, vielleicht sogar Milliarden von Galaxien existieren, und Schwarze Löcher, Exoplaneten und mögliche Lebensformen – wie auch immer sie aussehen mögen – beeinflussen unsere Vorstellung vom Universum. Wie viel ein Jahrhundert doch ausmachen kann!

Die Erfolge und Schwierigkeiten, die Wissenschaftler bei ihrer Ergründung des Kosmos erleben, sind manchmal inspirierend, manchmal befremdlich und manchmal überraschend. In der zweiten Hälfte des 20. Jahrhunderts verließen Menschen erstmals ihren Heimatplaneten. Die ersten Raketen wurden schon in den 1940ern ins All geschossen. Der Start von Sputnik 1 am 4.Oktober 1957 markierte den Beginn der Satellitenaktivitäten in der Erdumlaufbahn und ab 1961 folgten bemannte Weltraummissionen. Seit damals wurden Raumsonden zu jedem Planeten im Sonnensystem geschickt, manche sogar viele Male, um unser Wissen über diese Himmelskörper zu erweitern. Auch mit immer leistungsstärkeren Teleskopen wurde das Weltall genauestens untersucht. Manche Forscher suchen sogar nach Spuren von Leben jenseits der Erde – bis jetzt jedoch ohne Erfolg – und streben nach einem tieferen Verständnis für die Rolle der Menschen im Universum.

Der Nachrichtensprecher Walter Cronkite schwärmte im Jahr 2000 über die Erkundung des Kosmos: „Ja, wir sind in der Tat die Glücksgeneration." In diesem Zeitalter haben wir uns „von den irdischen Fesseln befreit und in den Weltraum gewagt. Unsere Nachkommen werden von fernen Planeten oder Weltraumstädten auf unsere Errungenschaften zurückblicken, über unseren Wagemut staunen und unsere Erfolge bewundern, die die Zukunft, in der sie leben, ermöglichten." Die beste öffentliche Reaktion auf die Raumfahrt sah man 2012 auf dem Times Square in New York, als der Rover Curiosity auf dem Mars landete (siehe Seite 238). Tausend Menschen verfolgten dort spätabends das Ereignis auf großen Leinwänden mit und skandierten: „Wis-sen-schaft! Wis-sen-schaft!"

Dieser Atlas des Weltraums stellt unseren derzeitigen Stand des Wissens über das Universum anschaulich dar. Er legt den Schwerpunkt auf die Methoden der Wissenschaft, die unser Verständnis erweitern, und erörtert nicht nur das, was wir bereits kennen, sondern erklärt, wie wir dazu kamen. Die Erkundungen und Entdeckungen haben unsere Neugier über den Weltraum entfacht und dabei haben wir Menschen viel gelernt; vor allem beginnen wir das noch Unbekannte zu verstehen. Unser gegenwärtiges Wissen ist unvollständig, kurzsichtig und in manchen Fällen schlichtweg falsch. Wer dieses Buch in hundert Jahren liest, wird darin die Vorstellungen und das Verständnis unserer jetzigen Zeit erkennen und hoffentlich wissen, dass unsere Irrtümer keine mutwilligen Fehlannahmen waren, sondern auf mangelndem Wissen basierten – ein Wissen, das sich durch ständige Forschungsarbeit immer weiterentwickelt.

Einer der hellsten Nebel am Nachthimmel, der Orionnebel oder Messier 42, liegt südlich des Oriongürtels. Von der Erde aus ist er mit bloßem Auge sichtbar, aber Teleskope aller Art zeigten im Laufe der Jahre immer mehr von ihm. Das Bild hier wurde am 23. August 2023 vom James-Webb-Weltraumteleskop aufgenommen. Im Zentrum des Nebels befinden sich die jungen Trapezsterne. Die massereichsten von ihnen erleuchten die Gas- und Staubwolken in ihrer Umgebung mit ihrer starken ultravioletten Strahlung, während sich in der dahinterliegenden Molekülwolke OMC-1 immer noch neue Protosterne bilden.

Auf der Suche nach der Wahrheit über den Kosmos spähen wir Menschen von unserem bekannten Planeten und Sonnensystem in die entlegensten Ecken des Universums. Gegenwärtig ist das James-Webb-Weltraumteleskop (James Webb Space Telescope – JWST) der Goldstandard für diese Bemühungen. Es ist der Nachfolger des Hubble-Teleskops (HST) und das zur Zeit technisch ausgefeilteste Weltraumteleskop, das im sichtbaren Lichtspektrum arbeitet. Zwar ist es erst seit 2022 in Betrieb, hat jedoch unser Verständnis vom Kosmos bereits um ein Vielfaches erweitert. Wissenschaftler auf der ganzen Welt haben das Teleskop und viele andere Messinstrumente verwendet, um unseren Platz im Universum neu zu definieren. Viele der Bilder in diesem Buch wurden vom JWST und von anderen Teleskopen aufgenommen.

Die folgenden fünf Kapitel beleuchten das Universum von außen nach innen – von den entlegensten Winkeln, durch fremde Galaxien und Sternensysteme, bis zum äußeren und dann zum inneren Sonnensystem. Das letzte Kapitel fragt sich, wie die Zukunft der Raumfahrt im verbleibenden 21. Jahrhundert aussehen könnte. Dieser Ansatz ergründet die Kosmologie, die Ursprünge und Evolution des Universums, das Wesen der Galaxien und unser wachsendes Wissen über sie, und was wir im Weltraumzeitalter über die wichtigsten Himmelskörper in unserem Sonnensystem gelernt haben.

Der Atlas des Universums arbeitet diese Themen in Wort und Bild auf. Die atemberaubenden Aufnahmen – vor allem die Astro-

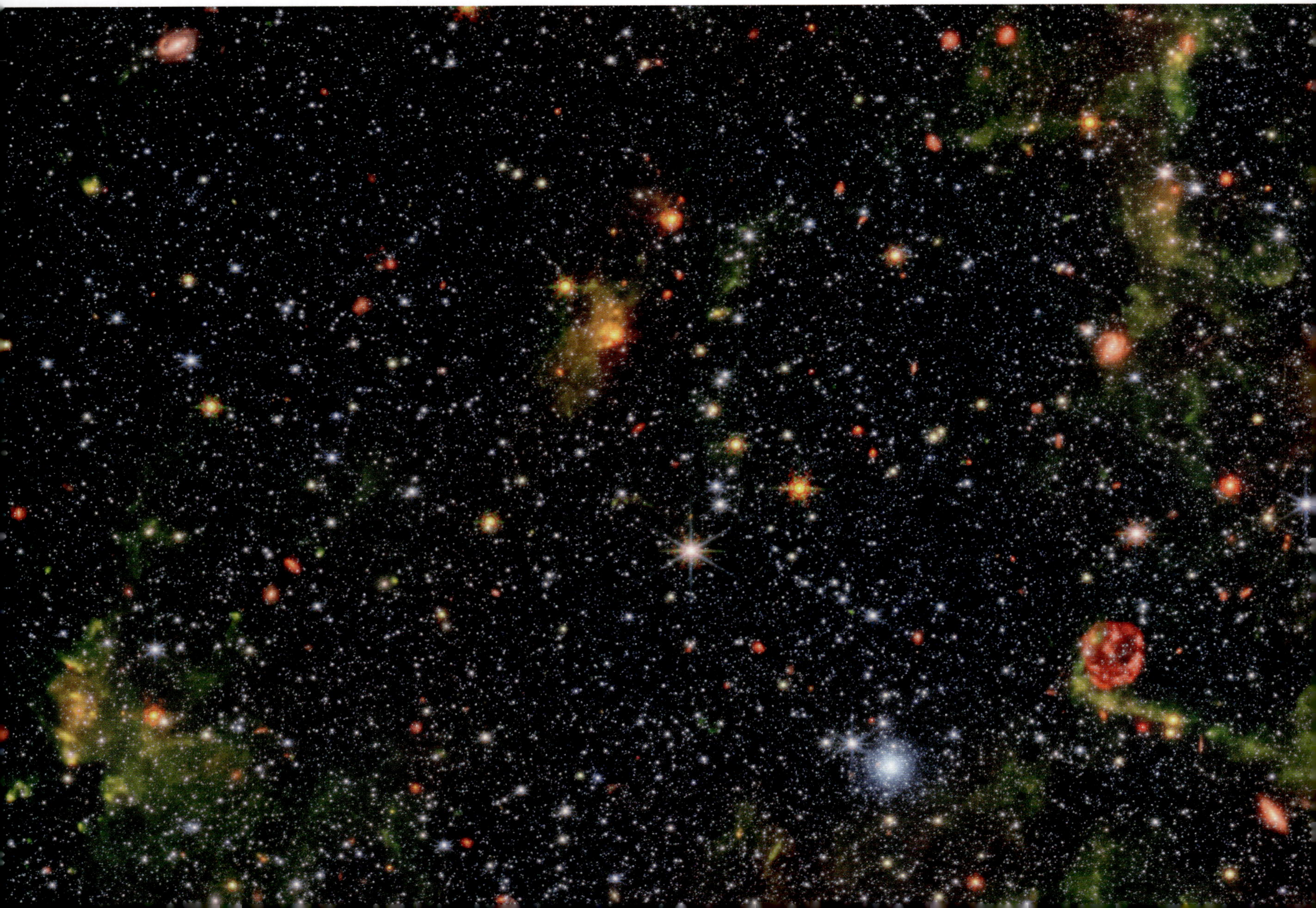

Dieses zusammengesetzte Bild der irregulären Galaxie NGC 6822 kombiniert Daten aus den Nah- und Mittelinfrarotkameras des JWST. Zusammen zeigen die Bilder ein dichtes Sternenfeld, das von grünlich-gelben Gas- und Staubwolken durchzogen ist. Die rot leuchtenden Punkte sind helle Galaxien in verschiedenen Formen und Größen.

fotografie, die Karten (entweder speziell für dieses Buch erstellt oder aus anderen Quellen bezogen), Zeichnungen und Diagramme – illustrieren unseren Aufwand, unser Wissen über den Kosmos einzuordnen und zu dokumentieren, wie wir es erlangten. Die folgenden Seiten werden hoffentlich dazu beitragen, die Unermesslichkeit unseres faszinierenden Universums etwas vertrauter und verständlicher zu machen.

„Bis ins 20. Jahrhundert fragten sich Astronomen, ob es überhaupt mehr als eine Galaxie gab. Heute wissen wir, dass jenseits der Milchstraße Millionen, vielleicht sogar Milliarden von Galaxien existieren. Schwarze Löcher, Exoplaneten und mögliche Lebensformen – wie auch immer sie aussehen mögen – beeinflussen mittlerweile unsere Vorstellung vom Universum.“

1 UNSER UNIVERSUM

Das Universum ist ein wundersamer Ort. Dieses Bild, das im Juli 2022 vom James-Webb-Weltraumteleskop (JWST) aufgenommen wurde, zeigt einen Teil des Carinanebels, der 7600 Lichtjahre von der Erde entfernt liegt.

Das Universum ist unvorstellbar groß. Seine Form ist unbekannt. Vielleicht sieht es aus wie eine Kugel oder eine flache Scheibe. Manche Kosmologen glauben, dass es nur eine von vielen oder sogar unendlich vielen Welten in einem Multiversum ist. Das Universum, in dem wir leben, gibt uns also noch zahlreiche ungelöste Rätsel auf.

Ein kugelförmiges Universum könnte man sich wie einen Ballon vorstellen, in dessen Mitte wir uns befinden. Wie die Hülle eines Ballons, die sich ausdehnt, wenn man ihn aufbläst, bewegt sich auch der „Rand" des Universums immer weiter von seinem Mittelpunkt weg. Albert Einstein bezeichnete dieses Kugelmodell als „endliches, aber grenzenloses Universum".

Alternativ könnte eine flache Form ein unendliches Universum erzeugen. Der Nobelpreisträger und NASA-Kosmologe John C. Mather, leitender Wissenschaftler des James-Webb-Weltraumteleskops (JWST), hält es für möglich, dass das Universum flach sei, „wie ein [endloses] Blatt Papier . . . auf dem man sich in jede Richtung unendlich weit bewegen könnte und das Universum bliebe mehr oder weniger dasselbe".

In dem von uns beobachtbaren Universum – das in eine Entfernung von bis zu 92 Milliarden Lichtjahren reicht – gibt es vielleicht 2 Billionen Galaxien, was die Frage aufwirft, wie viel vom Universum gibt es noch, das wir noch nicht beobachtet haben? Wir wissen, dass das Universum ungefähr 13,8 Milliarden Jahre alt ist und sein Ursprung wahrscheinlich der sogenannte „Urknall" war, als ein extrem dichtes Objekt, kleiner als ein subatomares Teilchen, sich rasend schnell auszudehnen begann. Unser Universum wächst jeden Tag exponentiell. Die Galaxien entfernen sich mit immer größer werdender Geschwindigkeit voneinander weg. Warum das so ist, wissen wir noch nicht.

Hinzu kommt, dass nur rund 4,9 Prozent des Universums aus sichtbarer Materie bestehen. Die verbleibenden 95,1 Prozent sind unsichtbare Dunkle Materie und Dunkle Energie, die nur theoretisch untersucht werden können. Da die Wissenschaft so wenig über die Dunkle Materie und Dunkle Energie weiß, basieren alle Theorien dazu ausschließlich auf Beobachtungen, die indirekt von der Wirkung der Gravitation und anderer Kräfte auf die sichtbare Materie abgeleitet wurden. Wissenschaftler wissen zum Beispiel durch Beobachtung, dass sich das Universum ausdehnt. Aber wenn es nur aus Galaxien, Sternen und Planeten bestünde, würde die Schwerkraft reichen, alles zusammenzuhalten. Sind also die Dunkle Materie und Dunkle Energie die Ursachen für die Ausdehnung? Eine weitere Frage, die es zu ergründen gilt.

GEGENÜBER Der Sternhaufen NGC 346, der 200 000 Lichtjahre entfernt liegt, wurde am 11. Januar 2023 von der Nahinfrarotkamera (NIRCam) des JWST aufgenommen. Bilder wie dieses offenbaren uns die grundlegenden Bausteine von Galaxien, Sternen und sogar Planeten und helfen uns, die unermessliche Größe des Universums zu verstehen sowie seine materiellen Bestandteile zu bestimmen.

THEORIEN ZUR FORM DES UNIVERSUMS

Das kugelförmige Universum ist nicht unendlich, aber es hat keine Grenzen, ähnlich wie es auf einer Kugel keinen definierbaren „Endpunkt" gibt.

Die Tatsache, dass das Universum die von uns beobachtbaren Eigenschaften aufweist, verrät uns, dass es in seiner Anfangszeit vermutlich fast ganz flach war. Gäbe es keine Dunkle Materie oder Dunkle Energie, würde sich ein flaches Universum ewig ausdehnen, aber immer langsamer, bis sich die Expansionsrate dem Wert Null annähern würde.

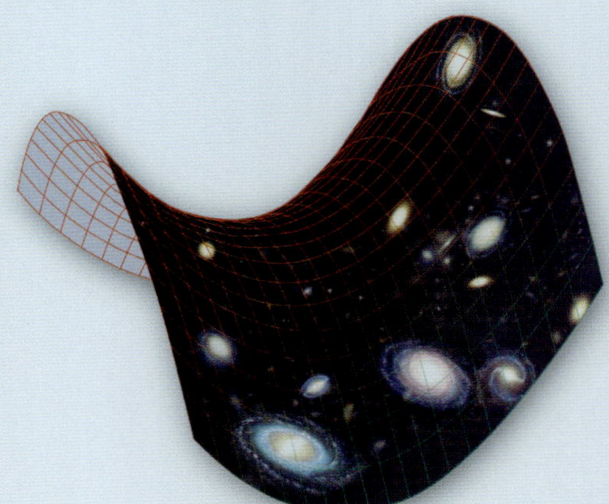

Eine negative Raumkrümmung des Universums entsteht durch einen Mangel an Masse (die sich als Schwerkraft manifestiert), was die Expansion verlangsamt. In diesem Fall dehnt sich das Universum auf ewig immer weiter aus.

Der Tarantelnebel, der in der Großen Magellanschen Wolke liegt, ist das größte und hellste Sternentstehungsgebiet in der Nähe unserer Galaxie – 161 000 Lichtjahre von der Erde entfernt. In diesem Nebel befinden sich die heißesten, massereichsten bekannten Sterne. In der Mitte des Bildes, das am 2. Juni 2022 vom JWST aufgenommen wurde, leuchten die Sterne der aktivsten Sternentstehungsregion blassblau auf.

DAS UNIVERSUM IN ALTEN KULTUREN

Die Kosmologie – die Lehre vom Universum, seiner Entstehung und der Gesetze, die seine Entwicklung beeinflussen – ist so alt wie die Menschheit selbst. Jede Zivilisation hatte eigene Vorstellungen vom Ursprung des Universums. Sie sind zwar nicht mehr zeitgemäß und die meisten – aber nicht alle – wurden durch neue Theorien ersetzt, doch jede von ihnen war, ausgehend vom damaligen Wissensstand, in sich schlüssig.

Jede Zivilisation besaß ihren eigenen Glauben von der Entstehung des Universums, aber vor der wissenschaftlichen Revolution des 16. Jahrhunderts (als neue Messinstrumente, etwa das Teleskop, viele Sichtweisen veränderten), hatte ein Großteil der Kosmologie seine Wurzeln in Religion und Mystik. Alle der alten Theorien befassten sich nicht nur mit der Entstehung und Evolution des Universums, sondern auch mit der menschlichen Erfahrung von Leben und Tod. Die drei kosmologischen Konzepte, die hier vorgestellt werden, demonstrieren die Vielfalt dieser Ideen.

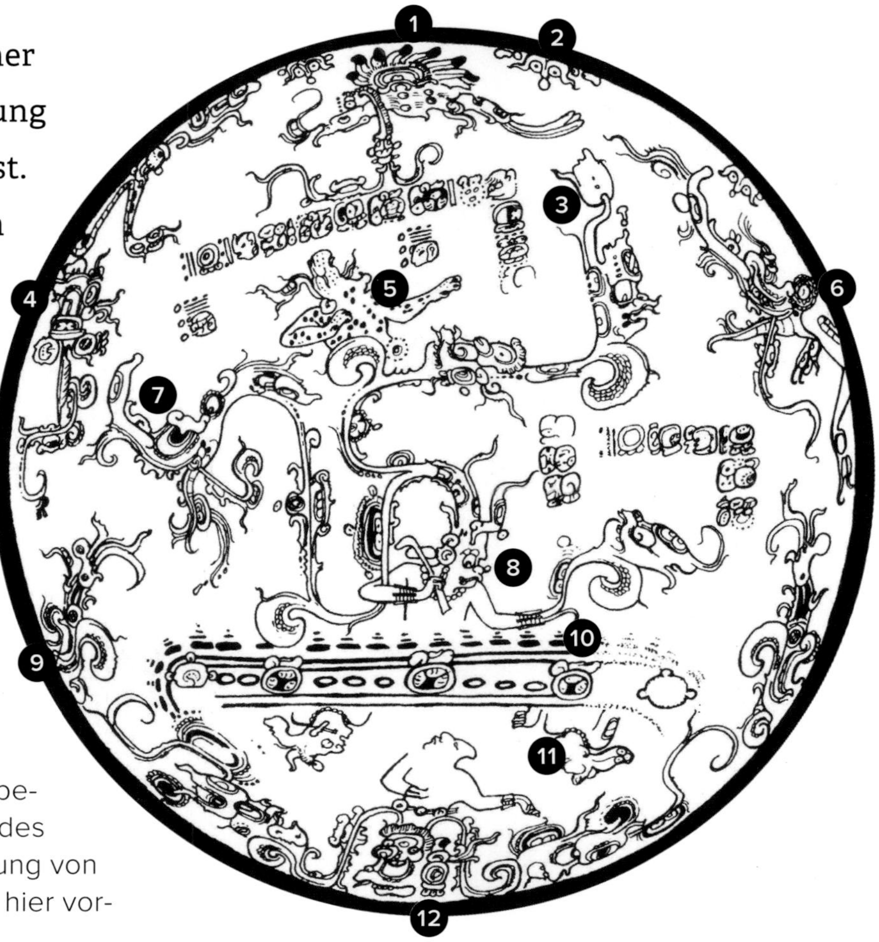

Diese Dreibeinschale der Maya wurde mit Blut gefüllt, um ein Tor zum Jenseits zu öffnen. Sie wird auf 600–800 v. Chr. datiert und zeigt eine Malerei des Kosmos, wie ihn sich die Maya vorstellten. In dieser Illustration sind die folgenden Elemente dargestellt:

1. Göttervogel
2. Venuszeichen
3. Weltenbaum
4. Vierteiliger Gott, der hintere Kopf des kosmischen Ungeheuers
5. Jaguarzwilling
6. Vorderer Kopf des kosmischen Ungeheuers
7. Visionsschlange als Äste des Baums
8. Chac-Xib als Abendstern, der aus der Unterwelt aufsteigt
9. Maul der Unterwelt
10. Schwarzes Wasser der mittleren Welt
11. Bewohner von Xibalbá
12. Blutiges Wasser der Unterwelt

DIE KOSMOLOGIE DER MAYA

Die Zivilisation der Maya entstand im ersten Jahrtausend v. Chr. und existierte noch, als die spanischen Konquistadoren im 16. Jahrhundert in Mittelamerika einfielen. Die Kosmologie der Maya ging von einem stabilen Universum aus, in dessen Zentrum die unbewegte Erde ruhte. Die Welt war flach und jede Himmelsrichtung gehörte einer Gottheit. Darüber spannte sich ein Firmament aus dreizehn Ebenen – von denen jede durch eine weitere Gottheit repräsentiert wurde – und wo die Sterne, der Mond und die Sonne waren. Unter der Erdoberfläche lag die Unterwelt *Xibalbá*, deren neun Stufen von neun Todesgöttern regiert wurden. Verstorbene wurden dort belohnt oder bestraft, je nachdem, was sie zu Lebzeiten glaubten und taten – eine ausdrücklich religiöse Vorstellung davon, was der Seele nach dem Tod widerfährt.

Die Maya waren aufmerksame Beobachter des Himmels und verfolgten alle Zyklen, die für ihre Kultur von Bedeutung waren. Der Sonnenkalender der Maya war mit seinen 365 Tagen ein historisches Wunder und bildet immer noch die Vorlage für den heutigen Kalender. Die Maya beobachteten Planetenzyklen und Himmelsbewegungen, um Muster zu erkennen – sowohl aus praktischen Gründen, etwa für die Landwirtschaft, aber auch um die Zukunft vorherzusagen. Das gesamte Leben der Maya war mit diesen Zyklen und den Jahreszeiten verbunden.

DIE KOSMOLOGIE DES ALTEN CHINA

Die alten Chinesen erklärten das Universum mit einer Mischung aus religiösen Konzepten, Beobachtungen des Sternenhimmels und Ideen aus alten Philosophien, die den Bedürfnissen der meisten Menschen dieser Kultur entgegenkamen. Die gängigste Kosmologie im alten China war die Xuan-Ye-Theorie, die erstmals um 1300 v. Chr. Form annahm. Sie betrachtete den Kosmos als einen unendlichen Raum, in dem die Erde aus konzentriertem Yin und der Himmel aus Yang bestand und beide sich in einer ewigen Dynamik befanden. Diese Eigenschaften existierten nebeneinander und die Beziehungen zwischen der Welt der Menschen und dem Kosmos mussten im Gleichgewicht bleiben.

Um diese Balance zu wahren, entwickelten Sterngucker, die mit den besten Messinstrumenten ausgestattet waren, Systeme zur Vorhersage von astronomischen Ereignissen – von den Sonnenwenden und Tagundnachtgleichen bis zu den Bewegungen der Himmelskörper. Unser Wissen über die chinesischen Vorstellungen vom Kosmos stammt aus langen, detaillierten Beschreibungen dieser Systeme von frühen chinesischen Astronomen, vor allem des astronomischen Han-Systems (Han Li), das im Jahr 85 n. Chr. offiziell eingeführt wurde und dessen Kalkulationen sämtliche solare, lunare und planetare Daten für jedes beliebige darauffolgende Jahr ermitteln können.

Dieser Wandteppich aus dem 14. Jahrhundert zeigt ein chinesisches kosmologisches Mandala (kreisförmiges Bild) mit dem Berg Meru in der Mitte – der als Zentrum des Universums gilt. Dargestellt wird der Berg als umgekehrte Pyramide mit einer Lotosblüte. Ein Hase, der den Mond symbolisiert, und ein dreibeiniger Vogel als Verkörperung der Sonne flankieren den Berg Meru.

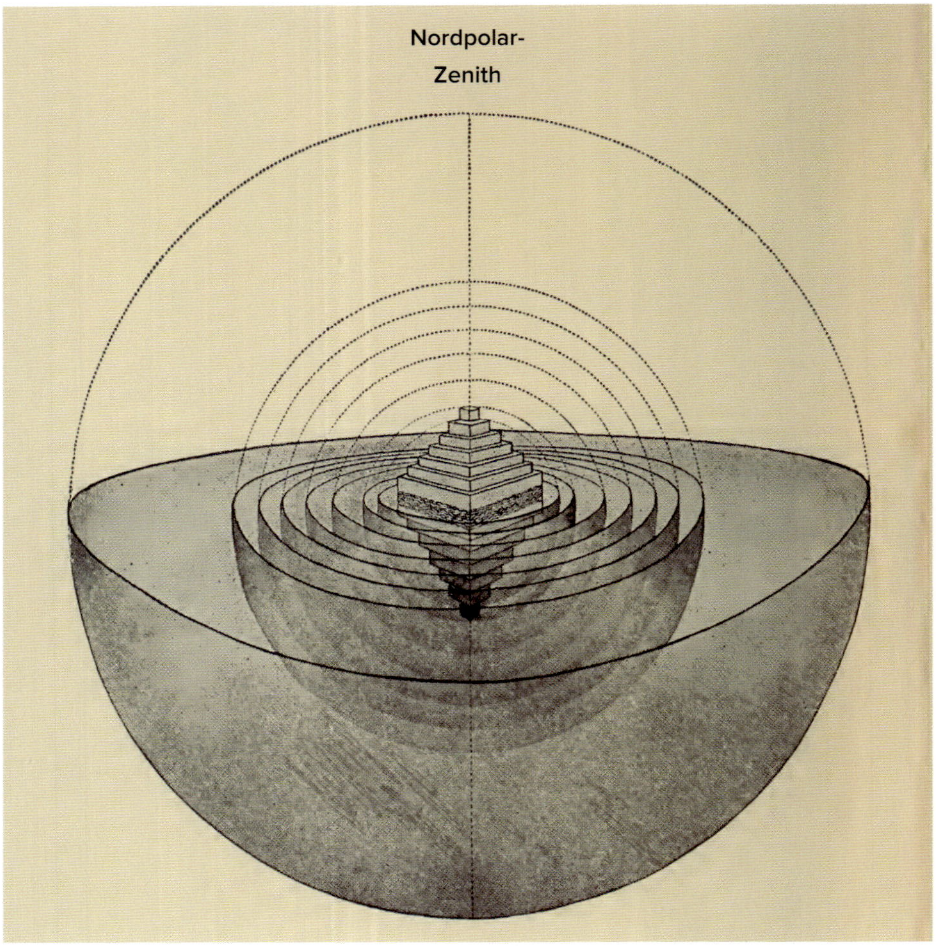

DIE BABYLONISCHE KOSMOLOGIE

Die alten Babylonier stellten sich das Universum als eine von Wasser umgebene Auster vor. Sie glaubten, dass der Himmel eine Kuppel bildete, die einerseits die Erde beschützte, aber auch zerstörerisches Feuer und Wasser auf sie schleuderte. Jeden Tag begaben sich Sonne, Mond und Sterne auf eine langsame Reise über die Kuppel, von Osten nach Westen. Wie auch andere Zivilisationen, die diese Himmelsbewegungen studierten, führten die Babylonier umfangreiche Berechnungen durch und konnten die Bahnen der Planeten und den Wechsel der Jahreszeiten mit großer Genauigkeit voraussagen.

DIE ENTWICKLUNG DER IDEEN

All diese Vorstellungen vom Universum enthielten Elemente der Realität, bestanden aber zu gleichem Maß auf Mythologien. Mit der Zeit wurden die Ideen weiterentwickelt und mehr oder weniger auf die Beobachtungen des Nachthimmels, neue Erkenntnisse und Ideale sowie Einflüsse aus anderen Kulturen abgestimmt. Die Zeiten und die Umstände änderten sich und mit ihnen auch die Kosmologie. Im Vergleich zum Wissen des 21. Jahrhunderts erscheinen diese alten Vorstellungen fast drollig, aber in ihnen steckt mehr als nur ein Märchen. In 2000 Jahren fragt man sich vielleicht: „Wie viel vom Wissen aus dem 21. Jahrhundert ist immer noch korrekt und was musste nach neuen Entdeckungen revidiert werden? Manches, was wir heute glauben, wird seine Gültigkeit behalten, aber vieles wird wohl durch neue Fakten ersetzt.

OBEN Die Himmelsbeobachter im alten Griechenland vermachten der westlichen Zivilisation ihre erste Vorstellung vom Universum. Von Apollo und seinem Sonnenwagen bis zu den Göttern und Göttinnen, die über verschiedene Aspekte des menschlichen Strebens wachten, war diese Perspektive tief in der Mythologie verankert und wurde in Bildern wie dem hier gezeigten dargestellt. Es stammt aus einem Werk des französischen Mathematikers und Kartografen Oronce Fine (1494–1555), *De mundi sphaera* (Paris, 1542): „Illustration von Oronce Fine, die personifizierte Astronomie und eine Armillarsphäre“. Eine Armillarsphäre ist ein dreidimensionales Modell der Himmelskugel, bei dem die Erde oder die Sonne im Mittelpunkt steht, umgeben von einem Gestell aus Ringen, das die Bewegungen der Himmelskörper abbildet.

OBEN LINKS Das Universum der Babylonier bestand aus zwei siebenstufigen Pyramiden als Symbole für die Erde, wobei die Lebenden die obere und die Verstorbenen die untere Hälfte bewohnten. Beide Reiche werden von Göttern überwacht und das Reich der Sterne und aller anderen Himmelskörper symbolisiert all das, was jenseits der Erde liegt. Die Babylonier hielten den Nordpol des Himmels für den wahren Zenit des Kosmos.

LINKS Ein Hauptfragment des Mechanismus von Antikythera – eines antiken Rechengeräts, das astronomische Positionen und Finsternisse voraussagen konnte. Es wurde von einem Schiffswrack vor der griechischen Insel Antikythera geborgen und datiert auf das frühe erste Jahrhundert v. Chr. Der Mechanismus besteht aus einem komplexen System aus 32 Zahnrädern und Ziffernblättern, deren Inschriften sich auf die Tierkreiszeichen und die zwölf Monate bezogen. Die Untersuchung der Fragmente ergab, dass der Mechanismus wahrscheinlich eine Art Astrolabium für die Navigation auf See war.

RECHTS Basierend auf den besten Theorien zum Verwendungszweck des Mechanismus von Antikythera entstand diese Rekonstruktion der vorderen Ringskala. Die Planeten werden durch Anzeigekugeln dargestellt, mit Zeigern für Mond, Sonne, Knotenlinien und Datum. In der Mitte befindet sich die Erde, an der eine silberne Kugel als Mond befestigt ist. Die Ringe dahinter symbolisieren die Himmelskörper Merkur, Venus, Sonne, Mars, Jupiter und Saturn.

Die alten Zivilisationen hatten noch nicht die Möglichkeit, so klar und weit in den Weltraum zu schauen wie wir Menschen des 21. Jahrhunderts. Genau wie wir würden sie aber über die Komplexität, die Schönheit und die Kräfte des Universums staunen. Dieses zusammengesetzte Bild des Carinanebels (NGC 3324) wurde im Juli 2022 von den Nah- und MIttelinfrarotkameras des James-Webb-Weltraumteleskops (JWST) in Mehrfachbelichtung aufgenommen. Das JWST ist eines der fortschrittlichsten Weltraumteleskope, die derzeit in Betrieb sind, und es schreibt ein ganz neues Kapitel über unsere Vorstellung vom Universum.

„In dem von uns beobachtbaren Universum – das in eine Entfernung von bis zu 92 Milliarden Lichtjahren reicht – gibt es vielleicht 2 Billionen Galaxien, was die Frage aufwirft, wie viel vom Universum gibt es noch, das wir noch nicht beobachtet haben?“

DIE KOSMOLOGIE DER WESTLICHEN WELT

Wie bei den alten Völkern in anderen Regionen der Erde wurde auch in der westlichen Zivilisation alles klassifiziert, einschließlich der Struktur und Evolution des Universums. Dieses Streben nach Ordnung führte zu zwei großen kosmologischen Modellen, die zu ihrer Zeit logisch erschienen, jedoch unvollständig und fehlerhaft waren.

Viele Ideen im vorchristlichen Europa stammten aus den griechischen und römischen Mythologien, die schließlich durch ordentlichere – aber immer noch ungenaue und unvollständige – Beobachtungen ersetzt wurden. In Europa basierte die Vorstellung vom Universum im Altertum, im Mittelalter und bis in die frühe Renaissance hinein vorwiegend auf dem Weltbild des Philosophen und Universalgelehrten Aristoteles (384–322 v. Chr.) und des Ptolemäus, einem Astronom und Theoretiker aus dem zweiten Jahrhundert. Aristoteles glaubte, dass die Erde rund war und sich im Zentrum des Universums befand, während die Sonne, der Mond und die Planeten um sie kreisten. Auch Ptolemäus vertrat ein solches „geozentrisches" Weltbild, aber ihm zufolge war die Erde von Kristallsphären umgeben, in denen Sonne, Sterne und Planeten wie Juwelen eingefasst waren. Die Reihenfolge dieser Sphären verlief folgendermaßen von innen nach außen:

1. Erde (zentral und unbewegt)
2. Mond
3. Merkur
4. Venus
5. Sonne
6. Mars
7. Jupiter
8. Saturn
9. Fixsterne
10. Firmament (Primum mobile)

Dieses Modell des Universums deckte sich jedoch immer weniger mit den Beobachtungen der Astronomen. Lange Zeit versuchte man, es an die Unstimmigkeiten anzupassen und zunehmend kompliziertere Erklärungen zu formulieren, etwa dass es innerhalb der Sphären noch Epizykel gab. Damit löste man das Problem der beobachteten Unterschiede in der Geschwindigkeit und Richtung der bewegten Objekte im Sonnensystem. Und es erklärte die scheinbare Rückläufigkeit der fünf Planeten, die in den ersten Jahrhunderten n. Chr. bekannt waren (Merkur, Venus, Mars, Jupiter und Saturn), sowie die beobachteten Veränderungen in der Entfernung der Planeten zur Erde.

Doch es brauchte über 1500 Jahre des ernsthaften Hinterfragens, bis das ptolemäische Weltbild verworfen wurde. Drei grundlegende Annahmen stellten sich als falsch heraus: Dass die Erde den Mittelpunkt des Universums bildete; dass sich die Himmelskörper auf gleichförmigen Kreisbahnen bewegten; und dass Objekte außerhalb der Erde vollkommen und unveränderlich waren. Kopernikus stellte jede dieser Annahmen in Frage.

Das ptolemäische Modell des Universums, illustriert von Bartolomeu Velho in seinem Werk *Cosmographia* (Paris, 1568).

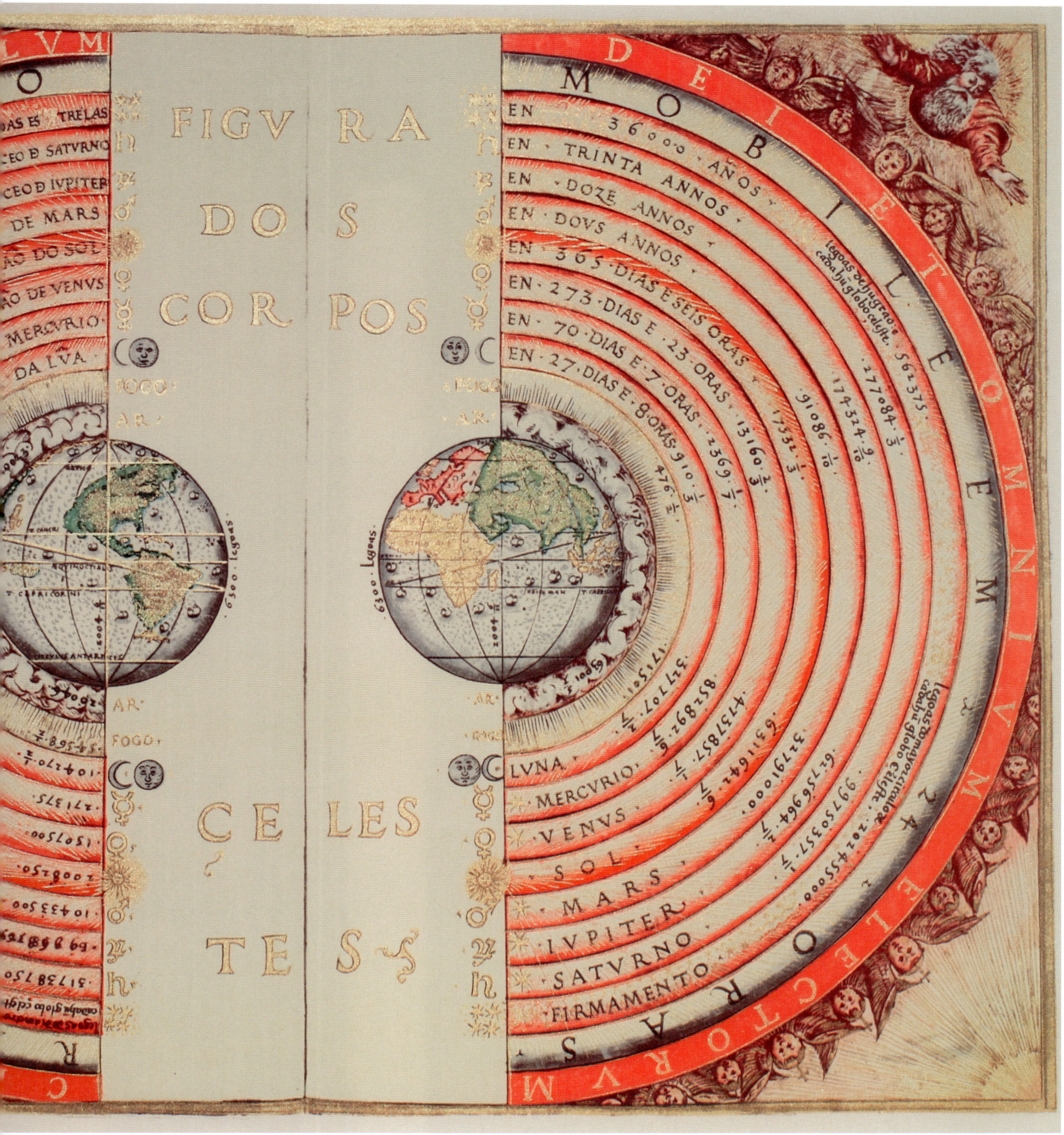
FIGVRA DOS CORPOS CELESTES
DEI ET OMNIVM ELECTORVM
EN 36000 AÑOS
EN TRINTA ANNOS
EN DOZE ANNOS
EN DOVS ANNOS
EN 365 DIAS E SEIS ORAS
EN 273 DIAS E 23 ORAS
EN 70 DIAS E 7 ORAS
EN 27 DIAS E 8 ORAS
FOGO
AR
LVNA
MERCVRIO
VENVS
SOL
MARS
IVPITER
SATVRNO
FIRMAMENTO
DE MARS
MERCVRIO
DA LVA

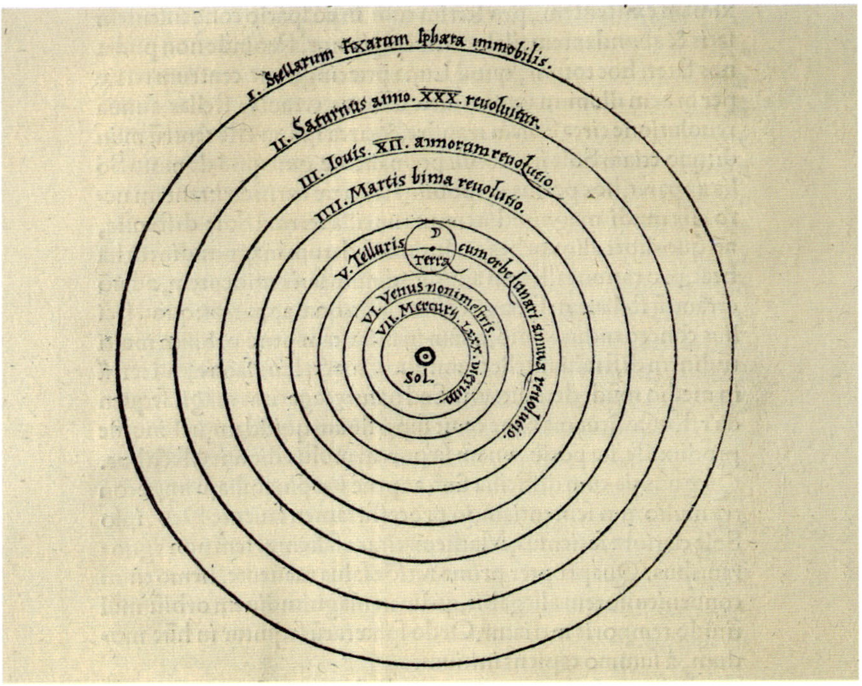

Diese Darstellung des Universums stammt aus Kopernikus' Hauptwerk *De revolutionibus orbium coelestium* (*Über die Umlaufbahnen der Himmelssphären*) aus dem Jahr 1543. In diesem Modell bildet die Sonne den Mittelpunkt des bekannten Universums und die beobachtbaren Planeten, die Erde und die Sterne sind um sie herum angeordnet.

In seinem Buch *Über die Umlaufbahnen der Himmelssphären* schrieb Kopernikus, dass die Sonne und nicht die Erde, das Zentrum des Sonnensystems bilden musste, da nicht einmal die ptolemäischen Epizykel die unregelmäßigen Bewegungen mancher Planeten erklären konnten. Dieses „heliozentrische" Weltbild löste die Probleme des ptolemäischen Modells und hatte 1650 bereits zahlreiche Anhänger in ganz Europa. Bei Kopernikus waren die Himmelskörper wie folgt von innen nach außen angeordnet:

1. Sonne
2. Merkur
3. Venus
4. Erde (mit ihrem Mond)
5. Mars
6. Jupiter
7. Saturn
8. weiter entfernte Sterne

Zwar bot dieses Modell noch längst keinen vollständigen Blick auf das Sonnensystem und kannte natürlich weder Galaxien noch andere entlegene Bereiche des Universums, aber es war ein Meilenstein der Erkenntnis und des Umdenkens.

Viele christliche Gelehrte, die den Lebensraum des Menschen für den Mittelpunkt des Universums hielten, weigerten sich, das heliozentrische Weltbild des Kopernikus zu übernehmen – bis ins 17. Jahrhundert, als Johannes Kepler, Galileo Galilei, Isaac Newton und andere die Ergebnisse Kopernikus' bestätigten. Diese grundlegende Veränderung unserer Perspektive auf den Kosmos wird auch als kopernikanische Wende bezeichnet, deren neue Ideen bis zu Albert Einsteins Theorien im frühen 20. Jahrhundert (siehe Seite 28) Bestand hatten.

NIKOLAUS KOPERNIKUS (1473–1543)

Geboren wurde Nikolaus Kopernikus im Königreich Polen, das damals zu Königlich Preußen gehörte. Er erlangte die Doktorwürde in Kirchenrecht und studierte Mathematik, Astronomie, Medizin und die freien Künste. Er wusste, dass das ptolemäische Modell des Universums nach seinen Berechnungen zufolge falsch war, aber er hielt sich mit öffentlichen Aussagen zu seinen Erkenntnissen zurück. Um Auseinandersetzungen zu vermeiden, veröffentlichte er sein Werk erst zum Ende seines Lebens, im Jahr 1543, und händigte die letzten Druckseiten von *De revolutionibus orbium coelestium* (*Über die Umlaufbahnen der Himmelssphären*) erst kurz vor seinem Tod aus. Die katholische Kirche zensierte Kopernikus nicht offiziell, auch wenn es manche Geistliche verlangten, und so entstand aus seinen Ideen die Grundlage eines großen Umdenkens.

Die Epizykel, die das ptolemäische Modell des Universums ergänzten, waren ein Konzept, mit dessen Hilfe die beobachteten Unregelmäßigkeiten in den Bewegungen und Helligkeiten der Planeten erklärt wurden.

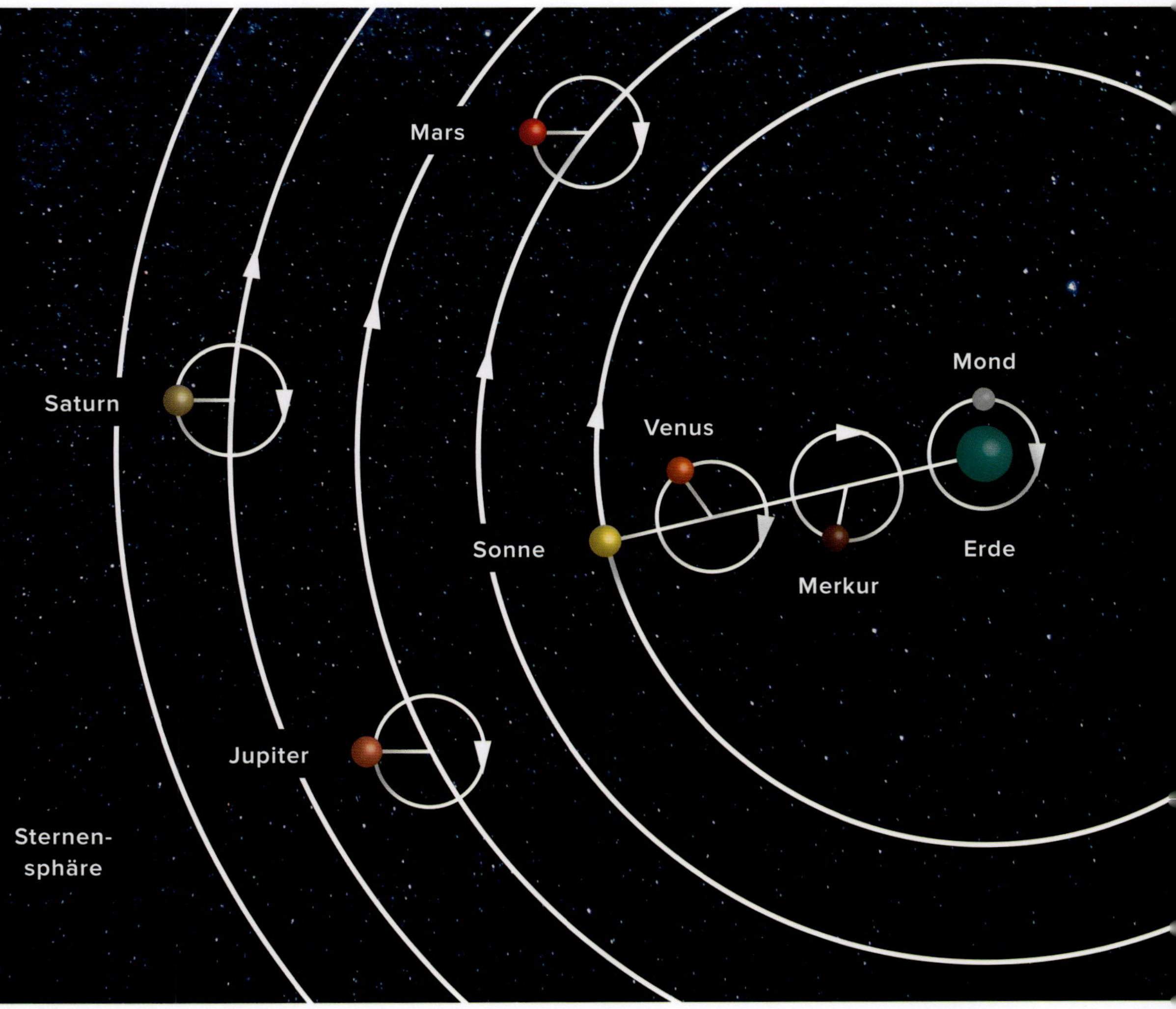

Im heliozentrischen Weltbild des Kopernikus befand sich die Sonne und nicht die Erde im Mittelpunkt des Universums.

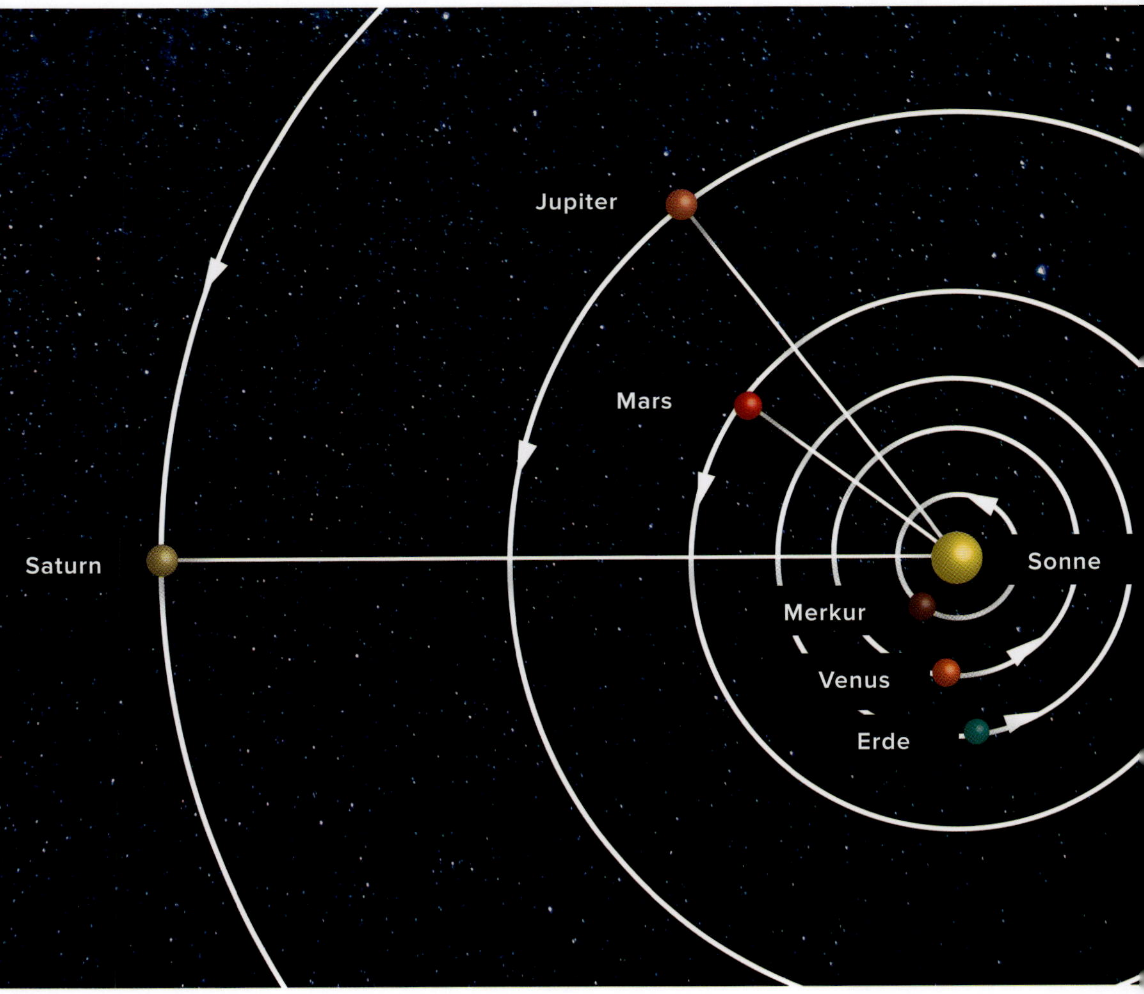

Diese Fotomontage entstand aus Bildern, die von der Raumsonde Voyager auf ihrer Reise zum Rand des Sonnensystems (siehe Seite 172) aufgenommen wurden. Sie trugen wesentlich dazu bei, unser Wissen über unseren Winkel im Sonnensystem um ein Vielfaches zu erweitern. Die Planeten, von denen zur Zeit des Kopernikus noch nicht alle entdeckt waren, und vier der Jupitermonde sind in Falschfarben vor dem Rosettennebel dargestellt. Den Vordergrund bildet der Mond der Erde. Dieses „Familienfoto" vermittelt die Kräfte und Schönheit unseres Sonnensystems, was auch Kopernikus mit seinen Bemühungen vermitteln wollte.

NEWTON, EINSTEIN UND DIE RÄTSEL DER RAUMZEIT

Zwei herausragende Persönlichkeiten der Wissenschaft haben unser Verständnis des Universums weiter vertieft. Der Mathematiker Isaac Newton gilt mit seiner Forschung zu Gravitation und Optik als einer der Pioniere der wissenschaftlichen Revolution, während der deutsch-amerikanische Astrophysiker Albert Einstein im 20. Jahrhundert die Wissenschaft mit seinen Relativitätstheorien grundlegend veränderte.

Sir Isaac Newton (1643–1727) machte in vielen Bereichen bahnbrechende Entdeckungen und veröffentlichte diese im Jahr 1687 zusammengefasst in seinem Werk *Philosophiæ naturalis principia mathematica (Die mathematischen Prinzipien der Naturphilosophie).* Der Text enthält auch seine drei Grundgesetze der Bewegung, die für die Raumfahrt von wesentlicher Bedeutung sind. Ohne dieses Wissen würde es das technische Herz der Raumfahrt, die Rakete, gar nicht geben:

1. Jeder Körper verharrt im Zustand der Ruhe oder der gleichförmigen geradlinigen Bewegung, bis er durch eine Kraft, die auf ihn einwirkt, zur Änderung dieses Zustands gezwungen wird.
2. Die Änderung der Bewegung eines Körpers ist proportional zur einwirkenden Kraft und geschieht in die Richtung der geraden Linie, in die diese Kraft wirkt.
3. Zu jeder einwirkenden Kraft (*Actio*) gehört immer eine gleich große, gegenläufige Kraft (*Reactio*). Anders gesagt, sind die Wechselwirkungskräfte zweier Körper immer gleich groß und in entgegengesetzte Bereiche gerichtet.

Diese Entdeckungen erklärten die zuvor unbekannte Beziehung zwischen Masse und Kraft.

Eine andere prägende Persönlichkeit im aufkommenden Weltraumzeitalter (die Zeit, in der die Raumfahrt möglich wurde) war Albert Einstein, ein theoretischer Physiker aus Deutschland. In seiner speziellen Relativitätstheorie legte er dar, dass es nichts gab, das schneller als das Licht sein konnte – also schneller als rund 300 000 km/s. Diese Theorie wurde in den Jahren 2004 und 2005 von der NASA-Mission „Gravity Probe B" (GP-B) bestätigt. Einstein nahm auch an, dass die Besatzung eines Raumschiffs, das mit annähernder Lichtgeschwindigkeit fliegt, mit zunehmender Geschwindigkeit langsamer altern würde.

Einstein vermutete auch bereits, dass es Schwarze Löcher gab und dass die theoretischen Wurmlöcher als Abkürzungen zwischen zwei Punkten in der Raumzeit dienen könnten.

DIE NEWTONSCHEN GESETZE IN DER RAUMFAHRT

NEWTONS ERSTES GESETZ

Das Trägheitsprinzip. Ein ruhender Körper (A) verharrt, bis eine Kraft auf ihn einwirkt (B). Dann bleibt er im Zustand der gleichförmigen Bewegung, bis eine weitere Kraft auf ihn einwirkt (C). Das Verständnis der Trägheit ist für die Raumfahrt unerlässlich, da ein Raketenantrieb auch ohne den Einfluss der Schwerkraft erst die Trägheit des Raumschiffs überwinden muss, um es zu bewegen.

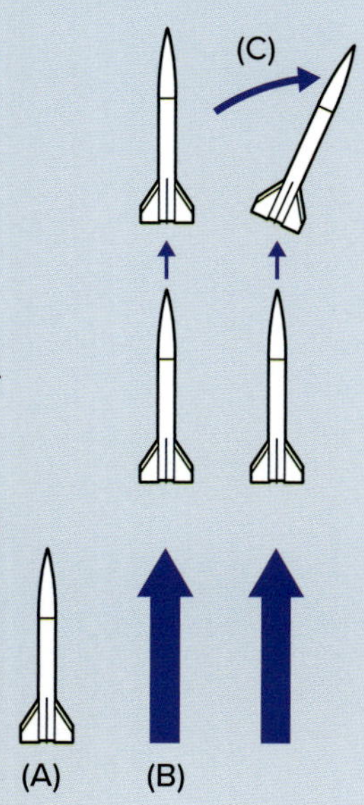

NEWTONS ZWEITES GESETZ

Um eine Masse von 1 kg mit einer Beschleunigung von 1 m/s zu bewegen, ist eine Kraft von rund 100 g (1 Newton) erforderlich. Mit diesen Einheiten berechnet man die Schubkraft der Triebwerke, die benötigt wird, um ein Raumfahrzeug auf seine Umlaufbahn und durch das Sonnensystem zu bewegen. Hier entspricht „A" der Vorwärtsbewegung, „F" der Kraft, die die Rakete antreibt, und „M" dem Widerstand, der gegenwirkt. Damit eine Vorwärtsbewegung entstehen kann, muss „F" größer sein als „M".

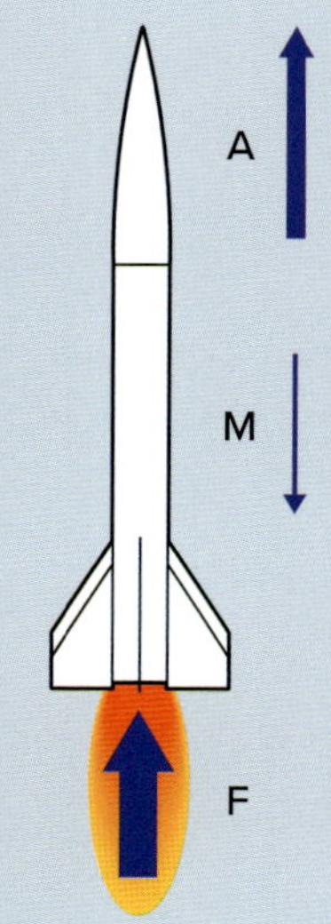

NEWTONS DRITTES GESETZ

Dieses Gesetz erklärt, wie Raketen ein Raumschiff im leeren Raum bewegen. Indem die Triebwerke eine Kraft ausüben, entsteht als Wechselwirkung eine Kraft, die das Raumfahrzeug in die entgegengesetzte Richtung schiebt.

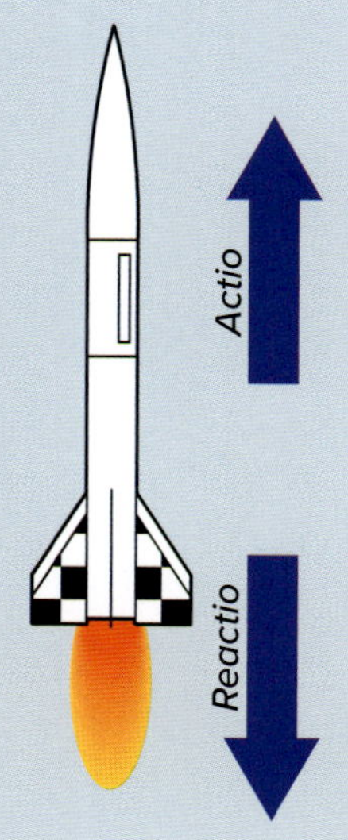

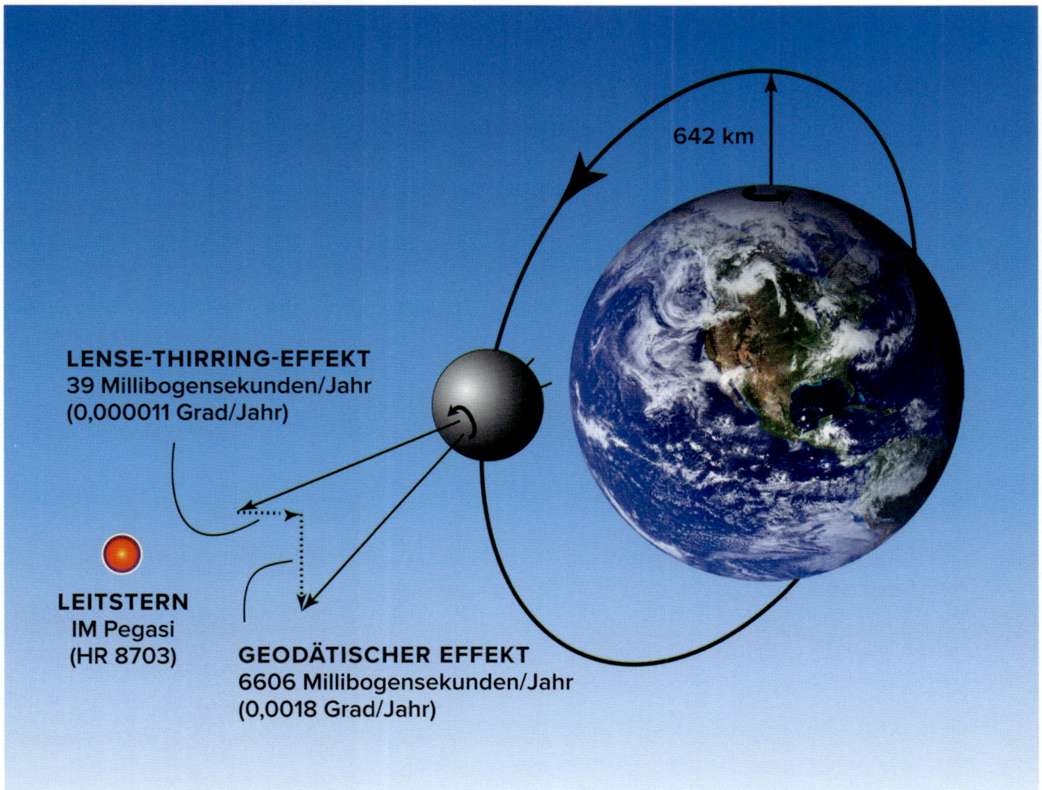

OBEN Einsteins Theorie zufolge sind Raum und Zeit relativ und miteinander zu einer Struktur verwoben, die er „Raumzeit" nannte. In Einsteins Universum wird die Raumzeit durch den Einfluss der Himmelskörper verwirbelt oder gekrümmt, und die Gravitation entsteht durch die Bewegung von Objekten durch die gekrümmte Raumzeit. Auf der Grundlage von Einsteins Prognosen maß GP-B den geodätischen Effekt: den Grad, um den die Erde die lokale Raumzeit krümmt. Zusätzlich, und das ist noch wichtiger, maß der Satellit den Lense-Thirring-Effekt von massereichen Objekten wie der Erde, die ihre lokale Raumzeit bei der Rotation mit sich mitziehen und verdrillen. GP-B umkreiste die Erde in einer Höhe von 642 Kilometern. An Bord befanden sich vier Gyroskope, jedes von der Größe eines Tischtennisballs. Sie maßen die erwarteten minimalen Richtungsänderungen der Drehachsen mit beispielloser Präzision und diese Änderungen deckten sich mit den Gravitationsvorhersagen Einsteins.

OBEN Im April 2004 bereiten Techniker der NASA den Satelliten GP-B auf der Trägerrakete Delta II vor.

ALBERT EINSTEIN (1879–1955)

Albert Einstein genießt in der modernen Welt den Status einer Legende und ist auch in der Populärkultur ein Star. Aber er wurde nicht als einer geboren. Nach seiner Ausbildung und vor seinem Durchbruch in der theoretischen Physik arbeitete er als Prüfer beim Schweizer Patentamt. Seine Theorien zur Relativität wurden 1905 veröffentlicht und sein Gesetz von Masse und Energie – $E = mc^2$ – ist die wohl berühmteste Formel der Welt. Für seine Arbeit erhielt Einstein den Nobelpreis für Physik des Jahres 1921.

Einsteins Beiträge zur theoretischen Physik waren in der Tat außerordentlich. Zuvor hatte man das Universum für größtenteils statisch gehalten, aber Einstein vermutete, basierend auf Newtons Erkenntnissen, dass es sich ständig veränderte. Vor dem Zweiten Weltkrieg wechselte Einstein an die amerikanische Universität Princeton, wo er seine Forschung zur Ergründung des Universums fortführte.

Der Gravitationslinseneffekt entfernter Galaxien verzerrt Formen und verstärkt Lichtquellen. Er entsteht, wenn ein massereiches Objekt, etwa ein Galaxienhaufen, die Raumzeit ausreichend krümmt, sodass das Licht wie von einer Vergrößerungslinse gebeugt wird (siehe Seite 84). Hier sieht man einen verzerrten Bogen, der sich neben der entfernten Galaxie „Cosmic Seahorse“ ausbreitet und durch den Gravitationslinseneffekt stark vergrößert wird. Das Bild, das vom James-Webb-Weltraumteleskop (JWST) aufgenommen und am 28. Mai 2023 veröffentlicht wurde, zeigt Galaxien im Sternbild Coma Berenices (Haar der Berenike), die 6,3 Milliarden Lichtjahre von der Erde entfernt sind.

HUBBLE, DIE EXPANSION DES UNIVERSUMS UND DER URKNALL

Vor nur fünf Jahrhunderten – im Vergleich zum Alter des Universums kürzer als ein Augenblick – sahen die Menschen kaum weiter als bis zum Saturn. Unsere Vorfahren stellten sich den Kosmos begrenzt und streng geordnet vor. Mit der Erfindung des Teleskops änderte sich das jedoch und unser Blick aufs Universum wurde um ein Vielfaches größer, als wir Millionen von Objekten jenseits der Erde, des Sonnensystems und schließlich auch der Milchstraße beobachten konnten.

Der Astronom Edwin Hubble untersuchte die Beschaffenheit von leuchtenden Flecken am Himmel, sogenannten „Nebeln". Ptolemäus hatte sie so bezeichnet, weil sie „neblig" oder wolkenartig aussahen. Jahrhundertelang wusste man nicht, ob Nebel zur Milchstraße oder zu einer anderen Galaxie gehörten. Messungen der Spektralverschiebung des Andromedanebels wurden intensiv diskutiert. Die Entfernung von Objekten wurde anhand ihrer „Rotverschiebung" gemessen – je größer die Entfernung eines Objekts, desto größer wird die Wellenlänge des Lichts, das sich von ihm wegbewegt, und desto röter erscheint es (siehe Seite 36). Diese Entdeckung löste eine weltweite Suche nach Antworten aus.

Im Jahr 1925 veröffentlichte Hubble unwiderlegbare Beweise für die Existenz zahlreicher Galaxien, nach seiner Untersuchung eines Cepheiden, eines pulsationsveränderlichen Sterns, dessen Schwankungen in Helligkeit, Durchmesser und Temperatur gemessen werden können, um daraus die Größe von Entfernungen im Weltraum zu ermitteln. Über Monate hinweg maß Hubble die Helligkeit des Sterns und fand heraus, dass sie sich in einem Zeitraum von 31,45 Tagen veränderte. Auf der Grundlage dieser Schwankungen berechnete Hubble, dass der Stern 900 000 Lichtjahre entfernt war und sich weit außerhalb der Milchstraße befand. Er entdeckte auch andere veränderliche Sterne und publizierte 1929 die Beweise, dass diese Objekte eigene Galaxien waren, dass es Millionen davon gab und dass sie sich voneinander wegbewegten.

Hubbles Entdeckung bestätigte die Urknalltheorie, die zwei Jahre zuvor vom belgischen Theologen und Physiker Georges Henri Joseph Édouard Lemaître (1894–1966) an der katholischen Universität Löwen aufgestellt worden war. Lemaître glaubte, dass sich die Galaxien bewegten, weil sich das Universum ausdehnte, und zwar aufgrund einer massiven Explosion von Materie. Hubbles Beobachtungen festigten die Urknalltheorie als plausible Erklärung für die Entstehung des Universums. Diese elegante, überzeugende und beständige Theorie wird in der Wissenschaft auch heute noch akzeptiert, wurde aber im Licht neuer Erkenntnisse angepasst.

EDWIN POWELL HUBBLE (1889–1953)

Edwin Hubble war ein herausragender Astronom in der ersten Hälfte des 20. Jahrhunderts. Er leistete drei wesentliche Beiträge zur Kosmologie:

1. Hubble bewies, dass entfernte Objekte (die man damals „Nebel" nannte) zu weit weg waren, um zur Milchstraße zu gehören, woraus er schloss, dass es sich um andere Galaxien handeln musste.

2. Er belegte die Expansion des Universums mithilfe einer Dopplerverschiebung zum Rotspektrum des sichtbaren Lichts, was darauf hindeutet, dass sich kosmische Objekte von uns wegbewegen. Der Dopplereffekt ist eine äußerst nützliche Messung in der Astronomie. Er signalisiert eine Veränderung in der Frequenz einer Licht- oder Schallwelle in Bezug auf einen Beobachter des Ursprungs dieser Welle.

3. Er zeigte, dass die Geschwindigkeit der fliehenden Galaxien proportional zu ihrer Entfernung von uns ist. Dieses Verhältnis wird durch das Hubble-Gesetz beschrieben. Es wird oft als $v = H_0 D$ formuliert, wobei „v" für die Fluchtgeschwindigkeit, „D" für die Entfernung und „H_0" für die verbindende Hubble-Konstante steht.

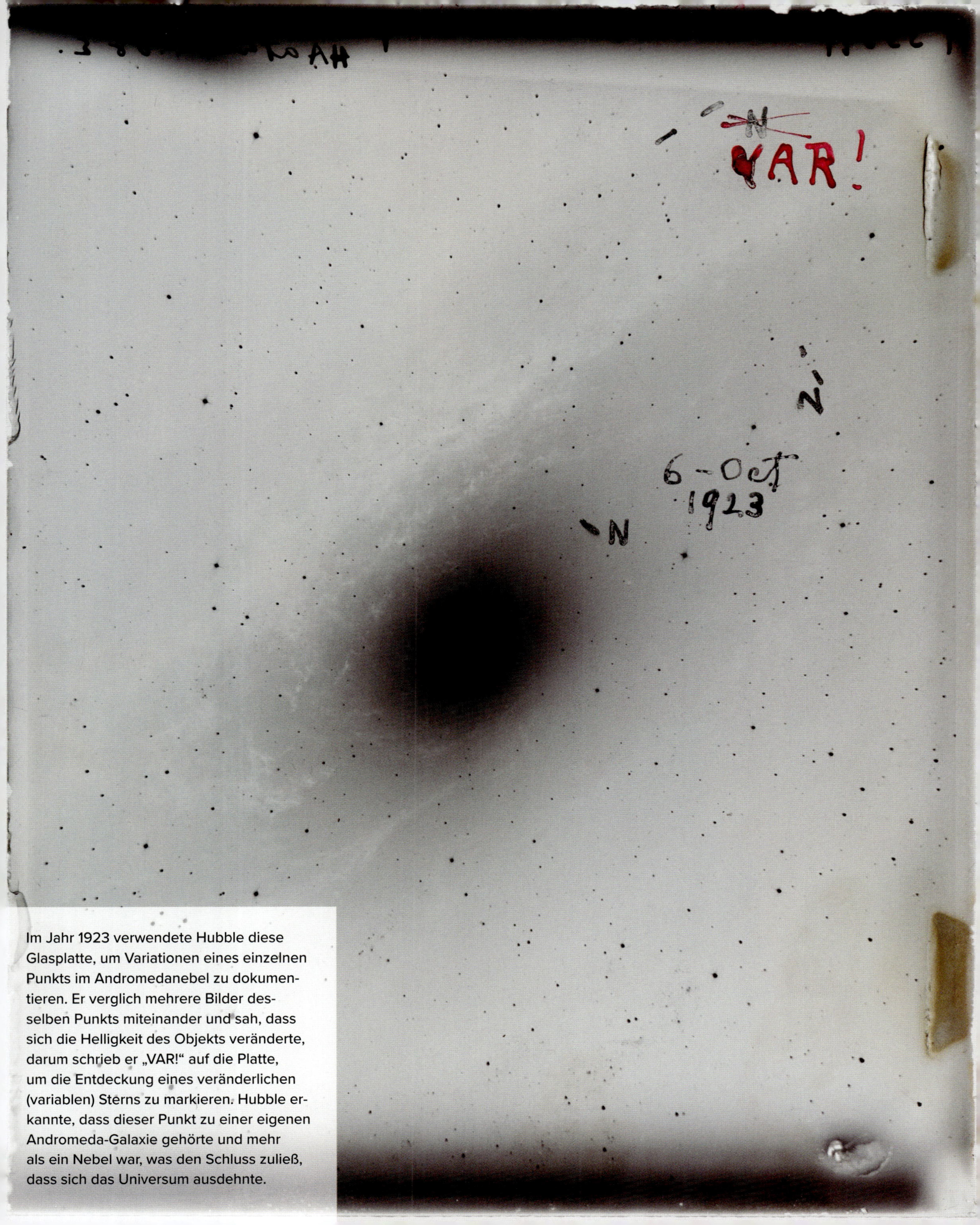

Im Jahr 1923 verwendete Hubble diese Glasplatte, um Variationen eines einzelnen Punkts im Andromedanebel zu dokumentieren. Er verglich mehrere Bilder desselben Punkts miteinander und sah, dass sich die Helligkeit des Objekts veränderte, darum schrieb er „VAR!“ auf die Platte, um die Entdeckung eines veränderlichen (variablen) Sterns zu markieren. Hubble erkannte, dass dieser Punkt zu einer eigenen Andromeda-Galaxie gehörte und mehr als ein Nebel war, was den Schluss zuließ, dass sich das Universum ausdehnte.

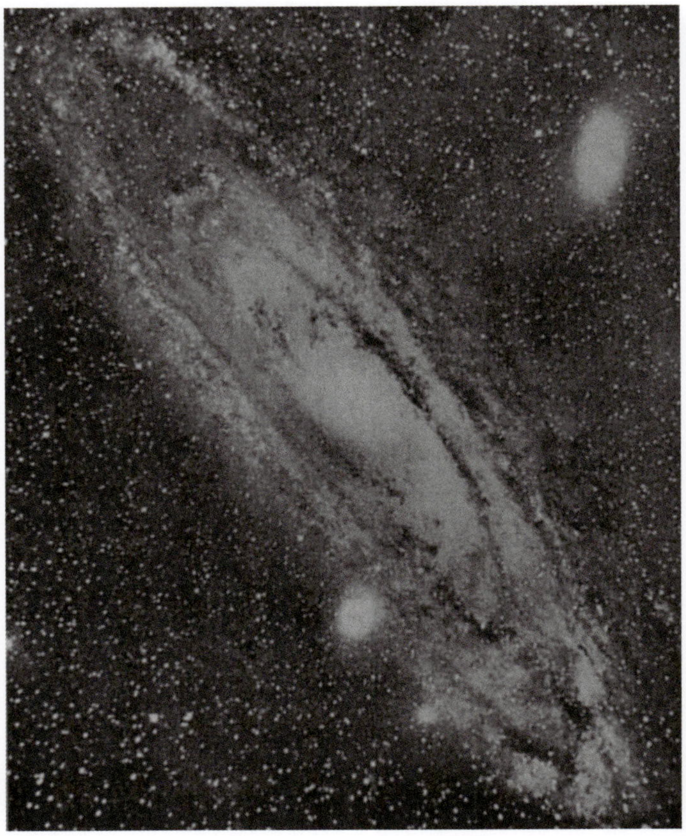

OBEN Der große Andromedanebel – eigentlich die Andromeda-Galaxie – auf einer Aufnahme des Yerkes-Observatorium aus dem Jahr 1901. Damals stand er im Zentrum der Frage, ob es im Universum mehrere Galaxien gab. Hubble bewies zweifelsfrei, dass der Andromedanebel eine eigene Galaxie war und sich noch Milliarden weitere Galaxien im Kosmos befanden.

RECHTS Die Andromeda-Galaxie (Messier 31), aufgenommen am 9. Juli 2019. Über ihrem Zentrum links sieht man die Zwerggalaxie Messier 32 und darunter links befindet sich Messier 110.

WAS IST KOSMOLOGISCHE ROTVERSCHIEBUNG?

Seit dem Urknall dehnt sich der physische Raum des Universums immer weiter aus. Sterne und Galaxien behalten zwar ihre Größe, aber die Entfernung zwischen ihnen wächst. Wenn sich das Universum ausbreitet, werden Lichtwellen gestreckt. Die längste sichtbare Wellenlänge ist rot, darum spricht man von „Rotverschiebung“, wenn die Lichtwellen durch die Expansion des Universums verlängert werden: Sie ändern sich von ihrer ursprünglichen Wellenlänge in das längerwellige Rotspektrum.

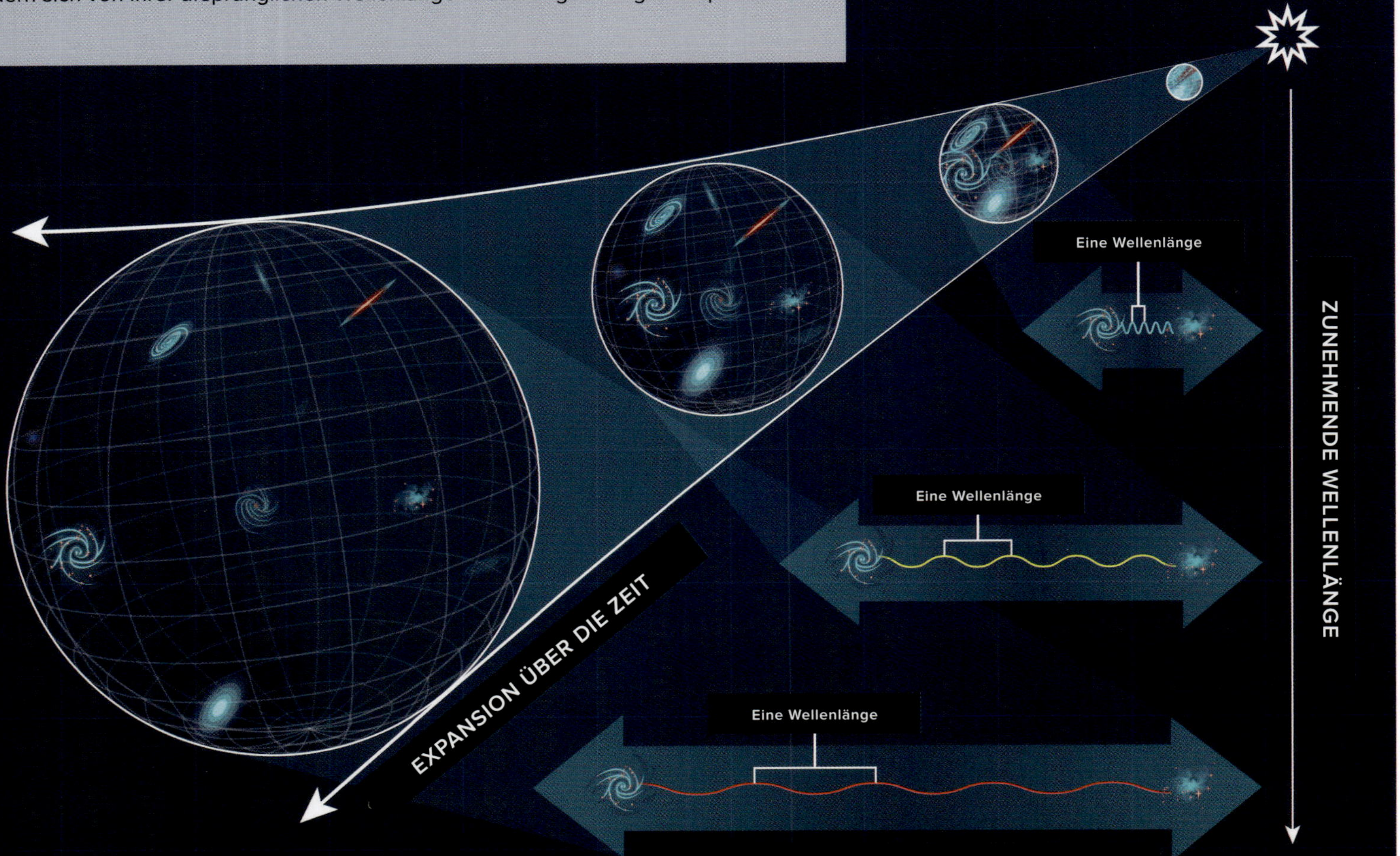

Bewegt sich das Licht durch den Raum, verschiebt sich seine Wellenlänge ins rote Spektrum.

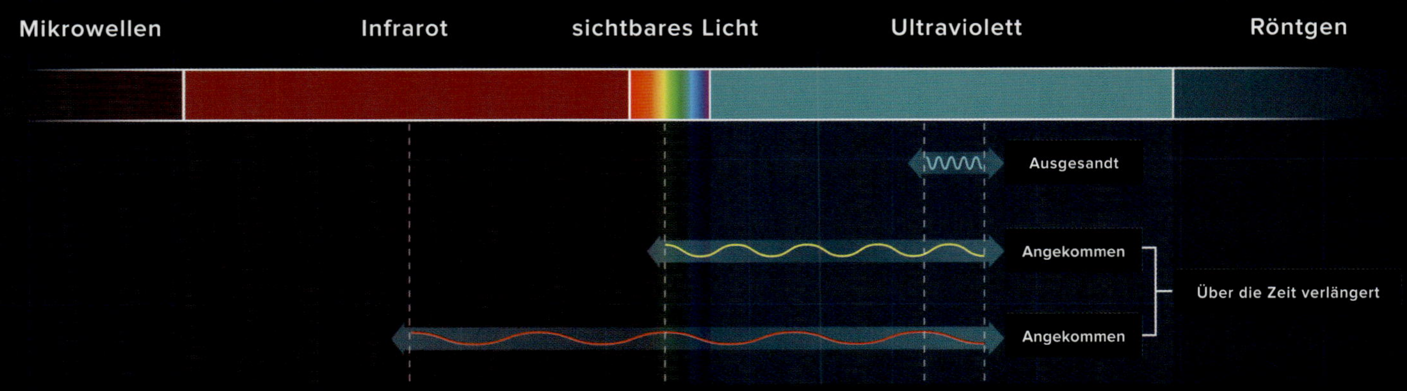

BLICK IN DIE VERGANGENHEIT

Mithilfe von Teleskopen, die über Infrarotdetektoren verfügen, können wir das vergangene Licht der ersten Galaxien sehen, das sich über Raum und Zeit ins rote Spektrum verschoben hat. Die Grafik hier illustriert die Fähigkeiten des Hubble-Weltraumteleskops (HST), das Leistungen erbrachte, die bei seinem Start im Jahr 1990 noch nie zuvor möglich gewesen waren, und jene seines Nachfolgers, das James-Webb-Weltraumteleskop (JWST).

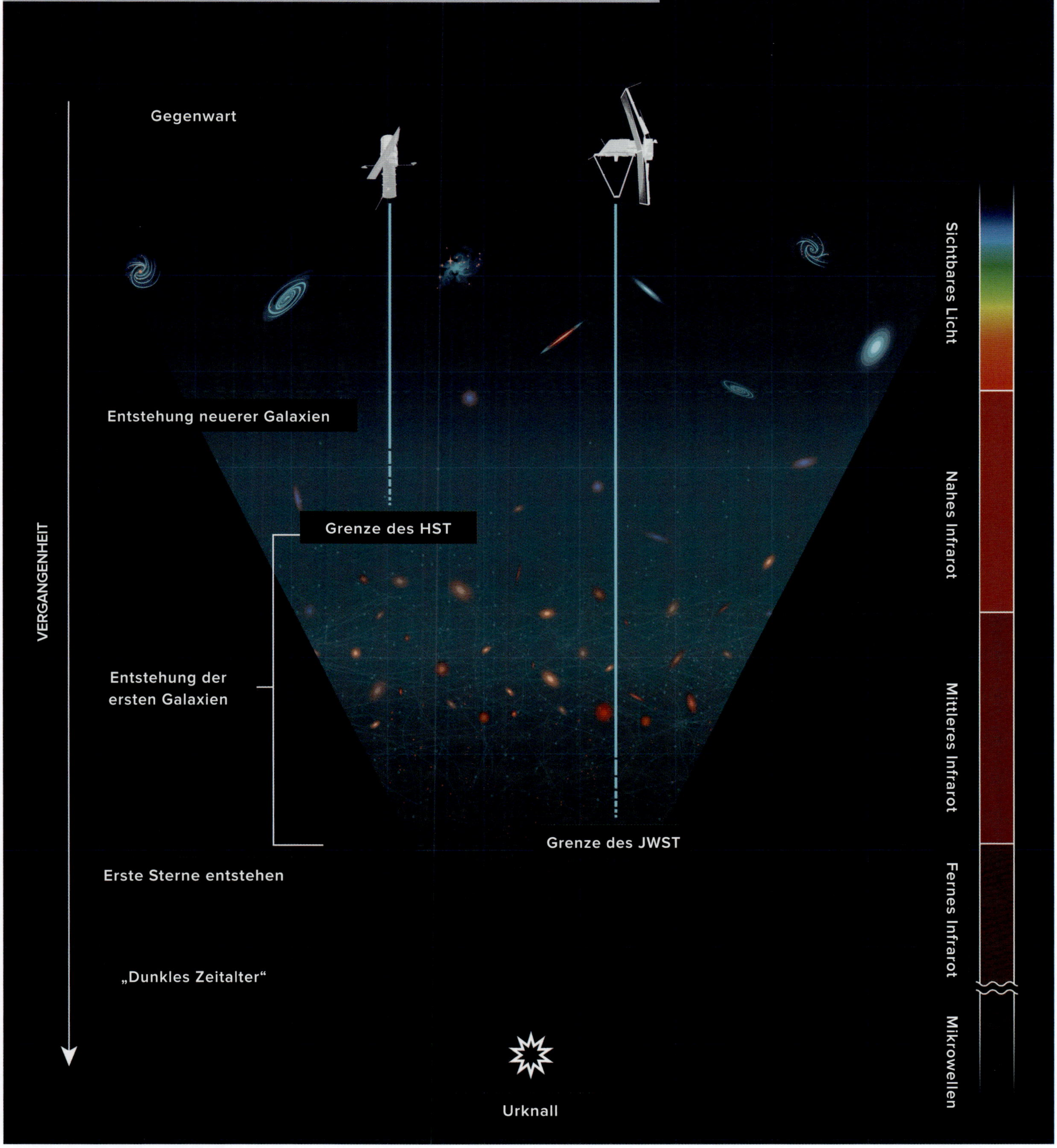

Ein nummeriertes Mosaik aus sechs von insgesamt 690 Einzelbildern von Galaxien, die 2022 von der Nahinfrarotkamera (NIRCam) des JWST aufgenommen wurden – in der Nähe der Deichsel des Großen Wagens, eines Sternbilds, das fachsprachlich Ursa Major genannt wird. Die vorhandene Rotverschiebung dieser

1
2
3
4
5
6

Der Urknall war eine „Singularität“ – ein winziger Punkt, nicht größer als ein Elektron, der die gesamte Materie des Universums enthielt. Seine „Explosion“ war der Beginn der Ausdehnung des Universums und der Entstehung der physischen Objekte, die gegenwärtig im Kosmos beobachtet werden können. Die Galaxien, von denen der heutige Sternenhimmel übersät ist, sind noch relativ neu und entstanden vor rund einer Milliarde Jahren. Kosmologen schätzen, dass es im beobachtbaren Universum, dessen Radius sich 2 Milliarden Lichtjahre über die Erde hinaus erstreckt, insgesamt 221 373 Galaxien gibt. Dieser Zeitstrahl des Universums, vom Urknall bis zur Gegenwart, verläuft von links nach rechts. Das Universum hat bereits mehrere „Zeitalter“ durchlaufen. Das erste davon, die „Planck-Ära“, dauerte vom Urknall bis ungefähr 10^{-43} Sekunden später. Das ist die genaueste Annäherung an den Anfang des Universums, die wir machen können. Darauf folgten die „GUT-Ära“ und die „kosmische Inflation“, die jeweils 10^{-36} und 10^{-34} Sekunden nach dem Urknall stattfanden. Danach bildeten sich Partikel, verschmolzen miteinander und veränderten sich, bis aus ihnen mit der Zeit die Elemente entstanden, aus denen das heutige Universum besteht.

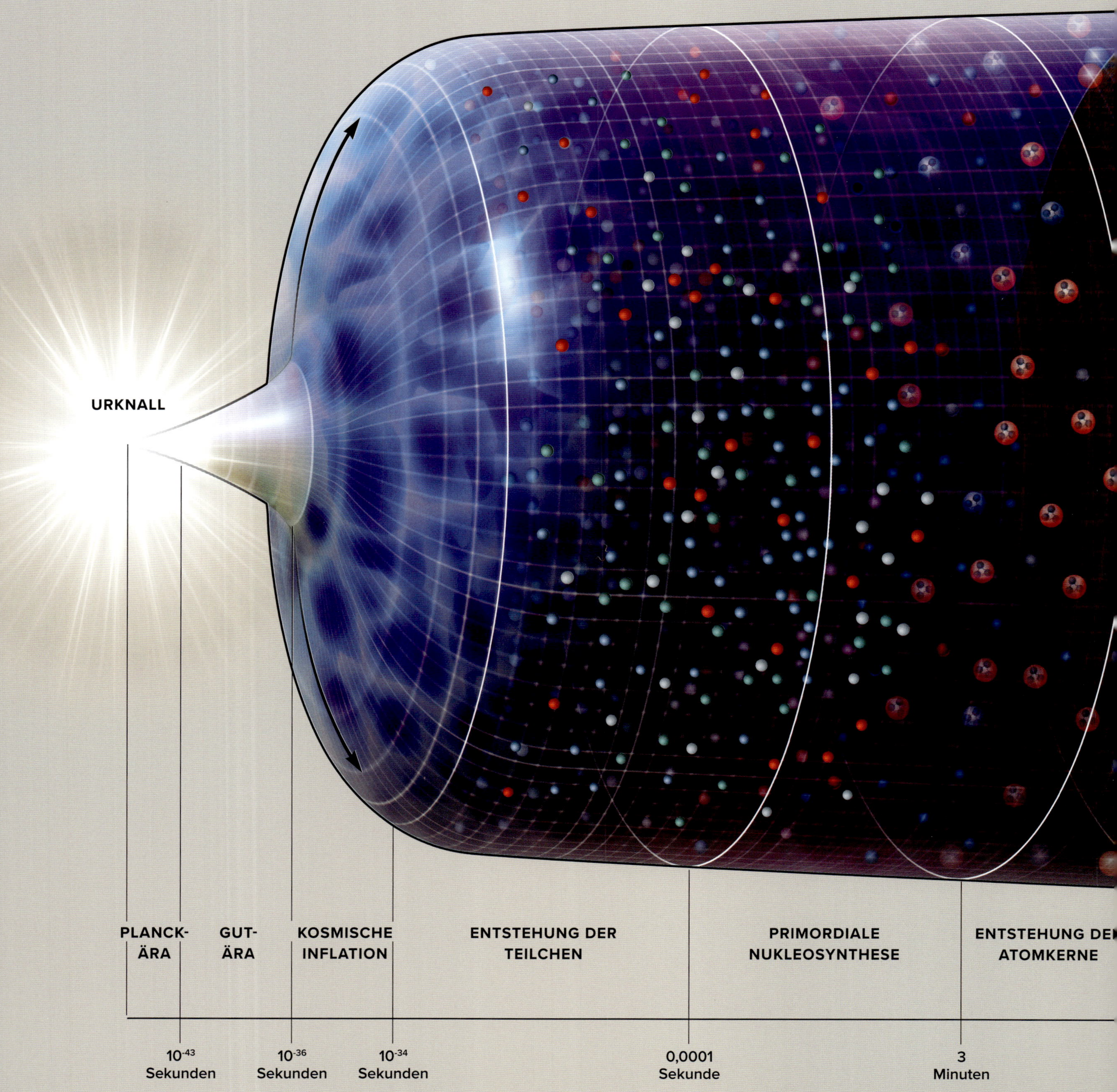

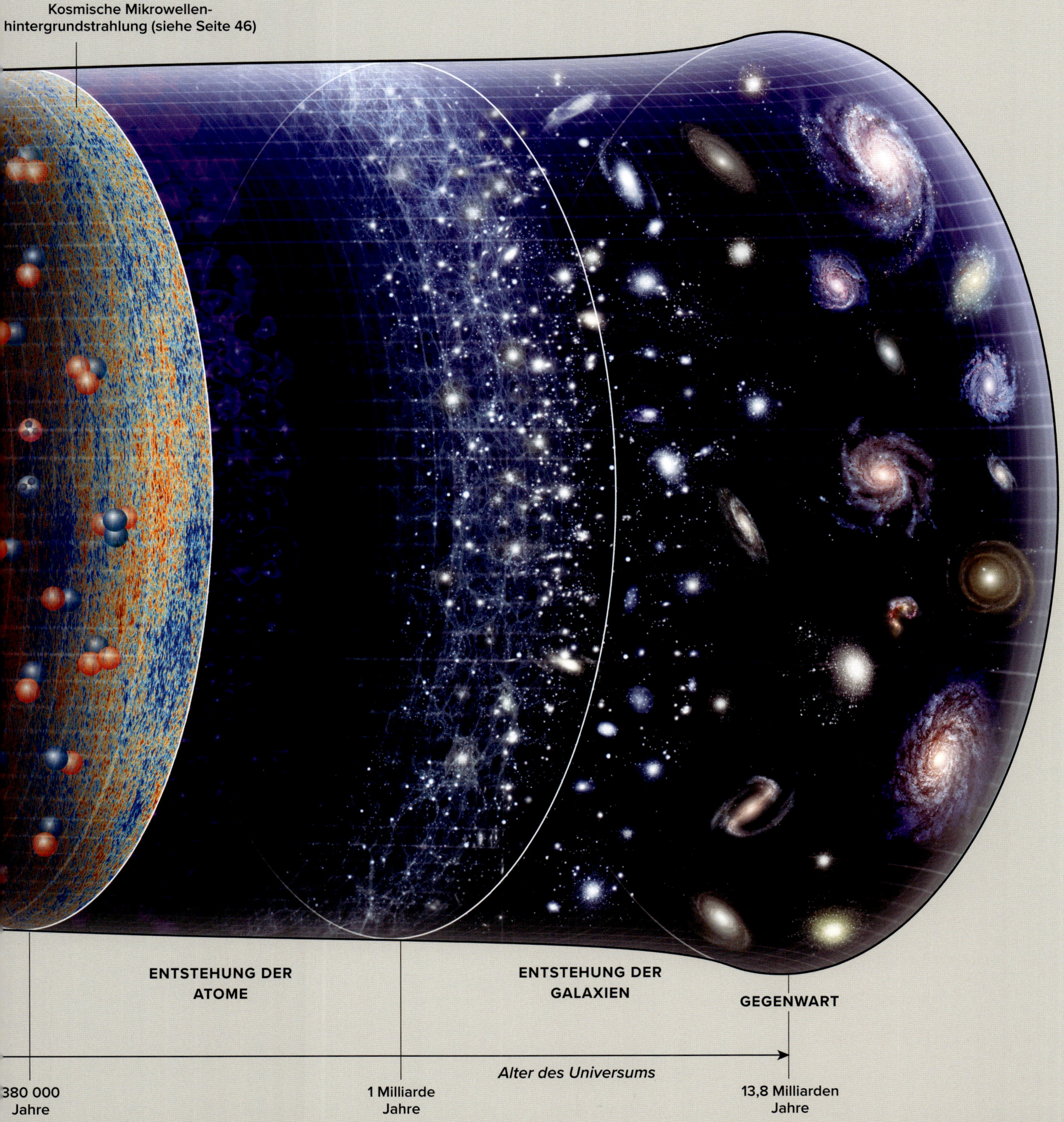
Kosmische Mikrowellen-
hintergrundstrahlung (siehe Seite 46)
ENTSTEHUNG DER ATOME
ENTSTEHUNG DER GALAXIEN
GEGENWART
Alter des Universums
380 000 Jahre
1 Milliarde Jahre
13,8 Milliarden Jahre

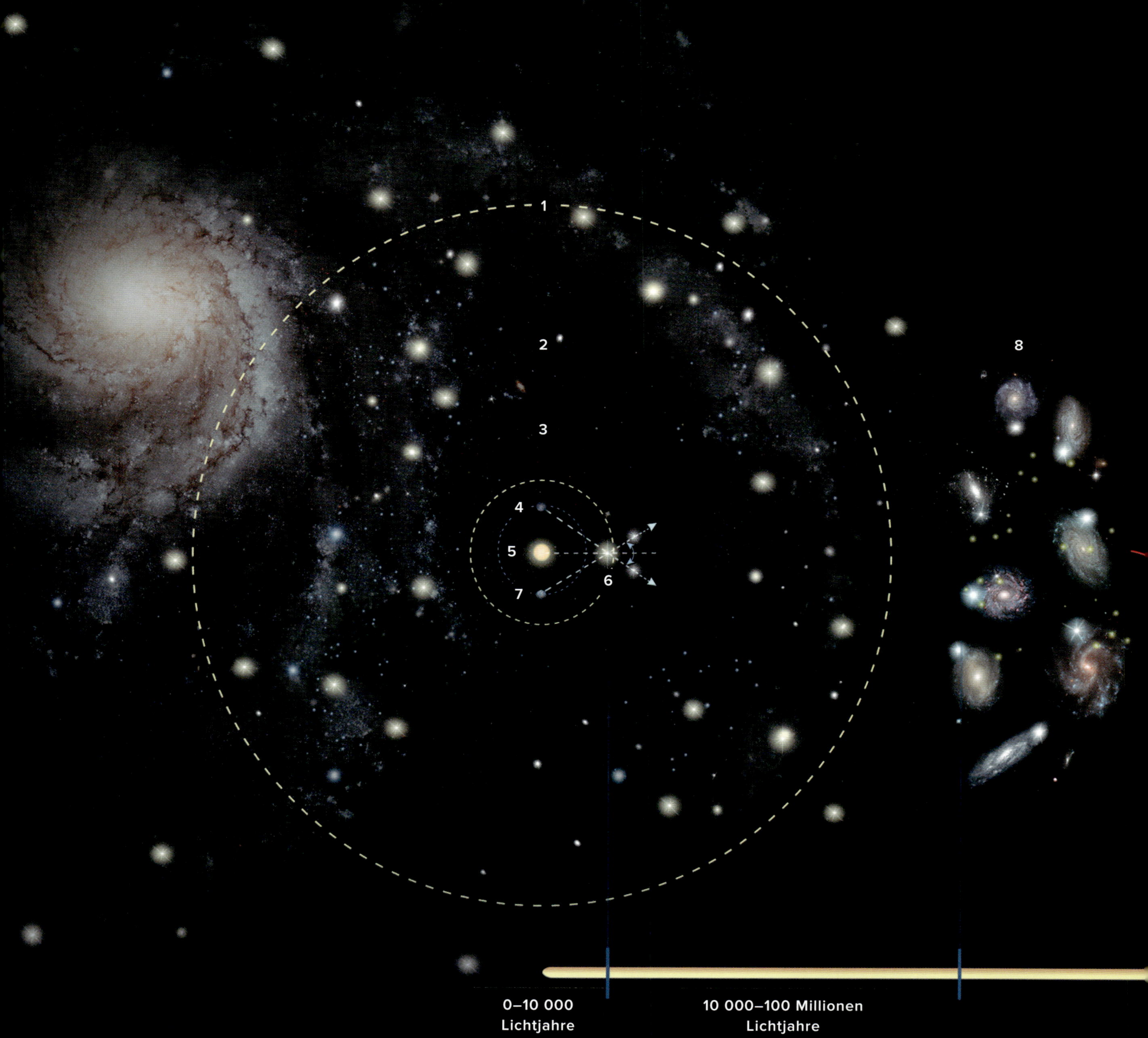
1
2
3
4
5
6
7
8
0–10 000
Lichtjahre
10 000–100 Millionen
Lichtjahre

Wie berechnen Astronomen eigentlich die Geschwindigkeit, mit der sich das Universum ausdehnt? Das HST hat ihnen dafür mehr Hilfsmittel denn je an die Hand gegeben.

Die Beobachtung von Cepheiden (pulsierenden Sternen), deren Entfernung zur Erde bekannt ist, enthüllte einen Zusammenhang zwischen ihrer durchschnittlichen Leuchtkraft und ihrer Pulsationsperioden. Mithilfe dieser Informationen können Astronomen die Entfernung jedes Cepheiden ermitteln, indem sie die Dauer der rhythmischen Veränderung seiner Helligkeit messen. Um eine größere Genauigkeit zu erreichen, messen die Astronomen die Leuchtkraft mehrmals an zwei Punkten auf gegenüberliegenden Seiten der Erdumlaufbahn um die Sonne. Die scheinbare Positionsänderung des Sterns, die man bei der Messung von zwei Punkten sieht, wird Parallaxe genannt. Die Entfernung von der Erde, wo man Sterne mit dieser Methode messen kann, ist die Parallaxengrenze.

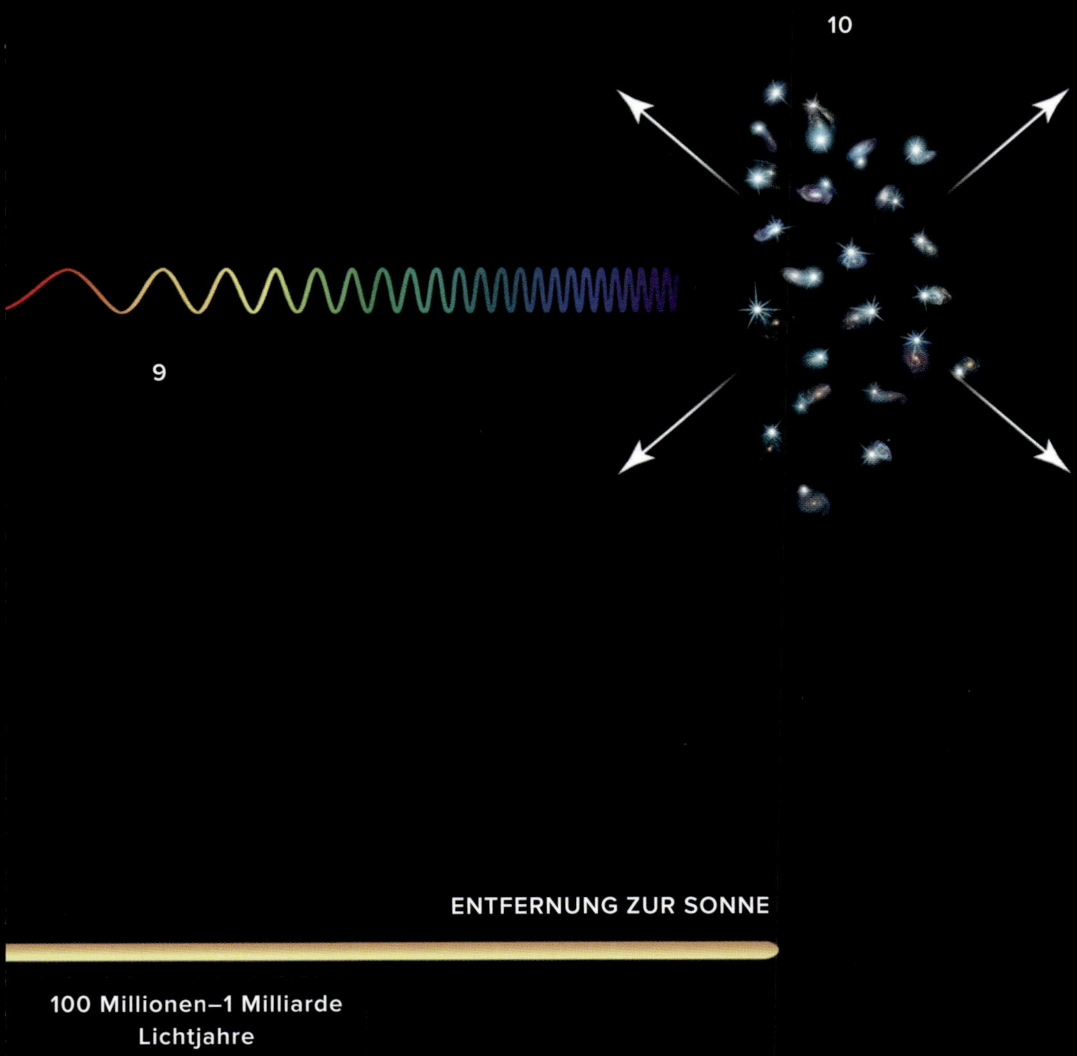

Jenseits der Milchstraße suchen Astronomen nach Galaxien, die Cepheiden und Supernova-Explosionen enthalten. Indem sie die Helligkeit entfernter Supernovae vergleichen, können sie die Entfernung messen, in der die Expansion des Universums zu sehen ist (in der Rotverschiebung der Objekte, die sich von der Milchstraße wegbewegen). Aus diesen Werten wird anschließend die Hubble-Konstante berechnet: Sie ist ein Maß für die Geschwindigkeit, mit der sich das Universum ausdehnt. Im Jahr 2016 nutzten Wissenschaftler das HST, das die Parallaxengrenze erweiterte, um 2400 Cepheiden in 19 Galaxien zu beobachten. Sie verglichen die Helligkeit beider Sternarten und erhielten einen verbesserten Wert der Hubble-Konstante von 73,2 Kilometern pro Sekunde pro Megaparsec. (Ein Megaparsec entspricht 3,26 Millionen Lichtjahren.) In jüngerer Zeit gelang es dem Wissenschaftsteam, das am Planck-Weltraumteleskop der Europäischen Weltraumorganisation (ESA) arbeitete, die Hubble-Konstante noch genauer zu bestimmen.

1. Neue Parallaxengrenze
2. Parallaxe der Cepheiden in der Milchstraße
3. Alte Parallaxengrenze
4. Die Erde im Juni
5. Die Sonne
6. Ein Cepheide
7. Die Erde im Dezember
8. Parallaxe der Cepheiden in der Milchstraße
9. Licht, das durch die Ausdehnung des Raums ins rote Spektrum verschoben wird
10. Entfernte Galaxien im expandierenden Universum, die Supernovae vom Typ Ia beherbergen

Diese Galaxien, die vom HST der NASA aufgenommen wurden, beherbergen sowohl Cepheiden als auch Supernovae. Mithilfe der Cepheiden können Entfernungen zur Erde ermittelt werden – indem Schwankungen in ihrer Helligkeit und Rotverschiebung gemessen werden. Solche Messungen helfen bei der genaueren Bestimmung der Hubble-Konstante – der Rate, mit der sich das Universum ausdehnt.

DAS ALTER DES UNIVERSUMS

Nach den Entdeckungen von Hubble, Lemaître und anderen Astrophysikern der Nachkriegszeit war es die Raumfahrt, die unser Wissen über das Universum maßgeblich erweiterte. Seit den 1960er-Jahren versorgen uns eine Reihe von Weltraumobservatorien mit immer neuen Informationen über die Millionen Sterne und Galaxien, die sich jenseits der Milchstraße befinden.

Unser Universum ist 13,787 +/- 0,020 Milliarden Jahre alt und dehnt sich seit seiner Entstehung immer weiter aus. Das wissen wir dank der Forschung von Edwin Hubble und seinen zahlreichen Nachfolgern. Je weiter sich das Universum ausbreitet, desto weiter entfernen sich Objekte von uns und das Licht, das sie abgeben, wird „gestreckt", sodass sich seine Wellenlänge in den roten Bereich des elektromagnetischen Spektrums verschiebt (siehe Seite 36). Dieses Licht ist seit Milliarden Jahren auf dem Weg zur Erde. Wir sehen also entfernte Objekte so, wie sie aussahen, als sich das Licht auf den Weg machte. Darum bezeichnen die Wissenschaftler der NASA den Einsatz von Teleskopen manchmal als „Blick in die Vergangenheit". Auch wenn es sich dabei um keine echte Zeitreise handelt, können Astronomen immer entferntere Himmelskörper beboachten und damit in die Frühphase des Universums spähen.

DER COSMIC BACKGROUND EXPLORER

Einer der bedeutendsten Raumflugkörper, die zur Erforschung dieser Anfangszeit eingesetzt wurden, war der Cosmic Background Explorer (COBE), der von 1989 bis 1993 in Betrieb war. COBE suchte und fand am Rand des beobachtbaren Universums die kosmische Mikrowellenhintergrundstrahlung, ein Überbleibsel des Urknalls. COBEs Messung der Restwärme der extremen Hitze des Urknalls war wie die Entdeckung von Fingerabdrücken an einem Tatort. Auf Grundlage dieser neuen Daten etwickelten die Forscher eine viel umfassendere Theorie zur Entstehung des Universums.

COBE war nicht der erste Satellit, der die kosmische Hintergrundstrahlung gemessen hatte – das war der sowjetische Flugkörper RELIKT-1 aus dem Jahr 1983 –, aber er war der technisch ausgereifteste. In späteren Jahren unternahmen die Wilkinson Microwave Anisotropy Probe (WMAP, 2001–10) der NASA und das Planck-Weltraumteleskop der Europäischen Weltraumorganisation (ESA) eine Durchmusterung des Himmels (eine systematische Kartierung alles von der Erde aus Beobachtbaren) und lieferten die bisher besten Daten zur Entstehung des Universums. Die präzisen Messungen der kosmischen Mikrowellenhintergrundstrahlung ermöglichten genauere Schätzungen von Größe, Masse, Alter, Aufbau, Geometrie und

ALTERNDE GALAXIEN

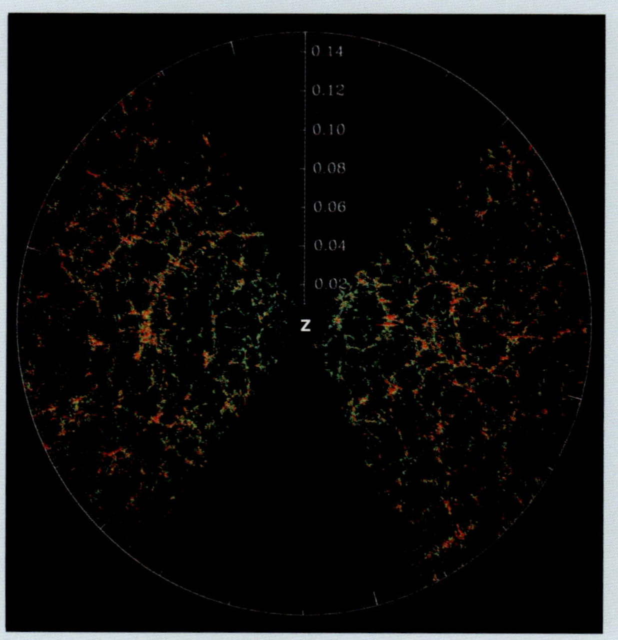

Diese Darstellung aus dem Sloan Digital Sky Survey (einer sogenannten Durchmusterung, also Durchsuchung des Himmels) zeigt die Verteilung der Galaxien, mit der Erde im Zentrum. Jeder farbige Punkt steht für eine Galaxie und das Alter ihrer Sterne: Die röteren, dichteren Bereiche sind Galaxien aus älteren Sternen, während die grünen Punkte jüngere Sterne repräsentieren. Die dunklen Bereiche konnten nicht kartiert werden, da sie durch Staub unserer eigenen Galaxie verdeckt werden. Der äußere Ring beschreibt eine Entfernung von 2 Milliarden Lichtjahren beziehungsweise eine Rotverschiebung („z") von 0,15 (siehe Skala auf dem Bild).

GEGENÜBER OBEN Diese zusammengesetzten Bilder stammen aus drei Weltraumteleskopen der NASA und zeigen Aufnahmen im Mikrowellen-, Infrarot- und sichtbaren Lichtbereich des elektromagnetischen Spektrums. Ordnet man sie auf dem Zeitstrahl darunter an, erzählen sie uns die Geschichte des Universums.

RECHTS Diese Darstellung des gesamten Himmels wurde 1999 vom COBE-Forschungsteam herausgegeben. Es handelt sich um ein Bild in geringer Auflösung, auf dem man aber kalte und warme Bereiche erkennt. Die Mikrowellenstrahlung unserer eigenen Galaxie ist als rotes Band zu sehen. Das Bild zeigt einen Temperaturbereich von ±100 Mikrokelvin.

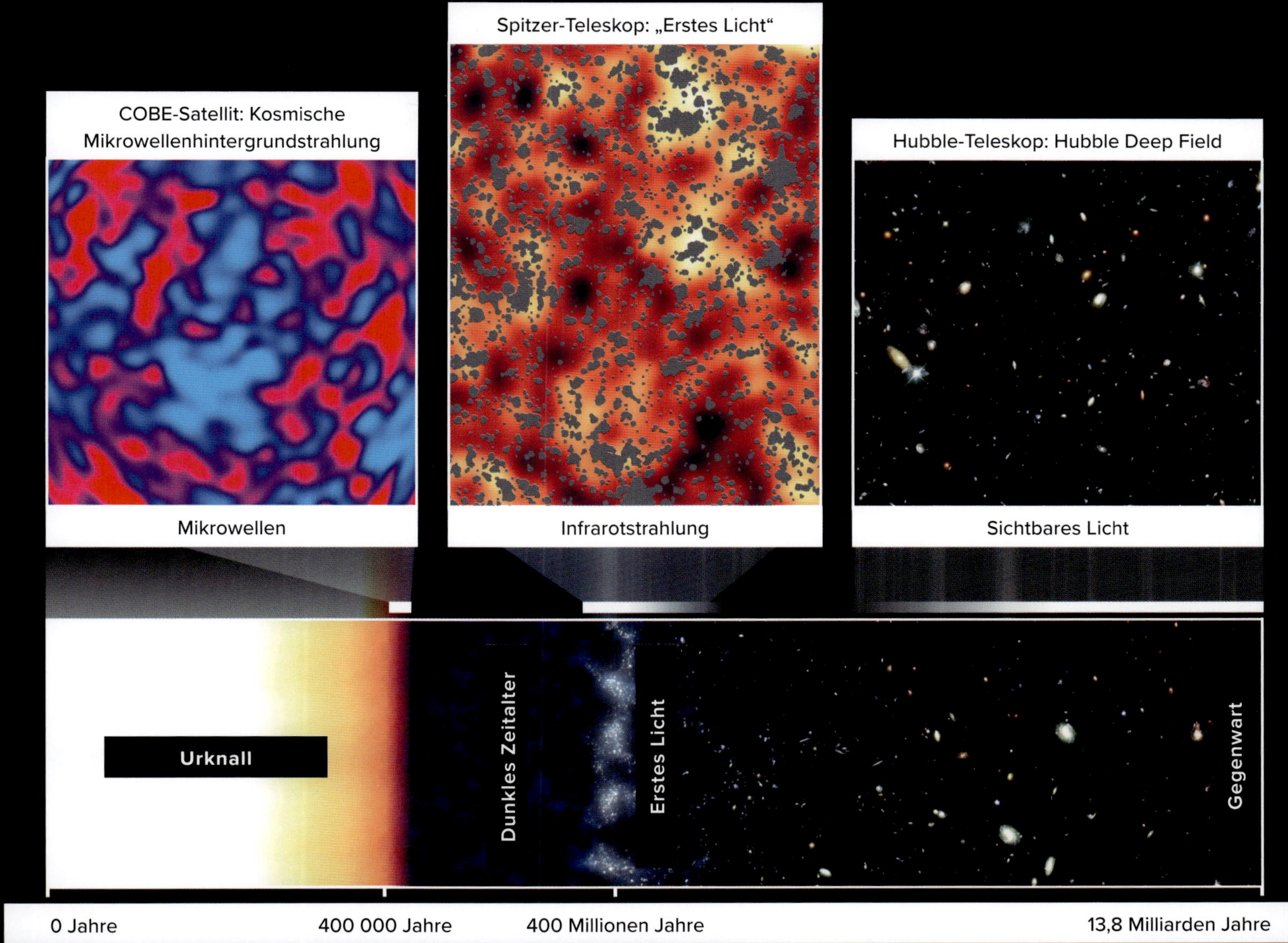
Spitzer-Teleskop: „Erstes Licht“
COBE-Satellit: Kosmische Mikrowellenhintergrundstrahlung
Hubble-Teleskop: Hubble Deep Field
Mikrowellen
Infrarotstrahlung
Sichtbares Licht
Urknall
Dunkles Zeitalter
Erstes Licht
Gegenwart
0 Jahre
400 000 Jahre
400 Millionen Jahre
13,8 Milliarden Jahre

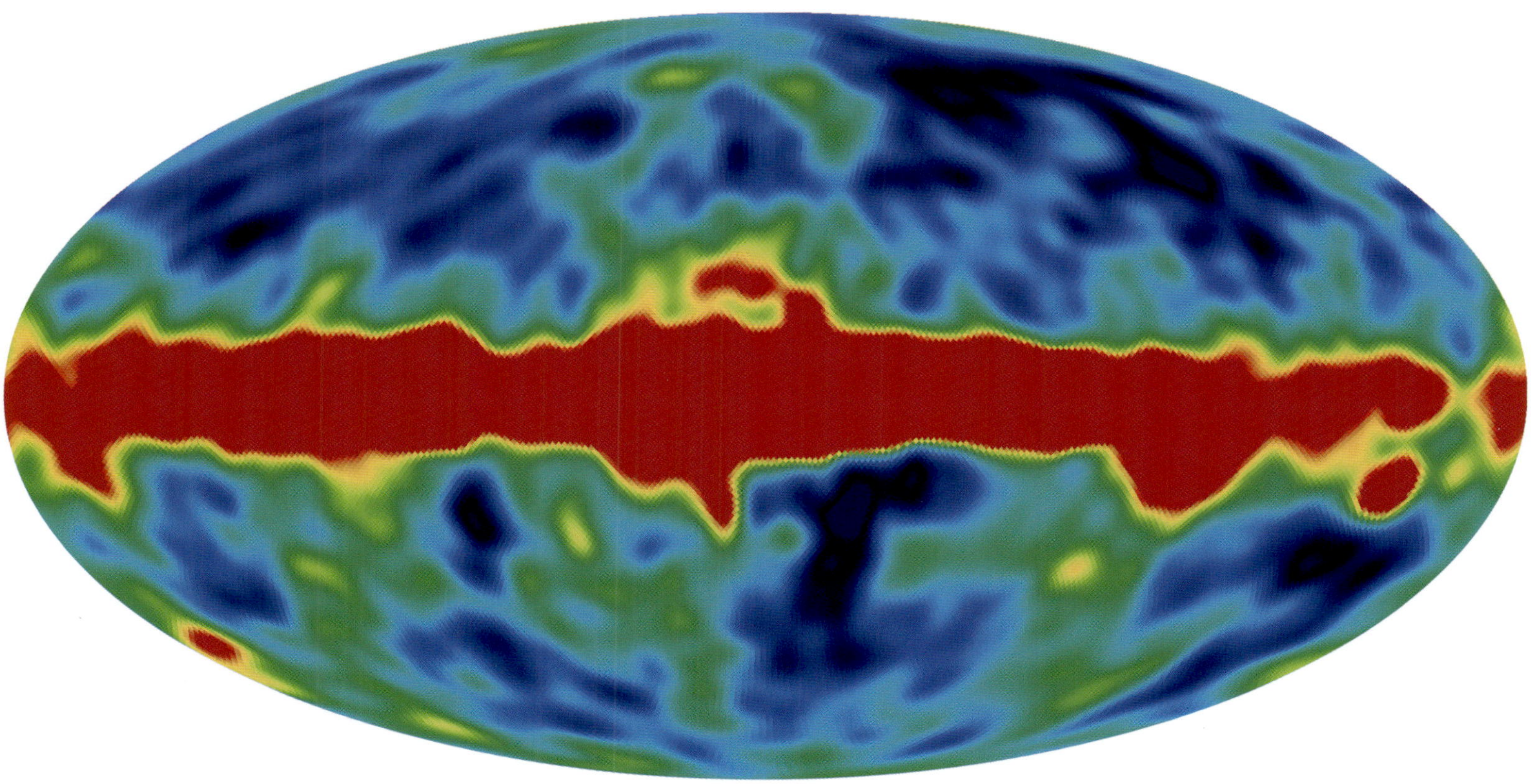

sogar der Zukunft des Universums – ob es irgendwann in sich zusammenfallen oder sich ewig ausdehnen wird (siehe Seite 68).

Die Leiter des Forschungsprojekts COBE, der Astrophysiker George F. Smoot (geb. 1945) von der University of California und der NASA-Astrophysiker John C. Mather (geb. 1946), erhielten im Jahr 2006 für ihre Arbeit den Nobelpreis für Physik. In den Worten des Nobelpreiskomitees gilt COBE als „Anfangspunkt für die Kosmologie als exakte Wissenschaft". Mather koordinierte das Projekt und war für COBEs Messungen der kosmischen Hintergrundstrahlung verantwortlich. Er war der erste NASA-Wissenschaftler, der einen Nobelpreis erhielt. Smoot war für die Dokumentation der geringen Temperaturabweichungen der Strahlung zuständig.

DAS JAMES-WEBB-WELTRAUMTELESKOP

Eines der neuesten Observatorien im All ist das James-Webb-Weltraumteleskop (JWST) – benannt nach dem Administrator der NASA, der die Raumfahrtbehörde von 1961 bis 1968 leitete. Es umkreist die Sonne am Lagrange-Punkt-2 (L2), der 1,6 Millionen Kilometer von der Erde entfernt ist. Dort benötigt es kaum Energie, um in der Umlaufbahn zu bleiben, da sich die Gravitationskräfte verschiedener Himmelskörper ausgleichen (siehe Seite 135). Das JWST gilt als offizieller Nachfolger des Hubble-Telestkops (HST), der die Entstehung der ersten Galaxien entdecken könnte. Der leitende Wissenschaftler des JWST, John C. Mather, sagte über das Teleskop: „Unsere Auflösung ist besser als die von Hubble und mithilfe von Infrarot

UNTEN LINKS Der Satellit COBE wird 1989 im Goddard Space Flight Center in Greenbelt im US-Bundesstaat Maryland auf seinen Einsatz vorbereitet.

UNTEN Das Planck-Weltraumteleskop der ESA wurde im Mai 2009 vom Raumfahrtzentrum in Französisch-Guayana in den Weltraum gebracht und war bis 2013 am Lagrange-Punkt-2 (L2) des Systems Sonne-Erde (siehe Seite 135) in Betrieb, ungefähr 1,5 Millionen Kilometer von der Erde entfernt. Das Planck-Teleskop hat unser Wissen über den Urknall und die Expansion des Universums, das wir mithilfe anderer Weltraumteleskope angesammelt hatten, noch bedeutend erweitert.

werden wir die Anfangszeiten früher Galaxien sehen. Hubble kann nicht bis zu den ersten Galaxien blicken, aber wir werden es tun."

Die Technik des JWST ist ausgefeilter als bei allen früheren Weltraumteleskopen, was zu einigen Verzögerungen bei seinem Einsatz führte. Sein Hauptspiegel, der aus 18 Segmenten aus ultraleichtem Beryllium besteht, wurde erst im All per Fernsteuerung entfaltet und justiert. Außerdem verfügt das Teleskop über einen Sonnenschild von der Größe eines Tennisplatzes, damit es mit optimaler Effizienz arbeiten kann. Trotz der Verzögerungen beim Start und einiger technischer Probleme in den 2010er-Jahren brachte die NASA das JWST mit der Trägerrakete Ariane 5 am 25. Dezember 2021 vom Raumfahrtzentrum in Französisch-Guayana ins All.

Die Daten, die das JWST bis jetzt geliefert hat, haben bereits unser Wissen über das Universum revolutioniert. Die ersten Bilder wurden 2022 veröffentlicht. Vor allem beobachtete es die Entstehung von Galaxien viel näher am Urknall als je zuvor (siehe Seite 54), aber auch Schwarze Löcher und andere Phänomene.

„Das James-Webb-Weltraumteleskop, benannt nach dem Administrator, der die NASA von 1961 bis 1968 leitete, umkreist die Sonne in einer Entfernung von 1,6 Millionen Kilometern."

Die Fähigkeiten der Satelliten, die das Nachglühen des Urknalls messen sollen, wurden mit der Zeit immer weiterentwickelt. Die drei Bilder unten zeigen ein 10 Quadratgrad großes Himmelsareal, das in verschiedenen Weltraummissionen kartiert wurde. Die Auflösung der Bilder aus dem Planck-Teleskop war 2,5-mal höher als die der Raumsonde WMAP und sie lieferten die bisher detailreichste Himmelskarte der kosmischen Mikrowellenstrahlung im beobachtbaren Universum.

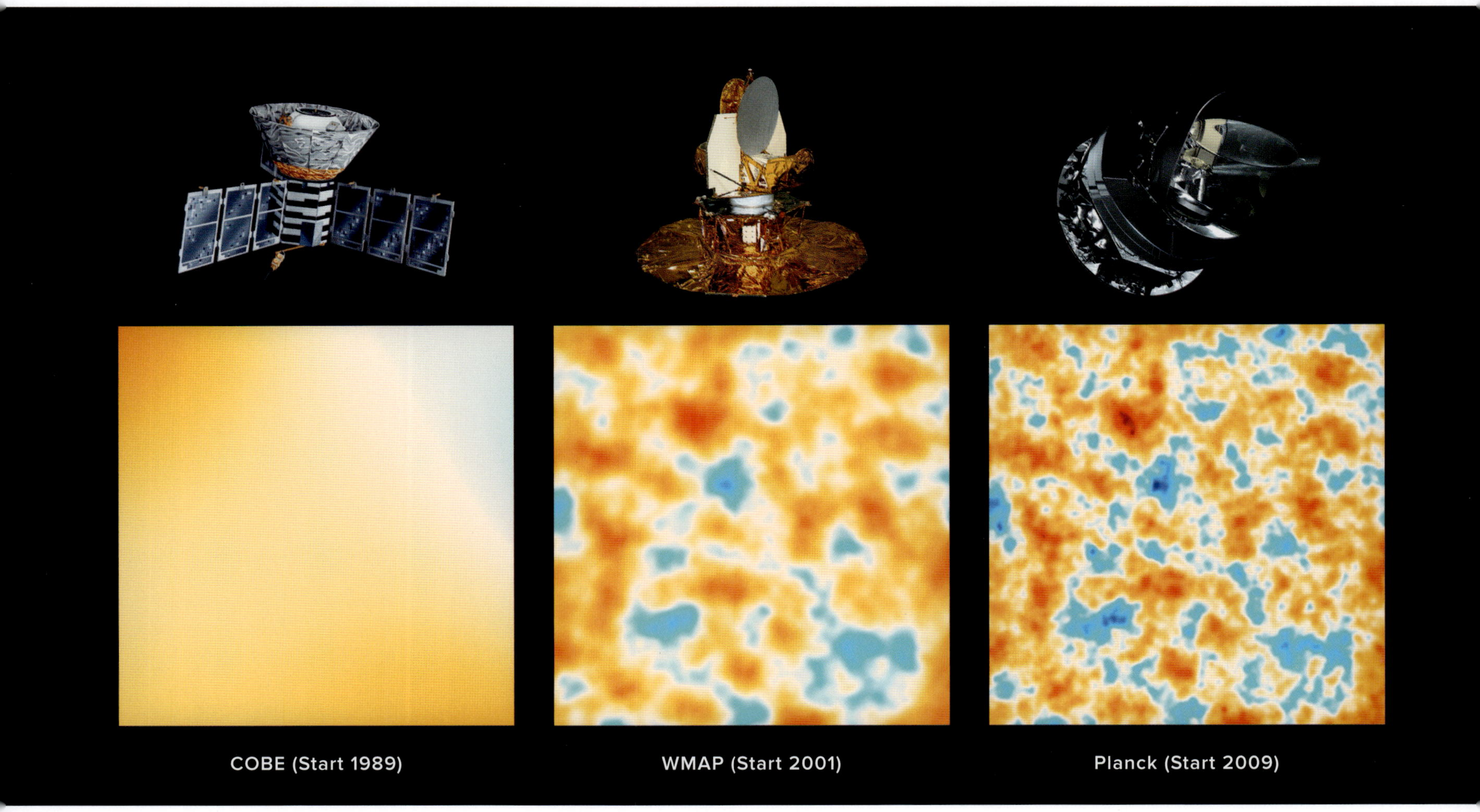

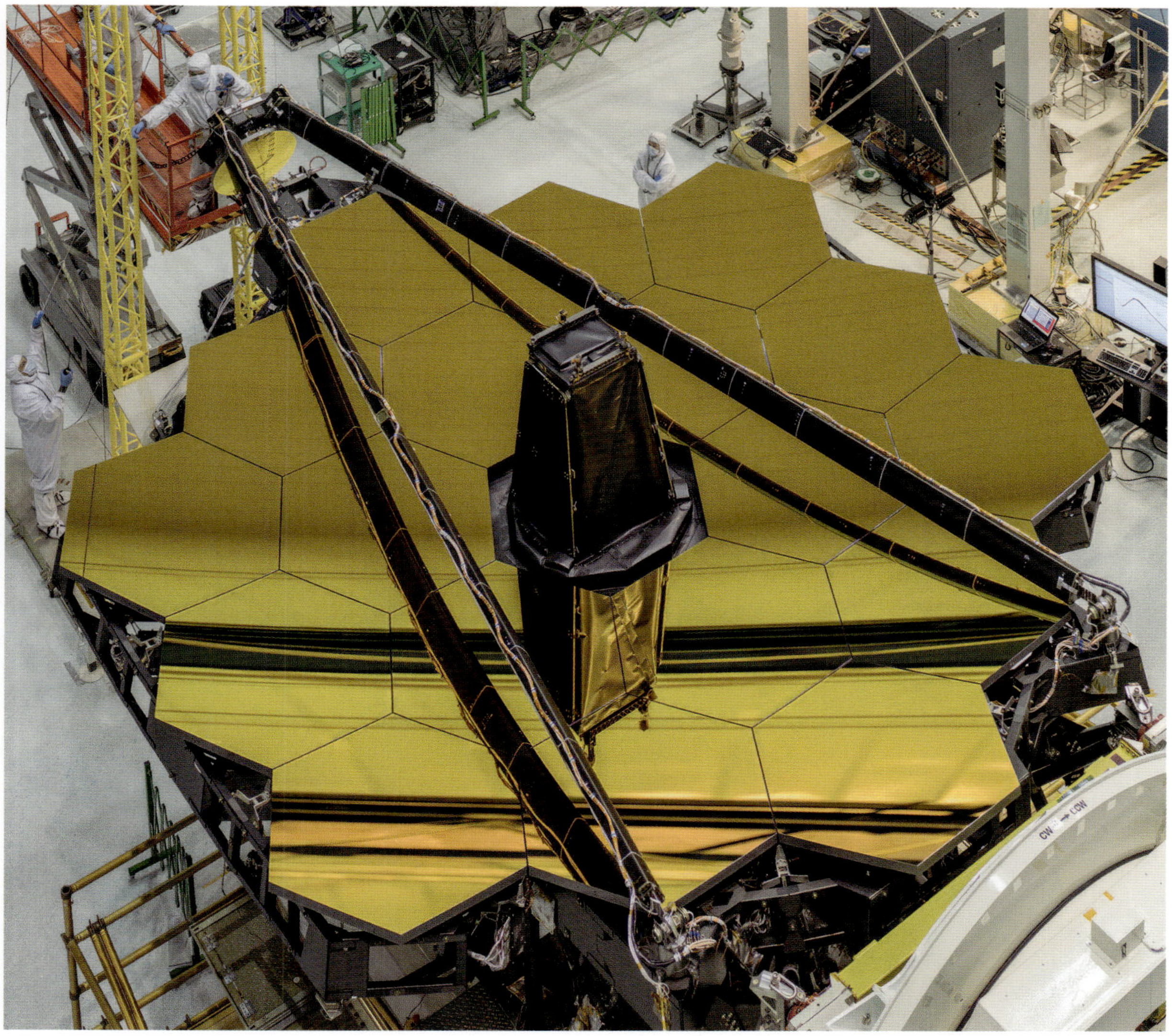

LINKS Der segelartige Sonnenschild des JWST schützt die Instrumente, während der Spiegel das Licht entfernter Galaxien einfängt. Die schwarze Spitze in der Mitte des Primärspiegels stellt das Bild scharf und nimmt die Daten auf. Der Sekundärspiegel ist auf einem langen Stativ befestigt.

OBEN Das revolutionäre Hauptspiegelmodul des JWST besteht aus 18 sechseckigen Segmenten aus Beryllium und wurde erst im Weltraum ausgefaltet.

Dieses hochauflösende Bild, das im Nahinfrarotlicht aufgenommen wurde, zeigt ein gravitativ gebundenes, gerade entstehendes Sternenpaar, genannt Herbig-Haro 46/47. Man erkennt die spitzen Beugungsstrukturen des JWST, die entstehen, wenn das Licht an den scharfen Kanten des Teleskops gebeugt wird. Diese Strahlen kann man auf vielen astronomischen Bildern sehen, auch auf denen des HST. Zwar können sie durch jeden Stern erzeugt werden, aber meist sieht man sie an den hellsten Sternen einer Aufnahme. Sie entstehen, wenn das Licht auf den Hauptspiegel und die Halterung des Sekundärspiegels trifft. Verschiedene optische Geräte bestehen oft aus Komponenten, an denen sich das einfallende Licht beugt, wodurch diese sternförmigen Strukturen entstehen.

DIE ENTSTEHUNG EINER STERNENMETROPOLE NACH DEM URKNALL

Das Universum, das 2005 von der NASA als „Metropole aus Sternen“ bezeichnet wurde, ist unermesslich groß. Neuesten Erkenntnissen zufolge ist es eine raffinierte Struktur aus Sternen, Galaxien und Clustern, die schon viel früher entstanden als zuvor angenommen.

Zu diesem Schluss gelangten Wissenschaftler aufgrund von Beobachtungen des Weltraumobservatoriums XMM-Newton der ESA und des Very Large Telescope der Europäischen Südsternwarte (ESO VLT) in Chile. Dr. Christopher Mullis von der Universität Michigan analysierte ungleichmäßig verteilte Materieklumpen und sagte dazu im Jahr 2005: „Wir sehen ein ganzes Netz aus Sternen und Galaxien, das nur wenige Milliarden Jahre nach dem Urknall entstanden ist – als würde auf der Erde über Nacht ein Königreich auftauchen.“

Der Galaxienhaufen, den Mullis und sein Team 2005 entdeckten, ist ungefähr 9 Milliarden Lichtjahre von der Erde entfernt, also etwa 85 Billionen Kilometer. Sein Licht war 9 Milliarden Jahre unterwegs, bevor es die Erde erreichte. Da das Universum 13,78 Milliarden Jahre alt ist, entstanden bereits 4 Milliarden Jahre nach dem Urknall die ersten Galaxien in diesem Cluster. Um es mit den Worten von Dr. Piero Rosati vom ESO-Hauptsitz im deutschen Garching zu sagen: „Das Universum ist schnell erwachsen geworden.“ Zuvor glaubten Wissenschaftler, dass es erst viel später nach dem Urknall zur Bildung von Galaxien gekommen war.

Seit 2005 haben Astrophysiker viel mehr über die frühe Entstehung von Galaxien erfahren. Und seit 2022 nutzen Wissenschaftler das James-Webb-Weltraumteleskop (JWST), um nach noch entfernteren Clustern aus Protogalaxien zu suchen – und fanden eine ganze Fülle davon. Sie entdeckten Galaxien, die vor bis zu 13 Milliarden Jahren entstanden und eine bemerkenswerte Vielfalt an Strukturen aufweisen. Die Forscher analysierten rund 850 Galaxien, die nach ihrer Form kategorisiert wurden, zum Beispiel Scheiben (wie unsere Spiralgalaxie), Klumpen oder irreguläre Galaxien.

Mithilfe von wiederholten Messungen und immer ausgeklügelteren Beobachtungsmethoden fand man heraus, dass es schon eine Milliarde Jahre nach dem Urknall Galaxien wie die Milchstraße gab, was jahrzehntealte Ansichten über die Galaxienbildung auf den Kopf stellte. Oder wie es der Astronom Haojing Yan im Januar 2023 ausdrückte: „Unsere bisherige Lieblingsgeschichte über die Entstehung von Galaxien muss umgeschrieben werden.“ Gibt es in dieser „Sternenmetropole“ noch weitere, noch fernere Galaxienhaufen als die vom JWST entdeckten? Wahrscheinlich schon, denn neue, noch ältere Cluster werden bereits vom JWST beobachtet. Die Spurensuche im Universum geht also weiter.

HENRIETTA SWAN LEAVITT (1868–1921)

Die US-amerikanische Astronomin Henrietta Swan Leavitt unternahm bedeutende Entfernungsmessungen zwischen Himmelskörpern, von denen man heute weiß, dass es entfernte Galaxien sind. Sie entdeckte die regelmäßigen Schwankungen der Leuchtkraft von Cepheiden. Dieses Wissen spielte in Edwin Hubbles Arbeit zum expandierenden Universum (siehe Seite 32) eine wesentliche Rolle.

Obwohl Leavitt eine Frau und gehörlos war, arbeitete sie ab 1893 am Harvard-Observatorium als „Computer“ – das heißt, sie führte mathematische Berechnungen für die Astronomen durch. Sie entwickelte sich mit der Zeit selbst zur Astronomin und war für die Katalogisierung veränderlicher Sterne zuständig. Im 21. Jahrhundert wurde Leavitt noch zur Popkultur-Sensation, als Joyce Van Dyke das Theaterstück „The Women who Mapped the Stars“ („Die Frauen, die die Sterne kartierten“) schrieb, das die Geschichte von Leavitt und ihren Kolleginnen am Harvard-Observatorium erzählte. Es stellte die Schwierigkeiten der Frauen an einem von Männern dominierten Arbeitsplatz realistisch dar: das Abenteuer des Entdeckens, den Wunsch nach Anerkennung und ihre Rolle als Wegbereiter für Frauen.

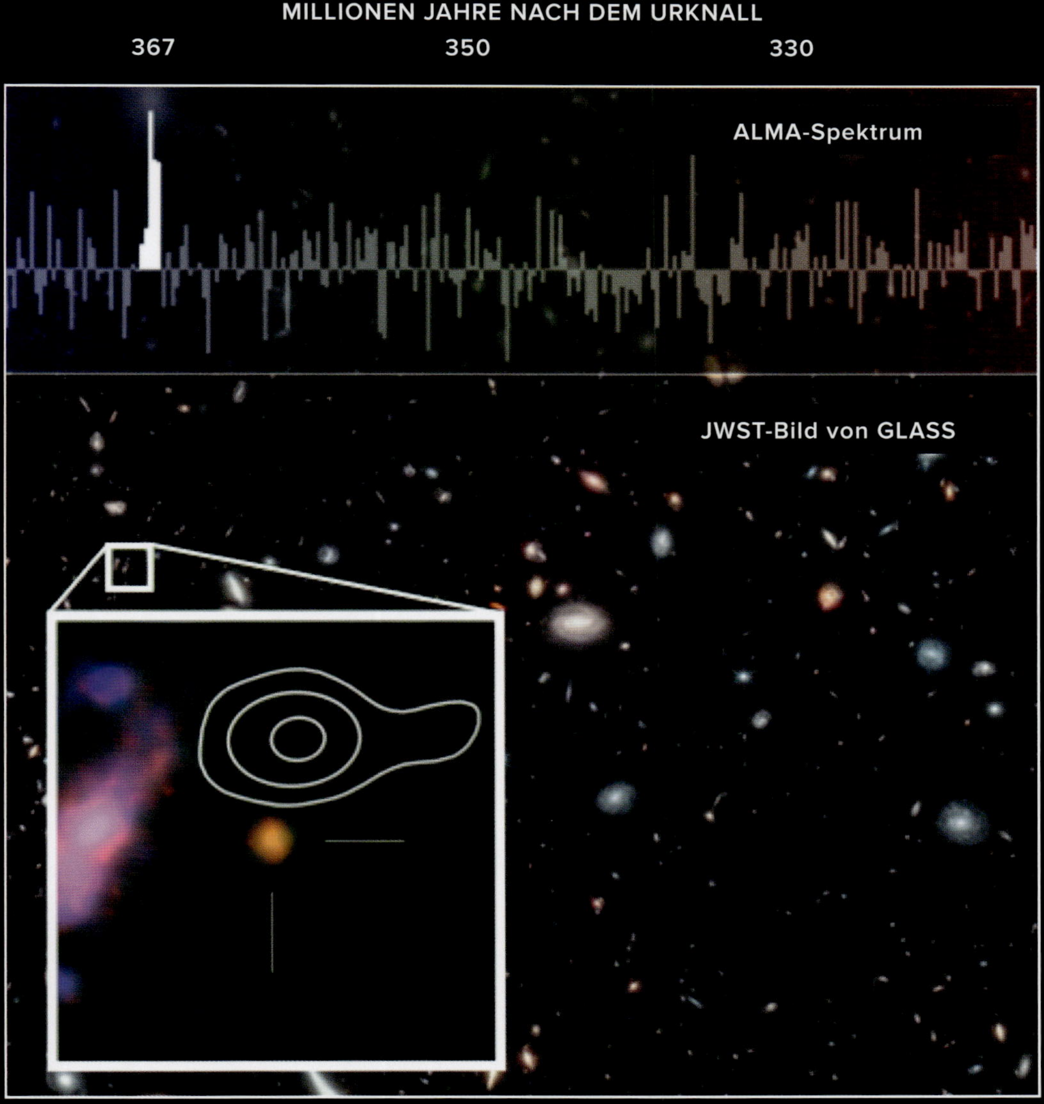

LINKS GHZ2/GLASS-z12 ist eine besonders entlegene Galaxie, die schon bald nach dem Urknall entstand. Tatsächlich überdauerte sie bereits 97 Prozent der 13,8 Milliarden Jahre, die das Universum existiert. Da sie sich hinter riesigen, nähergelegenen Galaxienhaufen befindet, konnten Wissenschaftler ihr Alter erst durch den Einsatz der Radioteleskopanlage ALMA (Atacama Large Millimeter/submillimeter Array) in Chile und des JWST bestimmen. Die Daten aus den ALMA-Parabolantennen (*oben*) zeigten eine Sauerstoffemission – die helle Linie auf der linken Seite des Diagramms – in der Nähe der Galaxie, die etwa 367 Millionen Jahre nach dem Urknall entstand. Als die Wissenschaftler die Ergebnisse mit den Bildern aus dem JWST (*unten*) abglichen, erkannten sie, dass die Spektraldaten eine Bewegung von ionisiertem Sauerstoff, ausgelöst durch die Expansion des Universums, in der Nähe der Galaxie offenbarten. Das kleine Quadrat links im JWST-Bild ermöglichte es einem Team aus Wissenschaftlern der Universität Nagoya und des nationalen astronomischen Observatoriums in Japan, das kosmische Alter dieser entfernten Galaxie zu messen. Die Ergebnisse wurden im Januar 2023 veröffentlicht.

RECHTS Dieses Diagramm aus dem Jahr 2005 zeigt die räumliche Verteilung von Galaxienhaufen, die vor 9 Milliarden Jahren entstanden. Die untere Spitze gibt die Position der Erde wieder, während der Kegel die zunehmend größer werdenden Entfernungen und das Licht aus der Frühzeit des Universums darstellt. Die Entfernung (Rotverschiebung) ist auf der rechten Achse markiert und die entsprechende Rückschauzeit zum Urknall auf der linken Achse. Der 2005 neu entdeckte Cluster bei Rotverschiebung 1,4 (mit der Bezeichnung „XMMU J2235") war ein bedeutender Fund, der vorherige Beobachtungen in den Schatten stellte (ihre Grenze ist als „ROSAT-Horizont" eingezeichnet). Angesichts der Daten, die seit dem Start des JWST im Jahr 2022 gesammelt wurden, könnte dieses Diagramm, das noch nicht aktualisiert wurde, um mehr als 13 Milliarden Jahre nach hinten datiert werden.

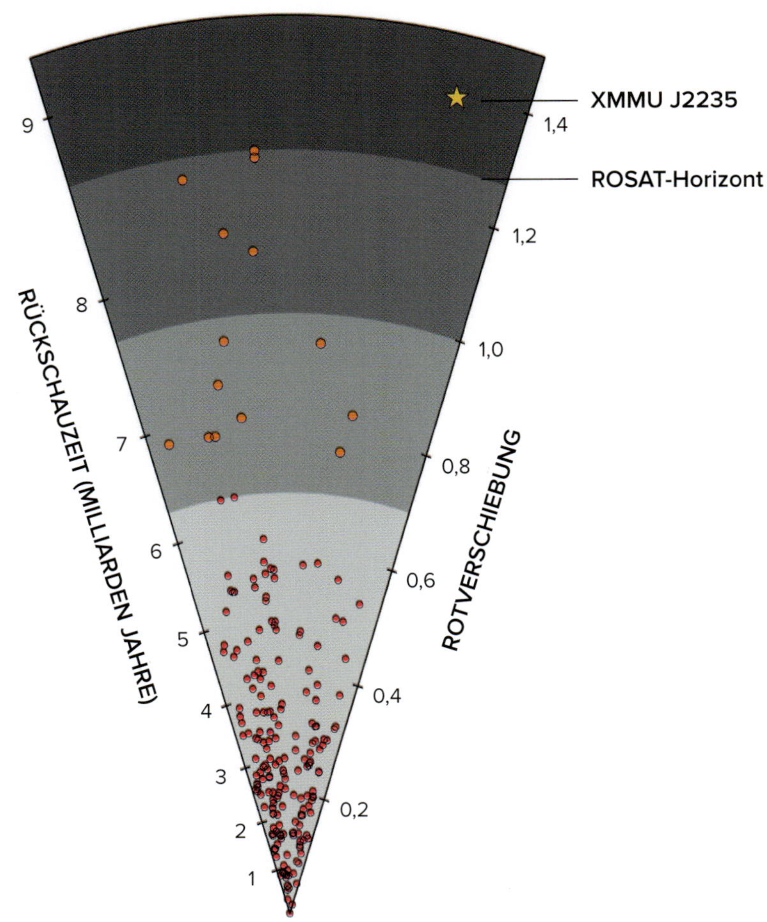

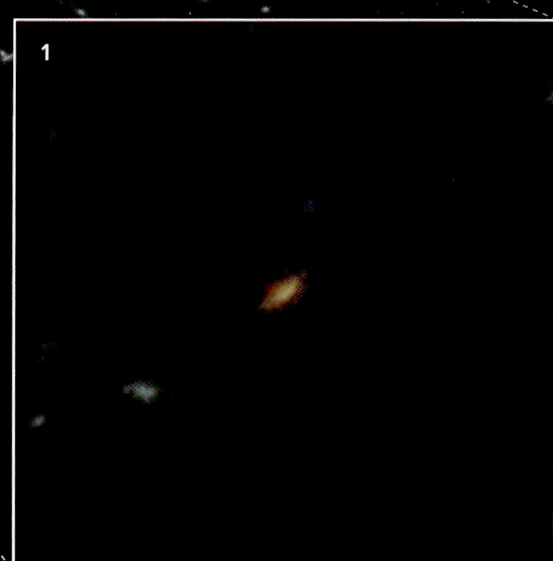

Dieser Bildausschnitt zeigt zwei der entlegensten Galaxien, die bisher vom JWST entdeckt wurden. „Pandoras Cluster“ ist ein Riesengalaxienhaufen, der aus der 350 Millionen Jahre dauernden Kollision von mindestens vier kleineren Galaxienhaufen entstand. Die Galaxie links, die mit (1) bezeichnet ist, entstand nur 450 Millionen Jahre nach dem Urknall, der vor 13,8 Milliarden Jahren stattfand. Die Galaxie im rechten Bildausschnitt, die mit (2) bezeichnet ist, entstand etwa 100 Millionen Jahre vor der ersten. Der Unterschied in der Schärfe und Auflösung der Bilder ist deutlich zu erkennen.

2
2

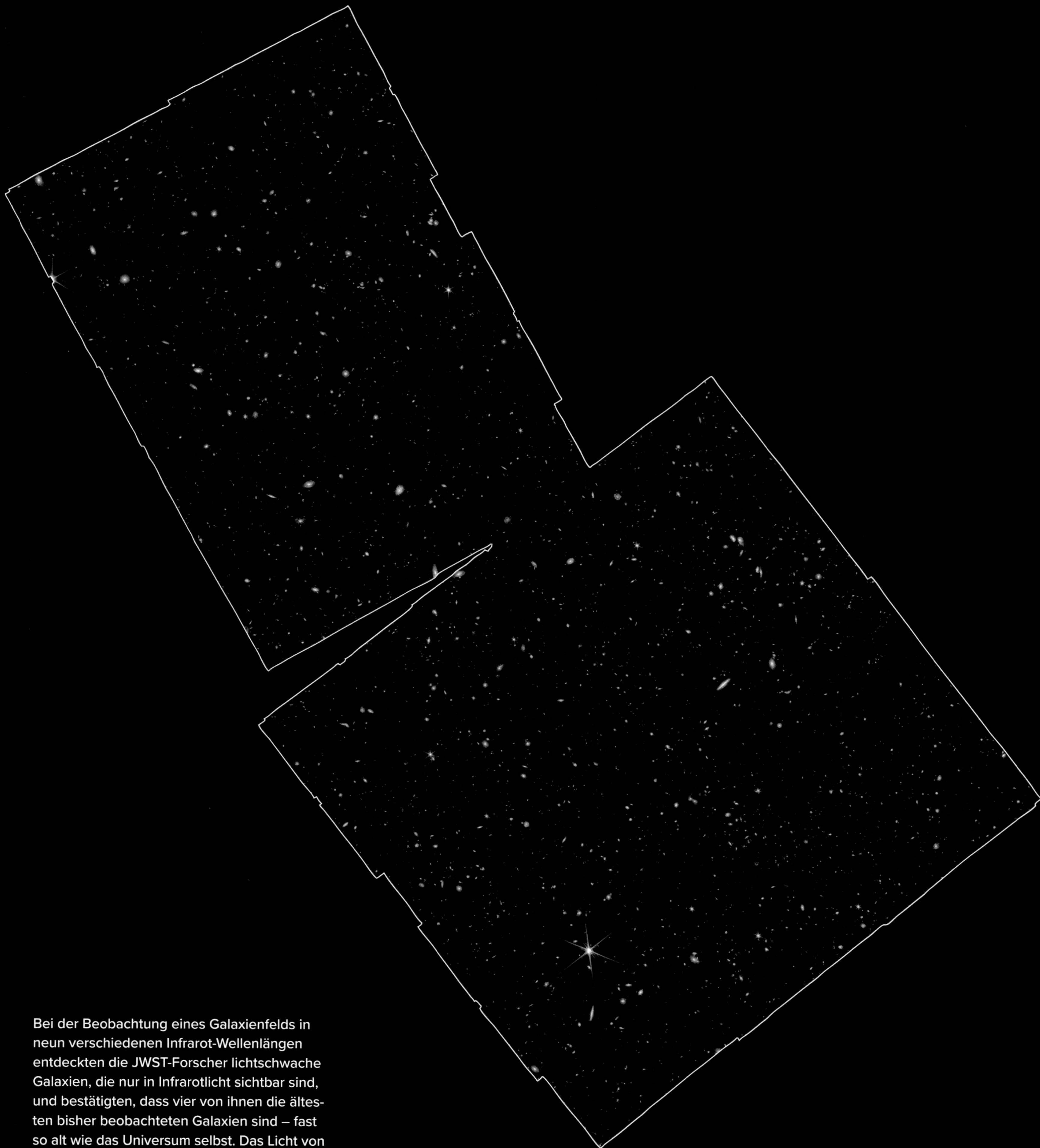

Bei der Beobachtung eines Galaxienfelds in neun verschiedenen Infrarot-Wellenlängen entdeckten die JWST-Forscher lichtschwache Galaxien, die nur in Infrarotlicht sichtbar sind, und bestätigten, dass vier von ihnen die ältesten bisher beobachteten Galaxien sind – fast so alt wie das Universum selbst. Das Licht von diesen Galaxien brauchte über 13,4 Milliarden Jahre, um die Erde zu erreichen, und zeigte daher die Galaxien, wie sie nur 350 Millionen Jahre nach dem Urknall aussahen.

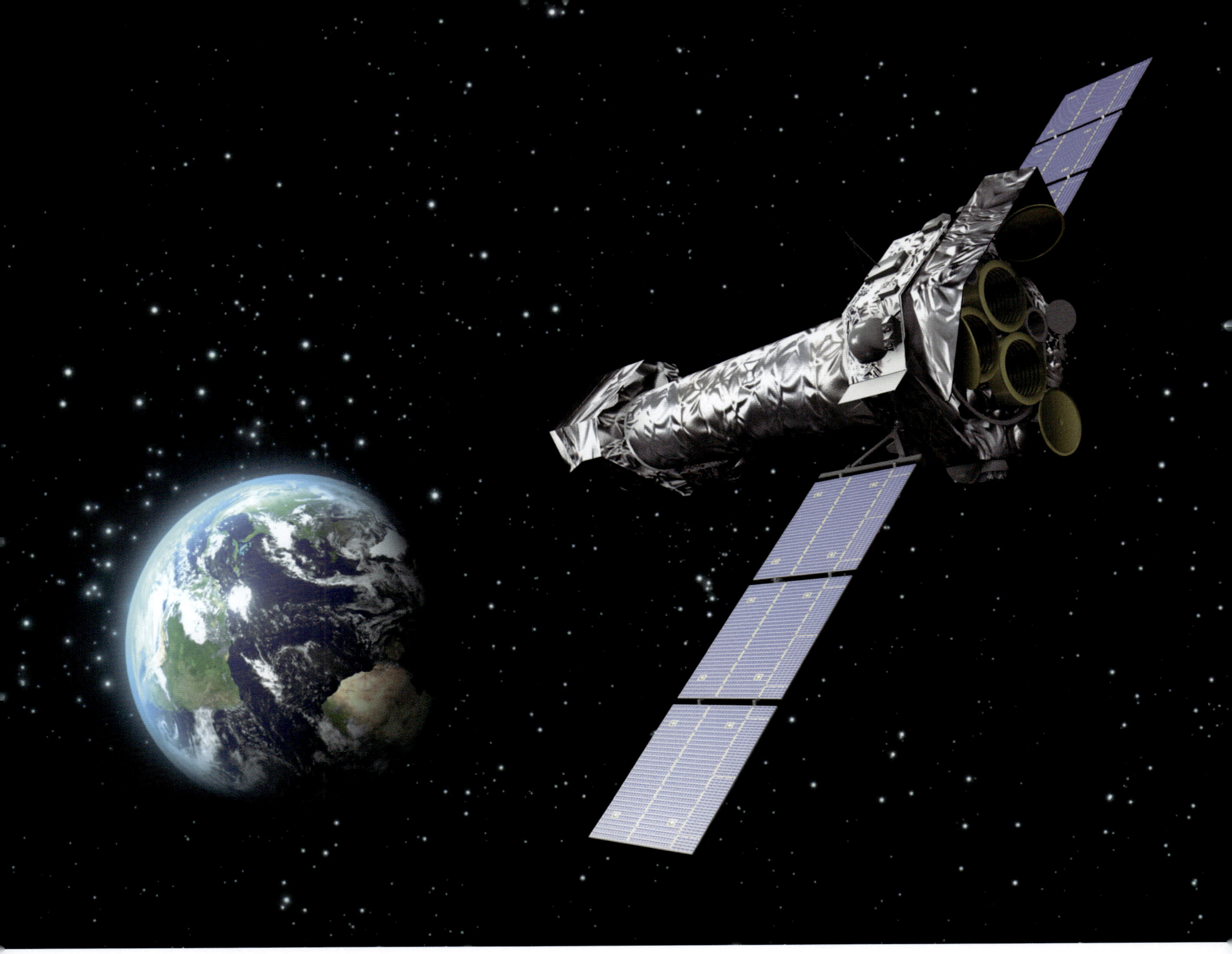

Die große Erdumlaufbahn des Weltraumobservatoriums XMM-Newton der ESA führt das Teleskop mehr als die Hälfte des Weges zum Mond und wieder zurück. XMM-Newton wurde 1999 ins All gebracht und ist immer noch im Einsatz. Es untersucht vor allem Schwarze Löcher, das „Leben“ und „Sterben“ von Supernovae, die Gase zwischen Galaxien und, was am wichtigsten ist, den Ursprung und die Entwicklung des Universums.

„Seit 2022 nutzen Wissenschaftler das James-Webb-Weltraumteleskop (JWST), um nach noch entfernteren Clustern aus Protogalaxien zu suchen – und fanden eine Fülle davon. Sie entdeckten Galaxien, die vor bis zu 13 Milliarden Jahren entstanden waren und eine bemerkenswerte Vielfalt an Strukturen aufweisen.“

Im Juli 2022 erfasste das JWST den Rand einer Sternentstehungsregion im Carinanebel, die NGC 3324 genannt wurde und ungefähr 7600 Lichtjahre von der Erde entfernt liegt. Aufgrund der Formen des Nebels, die an Berge und Täler erinnern, bezeichnete die NASA dieses Bild als „kosmische Klippen“.

RÄTSELHAFTE DUNKLE MATERIE UND ENERGIE

Schon lange vor der Urknalltheorie wunderten sich Kosmologen, dass die gängigen Theorien über das Universum nicht durch ihre Beobachtungen bestätigt wurden. Sie mussten ihre Einschätzungen korrigieren, vor allem jene, die sich mit der Größe des Universums und der darin enthaltenen Materie befassten.

Im Jahr 1884 vermutete der britische Physiker Lord Kelvin (1824–1907), dass aufgrund von Abweichungen zwischen Theorien und Beobachtungen ein Teil aller Himmelskörper, „vielleicht eine große Mehrheit dunkle Körper“ seien. Die Gravitation, eine Konstante im Universum, reichte nicht aus, um alle Beobachtungen der Wissenschaftler zu erklären, was die Frage aufwarf, welche anderen Kräfte am Werk waren. In manchen Fällen waren es heiße Gase, die den Raum zwischen Objekten füllten und die im Röntgen- oder Gammastrahlenspektrum beobachtet werden konnten. Aber auch dieses Phänomen erklärte nicht alles Verhalten der Materie im Universum. Manche Astronomen, etwa der Schweizer Fritz Zwicky (1898–1974), sprachen von einer hypothetischen Dunklen Materie und Dunklen Energie – so benannt, da es bis jetzt noch keine Instrumente gibt, um sie zu beobachten. Sie können jedoch indirekt gemessen werden. Auf der Grundlage kosmologischer Beobachtungen entwickelten Wissenschaftler ein theoretisches Modell der Zusammensetzung des Universums, das demnach aus etwa 68 Prozent Dunkler Energie, 27 Prozent Dunkler Materie und nur ungefähr 5 Prozent beobachtbarer Materie besteht.

DIE SUCHE NACH DER DUNKLEN ENERGIE

Im Jahr 1990 setzte die NASA ein neues Weltraumobservatorium ein, das unser Wissen vom Kosmos revolutionierte. Das Hubble-Weltraumteleskop (HST) beobachtete über 30 Jahre lang die Expansion des Universums und seine Messdaten lieferten eine schlüssige Erklärung zur Rolle der Dunklen Energie.

Im Jahr 1998 fanden die Wissenschaftler in den Daten aus dem HST eine Diskrepanz zwischen der Expansionsrate, die kurz nach dem Urknall gemessen wurde, und der heutigen Ausdehnung des Universums. Ein vom Nobelpreisträger Adam Riess (geb. 1969) geleitetes Forschungsteam fand heraus, dass sich das Universum immer schneller ausdehnte. Die Expansionsrate, die durch die Hubble-Konstante ausgedrückt wird, wurde von Hubble vor einem Jahrhundert mit 67,5 ±0,5 Kilometern pro Sekunde pro Megaparsec berechnet. Riess' Team ermittelte aus neueren Beobachtungen einen Wert von 73 km/s/Mpc. Nach Riess' Einschätzung beschleunigt sich die Expansion des Universums aufgrund der Dunklen Materie, die es noch zu ermitteln gilt.

VERA RUBIN (1928–2016)

Vera Rubin, die schon immer Astronomin werden wollte, erbrachte den Nachweis, dass Galaxien zum größten Teil aus Dunkler Materie bestehen. Ihre Zusammenarbeit mit Kent Ford (1931–2023), die in den 1960ern begann, führte zur Veröffentlichung bahnbrechender Beobachtungen der Rotation von Spiralgalaxien. Beginnend mit der nahen Andromeda-Galaxie untersuchten Rubin und Ford die flachen Rotationskurven und fanden heraus, dass sich die äußersten Bereiche der Galaxie gleich schnell drehten wie die innersten. Wäre die Schwerkraft das Einzige, was Spiralgalaxien in ihrer Form hält, würden sie auseinanderfliegen. Stattdessen werden sie von einer unsichtbaren Masse – der Dunklen Materie – zusammengehalten, wie es Lord Kelvin und andere vermutet hatten. In Galaxien ist fünf- bis zehnmal mehr Dunkle Materie als sichtbare Materie vorhanden. Diese Entdeckung wurde bereits viele Male bestätigt.

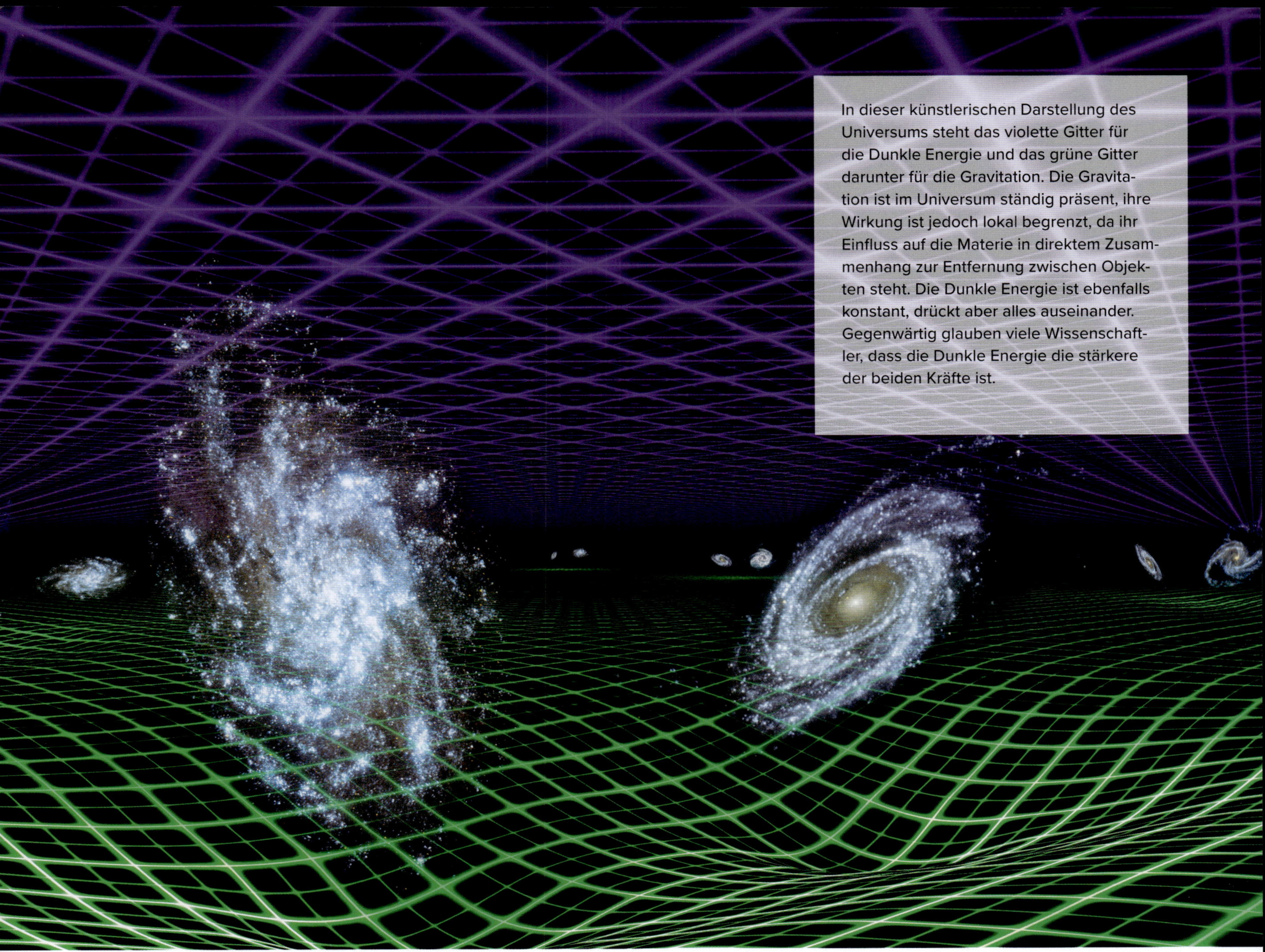

In dieser künstlerischen Darstellung des Universums steht das violette Gitter für die Dunkle Energie und das grüne Gitter darunter für die Gravitation. Die Gravitation ist im Universum ständig präsent, ihre Wirkung ist jedoch lokal begrenzt, da ihr Einfluss auf die Materie in direktem Zusammenhang zur Entfernung zwischen Objekten steht. Die Dunkle Energie ist ebenfalls konstant, drückt aber alles auseinander. Gegenwärtig glauben viele Wissenschaftler, dass die Dunkle Energie die stärkere der beiden Kräfte ist.

Die fehlende Materie im Universum stellt Astrophysiker schon lange vor ein Rätsel und basierend auf der Messqualität der gegenwärtigen wissenschaftlichen Instrumente werden immer wieder Korrekturen vorgenommen. Das Planck-Weltraumteleskop der ESA ermöglichte es Wissenschaftlern im Jahr 2013, die Berechnungen durchzuführen, die im Tortendiagramm rechts prozentual dargestellt sind. Diese Werte stammen aus den bisher genauesten Messungen, wobei die normale Materie, aus der Sterne und Galaxien bestehen, nur 4,9 Prozent der gesamten Masse und Energie des Universums ausmacht. Die Dunkle Materie, die nicht sichtbar ist, aber sich durch ihre Gravitationskraft bemerkbar macht, stellt 26,8 Prozent des Universums dar – mehr als zuvor angenommen. Die Dunkle Energie ist am schwierigsten zu erforschen, beschleunigt aber wohl die Ausdehnung des Universums. Die Messwerte des linken Diagramms entsprechen einem reduzierten Anteil von 68,3 Prozent am Universum – weniger als zuvor angenommen.

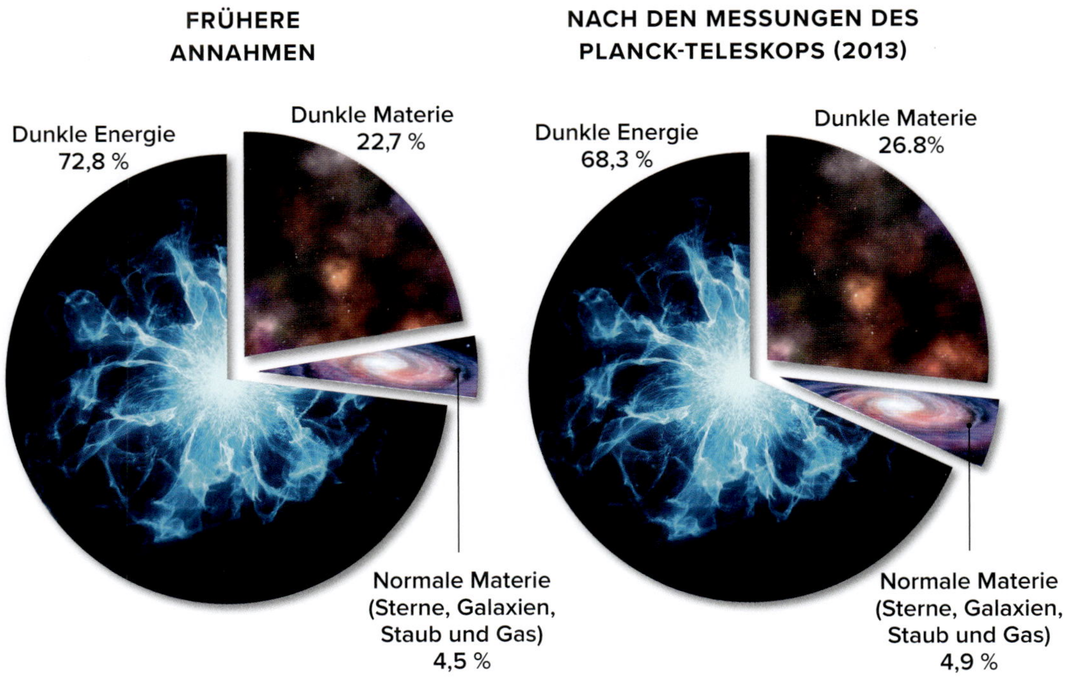

OBEN Der riesige Galaxienhaufen Abell 1689 ist rund 2,2 Milliarden Lichtjahre von der Erde entfernt und enthält über tausend Galaxien und Millionen von Sternen. Dieses Bild, das vom HST im Juni 2002 aufgenommen wurde, zeigt die räumliche Verteilung der Dunklen Materie im Zentrum des Clusters. Der Gravitationslinseneffekt, bei dem das Licht von Galaxien, die sich hinter Abell 1689 befinden, durch die normale Materie im Galaxienhaufen abgelenkt wird, lässt Rückschlüsse über die Existenz der Dunklen Materie zu.

RECHTS Das HST hat einige wichtige Beweise für die Auswirkungen der Dunklen Materie im Universum geliefert. Dieses Bild zeigt den Galaxienhaufen Abell S1063. Seine gewaltige Masse enthält baryonische Materie (bestehend aus subatomaren Teilchen, darunter Protonen und Neutronen, die aus einer ungeraden Anzahl der Elementarteilchen Quarks zusammengesetzt sind) und Dunkle Materie – und funktioniert wie ein kosmisches Vergrößerungsglas, das die Objekte hinter ihm verändert darstellt. In der Vergangenheit nutzten Astronomen diesen Gravitationslinseneffekt, um die Verteilung der Dunklen Materie in Galaxienhaufen zu ermitteln, aber mittlerweile gibt es eine genauere Methode, bei der das hier blau gefärbte Licht im Cluster untersucht wird, da es der Verteilung der Dunklen Materie folgt.

„Das Hubble-Weltraumteleskop (HST) beobachtete über 30 Jahre lang die Expansion des Universums und seine Messdaten lieferten eine schlüssige Erklärung zur Rolle der Dunklen Energie."

Die Spiralgalaxie NGC 5585 befindet sich auf dem Schwanz des Sternbilds Großer Bär. Dieses Bild aus dem HST, das am 21. September 2020 veröffentlicht wurde, bestätigt das Vorhandensein großer Mengen Dunkler Materie, denn die Sterne, Staubwolken, Gase und anderen Stoffe bilden nur einen winzigen Teil der Materie, die diesen Galaxienhaufen zusammenhält. Das ist bestenfalls ein indirekter Beweis für die Existenz der Dunklen Materie, aber die meisten Wissenschaftler sind sich einig, dass die Dunkle Materie der vorherrschende „Baustein" des Universums sein könnte.

DAS ENDE DES UNIVERSUMS

Wird das Universum eines Tages aufhören zu existieren? Die Meinungen dazu sind vielfältig, aber die meisten Astronomen glauben an mindestens eines von mehreren möglichen Endszenarien. Die drei bedeutendsten Hypothesen sind der Big Freeze („das große Erfrieren"), der Big Crunch („das große Zermalmen") und der Big Rip („das große Zerreißen").

Einige Wissenschaftler gehen davon aus, dass sich das Universum unendlich ausdehnen wird, angetrieben von der Kraft des Urknalls und den scheinbar immer größeren Geschwindigkeiten, die von der Dunkle Energie erzeugt werden, bis es schließlich im „Big Freeze" die kältesten Temperaturen erreicht. In diesem Endszenario für das Universum reichen die Materie – und ihre Anziehungskraft – irgendwann nicht mehr aus, um der Ausdehnung entgegenzuwirken. Die Teilchen treiben ziellos umher und verlieren die Energie, sich wieder zu verschiedenen Elementen zu verbinden. Im Laufe der Äonen wird sich diese ewige Expansion wieder verlangsamen, aber nie aufhören, bis das Universum nur noch als eine Form des Nichts existiert.

Beim „Big Crunch" würde das Gegenteil eintreten: Die Gravitation und die Materie im Universum würden ausreichen, um die Ausdehnung, die mit dem Urknall begann, irgendwann zu verlangsamen, bis sich das Universum schließlich wieder zusammenzieht und sich sämtliche Materie zu einer Singularität verdichtet, aus der vielleicht wieder ein Urknall entstehen könnte. Die Dunkle Energie, die seit dem Urknall die Expansion des Universums beschleunigt, lässt viele Wissenschaftler rätseln, wie ein solches Szenario eines oszillierenden Universums ablaufen könnte.

Zuletzt wäre da noch die Theorie des „Big Rip", die der Dunkle Energie eine wichtigere Rolle beim Ende des Universums zuweist. Sie könnte das Universum mit der Zeit immer schneller und stärker auseinanderziehen, der Schwerkraft entgegenwirken und die Struktur des Universums auseinandernehmen. In diesem Szenario wird alles zerrissen – Galaxien, Schwarze Löcher, Sterne und Planeten – also auch die Erde. Das könnte auf vielerlei Weise geschehen, aber Genaueres weiß niemand.

Auch andere Hypothesen werden vorgeschlagen, untersucht und diskutiert – manchmal angenommen, aber im Licht neuer Erkenntnisse wieder verworfen. Vielleicht gibt es sogar mehrere Universen – alternative Multiversen oder Mini-Universen mit anderen Naturgesetzen, die sich von unserem Universum abspalten. Gegenwärtig können wir nicht sagen, ob und wie das Universum aufhören wird, aber irgendwann in der Zukunft wird man es wissen – spätestens am Anfang vom Ende.

NANCY GRACE ROMAN (1925–2018)

Nancy Grace Roman wird liebevoll die „Mutter" des Hubble-Weltraumteleskops (HST) genannt. Sie erlangte den Doktortitel der Astronomie an der University of Chicago und arbeitete anschließend als Astronomin im Yerkes-Observatorium. Sie liebte ihren Beruf, bedauerte jedoch, dass sie an ihrer Forschungsstätte die einzige Frau mit einer Festanstellung war, obwohl es viele erfahrene Astronominnen gab. Da sie befürchtete, dass ihre akademische Karriere in einer Sackgasse enden würde, nahm sie einen Job als Radioastronomin im Forschungslabor der US-Marine an.

Im Jahr 1960 wurde sie von der NASA als Leiterin der Abteilung für Astronomie und Relativität engagiert und verbrachte viel Zeit mit der Förderung der Weltraumastronomie. Um das HST vor dem Kongress anzupreisen, sagte sie: „Für den jährlichen Preis einer Kinokarte erhielte jeder Amerikaner fünfzehn Jahre voller spannender Entdeckungen." Und das war noch vorsichtig geschätzt, da das Teleskop seit mittlerweile über 30 Jahren Perlen der Wissenschaft liefert.

Nach ihrem Tod benannte die NASA das nächste große Weltraumteleskopprojekt nach ihr: Das Nancy Grace Roman Space Telescope soll im Jahr 2027 ins All gebracht werden und dort Dunkle Energie, Exoplaneten und den Infrarotbereich erforschen.

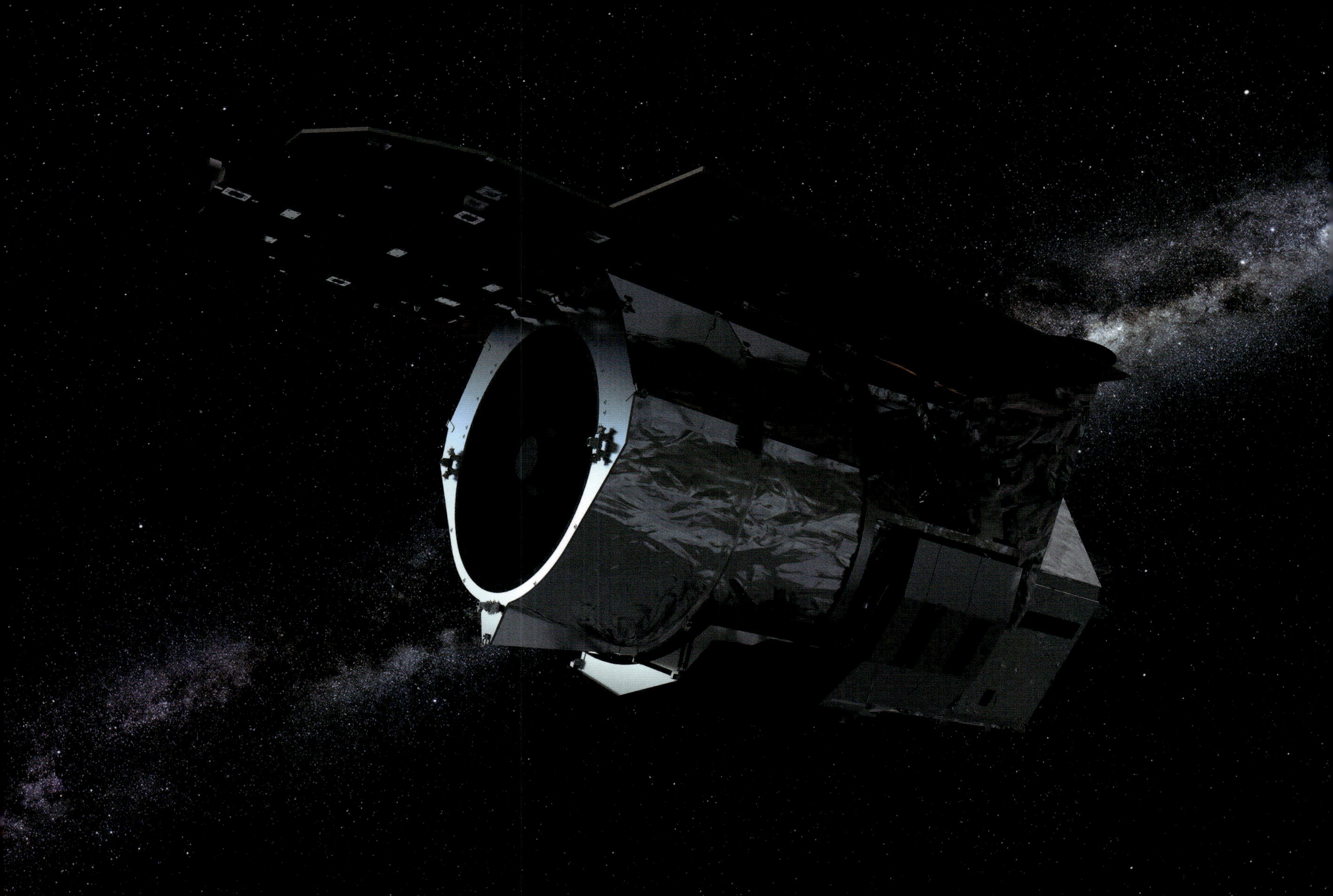

Das Nancy Grace Roman Space Telescope wird uns vielleicht dabei helfen, die Zukunft des Universums vorauszusagen. Die NASA entwickelte das *Wide Field Infrared Survey Telescope* (WFIRST), um die physikalischen Eigenschaften der „Dunklen Energie" zu erforschen, einem wesentlichen Element im Rätsel um das Ende des Universums. Am 20. Mai 2020 wurde das Teleskop in *Nancy Grace Roman Space Telescope* umbenannt. Es soll als Weltraumobservatorium die Verteilung der Materie im Universum und die darauf einwirkenden Kräfte messen und ermitteln, welche Rolle Schwarze Löcher und Supernovae im Schicksal des Universums spielen. Vor allem aber soll es herausfinden, wie sich die Kräfte, die auf die Materie im Universum einwirken, im Laufe der Zeit verändern – unter anderem die Dunkle Materie und die Dunkle Energie.

„Einige Wissenschaftler gehen davon aus, dass sich das Universum unendlich ausdehnen wird, angetrieben von der Kraft des Urknalls und den scheinbar immer größeren Geschwindigkeiten, die von der Dunklen Energie erzeugt werden, bis es schließlich im ‚Big Freeze' die kältesten Temperaturen erreicht."

Wissenschaftler haben drei mögliche Endzeitszenarien für das Universum ausgearbeitet. Instabile Dunkle Energie könnte als „Big Rip“ das expandierende Universum auseinanderreißen und damit Galaxien, Sterne, Planeten und Atome zerstören. Im Falle, dass die Ausdehnung des Universums immer langsamer wird und irgendwann zum Stillstand kommt, würde es vom „Big Crunch“ zusammengezogen, bis es in sich zusammenfiele. Die dritte Möglichkeit, die in der Wissenschaft momentan am populärsten ist, wäre der „Big Freeze“, bei dem sich das Universum endlos ausdehnt, schließlich abkühlt und sich im Nichts verliert.

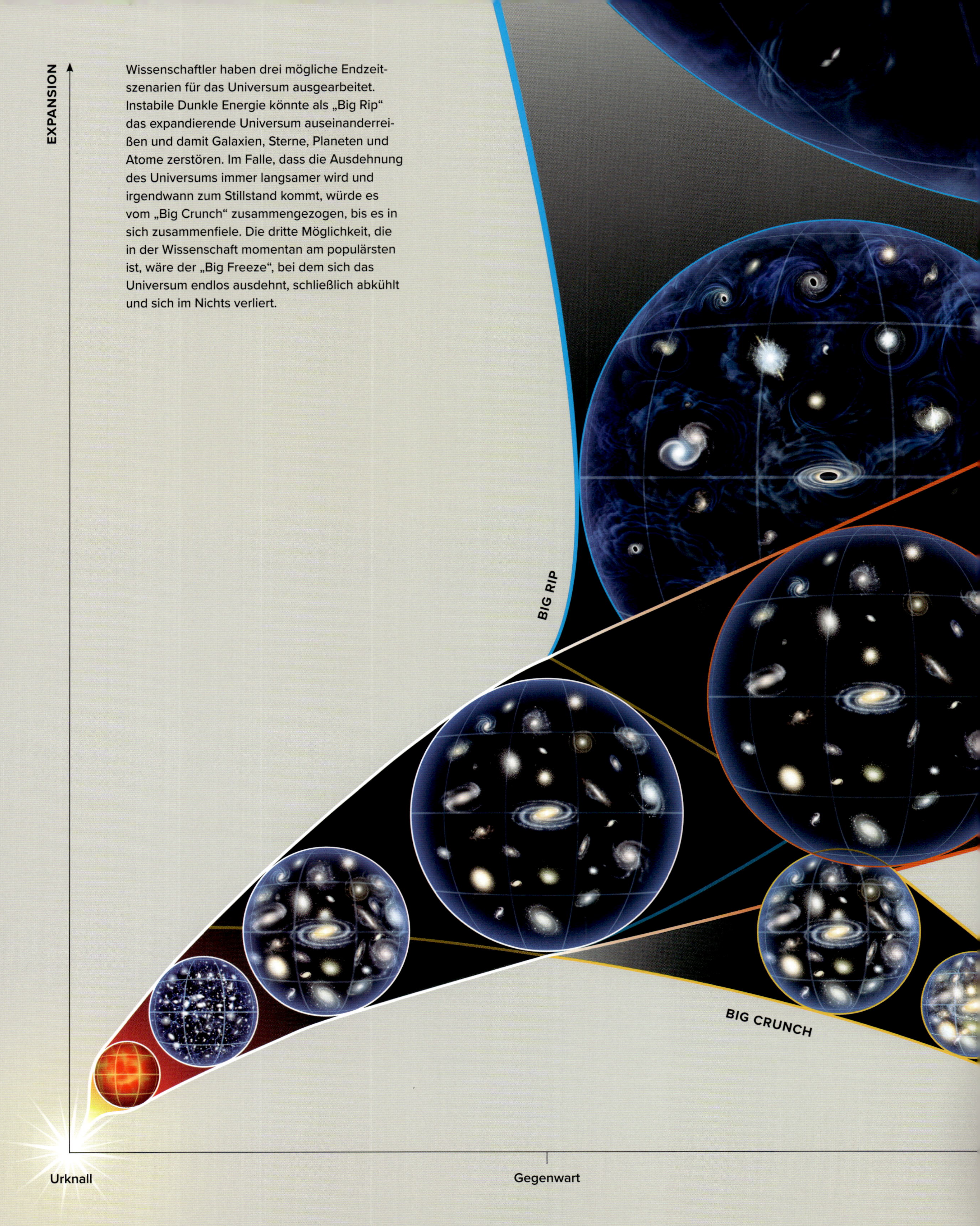

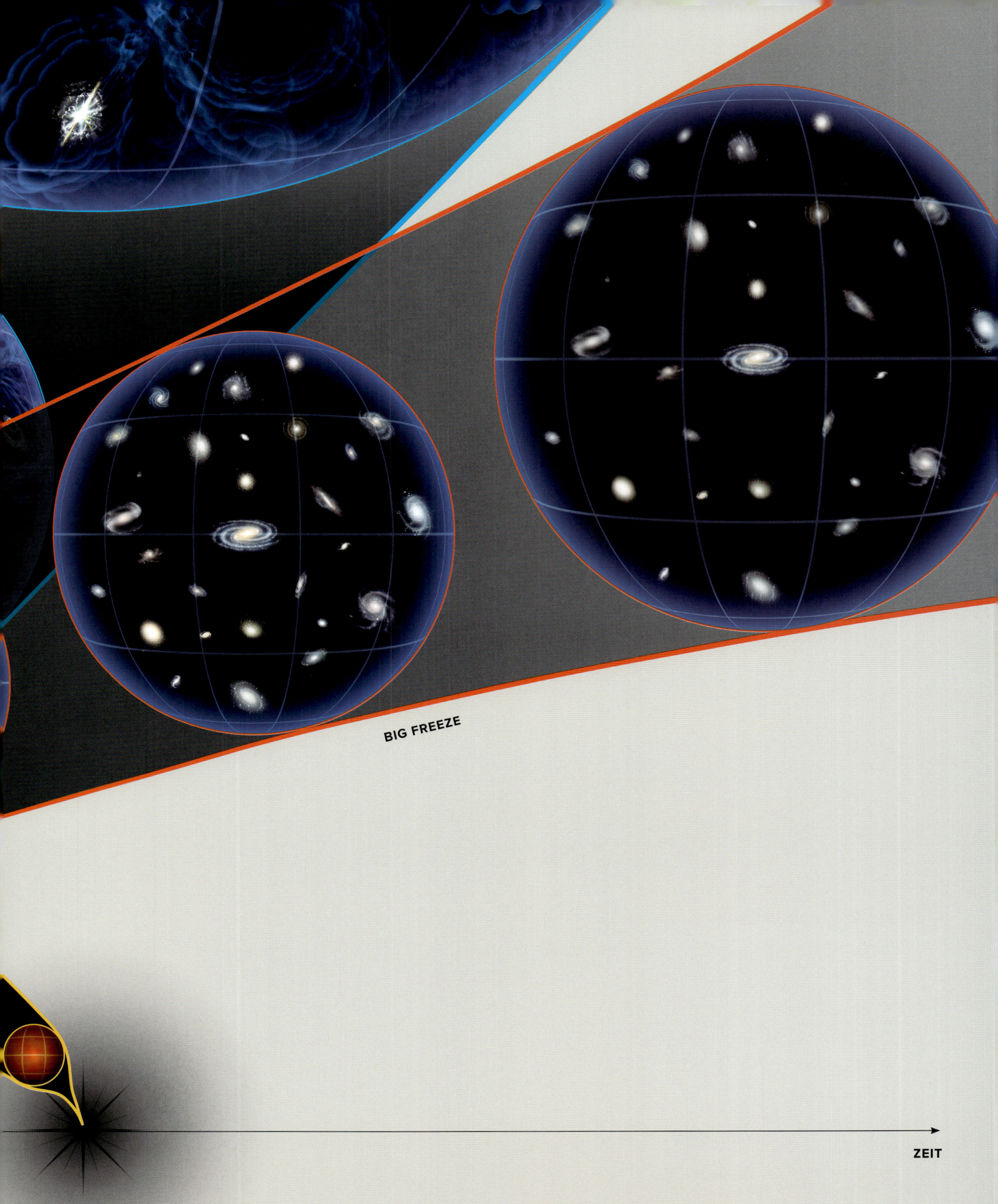
BIG FREEZE
ZEIT

Eine entfernte Galaxie mit einem aktiven Quasar in ihrem Zentrum lässt uns die gewaltige Intensität erahnen, die das „große Zerreißen“ des Universums begleiten würde. Sämtliche Materie würde in ein Schwarzes Loch gezogen, aus dem nicht einmal das Licht entkommen kann. Diese künstlerische Darstellung entstand auf der Grundlage von Daten aus dem HST. Sie ermöglichten den Astronomen die Entdeckung der extremen Strahlung und Energie, die auf die Galaxie einwirkt und sie auseinanderreißt.

2 GALAXIEN UND STERNSYSTEME

Die Feuerrad-Galaxie Messier 101 (M101) mit ihrer charakteristischen Größe und Form liegt etwa 21 Millionen Lichtjahre von der Erde entfernt im Sternbild Ursa Major (Großer Bär).

Erst im frühen 20. Jahrhundert erkannten Wissenschaftler, dass sich das, was wir als Galaxien bezeichnen, eigentlich außerhalb unserer Milchstraße befindet. Das war eine bedeutende Entdeckung. Seitdem haben wir herausgefunden, dass die Galaxien in unserem Universum Ansammlungen von Materie sind, die von der Schwerkraft zusammengehalten und anscheinend von der Dunklen Energie auseinandergedrückt werden (siehe Seite 62), was die Ausdehnung des Universums antreibt. Es gibt unzählige Typen von Galaxien, deren Erscheinungsbild und Zusammensetzung sich abhängig von ihrem Ursprung und ihrer Entwicklung im Laufe von Milliarden Jahren unterscheiden.

Die meisten Wissenschaftler sind sich einig, wie Galaxien entstehen: Kosmische Staubwolken verdichten sich zu Sternen, die schließlich durch den Einfluss der Schwerkraft aneinander gebunden werden. Die größten Galaxien enthalten Millionen Sterne und haben Durchmesser von über eine Million Lichtjahre. Selbst die kleinsten Galaxien sind gigantisch, bestehen aber nur aus wenigen tausend Sternen in einem dichten Gravitationsfeld und erstrecken sich nur über wenige hundert Lichtjahre. In den Zentren der meisten Galaxien befinden sich supermassereiche Schwarze Löcher, deren starkes Gravitationsfeld die Materie um sie herum „verschluckt" (siehe Seite 112).

Galaxien wie unsere Milchstraße drücken Materie aus ihrem Inneren an den äußeren Rand ihres Gravitationsfelds. Dabei entstehen gewaltige Spiralarme mit einer hohen Sterndichte. Auch unser Sonnensystem befindet sich in einem solchen Arm, am Rand der Milchstraße, einer Galaxie mit einem Durchmesser von etwa 100 000 Lichtjahren. Näher am galaktischen Zentrum wirkt die Gravitation immer stärker. Unser Platz in der Galaxis ist zum Glück relativ ruhig, obwohl auch hier ständige Bewegung herrscht. Zum Beispiel dauert ein Umlauf unseres Sonnensystems um das Zentrum der Milchstraße rund 240 Millionen Jahre.

Für uns ist die Milchstraße einzigartig, aber sie teilt sich ihre Nachbarschaft mit über 50 weiteren Galaxien in verschiedenen Größen und Formen, und auch diese werden durch die Kräfte der Gravitation und Dunklen Energie bewegt. Unser nächster Nachbar ist die Andromeda-Galaxie, die lange für einen Nebel gehalten wurde. Erst Edwin Hubble und andere bewiesen in den 1920ern, dass sie eine eigene Galaxie war, was in den folgenden 100 Jahren die Basis für neue Forschung und Erkenntnisse bildete.

RECHTS Betrachtet man die Milchstraße von oben, wie in dieser Ansicht, sieht es so aus, als wären ihre beiden Hauptarme, Scutum-Centaurus und Perseus, an einem dicken, langen Drehpunkt in der Mitte befestigt. Zwei andere Arme, Norma und Sagittarius, sind ebenfalls zu sehen, wenn auch weniger deutlich. Die Längengrade und die Maßeinheiten in Lichtjahren vermitteln einen Eindruck von den Proportionen der Milchstraße. Unser Sonnensystem befindet sich zwischen zwei Seitenarmen von Sagittarius und Perseus. Die Sonne ist auf dem Bild direkt unter dem Zentrum der Milchstraße eingezeichnet.

„Galaxien wie unsere Milchstraße drücken Materie aus ihrem Inneren an den äußeren Rand ihres Gravitationsfelds. Dabei entstehen gewaltige Spiralarme mit einer hohen Sterndichte."

GALAKTISCHE LÄNGE
0°
30°
330°
60°
300°
90°
270°
120°
240°
150°
210°
180°
60 000 Lj
45 000 Lj
30 000 Lj
15 000 Lj
Norma-Arm
Scutum-Centaurus-Arm
Galaktischer Balken
Sagittarius-Arm
Ferner 3-kpc-Arm
Naher 3-kpc-Arm
Langer Balken
SONNE
Orion-Arm
Perseus-Arm
Äußerer Arm

GANZ OBEN Diese faszinierende Seitenansicht der Milchstraße wurde aus vielen Einzelaufnahmen des Gaia-Weltraumteleskops zusammengesetzt und 2019 von der Europäischen Weltraumorganisation (ESA) veröffentlicht.

OBEN Die Milchstraße und die Große Magellansche Wolke (GMW) (eine Satellitengalaxie, die um die größere Milchstraße kreist) wurden auf dieses Bild ihrer Umgebung gelegt. Die Region erstreckt sich 200 000–300 000 Lichtjahren vom Zentrum der Galaxis. Das Bild wurde aus den Daten des Gaia-Teleskops kombiniert, wobei die dunkler blauen Bereiche eine geringere Sterndichte darstellen und das hellere Blau eine höhere Konzentration von Sternen aufweist. Die Schwerkraft der GMW hat das Zentrum der Galaxis verschoben, sodass ein galaktischer Halo entstand, der die Scheibe umgibt (im Bild oben in der Mitte). Die dunklen runden Flecken im unteren Bereich des Bildes deuten darauf hin, dass sich Teile der Milchstraße abspalten, was die Struktur der Galaxie im Laufe der Äonen verändert.

RECHTS Dieses Bild der beiden kollidierenden Galaxien des Galaxienpaars Arp-Madore 2026-424 (AM 2026-424), die sich gerade gegenseitig zerstören, wurde vom Hubble-Weltraumteleskop (HST) aufgenommen. Zusammenstöße von Galaxien sind keine Seltenheit, aber dieser zeigt einen Ring, der beide Galaxien umschließt, sowie die Streckung von Gas, Staub, Sternen und wahrscheinlich auch Planeten, die aufeinanderprallen. Weil die Region wie ein Gesicht aussieht, wird sie oft auch „Halloween Face" genannt.

UNTEN Dieses Bild der Andromeda-Galaxie (M31) wurde am 16. Juni 2002 veröffentlicht und besteht aus kombinierten Aufnahmen der ESA-Weltraumteleskope Herschel und Planck sowie Daten aus zwei NASA-Missionen. Die roten Bereiche stellen das Vorkommen von Wasserstoff dar, die grünen sehr kalten Staub und die blauen zeigen wärmeren Staub. Insgesamt gibt dieses zusammengesetzte Bild die Struktur des galaktischen Staubs der Andromeda-Galaxie viel präziser wieder als bisher.

W
N
(The Bean Nebula)
N 11
NGC 1731
NGC 1747
NGC 1760-63
NGC 1783
NGC 1770
N 76
N 79
NGC 1712
NGC 1727
NGC 1711
NGC 1737
N 185
SL 186
NGC 1806
N 186
NGC 1809
NGC 1818
NGC 1820
NGC 1831
NGC 1829
NGC 1850
NGC 1856
NGC 1858
NGC 1866
NGC 1876
NGC 1869-71
NGC 1892
NGC 1910
NGC 1918
N 44
NGC 1939
N 43
NGC 1934-5
NGC 1949
N 51
N 144
N 49
NGC 1948
NGC 1955
NGC 1966
NGC 1972
NGC 1968
NGC 1983
NGC 1994
NGC 1978
NGC 2001
NGC 2002
NGC 2011
NGC 2015
NGC 2014
N 55
NGC 2020
N 57
NGC 2033
SN1987a
NGC 2032
(Dragon's Head)
NGC 2042
NGC 2030
NGC 2080
NGC 2027
The Tarantula Nebula
(NGC 2070)
NGC 2083
NGC 2081
N 64 A & C
NGC 2085-6
NGC 2094
NGC 2100
NGC 2095
LH120-No70
NGC 2113
NGC 2122
NGC 2117
NGC 2137
NGC 2147
NGC 2157
NGC 2156
NGC 2159
NGC 2164

„Die meisten Wissenschaftler sind sich einig, wie Galaxien entstehen: Kosmische Staubwolken verdichten sich zu Sternen, die schließlich durch den Einfluss der Schwerkraft aneinander gebunden werden. Die größten Galaxien enthalten Millionen von Sternen und haben Durchmesser von über eine Million Lichtjahre. Selbst die kleinsten Galaxien sind gigantisch, bestehen aber nur aus wenigen tausend Sternen in einem dichten Gravitationsfeld und erstrecken sich nur über wenige hundert Lichtjahre."

Die hellsten Objekte in der GMW sind mit ihren astronomischen Bezeichnungen angegeben, und das Sichtfeld des MPG/ESO-2,2-Meter-Teleskops, das die Aufnahmen gemacht hat, wird im weißen Quadrat dargestellt. Die GMW fasziniert Astronomen schon lange, da sie von der Erde aus gut zu sehen ist. Doch erst im 20. Jahrhundert fanden Wissenschaftler heraus, dass es sich eigentlich um eine irreguläre Zwerggalaxie handelt, die zwischen den Sternbildern Schwertfisch und Tafelberg liegt. Möglicherweise hat sie sich von einem Teil der Milchstraße abgespalten und ist nun eine von rund 30 Galaxien, die durch ihre Anziehungskraft gravitativ aneinander gebunden sind.

GIBT ES BILLIONEN VON GALAXIEN?

Zu Beginn des Weltraumzeitalters gingen Wissenschaftler von rund 200 Milliarden Galaxien aus. Heute wird vermutet, dass es jenseits der Milchstraße zwei Billionen Galaxien gibt – ein großer Unterschied zur Zeit Edwin Hubbles, als Astronomen nicht sicher waren, ob die Objekte, die sie mit erdbasierten Teleskopen sahen, zur Milchstraße gehörten oder nicht.

Auf der Grundlage von Beobachtungen mit technisch immer ausgereifteren und leistungsfähigeren Teleskopen, die auf der Erde oder im Weltraum eingesetzt werden, vermuten Wissenschaftler heute, dass der Kosmos aus Billionen Galaxien besteht. Der Schätzwert von zwei Billionen könnte sogar noch nach oben korrigiert werden, wenn neuere Instrumente, etwa das James-Webb-Weltraumteleskop (JWST) noch präzisere Beobachtungen ermöglichen. Manche Astronomen sind mit ihren Schätzungen jedoch etwas zurückhaltender. Der Astrophysiker Mario Livio vom Space Telescope Science Institute in Baltimore hält die 200 Milliarden für eine realistischere Obergrenze. Aber niemand weiß, wie viele Galaxien es tatsächlich gibt. Sicher ist jedoch, dass regelmäßig neue Galaxien entdeckt werden. Im Jahr 1995 erspähten Astronomen in einem Einzelbild einer Langzeitbelichtung eines Teils des Sternbilds Großer Bär zum Beispiel geschätzt 3000 leuchtschwache Galaxien – wo man zuvor keine vermutet hatte. Im Jahr 2020 analysierte ein internationales Astronomenteam Daten mit neuen Instrumenten und fand acht Galaxienhaufen in einem Bereich des Weltraums, in dem man zuvor keinen einzigen gesehen hatte.

Unsere Milchstraße befindet sich auf Kollisionskurs mit ihrer nächsten Nachbarin, der Andromeda-Galaxie. Astronomen schätzen, dass der Zusammenstoß in etwa 4 Milliarden Jahren stattfinden wird. Zu diesem Zeitpunkt werden diese Galaxien, wie wir sie kennen, aufhören zu existieren und unsere Ecke im Universum wird sich für immer verändern. Natürlich werden wir Menschen das nicht mehr miterleben, denn unsere Sonne wird dann bereits ein Roter Riese sein und das gesamte Sonnensystem einhüllen. Um zu überleben, sollten sich die Menschen lieber woanders befinden.

In etwa 4 Milliarden Jahren könnte es zur Kollision zwischen der Milchstraße und der Andromeda-Galaxie kommen. In dieser Bildmontage zeigt die NASA, wie der Nachthimmel aussehen würde, wenn die Gravitation die beiden Galaxien miteinander verschmelzen ließe. Andromeda (*links*) füllt das Sichtfeld und ihre Schwerkraft verzerrt die Milchstraße (*rechts*).

LINKS Im Galaxienhaufen SMACS 0723, aufgenommen vom JWST, wimmelt es nur so von Tausenden Galaxien, die erst in den 2020er-Jahren gesehen werden konnten. Dieses Infrarotbild enthält einige der lichtschwächsten Objekte, die je beobachtet wurden.

RECHTS Das JWST liefert atemberaubende Aufnahmen. Aufgrund des Gravitationslinseneffekts, der auftritt, wenn die Schwerkraft einer Masse stark genug ist, um Lichtwellen, die an ihr vorbei- oder durch sie hindurchlaufen, abzulenken (siehe Seite 30 und unten), zeigt dieses Einzelbild des JWST aus dem Jahr 2023 drei verschiedene Gravitationslinsenbilder des Galaxienhaufens RX J2129, der im Sternbild Wassermann liegt und etwa 3,2 Milliarden Lichtjahre von der Erde entfernt ist. Die Bilder unterscheiden sich in Größe, Position und Alter. Das Licht, das den längsten Weg zurücklegte, liefert das älteste Bild der Galaxie (2), in dem die Supernova (das grelle Licht oben in der Mitte) noch zu sehen ist. Die nächste Aufnahme zeigt die Galaxie etwa 320 Tage nach der ersten (3) und das letzte Bild ungefähr 1000 Tage nach der ersten (1). In den beiden späteren Versionen ist die Supernova nicht mehr zu sehen.

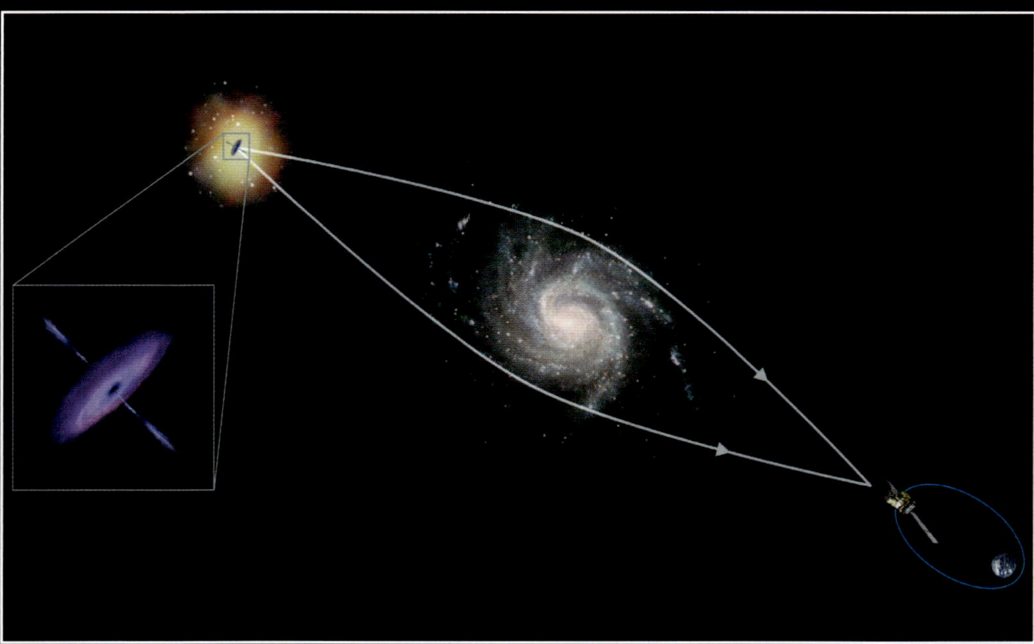

LINKS Mithilfe des Gravitationslinseneffekts können Astronomen die Schwerkraft einer Galaxie nutzen, um weiter entfernte Galaxien zu vergrößern. Wie Einstein in seiner allgemeinen Relativitätstheorie beschrieb, folgt das Licht einer Krümmung der Raumzeit und wird dabei abgelenkt. Dementsprechend wird das Licht, das von einem Objekt auf der anderen Seite einer großen Galaxie kommt, zum Beobachter hin abgelenkt. Hier abgebildet ist die einfachste Form des Gravitationslinseneffekts: Eine einzelne Materiekonzentration im Zentrum, in diesem Fall ein dichter galaktischer Kern, verzerrt das Licht einer entfernten Galaxie (*links*) und lenkt es um den Kern, sodass die Galaxie dahinter abgebildet werden kann (in diesem Fall von der Raumsonde [*rechts*] in Erdnähe). Steht das Objekt genau hinter der Gravitationslinse, entsteht ein perfekter oder fast perfekter Kreis aus Licht, der sogenannte „Einsteinring“.

1
1000 Tage später
2
Supernova AT 2022riv
3
320 Tage später

GALAXIENTYPEN

Wissenschaftler unterscheiden im Universum vier Typen von Galaxien: Spiralgalaxien, Balkenspiralgalaxien, elliptische Galaxien und irreguläre Galaxien.

Spiralgalaxien sind wirbelförmige Ansammlungen von Sternen und Gasen. Sie bilden den häufigsten Galaxientyp im Universum.

Balkenspiralgalaxien haben in ihrem Zentrum einen langen Balken, von dessen Enden die Spiralarme ausgehen.

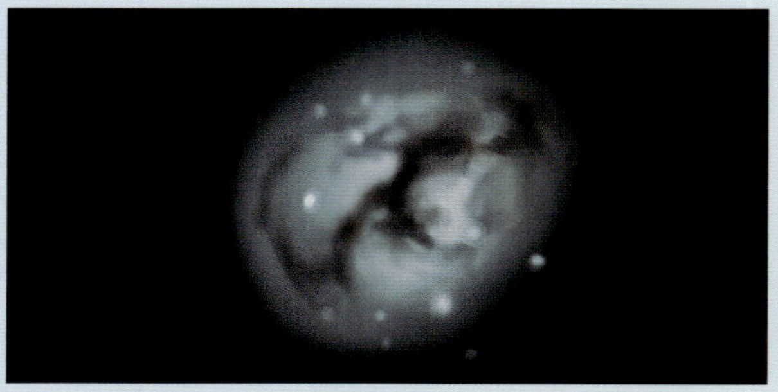

Elliptische Galaxien haben die Form einer Ellipse und keine charakteristischen Strukturen.

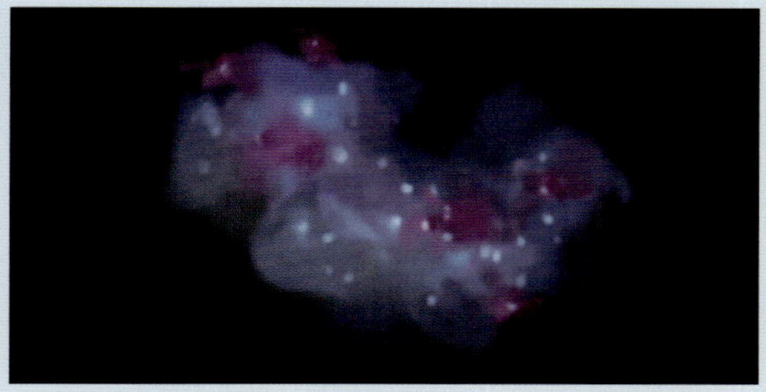

Eine **irreguläre Galaxie** hat, wie ihr Name schon sagt, keine charakteristische Form, im Gegensatz zu den Spiral- oder elliptischen Galaxien.

Die Spiralgalaxie Messier 101 (M101), auch NGC 5457 und manchmal „Feuerrad-Galaxie“ genannt, liegt rund 21 Millionen Lichtjahre von der Erde entfernt im Sternbild Ursa Major (Großer Bär). Dieses zusammengesetzte Bild besteht aus 51 Einzelbelichtungen des Hubble-Weltraumteleskops (HST) sowie mehrerer erdbasierter Teleskope. Alle Aufnahmen wurden im Jahr 2006 gemacht.

Die Balkenspiralgalaxie NGC 6872 liegt etwa 212 Lichtjahre von der Erde entfernt und hat einen Durchmesser von 522 000 Lichtjahren, womit sie ungefähr fünfmal so groß ist wie unsere Milchstraße. Dieses zusammengesetzte Bild wurde 2013 veröffentlicht und kombiniert Bilder im sichtbaren Lichtspektrum, die aus dem Very Large Telescope der Europäischen Südsternwarte stammen, mit Daten aus dem fernen UV-Bereich des GALEX-Weltraumteleskops (Galaxy Evolution Explorer) und der 3,6-µm-Infrarotaufnahmen aus dem Spitzer-Weltraumteleskop (beide NASA).

LINKS Die charakteristischen Merkmale einer elliptischen Galaxie sind ihre längliche Form und ihre Zusammensetzung aus komplexen Klumpen kosmischer Materie. Oft besteht sie aus nur wenigen Sternen und enthält vorwiegend Gase und Protosterne. In der hier abgebildeten elliptischen Galaxie NGC 1316, auf einer Aufnahme aus dem HST, sieht man vor allem intergalaktischen Staub, Gase und Sternhaufen. Astronomen sind überzeugt, dass NGC 1316 aus der Kollision zweier älterer Galaxien hervorging.

OBEN Aufgrund ihrer Entstehungsweise entwickelte sich NGC 3610 vor ungefähr 4 Milliarden Jahren durch die Verschmelzung von mindestens zwei Scheibengalaxien zu einer elliptischen Galaxie. Während dieser gigantischen Fusion wurde der Großteil der inneren Struktur der Ausgangsgalaxien zerstört. Das Ergebnis sieht man auf diesem Bild, das von der Europäischen Weltraumorganisation (ESA) im Jahr 2015 aufgenommen wurde.

OBEN UND RECHTS Irreguläre Galaxien gibt es in allen möglichen Formen und Größen. Ihr einziges gemeinsames Merkmal ist, dass sie nicht zu den anderen Galaxientypen zugeordnet werden können. Die hier gezeigten Bilder zeigen die irreguläre Zwerggalaxie IC 1613 einmal im ultravioletten (*links*) und einmal im sichtbaren Spektrum (*rechts*). IC 1613 wurde im Jahr 1906 vom Astronomen Max Wolf entdeckt und liegt 2,3 Millionen Lichtjahre von der Erde entfernt. Wie man sehen kann, lässt sich die Galaxie besser im UV-Spektrum untersuchen.

LEBEN UND TOD DER STERNE

Alles hat einen Anfang, eine Mitte und ein Ende – und das gilt nicht nur für Lebewesen. Wissenschaftler verfolgen diesen Ablauf bei allem, was im Universum existiert, wodurch wir bemerkenswert viel über den Kosmos und unseren Platz darin erfahren. Die Sterne sind zweifellos die bekanntesten astronomischen Objekte. Als Bausteine der Galaxien spielen sie bei der Erforschung des Weltraums eine tragende Rolle. Wissenschaftler dokumentieren ihren Ursprung, ihre Entwicklung, ihr Alter, ihre räumliche Verteilung und ihren Tod.

In den ersten 100 Millionen Jahren nach dem Urknall verschmolzen die Staubwolken im entstehenden Universum zu Sternen, da sich sämtliche Energie aller Materie aus der Singularität von ihr weg bewegte. Das überall verstreute Material wurde von der Schwerkraft zu Wolken zusammengezogen, die schließlich Nebel bildeten, in denen genug Materie, Gravitation, Dunkle Energie und Dunkle Materie vorhanden waren, dass sich daraus Festkörper formten. Eine Staubwolke wie der berühmte Orionnebel, den man gegenwärtig von der Erde aus sehen kann, ist ein Beispiel dafür, wie die gravitative Anziehungskraft auf den „Stoff" der Region einwirkt. Sie verwirbelt ihn zu Knoten, deren Masse ausreicht, um Sterne zu bilden. Wissenschaftler bezeichnen diese Sternentstehungsregionen oft als „stellare Kinderstuben". Manche Sterne entwickeln Stabilität und erreichen einen Punkt, an dem ihre Elemente verschmelzen und ihre Energie den anderen auf sie einwirkenden Kräften widersteht. Sterne, die sich in diesem Gleichgewicht befinden, können Millionen Jahre strahlen, während andere nach kurzer Zeit verglühen.

Unsere Heimatgalaxie, die Milchstraße, liegt an einem solchen stabilen Ort im Universum – zum Glück, denn sonst hätte sich auf der Erde kein Leben entwickeln können. Als sich die Milchstraße formte, schlossen sich Millionen von Protosternen durch die Gravitation zusammen. Dabei entstanden Sterne in unbekannter Anzahl, die wiederum Planetensysteme bildeten. Mithilfe von 3D-Computermodellen haben Wissenschaftler simuliert, wie die ständige Bewegung wirbelnder, kollabierender Molekülwolken Protoplaneten entstehen lässt und oft mehrere Sternsysteme in Wechselwirkung zueinander bringt. Tatsächlich sind die meisten Sterne in der Milchstraße paarweise oder in Gruppen angeordnet.

Je nach Größe, Typ und chemischer Zusammensetzung eines Sterns schlägt er einen von vielen Lebenswegen ein. Am häufigsten entstehen „Rote Zwerge" – kleine Sterne, die überall im Universum zu finden sind. Oft haben sie nur etwa 10 Prozent der Masse der Sonne und sind mit nur 3000–4000 Kelvin auch viel weniger

Diese stellare Kinderstube in der Galaxie NGC 1792 wurde vom Hubble-Weltraumteleskop (HST) aufgenommen. In ihrem Zentrum befinden sich ältere, kühlere Sterne, aber in den bläulichen Bereichen des Bildes wimmelt es vor jungen, heißen Sternen. NGC 1792 liegt im Sternbild Columba (Taube) und enthält eine Spiralgalaxie, die der Milchstraße ähnelt, sowie eine Starburst-Galaxie, in der besonders viele neue Sterne entstehen. Dort werden Phasen der hohen Sternentstehung von Supernova-Explosionen und Sternwinden begleitet.

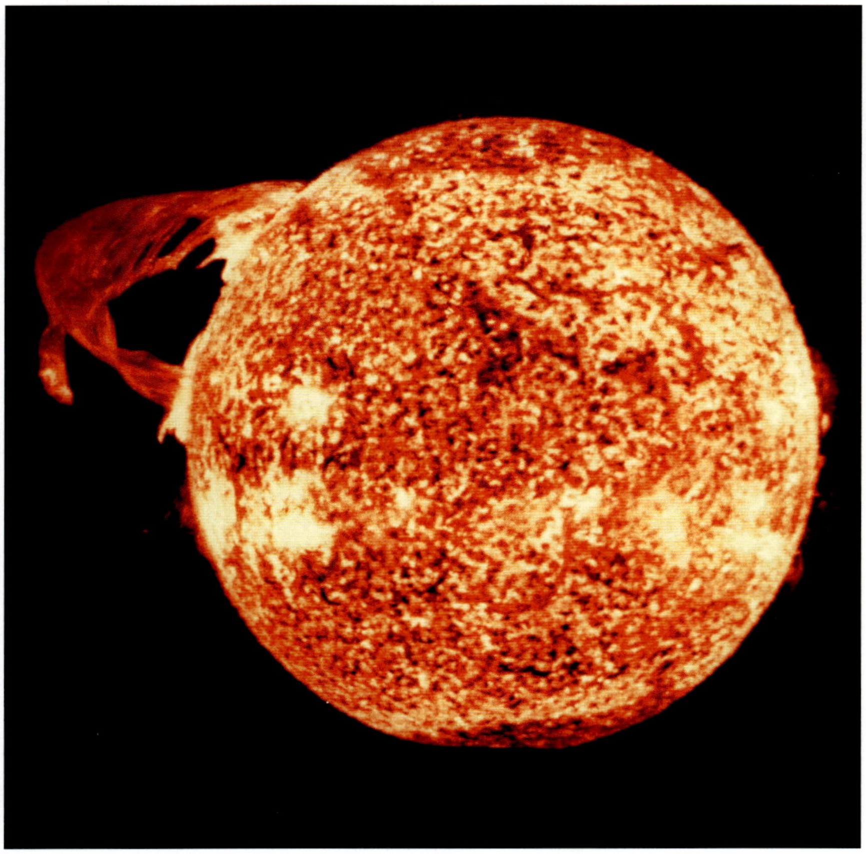

heiß. Die größten Sterne sind die sogenannten Hyperriesen, die über hundert Sonnenmassen enthalten können und deren Oberflächentemperatur über 30 000 Kelvin beträgt. Sie sind leuchtstark und extrem heiß, existieren aber nur wenige Millionen Jahre lang. Mithilfe von erdgebundenen und Weltraumteleskopen identifizierten Wissenschaftler den Riesenstern VY Canis Majoris, der etwa 2000-mal größer als die Sonne ist. Ein weiteres Beispiel ist Beteigeuze, ein Roter Riese im Sternbild Orion, der 1000-mal größer ist. Astronomen vermuten, dass die heute seltenen Hyperriesen in der Zeit nach dem Urknall den vorherrschenden Sterntyp bildeten.

Die Sonne ist als Zentrum unseres Sonnensystems ein äußerst stabiler, gewöhnlicher und ziemlich unauffälliger Stern. Wissenschaftliche Beobachtungen haben ergeben, dass es ungefähr 50 Millionen Jahre dauert, bis ein Stern nach seiner Entstehung einen Zustand erreicht, wie ihn unsere Sonne hat. Klassifiziert wird die Sonne als Gelber Zwerg und sie ist etwas heller als die meisten anderen Sterne in der Milchstraße sowie etwas kleiner als der Durchschnitt. Sie ist eine chemische Reaktionsmaschine von größter Brillanz, die vorwiegend Wasserstoff und Helium, aber auch einige Metalle enthält. Ihr Durchmesser beträgt rund 1,4 Millionen Kilometer und ihre Oberflächentemperatur rund 5500 Grad Celsius. Sie befindet sich in konstanter, aber berechenbarer Bewegung und dreht sich an ihrem Äquator in 25 Tagen und an ihren Polen in 36 Tagen um sich selbst. Die Sonne ist gravitativ an die Milchstraße gebunden und benötigt für einen Umlauf um das Zentrum der Galaxis rund 230 Millionen Jahre. Wenn ihr Wasserstoff, der sie antreibt, verbraucht ist, wird sie sich zu einem Roten Riesen aufblähen und 200-mal so groß sein wie jetzt. Sie wird die Bahnen von Merkur, Venus und vielleicht auch der Erde verschlingen und anschließend zu einem Weißen Zwerg schrumpfen. Ihren jetzigen Zustand wird die Sonne jedoch noch geschätzte 10 Milliarden Jahre behalten.

GANZ NAH AN DER SONNE

Bei der Entwicklung der Weltraumstation Skylab, auf der von 1973 bis 1974 drei Besatzungen arbeiteten, legte die NASA großen Wert auf ein Observatorium, das *Apollo Telescope Mount*, zur Beobachtung der Sonne. Es wurde von den Astronauten der Raumstation manuell gesteuert und verwendete fotografischen Film, um die bis dato besten Bilder der Sonnenaktivität zu machen. Die Astronauten wechselten die Filmmagazine auf ihren Außenbordeinsätzen und beaufsichtigten alle Aufgaben der Beobachtung. Die Daten aus diesem Teleskop erweitern unser Wissen über die Sonne bis heute. Auf dem hier gezeigten Bild unternimmt Edward G. Gibson am 3. Februar 1974 das letzte Außenbordmanöver, um den Film aus dem Teleskop zu nehmen. Das Foto wurde vom Astronauten Gerald P. Carr aufgenommen; ein Teil der Sicherheitsleine ist zu sehen.

OBEN LINKS Diese Aufnahme aus dem Skylab-Observatorium *Apollo Telescope Mount* vom 19. Dezember 1973 zeigt eine spektakuläre Sonneneruption (ein großer Ausbruch elektromagnetischer Strahlung), die sich über mehr als 588 000 Kilometer erstreckt.

RECHTS Der helle veränderliche Stern V 372 Orionis (*Mitte*) und ein kleinerer Begleitstern (*oben links*) sind gravitativ aneinander gebundene Sterne im Orionnebel, einer riesigen Sternentstehungsregion, die rund 1450 Lichtjahre von der Erde entfernt ist.

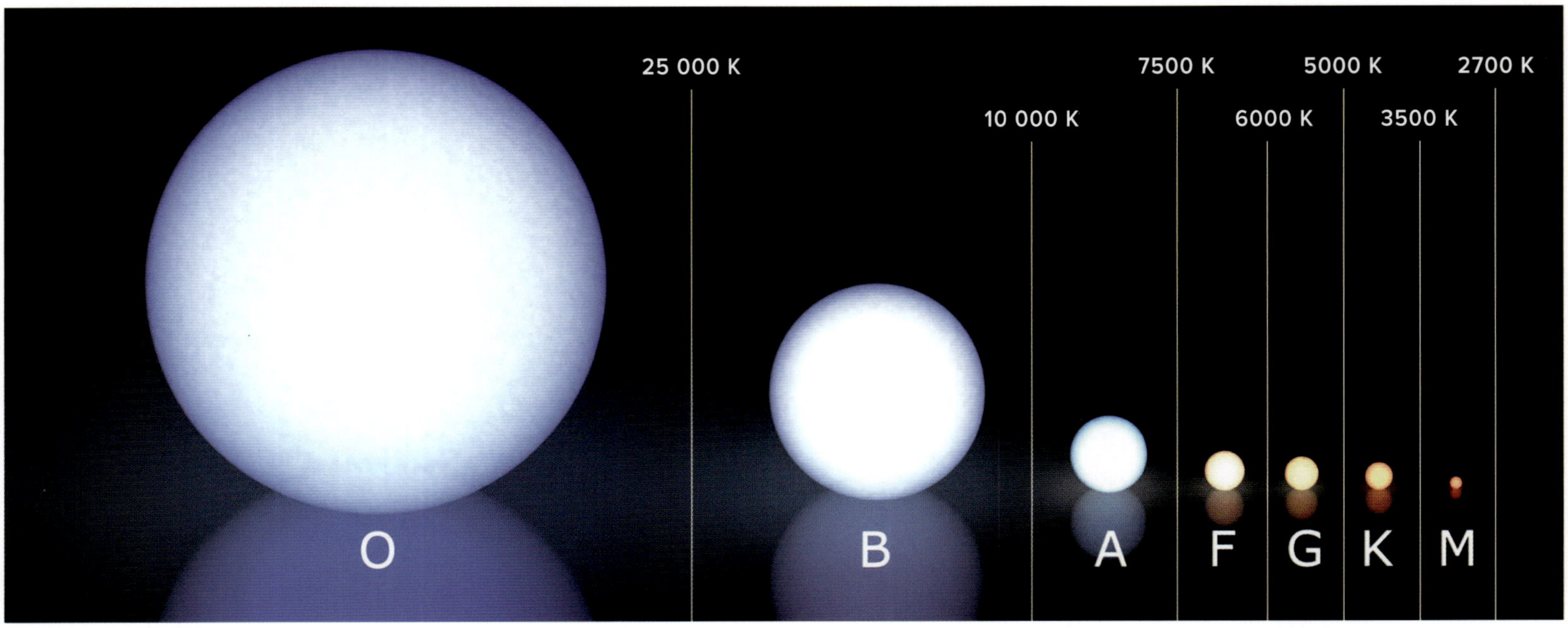

OBEN Was macht einen Stern zum Stern? Vor allem ist er ein Himmelskörper, der durch die Gravitation zusammengehalten wird und dessen chemische Elemente auf eine Weise miteinander reagieren, die Wärme, Licht und Strahlung erzeugt. Es gibt verschiedene Sterntypen, die erstmals am Harvard-Observatorium in einem einheitlichen System klassifiziert wurden und nach Farbe, Temperaturbereich (in Kelvin) und Helligkeit (siehe unten) unterteilt wurden. Unsere Sonne ist ein Stern der Spektralklasse G und befindet sich in der Mitte dieses Spektrums.

RECHTS Dieses kombinierte Bild aus Daten von drei Teleskopen – dem *Nuclear Spectroscopic Telescope Array* (NuSTAR) (blau) der NASA, dem japanischen *Hinode*-Teleskop (grün) und dem *Solar Dynamics Observatory* der NASA (gelb und rot) – zeigt die Sonne am 29. April 2015. Darauf sieht man deutlich, welche Regionen zu dieser Zeit am aktivsten waren. An der Oberfläche brechen „Mikroflares" aus, kleinere Eruptionen, die Energie und Hitze in das Sonnensystem schleudern. Die Sonne wird schon seit Jahrhunderten beobachtet und als unser nächster Stern lieferte sie uns die detailliertesten Informationen über die Sterne im Universum. Zwar können Wissenschaftler auch aus der Ferne viel über die Zusammensetzung, Leuchtkraft und andere Merkmale der Sterne lernen, aber die Sonne ist ideal für präzise Beobachtungen.

Spektral-klasse	Oberflächentemp. (in Kelvin)	Farbe	Merkmale
O	≥ 30 000 K	blau	Sehr heiß und extrem leuchtstark. Der Großteil der abgegebenen Strahlung liegt im UV-Bereich.
B	10 000–30 000 K	tiefbläulich weiß	Sehr leuchtstark und blau. Überriesen wechseln oft zwischen O oder B (blau) und K oder M (rot).
A	7500–10 000 K	bläulich weiß	Mit bloßem Auge sichtbar; weiß oder bläulich weiß.
F	6000–7500 K	weiß	Schwächere Wasserstofflinien und ionisierte Metalle. Diese Sterne leuchten weiß.
G	5200–6000 K	gelblich weiß	Sterne der G-Klasse, unter anderem auch unsere Sonne, wandeln durch Kernfusion Wasserstoff in Helium um, können aber auch Helium verbrennen, wenn der Wasserstoff verbraucht ist.
K	3700–5200 K	blassgelblich orange	Orange Sterne sind etwas kühler als die Sonne.
M	2400–3700 K	rot-orange	Der mit Abstand häufigste Sterntyp. Rund 76 % der Hauptreihensterne fallen in die M-Klasse. Ihre Leuchtkraft ist jedoch zu schwach, sodass sie mit freiem Auge nicht zu sehen sind.

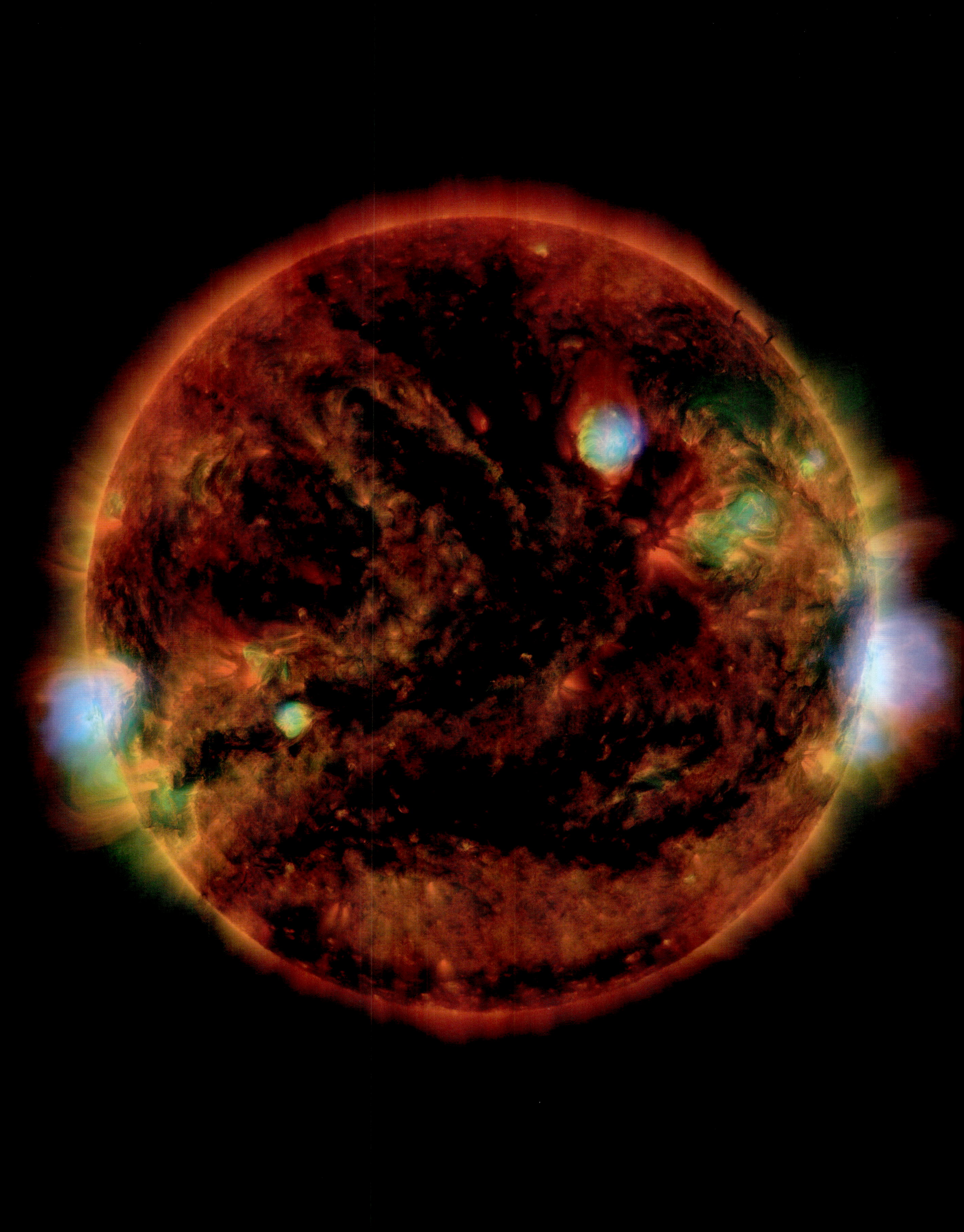

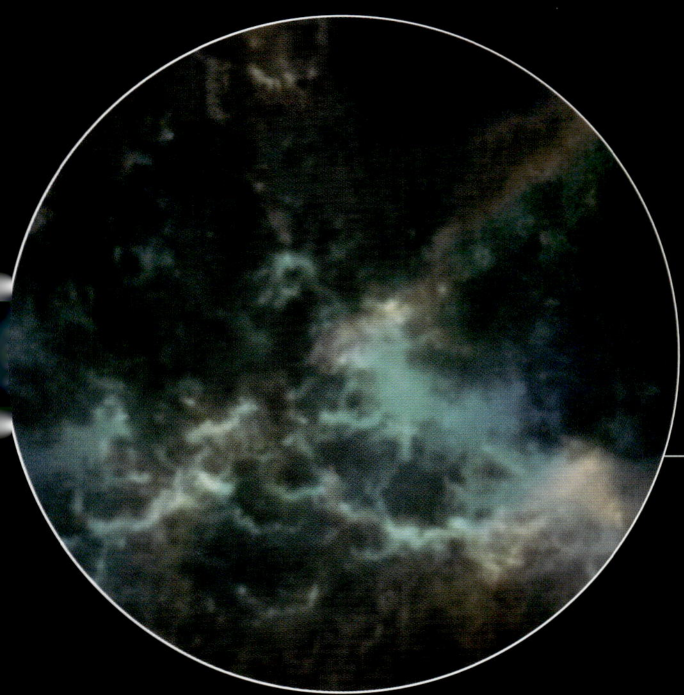

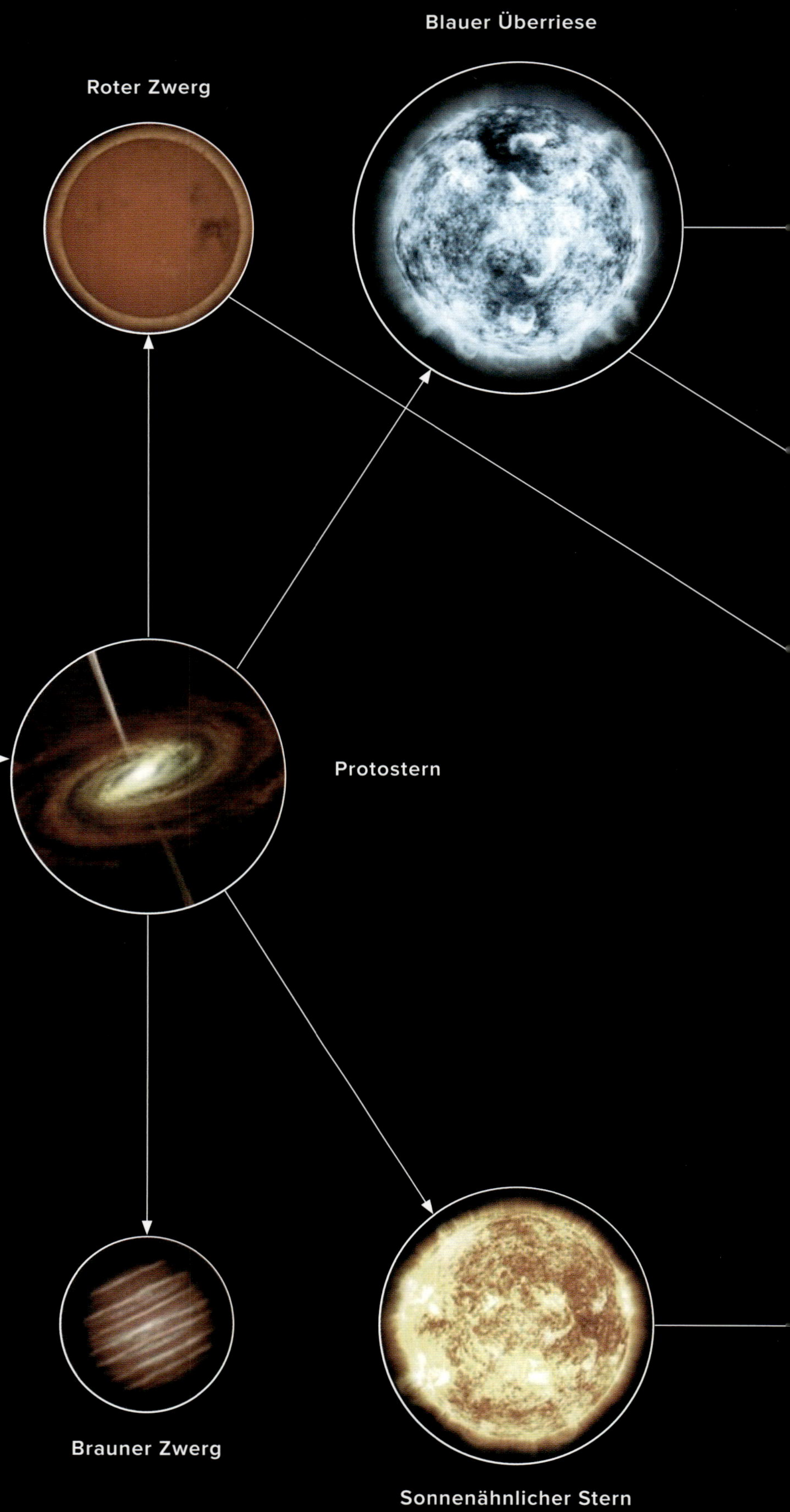

Der Lebenslauf der Sterne ist von ihrer Geburt bis zu ihrer Zerstörung immer gleich, aber ihr endgültiges Schicksal wird von ihrer Masse bestimmt. Zuerst verdichtet sich eine Gaswolke zu einem Protostern und je nach Masse entwickelt sich daraus ein Brauner Zwerg, ein Roter Zwerg, ein Blauer Überriese oder ein sonnenähnlicher Stern. Braune Zwerge haben nicht genug Masse, um die für die Wasserstofffusion benötigte Temperatur aufzubauen, darum kühlen sie mit der Zeit ab und erlöschen. Rote Zwerge bilden den häufigsten Sterntyp und sie leuchten, bis ihr ganzer Wasserstoff in Helium umgewandelt wurde und sie zu Weißen Zwergen schrumpfen. Sonnenähnliche Sterne sind meist stabiler, verbrennen ihren Wasserstoff und blähen sich zu Roten Riesen auf, bevor ihre äußere Hülle als Nebel abgestoßen wird. Ihr Kern verdichtet sich zu einem Weißen Zwerg, der in sich zusammenfällt und schließlich als Supernova vom Typ Ia explodiert. Ein Blauer Überriese, ein außergewöhnlich heißer, leuchtstarker Stern, entwickelt sich in der Regel entweder zu einem Roten Überriesen (weniger heiß und hell), einem Schwarzen Loch oder einer Typ-II-Supernova. Letztere kann zu einem Neutronenstern werden und Strahlung, aber nur sehr wenig Licht und Wärme abgeben.

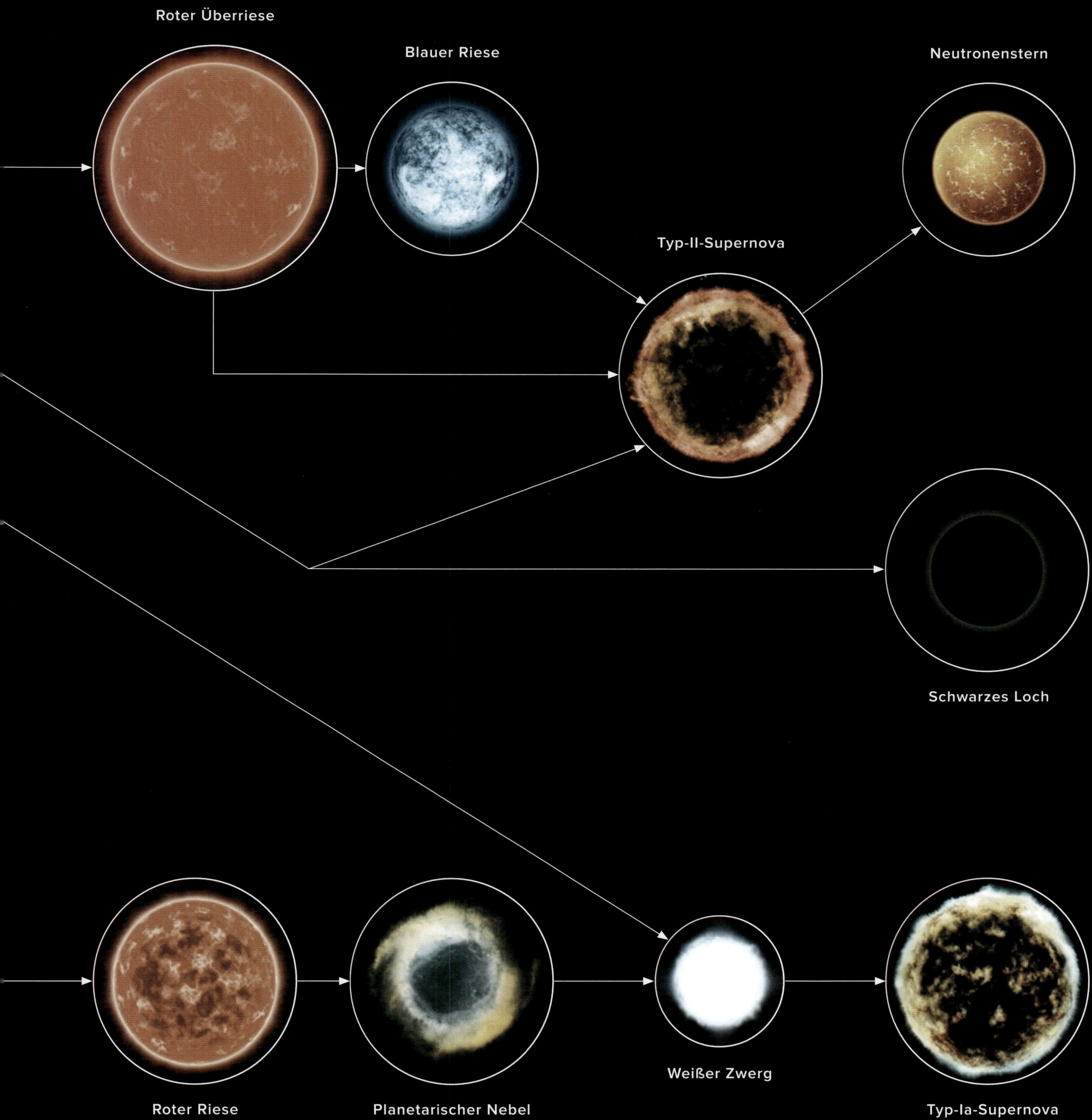
Roter Überriese
Blauer Riese
Neutronenstern
Typ-II-Supernova
Schwarzes Loch
Roter Riese
Planetarischer Nebel
Weißer Zwerg
Typ-Ia-Supernova

UNTEN Eines der berühmtesten astronomischen Bilder der letzten 30 Jahre zeigt die sogenannten „Säulen der Schöpfung“, die sich im Adlernebel (M16) befinden. Es wurde im Jahr 1995 im Rahmen des Hubble-Heritage-Projekts der NASA veröffentlicht und ist eines der am häufigsten reproduzierten Bilder, die vom HST seit seiner Einführung im Jahr 1990 aufgenommen wurden. Auf dem Bild, das aus 32 Einzelaufnahmen zusammengesetzt ist, sieht man die sich auftürmenden Sternentstehungsregionen des Nebels. Die Farbdarstellung gibt ihre molekulare Struktur wieder: Wasserstoff (grün), einwertiger Schwefel (rot) und Sauerstoff (blau). Das Bild zeigt nur einen kleinen Ausschnitt, der sich über vier bis fünf Lichtjahre erstreckt. Der gesamte Adlernebel hat eine Ausdehnung von rund 70 x 55 Lichtjahren und ist seit Hunderten Jahren bekannt. Der Schweizer Astronom Jean-Philippe de Chéseaux entdeckte ihn im Jahr 1745 im Sternbild Schlange. Die Entfernung zur Erde beträgt 7000 Lichtjahre.

RECHTS Im Jahr 2014 wurde ein höher aufgelöstes Bild der „Säulen der Schöpfung“ veröffentlicht, auf dem man noch mehr Details der Sternentstehungsregionen des Adlernebels M16 erkennen konnte. Die intensiven Blautöne zeugen vom Vorhandensein von Sauerstoff, Rot ist ein Hinweis auf Schwefel und Grün für erhebliche Mengen von Stickstoff und Wasserstoff. Das glühende UV-Licht eines jungen Sternhaufens in der näheren Umgebung lässt vermuten, dass die markanten „Säulen“ durch kosmische Strahlung erodiert werden.

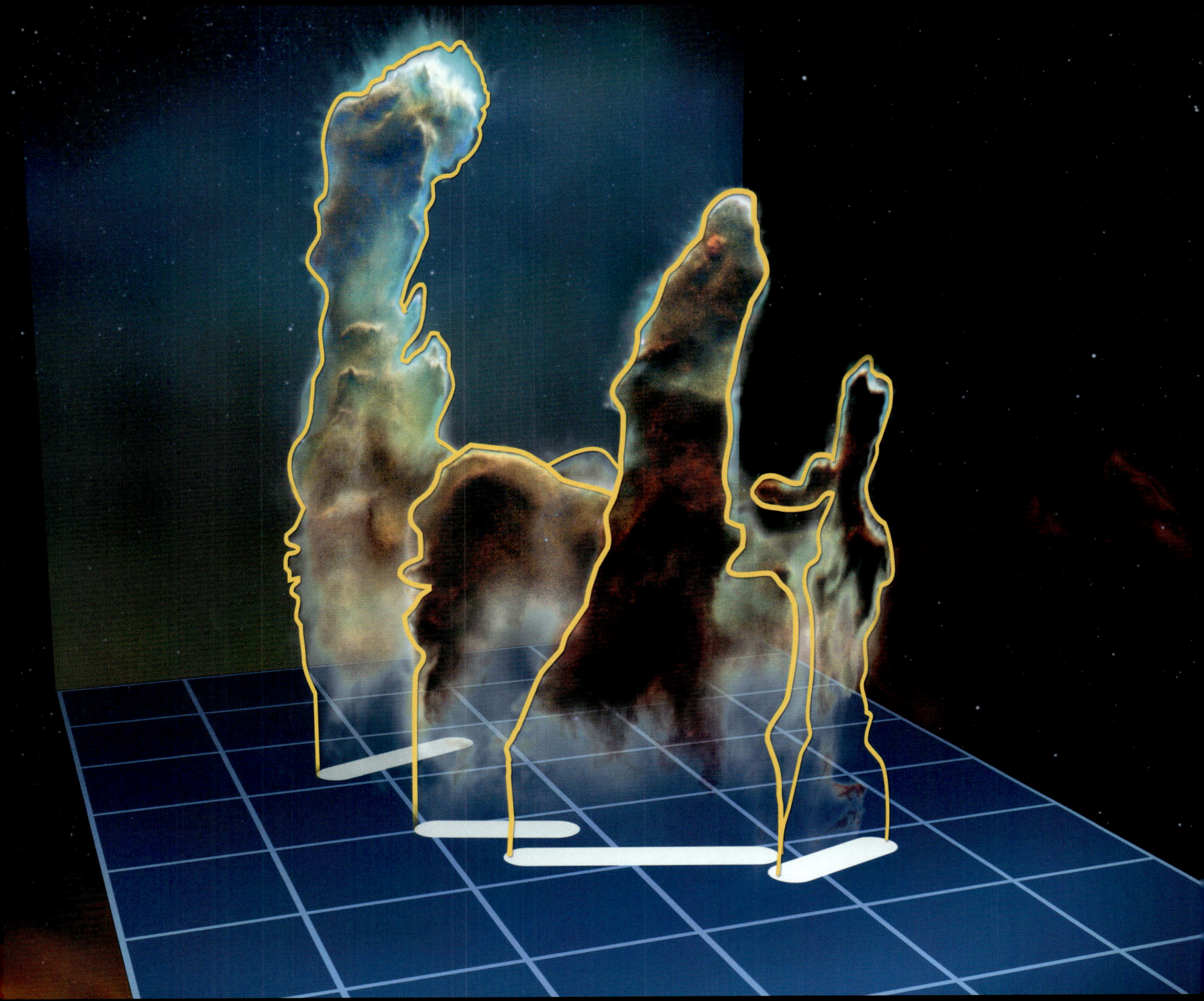

LINKS Für eine weitere Aufnahme der berühmten „Säulen der Schöpfung" richtete das James-Webb-Weltraumteleskop (JWST) im Jahr 2022 seine leistungsstarken Nahinfrarotkameras auf den Adlernebel M16 und erzielte ein spektakuläres Ergebnis. Die Strukturen der fingerförmigen Sternenkinderstuben sind größtenteils verschwunden und erinnern nun an Steinbögen in einer Wüstenlandschaft. Bemerkenswert sind die leuchtend roten Punkte, die das Zentrum der Sternentstehung im Nebel abgrenzen.

OBEN Die „Säulen der Schöpfung" wurden erneut analysiert und zwar mithilfe des Instruments MUSE (*Multi Unit Spectroscopic Explorer*), einem Spektrografen des Very Large Telescope der Europäischen Südsternwarte, das in der chilenischen Atacama-Wüste steht. Heraus kam die erste komplett dreidimensionale Ansicht der Sternenwiege. Aus diesen Beobachtungen geht klar hervor, wie die „Säulen" dieses Himmelsobjekts im Raum verteilt sind.

Mithilfe der hochauflösenden Nahinfrarot-kameras des JWST gelang den Wissenschaftlern der NASA am 14. September 2023 diese Detailaufnahme der Gasströme eines jungen Sterns im Herbig-Haro-Objekt HH 211. HH 211 ist ein Gegenstück zu unserer Sonne und befindet sich in seiner Entstehungsphase. Das Bild zeigt eine Reihe von Bugstoßwellen (eine bogenförmige Schockwelle, die entsteht, wenn der Wind der Sterne auf ein astronomisches Objekt trifft), unten links und oben rechts zu sehen, sowie einen bipolaren Strom (Gas aus Sternenwinden, das mit hoher Geschwindigkeit in zwei schmalen Strömen ausgestoßen wird). Ströme solcher leuchtenden Objekte sind in der Umgebung neugeborener Sterne häufig aufzufinden und entstehen durch die Wechselwirkung von Sternenwinden mit Gas und Staub bei hohen Geschwindigkeiten. In dieser Phase der Sternentstehung beträgt die Masse dieser Objekte nur etwa 8 Prozent der gegenwärtigen Sonnenmasse. Berechnungen zufolge werden sie sich jedoch zu einem sonnenähnlichen Stern entwickeln, wenn nämlich die Schwerkraft all ihre Elemente verdichtet – und weitere, die sich noch nicht in der Bahn

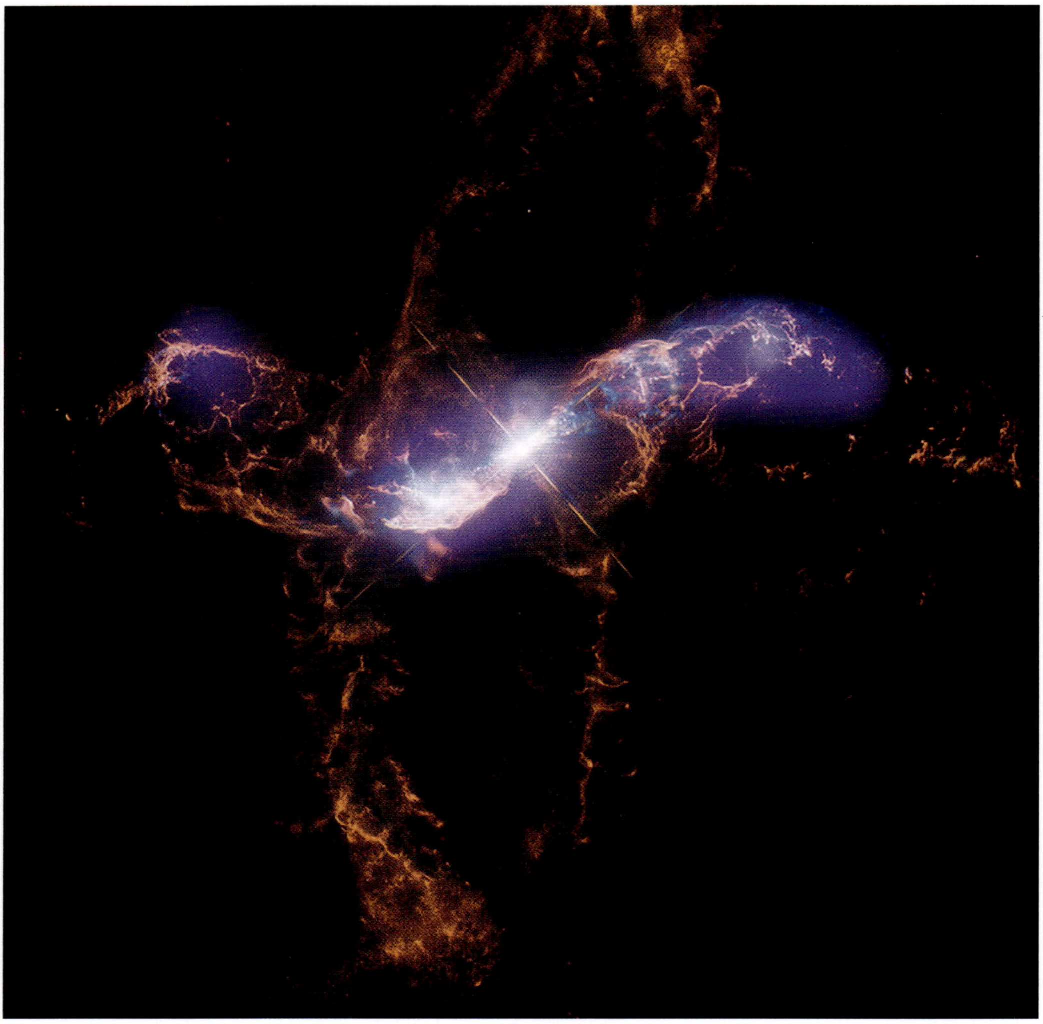

OBEN Ein relativ kühler Zwergstern befindet sich im „Todestanz“ mit einem veränderlichen Roten Riesen. Bei seinem Umlauf um den Riesenstern entzieht die Schwerkraft des Weißen Zwergs dem größeren Objekt Materie, die sich mit der Zeit ansammelt und in Äonen eine Explosion auslösen wird. Dieses atemberaubende Bild wurde aus Aufnahmen aus dem Hubble-Weltraumteleskop (rot und blau) und dem Chandra-Röntgenteleskop (beide NASA) zusammengesetzt. Es zeigt, wie ein Gasstrom aus dem Weißen Zwerg auf das Material in seiner Umgebung trifft und Schockwellen erzeugt.

RECHTS Zeta Ophiuchi ist ein faszinierender Einzelstern, der gut 20-mal größer als die Sonne ist und sich ungefähr 440 Lichtjahre von der Erde entfernt im Sternbild Schlangenträger (Ophiuchus) befindet. Der dritthellste Stern im Schlangenträger hatte wohl einst einen Partner, der bereits vor über einer Million Jahre als Supernova explodierte und Zeta Ophiuchi mit 160 000 km/h aus seinem Sternsystem schleuderte. Nun rast er als Einzelstern durch das Weltall. Dieses Bild wurde aus Daten aus dem Spitzer-Weltraumteleskop (grün und rot) und dem Chandra-Röntgenteleskop (blau) kombiniert und zeigt die enorme Hitze des Sterns und die Überreste der Supernova. Deutlich sichtbar ist die durch die Hitze entstandene Bugstoßwelle, die eine Temperatur von mehreren Millionen Grad hat. Das Bild wurde am 25. Juli 2022 veröffentlicht und dokumentiert das Schicksal, das manchen Sternen im Universum blüht.

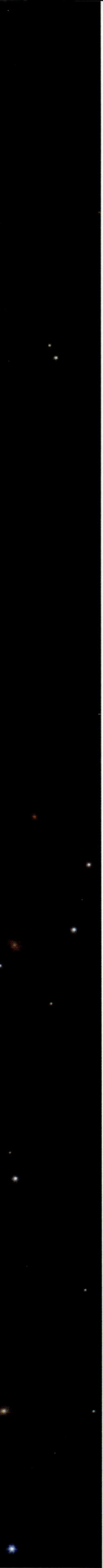

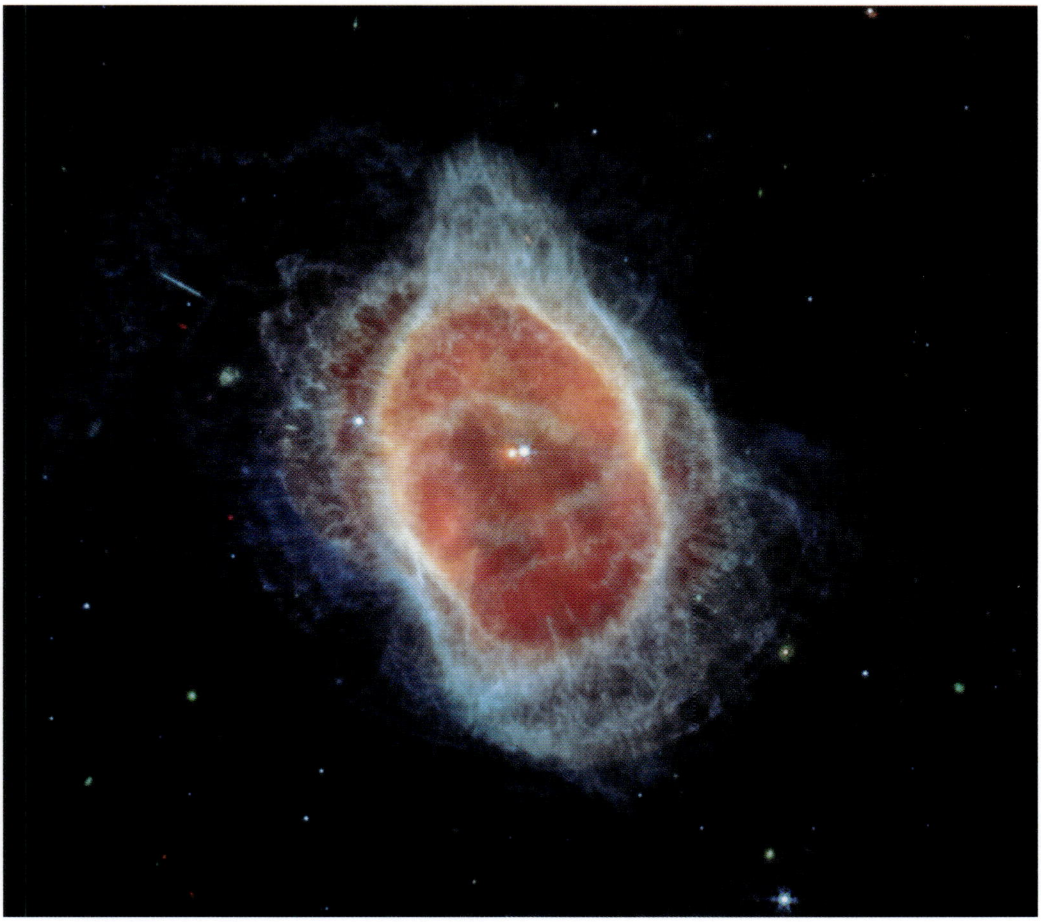

LINKS UND OBEN Der Südliche Ringnebel NGC 3132 hat einen Durchmesser von knapp einem halben Lichtjahr und ist 2000 Lichtjahre von der Erde entfernt. Die hier gezeigten Aufnahmen stammen aus der Nahinfrarotkamera (*links*) und dem Mittelinfrarotinstrument (*oben*) des JWST. Der Ursprung des Nebels ist ein Weißer Zwerg, im linken Bild kaum erkennbar links unter einer der Beugungsspitzen des hellen Zentralgestirns, aber auf der Mittelinfrarotaufnahme (*oben*) größer, heller und röter zu sehen. Bevor sich der Stern in einen Weißen Zwerg verwandelte, stieß er Tausende Jahre lang regelmäßig Materie aus und verlor seine Außenhüllen, die im Nebel, der ihn umgibt, noch zu sehen sind.

SUPERNOVAE, NEUTRONEN-STERNE UND SCHWARZE LÖCHER

Manche Sterne enden auf spektakuläre Weise. Drei dieser möglichen Schicksale sind die Supernova, der Neutronenstern und das Schwarze Loch. Bei jedem sind auf unterschiedliche Art gigantische Kräfte im Spiel.

Supernovae entstehen, wenn sich der Kern eines Sterns so stark verändert, dass er explodiert. Meistens ist das der Fall, wenn der nukleare Brennstoff des Sterns fast verbraucht ist und die Restenergie ihn zerreißt. Unsere Sonne, die sich erst zum Roten Riesen aufblähen und dann als Weißer Zwerg enden wird, verfügt nicht über ausreichend Masse, um als Supernova zu explodieren.

Astronomen beobachten Supernovae schon seit Jahrhunderten. Im Jahr 1604 entdeckte der deutsche Astronom und Mathematiker Johannes Kepler während der wissenschaftlichen Revolution die letzte Supernova, die in der Milchstraße beobachtet wurde. Seine Entdeckung verblüffte die Astronomen des 17. Jahrhunderts. Sie widersprach der gängigen Meinung über die Stabilität und Ewigkeit des Kosmos und lieferte Beweise für das heliozentrische Weltbild des Kopernikus mit der Sonne im Zentrum des Sonnensystems und mit anderen chaotischen, beobachtbaren Phänomenen.

Neutronensterne nehmen ein ganz anderes Ende. Die meisten von ihnen sind sogenannte Pulsare: schnell rotierende Sterne, die kegelförmige Radiowellen abstrahlen, die von Astronomen als „Leuchttürme des Weltraums“ bezeichnet werden (siehe Seite 120). Neigt sich das Leben des Pulsars dem Ende zu, verdichtet er sich durch den Gravitationskollaps der verbleibenden Materie. David Thompson, ein NASA-Wissenschaftler am Goddard Space Flight Center im US-Bundesstaat Maryland, erklärt: „Bei Neutronensternen sehen wir die Kombination von großer Gravitation, starken elektromagnetischen Feldern und hohen Geschwindigkeiten. Sie sind Labore für extreme Physik und für Bedingungen, die wir auf der Erde nicht nachbilden können.“

Schwarze Löcher gehören zu den berühmtesten Phänomenen im Universum. Vereinfacht gesagt ist ein Schwarzes Loch ein Stern (oder mehrere Sterne) mit einem so starken Gravitationsfeld, dass nichts, nicht einmal das Licht, aus ihm entkommen kann. Materie, Energie und wahrscheinlich auch Dunkle Materie und Dunkle Energie werden von ihm verschluckt. Schwarze Löcher sind überall im Universum zu finden und scheinen ein notwendiger Bestandteil seiner Struktur zu sein.

Astronomen erforschen die Schwarzen Löcher seit vielen Jahren und in dieser Zeit hat sich die Qualität der Messinstrumente immer weiter verbessert. Durch das Beobachten, Dokumentieren und Identifizieren der Kräfte in ihrer Umgebung; das Bewerten ihrer Eigenschaften und das Beschreiben der Teilchen, die sich in ihrer Nähe mit annähernder Lichtgeschwindigkeit bewegen, haben wir viel gelernt, aber unsere Arbeit hat gerade erst begonnen.

JOHANNES KEPLER (1571–1630)

Johannes Kepler war der Entdecker einer Supernova, die nach ihm benannt ist, und hauptsächlich kennt man ihn als Astronom. Er war jedoch auch Mathematiker, Naturphilosoph, Komponist und Astrologe. Seine Gesetze der Planetenbewegung bilden die Grundlage der modernen Raumfahrt:

1. Planeten bewegen sich auf elliptischen Bahnen und die Gravitation der Sonne hält sie dort.
2. Ein Planet legt die gleiche Strecke in der gleichen Zeit zurück, unabhängig davon, wo er sich auf seiner Bahn gerade befindet.
3. Die Umlaufzeit eines Planeten ist proportional zur dritten Potenz der Länge der großen Halbachse seiner Umlaufbahn.

Kepler erfand außerdem eine verbesserte Version des Linsenfernrohrs, das als „Kepler-Fernrohr“ bekannt ist und als Grundlage moderner Linsenfernrohre diente. Manche bezeichnen ihn auch als „Vater der Science-Fiction“, da seine posthum veröffentlichte Geschichte *Somnium* (*Der Traum*) (1634) von einer fantastischen Reise zum Mond handelte, auf dem die Besucher schlangenartigen Lebewesen begegneten.

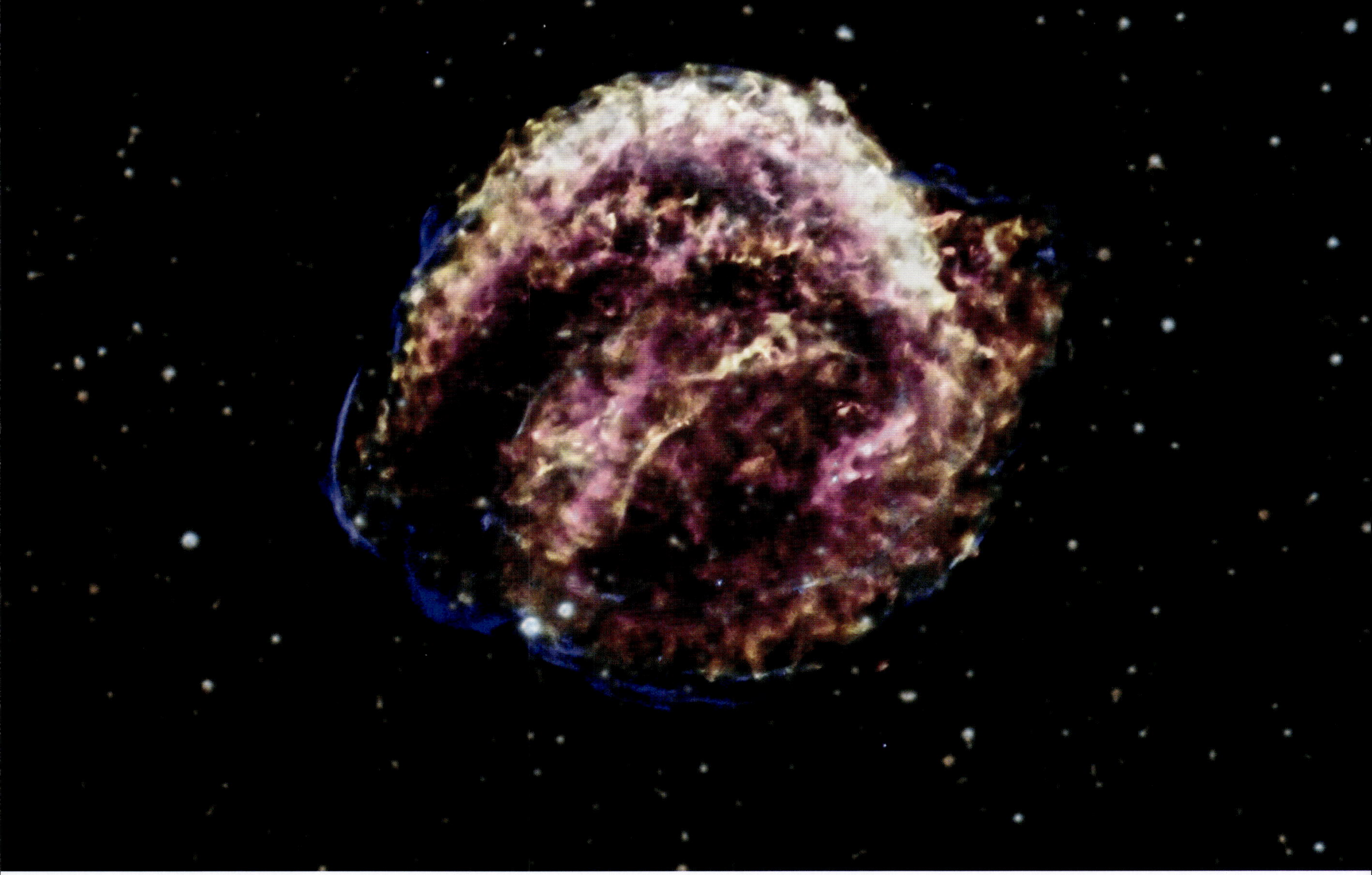

OBEN Johannes Keplers Entdeckung einer Supernova am 9. Oktober 1604 bestätigte die Richtigkeit des kopernikanischen Weltbilds. Dieses zusammengesetzte Bild von Keplers Supernova besteht aus drei Aufnahmen, jeweils eine aus dem Spitzer-Weltraumteleskop (aufgenommen im August 2004), dem Hubble-Weltraumteleskop (HST) (August 2003) und dem Chandra-Röntgenteleskop (Juni 2000). (Alle Teleskope: NASA). Diese Blase aus Gas und Staub besteht aus den Überresten der Explosion eines Sterns und erstreckt sich mittlerweile über 14 Lichtjahre. Aktuell dehnt sie sich mit einer Geschwindigkeit von ungefähr 6,5 Millionen km/h aus.

RECHTS Der Supernovaüberrest N132D ist rund 160 000 Lichtjahre von der Erde entfernt und wurde von den NASA-Teleskopen Spitzer und Chandra aufgenommen. Sie erscheint als rosafarbene Hülle inmitten von Gas und Staub vor dem Hintergrund des Sternfelds.

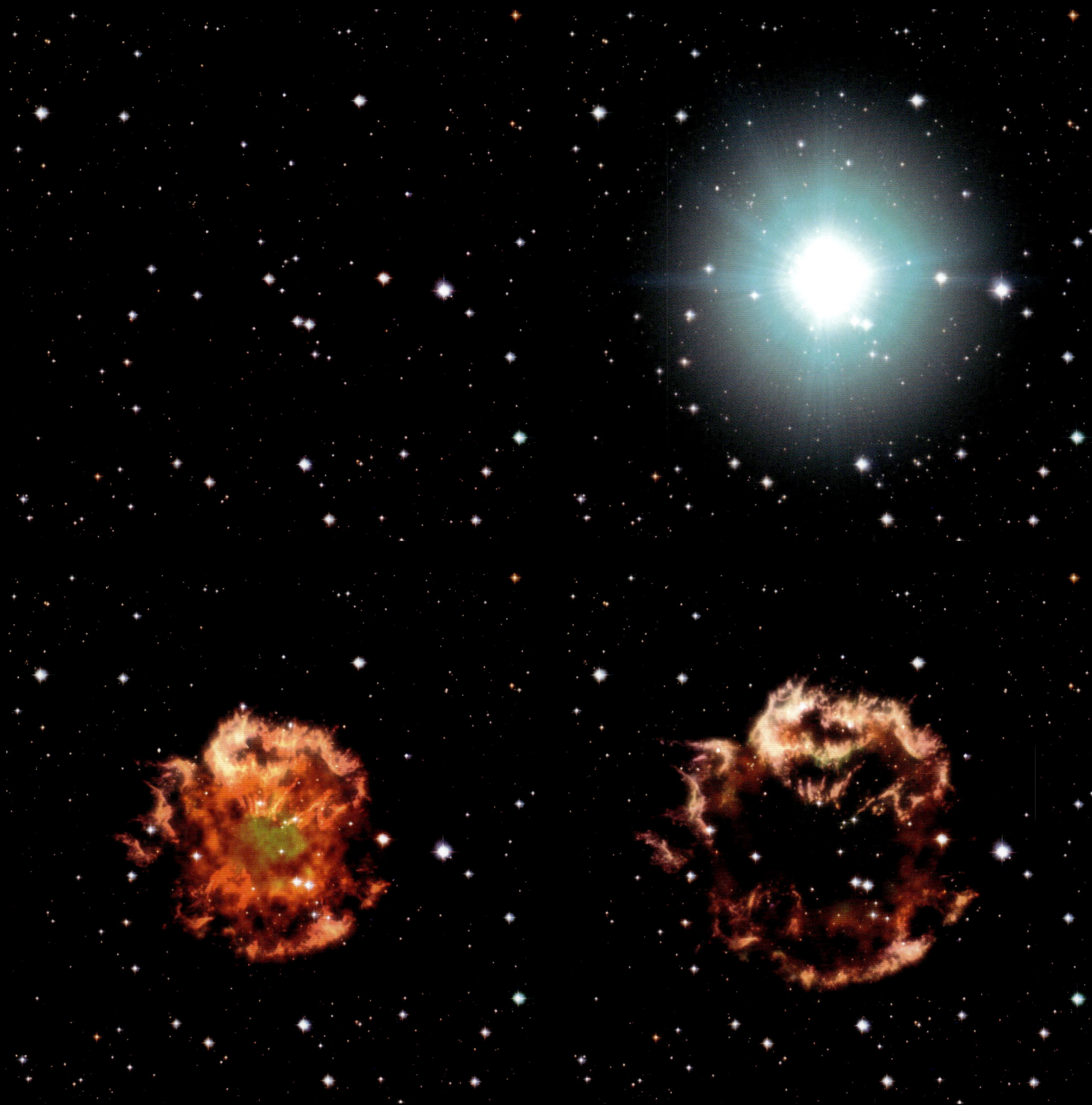

Wie sieht eine Supernova eigentlich aus? Diese künstlerische Darstellung zeigt die acht Stufen einer Supernova: Erst ist sie ein einzelner Stern unter vielen, dann eine heftige Explosion und schließlich eine Abfolge sich immer weiter auflösender und abkühlender Überreste.

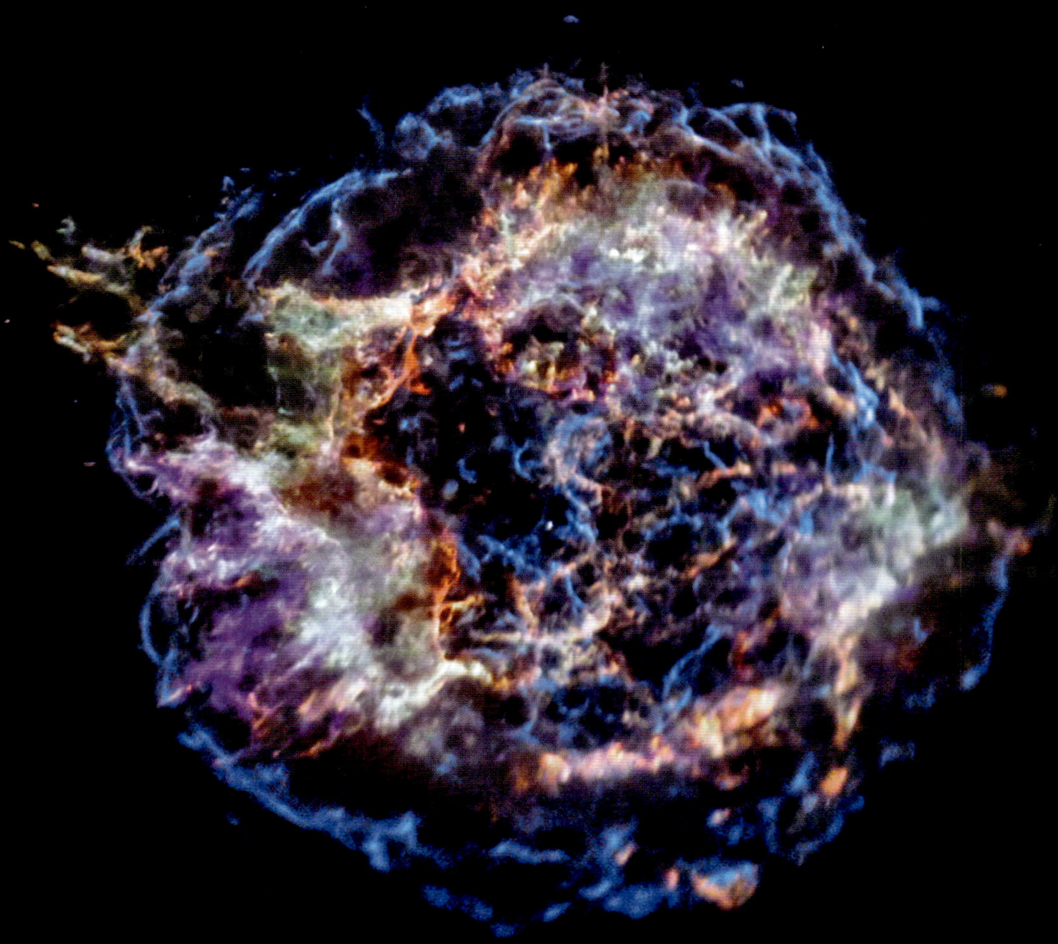

OBEN Der Supernovaüberrest Cassiopeia A zeigt das Trümmerfeld, das nach der Explosion des Sterns vor über 400 Jahren verblieb. Das Bild wurde aus Daten aus dem Chandra-Röntgenteleskop der NASA zusammengesetzt.

RECHTS Der Wolf-Rayet-Stern 124 (WR 124) erstrahlt auffällig aus der Mitte dieses zusammengesetzten Bildes aus den Nah- und Mittelinfrarotaufnahmen des James-Webb-Weltraumteleskops (JWST). Es zeigt, wie diese Instrumente die Helligkeit eines explodierenden Sterns im Kontrast zu den schwächer glühenden Gas- und Staubteilchen in der Nähe ausgleichen, um die Struktur des Nebels sichtbar zu machen. Der aufgewühlte Hintergrund des Sterns ist das Ergebnis einer Nebelexplosion und veranschaulicht den Aufbau und die Bewegung des Sterns.

„Supernovae entstehen, wenn sich der Kern eines Sterns so stark verändert, dass er explodiert, Meist ist das der Fall, wenn sein nuklearer Brennstoff fast verbraucht ist und die Restenergie ihn zerreißt."

Ein weiteres Beispiel für eine Supernova ist der Ringnebel Messier 57, der rund 2600 Lichtjahre von der Erde entfernt im Sternbild Leier (Lyra) liegt. Die Aufnahme wurde im Jahr 2023 vom JWST gemacht. Umgeben von einer Hülle aus Sauerstoff schimmert er grünlich, wenn Licht ihn durchdringt.

TYPEN VON NEUTRONENSTERNEN

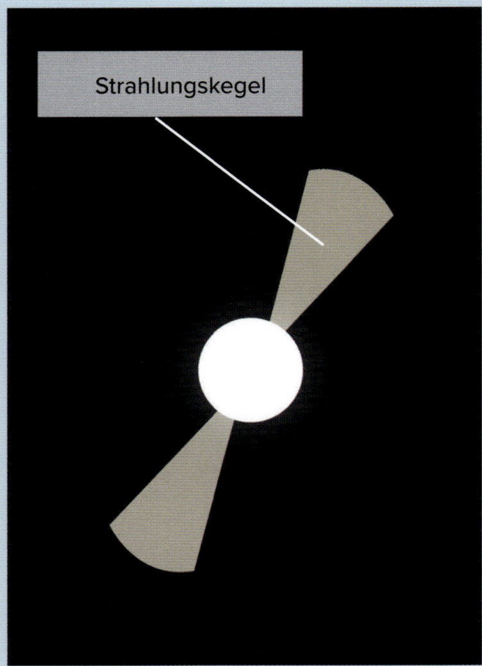

Ein **Magnetar** ist ein Neutronenstern mit einem besonders intensiven Magnetfeld, das etwa 1000-mal stärker als das eines normalen Neutronensterns ist – und eine Billion stärker als das Magnetfeld der Erde sowie 100-Millionen-mal stärker als der stärkste von Menschenhand geschaffene Magnet.

Wissenschaftler entdeckten bisher erst rund 30 Magnetare im Weltraum.

Die meisten der rund 3000 bekannten Neutronensterne sind **Pulsare**, die entlang ihrer Magnetfeldachse zwei Strahlungskegel abgeben. Da die Ausrichtung der Magnetfeldachse von jener der Rotationsachse des Sterns abweicht, erscheinen die Wellen beim Mitrotieren als gepulster Strahl, ähnlich dem Lichtkegel eines Leuchtturms.

Für Beobachter auf der Erde kann das aussehen, als würde der Pulsar blinken.

Nach heutigem Stand gibt es sechs bekannte Neutronensterne, die **Pulsare** und **Magnetare** zugleich sind.

RECHTS Neutronensterne sind schwer zu entdecken, aber dem NASA-Forschungssatelliten *Swift* (Neil Gehrels Swift Observatory) gelang diese beeindruckende Aufnahme der Verschmelzung zweier Neutronensterne. Der Satellit, der 2004 gestartet wurde, ist in der Lage, die im Universum häufig vorkommenden Gammastrahlenblitze aufzuspüren und Daten über sie zu sammeln. Das Bild wurde am 12. November 2020 veröffentlicht und zeigt einen Helligkeitsausbruch, der den einer normalen Nova um das 10 000-Fache übersteigt. Er erscheint als leuchtender Punkt (siehe Pfeil) im oberen linken Bereich seiner Heimatgalaxie. Wissenschaftler vermuten, dass aus der Verschmelzung der beiden Neutronensterne ein Magnetar hervorgegangen ist – ein extrem starkes Magnetfeld, das die Trümmer aus der Explosion erleuchtete.

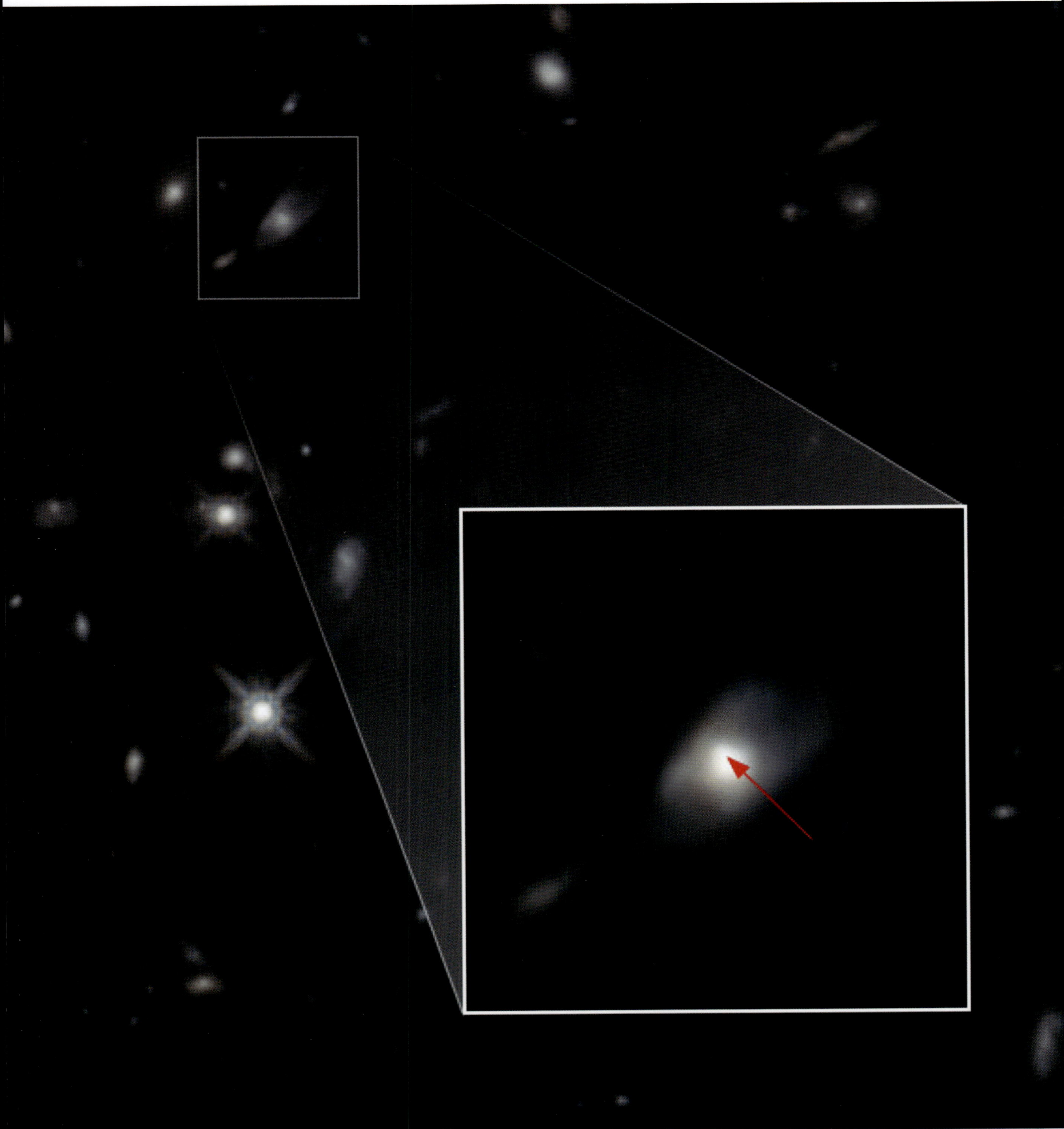

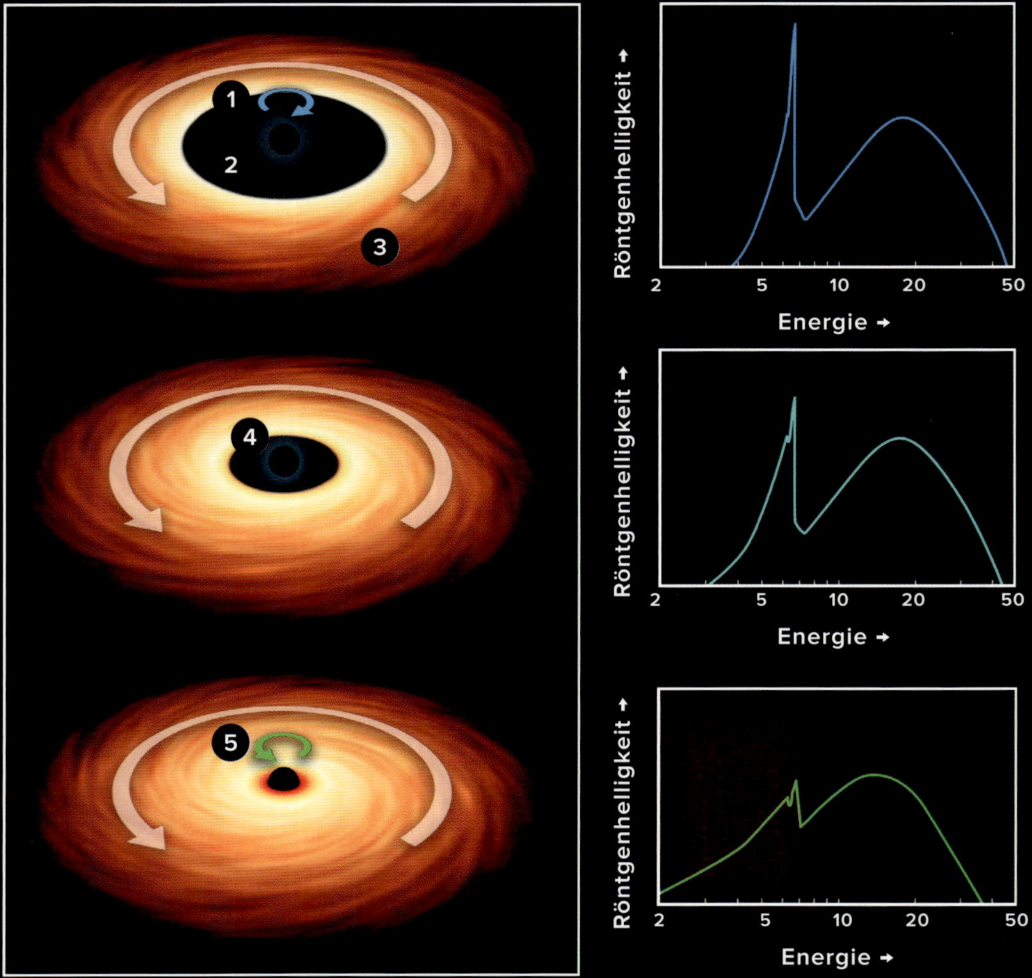

LINKS Astronomen ermitteln den Eigendrehimpuls von Schwarzen Löchern, sofern vorhanden, durch Röntgenbeobachtungen ihrer Bewegungen. Jede Drehung – im Uhrzeigersinn (retrograd) oder gegen den Uhrzeigersinn (prograd) – erzeugt charakteristische Muster im Röntgenbereich.

1. Retrograde Rotation
2. Schwarzes Loch
3. Akkretionsscheibe
4. Kein Eigendrehimpuls
5. Prograde Rotation

UNTEN Im Zentrum der Milchstraße, in der Region Sagittarius A* (Sgr A*), befindet sich ein supermassereiches Schwarzes Loch mit einer 4-milliardenfachen Sonnenmasse. Umgeben von dichten Gas- und Staubwolken belegt es die innersten 15 Lichtjahre der Galaxis. Diese Objekte werden durch die starke Ultraviolettstrahlung von massereichen Sternen in der Nähe des Schwarzen Lochs überhitzt.

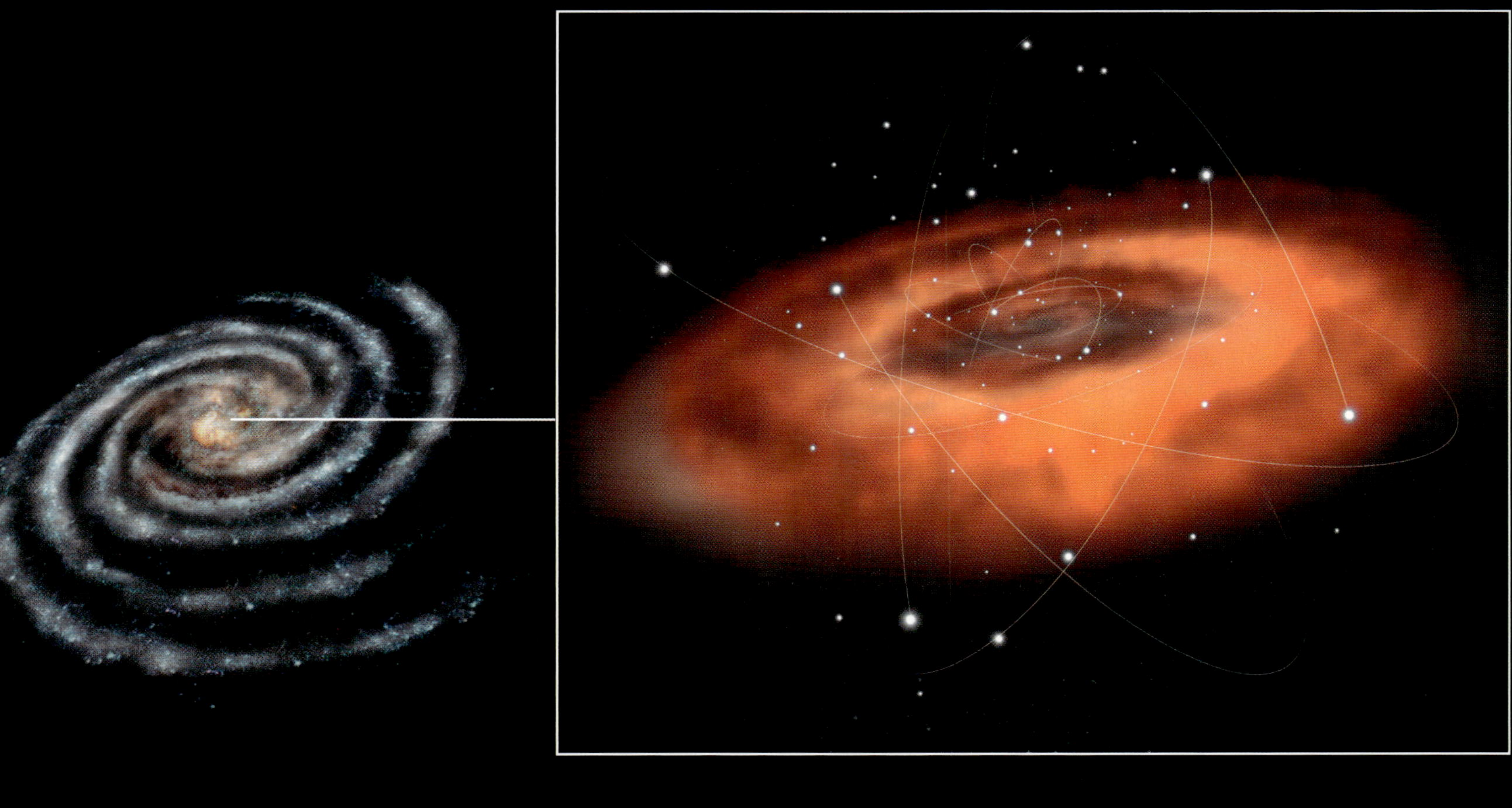

Wenn aus dem Kollaps eines Sterns eine Supernova mit einer mehr als dreifachen Sonnenmasse hervorgeht, entsteht ein Schwarzes Loch, in dem die Schwerkraft so stark ist, dass nicht einmal das Licht daraus entweichen kann. Das Schwarze Loch beginnt sofort, die Materie in seiner Nähe zu verschlingen, wodurch seine Gravitationskraft noch stärker wird. Stellare Schwarze Löcher sind allgemein bekannt, aber erst im Jahr 2019 wurde ein Bild eines solchen veröffentlicht. Aus Aufnahmen des *Event Horizon Telescope* (EHT) – einer internationalen Kollaboration aus acht bodengebundenen Radioteleskopen – erzeugten Wissenschaftler diese Darstellung. Die charakteristischen Merkmale des Schwarzen Lochs sind leicht zu erkennen: eine dunkle Scheibe, die von einem Ring aus heißer, glühender Materie umkreist wird. Dieses supermassereiche Schwarze Loch liegt im Zentrum der Galaxie M87, rund 55 Millionen Lichtjahre von der Erde entfernt, und hat über 6 Milliarden Sonnenmassen.

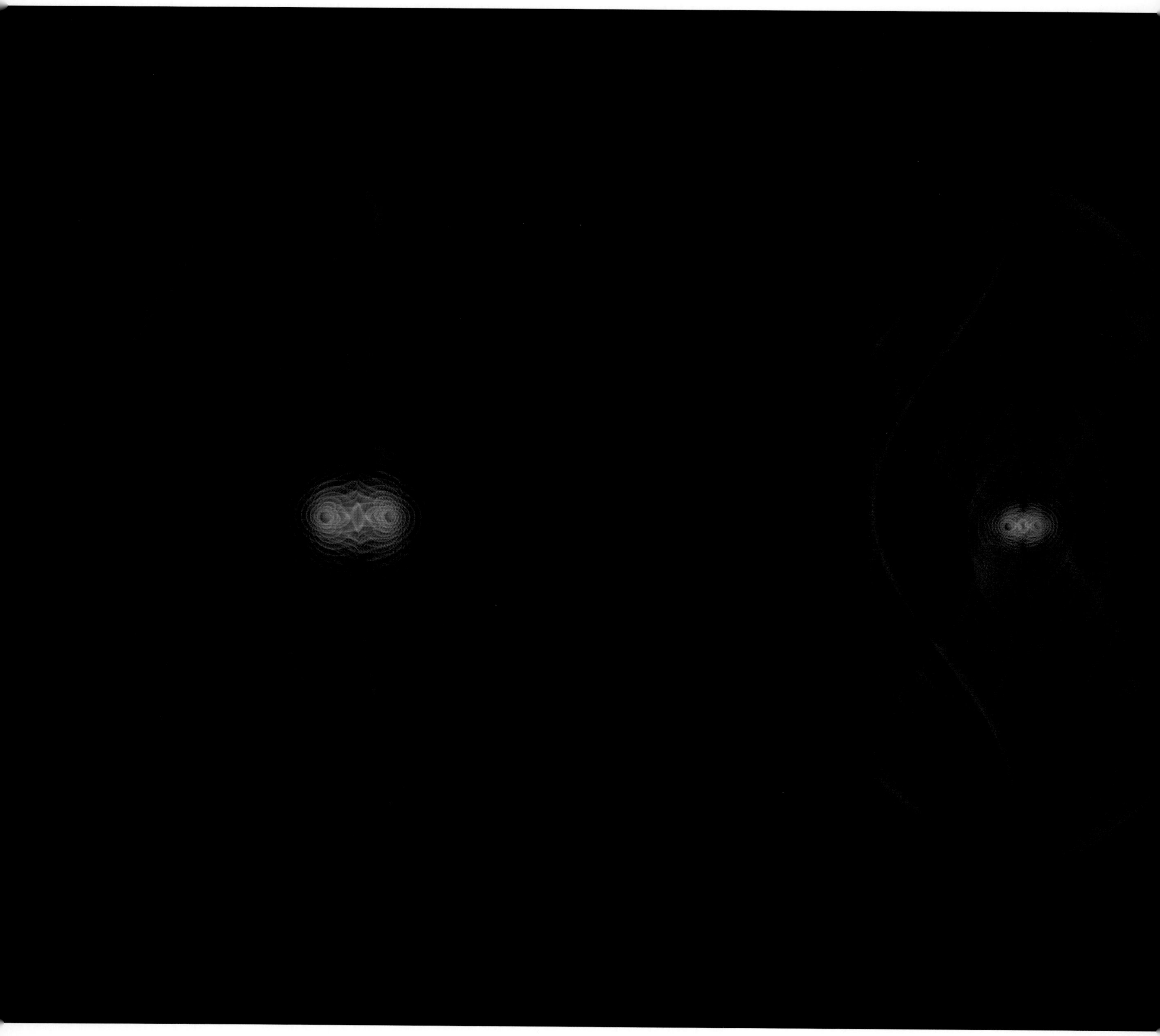

Kommen sich zwei Schwarze Löcher so nahe, dass ihre Gravitationskräfte einander beeinflussen, verschmelzen sie zu einem größeren Schwarzen Loch und setzen dabei gigantische Energiemengen frei. So eine Kollision wurde noch nie beobachtet, aber ein Astrophysik-Team des Goddard Space Flight Center der NASA simulierte eine solche Verschmelzung und die dabei abgegebenen Graviationswellen.

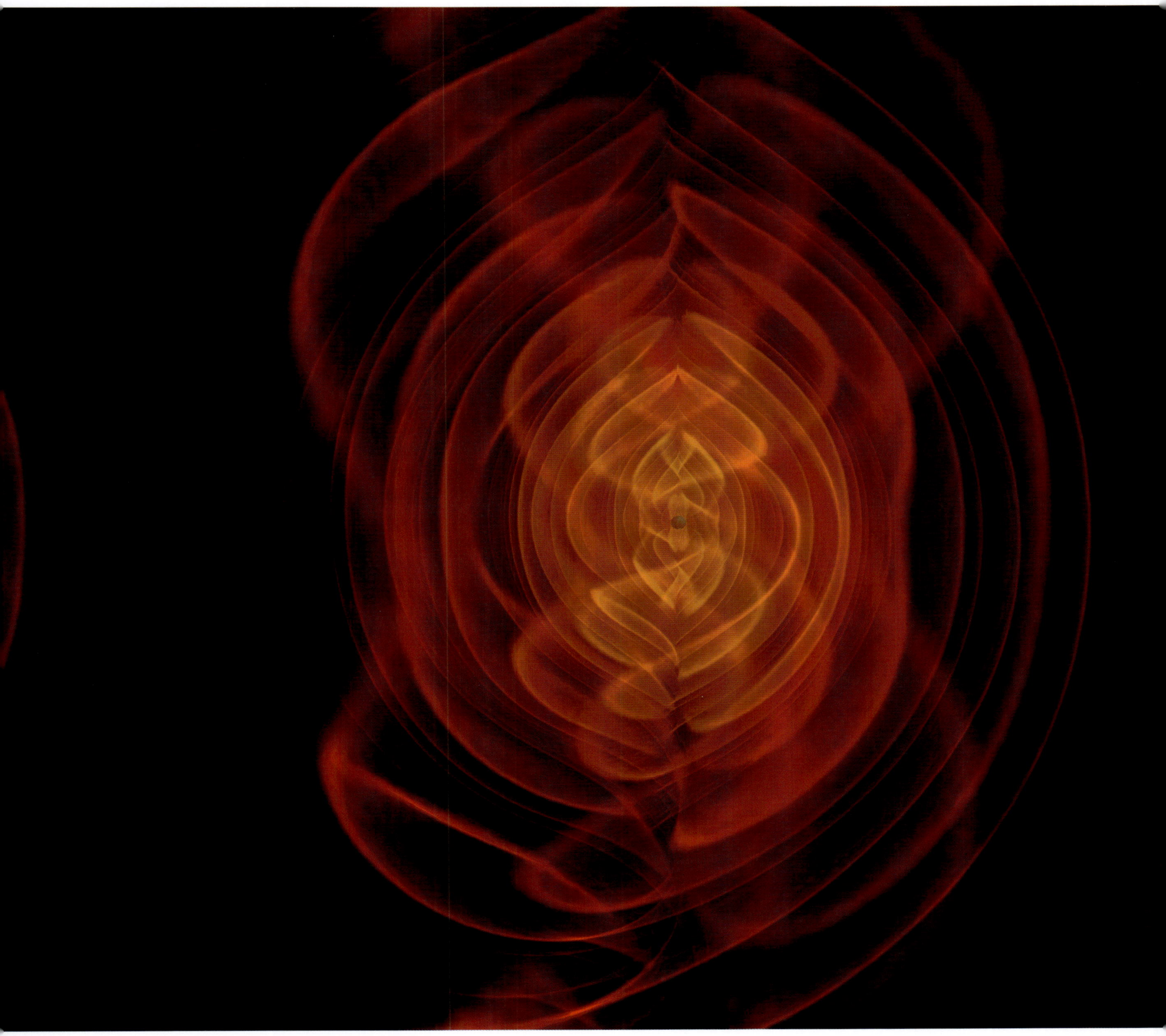

WELTRAUMTELESKOPE UND IHRE BEDEUTUNG

Mit Beginn des Weltraumzeitalters erfuhr die Astronomie einen grundlegenden Wandel – angestoßen durch den Einsatz von Weltraumteleskopen, die das gesamte elektromagnetische Spektrum erfassen können. Das Hubble-Weltraumteleskop (HST) der NASA kostete 2 Milliarden Dollar und wurde im April 1990 in Betrieb genommen. Trotz anfänglicher Probleme revolutionierte es als erstes mehrerer Großteleskope die Astronomie.

Nicht nur Wissenschaftler waren enttäuscht, als sich das HST im Weltraum als fehlerhaft herausstellte. Alle hatten erwartet, dass Hubble ein Zeitalter der astronomischen Entdeckungen einleiten würde, wie es die Menschheit seit Galileos erstem Fernrohrblick auf die Planeten nicht erlebt hatte, und dass Astronomen damit sogar Galaxien in einer Entfernung von 15 Milliarden Lichtjahren in höherer Auflösung als je zuvor beobachten konnten. Bedauerlicherweise zeigte der Hauptspiegel des Teleskops eine „sphärische Aberration" – ein Abbildungsfehler aufgrund eines Defekts, der nur ein Fünfundzwanzigstel der Breite eines Menschenhaars ausmacht, aber das HST daran hinderte, die Schärfe richtig einzustellen.

Aufgrund dieser Probleme mit dem Spiegel schickte die NASA im Dezember 1993 das Space Shuttle *Endeavour* auf eine Reparaturmission, um eine Korrekturoptik anzubringen und andere Instrumente zu warten. Während des einwöchigen Aufenthalts unternahmen die Astronauten der *Endeavour* rekordverdächtige fünf Außenbordeinsätze und führten alle geplanten Reparaturen am Teleskop durch. Die Bilder, die Hubble anschließend zur Erde sandte, waren um ein Vielfaches besser als zuvor. Diese Ergebnisse waren für das wissenschaftliche Verständnis des Universums von immenser Bedeutung. Auf insgesamt fünf Servicemissionen wurde der Nutzen des HST bis in die 2020er-Jahre hinein verlängert.

Unter den vielen Highlights des Teleskops war das größte wohl die Entdeckung, dass die Dunkle Energie die Ausdehnung des Universums beschleunigt. Das HST bot den Wissenschaftlern die bisher klarsten Aufnahmen von Galaxien, die entstanden, als der Kosmos nur ein Bruchteil seines heutigen Alters hatte. Die Bilder lieferten die ersten Hinweise auf die Evolution dieser Galaxien und legten nahe, dass sich kugelförmige Galaxien rasend schnell in ihre gegenwärtige Formen entwickelten. Das HST wurde auch Zeuge der Supernova 1987A, einem der bedeutendsten Sternentode, die in den letzten 400 Jahren auf der Erde beobachtet wurden. Zu guter Letzt bestätigte das HST auch, dass Schwarze Löcher häufiger im Universum vorkommen als früher angenommen.

TECHNISCHE VERBESSERUNG

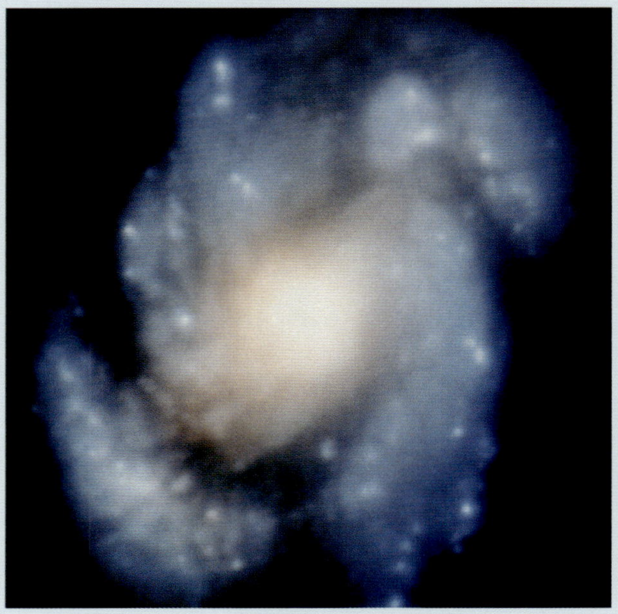

Wide Field Planetary Camera 1

Wide Field Planetary Camera 2

Das obere Bild des Kerns der Galaxie M100 wurde im Jahr 1990 von der Wide Field Planetary Camera-1 (WF/PC1) des Hubble-Teleskops aufgenommen. Darunter das Bild aus der Wide Field Planetary Camera-2 (WF/PC2) aus dem Jahr 1994. Die Verbesserung nach der Servicemission ist deutlich zu sehen.

Astronauten bei der Wartung des Hubble-Teleskops im Rahmen der ersten NASA-Servicemission STS-61 im Dezember 1993. Der Astronaut Story Musgrave steuert den Roboterarm *Canadarm*, während Jeff Hoffman in der Nutzlastbucht am Werk ist.

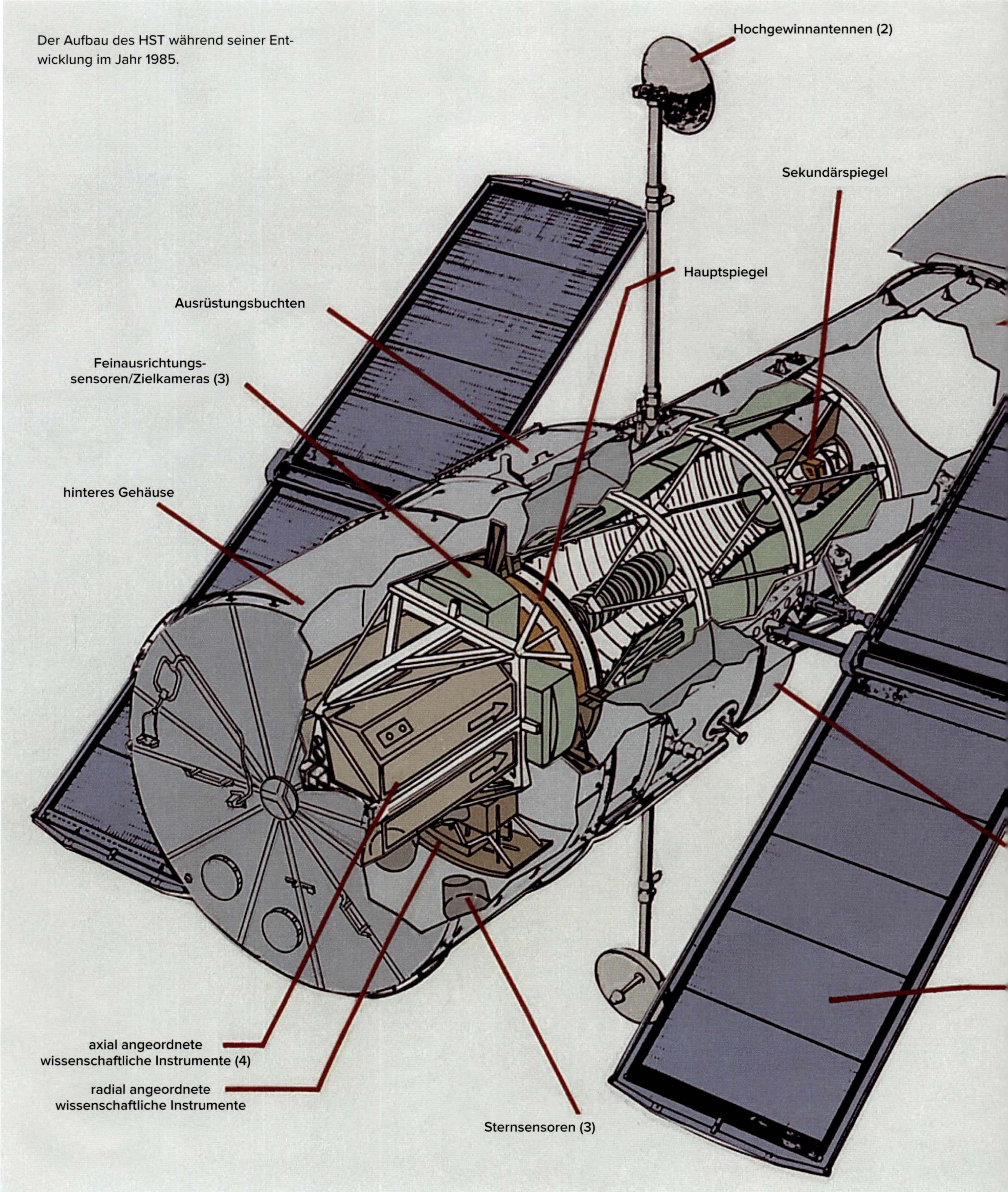
Der Aufbau des HST während seiner Entwicklung im Jahr 1985.
Hochgewinnantennen (2)
Sekundärspiegel
Hauptspiegel
Ausrüstungsbuchten
Feinausrichtungs-sensoren/Zielkameras (3)
hinteres Gehäuse
axial angeordnete wissenschaftliche Instrumente (4)
radial angeordnete wissenschaftliche Instrumente
Sternsensoren (3)

HUBBLE-TELESKOP TECHNISCHE DATEN

LÄNGE 13,2 Meter
DURCHMESSER 4,2 Meter
MASSE 11 110 Kilogramm
ENERGIEVERSORGUNG Solarmodule, 2800 Watt
TRÄGERRAKETE Space Shuttle *Discovery*, STS-31
START 24. April 1990
MISSIONSSTATUS In Betrieb

„Das HST bot den Wissenschaftlern die bisher klarsten Aufnahmen von Galaxien, die entstanden, als der Kosmos nur ein Bruchteil seines heutigen Alters hatte. Die Bilder lieferten die ersten Hinweise auf die Evolution dieser Galaxien und legten nahe, dass sich kugelförmige Galaxien rasend schnell in ihre gegenwärtigen Formen entwickelten.“

HUBBLE-SERVICEMISSIONEN

Missionsnummer	Shuttle-Mission	Zeitraum	Beschreibung
SM1	*Endeavour* STS-61	2.–13. Dezember 1993	Erste Wartung des HST; Einbau von Korrekturoptik, um die Fehler des Hauptspiegels und anderer Instrumente zu beheben.
SM2	*Discovery* STS-82	11.–21. Februar 1997	Einbau von neuen Instrumenten, damit das HST auch Beobachtungen im Nahinfrarotbereich durchführen konnte.
SM3A	*Discovery* STS-103	19.–27. Dezember 1999	Dringende Mission, um die Gyroskope des HST zu ersetzen und das Teleskop wieder in ordnungsgemäßen Betrieb zu nehmen.
SM3B	*Columbia* STS-109	1.–12. März 2002	Austausch der Solarmodule und Einbau der Advanced Camera for Surveys (ACS) mit höherer Auflösung und für mehr Wellenlängen.
SM4	*Atlantis* STS-125	11.–24. Mai 2009	In der letzten Servicemission wurden der Cosmic Origins Spectograph und die Wide Field Camera 3 eingebaut.

ANDERE WELTRAUMTELESKOPE

Nach dem HST entwickelte die NASA in den 1990er-Jahren drei weitere Weltraumteleskope zur Beobachtung von astronomischen Objekten in verschiedenen Wellenlängen. Das Compton Gamma Ray Observatory (CGRO), benannt nach dem Physiker und Nobelpreisträger Arthur Compton, wurde am 5. April 1991 ins All gebracht und blieb bis 2000 in Betrieb. Seine vier Instrumente – das Burst and Transient Source Experiment, das Oriented Scintillation Spectrometer Experiment, das Imaging Compton Telescope und das Energetic Gamma Ray Experiment Telescope – untersuchten das hochenergetische Spektrum der Gammastrahlen. Zu den Ergebnissen von CGRO gehören unter anderem die bisher umfassendste Durchmusterung des Zentrums der Milchstraße, die Entdeckung einer „Wolke" aus vermuteter Antimaterie über dem Zentrum und der Nachweis, dass der Großteil der gemessenen Gammablitze aus entfernten Galaxien und nicht aus der Milchstraße stammt.

Das Teleskop, das in erster Linie der Erforschung der Gammastrahlung dienen und Fragen über die Evolution des Kosmos beantworten sollte, erwies sich auch als nützlich für Astrobiologen und ihre Suche nach Spuren von Leben im All. Der Einblick in die Struktur und Verteilung hochenergetischer Strahlung im Universum lieferte wichtige Daten zur Bewohnbarkeit von Planeten. Diese wurden in wissenschaftlichen Modellen zum Verständnis der Entstehung und Entwicklung von Planetensystemen verwendet und halfen Exoplanetenforschern, die Typen und Orte von Systemen, in denen es bewohnbare Planeten geben könnte, zu ermitteln.

COMPTON GAMMA RAY OBSERVATORY TECHNISCHE DATEN

LÄNGE 9,75 Meter
DURCHMESSER 7,3 Meter
MASSE 16 329 Kilogramm
ENERGIEVERSORGUNG Solarmodule, 2000 Watt
TRÄGERRAKETE Space Shuttle *Atlantis*, STS-37
START 5. April 1991
MISSIONSSTATUS Missionsende am 4. Juni 2020

Während der Mission STS-35 im April 1991 wurde das CGRO mithilfe des Roboterarms (Remote Manipulator System) der Raumfähre *Atlantis* in den Weltraum gesetzt.

ARTHUR HOLLY COMPTON (1892–1962)

Der Physiker und Nobelpreisträger Arthur Holly Compton ist vor allem für seine Untersuchung der Streuung von Röntgenstrahlen bekannt. Der nach ihm benannte Compton-Effekt illustrierte deutlich den Teilchencharakter elektromagnetischer Strahlung, der seither die Grundlage der gesamten Forschung bildet. Diese Entdeckung brachte ihm im Jahr 1927 den Nobelpreis für Physik ein, was dazu führte, dass er von der University of Chicago aus eine weltweite Studie zum Verständnis der geografischen Schwankungen in der Intensität der kosmischen Strahlung leitete. Aufgrund seiner wegweisenden Arbeit in diesen Bereichen entschied sich die NASA, ihr Weltraumteleskop für Gammaastronomie nach ihm zu benennen.

Das Chandra-Weltraumteleskop, benannt nach dem indisch-amerikanischen Physiker und Nobelpreisträger Subrahmanyan Chandrasekhar (1910–1995), wurde am 23. Juli 1999 mit dem Space Shuttle *Columbia* (STS-93) in den Weltraum und anschließend in eine extrem hohe Erdumlaufbahn gebracht. Sein Schwerpunkt lag auf der Beobachtung von Objekten im Röntgenbereich des elektromagnetischen Spektrums. Zu seinen Entdeckungen gehörten die Aufnahme des Supernova-Überrests Cassiopeia A und noch nie dagewesene Bilder eines Neutronensterns oder Schwarzen Lochs.

Das Spitzer-Weltraumteleskop trägt den Namen des Astrophysikers Lyman Spitzer (1914–1997) und erweiterte die Arbeit seiner Vorgänger. Während seiner Betriebszeit von 2003 bis 2020 entdeckte es die Infrarotstrahlung astronomischer Objekte (die eigentlich von der Erdatmosphäre absorbiert wird) zwischen Wellenlängen von 3 und 180 Mikrometern (ein μ ist ein Millionstel Meter). Eine besonders wichtige Rolle spielte das Teleskop bei der Entdeckung von Sternentstehungsregionen im Universum.

Seither haben noch weitere Weltraumteleskope ihren Dienst im All angetreten, allen voran das James-Webb-Teleskop (JWST), das 2022 in den Weltraum gebracht wurde und schon in seinem ersten Jahr einige bemerkenswerte Entdeckungen machte (siehe Seite 48).

Chandra wurde speziell für die Beobachtung von Röntgenstrahlung aus sehr heißen Regionen des Universums entwickelt, etwa von explodierten Sternen, Galaxienhaufen oder in der Nähe von Schwarzen Löchern.

CHANDRA-RÖNTGENTELESKOP TECHNISCHE DATEN

LÄNGE 19,5 Meter
DURCHMESSER 13,8 Meter
MASSE 4790 Kilogramm
ENERGIEVERSORGUNG Solarmodule, 2350 Watt
TRÄGERRAKETE Space Shuttle *Columbia*, STS-93
START 23. Juli 1999
MISSIONSSTATUS In Betrieb

Als Infrarotteleskop, das auf seinem Umlauf um die Sonne der Erde folgt, eignete sich Spitzer gut, um den Stern Trappist-1 zu beobachten (siehe Seite 146), da er im Infrarotspektrum am hellsten leuchtet – in Wellenlängen, die zu lang sind, um für das menschliche Auge sichtbar zu sein.

SPITZER-WELTRAUM-TELESKOP TECHNISCHE DATEN

LÄNGE 10,2 Meter
DURCHMESSER 0,85 Meter
MASSE 884 Kilogramm
STROMVERSORGUNG Solarmodule, 427 Watt
TRÄGERRAKETE Delta II 7920H
START 25. August 2003
MISSIONSSTATUS Missionsende am 30. Januar 2020

„Das Spitzer-Teleskop entdeckte die Infrarotstrahlung astronomischer Objekte (die eigentlich von der Erdatmosphäre absorbiert wird) zwischen Wellenlängen von 3 und 180 Mikrometern (1 µm ist ein Millionstel Meter).“

DIE LAGRANGE-PUNKTE

Die Lagrange-Punkte markieren einige der nützlichsten Orte im Weltraum. Dabei handelt es sich um fünf Punkte in einem System, an denen sich die Kräfte zweier großer Himmelskörper (z. B. Sterne, Planeten oder große Monde) gegenseitig aufheben. Das gilt für jedes System, in dem ein kleinerer Körper ein massereicheres Objekt umkreist. Benannt sind die Lagrange-Punkte nach dem italienisch-französischen Mathematiker Joseph Lagrange (1736–1813), dessen Arbeit auf dem Werk des Schweizer Mathematikers Leonhard Euler (1707–1783) aufbaute. Lagrange identifizierte die Lage der fünf Punkte, von denen sich drei – nämlich L1, L2 und L3 – auf einer Geraden befinden, die durch die beiden Körper verläuft. Die Punkte L4 und L5 bilden die dritten Eckpunkte zweier gleichseitiger Dreiecke, deren Seiten der Entfernung zwischen den beiden Körpern entsprechen.

Für die Erforschung des Weltraums haben sich die Lagrange-Punkte als äußerst nützlich erwiesen, da ein Raumfahrzeug dort ohne dem Einfluss der Schwerkraft und mit minimalem Energieverbrauch in einer stabilen Position verbleiben kann. Besonders wichtig ist der Punkt L1, der direkt zwischen den beiden Körpern liegt. Der Punkt L1 des Systems Erde-Sonne bietet beispielsweise eine perfekte, ungestörte Sicht auf die Sonne und ist daher der Standort für mehrere Sonnenobservatorien und Experimente zur Erforschung des Sonnenwinds.

Der Punkt L2 des Systems Erde-Sonne war die Basis der WMAP-Raumsonde und ist der aktuelle Standort des JWST. L2 ist der perfekte Platz für die Astronomie, da der Punkt nah genug an der Erde liegt, um die Kommunikation mit Bodenstationen zu ermöglichen. Dort können Solarzellen genutzt werden und mit den drei hellsten Objekten im Hintergrund (Erde, Sonne und Mond) gibt es einen klaren Blick in die Tiefen des Alls.

Bisher wurden noch keine Satelliten an den Punkten L2, L4 oder L5 im System Erde-Sonne platziert. L3 befindet sich im Sonnensystem auf der gegenüberliegenden Seite der Erde und wird komplett von der Sonne verdeckt. L4 und L5 könnten eines Tages von Nutzen sein, aber gegenwärtig existieren in diesen Regionen nur Asteroiden. In den 1970er-Jahren hielt der Astrophysiker Gerard K. O'Neill den Punkt L5 für den idealen Standort für große, fliegende Kolonien im Weltraum. Und wer weiß, vielleicht wird seine Idee eines Tages Wirklichkeit.

LINKS Das Weltraumteleskop Gaia der Europäischen Weltraumorganisation (ESA) erfasst Sterne und ihre Eigenschaften. Indem Astronomen die Bewegung jedes dieser Sterne messen, können sie Rückschlüsse auf die Evolution und die Zukunft der Himmelskörper ziehen. Gaia führt eine Art Volkszählung der Sterne in einem einzigartigen Aufnahmemodus durch. Das hier gezeigte Bild entstand aus dem Scan eines Himmelsbereichs am 7. Februar 2017, im sogenannten Sagittarius-I-Fenster (Sgr-I), das nur zwei Grad unter dem galaktischen Zentrum der Milchstraße liegt. Es stellte sich heraus, dass die höchste Sterndichte dort 4,6 Millionen Sterne pro Quadratgrad beträgt. Diese Aufnahme deckt nur etwa 0,6 Quadratgrad ab, aber allein darauf könnten sich schon 2,8 Millionen Sterne befinden. Jeder Sternenstreifen stellt ein Einzelbild aus den Skymapper-Sensoren dar, das anschließend technisch weiterverarbeitet wurde, um den Kontrast zwischen den hellen Sternen und den dunkleren Gas- und Staubspuren hervorzuheben.

RECHTS Die fünf Lagrange-Punkte des Systems Sonne-Erde, in dieser Darstellung mit Blick von oben auf die Ekliptik. Die Erde umkreist die Sonne gegen den Uhrzeigersinn, wobei die Entfernung der Punkte zu beiden konstant bleibt. Satelliten, die sich an einem L-Punkt befinden, neigen dazu, sich leicht zu bewegen, können dem gravitativ stabilen Bereich, der jeden Lagrange-Punkt umgibt, jedoch nicht entkommen.

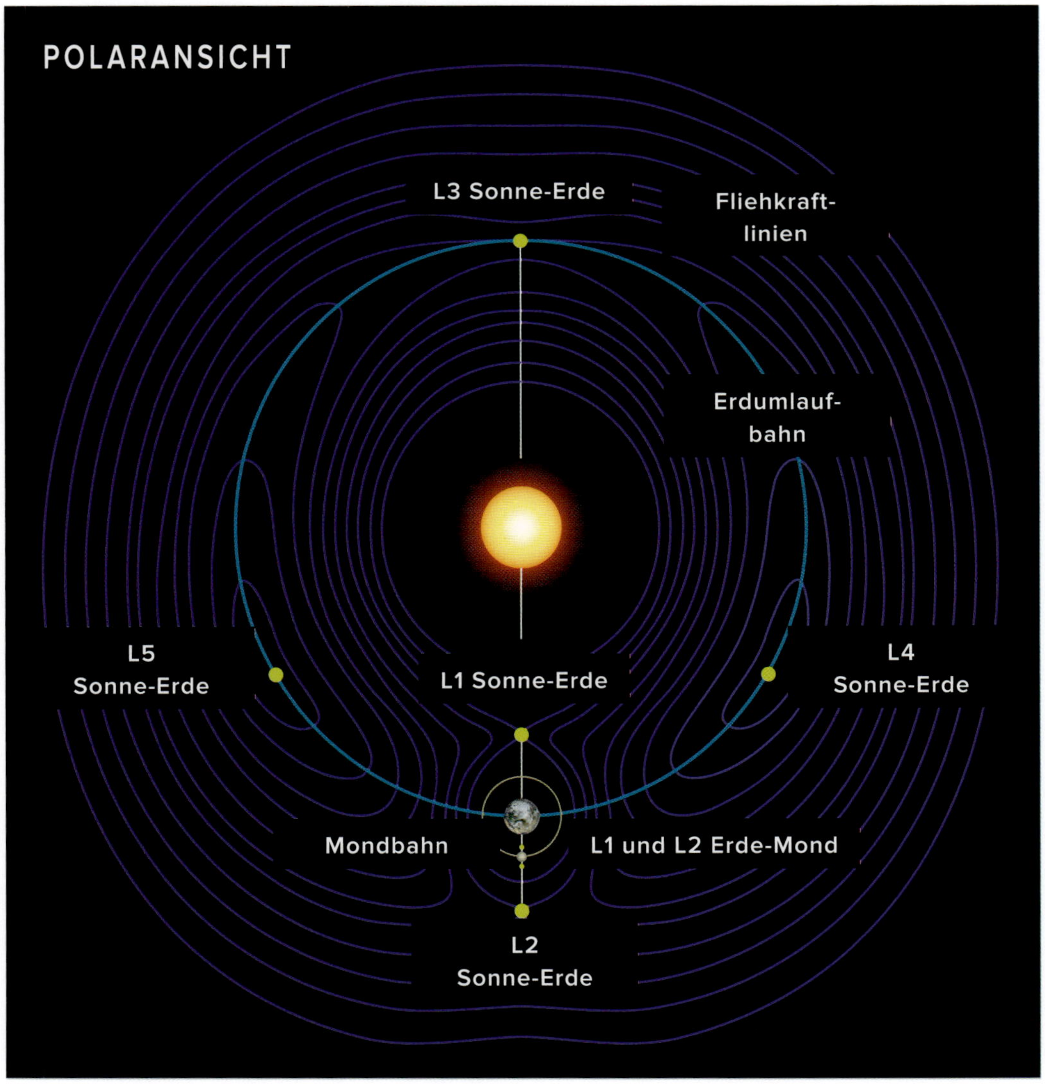

L1 SONNE-ERDE

1 INTERNATIONAL SUN-EARTH EXPLORER 3 (ISEE-3) (Explorer 59)
Start: 12. August 1978
Betreiber (Land): NASA (USA)
ISEE-3 war die erste Raumsonde, die an einem Lagrange-Punkt stationiert wurde. Sie war vier Jahre lang in Betrieb und kreiste in einem Halo-Orbit um den Punkt L1 im System Sonne-Erde, ungefähr 1,5 Millionen Kilometer von der Erde entfernt (etwa viermal die Entfernung zwischen Erde und Mond) und in Richtung der Sonne. Nach dem Ende der Primärmission schickte die NASA im September 1982 die Sonde auf eine weitere Mission, um Kometen und die Sonne zu erforschen. Anschließend trat sie in eine Sonnenumlaufbahn ein, bevor sie 2014 erfolglos versuchte, über einen Vorbeiflug am Erde-Mond-System in den Halo-Orbit zurückzukehren.

2 WIND
Start: 1. November 1994
Betreiber (Land): NASA (USA)
Die Raumsonde *Wind* wurde als Forschungslabor für Sonnenwinde entwickelt und arbeitete auf verschiedenen Umlaufbahnen in der Magnetosphäre der Erde. Anfang 2004 wechselte sie in einen Lissajous-Orbit um den Lagrange-Punkt L1, wo sie den ungestörten Sonnenwind, der auf die Magnetosphäre der Erde trifft, beobachtete. Im Jahr 2020 wurde sie in einen Halo-Orbit um L1 gebracht. Sie ist immer noch in Betrieb.

3 SOLAR AND HELIOSPHERIC OBSERVATORY (SOHO)
Start: 2. Dezember 1995
Betreiber (Land): ESA (EU), NASA (USA)
Seit 1996 kreist SOHO in der Nähe von L1, wo die Sonde einen freien Blick auf die Sonne genießt. SOHO wurde für eine Missionszeit von zwei Jahren konzipiert, aber aufgrund der großen Erfolge wurde die Mission fünfmal verlängert (1997, 2002, 2006, 2008 und 2010). Die Sonde steht immer noch in Kommunikation mit der Erde.

4 ADVANCED COMPOSITION EXPLORER (ACE)
Start: 25. August 1997
Betreiber (Land): NASA (USA)
Mit genügend Treibstoff, um noch 2024 um L1 zu kreisen, hat die Raumsonde ACE ihre erwartete Lebensdauer von fünf Jahren schon weit überschritten und noch immer liefert sie Daten zum Weltraumwetter und warnt vor geomagnetischen Stürmen.

5 DEEP SPACE CLIMATE OBSERVATORY (DSCOVR)
Start: 11. Februar 2015
Betreiber (Land): NASA (USA)
Der planmäßige Nachfolger des Advanced Composition Explorer (ACE) beobachtet in Echtzeit den Sonnenwind und liefert damit wichtige Daten für die Genauigkeit und Vorwarnzeit der Weltraumwettervorhersagen der Wetter- und Ozeanografiebehörde NOAA (National Oceanic and Atmospheric Administration). Ohne rechtzeitige und genaue Warnungen könnten Weltraumwetterereignisse – zum Beispiel geomagnetische Stürme – zu Störungen in fast jedem wichtigen Infrastruktursystem auf der Erde führen, unter anderem in Stromnetzen, in der Telekommunikation, in der Luftfahrt oder im GPS.

6 LISA PATHFINDER (LPF)
Start: 3. Dezember 2015
Betreiber (Land): ESA (EU), NASA (USA)
Nach seinem Ankunft am Punkt L1 am 22. Januar 2016 demonstrierte der Satellit LISA Pathfinder um ein Vielfaches besser als jede vergangene, gegenwärtige oder aktuell geplante Mission, dass Körper im freien Fall in einer Weltraumumgebung Geodäten der Raumzeit folgen. Am 30. Juni 2017 endete seine Mission und der Satellit wurde deaktiviert.

7 ADITYA-L1
Start: 2. September 2023
Betreiber (Land): ISRO (Indien)
Die erste indische Weltraummission zur Erforschung der Sonne erreichte am 6. Januar 2024 den Punkt L1. An Bord des Orbiters befinden sich sieben wissenschaftliche Instrumente, mit denen die Korona, die Photosphäre und die Chromosphäre der Sonne untersucht werden sollen.

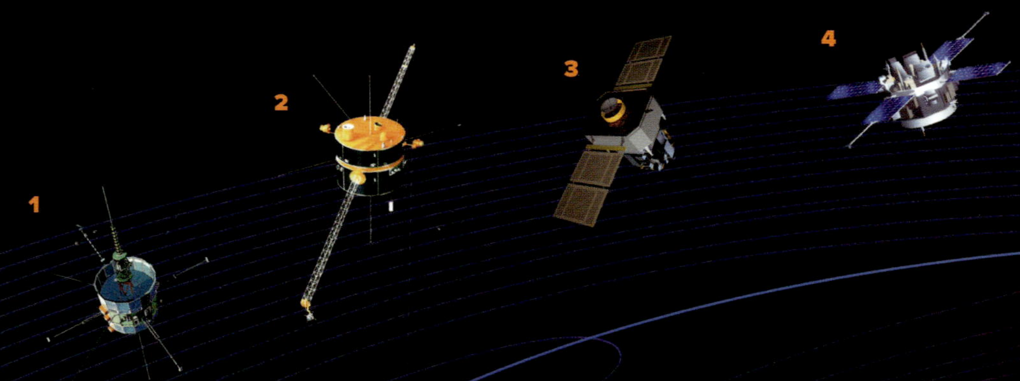

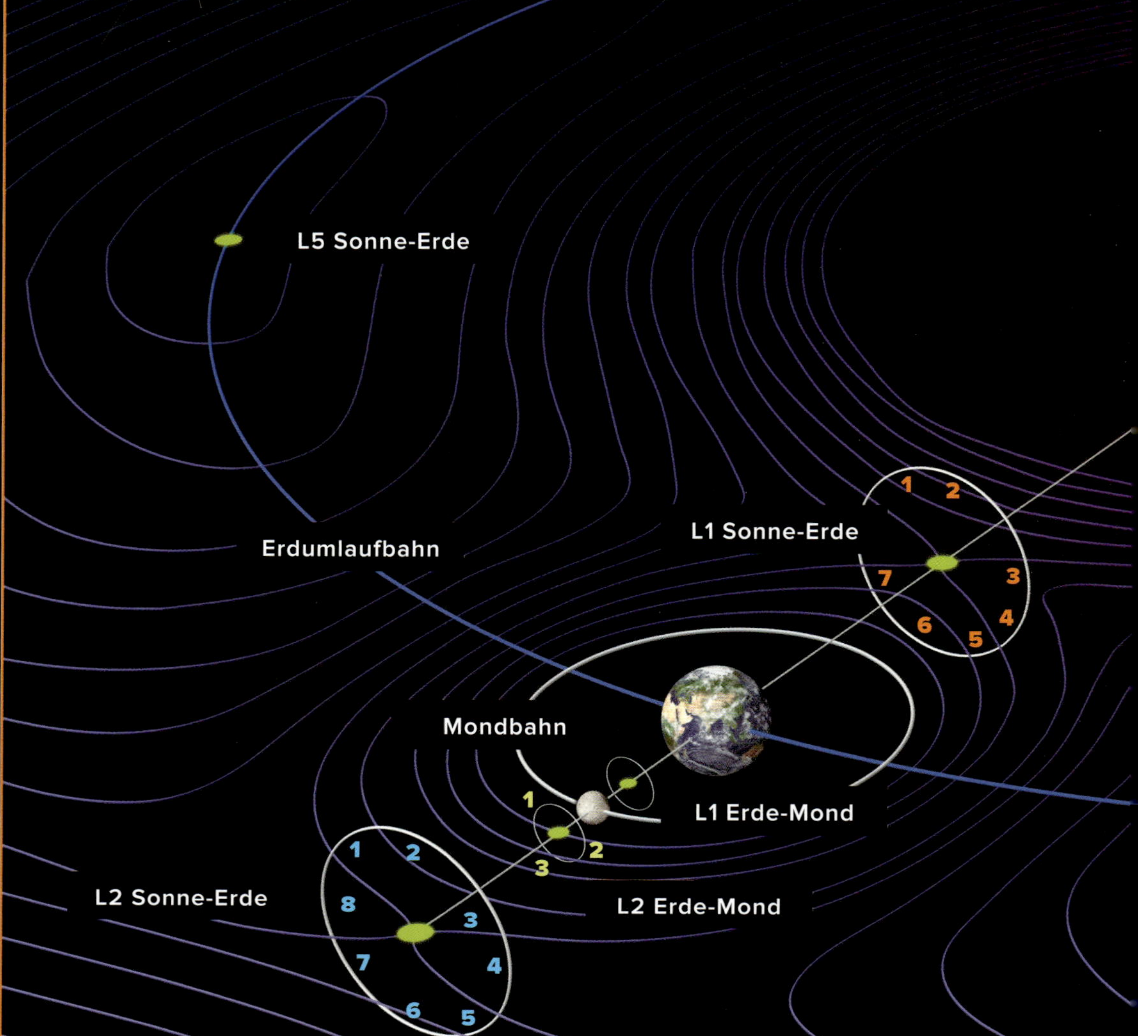

L1 UND L2 ERDE-MOND

1 ARTEMIS-MISSION (ERWEITERUNG DER THEMIS-MISSION)
Start: 17. Februar 2007
Betreiber (Land): NASA (USA)
ARTEMIS war die erste Mission, bei der die Lagrange-Punkte des Mondes umkreist wurden. Sie bestand aus zwei Satelliten, die durch die Lagrange-Punkte des Erde-Mond-Systems flogen und sich nun auf einer Mondumlaufbahn befinden, wo sie den Sonnenwind, die Plasmawolken des Mondes und die Wechselwirkung zwischen dem Magnetschweif der Erde und dem schwachen Magnetismus des Mondes untersuchen.

2 MONDSONDE CHANG'E-5-T1
Start: 23. Oktober 2014
Betreiber (Land): CNSA (China)
Die Mondsonde Chang'e-5-T1 war eine Testmission für die im Jahr 2017 geplante Mission Chang'e-5, auf der Mondproben mitgebracht werden sollten. Die experimentelle Sonde erreichte am 13. Januar 2015 den Halo-Orbit um den Punkt L2.

3 QUEQIAO (RELAISSATELLIT „ELSTERNBRÜCKE" VON CHANG'E-4)
Start: 21 Mai 2018
Betreiber (Land): CNSA (China)
Mit seiner Ankunft am Halo-Orbit um den Punkt L2 am 14. Juni 2018 war die Elsternbrücke der erste Relais- und Radioastronomiesatellit, der an diesem Punkt in Betrieb genommen wurde.

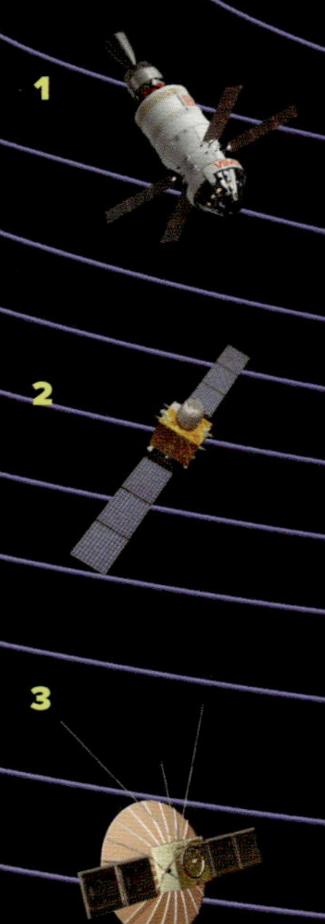

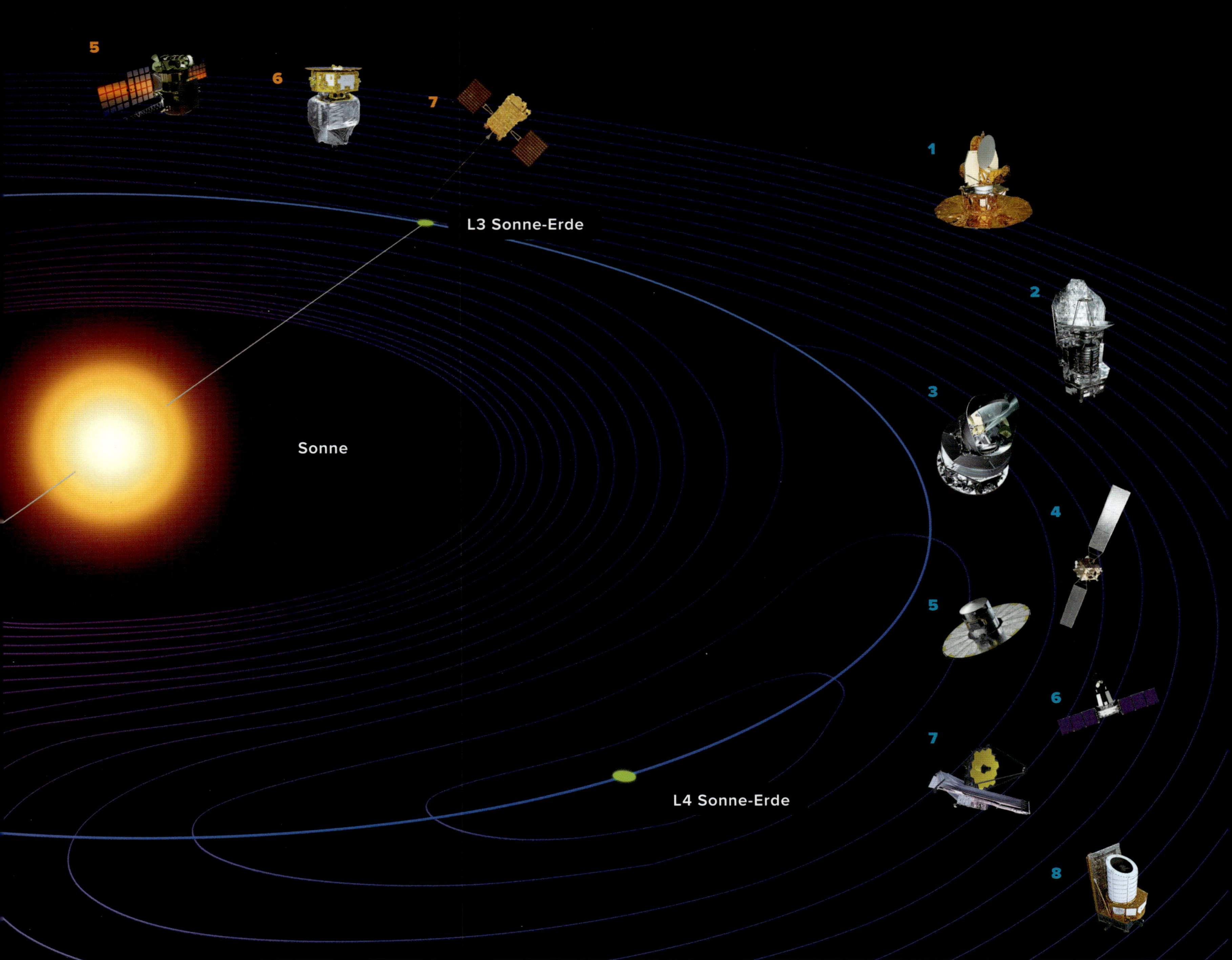

L2 SONNE-ERDE

1 WILKINSON MICROWAVE ANISOTROPY PROBE (WMAP)
Start: 30. Juni 2001
Betreiber (Land): NASA (USA)
Durch die Messung der kosmischen Hintergrundstrahlung, die sich rund 375 000 Jahre nach dem Urknall bildete (siehe Seite 46), sollte WMAP Erkenntnisse zur Entstehung des Universums liefern. Die Sonde beendete ihre Mission 2010 und wurde in eine Sonnenumlaufbahn außerhalb von L2 geschickt.

2 HERSCHEL-WELTRAUMTELESKOP
Start: 14. Mai 2009
Betreiber (Land): ESA (EU)
Herschel erreichte L2 im Juli 2009 und war bis zum 28. April 2013 in Betrieb, bevor es in eine Sonnenumlaufbahn gebracht wurde. Die Hauptaufgaben der Mission waren die Konsolidierung der Instrumentenkalibrierung, um die Datenqualität und -verarbeitung zu verbessern und einen Bestand an wissenschaftlich gültigen Daten zu schaffen.

3 PLANCK-WELTRAUMTELESKOP
Start: 14. Mai 2009
Betreiber (Land): ESA (EU)
Das Planck-Teleskop (siehe Seite 46) wurde zusammen mit Herschel ins All gebracht und erreichte im Juli 2009 den Punkt L2. Dort sollte es Theorien über die Anfangszeit des Universums und die Entstehung seiner Struktur überprüfen. Nach dem Missionsende am 23. Oktober 2013 wurde es auf einer Sonnenumlaufbahn abgestellt.

4 CHANG'E-2
Start: 1. Oktober 2010
Betreiber (Land): CNSA (China)
Chang'e-2 gehörte zur ersten Phase des chinesischen Monderkundungsprogramms. Die Raumsonde führte ihre Untersuchungen in einer Mondumlaufbahn auf 100 Kilometer Höhe durch, als Vorbereitung auf die weiche Landung der Sonde Chang'e-3, die einen Mondrover absetzte. Nach dem Ende der Primärmission verließ die Sonde die Mondbahn und flog zum Punkt L2 des Erde-Sonne-Systems, wo sie im August 2011 ankam, um das chinesische Tracking- und Kontrollnetz zu testen. Nach der erfolgreichen Durchführung dieses Tests machte sich die Sonde im April 2012 auf den Weg auf eine Asteroidenmission.

5 GAIA-WELTRAUMTELESKOP
Start: 19. Dezember 2013
Betreiber (Land): ESA (EU)
Das Weltraumteleskop Gaia ist immer noch in Betrieb und sein Ziel ist die Durchmusterung des gesamten Himmels, quasi eine astronomische Volkszählung, bei der über tausend Millionen Sterne in der Milchstraße und darüber hinaus kartiert werden.

6 SPEKTR-RG
Start: 13. Juli 2019
Betreiber (Land): IKI RAN (Russland), DLR (Deutschland)
Das Teleskop Spektr-RG untersucht interplanetare Magnetfelder, Galaxien und Schwarze Löcher.

7 JAMES-WEBB-WELTRAUMTELESKOP (JWST)
Start: 25. Dezember 2021
Betreiber (Land): ESA (EU), NASA (USA), CSA (Kanada)
Das JWST erreichte am 24. Januar 2022 den Punkt L2 und ist noch in Betrieb. Es erfasst Wellenlängen im Nah- und Mittelinfrarotbereich, was einen tieferen Blick in die Vergangenheit ermöglicht – auf die Entstehung der ältesten Galaxien (siehe Seiten 48 und 54).

8 EUCLID-WELTRAUMTELESKOP
Start: 1. Juli 2023
Betreiber (Land): ESA (EU), NASA (USA)
Mit dem Ziel, die Zusammensetzung und Evolution des Dunklen Universums zu erforschen, erreichte Euclid am 28. Juli 2023 L2. Am 14. Februar 2024 begann es mit seiner Vermessung. In den kommenden sechs Jahren soll es über ein Drittel des Himmels durchmustern.

Mithilfe der Daten aus zwei Weltraumteleskopen (Spitzer und HST) gelang die Identifizierung einer der entferntesten Galaxien, die je beobachtet wurden. Das linke Bild zeigt die Galaxie HUDF-JD2, die inmitten von rund zehntausend anderen im Hubble Ultra Deep Field (HUDF) entdeckt wurde. Im oberen Bild rechts ist die Galaxie (im blauen Kreis) in einer Vergrößerung zu sehen, aufgenommen mit dem Hubble-Instrument Advanced Camera for Surveys Wide Field Channel (ACS/WFC). In der Mitte rechts sieht man eine Aufnahme derselben Galaxie, allerdings aus dem Instrument für Nahinfrarot und Spektrometrie, NICMOS (Near-Infrared Camera and Multi-Object Spectrometer). Im Nahinfrarotspektrum ist sie aber nur schwach zu erkennen. Unten rechts ist ein Bild aus dem Infrarotkamerasystem IRAC (Infrared Array Camera) des Spitzer-Teleskops, das die Galaxie im längerwelligen Infrarotbereich abbildet. Die Galaxie ist hervorgehoben, aber die Details der anderen Objekte gehen dabei verloren.

1. Sichtbares Licht, HST ACS/WFC
2. Nahinfrarot, HST NICMOS
3. Infrarot, SST IRAC

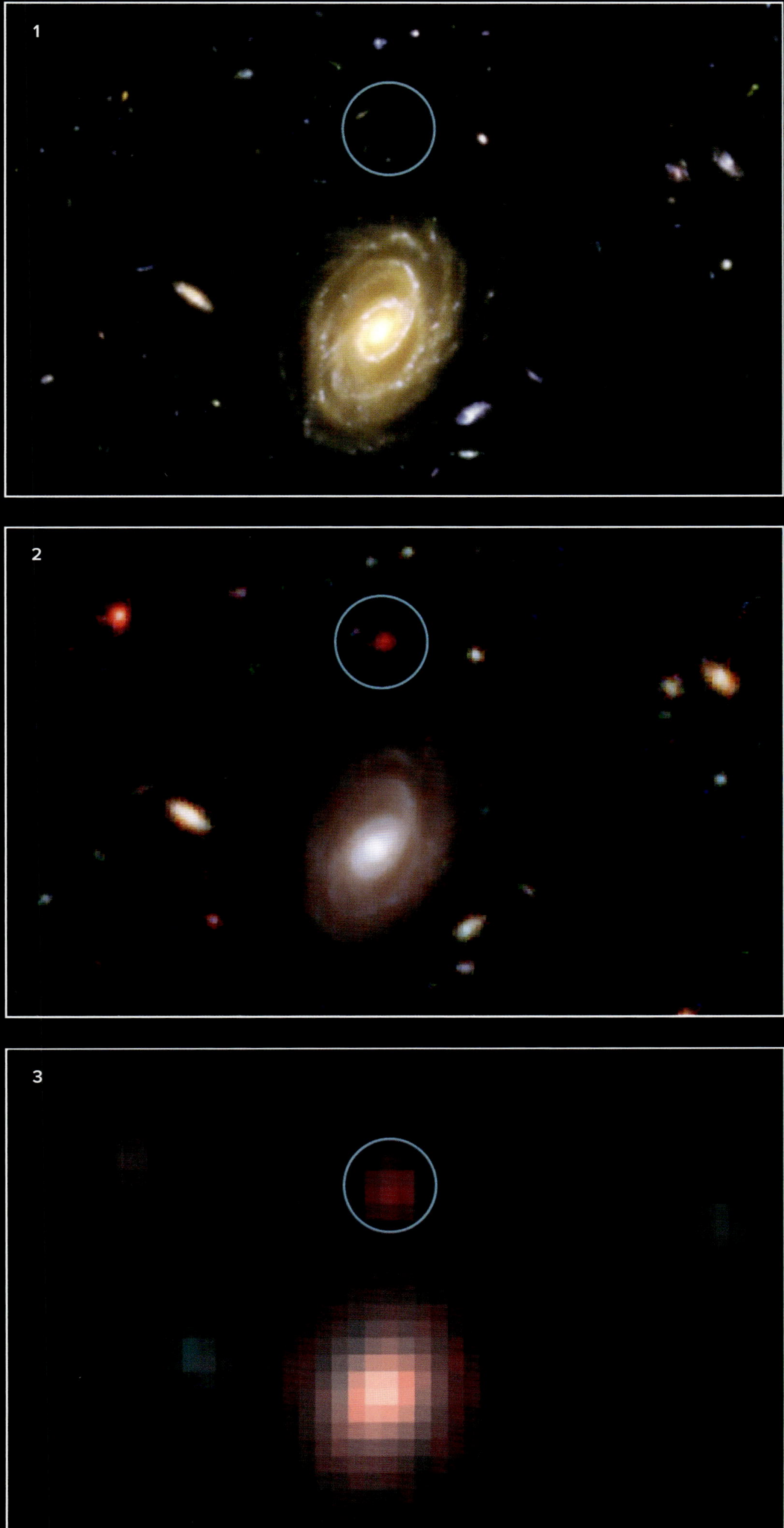

Nicht nur die USA erforschen entfernte Galaxien und Sternsysteme jenseits der Milchstraße. Auch die ESA besitzt eine komplexe Flotte aus astronomischen Instrumenten, die das Universum im gesamten elektromagnetischen Spektrum beobachten. Dieser Zeitstrahl bietet eine Chronologie der Raumflugkörper verschiedener internationaler Weltraumorganisationen und ihrer Forschungsbereiche, vom Start des Satelliten Cos-B im Jahr 1975 bis zu aktuellen Missionen und Plänen für die Zukunft.

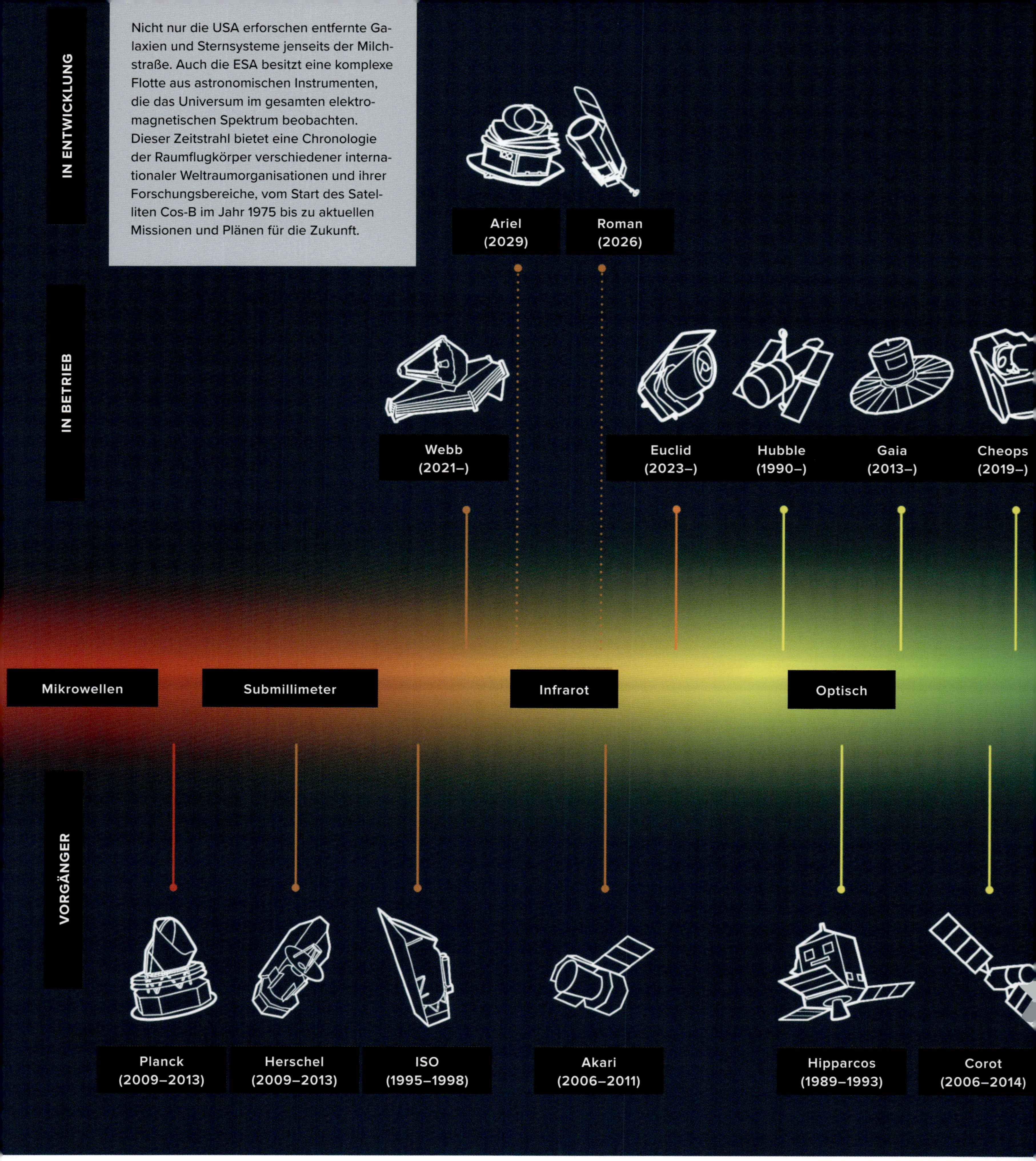

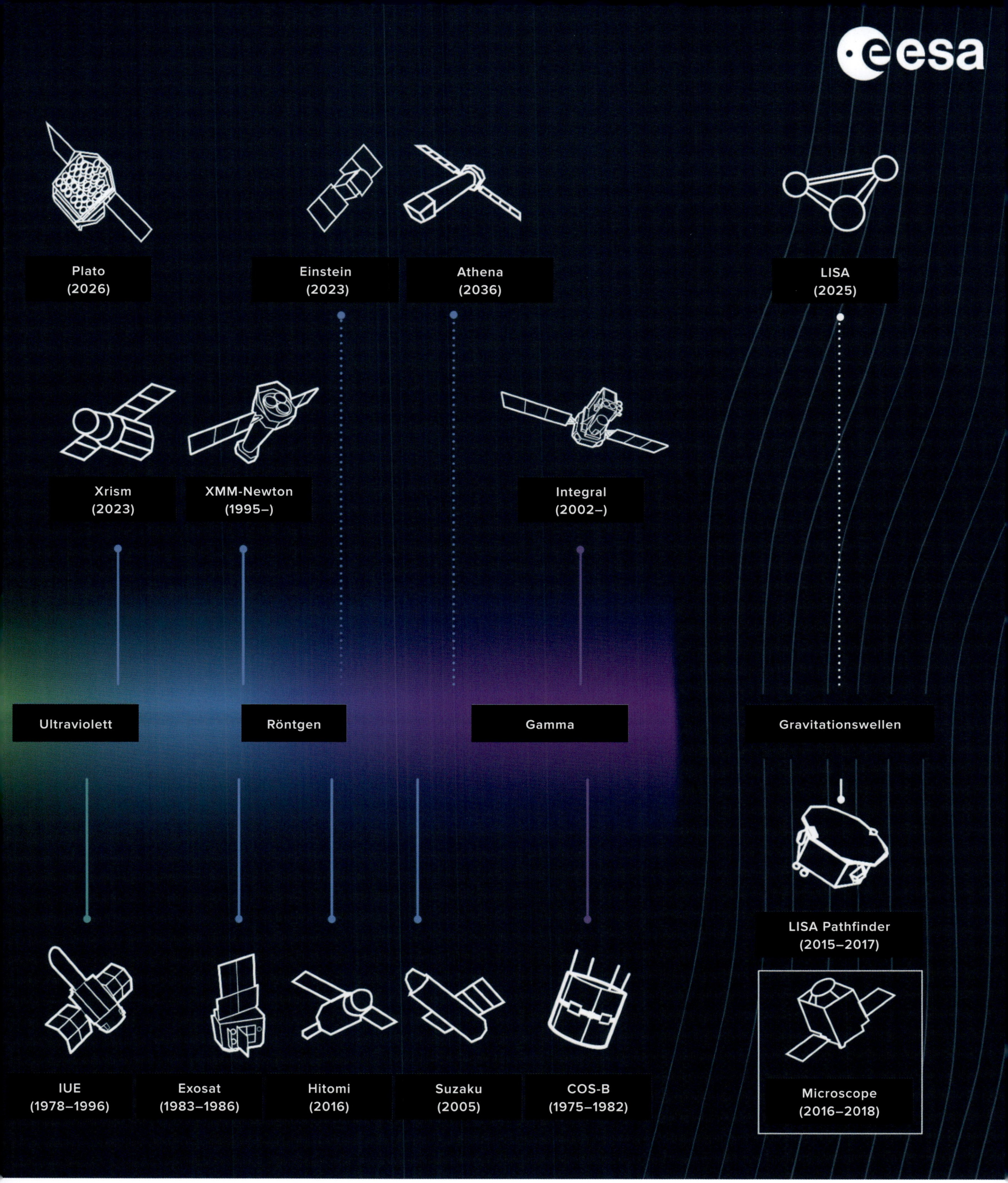
esa
Plato
(2026)
Einstein
(2023)
Athena
(2036)
LISA
(2025)
Xrism
(2023)
XMM-Newton
(1995–)
Integral
(2002–)
Ultraviolett
Röntgen
Gamma
Gravitationswellen
LISA Pathfinder
(2015–2017)
IUE
(1978–1996)
Exosat
(1983–1986)
Hitomi
(2016)
Suzaku
(2005)
COS-B
(1975–1982)
Microscope
(2016–2018)

EXOPLANETEN UND MÖGLICHES LEBEN IN FERNEN GALAXIEN

Bisher habe wir noch keine Beweise für Leben jenseits der Erde gefunden, aber seit der Entdeckung der ersten Planeten außerhalb unseres Sonnensystems im Jahr 1995 wurde die Suche nach mehr auf noch nie zuvor dagewesene Weise vertieft. Mithilfe von neuen Instrumenten, Technologien und Methoden haben Wissenschaftler auf der ganzen Welt eine wachsende Anzahl von Planeten in der Umlaufbahn anderer Sterne aufgespürt und kartiert.

Ein Exoplanet, genauer gesagt, ein extrasolarer Planet, ist ein Planet, der sich außerhalb unseres Sonnensystems befindet. Der erste Exoplanet, 51 Pegasi b (später in Dimidium umbenannt), wurde am 6. Oktober 1995 von Michel Mayor und Didier Queloz von der Sternwarte Genf entdeckt. Der Planet liegt 50 Lichtjahre entfernt im Sternbild Pegasus und hat die 150-fache Masse der Erde.

Bis zum 1. März 2024 wurden 5640 Exoplaneten durch zwei oder mehrere unabhängige Beobachtungsreihen bestätigt. Die Suche nach Exoplaneten ist eine internationale Zusammenarbeit von Tausenden Wissenschaftlern. Erst nachdem ein Planet von unterschiedlichen Forschungsteams entdeckt und bestätigt wurde, wird der Fund offiziell registriert. Aktuell gibt es noch rund 10 130 unbestätigte Entdeckungen. Die meisten sind Gasplaneten (wie Jupiter und Saturn), aber es gibt auch über tausend Gesteinsplaneten.

DAS KEPLER-WELTRAUMTELESKOP

Mit dem ersten Einsatz des Kepler-Weltraumteleskops im Jahr 2009 machte die Wissenschaft einen großen Schritt auf der Suche nach einem erdähnlichen Planeten. Im Jahr 2013 entdeckte es Kepler-62f, einen Planeten, der nur 40 Prozent größer ist als die Erde und in der habitablen Zone eines Sterns im Sternbild Leier liegt, etwa 1200 Lichtjahre von der Erde entfernt.

Mit seiner sensiblen Abbildungstechnik und der indirekten Lichtkurvenmessung wurde das Kepler-Telekop speziell für die Suche nach Exoplaneten konstruiert, der es zwischen 2009 und 2018 nachging und dabei über 2600 Exoplaneten aufspürte. Die größte Erkenntnis war, dass es in der Galaxis mehr Planeten als Sterne gibt und jenseits des Sonnensystems eine Vielfalt an Welten.

Noch wurde kein erdgroßer Planet gefunden, doch die Jagd geht weiter. Mit verbesserten Beobachtungsmethoden werden wir in der Zukunft aber wohl irgendwann einen blau-weißen Planeten erspähen, auf dem es flüssiges Wasser und Luft zum Atmen gibt.

GRENZEN DER BEOBACHTUNG

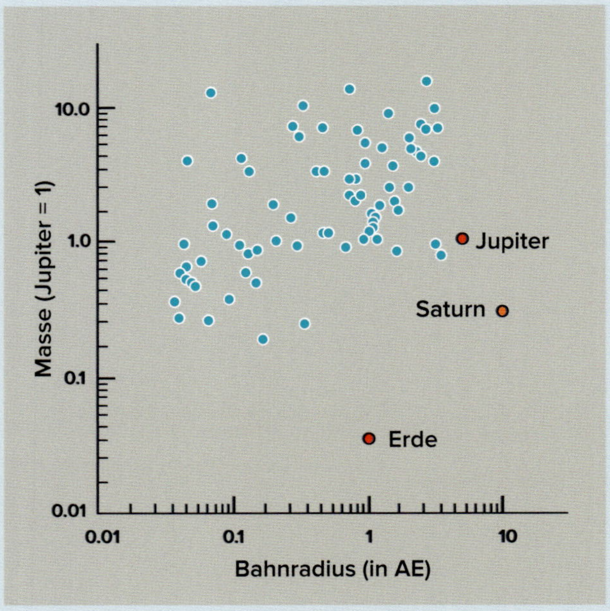

Dieses Diagramm zeigt die Masse und Entfernung einiger der Planeten, die um andere Sterne kreisen. Zum Vergleich sind auch Jupiter, Saturn und die Erde abgebildet. Aufgrund der Grenzen unserer Technik sind die bisher entdeckten Planeten groß und kreisen oft nahe an ihrem Mutterstern. Das bedeutet aber nicht, dass es keine erdähnlichen Planeten gibt, sondern dass wir erst größere und leistungsstärkere astronomische Instrumente entwickeln müssen, um diese Planeten zu finden.

OBEN Dieser Planet von der Größe des Jupiters wurde 2005 vom Spitzer-Teleskop entdeckt und HD 189733b genannt. Auf ihm gibt es organische Verbindungen, aber er ist zu heiß für die Art von Leben, wie wir es kennen. Dank dieser Beobachtungen wissen wir jedoch, dass die chemischen Elemente, die Leben ermöglichen, auf Planeten in anderen Sternsystemen gemessen werden können.

LINKS Das Weltraumteleskop Kepler war der erste Planetenjäger der NASA im All.

Einer der am weitesten von uns entfernten Planeten, der bisher entdeckt wurde, ist der Gasriese OGLE-2014-BLG-0124L, der von der Erde rund 13 000 Lichtjahre weit weg ist. Mithilfe der Mikrolinsenmethode der indirekten Beobachtung (siehe Seiten 30 und 84) wurden die hier in Gelb dargestellten Planeten aufgespürt. Sie befinden sich in einem Sternsystem der Milchstraße, das 25 000 Lichtjahre von der Erde entfernt liegt.

OBEN In einer Studie, die 2017 von der Fachzeitschrift *Nature Communications* veröffentlicht wurde, ergründeten Forscher, die das Klima von Exoplaneten untersuchten, die potenzielle Bewohnbarkeit eines hypothetischen, von Wasser bedeckten Planeten, der im Doppelsternsystem Kepler-35 existieren könnte. Ob Leben auf ihm möglich wäre, hinge von seiner Entfernung zu den beiden Sternen Kepler-35A und -35B ab.

UMSEITIG Ein Vergleich zwischen unserem Sonnensystem und drei anderen Systemen, in denen es Exoplaneten gibt, macht optimistisch, dass wir in den nächsten Jahren erdähnliche Planeten entdecken werden.

„Bis zum 1. März 2024 wurden 5640 Exoplaneten durch zwei oder mehrere unabhängige Beobachtungsreihen bestätigt.“

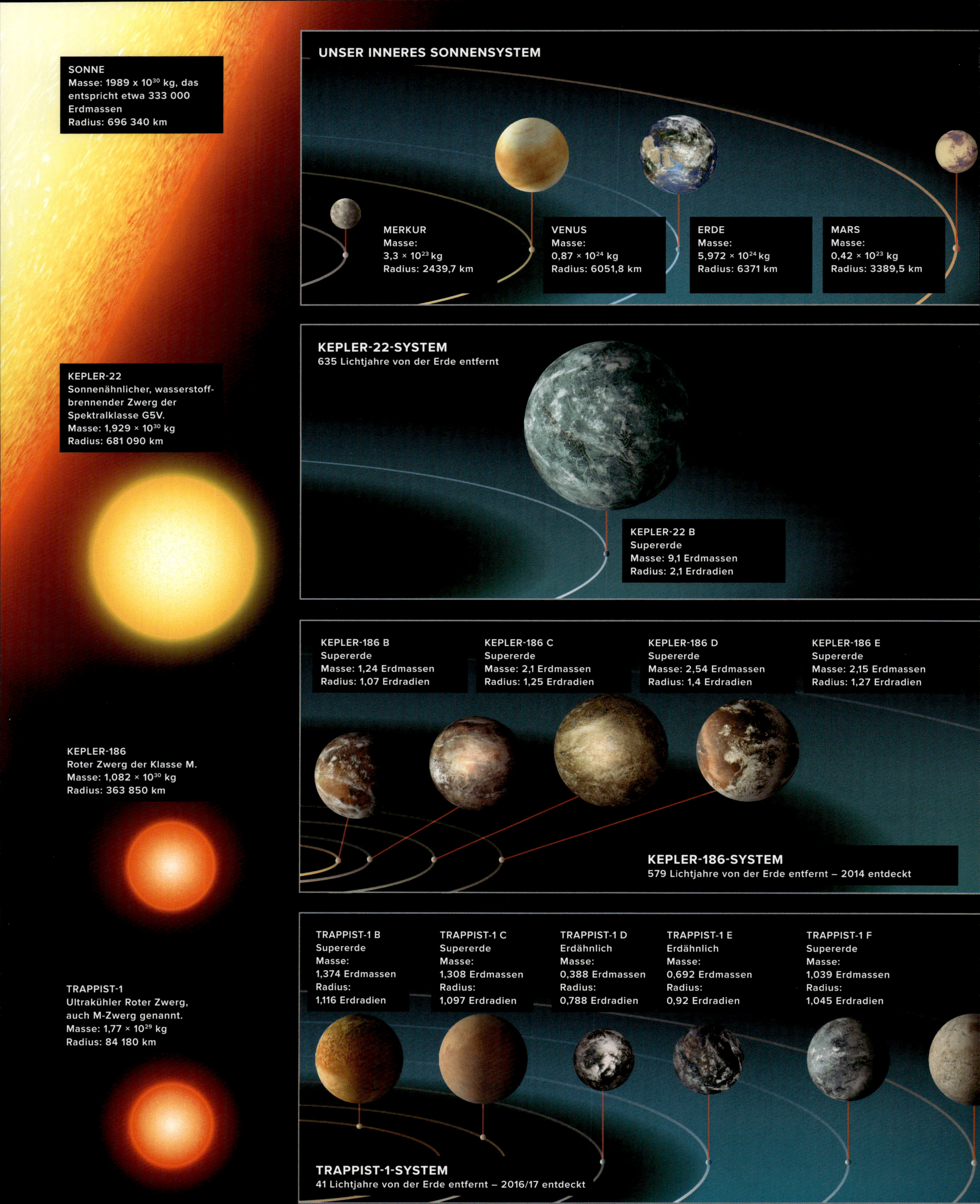
SONNE
Masse: 1989 x 10^{30} kg, das entspricht etwa 333 000 Erdmassen
Radius: 696 340 km
UNSER INNERES SONNENSYSTEM
MERKUR
Masse: 3,3 × 10^{23} kg
Radius: 2439,7 km
VENUS
Masse: 0,87 × 10^{24} kg
Radius: 6051,8 km
ERDE
Masse: 5,972 × 10^{24} kg
Radius: 6371 km
MARS
Masse: 0,42 × 10^{23} kg
Radius: 3389,5 km
KEPLER-22
Sonnenähnlicher, wasserstoffbrennender Zwerg der Spektralklasse G5V.
Masse: 1,929 × 10^{30} kg
Radius: 681 090 km
KEPLER-22-SYSTEM
635 Lichtjahre von der Erde entfernt
KEPLER-22 B
Supererde
Masse: 9,1 Erdmassen
Radius: 2,1 Erdradien
KEPLER-186
Roter Zwerg der Klasse M.
Masse: 1,082 × 10^{30} kg
Radius: 363 850 km
KEPLER-186 B
Supererde
Masse: 1,24 Erdmassen
Radius: 1,07 Erdradien
KEPLER-186 C
Supererde
Masse: 2,1 Erdmassen
Radius: 1,25 Erdradien
KEPLER-186 D
Supererde
Masse: 2,54 Erdmassen
Radius: 1,4 Erdradien
KEPLER-186 E
Supererde
Masse: 2,15 Erdmassen
Radius: 1,27 Erdradien
KEPLER-186-SYSTEM
579 Lichtjahre von der Erde entfernt – 2014 entdeckt
TRAPPIST-1
Ultrakühler Roter Zwerg, auch M-Zwerg genannt.
Masse: 1,77 × 10^{29} kg
Radius: 84 180 km
TRAPPIST-1 B
Supererde
Masse: 1,374 Erdmassen
Radius: 1,116 Erdradien
TRAPPIST-1 C
Supererde
Masse: 1,308 Erdmassen
Radius: 1,097 Erdradien
TRAPPIST-1 D
Erdähnlich
Masse: 0,388 Erdmassen
Radius: 0,788 Erdradien
TRAPPIST-1 E
Erdähnlich
Masse: 0,692 Erdmassen
Radius: 0,92 Erdradien
TRAPPIST-1 F
Supererde
Masse: 1,039 Erdmassen
Radius: 1,045 Erdradien
TRAPPIST-1-SYSTEM
41 Lichtjahre von der Erde entfernt – 2016/17 entdeckt

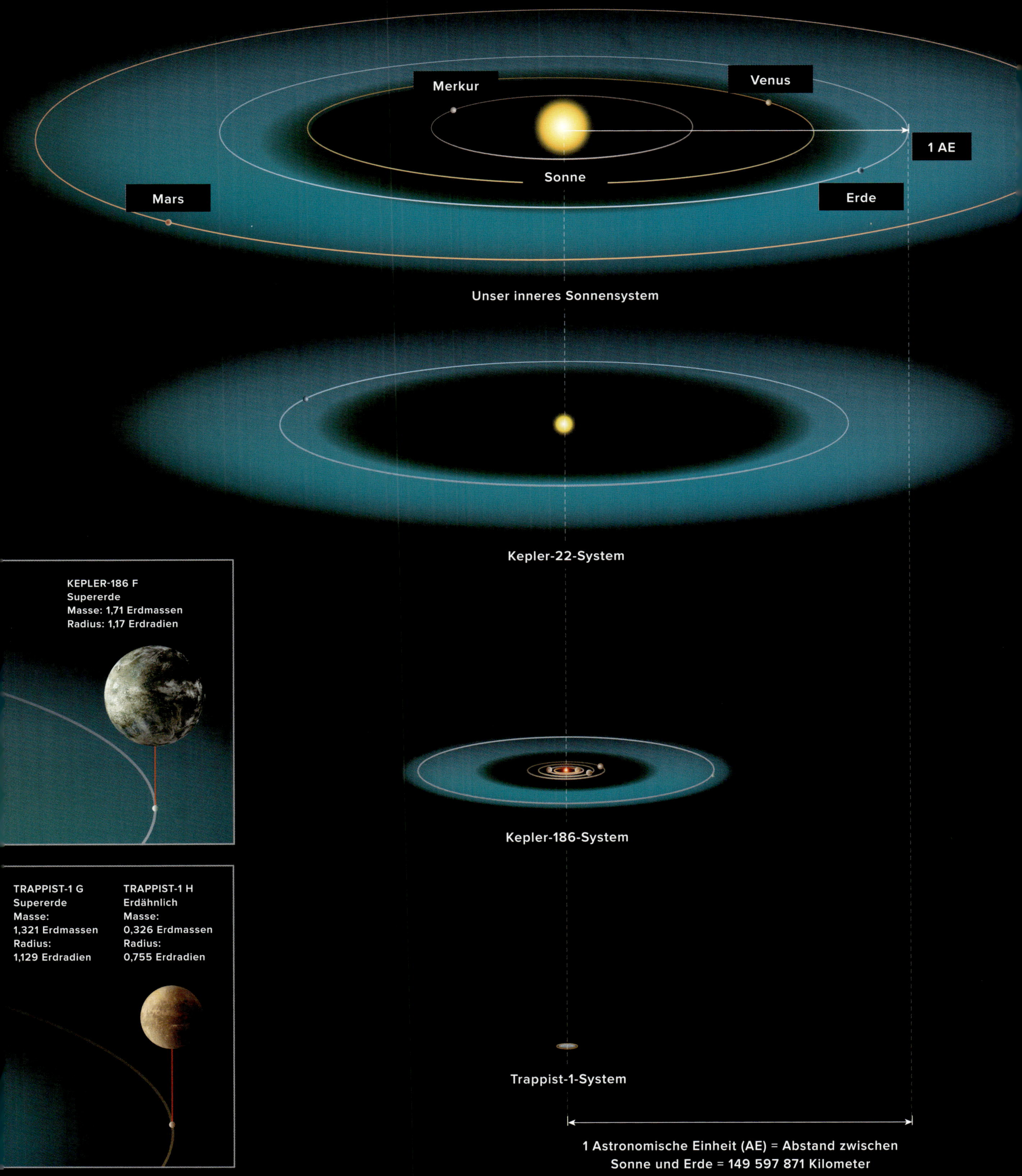
Merkur
Venus
1 AE
Sonne
Mars
Erde
Unser inneres Sonnensystem
Kepler-22-System
KEPLER-186 F
Supererde
Masse: 1,71 Erdmassen
Radius: 1,17 Erdradien
Kepler-186-System
TRAPPIST-1 G
Supererde
Masse:
1,321 Erdmassen
Radius:
1,129 Erdradien
TRAPPIST-1 H
Erdähnlich
Masse:
0,326 Erdmassen
Radius:
0,755 Erdradien
Trappist-1-System
1 Astronomische Einheit (AE) = Abstand zwischen
Sonne und Erde = 149 597 871 Kilometer

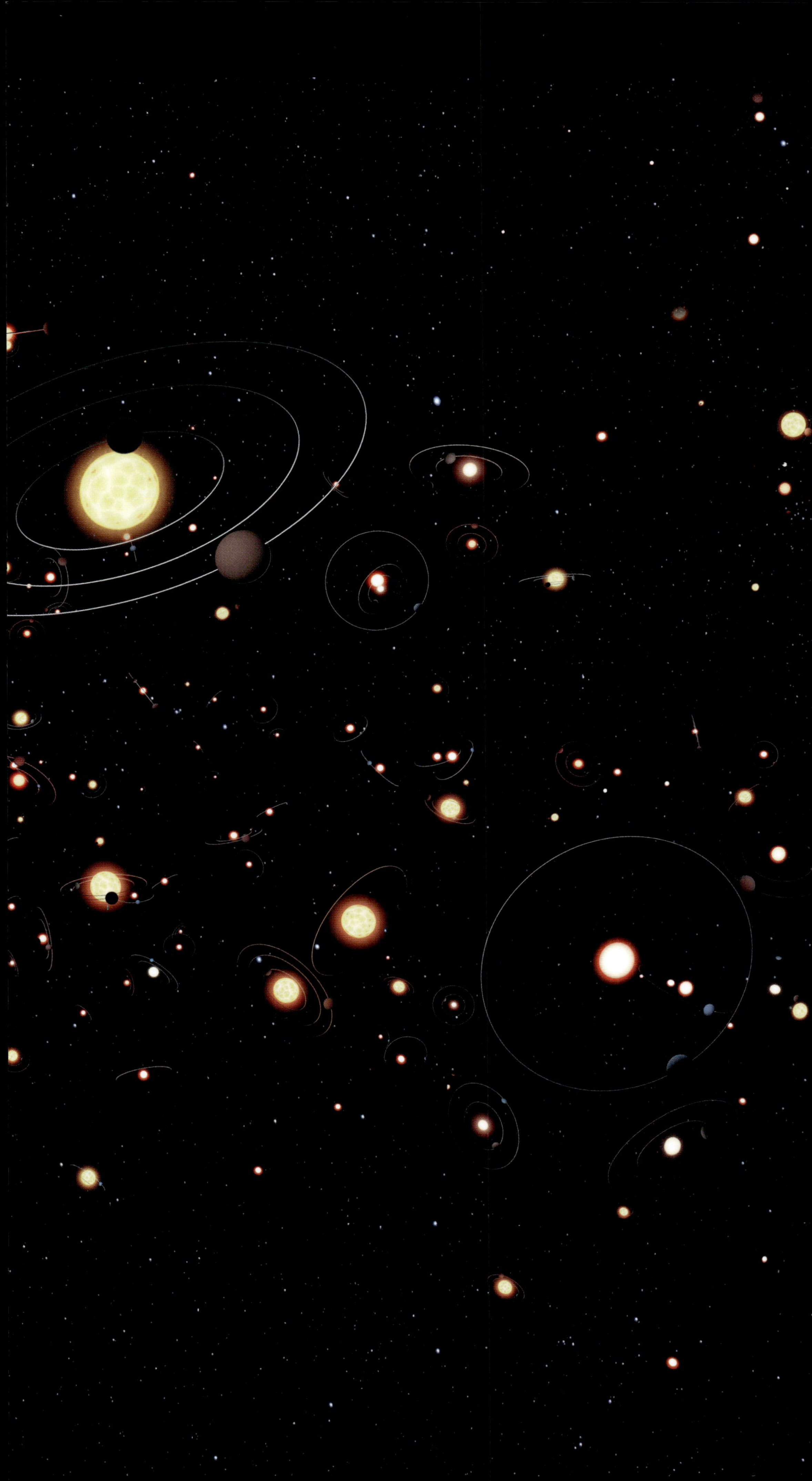

Zwar hebt diese künstlerische Darstellung der Exoplanetensysteme hervor, wie häufig Sterne in der Milchstraße von Planeten umkreist werden, doch weist das Bild einige kreative Freiheiten auf: Die Planeten, ihre Umlaufbahnen und ihre Wirtssterne sind im Vergleich zur Realität stark vergrößert.

DIE SUCHE NACH INTELLIGENTEM LEBEN

Jill Tarter ist eine US-amerikanische Astrobiologin und die ehemalige Leiterin des kalifornischen SETI-Instituts, das sich der Suche nach extraterrestrischer Intelligenz widmet. Sie sagte einmal: „Seit Urzeiten fragen sich Menschen, ob Leben jenseits der Erde existiert. Im Laufe der Jahre wurde die Suche nach dem Verständnis für die Rolle der Menschheit im Kosmos jedoch häufig durch Wunschdenken und Fantasiegeschichten getrübt." Ihre Aussage verweist auf zwei Wahrheiten in Bezug auf die Möglichkeit von Leben im Universum: Menschen wollen daran glauben und manchmal entwickeln sich unsere Vorstellungen schneller als unser Wissen.

Wissenschaftler versuchen schon lange herauszufinden, ob es außerhalb der Erde Leben gibt. Niemand weiß, wie viele potenziell bewohnbare Planeten in unserer kosmischen Nachbarschaft existieren, aber die erste Aufgabe ist, genau das zu ermitteln. Nach der Entdeckung dieser Planeten stellt sich die Frage, auf wie vielen es Lebensformen gibt, mit denen wir in Kontakt treten könnten. Manche Forscher glauben, dass diese Art von Leben überall vorkommt, andere halten es für eine Seltenheit. Niemand weiß es genau.

Seit den frühen 1970er-Jahren ist die Suche nach intelligentem außerirdischen Leben im Gange. Eine technologisch versierte Lebensform würde auffallen, etwa indem sie Radio- und Fernsehwellen aussendet, wie wir Menschen es seit über hundert Jahren tun. Im Jahr 1960 richtete der Astrophysiker Frank Drake das 24 Meter große Radioteleskop des National Radio Astronomy Observatory auf Epsilon Eridani, einen sonnenähnlichen Stern in einer Entfernung von rund zehn Lichtjahren. Leider stammten die Signale, die er empfing, nur von der Erde, aber andere folgten seinem Beispiel. In den 1970ern wurde er von der NASA gefördert, aber 1993 stoppte der Kongress die Finanzierung von SETI, da das Projekt angeblich zu unrealistisch war, um die Ausgabe von Steuergeldern zu rechtfertigen. Die Suche wurde mit privaten Mitteln fortgesetzt.

Bei jeder Beobachtung eines einzelnen Sterns untersuchen Signaldetektoren zig Millionen Kanäle innerhalb einer Bandbreite von 10 MHz. Signale von der Erde und von erdnahen Satelliten werden herausgefiltert. Alle anderen werden mit dem Hintergrundrauschen des Universums abgeglichen und jedes ungewöhnliche Signal wird genauer untersucht. Zwei Radioteleskope, die Hunderte Kilometer voneinander entfernt sind, verfolgen das Signal, aber bisher wurde keines entdeckt, das von Außerirdischen stammt.

Die Suche nach extraterrestrischem Leben geht also weiter.

DAS VERY LARGE ARRAY

Das Very Large Array (VLA) ist ein Radioteleskop in der Nähe von Socorro im US-Bundesstaat New Mexico. Es wird vom National Radio Astronomy Observatory betrieben und im Rahmen eines Kooperationsvertrags mit der National Science Foundation (NSF) von Associated Universities, Inc. verwaltet. Die Anlage wurde in den 1970er-Jahren errichtet und seither mehrmals modernisiert und erweitert. Sie erfüllt viele Aufgaben in der Radioastronomie, unter anderem dient sie der Suche nach extraterrestrischem Leben. Das Teleskop hatte sogar einen Auftritt im Film *Contact* (1997), wo es für die von Jodie Foster verkörperte Hauptfigur eine wichtige Rolle bei der Kontaktaufnahme mit Außerirdischen spielte.

OBEN Der SETI-Forscher Seth Shostak erklärt im Jahr 2008 dem Publikum im Ames Research Center der NASA, dass SETI nicht nach „kleinen grünen Männchen“ Ausschau hält. Stattdessen geht es um die Frage: „Wann werden wir die Außerirdischen entdecken?“

GANZ OBEN Jill Tarter war die Vorlage für die von Jodie Foster gespielte Hauptfigur in *Contact* (1997). Das Foto zeigt sie 1988 in ihrem SETI-Büro. Nachdem sie 1975 ihren Doktortitel in Astrophysik an der University of California at Berkeley erlangte, arbeitete Tarter am High Resolution Microwave Survey (HRMS) und an anderen Projekten der NASA. Vor allem kennt man sie für ihre Leitung der SETI-Forschung und als ehemalige Direktorin des SETI-Instituts.

OBEN Frank Drake entwickelt seine „Drake-Gleichung“. Sie gilt als Grundlage für die Berechnung der Anzahl möglicher Zivilisationen im Universum.

GANZ OBEN Der MCSA (Multichannel Spectrum Analyzer) der Stanford University war das Messgerät, das von SETI für die erste Suche nach außerirdischem Leben zum Einsatz kam. Ein Spektrumanalysator misst die Stärke eines Eingangssignals im Vergleich zur Frequenz, in diesem Fall über mehrere Kanäle. Für Laien sieht das Gerät aus wie ein Oszilloskop; auf der horizontalen Achse wird die Frequenz dargestellt, auf der vertikalen die Amplitude. Es ist ein unverzichtbares Hilfsmittel bei der Suche nach Radiosignalen aus dem All.

3 DAS ÄUSSERE SONNENSYSTEM

Eris, zuvor Xena genannt, war eine der neuen Entdeckungen von kleinen Himmelskörpern im Sonnensystem, die zur Schaffung der Kategorie der „Zwergplaneten“ führte.

Ganz einfach gesagt kann man das Sonnensystem in drei Zonen unterteilen. Die erste Zone ist das innere Sonnensystem, das der Sonne am nächsten ist und die terrestrischen Planeten Merkur, Venus, Erde und Mars enthält. Sie sind Gesteinsplaneten mit einer festen Oberfläche und befinden sich in einer habitablen (bewohnbaren) Zone – einer Region um einen Stern, in dem die Bedingungen für flüssiges Wasser, der Grundlage des Lebens, vorhanden sind. Das heißt, dass es in der Region einige Planeten geben muss, deren Klima für ausreichend Wärme sorgt.

Die zweite und dritte Zone bilden zusammen das äußere Sonnensystem, jenseits der Umlaufbahn des Mars, über das wir vor Beginn des Weltraumzeitalters noch kaum etwas wussten und das der Schwerpunkt dieses Kapitels sein wird. Selbst heute noch, im 21. Jahrhundert, bleibt es ein Ort voller Geheimnisse.

Die zweite Zone besteht aus dem Asteroidengürtel, der sich zwischen Mars und Jupiter befindet und Tausende Körper aus Gestein und Metall enthält – sowie die vier Gasriesen Jupiter, Saturn, Uranus und Neptun. Diese Zone und vor allem die sogenannten jovianischen Planeten begeistern Astronomen, seit Galileo im Jahr 1610 das erste Teleskop auf sie richtete. Der Begriff „jovianisch" bezieht sich auf den Jupiter, dem größten der äußeren Planeten, und auf die Region, in der Wasser, Ammoniak und Methan soweit wir wissen nur in gefrorenem Zustand vorkommen. Kein Wunder, dass diese Planeten, sobald es technisch möglich war, von Raumsonden besucht wurden.

Zur dritten Zone gehört unter anderem der Kuipergürtel, in dem Pluto das bekannteste (aber nicht das größte) Objekt ist, und die Oortsche Wolke, wo sich langperiodische Kometen und andere Eiskörper am Rand des Sonnensystems tummeln. Dieser Bereich ist der wohl rätselhafteste im Sonnensystem, da er bisher nur von einer Raumsonde erkundet wurde (New Horizons, siehe Seite 166). Die kalten Zwergplaneten üben eine mysteriöse Faszination aus, darum wurde in jüngster Zeit mit der Erforschung dieser entferntesten Zone im Sonnensystem begonnen.

Zwar haben wir schon zu jedem Planeten im Sonnensystem mindestens eine Raumsonde geschickt, aber die äußeren Planeten erfordern weit anspruchsvollere Technologien, aufwendigere wissenschaftliche Vorbereitung und längerfristigere Zeitplanung als die näheren, erdähnlicheren Planeten. Auf manchen Himmelskörpern gibt es wahrscheinlich Spuren von Leben, wenn auch keines, mit dem wir kommunizieren können, sondern Mikroorganismen. Unsere Suche nach Wissen – von Gasriesen über winzige Meteore und Asteroiden bis hin zu den Grenzen des Sonnensystems – hat unser Verständnis von unserem Platz im Kosmos neu geprägt und lässt uns die Komplexität des Universums mit anderen Augen sehen.

Dieses Kapitel wird einige der spannenden Geheimnisse aus den entlegensten Winkeln unseres Planetensystems enthüllen, beginnend mit der Oortschen Wolke, der Heliosphäre und dem äußeren Kuipergürtel, bevor es einige der größten unbeantworteten Fragen dieser Regionen vorstellt.

Ein Kuipergürtelobjekt (KGO, Kuiper Belt Object) am äußeren Rand des Sonnensystems, etwa 6,5 Milliarden Kilometer von der Sonne entfernt. Aufgrund ihrer großen Entfernung bekommen die KGO kaum Wärme und Licht von der Sonne ab. Das macht sie zu unberührten, gefrorenen Beispielen für die Zusammensetzung des Sonnensystems zu Beginn seiner Entstehung vor rund 4,6 Milliarden Jahren.

DIE ENTLEGENSTEN BEREICHE DES SONNENSYSTEMS

Der äußere Rand unseres Sonnensystems ist für uns immer noch ein Gebiet voller Geheimnisse. Wir wissen jedoch, dass er aus drei markanten Bereichen besteht. Von uns am weitesten entfernt ist die Oortsche Wolke, die voller eisiger Planetesimale, Kometen und Asteroiden steckt. Weiter nach innen hin befindet sich die Heliosphäre, wo das Sonnensystem auf das interstellare Medium trifft, und schließlich der Kuipergürtel, in dem unzählige Kleinkörper an Umlaufbahnen jenseits der äußeren Planeten des Sonnensystems gebunden sind.

In der ersten Hälfte des 20. Jahrhunderts suchten Astronomen vergeblich nach „Planet X". Messungen der Gravitation ließen darauf schließen, dass sich am äußeren Rand des Sonnensystems eine große Masse befinden musste. Im Jahr 1930 entdeckte der amerikanische Astronom Clyde Tombaugh (1906–1997) Pluto, der sofort als neunter Planet bejubelt wurde. Aber etwas stimmte nicht: Pluto war nicht massereich genug, um die Gravitation aus dem äußeren Sonnensystem zu erklären. Was war es also, das sich dort befand?

Im Jahr 1950 stellte der niederländische Astronom Jan Oort eine Hypothese auf, basierend auf Beobachtungen von Kometen und Meteoren, die vom äußeren Sonnensystem in Richtung Erde flogen. Er glaubte, dass die Gravitationskraft nicht von einem einzelnen Planeten X stammte, sondern aus einer riesigen Wolke, die das gesamte Sonnensystem einschloss und aus Kometen, Asteroiden und anderen Kleinkörpern bestand. Sie lieferte den Anstoß zu komplexeren Erklärungen, bei denen kleinere Objekte im äußeren Sonnensystem eine wesentliche Rolle in der Evolution des gesamten Systems spielten. Vielleicht ist die Oortsche Wolke ein Überbleibsel aus der solaren Urwolke, die sich zusammenzog, verdichtete und die heutigen Planeten bildete. Gegenwärtigen Schätzungen zufolge beträgt ihr Durchmesser zwischen 2000 und 200 000 Astronomischen Einheiten. (1 AE entspricht dem Abstand zwischen Sonne und Erde.) Das heißt, sie erstreckt sich bis zu einem Zehntel der Distanz zum nächsten Sternsystem, Alpha Centauri 3, das 4,2 Lichtjahre beziehungsweise 267 000 AE entfernt ist. Um diese Größen zu veranschaulichen: Würde ein Raumfahrzeug mit der Geschwindigkeit von Voyager 1 dorthin fliegen (51 AE von der Erde in den ersten 16 Jahren), würde die Reise 83 764,7 Jahre dauern.

Die Oortsche Wolke liegt direkt außerhalb der Heliosphäre der Sonne – ein riesiger blasenförmiger Bereich im Weltraum, der durch den Sonnenwind, einem konstanten Fluss geladener Teilchen von der Sonne, gebildet wird. Die Heliosphäre schirmt das Sonnensystem vor größeren Mengen kosmischer Strahlung ab, die

JAN HENDRIK OORT (1900–1992)

Der berühmte niederländische Astronom machte während seiner langen Karriere an der Universität Leiden einige bedeutende Entdeckungen. Oort war ein Pionier der Radioastronomie und fand heraus, dass die Milchstraße keine statische Ansammlung von Sternsystemen ist, sondern um ein dichtes Zentrum rotiert, an das sie gravitativ gebunden ist. Er demonstrierte, dass die Masse der Milchstraße 100 Milliarden Sonnenmassen beträgt, und im Gegensatz zu früheren Vorstellungen erkannte er auch, dass unsere Sonne weit vom Zentrum entfernt liegt, in einem äußeren, gravitativ gebundenen Spiralarm, der es umkreist. Oort untersuchte auch die Dunkle Materie, die nicht auf herkömmliche Weise beobachtet werden kann. Er vermutete, dass 84,5 Prozent des Universums aus dieser Materie bestehen könnten. Schließlich postulierte er im Jahr 1950, dass die Mehrheit aller Kometen aus dem äußeren Sonnensystem kommen, in dem es kleine, gravitativ gebundene Körper gab. Im Laufe der Zeit verdichteten sich die Hinweise darauf, dass diese Körper in der nach ihrem Entdecker benannten Oortschen Wolke von der Gravitationskraft der Sterne, der Milchstraße und anderer Objekte im Sonnensystem beeinflusst werden.

OBEN Das Weltraumteleskop NEOWISE (Near-Earth Object Wide-Field Infrared Survey Explorer) ist seit 2009 in Betrieb. Am 25. Februar 2019 erfasste es den Kometen C/2018 Y1 Iwamoto in mehreren Belichtungen im Infrarotspektrum. Er befindet sich rund 90 Millionen Kilometer von der Erde entfernt und stammt aus der Oortschen Wolke. Auf seiner Umlaufbahn gelangte er näher an die Sonne als in über tausend Jahren zuvor. Auf dem Bild erscheint der Komet als eine Reihe von roten Punkten auf dem Sternfeld im Hintergrund.

RECHTS Dieses Bild zeigt, wie die Heliosphäre unseres Sonnensystems auf den interstellaren Raum trifft. Es wurde auf der Grundlage von Daten aus mehreren Raumsonden erstellt. Der blau dargestellte Sonnenwind bewegt sich von der Sonne weg, bis er von den kosmischen Kräften hinter dem Sonnensystem verlangsamt und schließlich aufgehalten wird. Dadurch entsteht die hier abgebildete „Blase", deren Hitze und Strahlung in verschiedenen Farben illustriert ist, wobei die wärmsten Bereiche rot sind. Der Grenzbereich zwischen der „Blase" und dem interstellaren Raum wird als Heliosphäre bezeichnet. Sie befindet sich in ständiger Bewegung und Interaktion mit anderen Teilchen.

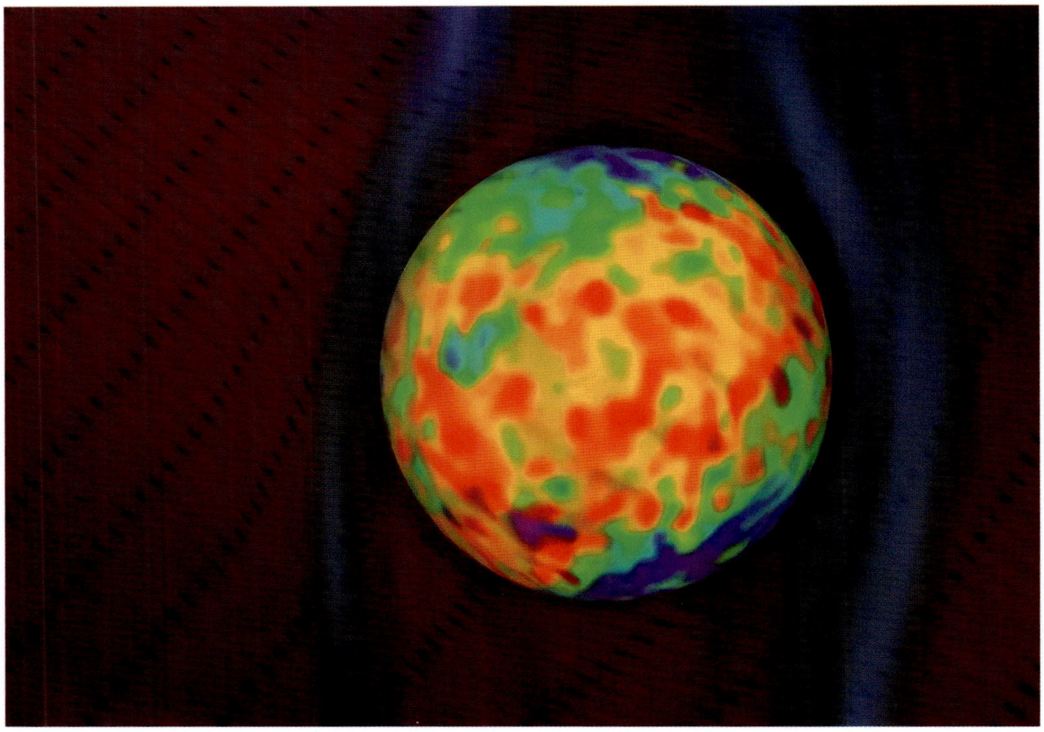

zum Teil dort verbleibt und zum Teil vom Gravitationsfeld abgestoßen wird. An ihrer theoretischen Grenze, der Heliopause, treffen die Teilchen aus dem Sonnensystem auf den interstellaren Raum. Dort kommt es zu kosmischen Turbulenzen in der Heliosphäre, die erst seit kurzer Zeit untersucht werden.

Der dritte Bereich im äußeren Sonnensystem ist der Kuipergürtel, eine scheibenförmige Region voller eisiger Objekte, die etwa 4,5 bis 7,5 Milliarden Kilometer (beziehungsweise 30 bis 50 AE) von der Sonne entfernt liegt. Der Kuipergürtel wird oft als Grenzland vor dem Unbekannten angesehen, da er jenseits der acht Planeten unseres Sonnensystems liegt. Benannt wurde er nach dem Astrophysiker Gerard Kuiper, der vermutete, dass das äußere Sonnensystem Tausende gravitativ gebundene eisige Körper beherbergte und die Hauptquelle für in Erdrichtung fliegende Kometen war.

Erst im Jahr 1992 konnte die Existenz des Kuipergürtels bestätigt werden, vor allem durch die Beobachtung des Himmelskörpers 1992 QB1 (später Albion genannt), dem ersten transneptunischen Objekt (ein Objekt, dessen mittlere Umlaufbahn um die Sonne größer ist als die des Neptun). Es wurde nach Pluto und seinem Mond Charon entdeckt. Mit einem Durchmesser von weniger als 113 Kilometern war es klein, löste aber einen Wettlauf um die Entdeckung weiterer Objekte aus. Zu Beginn des 21. Jahrhunderts waren schon fast 2000 Kuipergürtelobjekte (KGO) gefunden worden.

Viele KGO sind reich an Kohlenstoffverbindungen und gefrorenem Wasser. Manchmal gelangen sie ins innere Sonnensystem und einer von ihnen, der Halleysche Komet, kehrt alle 76 Jahre wieder.

GERARD P. KUIPER (1905–1973)

Der in den Niederlanden geborene Astronom Gerard Peter Kuiper widmete seine Karriere dem Sonnensystem. Neben seiner Theorie zum Kuipergürtel, der nach ihm benannt wurde, gründete er an der University of Arizona ein wichtiges Forschungszentrum für Planetologie. Die NASA befand sich noch in ihrer Anfangszeit, als Kuiper um Unterstützung für die Untersuchung der Planeten ansuchte. In den 1960ern befürwortete er das Programm zur Erkundung des Mondes, das viele andere Weltraumforscher für zu teuer hielten, da er glaubte, die beste Weltraumwissenschaft könnte mit Robotersonden betrieben werden. Außerdem formulierte er Forschungsfragen zum Mond, entwickelte Instrumente, um diese zu beantworten, und suchte nach geeigneten Landeplätzen.

Mittlerweile sind viele transneptunische Objekte bekannt. KGO sind in Blau dargestellt und Objekte in entfernteren Regionen in Rot. Die relative Größe der Himmelskörper wird durch die unterschiedlich großen Kreise dargestellt. Farbige horizontale Linien zeigen die minimale und maximale Entfernung auf der Umlaufbahn an. Objekte in einer 3:2-Bahnresonanz mit Neptun, einschließlich Pluto, machen zwei Umläufe um die Sonne, während Neptun drei macht. Sedna bewegt sich über die horizontale Achse hinaus und erreicht einen maximalen Abstand von rund 975 AE.

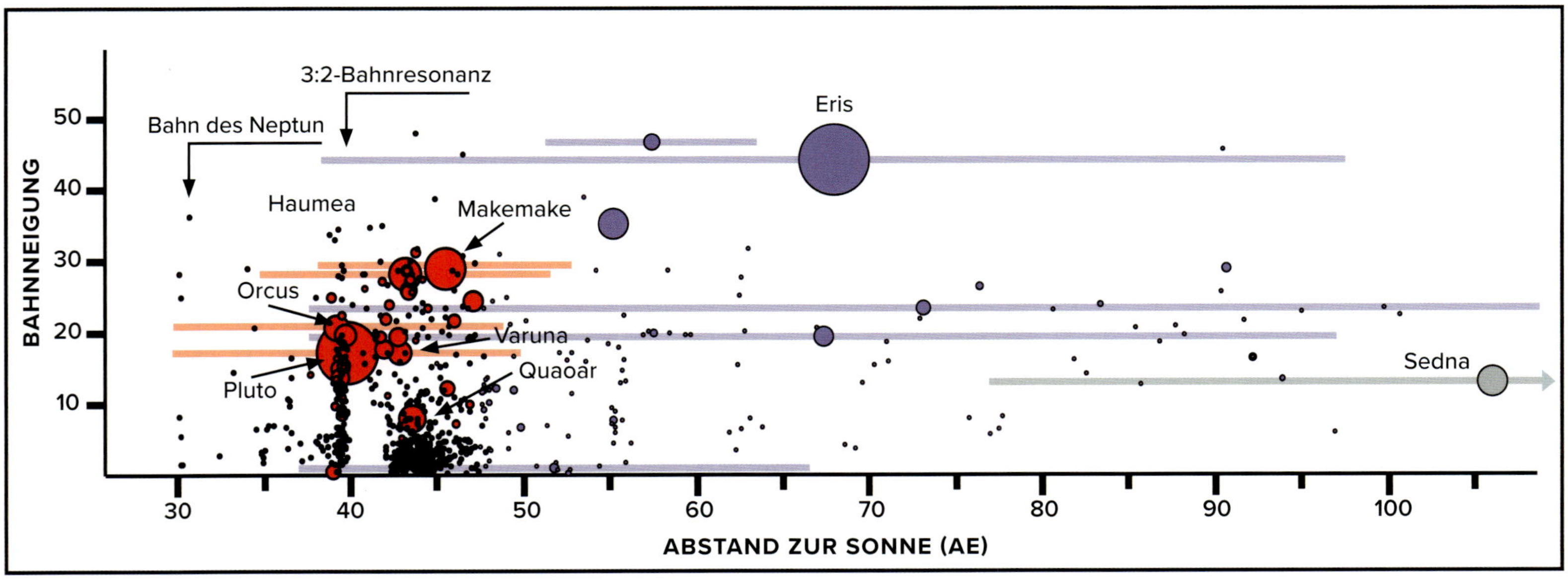

RECHTS Der Kuipergürtel und die Umlaufbahnen der vier größten Objekte neben Neptun. Die Scattered Disk („gestreute Scheibe“) besteht aus KGO, die in exzentrische und geneigte Bahnen „gestreut“ wurden – aufgrund des gravitativen Einflusses von Neptun und den anderen äußeren Planeten, die eine wesentliche Rolle bei der Verteilung der KGO spielen. Die meisten Objekte in einem Umkreis von etwa 40 AE, also dem 40-Fachen des Abstands zwischen Sonne und Erde, sind mit der Neptunbahn verbunden. Objekte, die sich außerhalb dieses Bereichs befinden, interagieren nicht mit Neptun und haben daher komplexere Umlaufbahnen.

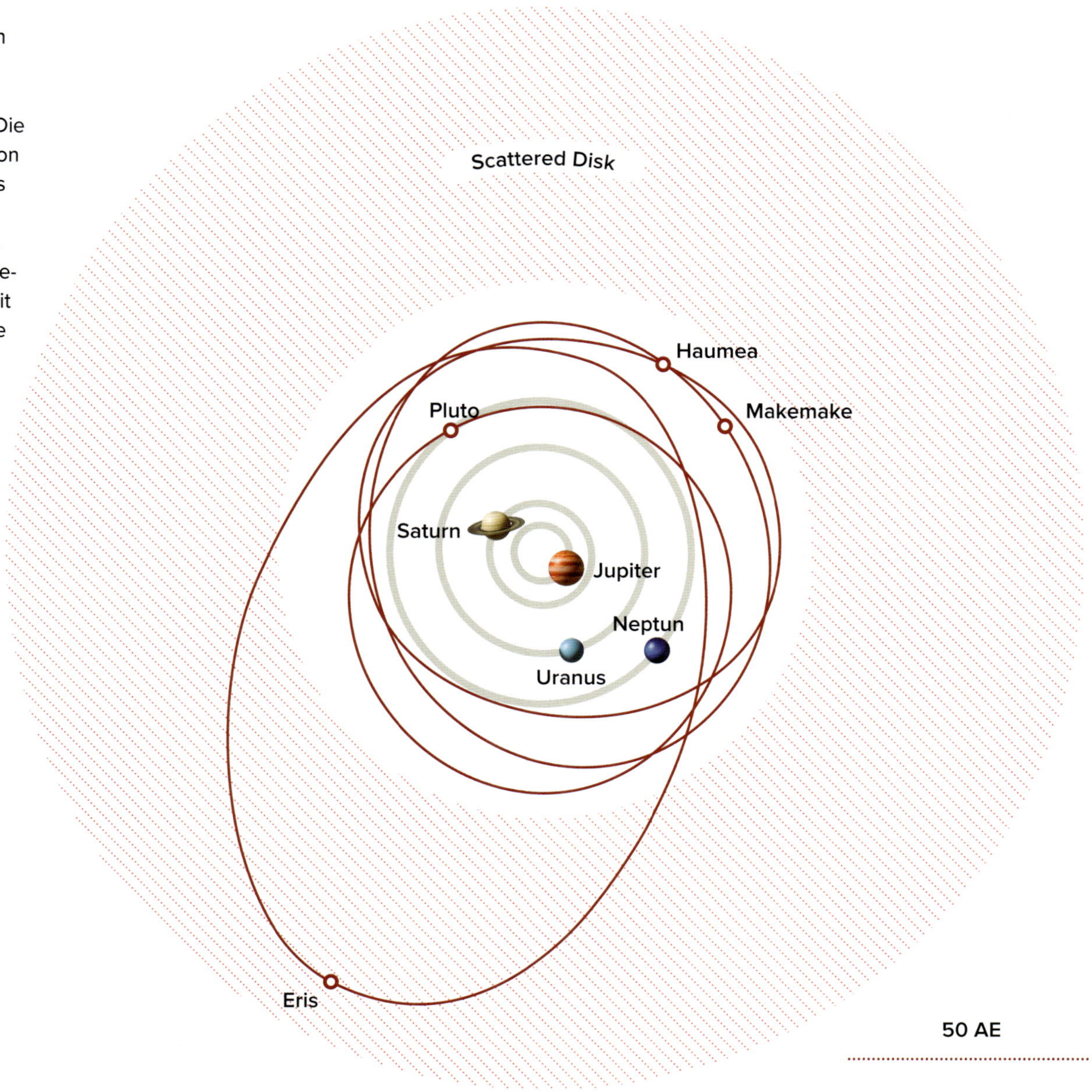

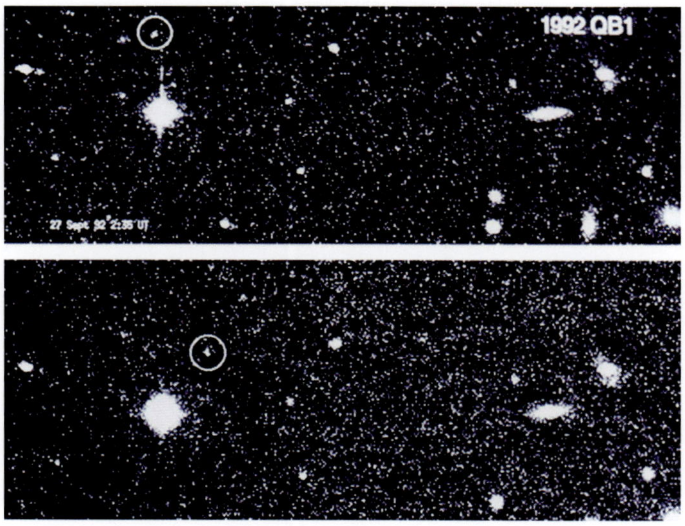

LINKS Das erste bekannte KGO war 1992 QB1 (später Albion genannt; im Kreis). Entdeckt wurde es von den Astronomen David Jewitt und Jane Luu im Jahr 1992.

„Benannt wurde er nach dem Astrophysiker Gerard Kuiper, der vermutete, dass das äußere Sonnensystem Tausende gravitativ gebundene eisige Körper beherbergte und die Hauptquelle für in Erdrichtung fliegende Kometen war.“

Das KGO 2003 UB313 (ursprünglich „Xena“, später Eris genannt) und sein Mond Gabrielle befinden sich am äußeren Rand des Sonnensystems. Entdeckt wurde Eris im frühen 21. Jahrhundert von Astronomen auf der Erde. Messungen zufolge war das Objekt etwa 30 Prozent größer als der Durchmesser des Pluto. Als das Hubble-Weltraumteleskop (HST) das Objekt mit seiner Advanced Camera for Surveys unter die Lupe nahm und am 9. und 10. Dezember 2005 einige Aufnahmen machte, wurde der Durchmesser von Eris mit 2398 Kilometern bestimmt, mit einer Messunsicherheit von 97 Kilometern. Pluto, der seit seiner Entdeckung im Jahr 1930 weltberühmt ist, stellte sich als kleiner heraus, mit einem Durchmesser von nur 2288 Kilometern. Auf der Abbildung ist Eris als großes Objekt im Vordergrund zu sehen, ein Teil davon im Licht der Sonne, während Gabrielle (in der linken oberen Ecke des Bildes) auf der Umlaufbahn des Zwergplaneten kreist.

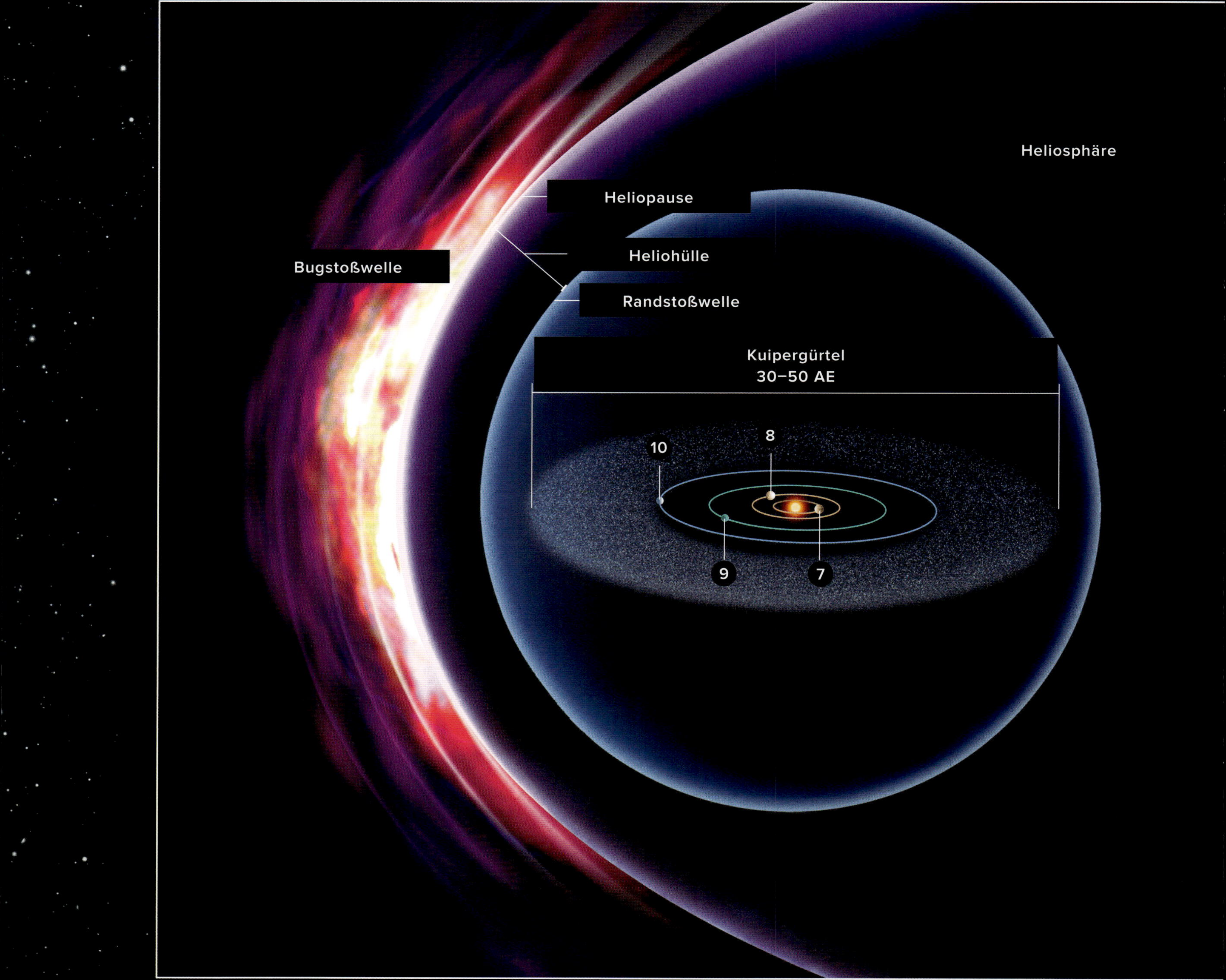
Heliosphäre
Heliopause
Heliohülle
Bugstoßwelle
Randstoßwelle
Kuipergürtel
30–50 AE
10
8
9
7

1 AE
10 AE
100 AE
1
2
3
4
5
6
7
8
9
10
11
12
13

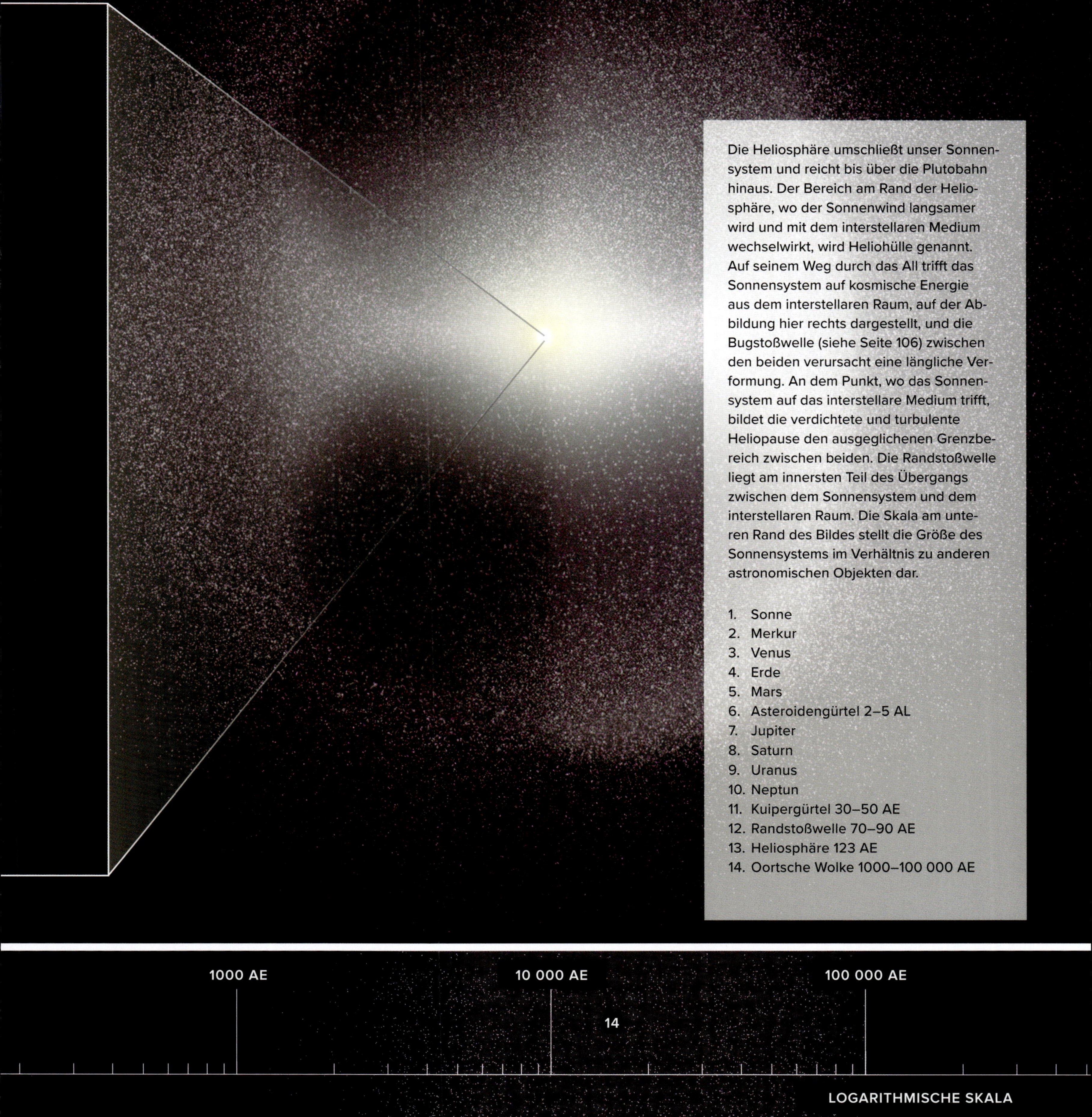

Die Heliosphäre umschließt unser Sonnensystem und reicht bis über die Plutobahn hinaus. Der Bereich am Rand der Heliosphäre, wo der Sonnenwind langsamer wird und mit dem interstellaren Medium wechselwirkt, wird Heliohülle genannt. Auf seinem Weg durch das All trifft das Sonnensystem auf kosmische Energie aus dem interstellaren Raum, auf der Abbildung hier rechts dargestellt, und die Bugstoßwelle (siehe Seite 106) zwischen den beiden verursacht eine längliche Verformung. An dem Punkt, wo das Sonnensystem auf das interstellare Medium trifft, bildet die verdichtete und turbulente Heliopause den ausgeglichenen Grenzbereich zwischen beiden. Die Randstoßwelle liegt am innersten Teil des Übergangs zwischen dem Sonnensystem und dem interstellaren Raum. Die Skala am unteren Rand des Bildes stellt die Größe des Sonnensystems im Verhältnis zu anderen astronomischen Objekten dar.

1. Sonne
2. Merkur
3. Venus
4. Erde
5. Mars
6. Asteroidengürtel 2–5 AL
7. Jupiter
8. Saturn
9. Uranus
10. Neptun
11. Kuipergürtel 30–50 AE
12. Randstoßwelle 70–90 AE
13. Heliosphäre 123 AE
14. Oortsche Wolke 1000–100 000 AE

PROBLEMPLANET PLUTO

Nach jahrelanger Suche nach dem imaginären Planet X entdeckte Clyde Tombaugh 1930 schließlich Pluto, der sofort als neunter Planet im Sonnensystem akzeptiert wurde. Erst als man in den 1990ern Objekte von ähnlicher Größe fand, wollte man den Status von Pluto ändern.

Die Diskussion um den Planetenstatus des Pluto erreichte bald ihren Höhepunkt. Die Entdeckung des Zwergplaneten 2003 UB313 (Eris) im Jahr 2003, der größer als Pluto war, besiegelte die Sache: Das Sonnensystem bestand wohl doch nicht aus neun Planeten.

Auf der Versammlung der Internationalen Astronomischen Union (IAU) im Jahr 2006 wurde Pluto offiziell als „Zwergplanet" neu klassifiziert. Aktuell gibt es fünf anerkannte Zwergplaneten: Ceres, Pluto, Haumea, Makemake und Eris. Zur klaren Definition eines Planeten wurden drei Kategorien festgelegt: (a) Das Objekt befindet sich auf einer Bahn um die Sonne; (b) es hat genug Masse, um durch seine Gravitation eine kugelförmige Gestalt zu erhalten; (c) es hat seine Bahn bereinigt, sodass sich keine anderen Objekte darauf befinden. Pluto umkreist die Sonne und ist annähernd rund, aber seine Gravitation reicht nicht aus, um seine Bahn freizumachen. Er und seine Monde – Charon, Styx, Nix, Kerberos und Hydra – bilden ein System, in dessen Nähe auch andere Kleinkörper kreisen.

Manche Astronomen weigern sich, die Degradierung Plutos zum Zwergplaneten zu akzeptieren, aber die Entscheidung der IAU ist nachvollziehbar. Sie berücksichtigt, dass die wissenschaftliche Methode unser Verständnis erweitert und neue Entdeckungen zu erforderlichen Änderungen unseres bestehenden Wissens führen.

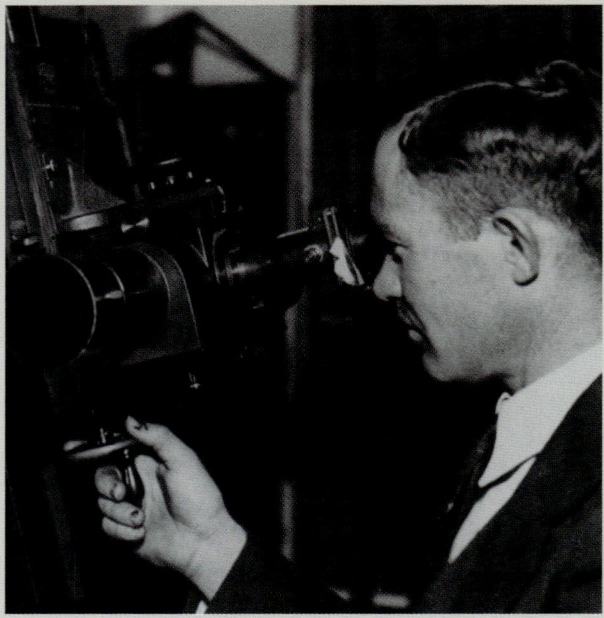

CLYDE TOMBAUGH (1906–1997)

Clyde Tombaugh arbeitete als Astronom am Lowell Observatory in Flagstaff im US-Bundesstaat Arizona und erlangte für seine Entdeckung des Pluto internationale Berühmtheit. Auch im weiteren Verlauf seiner Karriere beschäftigte er sich mit dem äußeren Sonnensystem und entdeckte zahlreiche Asteroiden.

Das Bild oben zeigt Tombaugh neben einem Blinkkomparator. Dieses Gerät dient zum Vergleichen von Aufnahmen des Sternenhimmels, die zur gleichen Zeit, aber im Abstand von einigen Nächten gemacht wurden. Betrachter können zwischen zwei Bildern hin- und herwechseln, um Ähnlichkeiten und Unterschiede festzustellen.

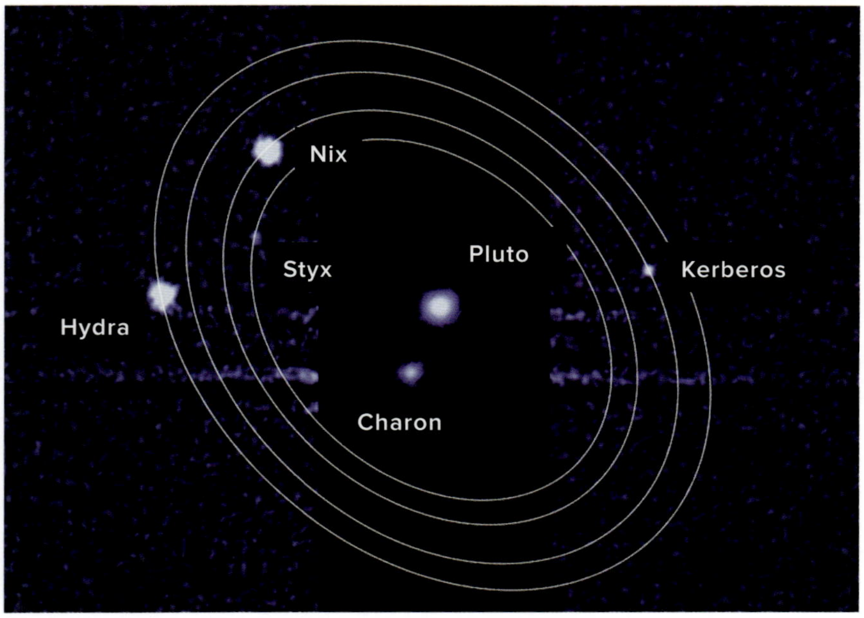

LINKS Im Juli 2012 untersuchten Wissenschaftler Aufnahmen des Hubble-Weltraumteleskops (HST) und entdeckten die vier kleinen Monde des Pluto: Nix, Hydra, Styx und Kerberos. Diese aus zwei Bildern des HST kombinierte Darstellung zeigt das Pluto-System. Die blauen Bereiche entstanden durch Langzeitbelichtung, wodurch die kleinen äußeren Monde erfasst wurden, aber Pluto und Charon zu grell erscheinen. Der vertikale dunkle Streifen in der Mitte stammt von einer kürzeren Belichtung, um Pluto und Charon klarer zu zeigen.

Die Raumsonde New Horizons (siehe Seite 166) näherte sich Ende 2014 dem Zwergplaneten Pluto. Dieses Bild wurde am 14. Juli 2015 in einer Entfernung von etwa 33 900 Kilometern von Pluto aufgenommen. Rund 45 Minuten später erreichte die Sonde ihre größte Annäherung.

EINIGE DATEN ZU PLUTO

MITTLERER ABSTAND ZUR SONNE 5 906 380 000 Kilometer oder 39,48 AE (astronomische Einheiten)

DURCHMESSER 2390 Kilometer

DICHTE 1,1 Gramm/Kubikzentimeter

OBERFLÄCHENGRAVITATION 0,066 m/s^2 (Erde = 1 m/s^2)

ROTATIONSDAUER (LÄNGE EINES TAGES) 6,39 Erdentage (im Gegensatz zu manchen anderen Planeten rotiert er rückläufig)

UMLAUFZEIT (LÄNGE EINES JAHRES) 248 Erdenjahre

DURCHSCHNITTSTEMPERATUR OBERFLÄCHE -215,35 Grad Celsius

NATÜRLICHE SATELLITEN Charon, Styx, Nix, Kerberos, Hydra

ENTDECKT VON Clyde Tombaugh, am 18. Februar 1930

DIE PLUTO-MISSION VON NEW HORIZONS

Während Pluto und sein Status noch heiß diskutiert wurden, machte ihn die NASA zum Ziel einer Mission. Nach dem Start von New Horizons im Januar 2006 gelang der Raumsonde die größte Annäherung an Pluto am 14. Juli 2015. Sie sollte die Geologie Plutos dokumentieren, seine Atmosphäre untersuchen, Sonnenwind messen sowie den interplanetaren Staub und andere Teilchen beschreiben. New Horizons erwies sich als wahrer Segen für die Erforschung der äußeren Planeten. Laut Alan Stern, dem wissenschaftlichen Leiter der Mission am Southwest Research Institute in Colorado, führte der Vorbeiflug an Pluto zu diesen sechs wichtigen Entdeckungen:

1. Pluto und seine Monde sind weitaus komplexer aufgebaut, als man zuvor angenommen hatte.
2. Das Ausmaß der geologischen Aktivitäten und Veränderungen auf der Oberfläche des Pluto ist erstaunlich.
3. Charons tektonisch geprägte Dehnungsstruktur an seinem Äquator deutet darauf hin, dass sich in seinem Inneren ein ausgefrorener Wasserozean aus ferner Vergangenheit befindet. Andere Entdeckungen, die New Horizon machte, lassen vermuten, dass es einen solchen Ozean auf Pluto gibt.
4. Plutos riesiger, herzförmiger Gletscher aus gefrorenem Stickstoff (Sputnik Planitia), der von New Horizons entdeckt wurde, erstreckt sich über 1000 Kilometer und ist der größte bekannte Gletscher im gesamten Sonnensystem.
5. Es gibt Anzeichen für enorme Veränderungen in Plutos Atmosphärendruck und möglicherweise flüssige flüchtige Stoffe auf seiner Oberfläche in der Vergangenheit – was wir in unserem Sonnensystem nur von der Erde, dem Mars und dem Saturnmond Titan kennen.
6. Die Atmosphäre von Pluto ist blau.

Nachdem die Sonde Pluto passiert hatte, wurde sie an anderen Kuipergürtelobjekten vorbeigesteuert und setzte ihre Mission fort.

NEW HORIZONS TECHNISCHE DATEN

LÄNGE 2,7 Meter
BREITE 2,2 Meter
HÖHE 2,1 Meter
STARTMASSE 478 Kilogramm
STROMVERSORGUNG Radioisotopengenerator
TRÄGERRAKETE Atlas V 551
STARTDATUM 19. Januar 2006
GRÖSSTE ANNÄHERUNG AN PLUTO 14. Juli 2015; Entfernung: 12 500 Kilometer
MISSIONSSTATUS Mission verlängert, bis die Sonde den Kuipergürtel verlässt, was für das Jahr 2028 oder 2029 erwartet wird.

ALAN STERN (1957–)

Nachdem er an der University of Colorado in Astrophysik und Planetologie promoviert hatte, spielte Alan Stern eine wesentliche Rolle bei der Rosetta-Mission, die eine Raumsonde auf die Bahn eines Kometen brachte, und dem Lunar Reconnaissance Orbiter, einer Mondsonde, die das Vorhandensein von Eis an den Mondpolen bestätigte. Vor allem aber leitete er im frühen 21. Jahrhundert die Entwicklung der Mission New Horizons. Anschließend fungierte er als leitender Wissenschaftler der Mission Moon Express und war der Associate Administrator der NASA für das Science Mission Directorate in den Jahren 2007 und 2008.

LINKS Die Raumsonde New Horizons in der Nähe des Pluto.

UNTEN Die Raumsonde New Horizons wird 2006 im Kennedy Space Center in Florida für den Start vorbereitet.

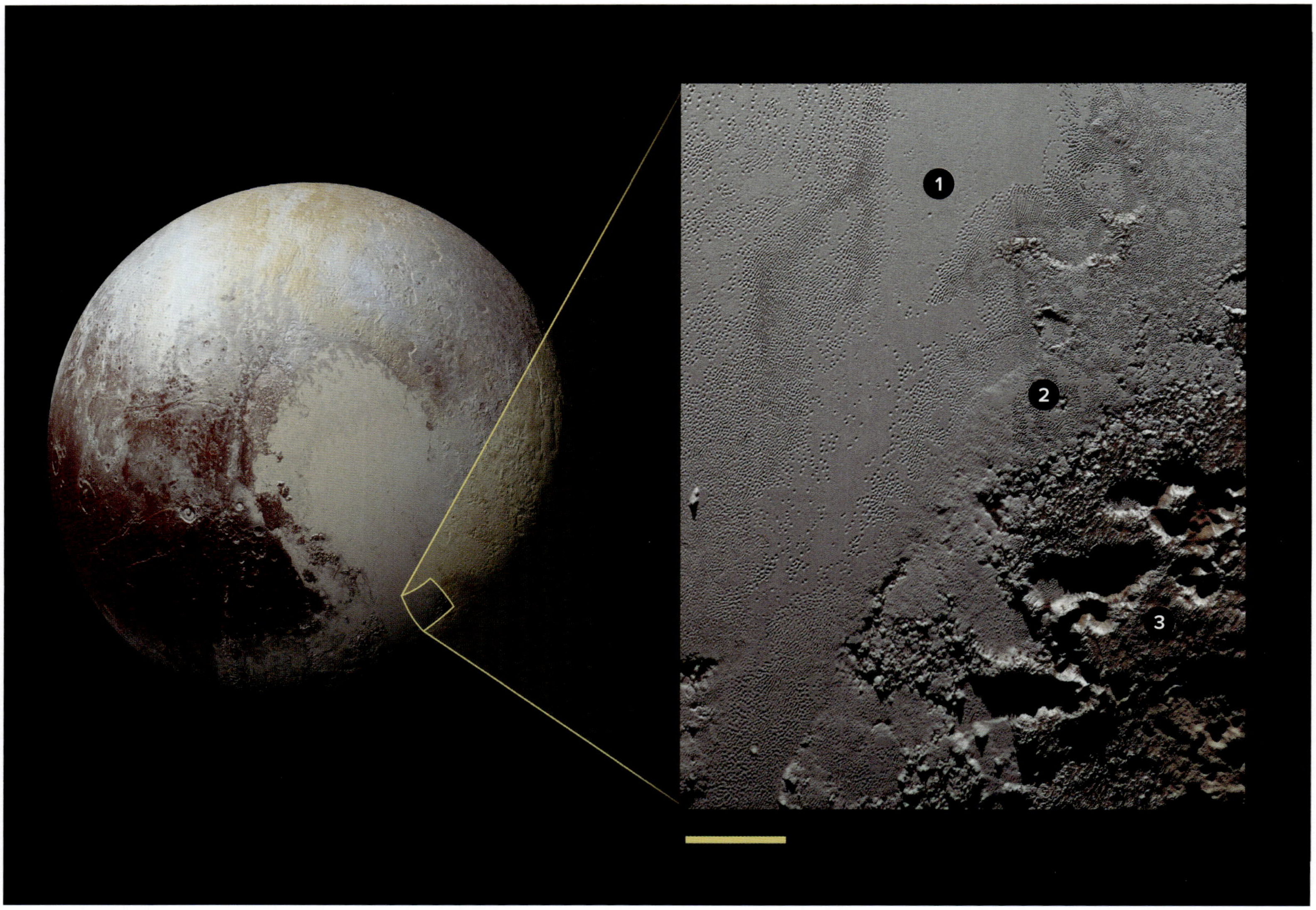

OBEN Dieses farbverstärkte Bild wurde am 9. Juni 2016 von der NASA-Raumsonde New Horizons aufgenommen. Der vergrößerte Ausschnitt zeigt die südöstliche Region der großen Eiswüste des Pluto. Unten rechts im Bild ist der Übergang der Ebene zu einer zerklüfteten, markant dunklen Hochebene, inoffiziell „Krun Macula" genannt, nach Krun, dem Herrscher über die Unterwelt in der Mythologie der Mandäer. Das dunkle Gebiet erhebt sich 2,5 Kilometer über die umliegende Ebene und weist Reste von kreisförmigen, zusammenhängenden Vertiefungen auf, die zwischen 8 und 13 Kilometer breit und bis zu 2,5 Kilometer tief sind.

1. Tiefebene
2. Hügelige Randebene
3. Zerklüftete Hochebene

RECHTS New Horizons näherte sich Pluto und seinem größten Mond Charon im Juli 2015. Mithilfe von Kleinbildkameras, einem Radiowellenexperiment, UV- und Infrarotspektrometern sowie Plasmaexperimenten gelang es der Raumsonde, unser Wissen über den Zwergplaneten beträchtlich zu erweitern. New Horizons kartierte die Geologie und Geomorphologie von Pluto und Charon, dokumentierte ihre Oberflächenzusammensetzung und Temperatur und untersuchte die Atmosphäre des Pluto. Das auffälligste Gestaltungsmerkmal der Raumsonde war die Parabolantenne mit einem Durchmesser von 2,1 Metern, die selbst aus einer Entfernung von 7,5 Milliarden Kilometern noch mit der Erde kommunizieren konnte.

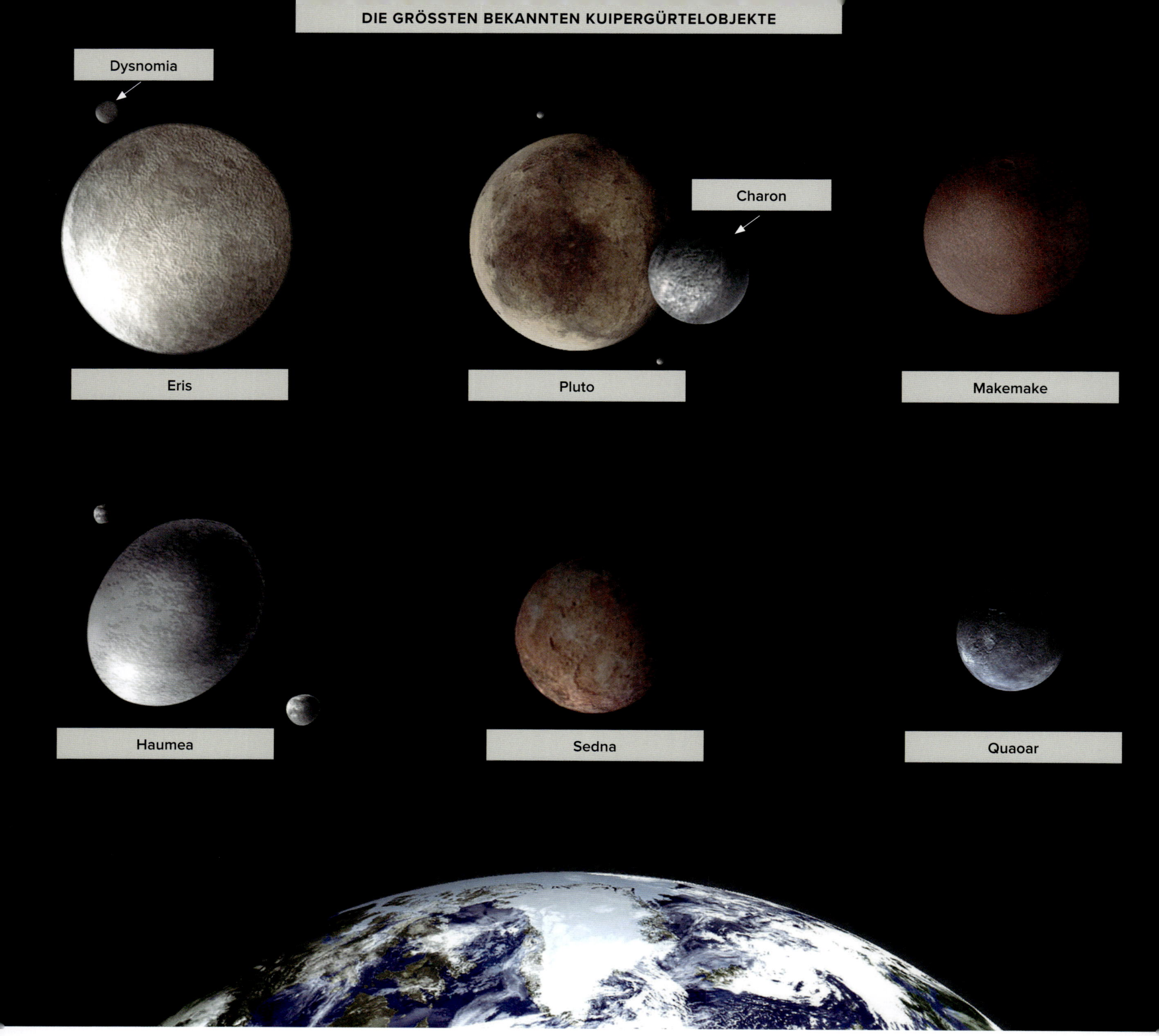

Zu den Himmelskörpern, die sich außerhalb der Neptunbahn befinden, gehören unter anderem Pluto, KGO und die Objekte der Oortschen Wolke. Hier im Größenverhältnis zur Erde dargestellt sind (*obere Reihe, von links nach rechts*): Eris und sein Mond Dysnomia (früher Xena und Gabrielle genannt); Pluto, Charon und zwei von Plutos viel kleineren vier Monden; sowie Makemake (frühere Bezeichnung 2005 FY9). (*Untere Reihe, von links nach rechts*): Haumea (frühere Bezeichnung 2003 EL61) und seine Monde Hi'iaka [*oben*] und Namaka [*unten*], Sedna und Quaoar.

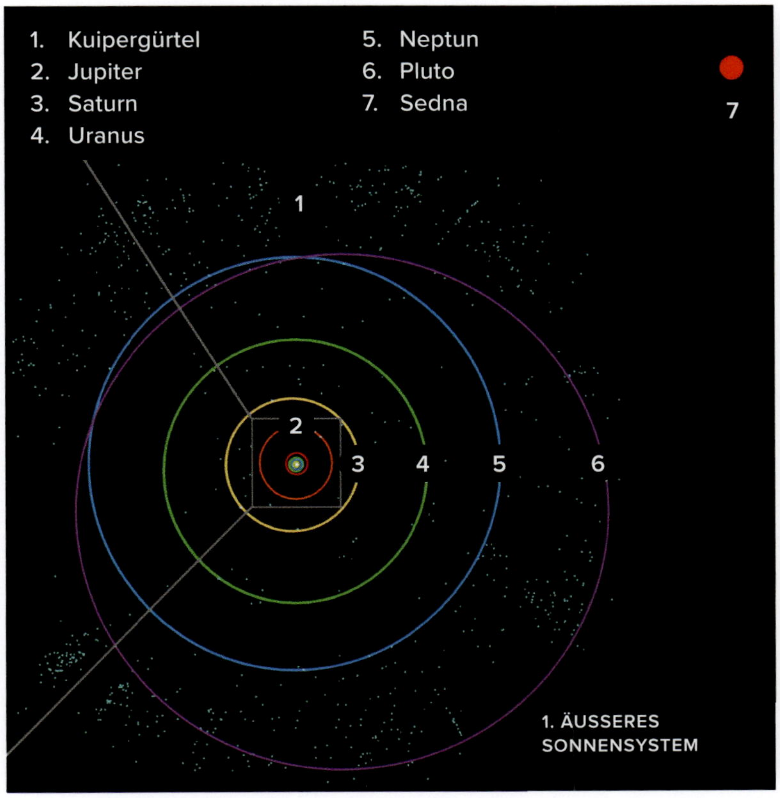

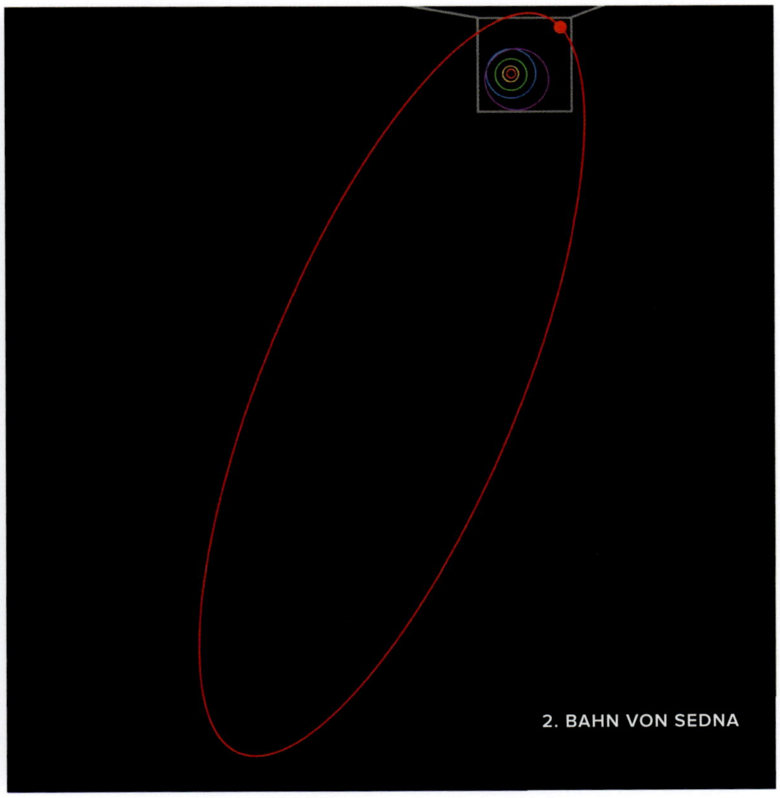

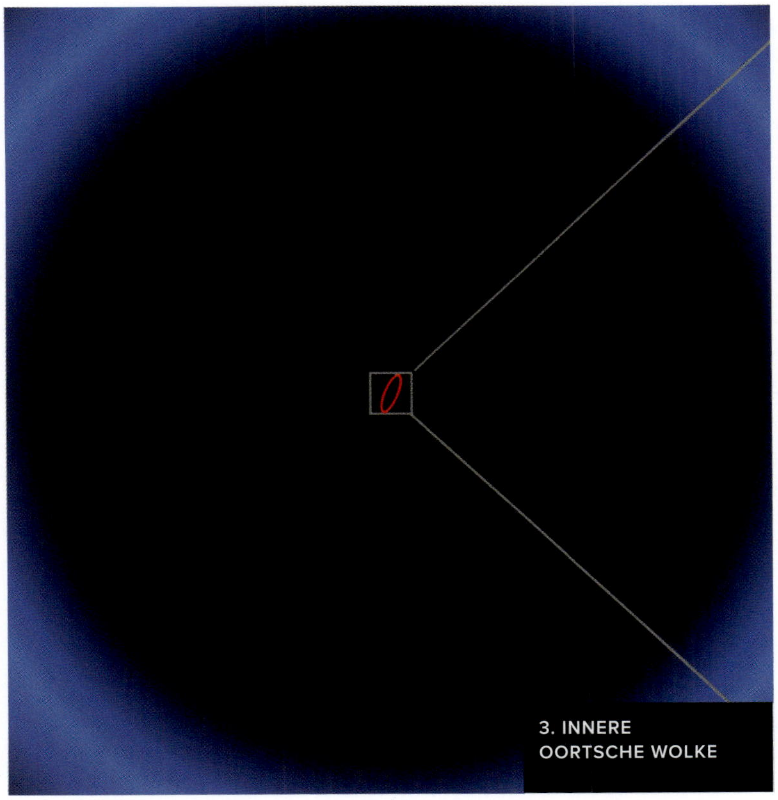

Das transneptunische Objekt 90377 Sedna liegt im entlegensten Winkel des Sonnensystems. Jedes Bild ist ein Stück weiter herausgezoomt, um Sedna in einem größeren Zusammenhang darzustellen:

1. Die Umlaufbahn von Sedna im Vergleich zu den Bahnen von Neptun und anderen Kuipergürtelobjekten.
2. Sednas gesamte Umlaufbahn, auf der das Objekt an seinem Platz im Jahr 2004 eingezeichnet ist, kurz vor seiner größten Annäherung an die Sonne. Bemerkenswert ist seine extrem elliptische Bahn.
3. Doch selbst diese ausgedehnte Umlaufbahn liegt deutlich innerhalb der kugelförmigen Oortschen Wolke.

AUF GROSSER TOUR UND NOCH WEITER

Fünf Raumsonden sind auf dem Weg, das Sonnensystem zu verlassen. Pioneer 10, Pioneer 11, Voyager 1, Voyager 2 und New Horizons wurden auf Missionen zu den äußeren Planeten geschickt. Nachdem sie Daten gesammelt und Bilder gemacht hatten, wurden alle fünf auf Sonnenfluchtgeschwindigkeit beschleunigt und bewegen sich nun über die Heliosphäre hinaus in den Kosmos.

In den 1960er-Jahren fanden NASA-Wissenschaftler heraus, dass es möglich war, alle Riesenplaneten – Jupiter, Saturn, Uranus und Neptun – auf einer einzelnen Mission zu besuchen, nämlich wenn sich die Planeten alle 176 Jahren auf einer Seite der Sonne treffen, bevor ihre Bahnen sie wieder auseinanderführen. Auf dieser sogenannten „Grand Tour“, die in den 1970er-Jahren begann, reisen fünf Raumsonden in den interstellaren Raum – und manche von ihnen senden immer noch Daten an die Bodenstationen auf der Erde.

Pioneer 10 und 11 wurden 1964 von der NASA als Raumsonden für das äußere Sonnensystem konzipiert. Obwohl die NASA aufgrund von budgetären Einschränkungen das Projekt nicht im ursprünglich geplanten Umfang realisieren konnte, wurde Pioneer 10 am 3. März 1972 gestartet; die Sonde passierte Jupiter und Saturn und setzte ihren Weg aus dem Sonnensystem fort. Die NASA empfing das letzte, sehr schwache Signal von Pioneer 10 am 22. Januar 2003. Pioneer 11 wurde 1973 ins All gebracht und flog ebenfalls an Jupiter und Saturn vorbei, bevor die Sonde das Sonnensystem verließ. Ihre Mission endete am 30. September 1995, als ihr letztes Signal die Erde erreichte. Pioneer 10 und 11 waren bemerkenswerte Raumsonden, deren geplante Lebensdauer von 30 Monaten überraschend für eine über 20 Jahre anhaltende Mission reichte.

Unterdessen bereiteten die Techniker der NASA bereits zwei neue Sonden vor – Voyager 1 und 2. Das Voyager-Programm war ehrgeiziger als Pioneer 10 und 11 und hatte die Erkundung aller vier Riesenplaneten zum Ziel. Obwohl die NASA nie die Mittel erhielt, die für die Durchführung der Mission für nötig erachtet wurden, entwickelten ihre Techniker großartige Forschungsgeräte, die langlebig genug waren, um jeden der Gasriesen zu passieren und dann weiter in den interstellaren Raum vorzustoßen. Die Sonden wurden vom Kennedy Space Center in Florida gestartet: Voyager 2 wurde am 20. August 1977 ins All geschossen, am 5. September 1977 folgte Voyager 1 auf einer schnelleren, kürzeren Flugbahn.

Im Verlauf der Mission untersuchten die Voyager-Sonden erfolgreich Jupiter und Saturn. Voyager 1 wurde von der NASA im Anschluss in den interstellaren Raum geschickt und war im Jahr 2004 der erste Raumflugkörper, der die Randstoßwelle erreichte. Im Juni 2012 ermittelte Voyager 1 in einer Entfernung von 119 Astronomi-

DIE PIONEER-PLAKETTEN

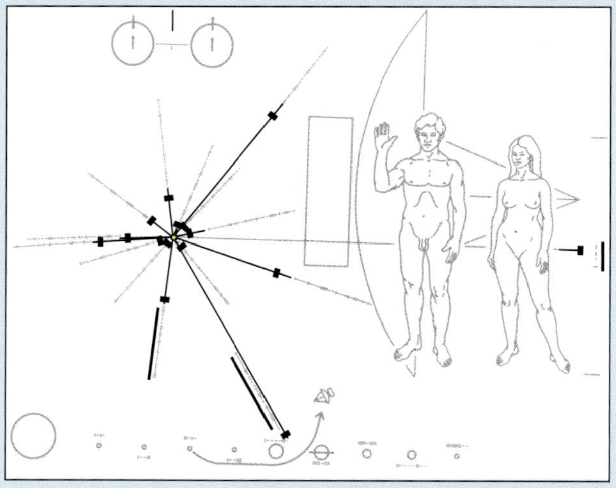

Als die Raumsonden Pioneer 10 und 11 das Sonnensystem verließen, führten sie an Bord ganz besondere Plaketten mit sich – für den Fall, dass sie auf eine außerirdische Zivilisation stoßen sollten. Auf den Platten befindet sich die Zeichnung einer Frau und eines Mannes vor dem Hintergrund der Raumsonde, die als Maßstab diente. Am unteren Rand ist das Sonnensystem (nicht maßstabsgetreu) abgebildet sowie jeder Planet (einschließlich Pluto) mit seinem durchschnittlichen relativen Abstand zur Sonne. Die Entfernungen sind in Binärzahlen und in Einheiten von einem Zehntel der Umlaufbahn des Merkurs angegeben. Orte und andere Informationen sind im Diagramm numerisch dargestellt. Oben links ist ein Wasserstoffatom zu sehen, das häufigste Element im Universum, und eine Änderung seines Energiezustands. Links zeigen sternförmige Linien die Position der Sonne im Vergleich zu 14 Pulsaren in der Milchstraße und dem Zentrum der Galaxis. Die Rotationsfrequenz der Pulsare ist in Binärzahlen angegeben, im Verhältnis zur Frequenz der Wasserstoffstrahlung.

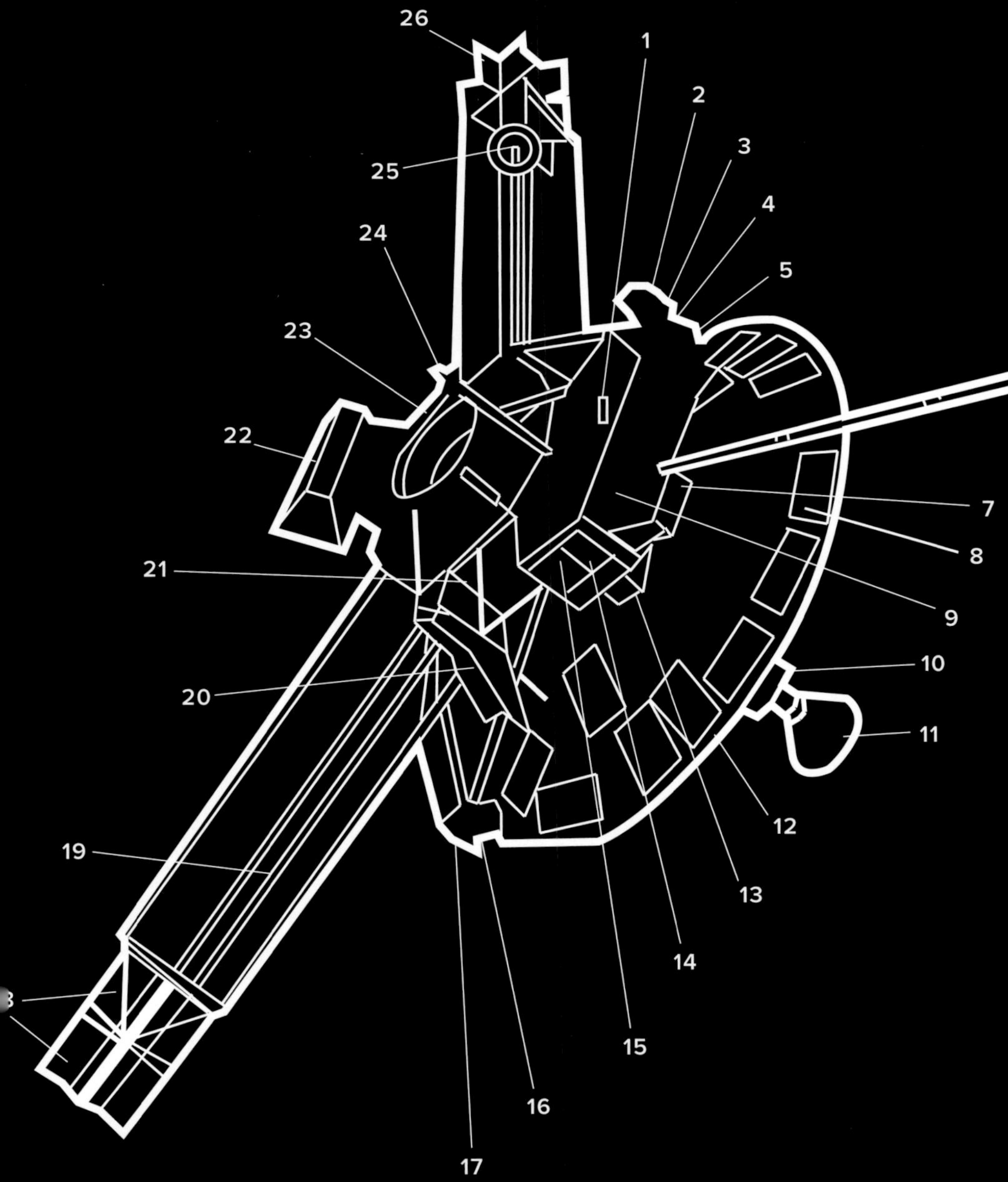

LINKS Die Raumsonden Pioneer 10 und 11 führten mehrere wissenschaftliche Instrumente und einen Bildsensor an Bord. Dieses Schema der Sonde zeigt ihren Aufbau und die Lage der wichtigsten Komponenten:

1. UV-Fotometer
2. Korrekturdüse
3. Fotopolarimeter
4. Lageregelungsdüse
5. Geigerzähler
6. Magnetometer
7. Plasmaanalysator
8. Meteoroidendetektor
9. Strahlungsdetektor
10. Einspeisung für Hochgewinnantenne
11. Mittelgewinnantenne
12. Reflektor für Hochgewinnantenne
13. Messgerät für kosmische Strahlung
14. Infrarot-Radiometer
15. Partikelteleskop
16. Lageregelungsdüsen
17. Sonnensensor
18. Thermoelektrische Radioisotopengeneratoren (RTG – Radioisotope thermoelectric generators)
19. RTG-Stromkabel
20. Lichtschutz für Sternsensoren
21. Lamellen für die Temperaturkontrolle
22. Detektor für Asteroiden und Meteoroiden
23. Trennring
24. Niedriggewinnantenne
25. Dämpfungskabel für RTG
26. RTG

LINKS Die Raumsonde Pioneer 10 auf ihrem Vorbeiflug am Gasriesen Jupiter. Diese Illustration aus dem Jahr 1973 war eine von mehreren Bildern der NASA, die den geplanten Missionsverlauf darstellten.

schen Einheiten (AE) eine Zunahme an kosmischer Strahlung, was bedeutete, dass die Sonde das interstellare Medium erreicht hatte und sich nun außerhalb des Einflussbereichs der Sonne befand. Am 25. August verließ Voyager 1 schließlich die Heliosphäre und war damit das erste, aber bei Weitem nicht das letzte von Menschenhand gebaute Objekt, das den interstellaren Raum erreichte. Zu dieser Zeit betrug ihre Entfernung zur Sonne rund 122 AE, also 18 Milliarden Kilometer.

Unterdessen brachte die NASA die Schwestersonde Voyager 2 mittels eines Korrekturmanövers in die Nähe von Uranus und Neptun. Anschließend bewegte sie sich ebenfalls über die Heliosphäre hinaus und erreichte am 5. November 2018 die Heliopause (den Grenzbereich vor dem interstellaren Raum, wo die Sonne ihren Einfluss verliert). Beide Voyager-Sonden sandten weiterhin wichtige Daten über diese Bereiche, in denen der Teilchenstrom des Sonnenwinds auf die Teilchen und Atome im Magnetfeld unserer Galaxie prallt und schließlich zum Stillstand kommt.

Die Informationen, die die beiden Raumsonden lieferten, haben die Planetenforschung von Grund auf verändert. Sie halfen bei der Beantwortung wichtiger Fragen und warfen neue zum Ursprung und der Evolution der Planeten auf. Sie machten weit über 100 000 Bilder der äußeren Planeten, ihrer Ringe und Monde sowie Millionen von Magnet-, Spektral- und Strahlungsmessungen, die Aufschluss über die Grundstruktur des äußeren Sonnensystems gaben. Die letzte Bildfolge, die Voyager 1 übermittelte, war ein Porträt des Sonnensystems, auf dem die Erde und sechs weitere Planeten wie Funken am dunklen Himmel erscheinen, beleuchtet von einem einzelnen, hellen Stern – der Sonne.

Die NASA gab 2023 bekannt, dass die Voyager-Sonden noch über genug Strom und Treibstoff verfügen, um bis mindestens 2025 wissenschaftliche Daten an die Erde zu übermitteln, jedoch ohne Bilder. Schätzungen der NASA zufolge wird Voyager 1 dann rund 22,2 Milliarden Kilometer von der Sonne entfernt sein und Voyager 2 etwa 18,3 Milliarden Kilometer. Ohne Treibstoff werden sie dann ziellos durchs All treiben und in rund 40 000 Jahren wird Voyager 1 das Sternbild Giraffe erreichen, das ungefähr 1,6 Lichtjahre entfernt ist. Ebenfalls in etwa 40 000 Jahren wird Voyager 2 den Stern Ross 248 in einem Abstand von 1,7 Lichtjahren passieren und in rund 296 000 Jahren wird sie 4,3 Lichtjahre an Sirius, den hellsten Stern am Nachthimmel, herankommen.

DIE REISE IN DEN INTERSTELLAREN RAUM

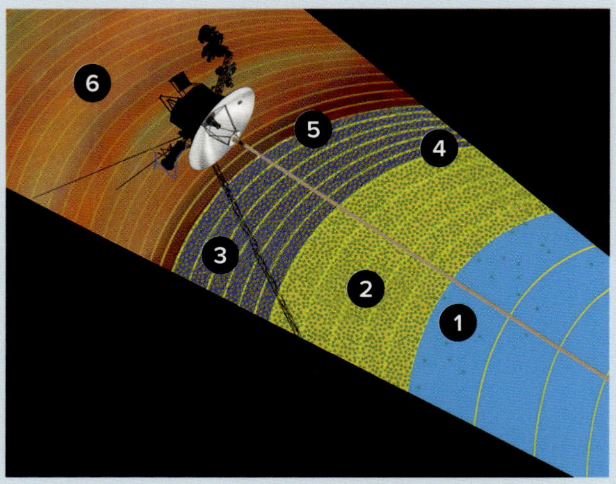

Voyager 1 driftet mittlerweile durch den interstellaren Raum. Diese Illustration der NASA zeigt ihren Weg aus dem Sonnensystem. Die Magnetfeldlinien (gelbe Bögen) scheinen in dieselbe Richtung zu verlaufen, wie die Feldlinien des Sonnenmagnetfelds. Am äußeren Rand der Heliopause, der hier als „Bremsbereich“ bezeichnet wird, verdichten und verstärken sich die von der Sonne erzeugten Magnetfeldlinien.

1. Randstoßwelle
2. Bremsbereich
3. Stillstandsbereich
4. Heliohülle
5. Heliopause
6. Interstellarer Raum

„Die Informationen, die die beiden Raumsonden lieferten, haben die Planetenforschung von Grund auf verändert. Sie beantworteten wichtige Fragen und warfen neue zum Ursprung und der Evolution der Planeten auf.“

RECHTS Die NASA-Raumsonde Voyager 1 reiste in den interstellaren Raum jenseits des Gravitationsfelds der Sonne. Der interstellare Raum ist voller Plasma, also ionisiertem Gas, das vor Millionen von Jahren bei der Explosion von Riesensternen ausgestoßen wurde. Der Bereich innerhalb der Heliosphäre enthält das Plasma, das von der Sonne entströmt – den sogenannten Sonnenwind.

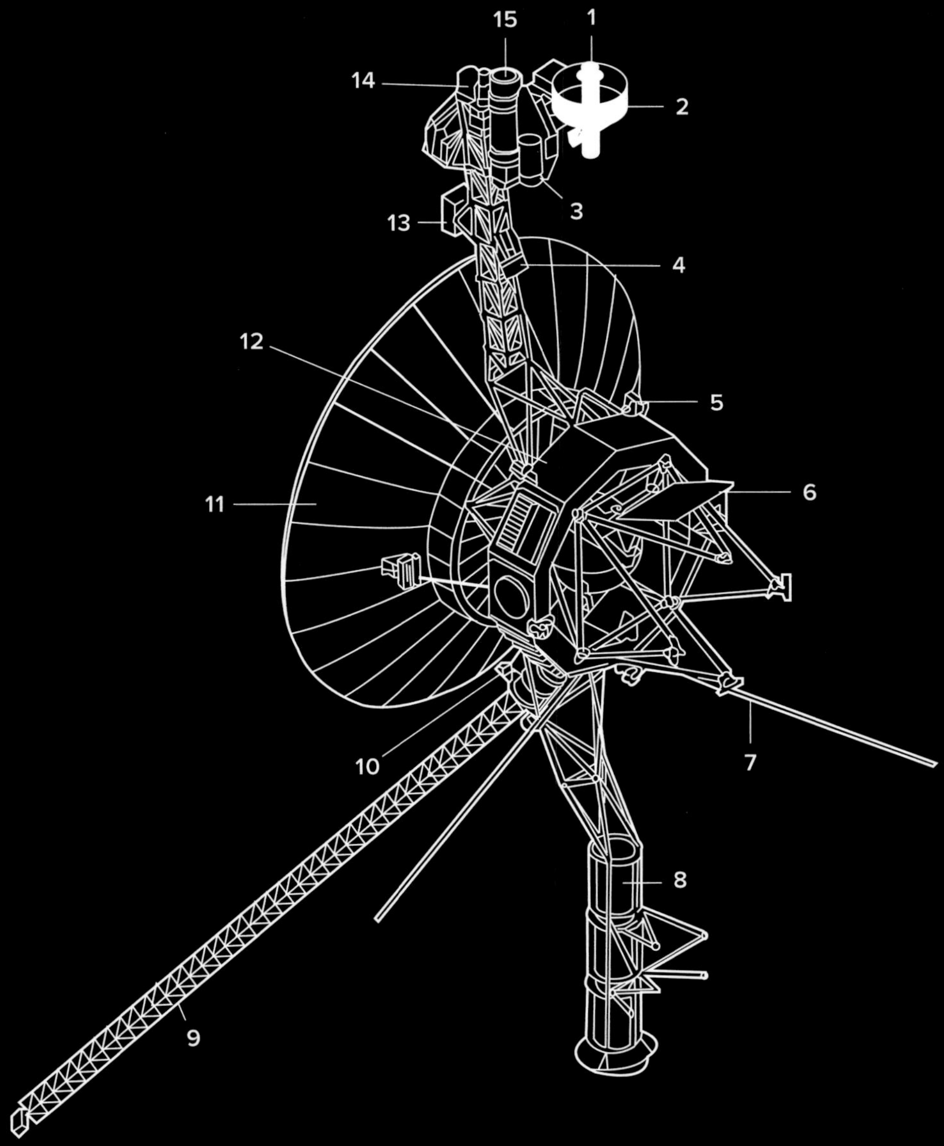

LINKS Die beiden Voyager-Raumsonden senden auch aus dem interstellaren Raum weiterhin Daten zu Magnetfeldern und geladenen Teilchen, auch wenn die bildgebenden Instrumente, die sich in der Zeichnung ganz oben befinden, nicht mehr funktionieren.

1. UV-Spektrometer
2. Infrarot-Spektrometer und Radiometer
3. Fotopolarimeter
4. Detektor für niederenergetische geladene Teilchen
5. Hydrazin-Schubdüsen (x16)
6. Kalibrationsinstrument und Radiator
7. Radioastronomie-Instrument und Plasmawellenantenne (x2)
8. Thermoelektrischer Radioisotopengenerator (x3)
9. Magnetometer für schwache Felder (x2)
10. Magnetometer für starke Felder (x2)
11. Hochgewinnantenne (3,7 m Durchmesser)
12. Gehäuse für die Elektronik
13. Empfänger für kosmische Strahlung
14. Weitwinkelobjektiv
15. Teleobjektiv

Voyager 1 und Voyager 2 untersuchten alle vier Riesenplaneten, bevor sie sich auf ihre Reise in den interstellaren Raum begaben.

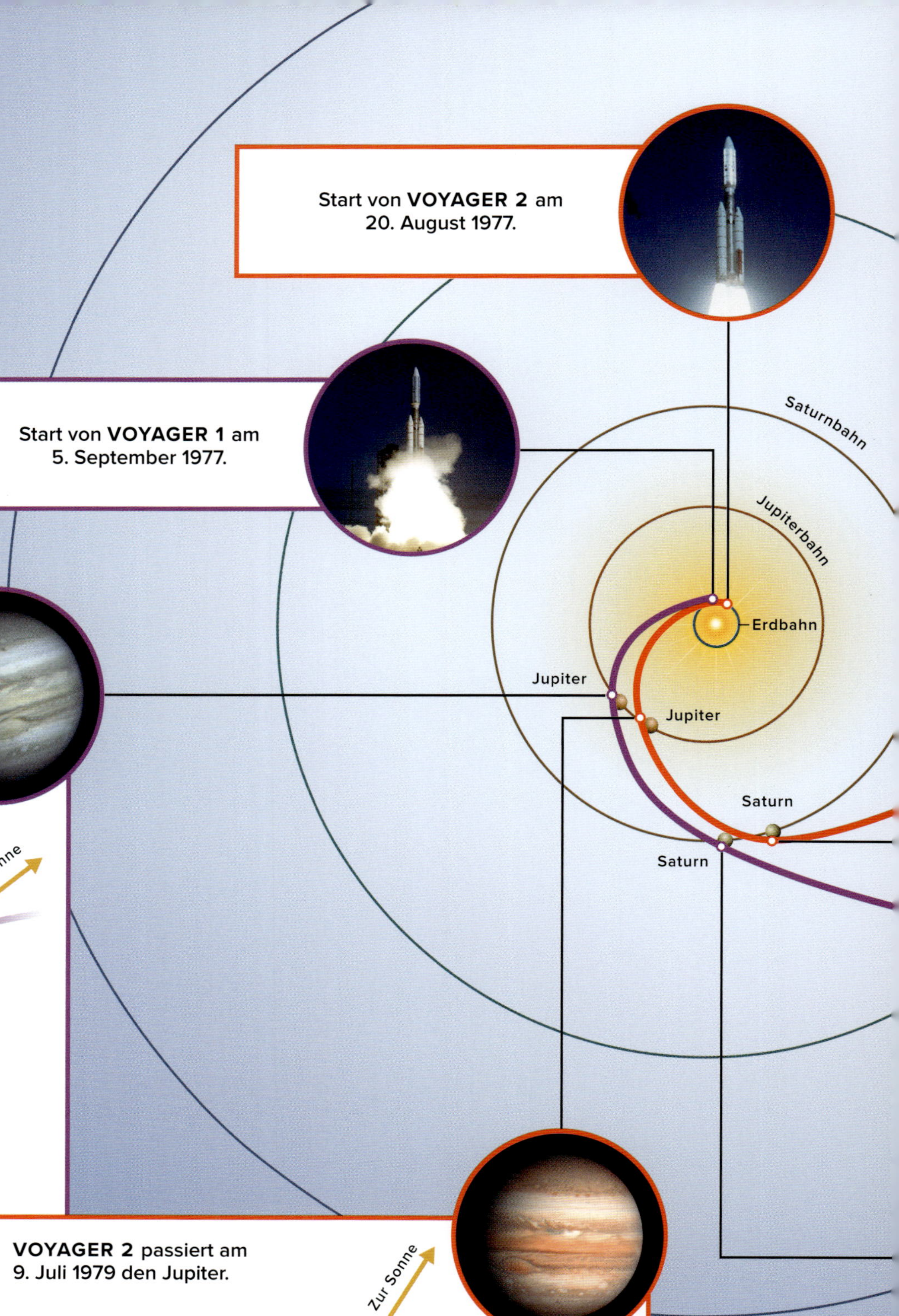

Start von **VOYAGER 2** am 20. August 1977.

Start von **VOYAGER 1** am 5. September 1977.

VOYAGER 1 passiert am 5. März 1979 den Jupiter.

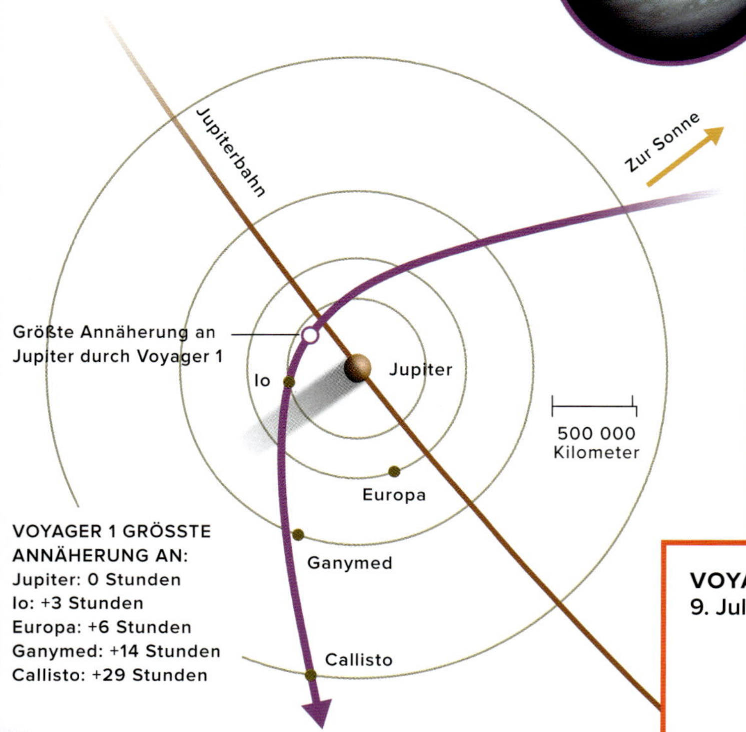

VOYAGER 1 GRÖSSTE ANNÄHERUNG AN:
Jupiter: 0 Stunden
Io: +3 Stunden
Europa: +6 Stunden
Ganymed: +14 Stunden
Callisto: +29 Stunden

VOYAGER 2 passiert am 9. Juli 1979 den Jupiter.

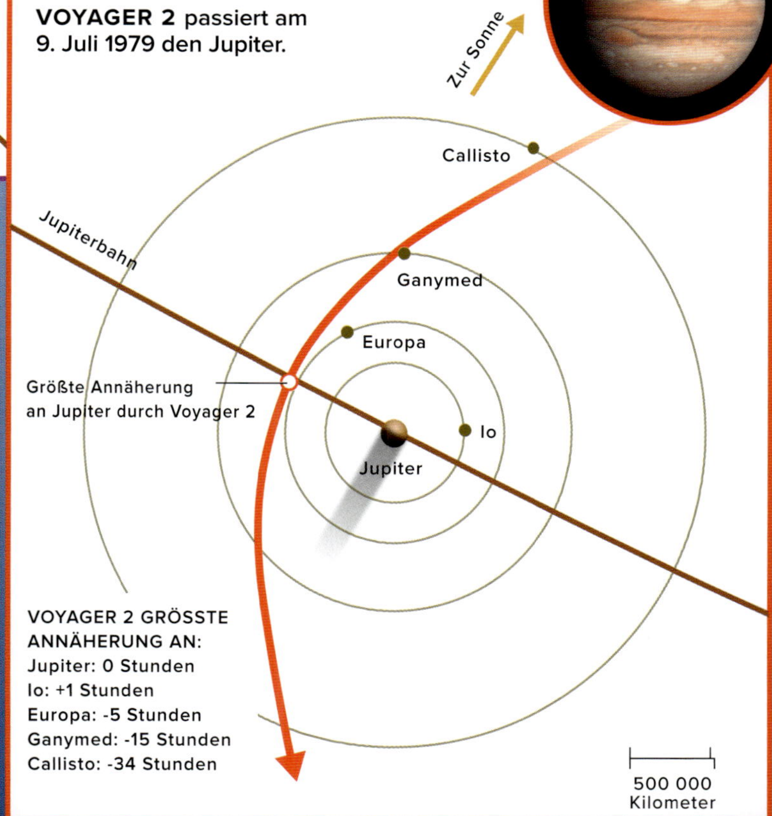

VOYAGER 2 GRÖSSTE ANNÄHERUNG AN:
Jupiter: 0 Stunden
Io: +1 Stunden
Europa: -5 Stunden
Ganymed: -15 Stunden
Callisto: -34 Stunden

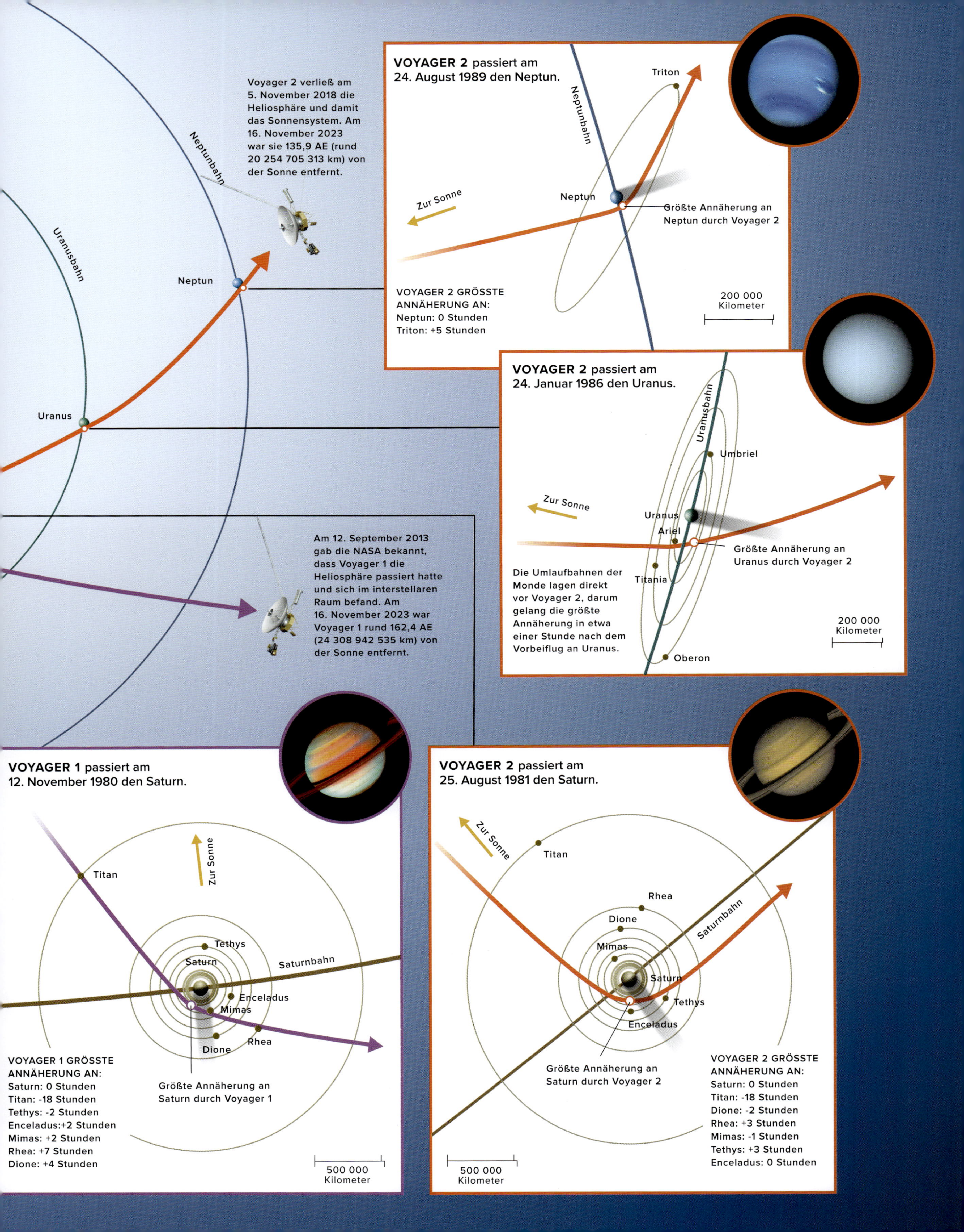
Voyager 2 verließ am
5. November 2018 die
Heliosphäre und damit
das Sonnensystem. Am
16. November 2023
war sie 135,9 AE (rund
20 254 705 313 km) von
der Sonne entfernt.
Neptunbahn
Uranusbahn
Neptun
Uranus
VOYAGER 2 passiert am
24. August 1989 den Neptun.
Triton
Neptunbahn
Zur Sonne
Neptun
Größte Annäherung an
Neptun durch Voyager 2
VOYAGER 2 GRÖSSTE
ANNÄHERUNG AN:
Neptun: 0 Stunden
Triton: +5 Stunden
200 000
Kilometer
VOYAGER 2 passiert am
24. Januar 1986 den Uranus.
Uranusbahn
Umbriel
Zur Sonne
Uranus
Ariel
Größte Annäherung an
Uranus durch Voyager 2
Titania
Die Umlaufbahnen der
Monde lagen direkt
vor Voyager 2, darum
gelang die größte
Annäherung in etwa
einer Stunde nach dem
Vorbeiflug an Uranus.
Oberon
200 000
Kilometer
Am 12. September 2013
gab die NASA bekannt,
dass Voyager 1 die
Heliosphäre passiert hatte
und sich im interstellaren
Raum befand. Am
16. November 2023 war
Voyager 1 rund 162,4 AE
(24 308 942 535 km) von
der Sonne entfernt.
VOYAGER 1 passiert am
12. November 1980 den Saturn.
Zur Sonne
Titan
Tethys
Saturn
Saturnbahn
Enceladus
Mimas
Rhea
Dione
VOYAGER 1 GRÖSSTE
ANNÄHERUNG AN:
Saturn: 0 Stunden
Titan: -18 Stunden
Tethys: -2 Stunden
Enceladus:+2 Stunden
Mimas: +2 Stunden
Rhea: +7 Stunden
Dione: +4 Stunden
Größte Annäherung an
Saturn durch Voyager 1
500 000
Kilometer
VOYAGER 2 passiert am
25. August 1981 den Saturn.
Zur Sonne
Titan
Rhea
Dione
Mimas
Saturnbahn
Saturn
Tethys
Enceladus
Größte Annäherung an
Saturn durch Voyager 2
VOYAGER 2 GRÖSSTE
ANNÄHERUNG AN:
Saturn: 0 Stunden
Titan: -18 Stunden
Dione: -2 Stunden
Rhea: +3 Stunden
Mimas: -1 Stunden
Tethys: +3 Stunden
Enceladus: 0 Stunden
500 000
Kilometer

UNTEN Am 14. Februar 1990 machte Voyager 1 Aufnahmen von allen Planeten des Sonnensystems. Zu diesem Zeitpunkt war die Sonde rund 6,5 Milliarden Kilometer von der Sonne entfernt. Voyager 1 verließ das Sonnensystem in einem Winkel von etwa 32 Grad zur Ekliptik und hatte aus dieser Perspektive alle Planeten im Blick. Das Mosaik besteht aus über 60 Einzelaufnahmen. Einige der Planeten sind auf den Bildern vergrößert dargestellt – diese wurden mit dem Teleobjektiv erfasst, während die Sonde das Weitwinkelmosaik zusammenstellte. Venus und die Erde waren kleiner als ein Bildpunkt, aber ihre relative Helligkeit machte sie sichtbar. Uranus und Neptun wirken „verwischt", da sich Voyager während der 15-sekündigen Belichtungszeiten bewegte. Mars und Merkur waren aufgrund ihrer geringen Größe nicht zu sehen.

1. Jupiter
2. Erde
3. Venus
4. Saturn
5. Uranus
6. Neptun

RECHTS Diese Fotomontage aus Bildern, die von den beiden Voyager-Raumsonden aufgenommen wurden, zeigt die Riesenplaneten, die von Voyager 2 passiert wurden. Von links nach rechts: Neptun, Uranus, Saturn und Jupiter.

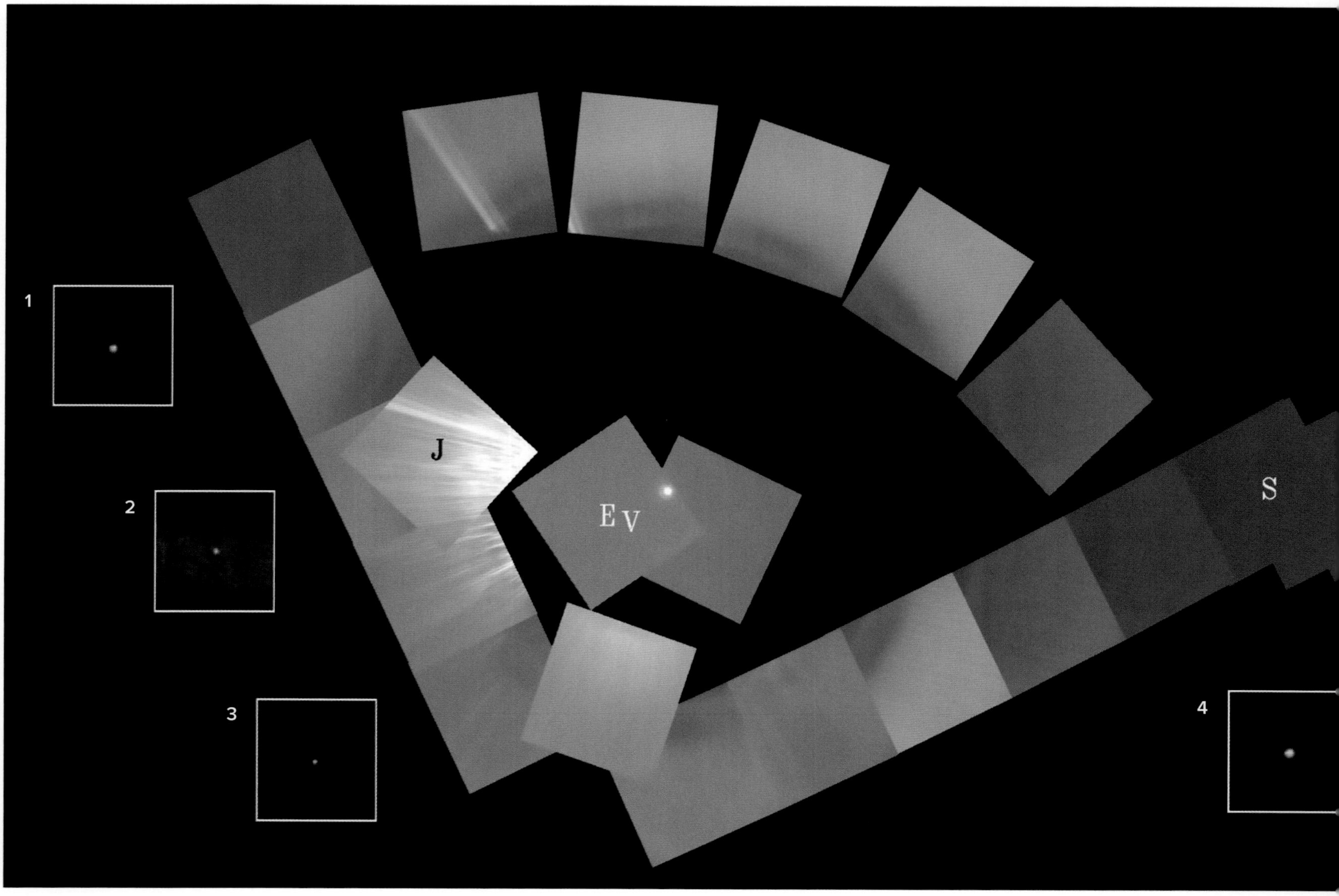

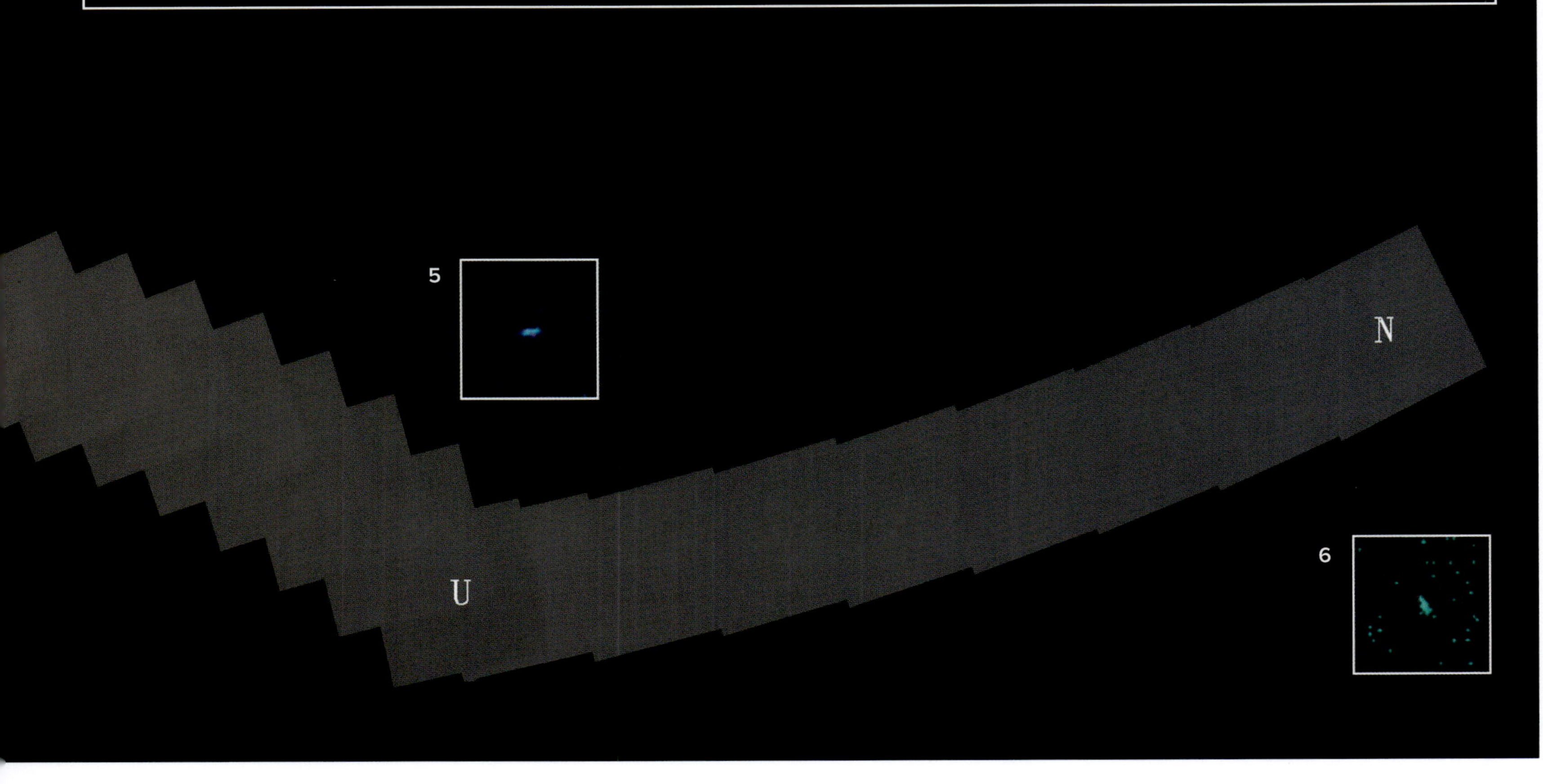
5
N
U
6

DIE ENTFERNTESTEN RIESEN-PLANETEN: NEPTUN UND URANUS

Eine Reise zu Neptun und Uranus ist nicht gerade einfach. Darum wurden die beiden Planeten erst einmal aus der Nähe untersucht – von Voyager 2 in den späten 1980ern.

Am 25. August 1989 erreichte die Raumsonde Voyager 2 ihre größte Annäherung an Neptun, den äußersten Planeten im Sonnensystem. Zwar hatte Galileo den Neptun bereits im Jahr 1612 beobachtet, aber er erkannte ihn nicht als Planet. Erst als der französische Mathematiker Urbain Joseph Le Verrier (1811–1877) die Umlaufbahn des Uranus berechnete – bestätigt 1846 vom deutschen Astronom Johann Gottfried Galle (1812–1910) und seinem Schüler Heinrich Louis d'Arrest (1822–1875) sowie einigen anderen –, wurde Neptun in den Planetenstand erhoben. Auf dem Vorbeiflug streifte Voyager 2 in nur 4800 Kilometern Abstand den Nordpol und bestimmte die wesentlichen Eigenschaften des Neptun und seines größten Mondes Triton. Eine unerwartete Entdeckung waren die Stickstoffgeysire auf Triton. Sie deuten darauf hin, dass Triton geologisch aktiv ist und vermutlich einen flüssigen Kern hat, der durch den gravitativen Einfluss der Sonne, des Neptuns und anderer Körper im äußeren Sonnensystem bewegt wird. Diese Gegebenheiten lassen die Möglichkeit zu, dass dort aufgrund dieser Kräfte eine Form von Leben existieren könnte. Voyager 2 entdeckte auch sechs neue Neptunmonde und drei neue Ringe. Die Flugbahn von Voyager 2 führte die Raumsonde tief unter die Ekliptik des Planeten Neptun, wo sie die Heliopause verließ, ohne auf weitere Himmelskörper im Sonnensystem zu treffen.

Uranus, der von der Sonne aus siebte Planet und der drittgrößte im Sonnensystem, wurde am 13. März 1781 vom deutsch-britischen Astronomen und Komponisten Wilhelm Herschel (1738–1822) entdeckt. Über 200 Jahre später, am 24. Januar 1986, näherte sich Voyager 2 den Wolkenschichten des Uranus bis auf 81 500 Kilometer. Diese Mission veränderte alles. Zuvor wurde Uranus nur durchs Teleskop beobachtet und erschien wie eine unscheinbare Gaskugel ohne besondere Merkmale. Nun konnte man sehen, dass 27 Monde um ihn kreisten. Außerdem ist er von Ringen umgeben, wie der Saturn, die zwar schwächer, aber allgegenwärtig sind, und seine Magnetosphäre ist komplex und ähnelt jener der Erde, die sie vor kosmischer Strahlung abschirmt. Bemerkenswerterweise ist die Rotationsachse des Uranus, die im Gegensatz zu den anderen Planeten im Sonnensystem fast horizontal geneigt ist, nämlich um 97,77 Grad, sodass er sich in Nord-Süd-Richtung dreht statt wie die Erde von West nach Ost. Aufgrund dieser besonderen Rotation entwickelte Uranus einen korkenzieherartigen Magnetschweif: Magnetfelder orientieren sich normalerweise an der Rotation des Planeten, aber das Magnetfeld des Uranus ist gekippt und um ein Drittel des Planetenradius vom Zentrum versetzt.

UNGEWÖHNLICHE FLUGBAHN

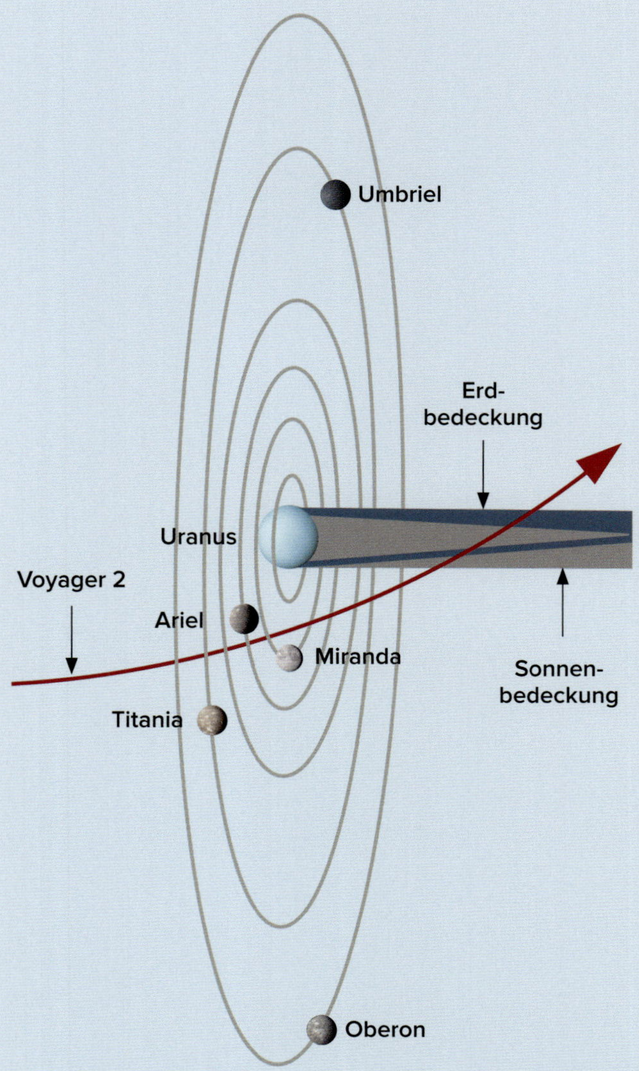

Die Raumsonde Voyager 2, die Neptun und Uranus passierte, musste eine ungewöhnliche Flugbahn nehmen. Uranus und seine Monde haben eine einzigartige Anordnung im Sonnensystem. Die Rotationsachse des Uranus ist um mehr als 90 Grad zur Ekliptik geneigt, was bedeutet, dass die Pole von Uranus und seinen Monden zur Sonne zeigen. Der Vorbeiflug der Raumsonde sollte in der Nähe des inneren Mondes Miranda erfolgen. Auch die anderen Monde wurden beobachtet, aber aus größeren Entfernungen.

EINIGE DATEN ZU NEPTUN

MITTLERER ABSTAND ZUR SONNE 4,5 Milliarden Kilometer (30,1 Astronomische Einheiten)
DURCHMESSER 49,5 Kilometer
DICHTE 1638 Gramm/Kubikzentimeter
OBERFLÄCHENGRAVITATION 11,27 m/s^2 (Die Geschwindigkeit, mit der Objekte auf den Neptun fallen, beschleunigt zum Planeten hin; alles auf dem Neptun wäre 1,14-mal so schwer wie auf der Erde.)
ROTATIONSDAUER (LÄNGE EINES TAGES) 16 Stunden
UMLAUFZEIT (LÄNGE EINES JAHRES) 165 Erdenjahre
DURCHSCHNITTSTEMPERATUR OBERFLÄCHE -110 Grad Celsius
NATÜRLICHE SATELLITEN 16
ENTDECKT VON Johann Gottfried Galle und Heinrich Louis d'Arrest, 23. und 24. September 1846

Das letzte Bild von Voyager 2, auf dem der ganze Neptun zu sehen war, wurde 1989 durch die Grün- und Orangefilter des Teleobjektivs der Raumsonde aufgenommen, und zwar 7 Millionen Kilometer vom Planeten entfernt – vier Tage und 20 Stunden vor der größten Annäherung. Der „Große Dunkle Fleck" und sein heller Begleiter, die markantesten Merkmale in der Atmosphäre des Neptun, sind deutlich zu sehen.

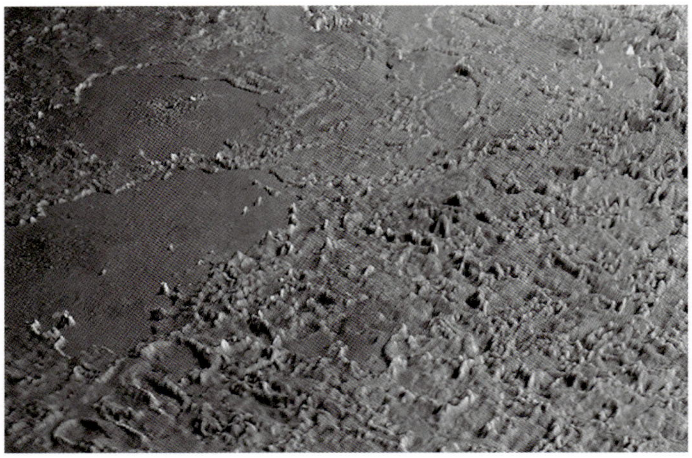

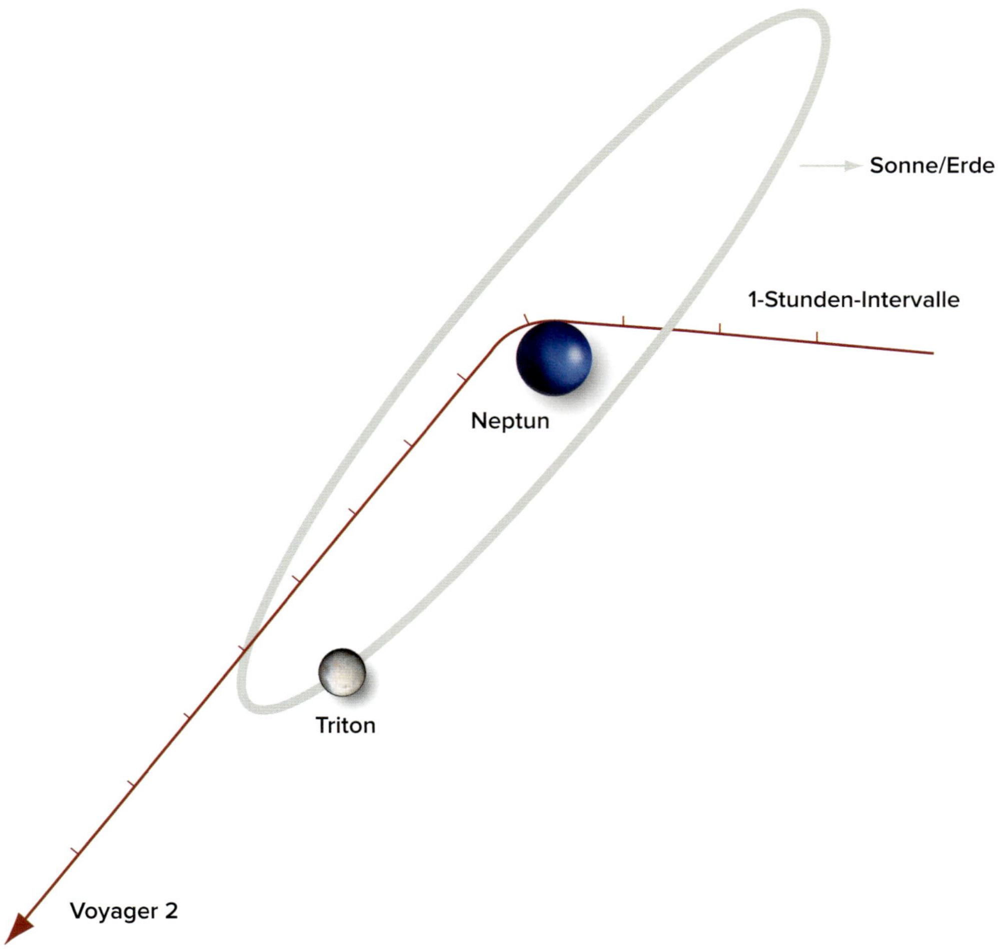

OBEN Blick auf Neptun von seinem größten Mond Triton aus. Das Bild zeigt die Geysire aus flüssigem Methan auf der Oberfläche des Trabanten, die von der Raumsonde Voyager 2 entdeckt wurden.

GANZ OBEN LINKS Die vulkanischen Ebenen des Neptunmondes Triton, erstellt mithilfe von topografischen Karten auf der Grundlage von Bildern, die Voyager 2 aufgenommen hat.

LINKS MITTE Am Vorbeiflug von Voyager 2 an Neptun im August 1989 entstand dieses Bild vom äußersten Ring des Planeten, der einen Radius von 63 000 Kilometern aufweist und dessen „klumpige Struktur" zwei Bögen bildet.

LINKS Der Vorbeiflug der Raumsonde Voyager 2 am Planeten Neptun im Jahr 1989 sollte nach der größten Annäherung an Neptun (5000 km Entfernung zu Neptuns Nordpol) auch eine Annäherung an Triton beinhalten. Auf der Grafik sieht man die Flugbahn von Voyager 2, die die Beschleunigung durch die Schwerkraft des Planeten für eine Richtungsänderung nutzte und Triton passierte. Die Raumsonde kam ihm dabei näher als je zuvor.

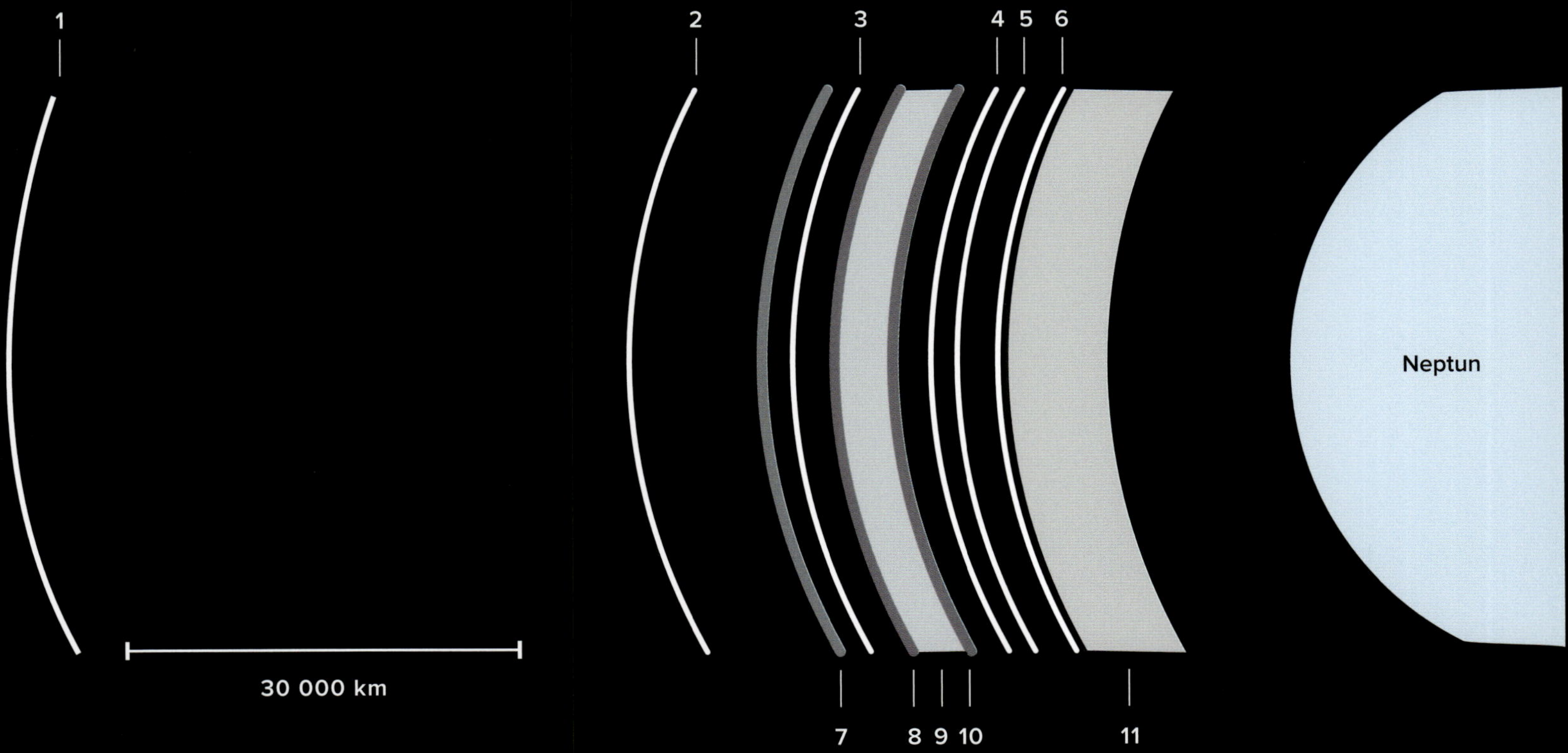

„Sie machten weit über 100 000 Bilder der äußeren Planeten, ihrer Ringe und Monde sowie Millionen von Magnet-, Spektral- und Strahlungsmessungen, die Aufschluss über die Grundstruktur des äußeren Sonnensystems gaben.“

Die Neptunringe umgeben den Planeten (*rechts*) innerhalb der Umlaufbahnen der inneren Monde. Sie bestehen, wie auch jene des Uranus, aus einem dunkleren Material wie die Saturnringe. Auffällig sind der Lassell-Ring, der sich zwischen den Arago- und Leverrier-Ringen erstreckt, und der Adams-Ring, der aus fünf Ringbögen statt einer kompletten Fläche besteht.

Monde:
1. Proteus
2. Larissa
3. Galatea
4. Despina
5. Thalassa
6. Naiad

Ringe:

7. Adams
8. Arago
9. Lassell
10. Leverrier
11. Galle

Am 3. Juli 1989 erfasste das Teleobjektiv von Voyager 2 den Planeten Neptun und seinen größten Mond Triton durch Violett-, Neutral- und Orangefilter. Zum Zeitpunkt der Aufnahme war die Raumsonde rund 76 Millionen Kilometer von Neptun entfernt. Der Mond Triton ist rechts unten im Bild zu sehen.

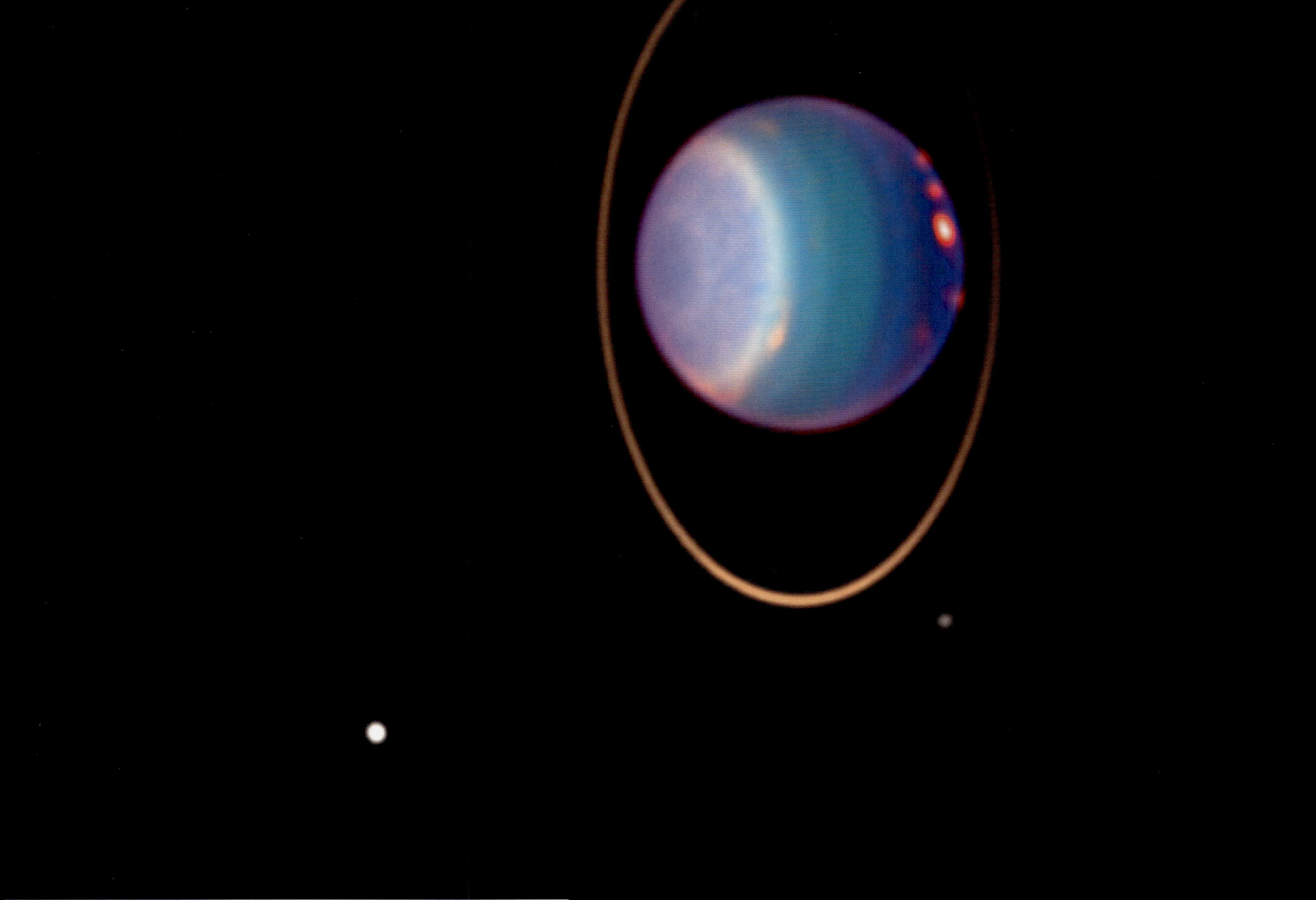

EINIGE DATEN ZU URANUS

MITTLERER ABSTAND ZUR SONNE 2,9 Milliarden Kilometer bzw. 19,8 Astronomische Einheiten (AE)
DURCHMESSER 50 723,9 Kilometer
DICHTE 1,27 Gramm/Kubikzentimeter
OBERFLÄCHENGRAVITATION 8,69 m/s^2 (Die Geschwindigkeit, mit der Objekte auf den Uranus fallen, beschleunigt zum Planeten hin; alles auf dem Uranus wäre 0,89-mal so schwer wie auf der Erde.)
ROTATIONSDAUER (LÄNGE EINES TAGES) 17 Stunden und 14 Minuten
UMLAUFZEIT (LÄNGE EINES JAHRES) 84 Erdenjahre
DURCHSCHNITTSTEMPERATUR OBERFLÄCHE -195 Grad Celcius
NATÜRLICHE SATELLITEN 28
ENTDECKT VON Wilhelm Herschel, am 13. März 1781

Das Hubble-Weltraumteleskop (HST) erweiterte die Entdeckungen von Voyager 2 durch diese Aufnahme des Uranus, die vier seiner Hauptringe und zehn der 28 bekannten Monde zeigt. Der Planetenforscher Erich Karkoschka von der University of Arizona erstellte dieses Falschfarbenbild auf der Basis von Daten aus der Nahinfrarotkamera und dem -spektrometer des HST, die am 8. August 1998 gesammelt wurden. Das HST entdeckte auch etwa 20 Wolken (die Flecken auf dem Bild) – so viele, wie auf Uranus bis dahin insgesamt gesehen wurden.

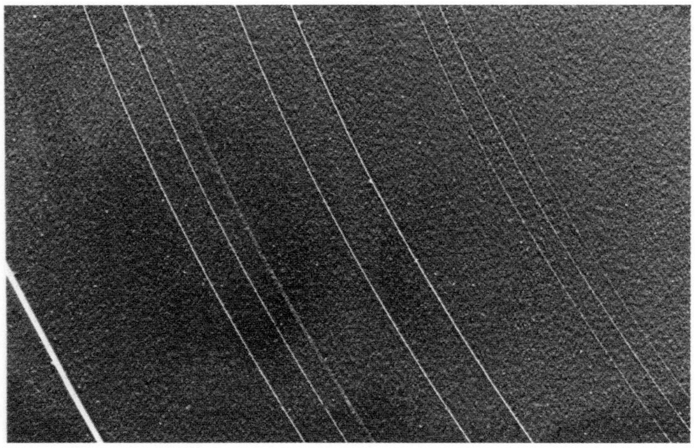

LINKS Zur Zeit der Uranusmission von Voyager 2 waren 9 Ringe bekannt, die auf dieser Aufnahme der Sonde zu sehen sind. Seitdem wurden vier weitere Ringe entdeckt.

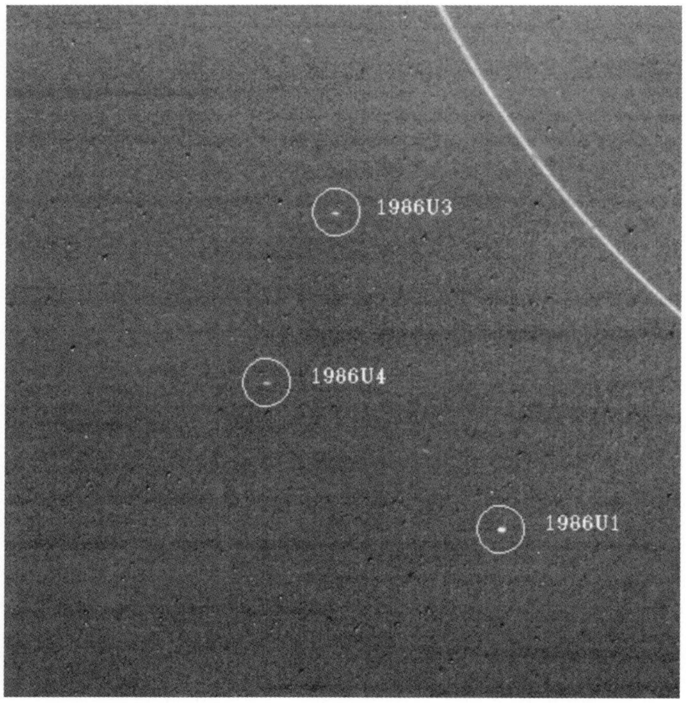

LINKS Voyager 2 lieferte den Bildbeweis für drei neu entdeckte Monde des Uranus, hier zu sehen auf einer Aufnahme vom 18. Januar 1986, aus einer Entfernung von rund 7,7 Millionen Kilometern. Die drei Trabanten wurden außerhalb der Bahnen der neun damals bekannten Uranusringe entdeckt, deren äußerster, der Epsilon-Ring, im Bild oben rechts zu sehen ist. Der größte der hier gezeigten Monde, 1986U1, wurde am 3. Januar 1986 entdeckt. Sein Durchmesser beträgt geschätzte 90 Kilometer und für einen Umlauf um den Uranus benötigt er 12 Stunden und 19 Minuten in 66 090 Kilometer Entfernung zum Zentrum des Planeten. Die anderen beiden Monde, 1986U3 und 1986U4, sind etwas kleiner. 1986U3 umrundet den Uranus alle 11 Stunden und 6 Minuten einmal in einem Abstand von 61 750 Kilometern, während 1986U4 in 69 920 Kilometer Entfernung 13 Stunden und 24 Minuten für einen Umlauf braucht.

LINKS Etwa 3,5 Stunden nach der größten Annäherung an Uranus am 24. Januar 1986 gelang Voyager 2 im Schatten des Planeten diese Aufnahme von seinen Ringen. Die Belichtungszeit des Weitwinkelobjektivs dauerte 96 Sekunden, was die kurzen Streifen der Sterne im Hintergrund erzeugte. Die Ringe sind sehr dunkel und bestehen aus Teilchen im Mikrometerbereich.

RECHTS Auf der Grundlage von Aufnahmen aus Voyager 2 erstellten Wissenschaftler ein Gradnetz für Uranus. Die Längen- und Breitenkreise, die über dieses Falschfarbenbild von Voyager 2 gelegt wurden, zeigen das Bewegungsmuster der Atmosphäre des Uranus, die sich in die Rotationsrichtung des Planeten mitdreht.

UNTEN Diese Aufnahme von Voyager 2 wurde digital bearbeitet, um die atmosphärischen Details hervorzuheben. So erkennt man deutlich den Dunst in der äußeren Gashülle des Uranus.

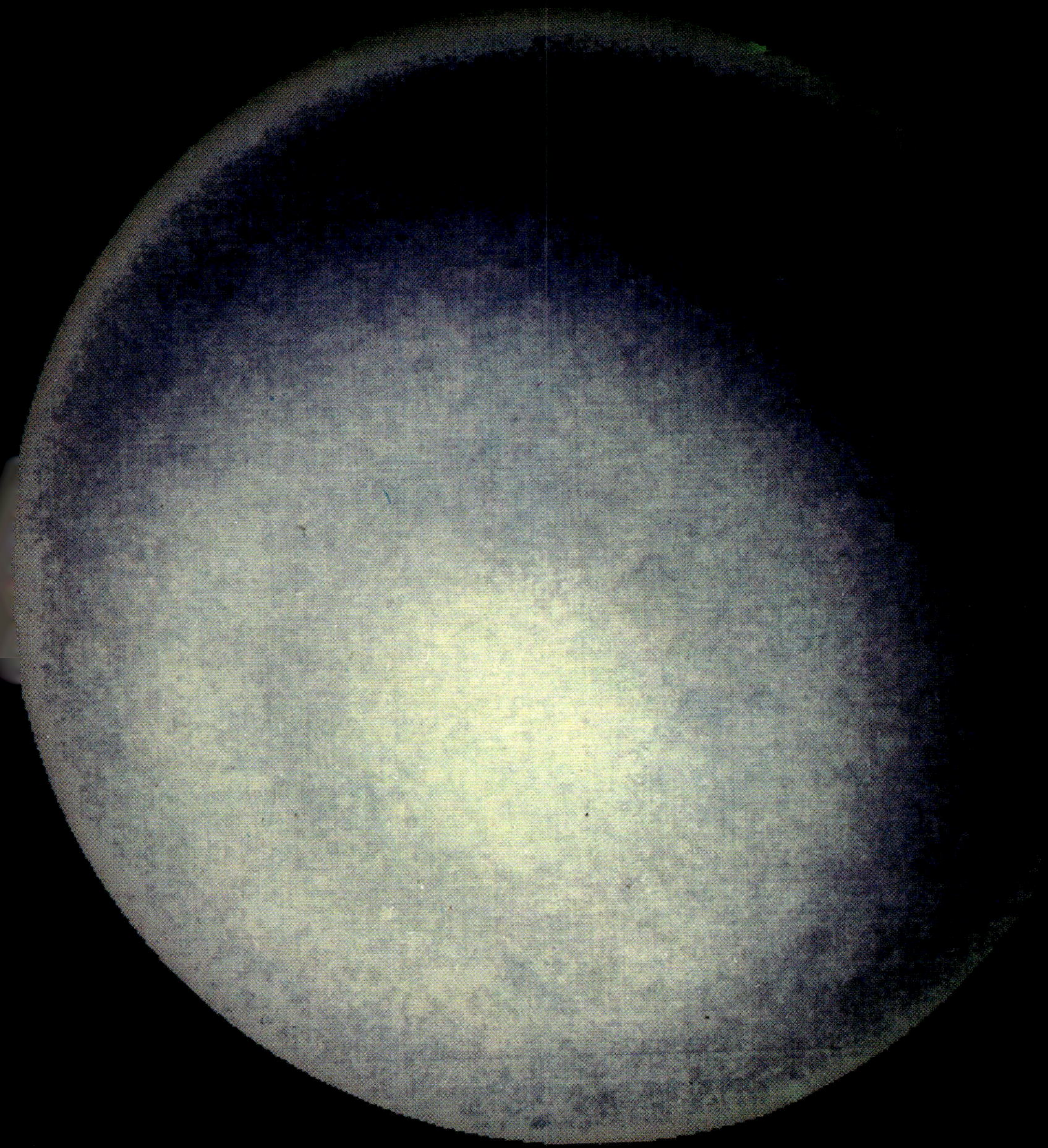

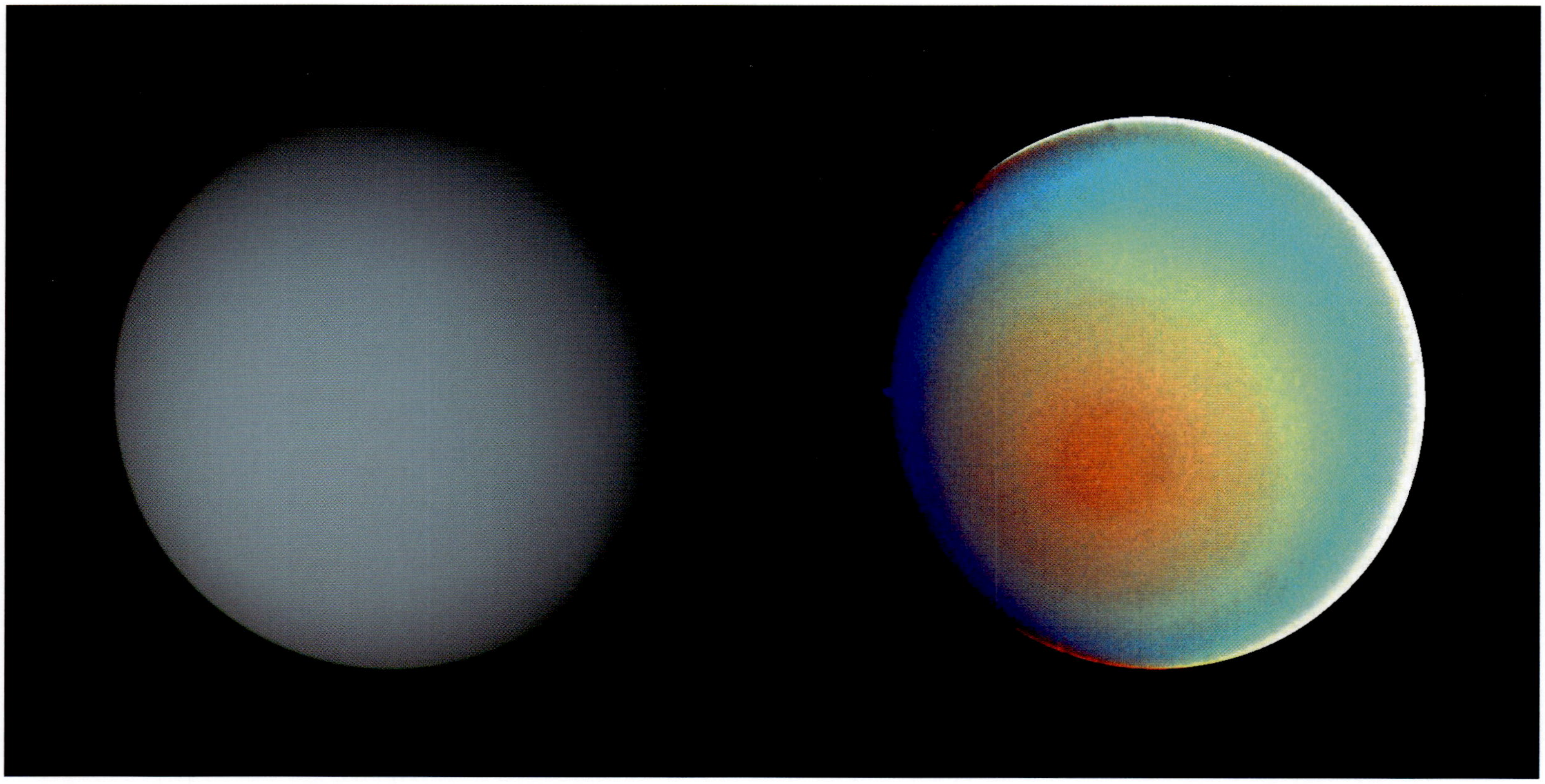

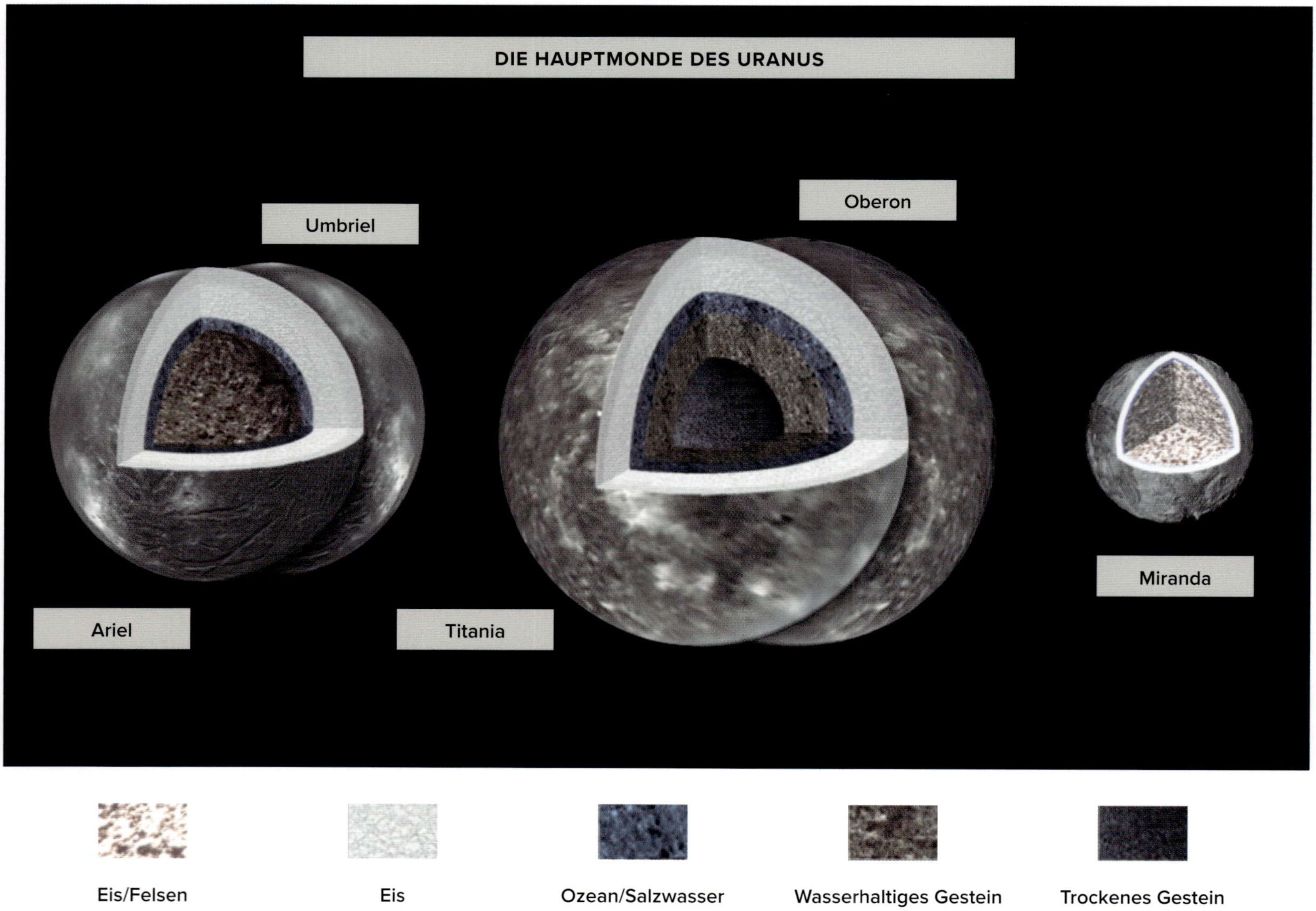
DIE HAUPTMONDE DES URANUS
Umbriel
Oberon
Miranda
Ariel
Titania
Eis/Felsen
Eis
Ozean/Salzwasser
Wasserhaltiges Gestein
Trockenes Gestein

LINKS Als sich Voyager 2 dem Planeten Uranus näherte, offenbarte sich eine Welt, die völlig anders aussah als das, was man von der Erde aus sah. Das Bild links ist eine Echtfarbendarstellung aus Voyager 2. Die Auflösung ist höher als bei Aufnahmen von der Erde aus, dafür fehlen die Details. Die Falschfarbendarstellung, bei der atmosphärische Veränderungen durch verschiedene Farben sichtbar gemacht werden, erzählt eine andere Geschichte. Das linke Bild, das aus einer Entfernung von 9,1 Millionen Kilometern vom Teleobjektiv der Sonde aufgenommen und am 17. Januar 1986 an die Erde gesendet wurde, zeigt Uranus, wie ihn das menschliche Auge sehen würde, mit einer dunklen Polhaube, die von zunehmend helleren Bändern umgeben ist. Astronomen vermuten, dass über dem Pol ein bräunlicher Dunst konzentriert ist.

RECHTS Die Ringe des Uranus bestehen aus Eis- und Staubpartikeln, aber anders als die Saturnringe (siehe Seite 194) sind sie viel dunkler und in reflektiertem Sonnenlicht nicht sichtbar. Die ersten neun Ringe wurden bei der Messung des Licht eines hinter den Ringen vorbeiziehenden Sterns entdeckt. Voyager 2 fand zwei weitere. Zwei äußere Ringe, die mit den Bahnen der zwei Monde Portia und Mab übereinstimmen, wurden später auf Fotos des HST gefunden.

LINKS Wissenschaftler vermuten, dass sich auf vier der fünf Hauptmonde des Uranus Ozeane unter dem Eis befinden – auf Ariel, Umbriel, Titania und Oberon. Simulationen auf Basis der Voyager-2-Daten ermittelten Titania als den Mond, bei dem es am wahrscheinlichsten ist, dass es dort eine innere Wärmequelle und flüssiges Wasser unter den Eiskappen gibt.

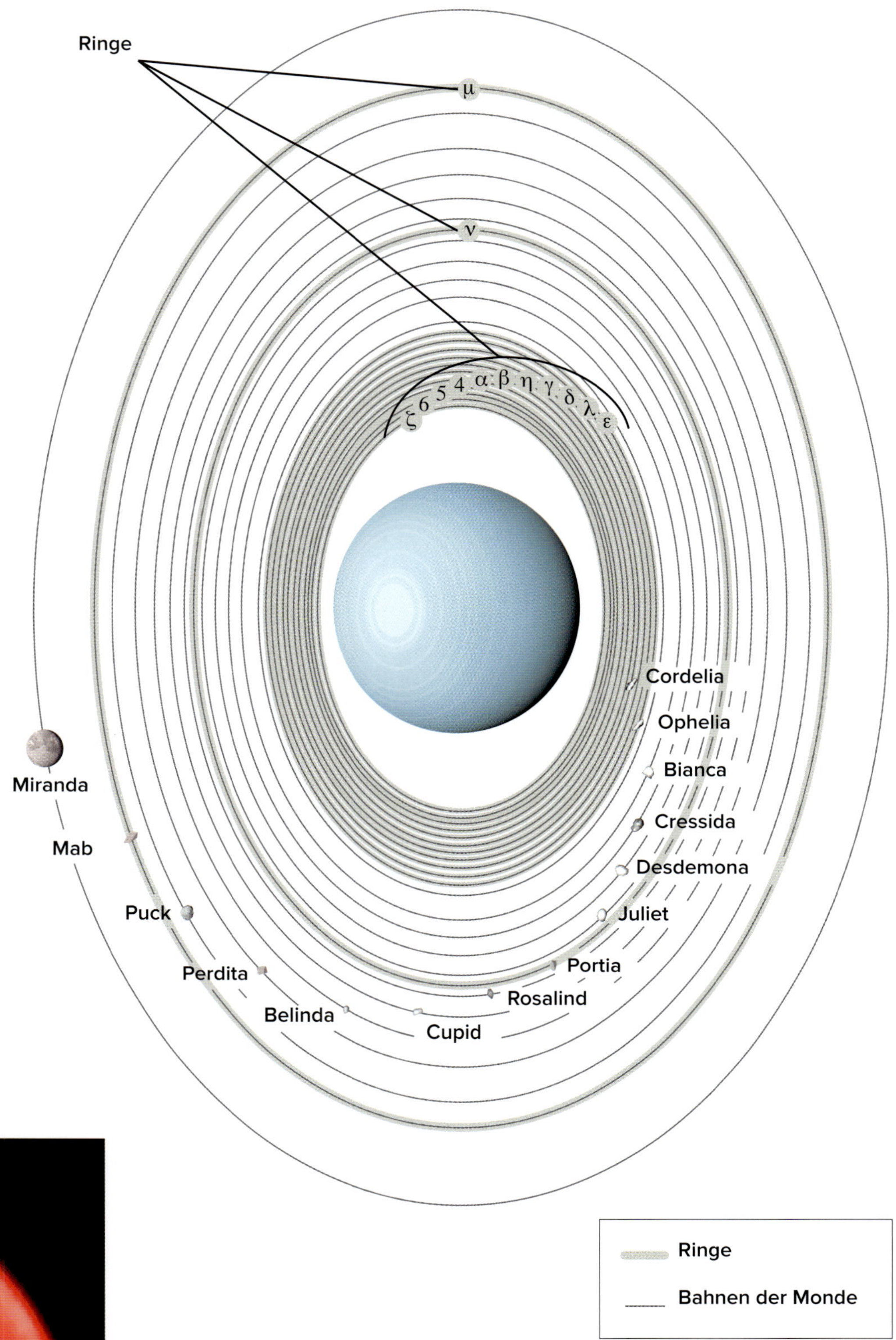

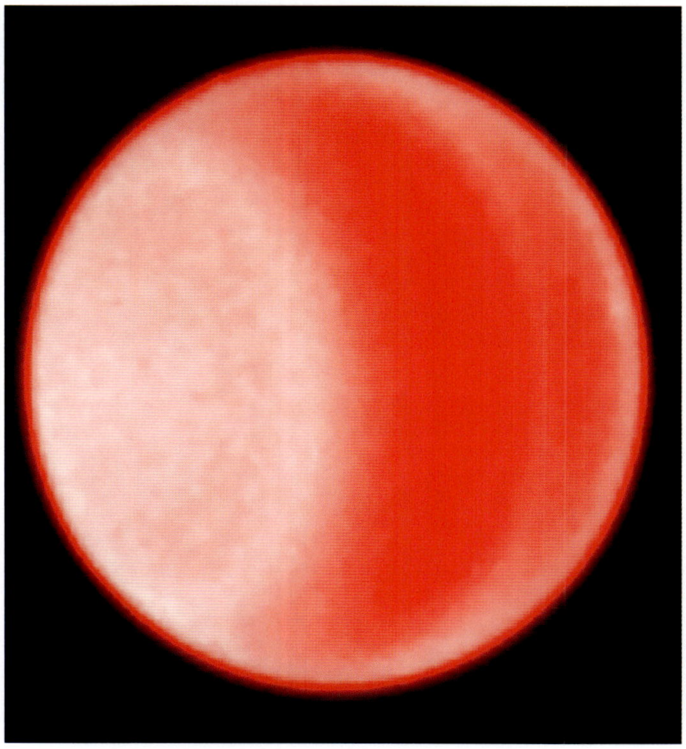

LINKS Dieses Bild von Uranus wurde 1997 vom HST gemacht und zeigt ähnliche Wolkendetails wie die Aufnahmen von Voyager 2. Das HST nutzte sichtbares Licht, um die konzentrischen Wolken zu zeigen, die von der nördlichen Hemisphäre des Planeten ausgehen.

DIE ERKUNDUNG VON SATURN UND JUPITER

Der zweitgrößte Planet im Sonnensystem ist Saturn, bekannt für seine auffälligen Ringe. Bis jetzt wurde er fünfmal angeflogen: von den Raumsonden Pioneer 10 und 11, Voyager 1 und 2 sowie von Cassini auf einer erweiterten Mission. Der Gasriese Jupiter, der zwischen Mars und dem Asteroidengürtel liegt, wurde seit den 1970er-Jahren siebenmal von Raumsonden besucht: Pioneer 10 und 11, Voyager 1 und 2, Galileo (als Orbiter), New Horizons im Vorbeiflug sowie Juno (ebenfalls als Orbiter).

Die Erforschung dieser Gasriesen begann mit der Raumsonde Pioneer 10 und ihrem Vorbeiflug am Jupiter am 4. Dezember 1973, gefolgt von Pioneer 11 im November und Dezember 1974, die sich dem Planeten bis auf 42 800 Kilometer näherte. Pioneer 11 flog dann weiter zu Saturn und kam bis auf 21 000 Kilometer an ihn heran. Dabei wurden zwei neue Monde und ein neuer Ring entdeckt sowie das Magnetfeld des Planeten, sein Klima, seine Temperaturen und sein innerer Aufbau beschrieben.

Die Sonden Voyager 1 und 2 unternahmen erfolgreiche Vorbeiflüge am Jupiter und nutzten dessen Schwerkraft zur Beschleunigung, um zu Saturn zu gelangen. Zusammengenommen machten die Voyager-Sonden über 100 000 Aufnahmen der äußeren Planeten, ihrer Ringe und Monde sowie Millionen von Magnet-, Spektral- und Strahlungsmessungen.

VOYAGER 1 UND 2: SATURN

Voyager 1 erreichte den Saturn im November 1980 und Voyager 2 folgte im August 1981. In den Ringen des Planeten entdeckten die Sonden sogenannte Schäfermonde (Monde, die in der Nähe von Planetenringen kreisen und die Ringteilchen durch ihre Gravitationswirkung stabilisieren). Ein besonderes Ziel der Mission war der Mond Titan, einer der vielen Trabanten des Saturn, dessen Aufbau damals zu Spekulationen über mögliche Lebensformen veranlasste. Voyager 1 fand heraus, dass es dort Wassereis gab sowie eine dichte, wolkenreiche Atmosphäre, die zu 90 Prozent aus Stickstoff bestand. An der Oberfläche betrug der atmosphärische Druck 1,6 bar und die Temperatur -180 Grad Celsius. Damit war Titan ein Ort, dessen Untersuchung wissenschaftlich interessant war, was zu einer ausgedehnten Erkundungsmission im 21. Jahrhundert führte.

DER SCHÖNE SATURN

Auf ihrem Vorbeiflug an Saturn im Jahr 1981 kam die Raumsonde Voyager 2 bis auf 101 000 Kilometer an den Gasriesen heran. Seit dem Besuch von Voyager 1 hatte sich die Atmosphäre des Planeten verändert und Voyager 2 machte einige detailliertere Aufnahmen der Saturnringe. Die Sonden zeigten einen faszinierenden Planeten, der viel mehr zu bieten hat als nur seine Ringe. Die Voyagers lieferten genauere Bilder der „Speichen" der Ringe und stellten fest, dass der A-Ring möglicherweise nur rund 300 Meter breit war. Auf dem Vorbeiflug wurde Voyager 2 von Tausenden mikroskopisch kleinen Staubteilchen getroffen, die beim Aufprall zu Plasma verpufften. Die Raumsonde fotografierte die Saturnmonde Hyperion, Enceladus, Tethys und Phoebe sowie die zu dieser Zeit erst kürzlich entdeckten Trabanten Helene, Telesto und Calypso.

Der C-Ring des Saturn (und ein Stück des B-Rings oben links) wurde am 23. August 1981 von der Raumsonde Voyager 2 abgelichtet. Die einzigartige Farbgebung entstand aus der Kombination drei verschiedener Bilder, die durch UV-, Neutral- und Grünfilter aufgenommen wurden. Zu diesem Zeitpunkt befand sich

Die Voyagers entdeckten, dass die Atmosphäre des Saturn fast komplett aus Wasserstoff besteht. Somit ist der Saturn der einzige Planet, dessen Dichte geringer ist als Wasser. Nahe seines Äquators maßen die Raumsonden Winde mit Geschwindigkeiten von bis zu 1800 km/h, die meist in östliche Richtung wehen. Beide Sonden maßen auch die Rotationsdauer des Gasriesen (die Länge eines Tages), die 10 Stunden, 39 Minuten und 24 Sekunden beträgt.

CASSINI-HUYGENS: SATURN

Um die internationale Zusammenarbeit bei vielen Planetenmissionen hervorzuheben, wurde die Raumsonde Cassini-Huygens als gemeinsames Projekt der NASA, der Europäischen Weltraumorganisation (ESA) und der Italienischen Weltraumorganisation (ASI) vorgestellt. Die Sonde, deren Start 1997 erfolgte, bestand aus einem von der NASA gebauten Orbiter (Cassini) und einem Lander (Huygens), der von europäischen Unternehmen konstruiert wurde. Beide Komponenten wurden zusammen ins All gebracht und nach dem ersten Vorbeiflug am Saturn voneinander getrennt. Cassini begab sich am 1. Juli 2004 in die Umlaufbahn des Saturn und schickte den Lander (Huygens) zu seinem Mond Titan, wo er am 14. Januar 2005 aufsetzte. Huygens war die erste Mission der ESA, die der Erforschung der äußeren Planeten diente.

Beim Saturnvorbeiflug entdeckte Cassini drei neue Monde (Methone, Pallene und Polydeuces), beobachtete Wassereisgeysire auf dem Südpol des Mondes Enceladus, machte in den nördlichen Breiten Titans Fotos von Seen aus flüssigen Kohlenwasserstoffen (wie etwa Methan und Ethan) und erspähte einen Sturm am Südpol des Saturn, der wie die Hurrikans auf der Erde ein deutliches Auge aufwies. Wie auch die Sonde Galileo am Jupiter (siehe Seite 198) demonstrierte Cassini, dass die Eismonde, die um riesige Gasplaneten kreisten, das Potenzial hatten, Leben zu beherbergen, was sie zu attraktiven Zielen für die neue Ära der Planetenerkundung mit Robotern macht. Am 3. April 2014 gab die NASA bekannt, dass Cassini Hinweise auf einen großen unterirdischen Ozean aus flüssigem Wasser auf Enceladus gefunden hat – ein weiteres Beispiel für einen Lebensraum im Sonnensystem.

„Um die internationale Zusammenarbeit bei vielen Planetenmissionen hervorzuheben, wurde Cassini-Huygens als gemeinsames Projekt der NASA, der ESA und der italienischen Weltraumorganisation ASI vorgestellt.“

EINIGE DATEN ZU SATURN

MITTLERER ABSTAND ZUR SONNE 1,4 Milliarden Kilometer bzw. 9,5 Astronomische Einheiten (AE)
DURCHMESSER 120 000 Kilometer
DICHTE 1,326 Gramm/Kubikzentimeter
OBERFLÄCHENGRAVITATION 1,07 m/s^2 (Die Geschwindigkeit, mit der Objekte auf den Saturn fallen, beschleunigt zum Planeten hin; alles auf dem Saturn wäre um 107 Prozent schwerer als auf der Erde.)
ROTATIONSDAUER (LÄNGE EINES TAGES) 10,7 Stunden
UMLAUFZEIT (LÄNGE EINES JAHRES) 29 Erdenjahre
DURCHSCHNITTSTEMPERATUR OBERFLÄCHE -15 Grad Celcius
NATÜRLICHE SATELLITEN 145
ENTDECKT VON Christiaan Huygens im Jahr 1645

OBEN RECHTS Cassinis erster Umlauf um den Saturn folgte einer sehr elliptischen Bahn. Die Vorbeiflüge an den Monden erfolgten, während die Bahn bis in die Nähe von Iapetus abgesenkt wurde. Aus Gründen der Übersichtlichkeit zeigt dieses Diagramm nur die Hälfte der Umlaufbahnen um Saturn (rosa) während der Anfangsphase der Mission. Die vier beschrifteten Bahnen waren die wichtigsten, um Cassini für eine längere Erkundung in einen stabilen Umlauf um Saturn zu bringen. Die anderen sind die üblichen Flugwege.

1. Flugbahn bei der Ankunft
2. Erste Umlaufbahn
3. Iapetus-Umlaufbahn
4. Titan-Umlaufbahn

RECHTS Um die Geschwindigkeit zu erreichen, die zum Verlassen des inneren Sonnensystems erforderlich war, unternahm Cassini zwei Vorbeiflüge an der Venus und einen an der Erde. Anschließend passierte sie den Jupiter, bevor sie schließlich im Juli 2004 den Saturn erreichte – über sechs Jahre nach ihrem Start. Die Flugbahn der Raumsonde ist in Rot markiert, die Planetenbahnen sind braun.

1. Start von der Erde, 15. Oktober 1997
2. Venus-Vorbeiflug, 26. April 1998
3. Bahnmanöver, 3. Dezember 1998
4. Venus-Vorbeiflug, 24. Juni 1998
5. Erd-Vorbeiflug, 18. August 1999
6. Jupiter-Vorbeiflug, 30. Dezember 2000
7. Ankunft im Saturnorbit, 1. Juli 2004

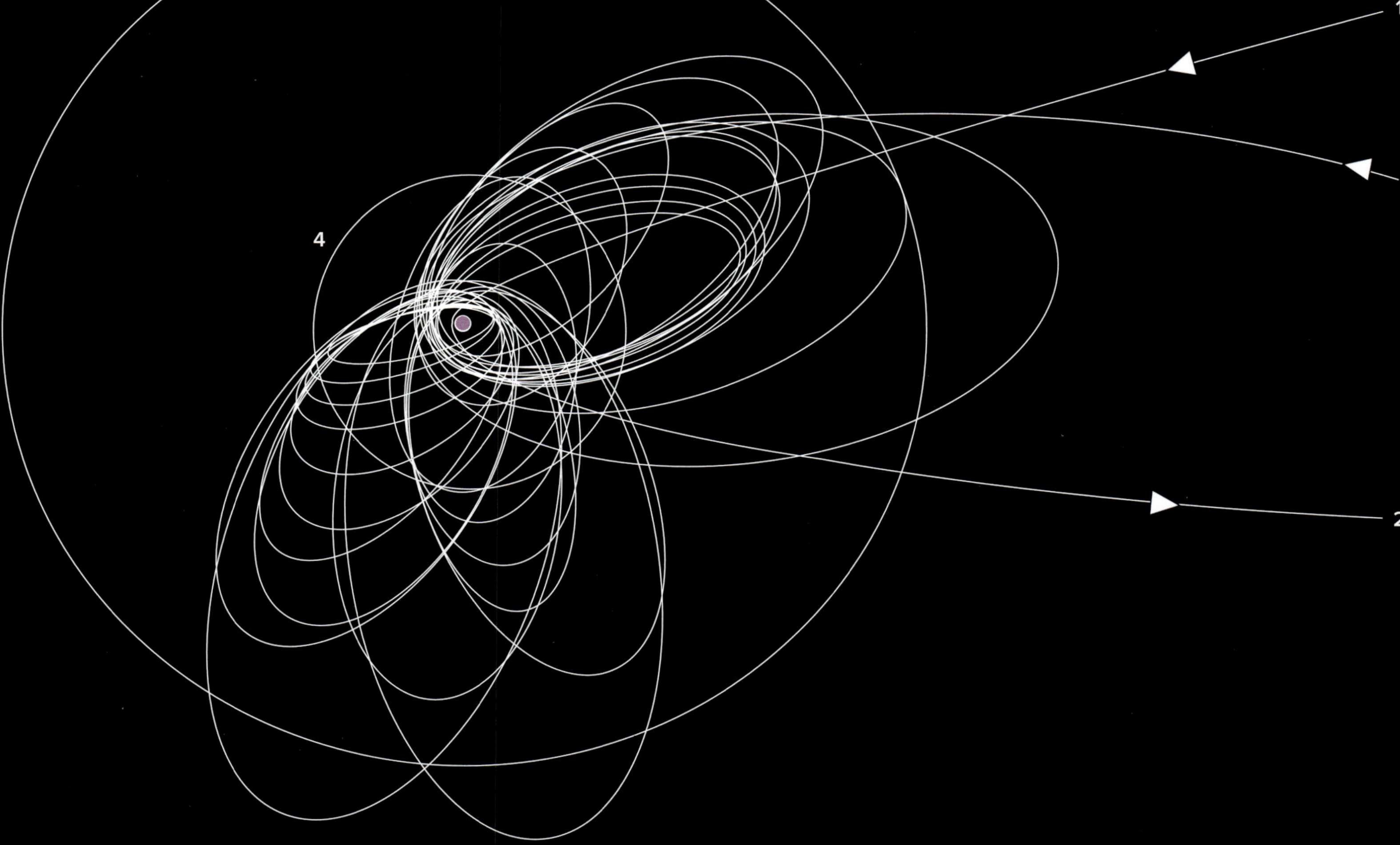
4
2

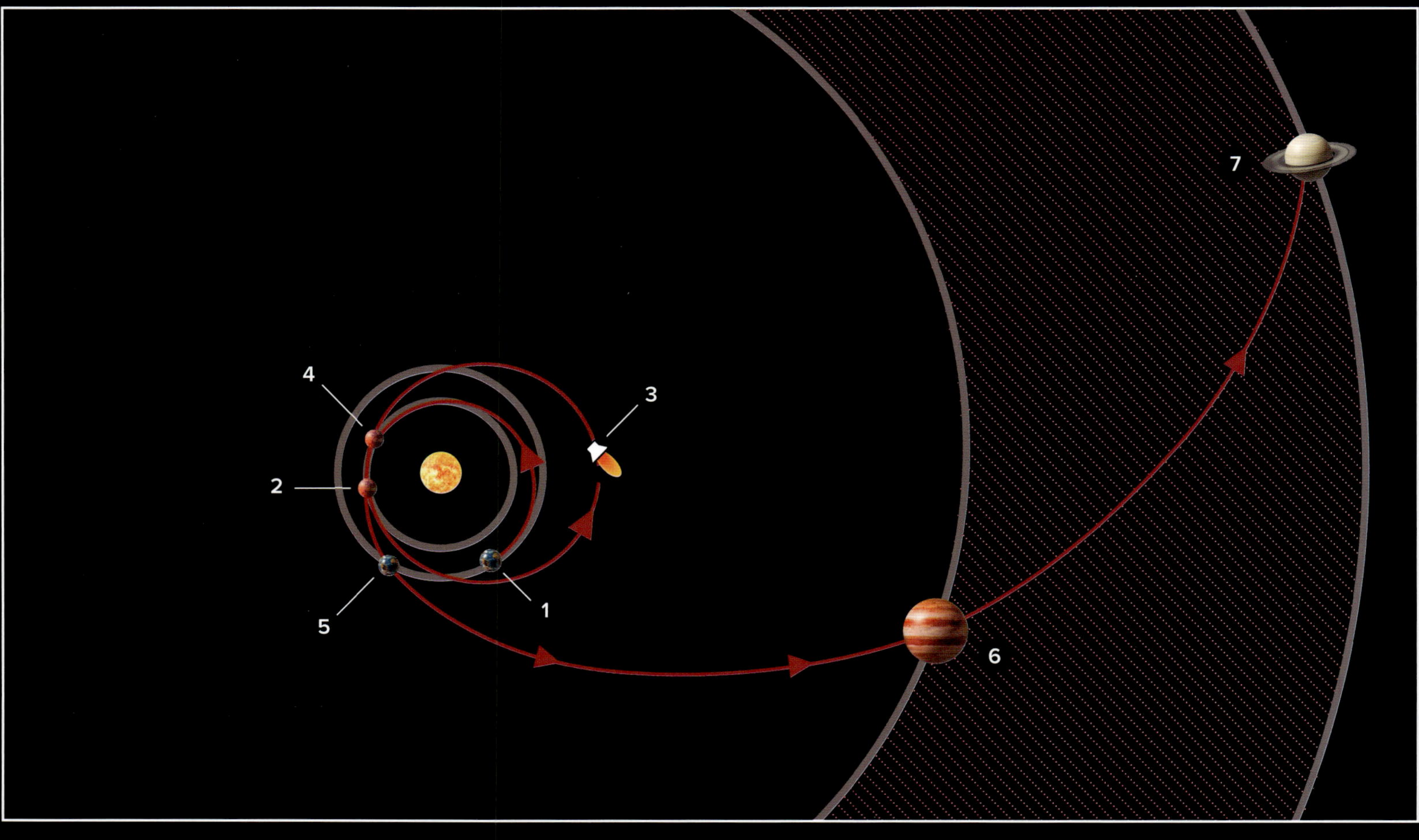
4
3
2
5
1
6
7

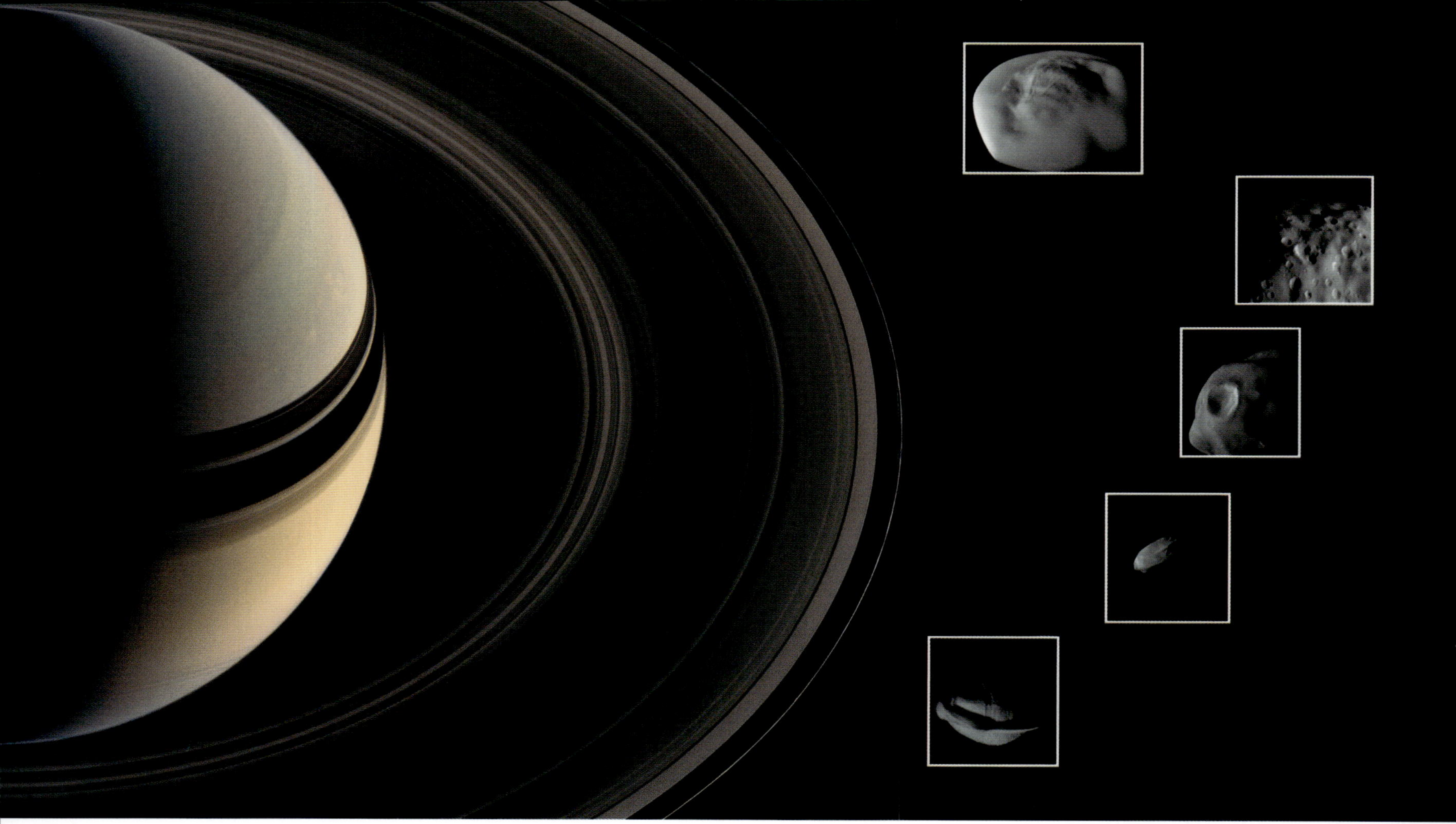

OBEN Die Raumsonde Cassini unternahm nahe Vorbeiflüge an den Saturnringen und untersuchte die Monde (auf dem Bild von oben nach unten) Pan und Daphnis im A-Ring, Atlas am Rand des A-Rings, Pandora am Rand des F-Rings sowie Epimetheus. Die Durchmesser der Monde reichen von 8 Kilometern (Daphnis) bis 116 Kilometern (Epimetheus). Dieses zusammengesetzte Bild zeigt die Ringe und die Monde (nicht maßstabsgetreu) des Saturn.

LINKS Titan (5150 Kilometer Durchmesser) ist auf der linken Seite des Bildes über den markanten Ringen des Saturn zu sehen. Das Bild wurde am 26. Oktober 2007 mit der Weitwinkelkamera der Raumsonde Cassini aufgenommen, aus einer Entfernung von ungefähr 1,5 Millionen Kilometern zum Saturn.

OBEN Die Raumsonde Cassini dokumentierte im Oktober 2015 vom Saturn aus, wie sein Eismond Enceladus im Oktober eine riesige Fontäne aus Wasserdampf ins All spuckte.

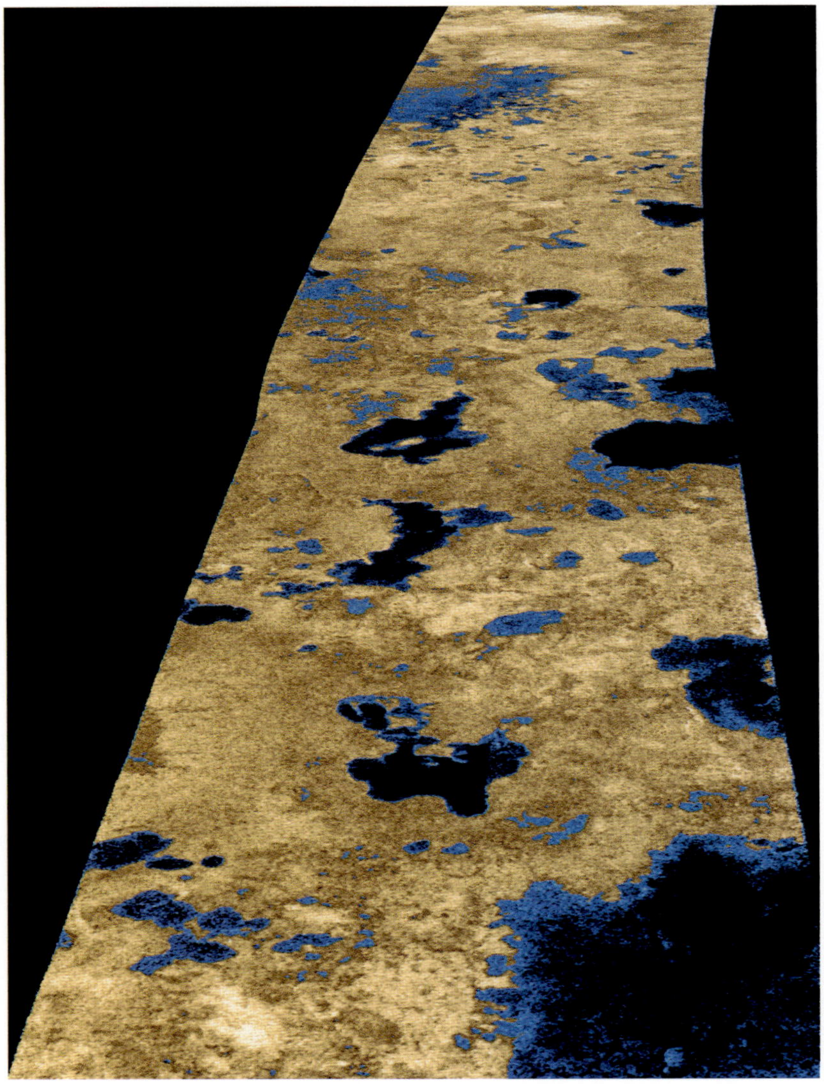

RECHTS Die Sonde Huygens, die zusammen mit Cassini zum Saturn flog, untersuchte den Mond Titan, auf dem man seit der Voyager-Mission organische Verbindungen vermutete. Cassini-Huygens bestätigte das Vorkommen von Ozeanen oder Seen aus flüssigem Methan auf Titan, wie diese Aufnahme vom Cassini-Vorbeiflug vom 22. Juli 2006 zeigt.

Nach einigen gewagten Manövern und riskanten Umläufen tauchte Cassini – hier über der nördlichen Hemisphäre des Saturn – in die Atmosphäre des Planeten ein, womit die Mission der Raumsonde am 15. September 2017 endete.

OBEN Am 11. Juni 1974 blickte Pioneer 10 auf den Gasriesen Jupiter und übermittelte der Menschheit die erste Nahaufnahme des größten Planeten im Sonnensystem.

OBEN Dieser ovale weiße Fleck unterschied sich von dem, der von Voyager 1 an einer ähnlichen Position beobachtet worden war. Er liegt südlich des Großen Roten Flecks auf dem Jupiter. Voyager 2 machte am 3. Juli 1981 aus einer Entfernung von 5,99 Millionen Kilometern dieses Bild der Region, die sich vom Äquator bis zu den südlichen polaren Breiten in der Nähe des Großen Roten Flecks erstreckt.

VOYAGER 1 UND 2: JUPITER

Am 5. März 1979 gelang der Raumsonde Voyager 1 ihre größte Annäherung an den Jupiter, wo sie einen dünnen Planetenring und zwei neue Monde, Thebe und Metis, entdeckte. Die Ringe ließen vermuten, dass Jupiter mehr mit Saturn gemeinsam hat als zuvor angenommen. Am 9. Juli 1979 flog Voyager 2 bis auf 560 000 Kilometer an die Wolkendecke des Jupiters heran. In den folgenden vier Monaten übermittelte die Sonde 17 000 Fotos und einen wertvollen Erfahrungsschatz aus wissenschaftlichen Daten über den Jupiter und viele seiner Planeten, etwa die Beweise, dass auf dem Gesteinsmond Io vulkanische Aktivität herrscht.

GALILEO BESUCHT DEN JUPITER

Nach den Voyager-Missionen begann die nächste Erkundung des Jupiters am 18. Oktober 1989, als die NASA die Raumsonde Galileo mit der Raumfähre *Atlantis* (STS-34) ins All brachte. Mithilfe einiger Schwerkraftmanöver steuerte sie den Jupiter an und erreichte ihn im Dezember 1995. Als erste Sonde auf einer Umlaufbahn dieses Riesenplaneten begab sich Galileo auf eine mehrjährige Mission und sandte wissenschaftliche Daten über die Dichte und die chemische Zusammensetzung der Wolkendecke an die Erde.

Galileo beobachtete auch den Einschlag des Kometen Shoemaker-Levy 9 auf dem Jupiter im Juli 1994, entdeckte die Turbulenzen in der Atmosphäre des Planeten – unter anderem Gewitter vom

RECHTS Die Atmosphäre des Jupiters ist bekannt für den Großen Roten Fleck, aber sie fängt auch geladene Teilchen ein, die ähnlich wie die Polarlichter auf der Erde an den Magnetpolen leuchten. Dieses Bild vom Hubble-Weltraumteleskop (HST) aus dem Jahr 2016 wurde im UV-Spektrum aufgenommen und zeigt das Glühen der hochenergetischen Teilchen, die in der Nähe der Magnetpole in die Jupiteratmosphäre eintreten und mit Gasatomen kollidieren.

EINIGE DATEN ZU JUPITER

MITTLERER ABSTAND ZUR SONNE 778 Millionen Kilometer bzw. 5,2 astronomische Einheiten (AE)
DURCHMESSER 69 911 Kilometer
DICHTE 1270 Gramm/Kubikzentimeter
OBERFLÄCHENGRAVITATION 24,79 m/s^2 (Die Geschwindigkeit, mit der Objekte auf den Jupiter fallen, beschleunigt zum Planeten hin; alles auf dem Jupiter wäre um 240 Prozent schwerer als auf der Erde.)
ROTATIONSDAUER (LÄNGE EINES TAGES) 9,8 Stunden
UMLAUFZEIT (LÄNGE EINES JAHRES) 11,9 Erdenjahre
DURCHSCHNITTSTEMPERATUR OBERFLÄCHE -145 Grad Celsius
NATÜRLICHE SATELLITEN 95
ENTDECKT VON Galileo Galilei im Jahr 1610

tausendfachen Ausmaß wie ihre irdischen Gegenstücke – und nahm die Jupitermonde Ganymed, Callisto und Io etwas genauer unter die Lupe. Beim Vorbeiflug an Io sah die Raumsonde den Ausbruch des Vulkans Loki, des aktivsten Vulkans im Sonnensystem. Am 7. Dezember 1995 schickte Galileo eine Tochtersonde in die Atmosphäre des Jupiters, wo ihre Instrumente Daten übertrugen, bis der Druck sie nach etwa 45 Minuten zerstörte.

Im Jahr 1996 enthüllten Daten von Galileo, dass es auf dem Jupitermond Europa möglicherweise „warmes Eis" oder sogar flüssiges Wasser gab – also eine potenziell lebensfreundliche Umgebung. Dieser Fund war eine der größten wissenschaftlichen Entdeckungen der 1990er-Jahre, die Wissenschaftler veranlasste, sich für die Entsendung einer Landesonde dorthin einzusetzen

Am 21. September 2003 wurde Galileo in die Atmosphäre des Jupiters gelenkt, wo diese bemerkenswerte Mission endete.

Die NASA-Raumsonde Galileo näherte sich dem vulkanisch aktiven Jupitermond mehrere Male – zum ersten Mal passierte sie ihn im Dezember 1995, als sie in die Umlaufbahn des Jupiters eintrat.

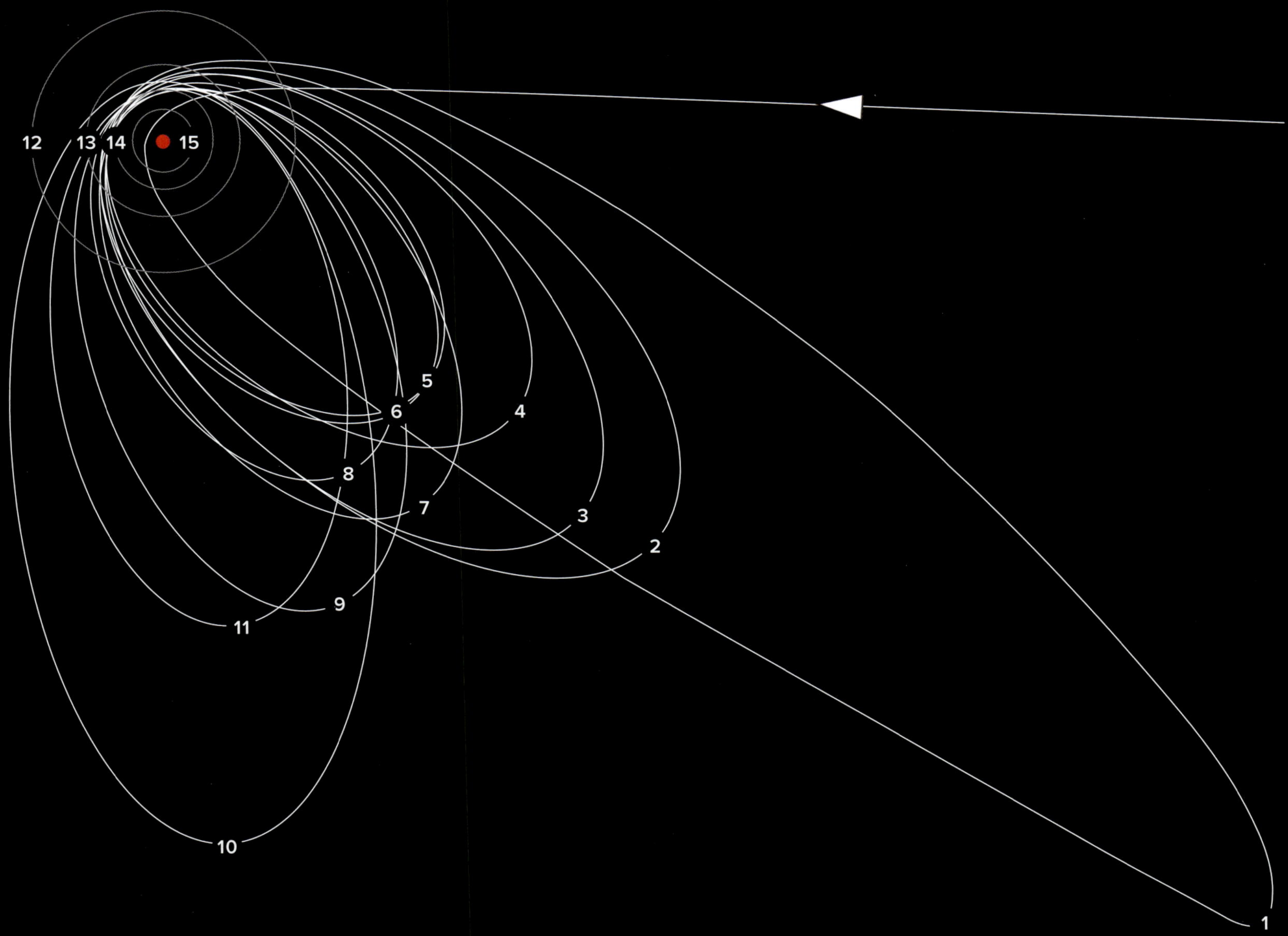

Nachdem Galileo 1995 von der Schwerkraft des Jupiters erfasst wurde, zog sie Schleifen um den Planeten und manövrierte sich durch die Zündung ihres Triebwerks schließlich in seine Umlaufbahn. Auf jedem Umlauf sollte sie an einem anderen Planeten nah vorbeifliegen. Diese Illustration zeigt die ersten elf Bahnen nach dem Erreichen des Jupiters (rot). Galileo umkreiste den Planeten 32-mal, bevor sie in seine Atmosphäre gesteuert wurde.

Umläufe:
Nummer 1–11

Monde:
12. Callisto
13. Ganymed
14. Europa
15. Io

„Im Jahr 1996 enthüllten Daten von Galileo, dass es auf dem Jupitermond Europa möglicherweise ‚warmes Eis' oder sogar flüssiges Wasser gab – also eine potenziell lebensfreundliche Umgebung."

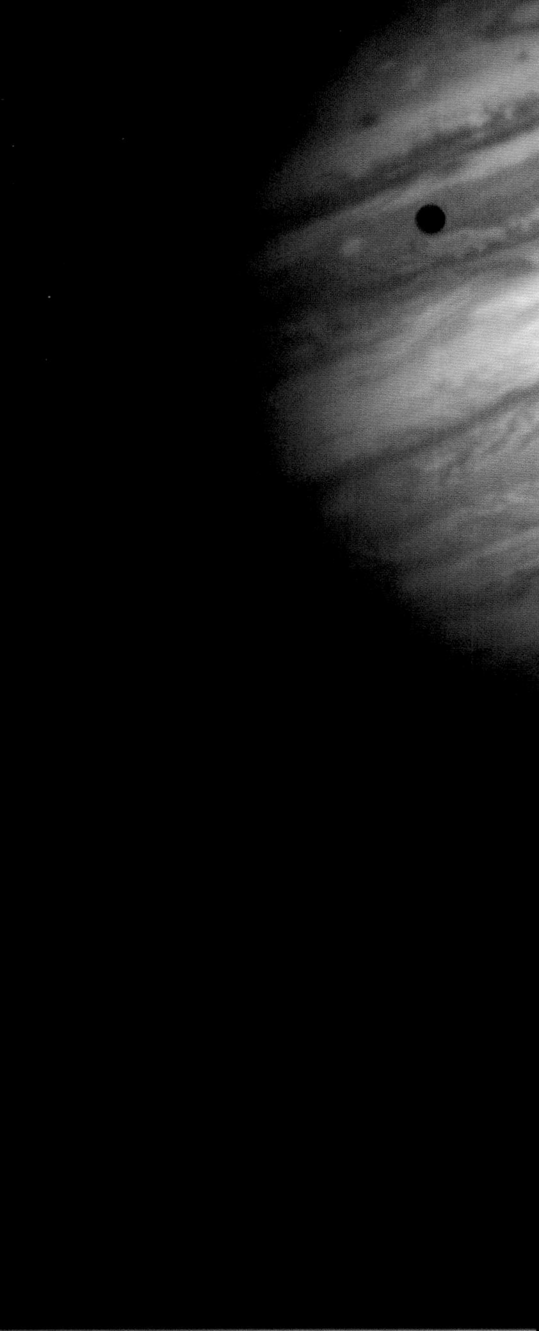

Der Komet Shoemaker-Levy 9 wurde am 24. März 1993 von den Astronomen Carolyn und Eugene M. Shoemaker sowie David Levy entdeckt. Er war der erste Komet, dessen Einschlag auf einem Planeten beobachtet wurde, als dessen Trümmer zwischen dem 16. und 22. Juli 1994 mit dem Jupiter kollidierten. Das Bild des Kometen, aufgenommen vom HST am 17. Mai 1994, zeigt 21 seiner Bruchstücke. Die Jupiter-Aufnahme stammt vom 18. Mai 1994. Der dunkle Fleck auf seiner Oberfläche ist der Schatten des inneren Mondes Io.

RECHTS Eine der Entdeckungen, die der Besuch Jupiters ermöglichte, war das Verständnis seines komplexen Ringsystems. Zwar sind die Ringe des Jupiters nicht so markant wie jene des Saturn, aber gleichermaßen faszinierend. Die Grafik hier zeigt die Platzierung der Ringe im Gravitationsfeld des Planeten.

UNTEN Die Raumsonde Juno ist die jüngste Besucherin des Jupiters. Sie wurde 2011 ins All gebracht und erkundet seit 2016 den größten Planeten im Sonnensystem. Dieses Bild zeigt die Wolkendecke, die im März 2022 von der JunoCam aus großer Nähe zum Jupiter aufgenommen wurde. Der Hobbyforscher Thomas Thomopoulos erstellte dieses farbverstärkte Bild aus Rohdaten aus der JunoCam. Zum Zeitpunkt der ursprünglichen Aufnahme befand sich die Raumsonde Juno rund 71 000 Kilometer über der Wolkendecke des Jupiters und auf etwa 55 Grad südlicher Breite – 15-mal näher als Ganymed, der den Jupiter in einem Abstand von rund 1,1 Millionen Kilometern umkreist.

EDWARD C. STONE (1936–2024)

Edward C. Stone wurde 1972 von der NASA zum Chefwissenschaftler des Voyager-Programms ernannt. Er leitete dessen Forschungsbemühungen über 20 Jahre lang. Seine Arbeit trug dazu bei, in den 1970er-Jahren die Erforschung der äußeren Planeten zu fördern. Von 1991 bis 2001 war er Direktor des Jet Propulsion Laboratory, aber damit war seine Arbeit an Voyager nicht zu Ende. Er beaufsichtigte auch die Voyager Interstellar Mission im frühen 21. Jahrhundert und war einer der prägendsten Planetenforscher.

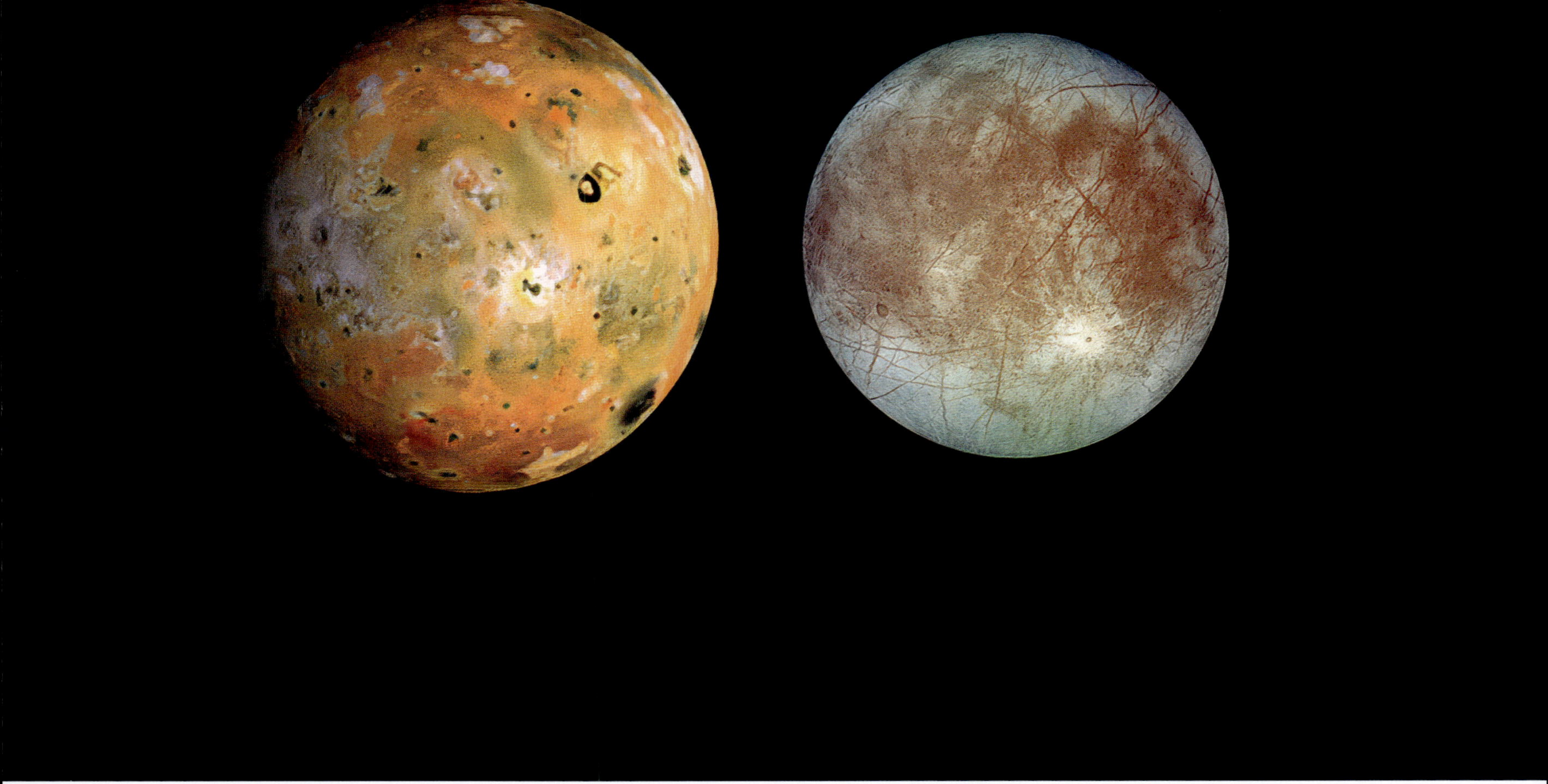

OBEN Die vier größten Jupitermonde im maßstabsgetreuen Größenvergleich. Von links nach rechts: Callisto, Ganymed, Io und Europa.

RECHTS Dieses zusammengesetzte Falschfarbenbild des Jupiters aus dem Infrarotspektrum zeigt die Dunstpartikel in verschiedenen Höhenlagen, wie sie im reflektierten Sonnenlicht zu sehen sind. Die Aufnahme wurde am 18. Mai 2017 mit dem Nahinfrarot-Instrument des nördlichen Gemini-Observatoriums gemacht, das im Rahmen der Juno-Mission mit der NASA zusammenarbeitete.

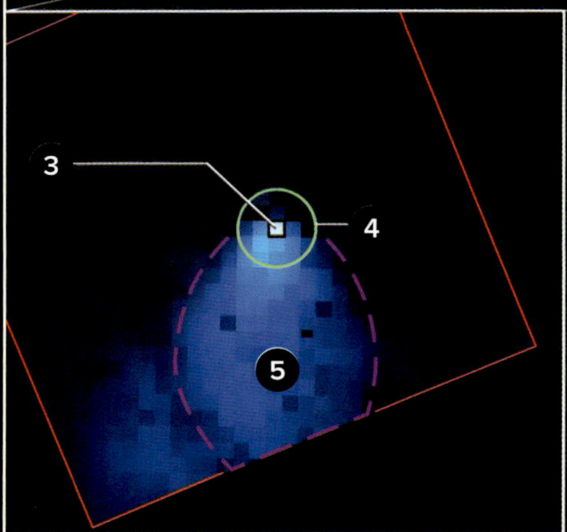

Seit die Raumsonden Galileo und Cassini Jupiter und Saturn besuchten, haben Wissenschaftler viel mehr über die beiden Planeten erfahren. Das James-Webb-Weltraumteleskop (JWST) enthüllte, wie der Saturnmond Enceladus durch die gravitative Bewegung von Teilchen den Planeten und seine Ringe von Körper zu Körper mit Wasser speist. Das Bild zeigt Enceladus und Saturn. Der Mond ist im Ausschnitt links hervorgehoben, zusammen mit Hinweisen auf Wasser. Bemerkenswert ist die hellblaue Wolke aus Wasserdampf, die unter Enceladus zu sehen ist. Das Vorkommen eines Wassertorus (eines Wasserkreises, der sich um eine Achse dreht, ähnlich wie der Wasserwirbel in einem Abfluss) ist von großer Bedeutung, denn es könnte auf mögliche Spuren von Leben im Saturnsystem hinweisen.

1. Enceladus-Wassertorus
2. Enceladus
3. Enceladus
4. Enceladus-Graviationsfeld
5. Wasserdampf

Die Spektralanalyse im Bild unten enthält Daten, die über bestimmte Wellenlängen gesammelt wurden und die den von den Instrumenten des JWST aufgezeichneten Wasserdampf darstellen.

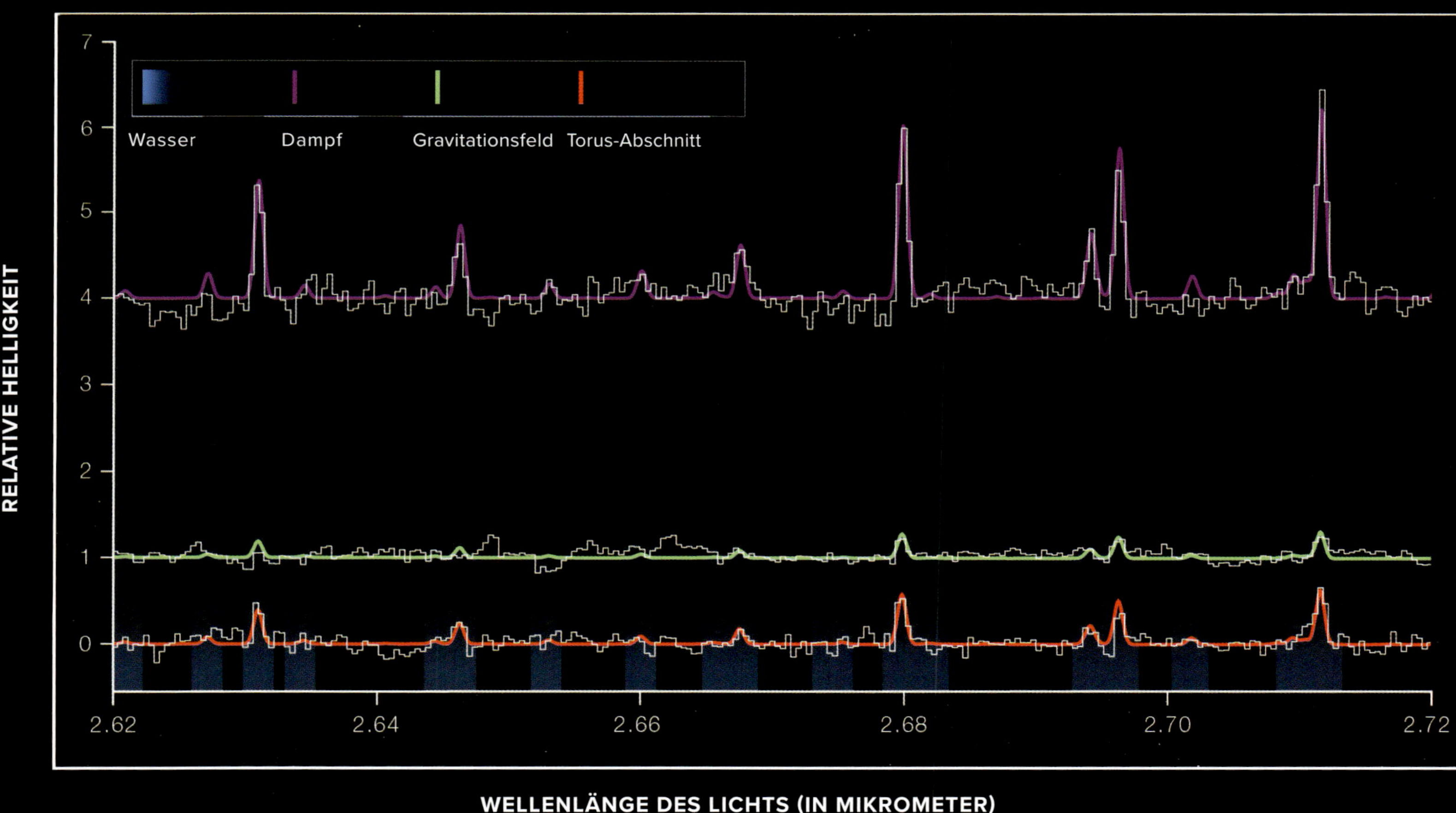

Dieses eindrucksvolle Bild des JWST aus dem Jahr 2022 wurde von der NIRCam des Teleskops unter Verwendung zweier Filter – F212N (orange) und F335M (cyan) – aufgenommen und zeigt das Jupitersystem, dessen Ringe und Monde gekennzeichnet sind.

1. Beugungsspitze von Io
2. Amalthea (Mond)
3. Adrastea (Mond)
4. Ringe
5. Nördliche Aurora
6. Beugungsstruktur der Aurora
7. Südliche Aurora
8. Beugungsstruktur der Aurora

„Der Gasriese Jupiter, der zwischen Mars und dem Asteroidengürtel liegt, wurde seit den 1970er-Jahren siebenmal von Raumsonden besucht: Pioneer 10 und 11, Voyager 1 und 2, Galileo (als Orbiter), New Horizons im Vorbeiflug sowie Juno (ebenfalls als Orbiter).“

KOMETEN, ASTEROIDEN UND EISKÖRPER

Kometen, Asteroiden und Eiskörper gehören zu den aufregendsten Objekten im Sonnensystem. Zwischen den erdähnlichen Planeten des inneren Sonnensystems und den äußeren Riesenplaneten befindet sich der Asteroidengürtel, aber auch im Kuipergürtel, jenseits des gravitativen Einflusses der Sonne, finden sich viele dieser kleinen Himmelskörper.

Wissenschaftler haben bereits über 5000 Kometen am Himmel entdeckt und diese Zahl wächst ständig weiter. Einige namhafte Kometen fliegen regelmäßig an der Erde vorbei, allen voran die Kometenteilchen der Perseiden, ein Meteorstrom, der jährlich wiederkehrt, wenn die Erde die Bahn des Kometen Swift-Tuttle kreuzt. Der Halleysche Komet nähert sich der Erde alle 76 Jahre. Seit Beginn des Weltraumzeitalters strebte man danach, einen Kometen genauer zu erforschen. Im Jahr 1986 ermöglichte der Besuch des Halleyschen Kometen einer ganzen Armada von Raumsonden, den Himmelskörper zu vermessen.

KOMETENMISSIONEN

Halley-Armada Im Jahr 1986 untersuchten mehrere Raumsonden den Halleyschen Kometen, darunter Giotto (Europäische Weltraumorganisation [ESA]), Vega 1 und Vega 2 (UdSSR/Frankreich) sowie Suisei und Sakigake (Japan).

International Cometary Explorer/International Sun-Earth Explorer 3 Die NASA-Raumsonde startete am 12. August 1978. Sie flog durch den Schweif des Kometen Giacobini-Zinner und wies nach, dass Kometen „schmutzige Schneebälle" aus Eis und Gestein sind.

Galileo Bei dieser Jupiter-Raumsonde, die 1989 startete, stand Kometenforschung eigentlich nicht auf dem Plan, doch sie war die einzige direkte Zeugin beim spektakulären Aufprall des Kometen Shoemaker-Levy 9 auf dem Jupiter im Zeitraum vom 16. bis zum 22. Juli 1994. Im Jahr 1991 beobachtete sie den Asteroiden Gaspra.

Ulysses Auch Ulysses war keine Kometensonde, aber sie untersuchte im Mai 1996 die Kometen Hale-Bopp und Hyakutake, als sie unerwartet durch den Schweif von Hyakutake flog.

Deep Space 1 Die im Jahr 1988 gestartete NASA-Raumsonde flog im darauffolgenden Jahr bis auf 16 Kilometer an den Asteroiden 1992 KD Braille heran und begegnete in späteren Jahren den Kometen Wilson-Harrington und Borrelly.

CERES UND VESTA

CERES – 24. JANUAR 2004

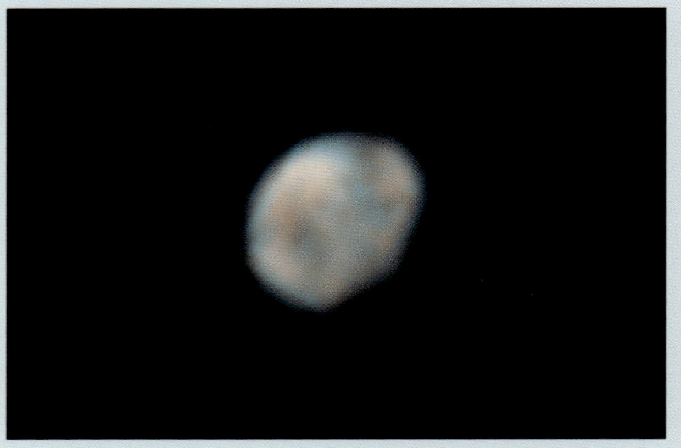

VESTA – 14. MAI 2007

Im Jahr 2007 richtete das NASA-Weltraumteleskop Hubble (HST) seine Kameras auf zwei der größten Kleinkörper im Sonnensystem: Ceres und Vesta, die sich beide im Asteroidengürtel zwischen Mars und Jupiter befinden. Das Bild von Ceres zeigt helle und dunkle Regionen auf der Oberfläche des Asteroiden, die auf topografische Merkmale wie Krater oder Bereiche aus unterschiedlichen Materialien hinweisen könnten. Ceres ist mehr als halb so groß wie Deutschland und enthält 40 Prozent der gesamten Masse im Asteroidengürtel. Mit dem HST kartierten Astronomen die südliche Hemisphäre von Vesta. Ein riesiger Einschlagkrater, der vor Milliarden Jahren bei einer Kollision entstand, prägt diese Region.

OBEN Die ESA-Raumsonde Giotto war 1986 eine der ersten Sonden, die einen Kometenkern beobachteten: Als sich der Halleysche Komet von der Sonne entfernte, flog Giotto an ihm vorbei und fotografierte ihn. Aus den Kameradaten der Sonde wurde dieses einzigartige, bearbeitete Bild des kartoffelförmigen, etwa 15 Kilometer langen Kometenkerns erstellt.

RECHTS Diese Abbildung illustriert den Weg der Halley-Armada bei ihrer Begegnung mit dem Halleyschen Kometen im Jahr 1986. Seine Wiederkehr weckte in diesem und im folgenden Jahr großes Interesse und führte zu mehreren Annäherungen an den berühmten Himmelskörper. Gleichzeitig erfolgte die Umbenennung der Raumsonde ISEE-3 in ICE, die einen anderen Kometen, Giacobini-Zinner, ins Visier nahm. Die Sowjetunion schickte die Sonden Vega 1 und 2 los, um Halleys Bahn zu kreuzen. Beide starteten im Dezember 1984 und unternahmen Vorbeiflüge an der Venus, bevor sie den Kometen erreichten. Vega 1 gelangte am 6. März 1986 dorthin, Vega 2 folgte drei Tage später. Im Jahr 1985 wurde die europäische Raumsonde Giotto in eine heliozentrische Umlaufbahn gebracht, wo sie dem Halleyschen Kometen begegnen sollte. Während eines nahen Vorbeiflugs am 13. März 1986 übermittelte sie Bilder und andere Daten, wobei aufprallende Staubteilchen einige Instrumente beschädigten – auch die Kamera. Anschließend war Giotto die erste Sonde, die aus dem interplanetaren Raum an der Erde vorbeiflog und aus ihrer Schwerkraft den Schwung für eine Kursänderung holte, um am 10. Juli 1992 den Kometen Grigg-Skjellerup zu passieren.

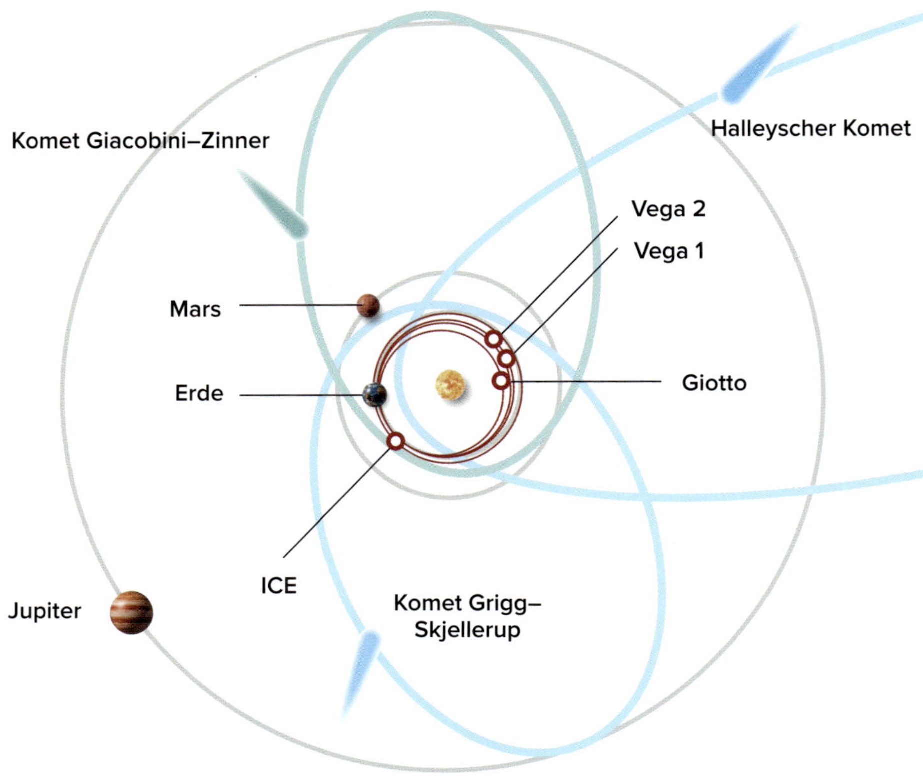

Die Raumsonde Stardust („Sternenstaub“) wurde am 7. Februar 1999 gestartet und machte sich auf den Weg zum Kometen Wild 2, wo sie Teilchen und interstellaren Staub einsammelte, die sie im Januar 2006 zur Erde brachte.

KOMETENSTAUB FANGEN

Mit diesem Kometenstaubkollektor, der scherzhaft „Tennisschläger“ genannt wurde, schöpfte die Raumsonde Stardust winzigste Teilchen aus dem Schweif des Kometen Wild 2. In den Aerogel-Blöcken des Kollektors wurden die Partikel gefangen und anschließend in einer Rückkehrkapsel auf die Erde gebracht, wo sie wissenschaftlich untersucht wurden. Die Forscher fanden Calcium-Aluminium-reiche-Einschlüsse (CAIs) und Chondren in den Proben. Chondren sind mineralische Kügelchen, die aufgeschmolzen waren und rasch erkalteten. CAIs kommen viel seltener vor und haben eine ungewöhnliche chemische und isotopische Zusammensetzung. Beides zu finden war der Beweis, dass im inneren Sonnensystem entstandene Materie bis an den Rand des jungen Sonnensystems gelangt war, wo sich Kometen bildeten.

Stardust Diese Rakete wurde 1999 gestartet, passierte den Kometen Wild 2 und sammelte Staubteilchen, die von seiner Oberfläche weggeweht waren. Im Januar 2006 landete sie auf der Erde.

Rosetta Am 2. März 2004 wurde Rosetta von der ESA ins All gebracht, wo die Sonde zehn Jahre lang den Kometen 67P/Tschurjumow-Gerassimenko erforschte. Sie umkreiste und beobachtete ihn zwei Jahre lang auf seinem Weg zur Sonne und passierte auch zwei Asteroiden (2867 Steins im Jahr 2008 und 21 Lutetia 2010).

Deep Impact-EPOXI Deep Impact wurde 2005 von der NASA gestartet. An Bord befand sich ein Impaktor, der auf den Kometen Tempel 1 abgeworfen wurde und dort geophysikalische Messungen vornahm. Am 4. November 2010 flog die Sonde am Kometen Hartley 2 vorbei, bevor sie den Kometen Garradd im Jahr 2012 ausgiebig untersuchte und 2013 den Kometen ISON beobachtete.

New Horizons Die von der NASA 2006 gestartete Sonde erkundete zahlreiche Kuipergürtelobjekte, darunter Pluto und seine Monde, und widmete sich anschließend vor allem Arrokoth (2014 MU69).

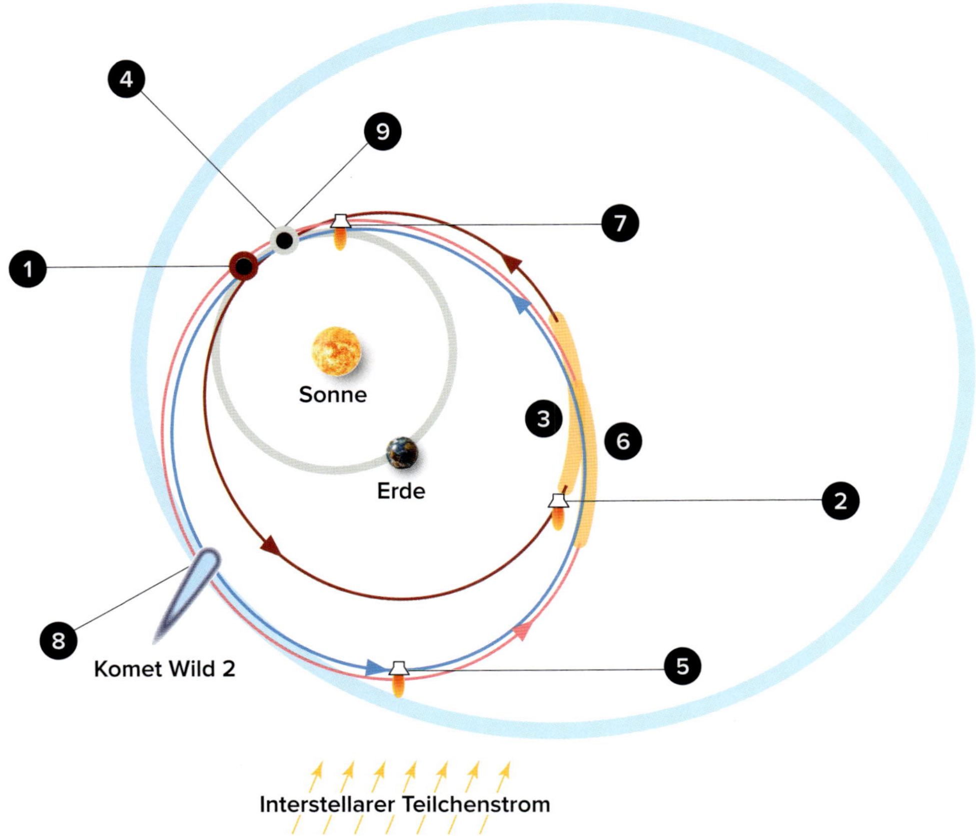

Die Stardust-Mission war einer der bemerkenswertesten Weltraumeinsätze im frühen 21. Jahrhundert. Die Sonde flog durch den Schweif des Kometen Wild 2 und schickte dort eingesammeltes Material zur Erde zurück. Die Rückkehrkapsel ist heute im Smithsonian National Air and Space Museum ausgestellt. Die Abbildung zeigt die Flugbahn von Stardust auf ihrem Weg zum Kometen. Die Erdbahn ist grau dargestellt, die Bahn des Kometen Wild 2 blau.

1. Start von der Erde, 6. Februar 1999
2. Kurskorrekturmanöver, März 2000
3. Sammlung von interstellaren Teilchen, März–Mai 2000
4. Swing-by an der Erde, 15. Januar 2001
5. Kurskorrekturmanöver, November 2001
6. Sammlung von interstellaren Teilchen, Juli–Dezember 2002
7. Kurskorrekturmanöver, Juli 2003
8. Vorbeiflug an Wild 2, 2. Januar 2004
9. Rückkehr zur Erde, 15. Januar 2006

Heliozentrische Schleifenbahn 1
Heliozentrische Schleifenbahn 2
Heliozentrische Schleifenbahn 3

Kurskorrekturmanöver

Sammlung von interstellaren Teilchen

DIE ENTDECKUNG VON ASTEROIDEN

Das größte Objekt im Sonnensystem, das als Asteroid identifiziert wurde, ist Ceres. Mit einem Durchmesser von rund 945 Kilometern gilt es mittlerweile als Zwergplanet. Die nächstgrößten Asteroiden sind Vesta, Pallas und Hygiea, deren Durchmesser zwischen 400 und 525 Kilometern betragen. Alle anderen bekannten Asteroiden sind kleiner als 340 Kilometer. Bisher wurden Tausende dieser Objekte entdeckt und es gibt Millionen mehr. Im Sonnensystem sind diese kalten Eiskörper am häufigsten im Asteroidengürtel und im Kuipergürtel zu finden. Einige wenige enden auf einem Kollisionskurs mit der Erde, aber die meisten verglühen in der Atmosphäre.

Bisher wurden rund 80 Asteroiden mit einem Durchmesser von über 162 Kilometern identifiziert, die meisten davon im Asteroidengürtel. Während der Großteil dieser Objekte keine Gefahr für die Erde darstellt, ist es wichtig, sie zu überwachen, was in internationaler Zusammenarbeit durch verschiedene Programme geschieht.

Vor einigen Jahren führte die NASA einen ungewöhnlichen Test zur Ablenkung potenzieller Killer-Asteroiden und -Kometen durch. Im Rahmen des Double Asteroid Redirection Test (DART) schlug am 26. September 2022 eine Raumsonde auf dem Asteroiden Dimorphos ein und veränderte seine Flugbahn leicht. Zwar befand sich Dimorphos zu dem Zeitpunkt auf Kurs mit der Erde, aber der Test sollte zeigen, dass eine Ablenkung möglich ist. Der Durchmesser von Dimorphos betrug nur 160 Meter, aber das Objekt umkreist den 780 Meter breiten Asteroiden Didymos, der in 770 Tagen und in einer Entfernung von 1–2,3 AE die Sonne umrundet.

ASTEROIDENMISSIONEN

Galileo Auf ihrem Weg zum Jupiter passierte die Raumsonde zwei Asteroiden: 951 Gaspra, im Jahr 1991, in einer Entfernung von rund 1600 Kilometern, und zwei Jahre später 243 Ida, den sie als ersten bekannten Asteroiden mit einem eigenen Mond identifizierte. Der Mond, der Dactyl genannt wurde, hat einen Durchmesser von rund 1,5 Kilometern und umkreist Ida im Abstand von 100 Kilometern.

NEAR Shoemaker (Near-Earth Asteroid Rendezvous Shoemaker) Nach ihrem Start im Jahr 1996 flog diese NASA-Sonde ein Jahr später auf 1,212 Kilometer an den Asteroiden Mathilde heran. Anschließend trat sie in die Umlaufbahn des Asteroiden Eros ein und landete am 12. Februar 2001 auf ihm.

Deep Space 1 Die Sonde wurde 1998 gestartet und passierte im Juli 1999 den Asteroiden 9969 Braille. Während eines Vorbeiflugs im Abstand von nur 26 Kilometern identifizierte sie Ähnlichkeiten in der Geologie und Oberfläche der Asteroiden Braille und Vesta. Letzterer ist einer der größten Asteroiden im Sonnensystem.

Stardust Ursprünglich für eine Kometenmission mit Probenentnahme konstruiert, flog die Raumsonde Stardust im Jahr 2002 in einer Entfernung von 3300 Kilometern am Asteroiden Annefrank vorbei und sah, dass er unregelmäßig geformt, von Kratern übersät und etwa 8 Kilometer breit war. Anschließend passierte sie den Kometen Wild 2, wo sie Kometenteilchen einfing und zur Erde schickte.

Hayabusa Am 9. Mai 2003 schickte die japanische Raumfahrtbehörde JAXA die Sonde Hayabusa auf ihren Kurs zum Asteroiden Itokawa, um Bodenproben zu entnehmen. Sie landete im 25. November 2005 auf Itokawa. In April 2007 machte sich Hayabusa auf den Rückweg zur Erde, wo die Probe am 13. Juni 2010 wie geplant per Fallschirm im Süden Australiens landete, während die Sonde beim Eintritt in die Erdatmosphäre zerbrach und verglühte.

Rosetta Diese Raumsonde der ESA wurde 2004 gestartet. Sie flog im Jahr 2008 an 2867 Šteins und 2010 an 21 Lutetia vorbei.

Dawn Nach dem Start im Jahr 2007 begab sich Dawn auf eine acht Jahre dauernde Reise, die sich über 4,9 Milliarden Kilometer erstreckte. Im August 2011 erreichte sie den Asteroiden Vesta und 2015 den Zwergplaneten Ceres, zwei der größten Objekte, die sich innerhalb des Asteroidengürtels befinden.

Chang'e Die Sonde der chinesischen Raumfahrtbehörde wurde am 13. Dezember 2012 gestartet und näherte sich auf einer erweiterten Mission dem Asteroiden 4179 Toutatis bis auf 3,2 Kilometer.

Hayabusa 2 Im Dezember 2014 startete JAXA den Nachfolger von Hayabusa, dessen Rückkehrkapsel mit Proben am 5. Dezember 2020 auf der Erde landete. Die Raumsonde befindet sich weiterhin auf ihrer Mission, die bis 2032 dauern soll.

DIE FUNDE VON STARDUST

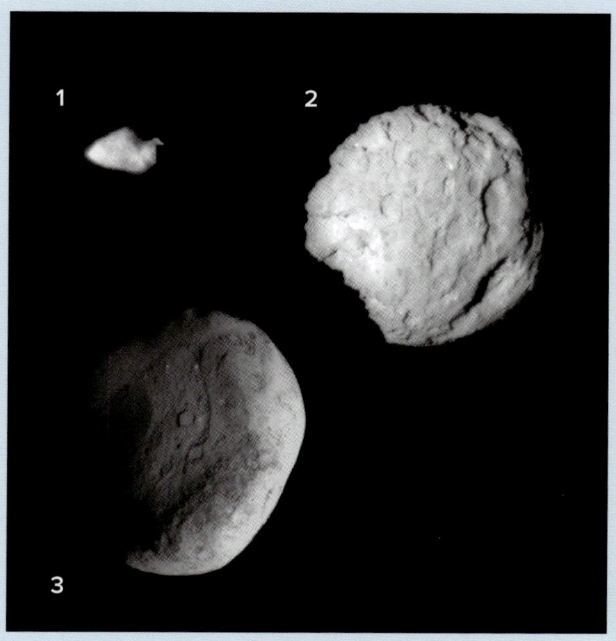

1 **Annefrank**
2 **Wild 2**
3 **Tempel 1**

Der Asteroid Annefrank ist einer von mehreren Objekten, die von der Raumsonde Stardust besucht wurden. Er ist nicht besonders groß, unregelmäßig geformt und voller Krater – zu sehen auf diesem Bild, das die NASA-Sonde Stardust während ihres Vorbeiflugs am 2. November 2003 aufgenommen hatte. Stardust näherte sich dem Asteroiden bis auf 3300 Kilometer, was als Probeflug für die Begegnung mit ihrem Primärziel, dem Kometen Wild 2, im Januar 2004 diente. Anschließend passierte sie noch Tempel 1. Die Auflösung der Kamera reichte aus, um Annefranks Länge von rund 8 Kilometern zu offenbaren, was zweimal so groß war, wie man von erdbasierten Beobachtungen ausgehend geschätzt hatte. Die Oberfläche reflektiert etwa 0,1–0,2 Prozent des Sonnenlichts – etwas weniger als erwartet. Einige der Krater haben Durchmesser von Hunderten Metern. Bei der geraden Kante rechts im Bild könnte es sich um ein Artefakt der Bildverarbeitung handeln.

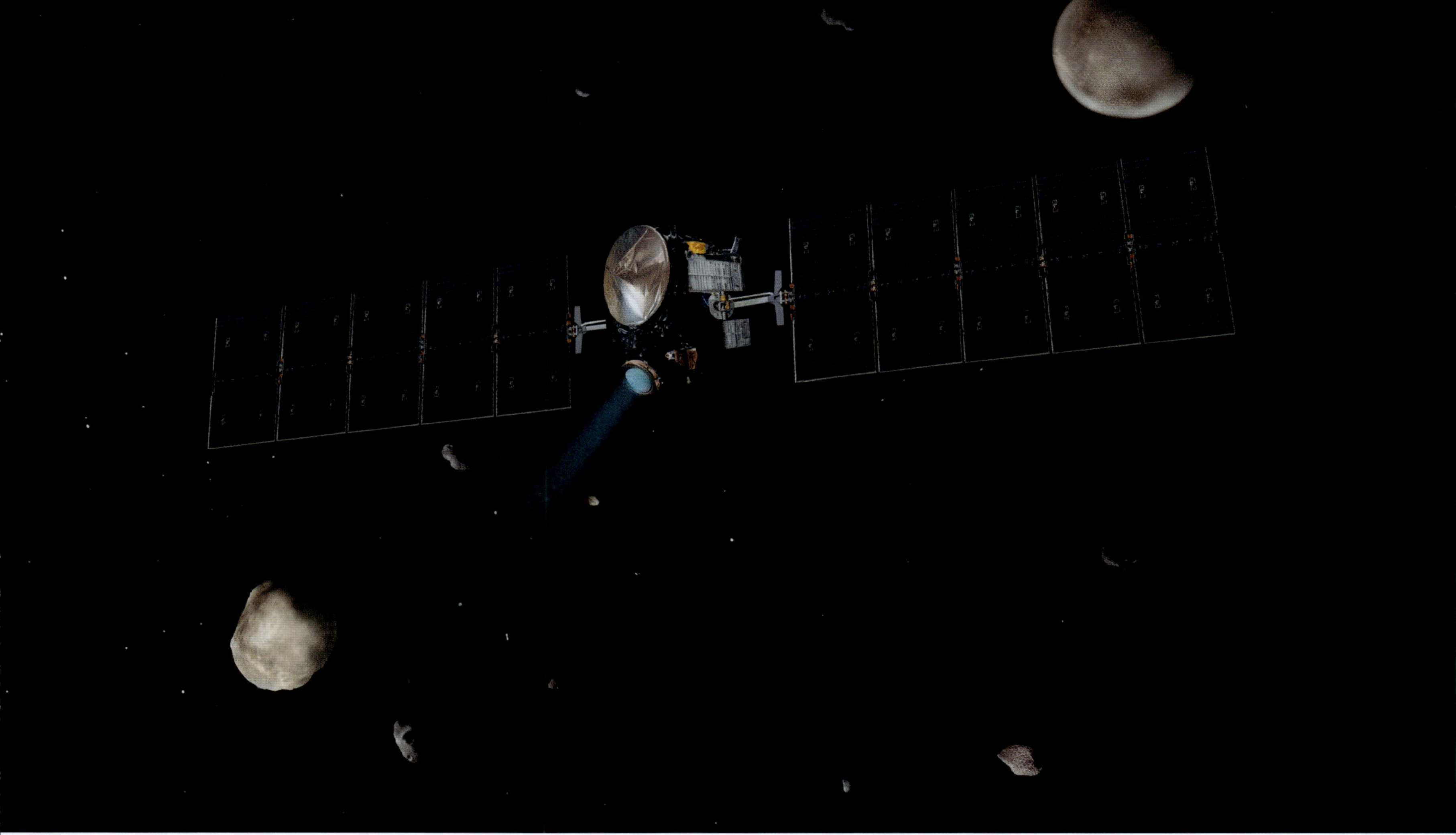

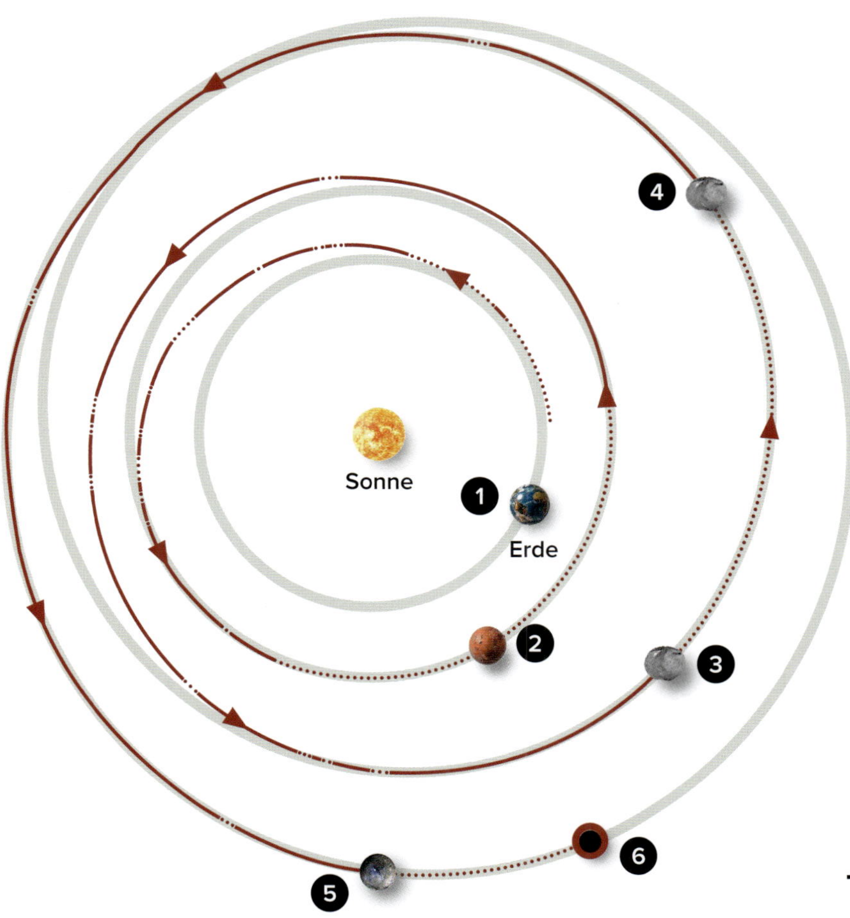

OBEN Die NASA-Raumsonde Dawn verbrachte 14 Monate in der Umlaufbahn des Asteroiden Vesta – von 2011 bis 2012 – und besuchte danach Ceres. Das Neue an der Mission war, dass Dawn als erste Raumsonde in der Umlaufbahn von zwei Objekten im Sonnensystem jenseits der Erde kreiste.

LINKS Mithilfe von kleinen Schubdüsen manövrierte sich die Raumsonde Dawn auf die erforderliche Flugbahn, um in die Umlaufbahnen von Ceres und Vesta zu gelangen. Beide Objekte befinden sich im Asteroidengürtel zwischen Mars und Jupiter. Die Abbildung zeigt die Flugbahn von Dawn auf ihrem Weg von der Erde zu ihren Zielen im Asteroidengürtel sowie den Einsatz der Schubdüsen. Die Umlaufbahnen sind grau dargestellt.

1. Start, 27. September 2007
2. Schwerkraftmanöver Mars, Februar 2009
3. Ankunft bei Vesta, August 2011
4. Abflug von Vesta, Mai 2012
5. Ankunft bei Ceres, Februar 2015
6. Missionsende, Juli 2015

OSIRIS-REx Die Raumsonde wurde am 8. September 2016 von der NASA gestartet. Das Ziel der Mission war, Proben vom Asteroiden 101955 Bennu zur Erde zu bringen. Am 20. Oktober 2020 flog die Sonde ganz nah an den Asteroiden heran und stieß sich von ihm ab, wobei sie Proben seiner Oberfläche entnahm, die am 24. September 2023 auf der Erde ankamen.

Double Asteroid Redirect Test (DART) und LICIACube Die im Jahr 2021 gestartete Sonde DART testete die kinetische Wirkung eines Einschlags auf dem Asteroiden Didymos. Mit an Bord war der Satellit 6U CubeSat der italienischen Weltraumbehörde, der am 11. September 2022 ausgesetzt wurde und den Aufprall von DART auf dem Asteroiden beobachtete.

Lucy Die Sonde wurde 2021 ins All gebracht, mit dem Ziel, acht Trojaner-Asteroiden auf Vorbeiflügen zu untersuchen. Diese Asteroiden befinden sich auf der Umlaufbahn des Jupiters um die Sonne, vor oder hinter ihm. Unter den acht befindet sich auch ein Hauptgürtelasteroid. Ende 2023 begannen die Beobachtungen.

NEA Scout (Near-Earth Asteroid Scout) Nach dem Start im November 2022 sollte die CubeSat-Raumsonde mithilfe eines Sonnensegels am erdnahen Asteroiden 2020 GE vorbeifliegen und Bilder an die Erde übermitteln. Die Größe des Asteroiden wird auf 4–18 Meter Durchmesser geschätzt. Nach dem Start konnte jedoch kein Funkkontakt zur Sonde hergestellt werden.

Psyche (Discovery 14) Diese NASA-Raumsonde wurde am 13. Oktober 2023 in den Weltraum geschickt und befindet sich auf dem Weg zum Asteroiden 16 Psyche, wo sie ab 2029 in einer Umlaufbahn den Ursprung von Planetenkernen erforschen soll.

RECHTS Die komplexe Reise der Sonde NEAR Shoemaker von der Erde zum Asteroiden Eros kann auf dieser Abbildung nachverfolgt werden. (Die Bahn der Sonde ist rot dargestellt.)

1 Start, 7. Februar 1999
2. Vorbeiflug am Asteroiden Mathilde, 27. Juni 1997
3. Interplanetares Manöver, 3. Juli 1997
4. Schwerkraftmanöver an der Erde, 23. Januar 1998
5. Vorbeiflug am Asteroiden Eros, 23. Dezember 1998
6. Interplanetares Manöver, 3. Januar 1999
7. Ankunft bei Eros, 12. Februar 2001
8. Umlaufbahn der Erde
9. Umlaufbahn von Eros

UNTEN LINKS Die Sonde OSIRIS-REx, die Proben vom Asteroiden Bennu zur Erde brachte, übermittelte diese drei Bilder seiner nördlichen Hemisphäre. Eine Weitwinkelaufnahme (*links*) zeigt einen 180 Meter breiten, mit Felsbrocken übersäten Bereich und eine relativ glatte Fläche oben rechts im Bild. Die zwei markierten Bereiche wurden auch von einer anderen Kamera der Sonde abgelichtet. Ihre Bilder (*rechts*) zeigen einen 15 Meter großen Gesteinsbrocken (*oben*) und eine relativ flache Ebene in seiner Nähe (*unten*).

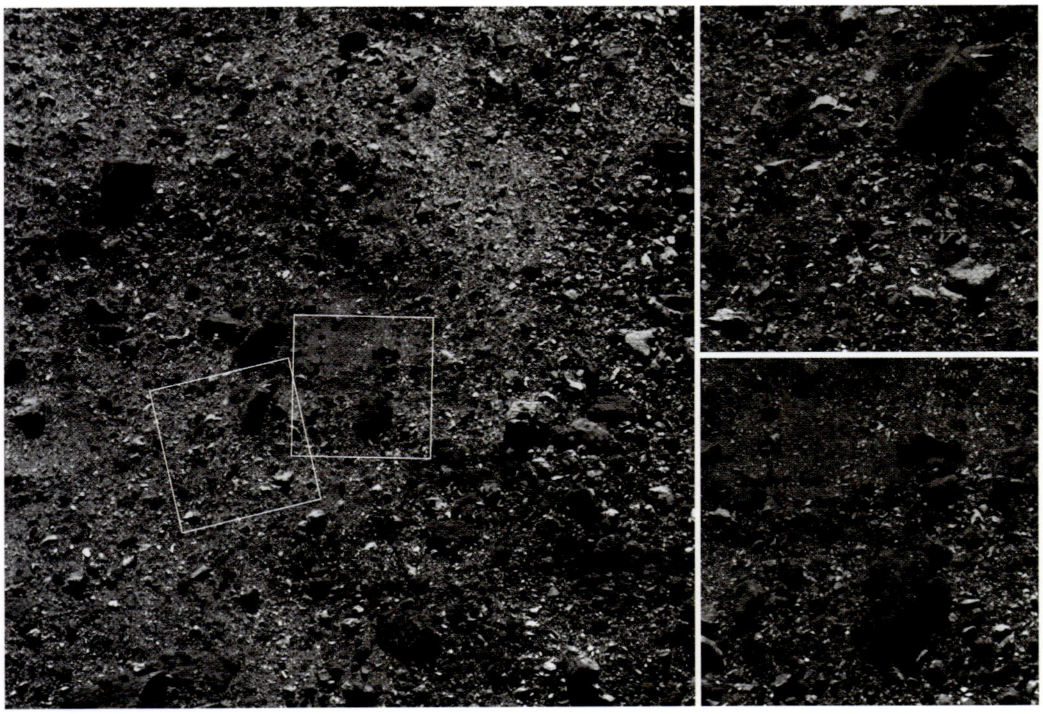

UNTEN Die Rückkehrkapsel von OSIRIS-REx landete am 24. September 2023 per Fallschirm auf einem militärischen Test- und Trainingsgelände im US-Bundesstaat Utah. In der Kapsel befanden sich Proben vom Asteroiden Bennu, die im Oktober 2020 von der Sonde gesammelt worden waren.

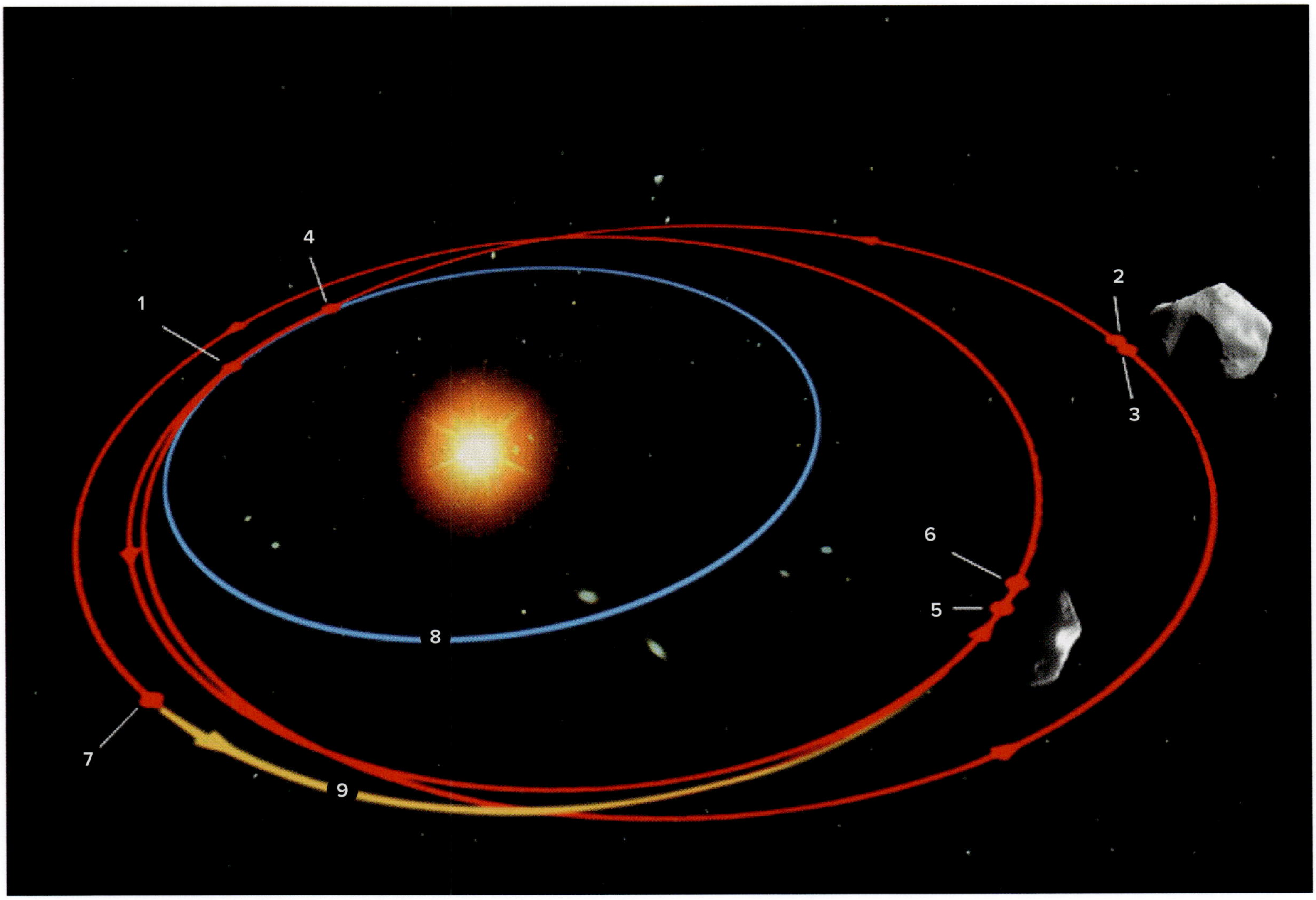

RECHTS Die Mission NEAR Shoemaker war von lauter Erfolgen gekrönt. Diese Karte der Oberfläche des Asteroiden Eros zeigt den geplanten Landeplatz der Raumsonde. Die Durchmesser der Krater sind in Rot angegeben, jene der Felsbrocken in Gelb. Die sechs gelben Kästchen der „Fußspur“ zeigen den Abstieg der Sonde NEAR Shoemaker in Schritten von 3000, 2500, 2000, 1500, 1000 und 500 Metern. Der gelbe Pfeil markiert die Stelle, an der die Sonde vermutlich aufsetzte. Die Koordinaten am linken Rand der Karte zeigen die südliche Breite, jene am unteren Rand die westliche Länge in Grad an.

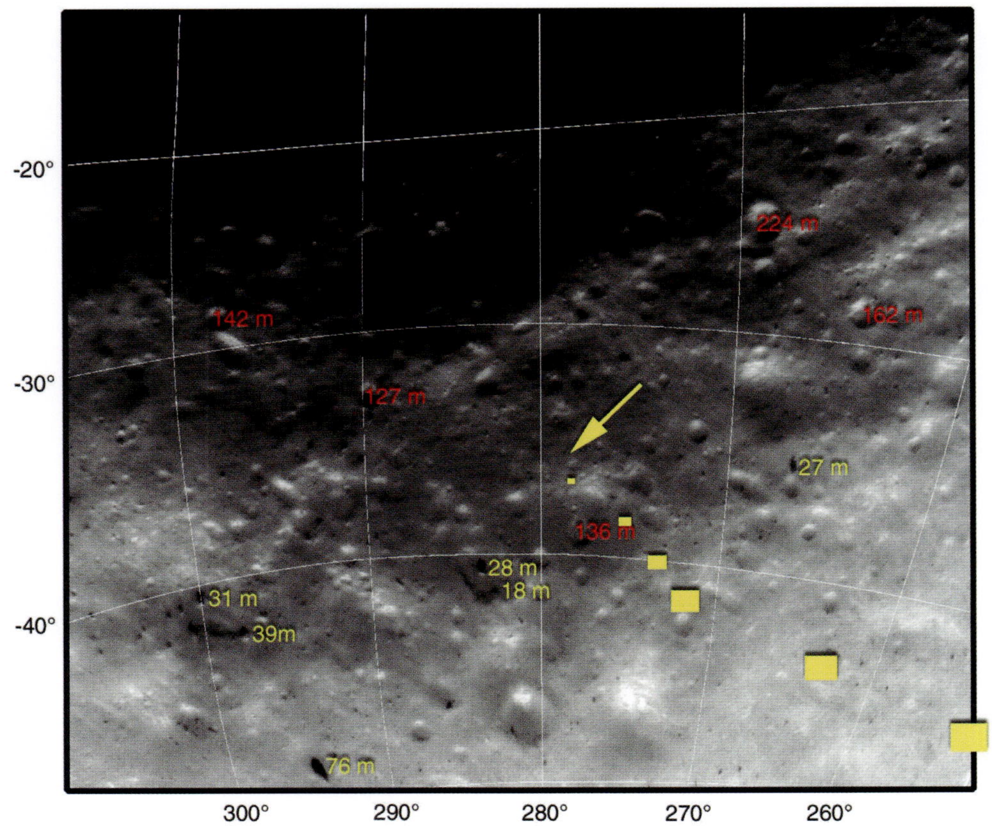

Diese Darstellung zeigt die NASA-Raumsonde DART (Double Asteroid Redirection Test) kurz vor ihrem Einschlag auf dem Asteroiden Didymos. DART war extra dafür konzipiert worden, die möglichen Auswirkungen auf die Flugbahn eines Asteroiden nach einer beabsichtigten Kollision zu testen.

„Bisher wurden rund 80 Asteroiden mit einem Durchmesser von über 162 Kilometern identifiziert, die meisten davon im Asteroidengürtel. Während der Großteil dieser Objekte keine Gefahr für die Erde darstellt, ist es wichtig, sie zu überwachen, was in internationaler Zusammenarbeit geschieht."

OBEN Die 2014 gestartete JAXA-Raumsonde Hayabusa 2 war eine Probenrückführungsmission, die den erdnahen Asteroiden 1999 JU3 (Ryugu) zum Ziel hatte. Nach der Landung drei kleiner Rover im Jahr 2018 wurden einige Proben entnommen, die im Dezember 2020 auf der Erde ankamen.

UNTEN Diese drei Radarbilder des erdnahen Asteroiden 2003 SD220 wurden im Dezember 2018 von der 70-Meter-Antenne der NASA-Antennenanlage des Goldstone Deep Space Communications Complex in Kalifornien und vom 100-Meter-Teleskop Green Bank der National Science Foundation (NSF) in West Virginia aufgenommen.
Von links nach rechts: (1) 15. Dezember, Asteroid 2003 SD220, Abstand zur Erde: 4,5 Millionen Kilometer; (2) 16. Dezember, der Asteroid ist nun 4,0 Millionen Kilometer entfernt; (3) der Asteroid am 17. Dezember in einer Entfernung von 3,5 Millionen Kilometern zur Erde. Am Samstag, dem 22. Dezember 2018, passierte der Asteroid in einer Entfernung von 2,9 Millionen Kilometern die Erde. Es war die größte Annäherung des Asteroiden in über 400 Jahren.

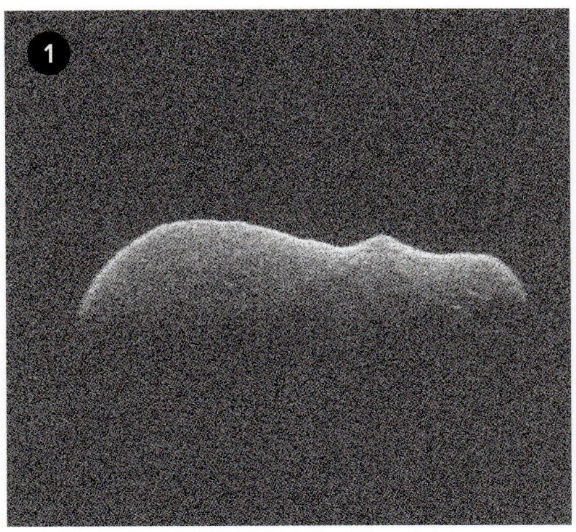

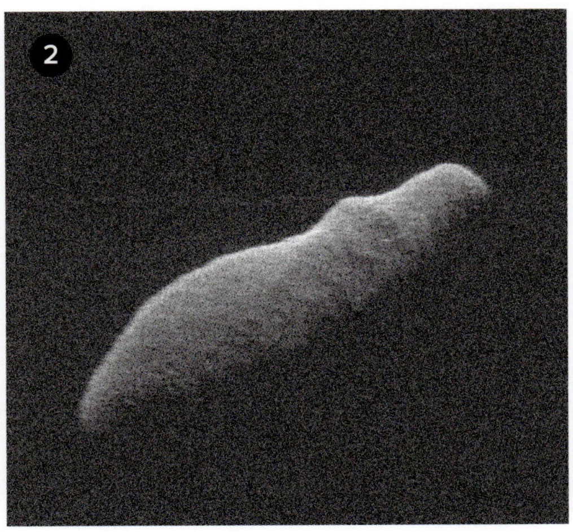

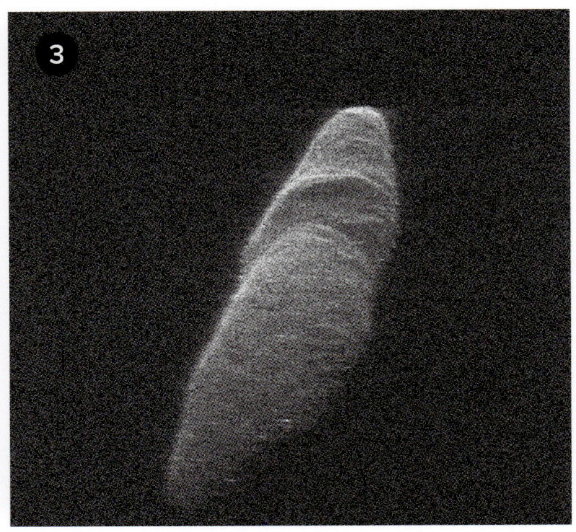

Die Raumsonde Psyche, die von der NASA am 4. Januar 2017 als kleinere Wissenschaftsmission gestartet wurde, befindet sich gegenwärtig auf dem Weg zum metallischen Asteroiden 16 Psyche, wo sie mithilfe einer Multispektralkamera, einem Magnetometer und einem Gammaspektrometer Daten über die Zusammensetzung des Himmelskörpers sammeln soll. Die Sonde wurde am 13. Oktober 2023 von der SpaceX-Trägerrakete Falcon Heavy ins All gebracht. Ihre lange Reise, die bis 2029 dauern wird, beinhaltet unter anderem ein Schwerkraftmanöver am Mars. Nach ihrer Ankunft soll die Sonde neue Informationen über die Geologie, die Form, die Zusammensetzung, das Magnetfeld und die Masse des Asteroiden sowie über die Entstehung erdnaher Planeten liefern. Da 16 Psyche vorwiegend aus Metallen besteht, bietet er ganz neue Einblicke.

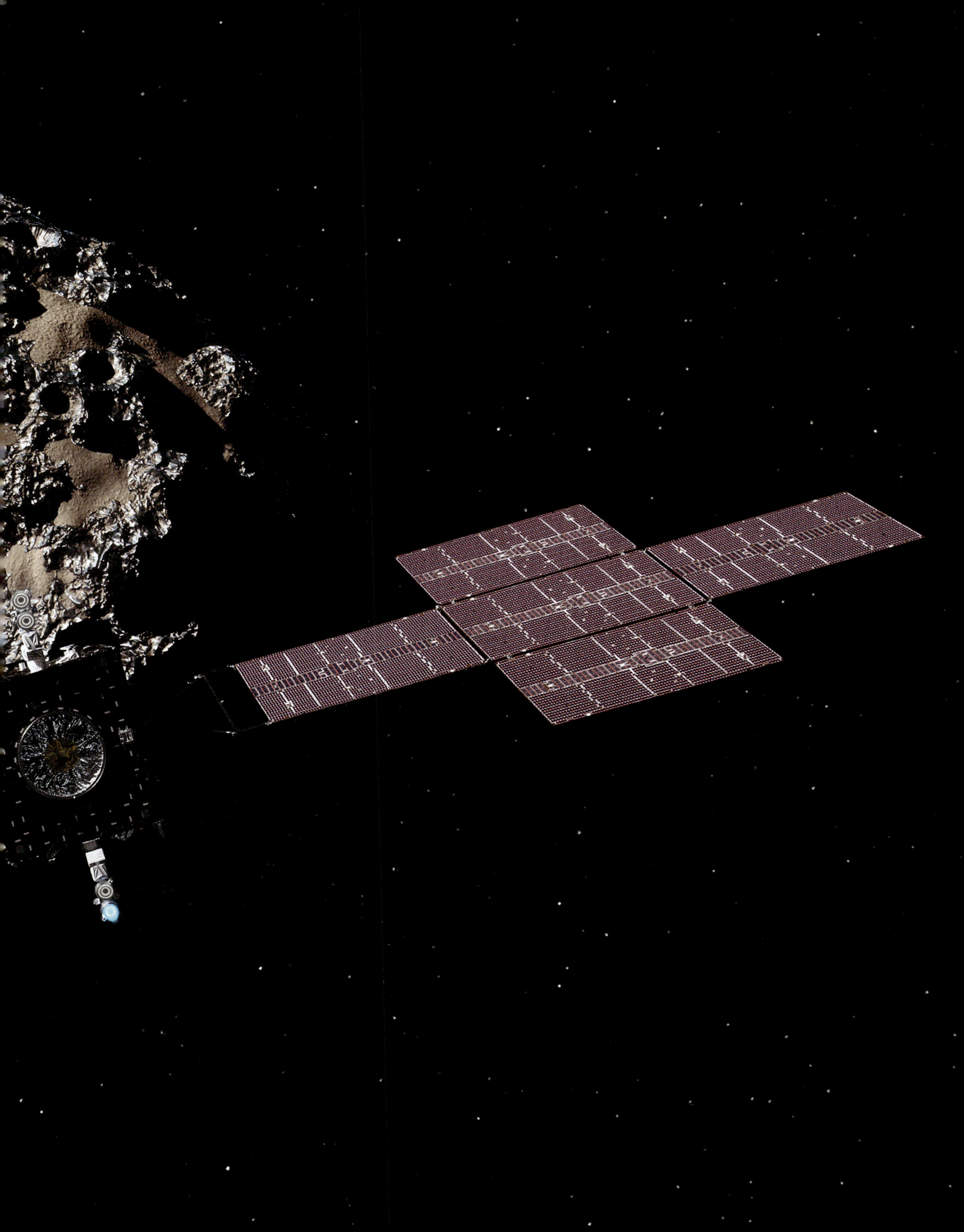

4 DIE INNEREN PLANETEN

Die Astronauten an Bord der Raumstation ISS (International Space Station) blicken aus dieser spektakulären Perspektive auf die Meere, Wolken und Krümmung unseres Heimatplaneten.

Schon seit langer Zeit beobachten Menschen die Planeten Mars, Venus und Merkur aus der Ferne. Im Laufe der Jahrhunderte entwickelten sich Mythen, Ideale und Erklärungen für die charakteristischen Merkmale der Planeten. Jeder von ihnen ähnelte der Erde gerade genug, um als potenzieller Lebensraum optimistische Erwartungen zu schüren. Und jeder von ihnen wurde seit Beginn des Weltraumzeitalters in den 1950er-Jahren bereits mehrmals von irdischen Raumsonden erkundet. Was wir dadurch erfahren haben, sorgte für Staunen, aber auch für Enttäuschung, weil wir bis jetzt noch keine Spuren von Leben jenseits der Erde gefunden haben.

Die Region in unserem Sonnensystem, die sich von Mars bis Merkur erstreckt, beherbergt die erdähnlichen Planeten. Dort finden sich vorwiegend kleinere Gesteinsplaneten, von denen einige in einer vermutlich habitablen Zone liegen. Die Erde wimmelt heute vor Leben, aber auch der Mars könnte einst ein wasserreicher Planet gewesen sein, auf dem zumindest zeitweise Leben möglich war. Vor der Mitte des 20. Jahrhunderts glaubten viele, dass es auch auf der Venus Leben geben könnte, etwa in einer Urzeit-ähnlichen Umwelt mit Dinosauriern. Sogar auf dem Merkur, dem sonnennächsten Planet, der zu heiß und unwirtlich für menschliches Leben ist, könnten unterirdische Organismen existieren.

Die Suche nach Leben jenseits der Erde hat jeden Aspekt der Erforschung unserer planetaren Nachbarn beeinflusst. Zwar liegt das Hauptaugenmerk der Raumfahrt auf der Untersuchung von Geologie, Klima, Atmosphären und anderen wissenschaftlichen Interessen, so ist auch die Biologie und die Möglichkeit, auf Lebewesen zu stoßen, eine anhaltende Motivation bei der Erforschung von Mars, Venus und in gewisser Weise sogar Merkur.

Vor dem 20. Jahrhundert erschien es wenig wahrscheinlich, dass wir einmal diese felsigen Planeten im inneren Sonnensystem besuchen würden. Die Erfindung des Teleskops im 17. Jahrhundert ließ uns einen klareren Blick denn je auf Mars, Venus, Merkur und andere nahe Himmelskörper werfen, auch wenn das Wissen über sie noch rudimentär war. Das Weltraumzeitalter ermöglichte uns zum ersten Mal in der Geschichte der Menschheit, diese Planeten zu besuchen und genauer zu erforschen. Die Erkenntnisse, die wir seit Beginn dieser neuen Ära gewannen, stellten langgehegte Vorstellungen über unsere nächsten Nachbarn im Sonnensystem in jeder Hinsicht auf den Kopf.

Dieses Kapitel erzählt die Geschichte der Erkundung der erdähnlichen Planeten und sie beginnt mit dem Mars. Auch die folgende Erde und ihr Mond sind wichtige Forschungsobjekte. Zu guter Letzt vervollständigen Venus und Merkur die Analyse der inneren Planeten, die weiterhin untersucht werden und immer wieder aufregende Erkenntnisse liefern.

BILDER VOM MARS

Der Mars, der aufgrund seiner rötlichen Farbe auch „Roter Planet" genannt wird, zieht die Menschheit seit Jahrhunderten in seinen Bann. Im Jahr 2016 richtete die Bodenstation des Hubble-Weltraumteleskops (HST) die Hochleistungskamera des Instruments auf den Planeten, als er in Opposition stand (und sich auf seiner größten Annäherung an die Erde befand – 80 Millionen Kilometer entfernt). Die Aufnahme ist das beste Einzelbild des Mars, das von einem erdnahen Teleskop gemacht wurde, und erreichte eine Auflösung von 8 Kilometern pro Pixel. Die helleren und dunkleren Schattierungen hielt man früher für Bauwerke von Lebewesen, aber in Wirklichkeit handelt es sich um Hoch- und Tiefebenen auf der Oberfläche des Mars.

Im maßstabsgetreuen Größenvergleich (*im Uhrzeigersinn von oben links*): Venus, Mars, Erde und Mond. Die normalerweise wolkenverhangene Venus wurde auf diesem Radarbild der Raumsonde Magellan aus den frühen 1990ern digital von ihrer dunstigen Schicht befreit. Sie ist fast gleich groß wie die Erde, während der Mars deutlich kleiner ist.

FASZINATION MARS

Seit Jahrhunderten übt der Mars eine fast magische Anziehungskraft auf die Menschen aus – weil man hoffte, dort auf Leben zu stoßen. Auch im Zeitalter der Raumfahrt bleibt der Mars eines der verlockendsten Ziele in einem Sonnensystem voller Attraktionen.

Unsere Vorstellung vom Mars war schon immer von Wunschdenken geprägt. Im Altertum wurde der Planet personifiziert: Bei den Babyloniern hieß er Nergal – der große Held und Kriegskönig; bei den Ägyptern war er Har Decher, der Rote, der Kampf und Krieg symbolisierte. Auch die alten Griechen und Römer benannten ihn nach ihren Kriegsgöttern.

Im 20. Jahrhundert hoffte man, Leben auf dem Mars zu finden, da er in der habitablen Zone des Sonnensystems liegt, wo flüssiges Wasser existieren könnte. Diese Idee dominierte auch die Science-Fiction, etwa den elfbändigen *Mars-Zyklus* (1911–1943) von Edgar Rice Burroughs oder die *Mars-Chroniken* (1950) von Ray Bradbury. Diese Bestseller sind noch immer beliebt und dienten als Grundlage für Verfilmungen, etwa für die gleichnamige Mini-Serie zu den *Mars-Chroniken* (1980) oder das Disney-Epos *John Carter* (2012).

Erst als in den 1960er-Jahren die erste Raumsonde den Mars erreichte, änderten sich die Fantasien über den Planeten. Der Blick auf die von Kratern übersäte Landschaft konfrontierte uns mit der Tatsache, dass der Mars sich doch stark von der Erde unterschied. Dennoch bleibt der Wunsch, Leben zu entdecken, bei vielen Forschungsmissionen zum Roten Planeten im Hinterkopf – so genannt, weil er durch erdbasierte Teleskope betrachtet rot erscheint.

EINIGE DATEN ZU MARS

MITTLERER ABSTAND ZUR SONNE 229 Millionen Kilometer bzw. 1,5 Astronomische Einheiten (AE)
DURCHMESSER 6791 Kilometer
DICHTE 3,933 Gramm/Kubikzentimeter
OBERFLÄCHENGRAVITATION 3,72076 m/s^2 (etwa 38 Prozent der Gravitation der Erde)
ROTATIONSDAUER (LÄNGE EINES TAGES) 24 Stunden, 39 Minuten, 35 Sekunden
UMLAUFZEIT (LÄNGE EINES JAHRES) 687 Erdentage
DURCHSCHNITTSTEMPERATUR OBERFLÄCHE -62 Grad Celsius
NATÜRLICHE SATELLITEN Zwei
ENTDECKT VON Der Mars wurde nicht von einer einzelnen Person entdeckt. Seit Jahrhunderten wird er von der Erde aus beobachtet – erstmals durch ein Teleskop von Galileo Galilei im Jahr 1610.

LINKS Dieses Design einer bemannten Raumfähre wurde vom deutsch-amerikanischen Raumfahrtingenieur Wernher von Braun (1912–1977) im Rahmen seines hypothetischen Marsprojekts entworfen.

RECHTS Dieses Bild vom Mars wurde aus über tausend Einzelaufnahmen zusammengesetzt. Die Raumsonde Viking besuchte den Roten Planeten 1976 und lieferte die Daten für diese vollständige Farbaufnahme mit einer Auflösung von 1 Kilometer pro Pixel. Die auffälligsten Merkmale sind die polare Eiskappe und ein langer Riss entlang des Äquators. Dieses Grabenbruchsystem mit dem offiziellen Namen Valles Marineris besteht aus einem Netz aus Canyons, das sich über 4000 Kilometer auf der Äquatorialebene des Planeten erstreckt. Die Täler sind rund 200 Kilometer breit und bis zu 7 Kilometer tief. Valles Marineris ist der größte bekannte Canyon im Sonnensystem.

KANÄLE AUF DEM MARS?

Jenseits der Science-Fiction glaubten viele Marsbeobachter den Berichten von Astronomen wie Giovanni Schiaparelli (1835–1910), die „Kanäle" auf dem Mars beschrieben. Das entfachte Spekulationen über eine technisch versierte Zivilisation auf dem Planeten. Der französische Autor Camille Flammarion stellte sich in der Erzählung *Urania* (1889) das Leben auf dem Mars vor: „Sie begradigten und vergrößerten die Wasserläufe und formten sie zu Kanälen, und sie bauten ein Netz aus riesigen Kanälen auf allen Kontinenten."

Der wohlhabende US-amerikanische Amateurastronom Percival Lowell (1855–1916) glaubte, dass die Marskanäle von einer untergehenden Hochkultur konstruiert wurden. Mit privaten Mitteln ließ er das Lowell-Observatorium in Arizona errichten, um den Planeten besser erforschen zu können. Bis zu seinem Tod blieb er davon überzeugt, dass sich auf dem Mars Leben entwickelt hatte.

Auf Zeitschriftenillustrationen wurde der Planet oft voller Kanalnetze dargestellt. Im Jahr 1944 informierten die Redakteure des Magazins *Life* ihre Leser, dass die Kanäle der Bewässerung von Vegetation dienten, die sich „im Wechsel der Jahreszeiten von grün zu braun verfärbt". Der deutsch-amerikanische Wissenschaftspublizist Willy Ley versicherte 1952 die Leser der Zeitschrift *Collier's*, dass auf dem Mars ganz sicher „Flechten und Algen" existierten. Die Vorstellung, dass es auf dem Mars einst Leben gab, lässt uns bis heute nicht los, weil wir noch zu gern daran glauben wollen.

RECHTS Diese Karte aus dem Jahr 1967 enthält sechs orthografische Projektionen des Mars und die detailliertesten Informationen, die zu dieser Zeit über die Oberfläche des Planeten vorhanden waren. Damals konnten manche Bereiche noch als Kanäle gedeutet werden. Die geografischen Regionen wurden von Astronomen benannt, um bestimmte Orte zu identifizieren. Viele waren Varianten von Begriffen aus der Antike. Das umfassendste Verzeichnis von geografischen Bezeichnungen für den Mars fand sich im Werk des italienischen Astronomen Giovanni Schiaparelli.

RECHTS UNTEN Zwischen 1877 und 1888 zeichnete Schiaparelli die beiden Hemisphären des Mars. Diese Darstellung führte zur Annahme, dass intelligente Lebewesen Kanäle gebaut hatten, um Wasser von den Polen zur trockenen Äquatorialebene zu leiten. Schiaparelli ging fälschlicherweise davon aus, dass jahreszeitliche Veränderungen der Vegetation die Ursache waren. In Wirklichkeit entstanden die Rinnen durch starke Staubstürme.

DIE KARTEN DES MARS UND SEINER KANÄLE IM 19. JAHRHUNDERT

Giovanni Schiaparelli wie auch Percival Lowell erstellten Karten der Marsoberfläche, die zu Spekulationen über das Leben auf dem Roten Planeten anregten. Schiaparelli entwarf die erste detaillierte Karte, deren „Meere" und „Kontinente" er benannte. Sie zeigt deutlich die vermeintlichen „Kanäle" und schürte den Irrglauben, dass der Mars der Erde stärker ähnelte, als das eigentlich der Fall war.

Lowell schrieb drei Bücher zum Thema: *Mars* (1895), *Mars and its Canals* (1906) und *Mars as the Abode of Life* (1908). Darin beharrte er, dass der Mars ein sterbender Planet war und seine Bewohner ein riesiges System aus Kanälen gebaut hatten, um Wasser von den Polen in andere Bevölkerungszentren zu lenken. Diese Karte aus seinem dritten Buch zeigt den vermuteten Verlauf dieser Kanäle.

Lowells Meinung war beliebt, aber nur wenige Astronomen stimmten ihm zu. Der italienische Astronom Vincenzo Cerulli (1859–1927) kam zu dem Schluss, dass die Kanäle nur optische Täuschungen waren. Doch Lowell war sich sicher, dass er auf dem Mars die Bauwerke einer hochentwickelten Zivilisation sah, und niemand konnte ihn vom Gegenteil überzeugen. Erst die ersten Beobachtungen durch Raumsonden in den 1960er-Jahren setzten solchen irrigen Annahmen ein Ende.

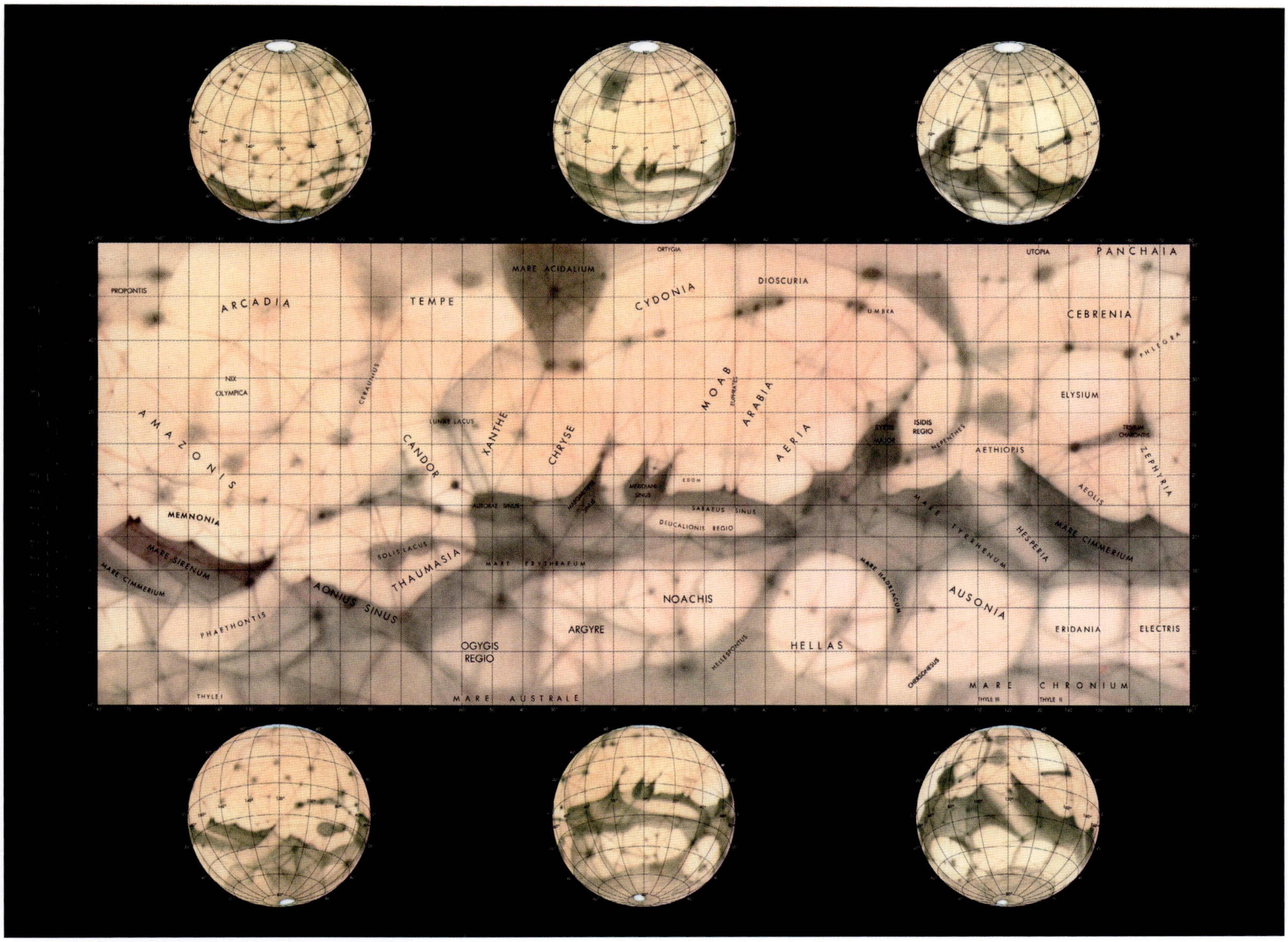
PROPONTIS
ARCADIA
TEMPE
MARE ACIDALIUM
ORTYGIA
CYDONIA
DIOSCURIA
UMBRA
UTOPIA
PANCHAIA
CEBRENIA
PHLEGRA
NIX OLYMPICA
AMAZONIS
LUNAE LACUS
CANDOR
XANTHE
CHRYSE
MOAB
ARABIA
AERIA
ISIDIS REGIO
ELYSIUM
AETHIOPIS
ZEPHYRIA
AEOLIS
MEMNONIA
AURORAE SINUS
EDOM
SABAEUS SINUS
DEUCALIONIS REGIO
MARE TYRRHENUM
HESPERIA
MARE CIMMERIUM
MARE SIRENUM
SOLIS LACUS
THAUMASIA
MARE ERYTHRAEUM
NOACHIS
AUSONIA
AONIUS SINUS
PHAETHONTIS
OGYGIS REGIO
ARGYRE
HELLAS
ERIDANIA
ELECTRIS
MARE AUSTRALE
MARE CHRONIUM
THYLE I
THYLE II

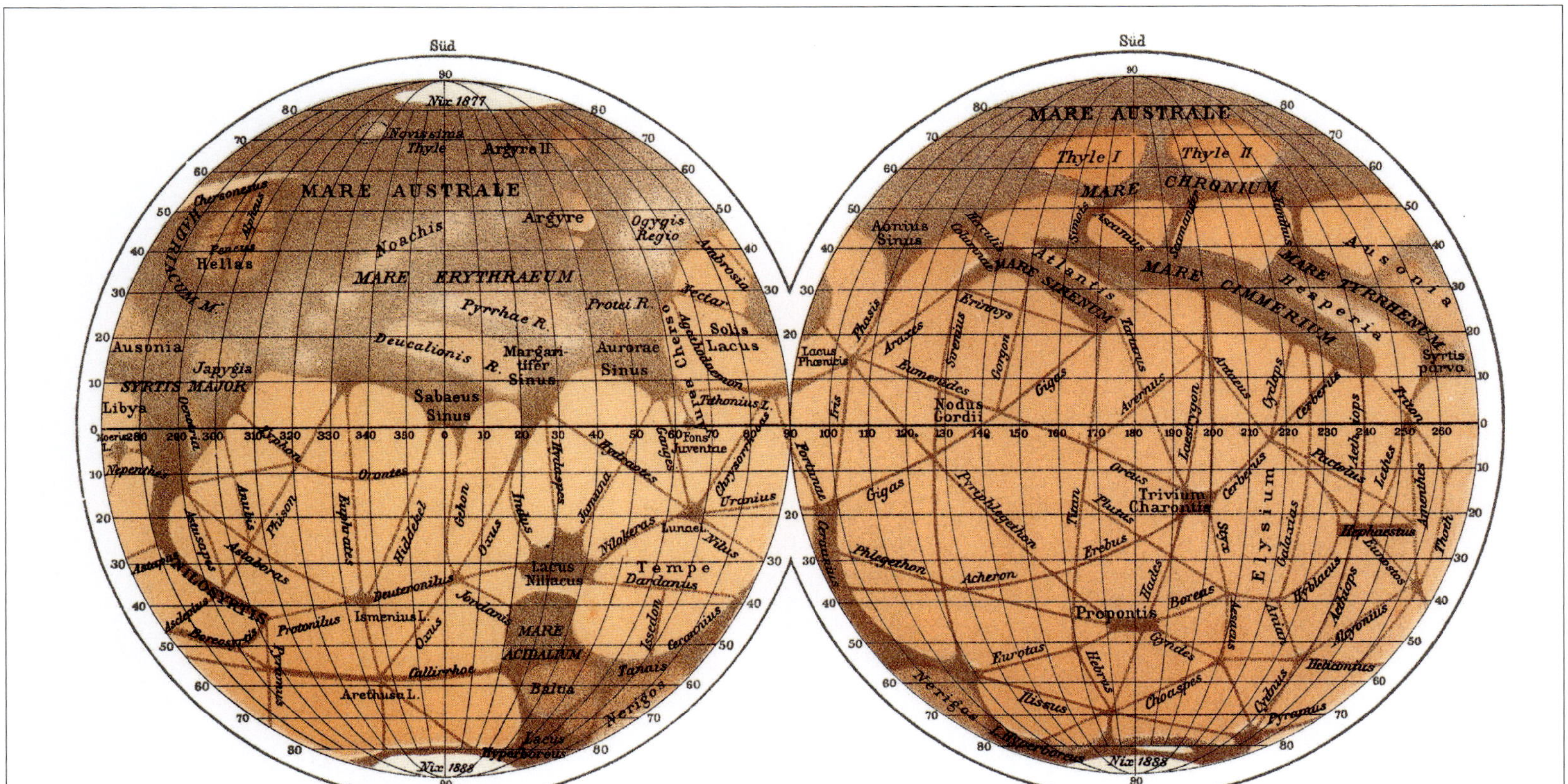
Süd
Nix 1877
Argyre II
MARE AUSTRALE
Noachis
Argyre
Ogygis Regio
Hellas
MARE ERYTHRAEUM
Pyrrhae R.
Protei R.
Solis Lacus
Ausonia
Deucalionis R.
Margaritifer Sinus
Aurorae Sinus
Japygia
SYRTIS MAJOR
Libya
Sabaeus Sinus
Tithonius L.
Fons Juventae
Orontes
Lacus Niliacus
Tempe
Dardanus
Protonilus
Ismenius L.
MARE ACIDALIUM
Arethusa L.
Baltia
Lacus Hyperboreus
Nix 1888
Nord
MARE AUSTRALE
Thyle I
Thyle II
MARE CHRONIUM
Aonius Sinus
MARE SIRENUM
MARE CIMMERIUM
Ausonia
Hesperia
MARE TYRRHENUM
Syrtis parva
Lacus Phoenicis
Nodus Gordii
Trivium Charontis
Elysium
Propontis
Nix 1888
Nord

ERSTE MARSMISSIONEN

Im Rahmen ihres Wettkampfs im Kalten Krieg machten die USA und die Sowjetunion den Mars schon früh zum Ziel ihrer Raumfahrtprogramme und schickten in den 1960er-Jahren auch Raumsonden dorthin. Beide Länder steckten viele Rückschläge ein und fanden heraus, dass der Weg zum Roten Planeten voller Hindernisse war.

Die Sowjetunion entsandte in den 1960er-Jahren die erste Sonde zum Mars. Zwischen Oktober 1960 und November 1964 wurden sechs Missionen gestartet – vier Vorbeiflüge, ein Lander und ein Impaktor, aber nicht eine war erfolgreich. Im Jahr 1971 erreichten die sowjetischen Orbiter Mars 2 und Mars 3 endlich den Roten Planeten, wenn auch nicht wie geplant seine Umlaufbahn. Dennoch übermittelten sie 60 Bilder vom Mars an die Erde.

Die Vereinigten Staaten verzeichneten im ersten Jahrzehnt des Weltraumzeitalters ebenfalls kaum Erfolge mit ihren Mars-Missionen und verloren zwei von sechs Sonden auf dem Weg zu ihrem Ziel. Am 15. Juli 1965 näherte sich die Raumsonde Mariner 4 bis auf 9846 Kilometer dem Mars und machte 21 Bilder. Diese Aufnahmen zeigen einen Planeten ohne Bauwerke und Kanäle. Nichts darauf deutet auch nur annähernd auf Spuren von intelligentem Leben hin.

Auf Grundlage dieser neuen Informationen verkündete die amerikanische Wochenzeitung *US News & World Report* in ihrer Ausgabe vom 9. August 1965: „Der Mars ist tot." Auch der amtierende US-Präsident Lyndon B. Johnson gab zu, dass „das menschliche Leben, wie wir es kennen, doch einzigartiger ist, als viele es sich vorgestellt haben".

Die Raumsonden Mariner 6 und 7, die 1969 gestartet wurden, machten weitere Aufnahmen des Roten Planeten, aber erst Mariner 9 trat in seine Umlaufbahn ein und lieferte in den Jahren 1971 und 1972 wichtige Daten. Die Wissenschaftler im Jet Propulsion Laboratory (JPL), einem NASA-Forschungszentrum im kalifornischen Pasadena, verarbeiteten die Bilder von Mariner 9 zu einem Gesamteindruck des Mars, der auch die feinen Details aus den Beobachtungen der Raumsonde offenbarte, etwa die Überbleibsel alter Flussbetten oder Erosionsrinnen in der kargen Landschaft (siehe Seite 230). Die Bilder, die im September 1973 fertiggestellt wurden, zeigten die großflächigen geologischen Merkmale des Mars besser als je zuvor und halfen bei der Planung nachfolgender Missionen.

Mit diesem Bild der Raumsonde Mariner 4, die in eine Illustration des Mars kopiert wurde, bewarb die NASA 1965 ihre Mission.

OBEN Ein Datenumwandler konvertiert in Echtzeit die digitalen Bilddaten von Mariner 4 in Zahlen, die auf Papierstreifen ausgedruckt werden. Die Ingenieure im NASA-Forschungszentrum JPL legten die Streifen nebeneinander auf und färbten die bezifferten Bereiche wie bei „Malen nach Zahlen“ ein. Dabei entstand ein Kunstwerk und gleichzeitig das erste digitale Weltraumbild. Anschließend wurde das Bild gerahmt und dem JPL-Direktor William Pickering überreicht.

OBEN Ein einfaches Magnetband diente Mariner 4 als Speicher für die Bilder des Roten Planeten, die dann über das Kommunikationssystem an die Erde übermittelt wurden.

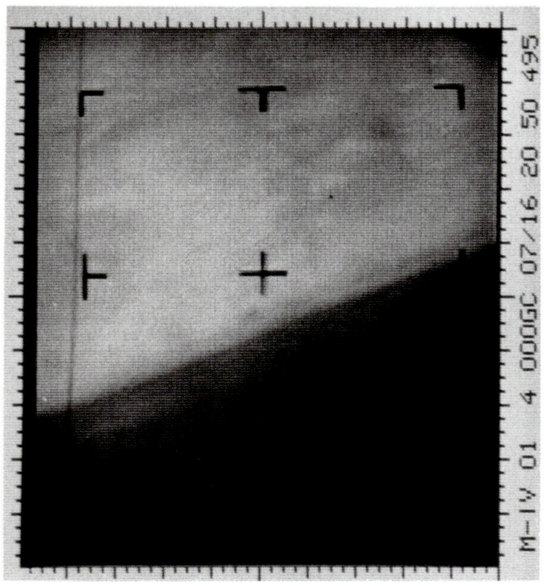

OBEN Diese kontrastverstärkte Version des ersten Mars-Fotos von Mariner 4 wurde am 15. Juli 1965 veröffentlicht. Diese erste Nahaufnahme eines anderen Planeten wurde von der Raumsonde digital an die Erde gesendet. Die Daten wurden für die spätere Übertragung auf einem Bandlaufwerk gespeichert.

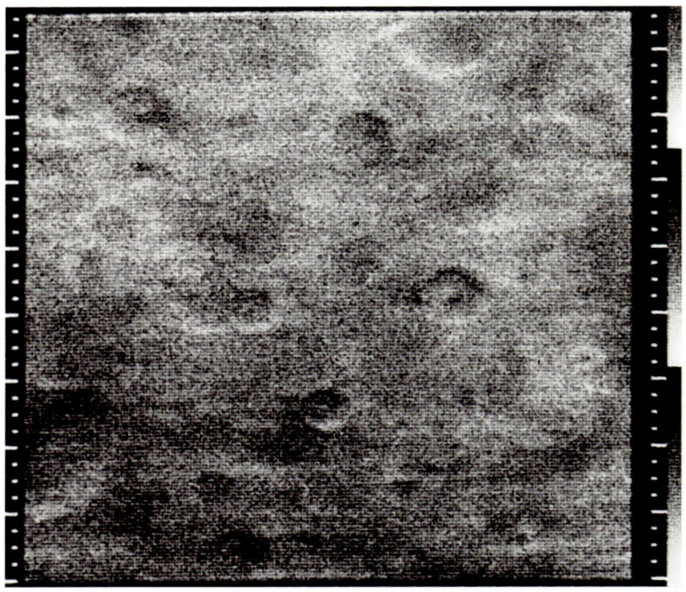

OBEN Dieses Bild der Raumsonde Mariner 4 zeigt deutliche Krater auf dem Mars, dessen Landschaft dem Mond ähnelt. Bisherige Annahmen, dass der Mars vielleicht bewohnbar sei, wurden dadurch endgültig entkräftigt.

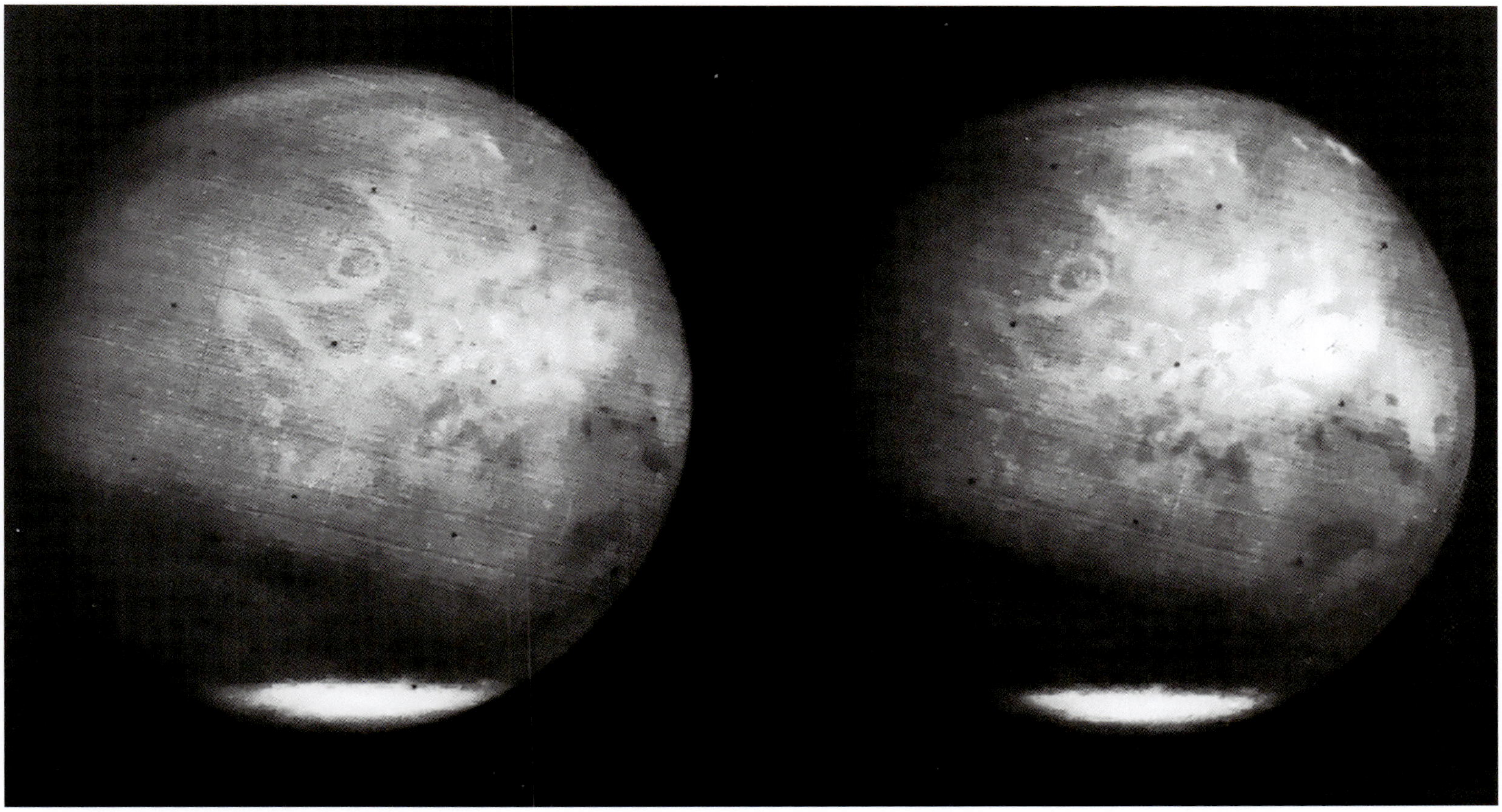

OBEN Dieses Foto von Mariner 7 zeigt den gesamten Mars. Es wurde 1969 aus einer Entfernung von 300 000 Kilometern gemacht. Auf dem Bild erkennt man die Polkappen und Nix Olympica, das ringförmige Merkmal in der Mitte der oberen Quadranten, das später als der gigantische Schildvulkan Olympus Mons identifiziert wurde.

RECHTS Dieser 1 Meter große Fotomosaik-Globus des Mars ist im Smithsonian National Air and Space Museum in der US-Hauptstadt Washington ausgestellt. Es ist nicht nur das erste Fotomosaik des Mars, sondern das erste, das überhaupt von einer planetaren Masse gemacht wurde. Über 1500 Einzelbilder aus der Raumsonde Mariner 9 wurden dafür verwendet und jedes von ihnen musste separat am Computer bearbeitet werden, um einheitliche Schattierungen und die passende Geometrie für den Globus zu erzeugen. Die Teile wurden von Hand ausgeschnitten und als Mosaik mit überlappenden Bildern zusammengelegt, ohne wichtige Oberflächenmerkmale zu unterbrechen. Wenn man genau hinschaut, kann man die Überschneidungen zwischen den verschiedenen Bildern auf diesem bemerkenswerten Globus erkennen.

LANDER, ROVER UND FLUGKÖRPER

Die Erfolge der Mariner-Vorbeiflüge und -Orbiter bestärkten die NASA in ihren Versuchen, auf dem Mars zu landen. Nach den ersten Viking-Landesonden im Jahr 1976 begaben sich weitere Missionen auf die Oberfläche des Planeten. Manche von ihnen fahren datensammelnd durch die Landschaft, während ein Helikopter sogar in der dünnen Marsatmosphäre umherflog.

Die 1970er-Jahre werden oft als goldenes Zeitalter der Planetenforschung betrachtet, da in diesem Jahrzehnt die ersten Raumsonden zu den äußeren Planeten geschickt wurden und die Viking-Sonden auf dem Mars landeten. Tatsache ist, dass die Lander Viking 1 und 2 spektakuläre Erfolge verbuchten. Beide wurden von der NASA im Jahr 1975 gestartet und landeten im Sommer 1976 auf dem Mars – während der Feier zum 200-jährigen Bestehen der USA. Sie zogen die ganze Welt in ihren Bann. Die Lander, Rover und Flugkörper, die zum Mars entsandt wurden, zeigten den Menschen, dass der Planet einladend und fremd zugleich war.

Die identischen Sonden des Viking-Programms waren mit je einem Lander und einem Orbiter ausgestattet und übermittelten bis November 1982 Daten an die Erde. Eine der wichtigsten wissenschaftlichen Ziele der Mission war der Versuch, herauszufinden, ob es auf dem Mars Leben gab. Frühe Messungen hatten Hinweise auf biologisches Material gezeigt, aber die NASA-Biologen hielten sie für ein falsch-positives Ergebnis aufgrund schlecht kalibrierter Instrumente. Schließlich gab man widerwillig zu, dass die Möglichkeit, Leben auf dem Mars zu finden, idealisiert worden war.

Dieses enttäuschende Eingeständnis überschattete den allgemeinen Erfolg von Viking. Die Sonde fand keinen Hinweis auf Leben auf dem Mars, weder auf der Oberfläche noch in den Tiefen, die der Lander aufbohren konnte. Das hätte eigentlich nicht überraschen dürfen, denn Oberflächenbewohner gibt es äußerst selten. Auch auf der Erde befindet sich der Großteil der Biomasse unter der Planetenoberfläche, entweder im Boden oder in den Meeren.

Nach Viking schickte die NASA fast 20 Jahre lang keine weitere Sonde mehr zum Mars. Als es dann 1993 soweit war, ging der Mars Observer unterwegs verloren, am 21. August 1993, als die Bodenstation kein Signal mehr empfing – drei Tage vor dem Eintreten der Sonde in die Mars-Umlaufbahn. Die Ursache für das Versagen des Observers war eine Explosion in den Treibstoffleitungen der Sonde. Ein Witzbold lieferte eine alternative Erklärung: Nach der Landung der Viking-Sonden im Jahr 1976 hatten die Marsianer ein planetares Verteidigungssystem entwickelt, dass nun jeden unerwünschten Besucher vom Roten Planeten fernhielt.

Als Vorbereitung auf die Mission und während die Sonden die Marsoberfläche untersuchten, verwendeten die Wissenschaftler und Ingenieure der NASA dieses Testmodell der Viking-Lander, um zu simulieren, wie die Sonden auf verschiedene Funkbefehle reagieren würden.

OBEN Die erste Panoramaaufnahme, die Viking 1 von der Marsoberfläche machte. Der unscharfe Teil der Raumsonde am linken unteren Rand ist das Gehäuse für den Roboterarm des Bodenprobengeräts, der hier noch nicht im Einsatz ist. Am Horizont befindet sich links in 3 Kilometern Entfernung eine Art Hochebene, die viel heller als das Material zwischen den Gesteinsbrocken im Vordergrund ist. Links sieht man eine Ansammlung von feinkörnigem Material, das an Sanddünen erinnert.

LINKS Big Joe, ein großer Felsen von ca. 2 Metern Länge, dessen rötlicher feiner Schluff auch seine Seiten bedeckt, ist hier rund 8 Meter vom Viking-1-Lander entfernt. Auf der linken Seite sind weitere Felsbrocken zu sehen, die eine Spur bis zum Horizont ziehen.

LINKS UNTEN Rote Felsbrocken, soweit das Auge reicht. Dieses steinige Feld erstreckt sich bis zum Horizont, der 3 Kilometer vom Standort der Sonde Viking 2 auf der Mars-Tiefebene Utopia entfernt ist.

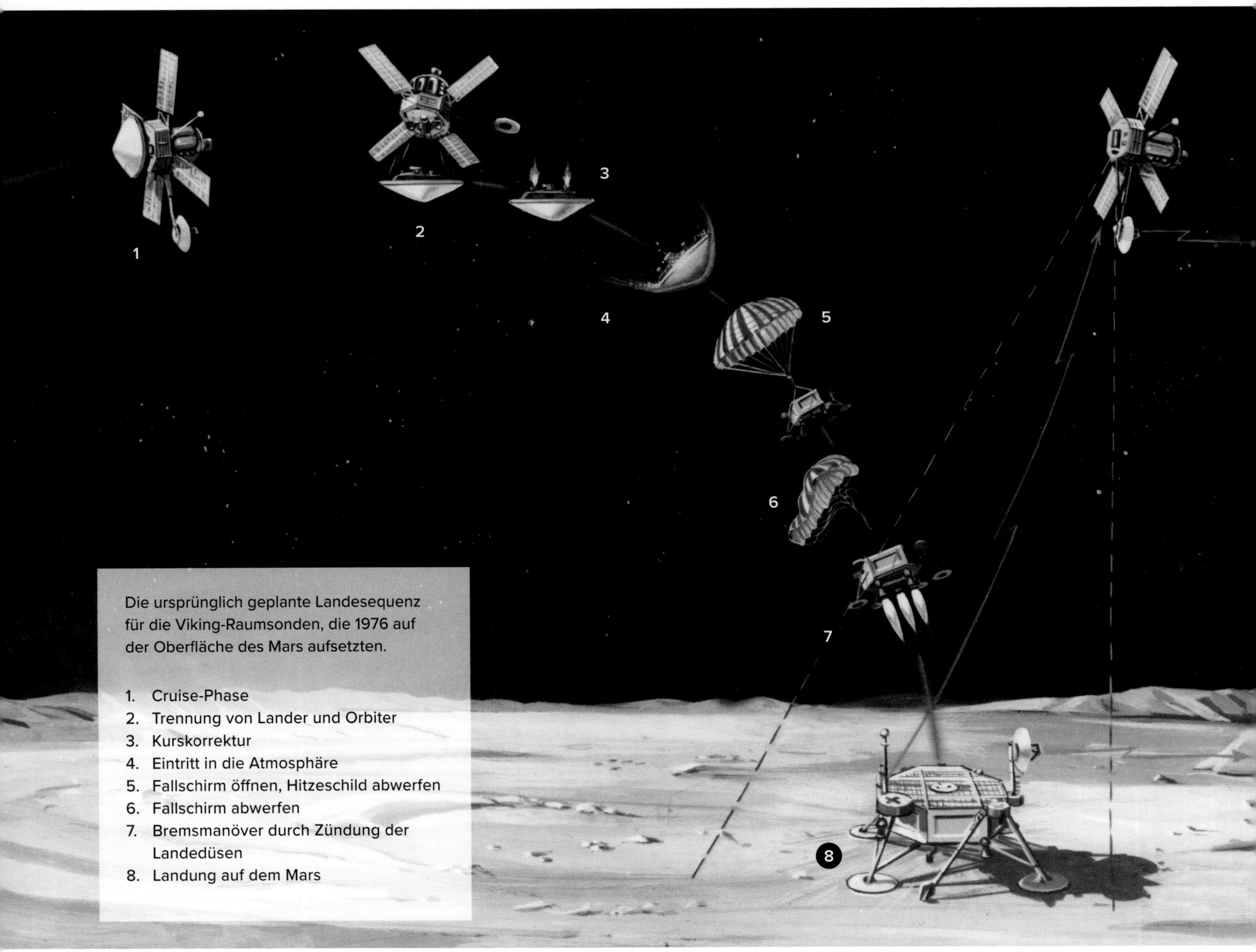

Die ursprünglich geplante Landesequenz für die Viking-Raumsonden, die 1976 auf der Oberfläche des Mars aufsetzten.

1. Cruise-Phase
2. Trennung von Lander und Orbiter
3. Kurskorrektur
4. Eintritt in die Atmosphäre
5. Fallschirm öffnen, Hitzeschild abwerfen
6. Fallschirm abwerfen
7. Bremsmanöver durch Zündung der Landedüsen
8. Landung auf dem Mars

EIN KLEINER ROVER ALS WEGBEREITER

Am 4. Juli 1997 wurde ein weiterer Meilenstein bei der Erkundung des Mars erreicht, als der Mars-Lander Pathfinder als erster Besucher seit 1976 auf dem Roten Planeten aufsetzte. Nach der Landung setzte er den kleinen, 10,4 Kilo leichten Rover Sojourner auf dem Mars ab. Dieses Roboterfahrzeug begann sofort mit der Analyse des Wetters, der Trübung der Atmosphäre und der chemischen Zusammensetzung der Felsbrocken im Ares Vallis, einem ehemaligen Flusstal auf der Nordhalbkugel des Mars. Am 3. August 1997 schloss der Rover seine 30-tägige Mission erfolgreich ab und hatte in dieser Zeit weit mehr Daten über die Atmosphäre, das Wetter und die Geologie des Mars gesammelt, als die Wissenschaftler erwartet hatten. Insgesamt brachte Pathfinder über 1,2 Gigabits (1,2 Milliarden Bits) an Daten und über 10 000 spannende Bilder der Marslandschaft zur Erde zurück.

Die Resultate der Pathfinder-Mission waren ein außerordentlicher Erfolg. Sie zeigten, dass sich der Mars im Laufe von Äonen verändert hatte und es einst Wasser auf seiner Oberfläche gegeben haben musste. Die Felsen und der Boden der Landestelle wiesen eindeutige Anzeichen von Erosion auf. Fließendes Wasser hatte die Oberfläche abgetragen und geologisches Material weitergeschwemmt, wie es auch auf der Erde bei Fluten geschieht. Diese Ergebnisse entfachten im frühen 21. Jahrhundert wieder ein verstärktes Interesse an der Erkundung des Mars.

OBEN Pathfinder landet in Ares Vallis, einem Flusstal, das von Steinen, Felsen und runden Kieseln übersät ist. Das Gesteinsmaterial wurde in der Frühgeschichte des Mars von Flutwellen mitgerissen und hier deponiert. Kurz nach der Landung von Pathfinder im Jahr 1997 (im Bild mit luftleeren Airbags) erhielt die Stelle offiziell den Namen „Carl Sagan Memorial Station“, im Gedenken an den Pionier der Planetenwissenschaft. Der Rover, der hier noch in seiner Halterung steckt, wurde nach der amerikanischen Bürgerrechtlerin Sojourner Truth benannt. Die Enthüllung, dass es auf dem Mars einst Wasser gegeben hatte, brachte neuen Schwung in die Bemühungen, auch in Zukunft weiter auf dem Roten Planeten zu forschen.

RECHTS Dieses einzigartige Foto, das den Pathfinder aus der Vogelperspektive zeigt, entstand aus drei Datensätzen:
1) einem farbigen Mosaikbild des Panoramas;
2) einem sogenannten „Range Image“, das an jeder Pixelposition die Entfernung zum nächstgelegenen Objekt angibt; und 3) ein Digitalbild eines maßstabsgetreuen Modells des Pathfinder-Landefahrzeugs. So entsteht der Eindruck, von oben auf den Lander inmitten der Marslandschaft zu blicken. Der Rover Sojourner steht neben einem Felsen mit dem Spitznamen Moe.

DIE NEUE ROVER-WELLE

Im Jahr 2004 begeisterten die beiden Rover Opportunity und Spirit der Mars-Exploration-Mission die Öffentlichkeit. Jede der beiden Schwestersonden wog rund 180 Kilogramm und war mit fünf wissenschaftlichen Instrumenten ausgestattet, darunter ein Schleifwerkzeug zum Abkratzen von Gestein sowie ein agiler Roboterarm zur Entnahme und Untersuchung von Gesteinsproben. Sie landeten in großem Abstand voneinander auf dem Mars: Spirit am 4. Januar 2004 im Gusev-Krater, Opportunity drei Wochen später im Meridiani Planum auf der anderen Seite des Planeten.

Die beiden Landfahrzeuge sollten 90 Tage auf der Oberfläche des Mars überstehen, aber beide übertrafen die erwartete Lebensdauer bei Weitem. Während ihrer Arbeit fuhren sie mehr als siebenmal so weit wie ursprünglich geplant. Spirit legte 7,7 Kilometer auf dem Mars zurück, bevor am 22. März 2010 sein Kontakt zur Erde abbrach. Die Bodenstation beendete seine Mission am 8. Juni 2011. Opportunity hielt noch länger durch und stellte seinen Betrieb am 13. Februar 2019 ein. Er hatte 45,16 Kilometer auf dem Buckel. Beide Rover hatten beim Verrichten ihrer Tätigkeiten mit Hügeln, Kratern, Sandfallen und technischen Problemen zu kämpfen.

Am 6. August 2012 landete der nächste erfolgreiche Rover auf dem Mars: Curiosity. Auf der Erde versammelte sich spontan eine Menschenmenge auf dem Times Square in New York, um die Landung auf einem großen Bildschirm mitzuverfolgen und den Rover anzufeuern. Aufgrund seiner Größe wurde er mithilfe eines speziellen Krans sanft auf dem Mars abgesetzt. Ungefähr drei Minuten vor der Landung öffnete sich ein Fallschirm und kurz vor der letzten Phase erfolgte die Zündung der Bremstriebwerke, bevor der Rover aus der Abstiegsstufe in den Gale-Krater abgeseilt wurde.

Im Jahr 2021 erreichte der Nachfolger von Curiosity, der ähnlich konzipierte NASA-Rover Perseverance, den Roten Planeten. Er trug die Helikopterdrohne Ingenuity bei sich. Der erste Flug fand am 19. April 2021 statt. Bis zum 18. Januar 2024 unternahm die Drohne 72 Flüge von insgesamt 128,8 Flugminuten. Dabei legte sie 17 Kilometer zurück und stieg bis zu 24 Meter hoch.

Auch ein chinesischer Rover – Zhurong – landete auf dem Mars. Am 14. Mai 2021 setzte er in der südlichen Region Utopia Planitia auf und fuhr bis zum 20. Mai 2022 rund 1921 Meter über den Mars. Zusammen haben die Lander, Rover und Flugkörper einige erstaunliche Entdeckungen gemacht. Zum Beispiel fanden sie heraus, dass der Mars doch nicht so lebensfeindlich ist, wie man in den 1960ern nach dem Besuch der Mariner-Sonden dachte. Messungen auf der Marsoberfläche ergaben, dass die Strahlung nicht bedeutend stärker ist als jene, der die Austronauten auf der Raumstation ISS ausgesetzt sind. Damit stiegen die Chancen, dass eines Tages Menschen auf dem Mars landen können. Die Rover fanden außerdem Hinweise auf alte Flussbetten, die einst Wasser führten. Und bei Bohrungen im Boden stieß Curiosity auf Spuren der grundlegenden Elemente für das Leben, allen voran Kohlenstoff.

DIE PLANETARY SOCIETY

In den 1970er-Jahren gründeten die hier gezeigten Personen die Planetary Society. Ihre Ziele waren unter anderem die Förderung einer ernsthaften Erforschung des Mars und anderer Planeten, das Leisten von Lobbyarbeit für bessere Finanzierung der Raumfahrt sowie der Bekämpfung von Falschinformationen. Neben einem Mars-Globus und hinter Modellen der Viking-Orbiter und -Lander sitzen hier Bruce Murray, Direktor des Jet Propulsion Laboratory (*links*), und der Astrophysiker Carl Sagan (*rechts*). Dahinter stehen Louis Friedman (*links*), langjähriger Vorsitzender der Planetary Society in den frühen 2000ern, und Harry Ashmore (*rechts*), beratender Journalist, Pulitzer-Preisträger und Vorreiter der Bürgerrechtsbewegung in den 1960er-Jahren.

RECHTS Die Solarpaneele des Rovers Spirit waren so staubig, dass er fast mit seinem Untergrund verschmolz. Dieses Bild besteht aus zusammengefügten Einzelaufnahmen aus seiner Panoramakamera, die im Zeitraum vom 26.–29. Oktober 2007 gemacht wurden. Der Staub auf den Solarmodulen verringerte die Menge an Strom, die der Rover jeden Tag aus Sonnenlicht erzeugen konnte.

UNTEN Diese Karte zeigt den Weg, den der NASA-Rover Spirit in seinen letzten beiden Einsatzjahren auf dem Mars zurücklegte (vom 4. Februar 2009 bis zum 15. Dezember 2010). Die Entfernungen sind in Sol angegeben, der Länge eines Marstags, der 24 Stunden, 39 Minuten und 35,244 Sekunden dauert.

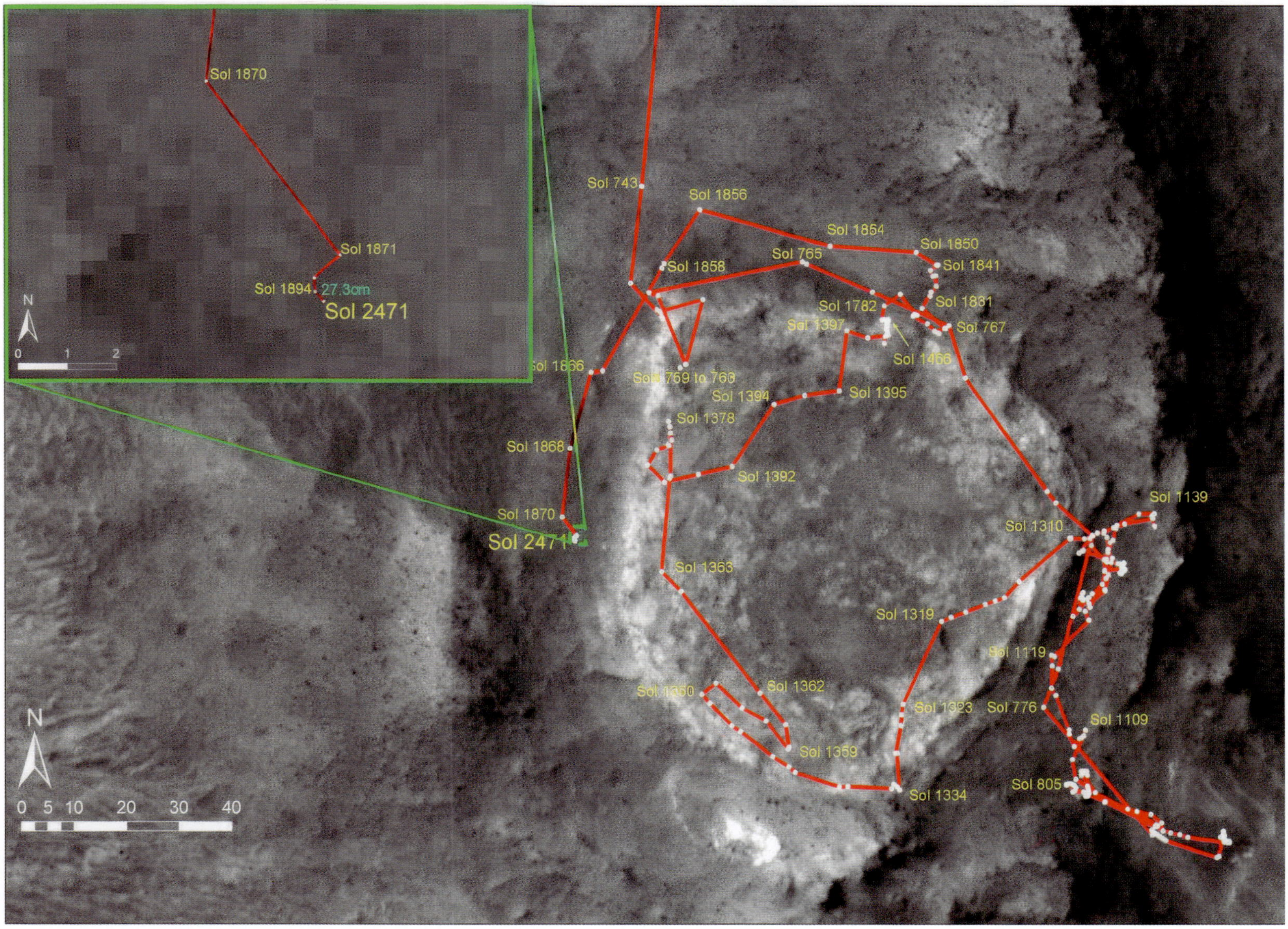

OBEN Zur Ausstattung der Mars-Exploration-Rover Spirit und Opportunity im Einsatz der NASA gehörten unter anderem:

1. Kameras
2. Hochgewinnantenne
3. Frontkamera zur Hindernisvermeidung
4. Instrumente
5. Arm (eingeklappt)
6. Räder
7. Solarpaneele
8. Niedriggewinnantenne

OBEN RECHTS Auf seinem 1160. Marstag („Sol") hinterließ der Rover Opportunity diese 15,8 Meter lange Räderspur, als er ein Navigations-Feature namens „Field D-Star" testete. Es ermöglichte ihm, optimale Langstreckenrouten um Hindernisse herum zu planen, um auf dem direktesten sicheren Weg zu seinem Ziel zu gelangen. Field D-Star und einige andere Verbesserungen waren Teil einer neuen Bordsoftware, die im Jahr 2006 von der Erde aus an die Rover übermittelt wurde.

RECHTS Dieses eindrucksvolle Schattenbild des NASA-Rovers Opportunity wurde am 20. März 2014 spätabends auf dem Mars von seiner hinteren Hindernisvermeidungskamera aufgenommen – über zehn Jahre nach dem Beginn seiner Mission.

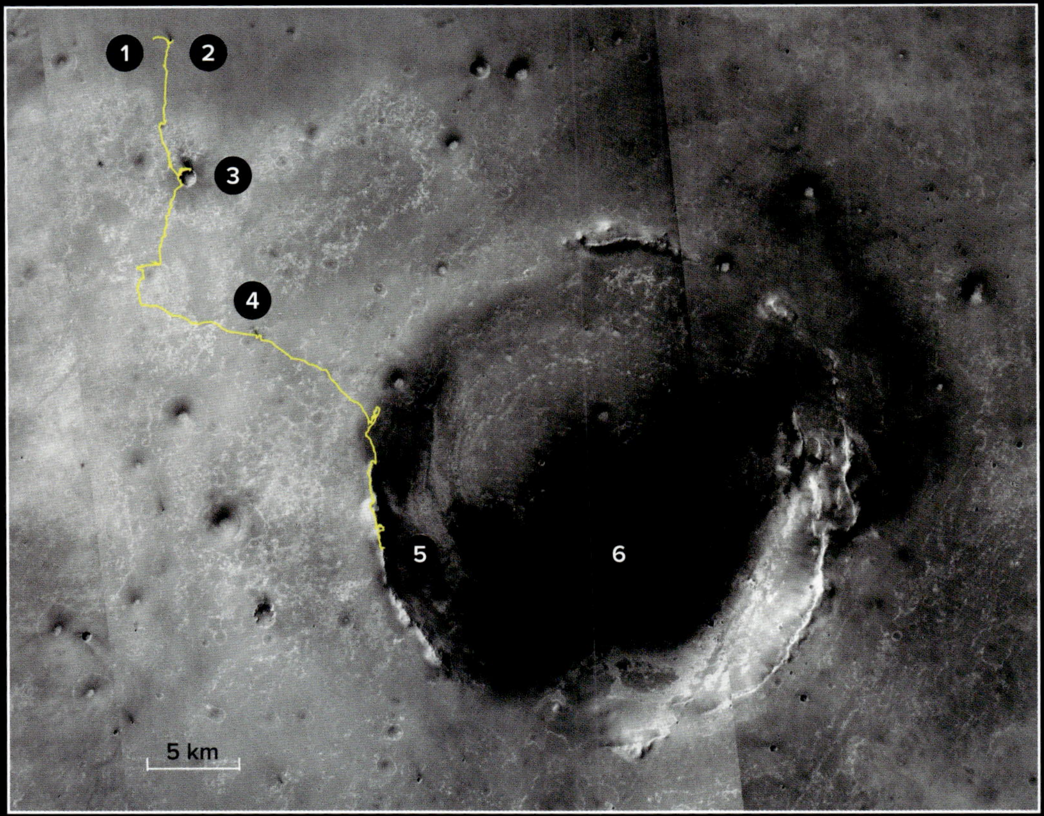

LINKS Diese Karte zeigt die Strecke, die der NASA-Rover Opportunity während seiner Marsmission zurücklegte. Der Ausgangspunkt war sein Landeplatz im Krater Eagle. Von dort aus fuhr er 45,16 Kilometer bis zu seiner letzten Ruhestätte am Rand des Endeavour-Kraters. Der Rover befand sich beim Abstieg in den Krater im Perseverance Valley, als ein Staubsturm seiner Mission ein Ende setzte.

1. Eagle-Krater
2. Endurance-Krater
3. Victoria-Krater
4. Santa-Maria-Krater
5. Perseverance Valley (letzte Ruhestätte)
6. Endeavour-Krater

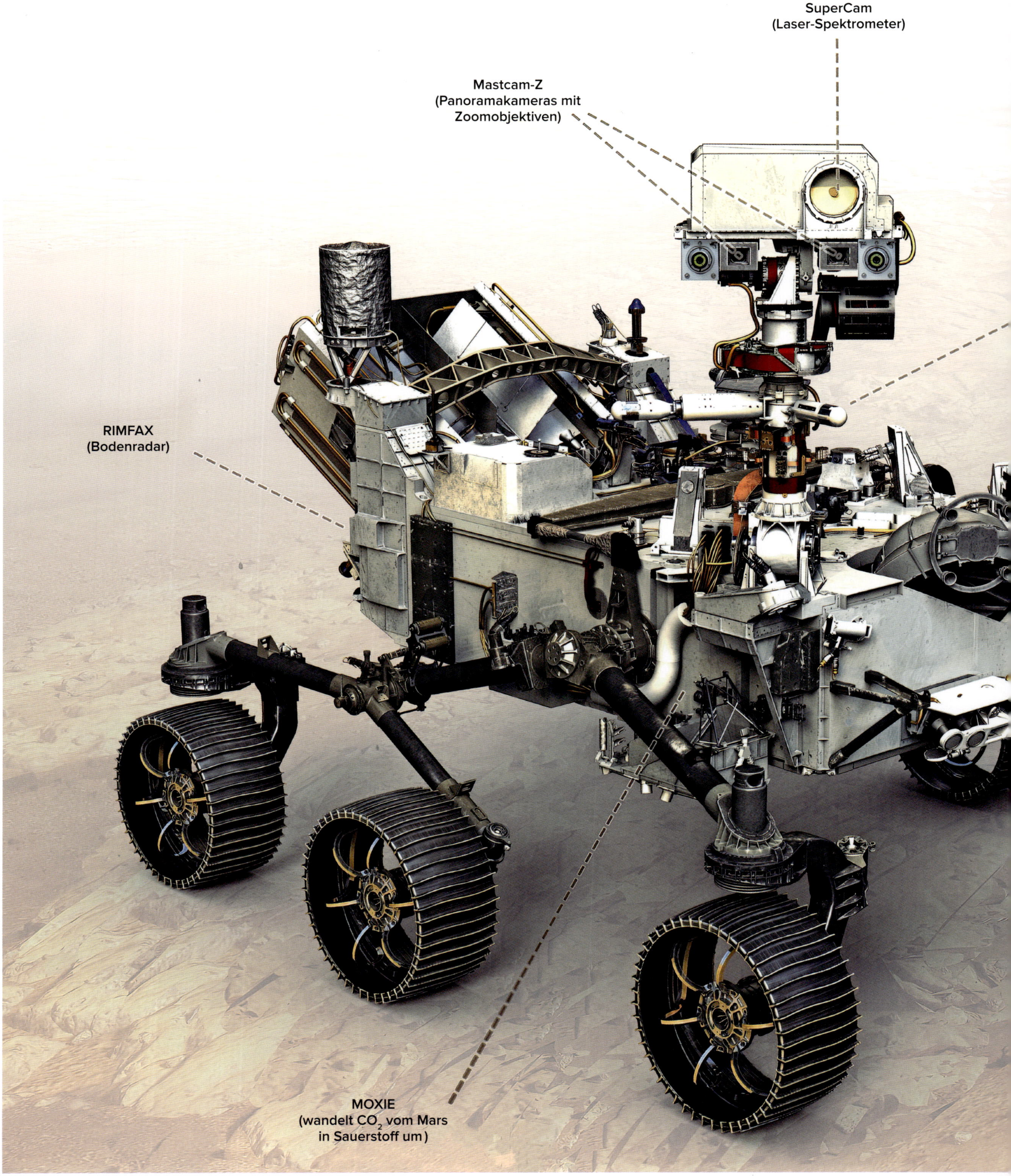
SuperCam
(Laser-Spektrometer)
Mastcam-Z
(Panoramakameras mit
Zoomobjektiven)
RIMFAX
(Bodenradar)
MOXIE
(wandelt CO_2 vom Mars
in Sauerstoff um)

Die Rover Curiosity und Perseverance basieren auf dem gleichen Design. Beide sind so groß wie ein Auto, etwa 3 Meter lang (ohne dem Arm), 2,7 Meter breit und 2,2 Meter hoch. Auf dem Bild sind Perseverance und einige Teile seiner Ausstattung zu sehen.

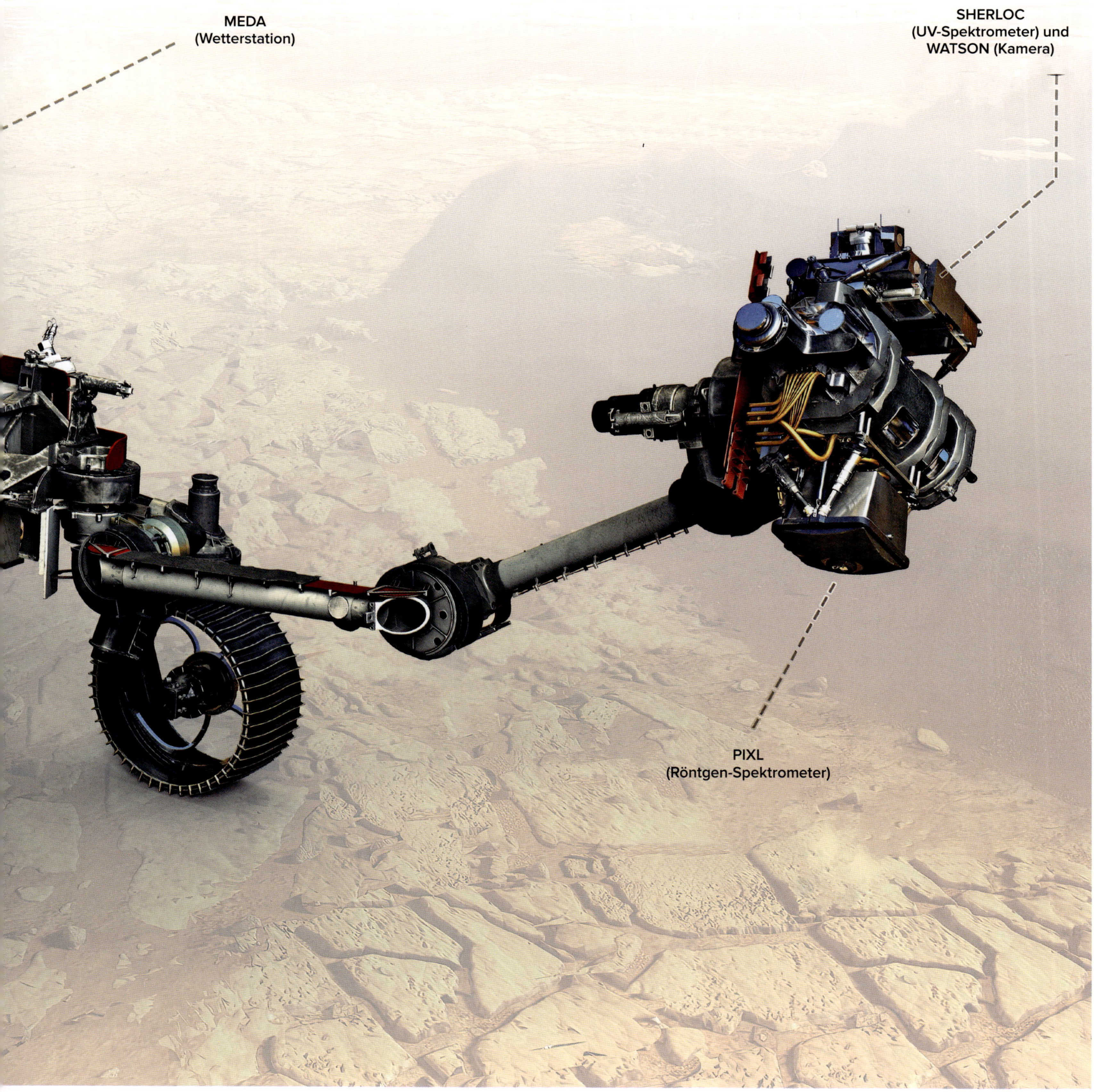

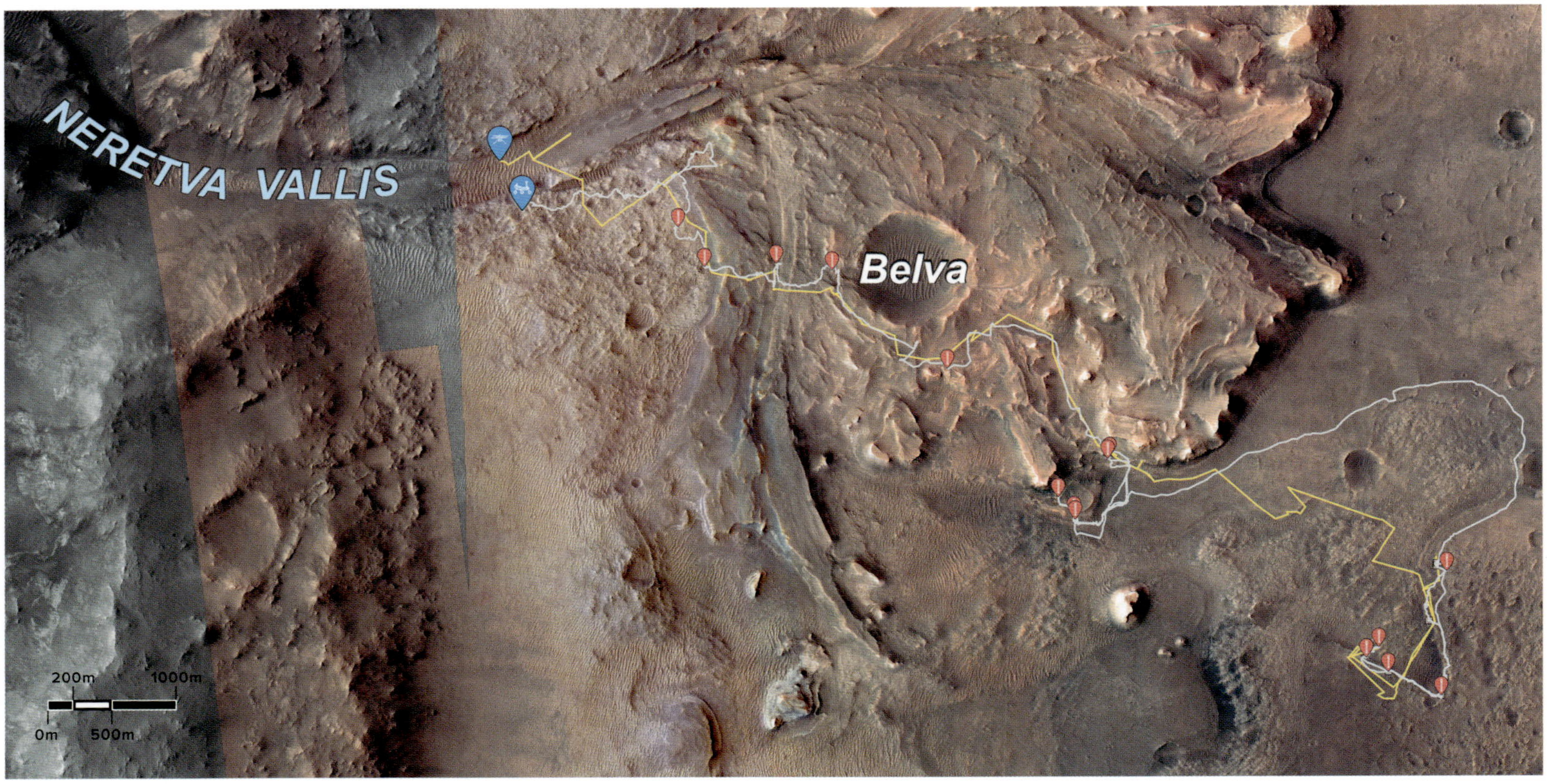

OBEN Diese Übersichtskarte zeigt die Strecke des NASA-Marsrovers Perseverance und der Helikopterdrohne Ingenuity. Am rechten unteren Rand sieht man den Landeplatz des Rovers, von wo aus sein Weg als weiße Linie eingezeichnet ist. Die roten Markierungen entlang der Strecke sind Punkte, an denen der Rover Daten über den Boden und das Gestein sammelte. Die gelbe Linie zeigt den Flugverlauf der Drohne Ingenuity, und die Punkte ihre Landeplätze. Die gegenwärtigen Ruhestätten des Rovers und der Drohne befinden sich an den Endpunkten ihrer Streckenlinien, im linken oberen Bereich der Karte.

OBEN RECHTS Am 23. September 2019 machte der Mars Reconnaissance Orbiter (MRO) ein besonderes Bild der Landestelle des Landers InSight und seines Rovers Curiosity, die sich in der Region Elysium Planitia befand. Aus seiner Position in 272 Kilometer Höhe über dem Planeten gelang MRO das bisher beste Foto von InSight, der wie ein dunkler Fleck in der Mitte des Bildes erscheint. Auf der eingefügten Vergrößerung rechts unten im Bild erkennt man auch die beiden runden Solarmodule auf dem Lander, mit denen er eine Breite von 6 Metern erreichte.

RECHTS Diese Karte der gesamten Marsoberfläche zeigt die Stellen, an denen Raumsonden erfolgreich gelandet sind. Die meisten von ihnen sind entlang des Mars-Äquators verstreut und auch wenn es aussieht, als wären sie nicht allzu weit voneinander entfernt, liegen doch Tausende Kilometer zwischen ihnen.

1. Phoenix
2. Viking 1
3. Pathfinder
4. Opportunity
5. Perseverance
6. Viking 2
7. InSight
8. Curiosity
9. Spirit

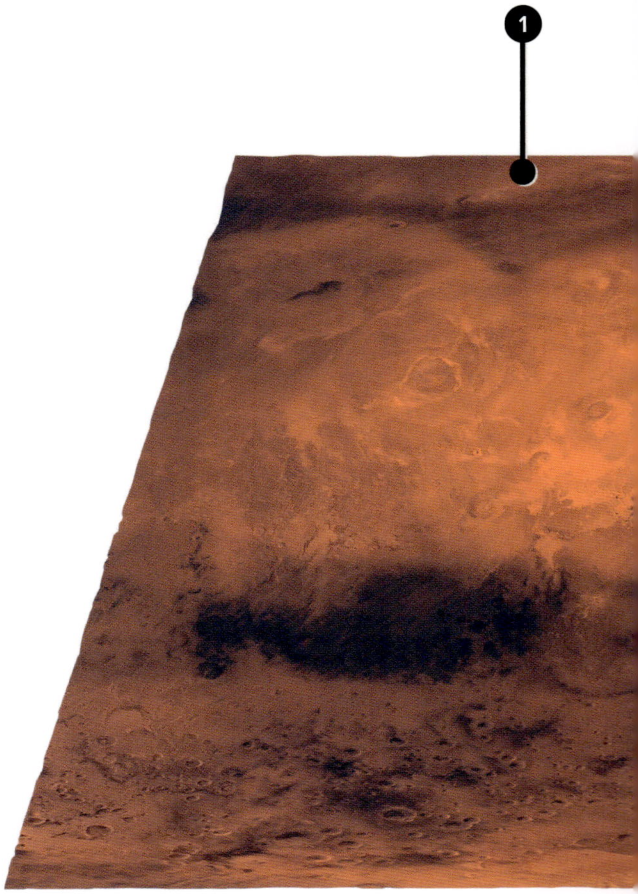

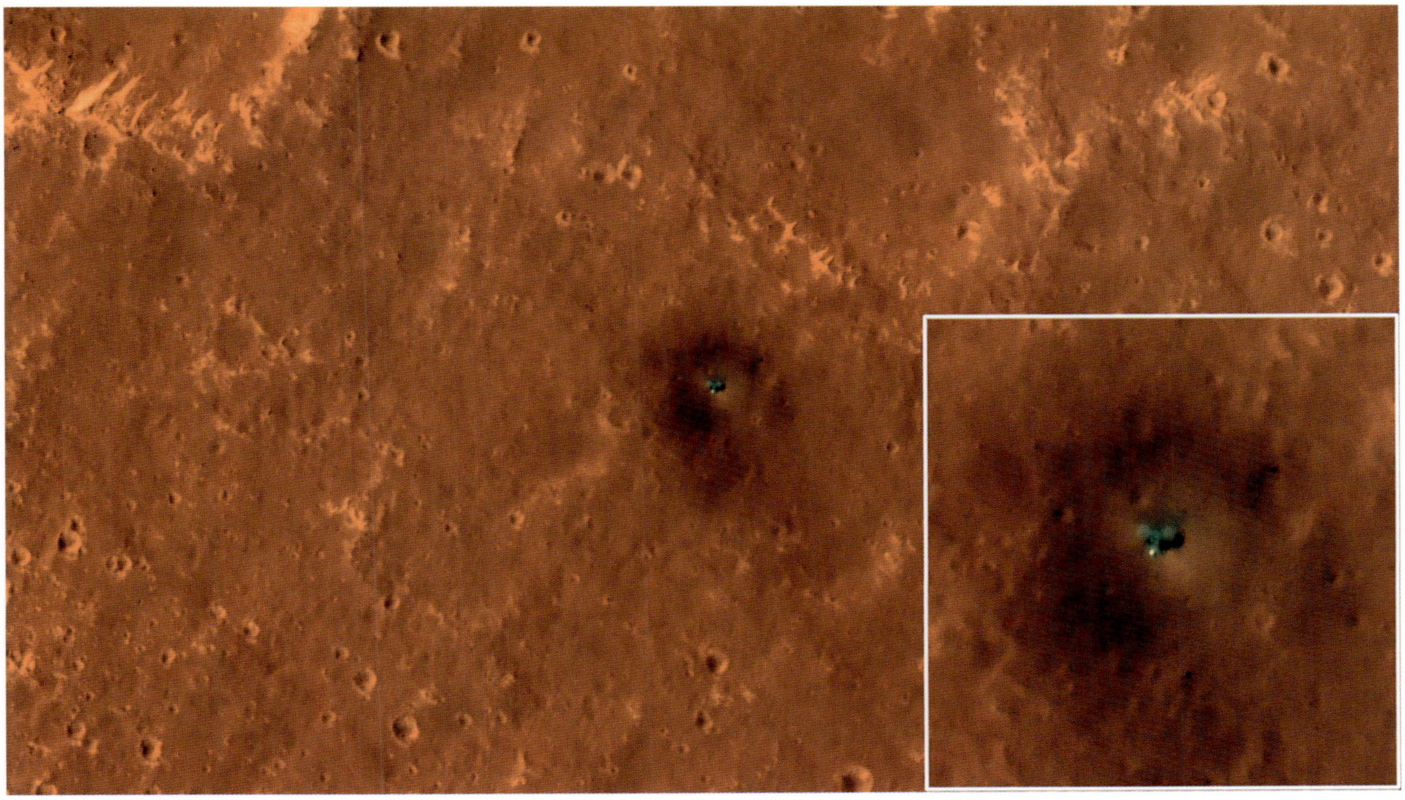

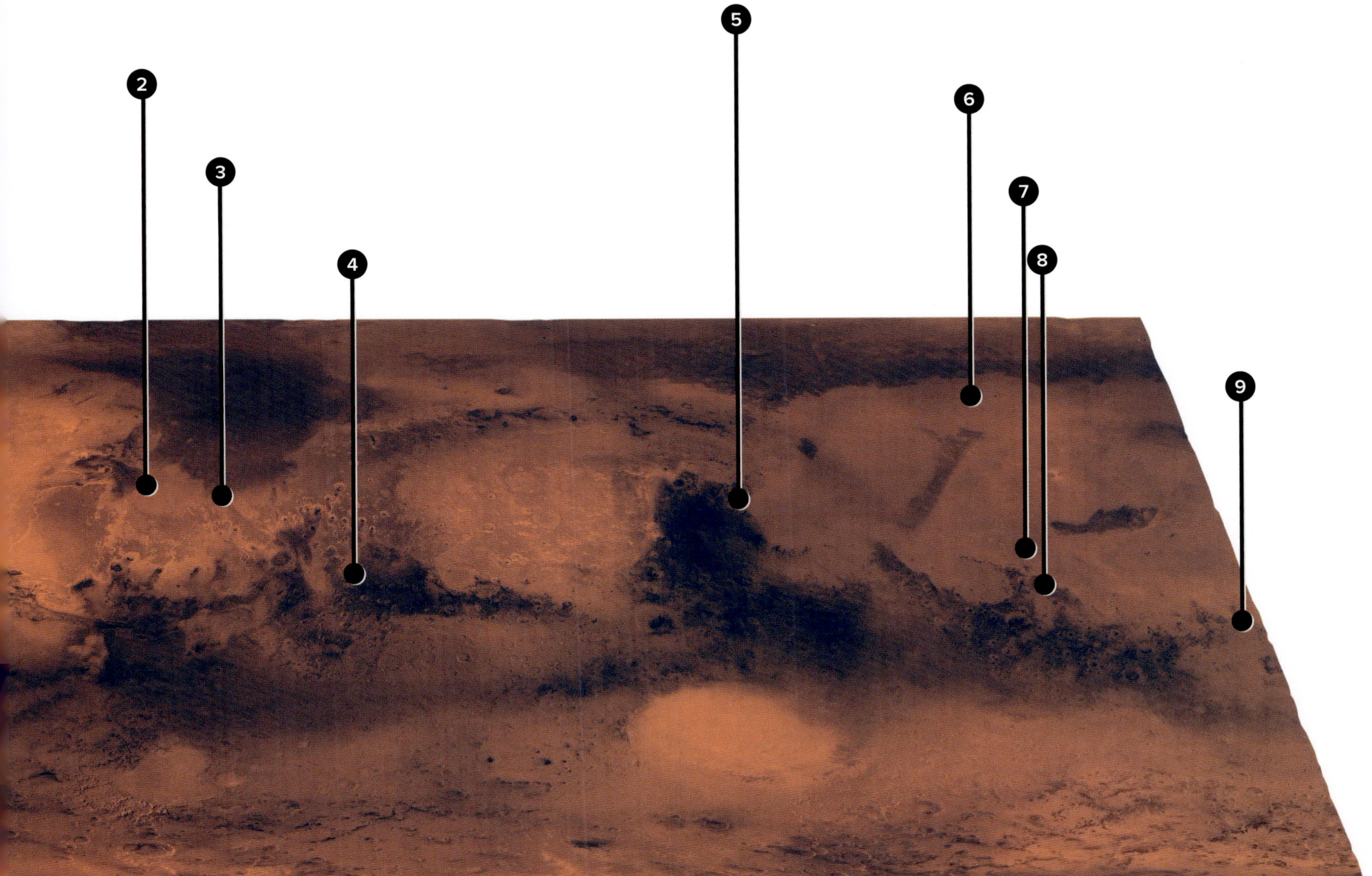
2
3
4
5
6
7
8
9

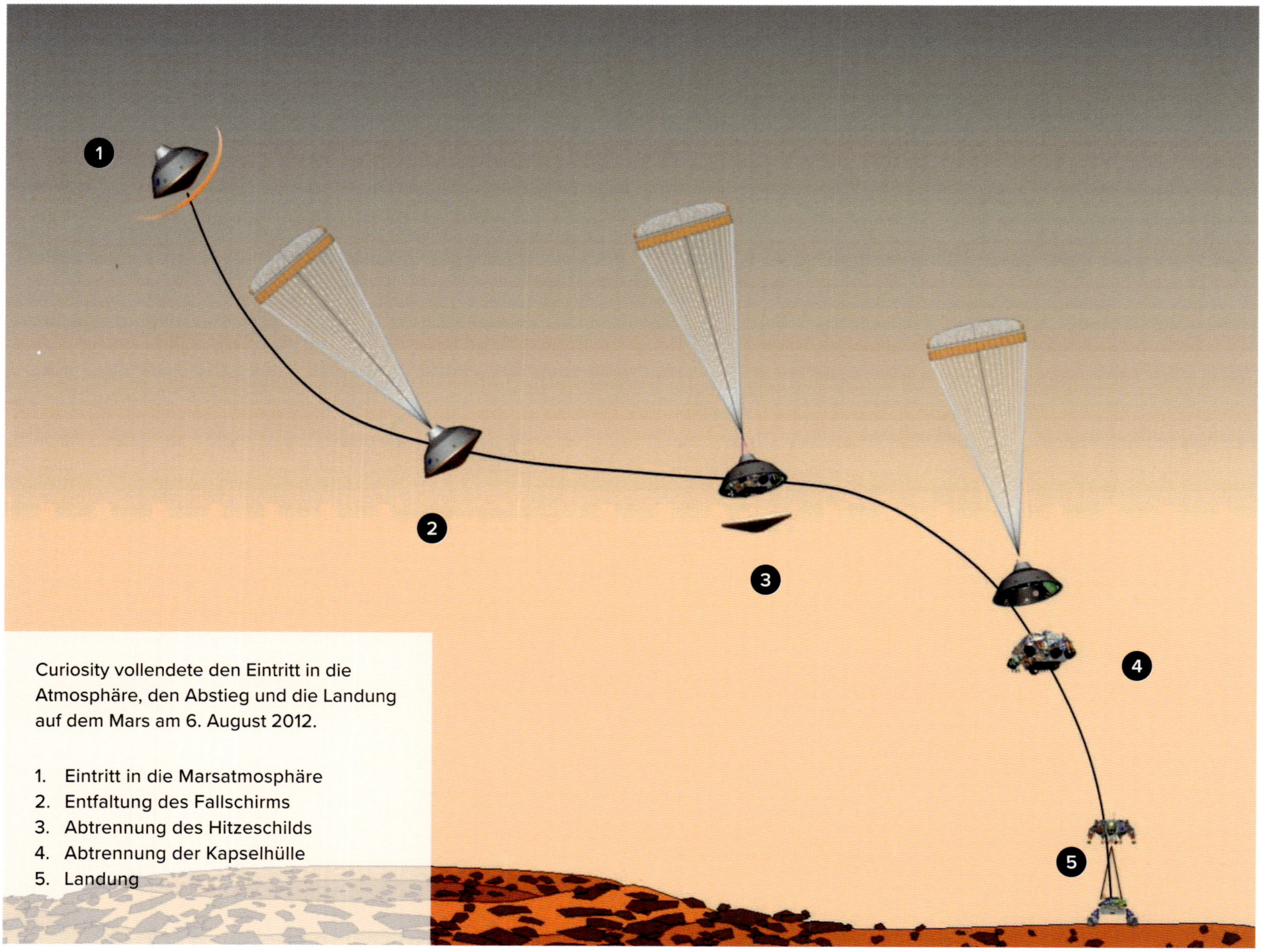

Curiosity vollendete den Eintritt in die Atmosphäre, den Abstieg und die Landung auf dem Mars am 6. August 2012.

1. Eintritt in die Marsatmosphäre
2. Entfaltung des Fallschirms
3. Abtrennung des Hitzeschilds
4. Abtrennung der Kapselhülle
5. Landung

RECHTS Curiosity machte dieses „Selfie" am 6. Oktober 2015 an der Bohrstelle „Big Sky" im Marskrater Gale. Im Vordergrund ist die ausgefahrene Kamerahalterung zu sehen. An der Hinterseite erkennt man einen zylindrischen weißen Bauteil mit etwas, das aussieht wie Schaufelräder. Das ist die Radionuklidbatterie, die Wärmeenergie aus radioaktivem Zerfall in einem Thermoelement in elektrischen Strom umwandelt und damit den Rover antreibt.

UNTEN Curiositys Panoramablick in Richtung Süden auf die faszinierende Marslandschaft um Mount Sharp (*Mitte links*).

IMMER DEM WASSER NACH: MÖGLICHES LEBEN AUF DEM MARS

Nachdem die Forschung der 1990er offenbarte, dass der Mars einst eine nasse Oase in der habitablen Zone des Sonnensystems war, entwickelte die NASA eine Strategie, um nach H2O zu suchen. „Immer dem Wasser nach" wurde zum Motto jeder weiteren Marsmission.

Im Jahr 1996 wurde die Hoffnung, auf dem Mars Leben zu finden, ganz neu entfacht. Im August gab ein Team aus Wissenschaftlern der NASA und der Universität Stanford bekannt, dass ein Marsmeteorit, der in den Alan Hills in der Antarktis geborgen wurde, Beweise für das einstige Leben auf dem Mars enthielt. Die Wissenschaftler vermuteten, dass der 1,9 Kilogramm schwere, kartoffelgroße Brocken, den sie ALH84001 nannten, vor rund 4,5 Milliarden Jahren als magmatisches Gestein entstand, als es auf dem Mars noch viel wärmer war. Später, vor etwa 15 Millionen Jahren, kollidierte ein großer Asteroid mit dem Roten Planeten, wodurch der Stein ins Weltall geschleudert wurde. Dort trieb er umher, bis er um etwa 11 000 v. Chr. auf der Antarktis einschlug. Manchen Experten zufolge enthielt ALH84001 fossilienartige Spuren von Mars-Mikroorganismen, die 3,6 Milliarden Jahre alt sind.

Im Sommer 1996 verkündeten Wissenschaftler die Entdeckung von organischen Molekülen in dem Meteoriten, die darauf hindeuten, dass es auf dem noch jungen Mars vielleicht primitive Lebensformen gegeben hatte. Dieser Fund weckte die Begeisterung für eine neue Marsmission, aber schon zuvor hatte die NASA das Vorhaben gefasst, über einen Zeitraum von zehn Jahren etwa alle zwei Jahre einen Orbiter und einen Lander auf den Mars zu schicken. Die NASA machte die Suche nach Leben auf dem Mars zu einem zentralen Ziel weiterer Erkundungen des Mars und ließ ein multidisziplinäres Team an Strategien zu dessen Erreichung arbeiten.

Als andere Wissenschaftler die Ergebnisse des von der NASA finanzierten Teams untersuchten, kamen die meisten von ihnen zu einem anderen Schluss. Aber auch ohne wissenschaftlichen Konsens blieb das Interesse an der Erforschung des Mars erhalten.

NOCH MEHR RAUMSONDEN

Nach der Pathfinder-Mission von 1997 verlagerte die NASA den Schwerpunkt ihrer Marsforschung auf die Suche nach Wasser. Im Jahr 1998 erreichte die Raumsonde Mars Global Surveyor (MGS) die Marsumlaufbahn. Ihr Primärziel war die Kartierung der Oberfläche des Planeten, das sie im Januar 2001 abschloss. Sie hatte über 98 Prozent der Oberfläche erfasst und sollte nun nach Wasser suchen, indem sie Bereiche, die wie alte Gewässer aussahen, in höherer Auflösung abbildete. Auf diesen Aufnahmen identifizierten Planetologen über 150 geografische Merkmale, die durch die Kräfte von fließendem Wasser entstanden waren.

DER METEORIT ALLAN HILLS (ALH84001)

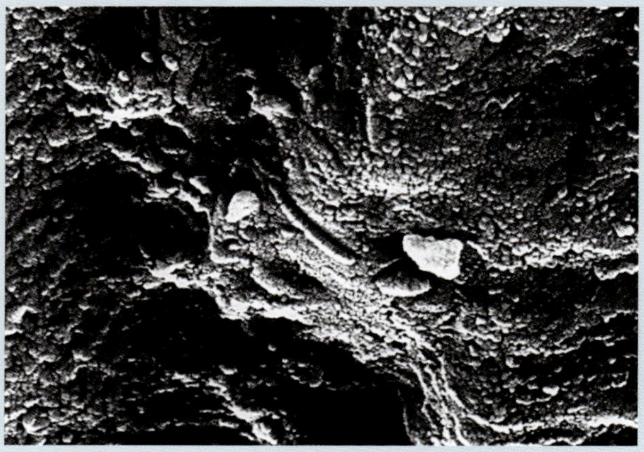

Dieser Gesteinsbrocken mit dem unhandlichen Namen ALH84001 sieht unspektakulär aus, aber er ist 4,5 Milliarden Jahre alt und brachte im Jahr 1996 Wissenschaftler und die Öffentlichkeit gleichermaßen zum Staunen. Er ist einer von zehn Marsmeteoriten, in denen Forscher Spuren von Kohlenstoffverbindungen, die vom Mars stammten, nachweisen konnten.

Noch aufregender ist dieses hochauflösende Bild aus einem Elektronenmikroskop, auf dem eine ungewöhnliche, röhrenförmige Karbonatstruktur zu sehen ist. Sie hat nicht einmal ein Hundertstel des Durchmessers eines Menschenhaars. Entdeckt wurde sie im Marsmeteorit ALH84001. Diese „Würmer" wie sie oft genannt werden, vermittelten unter Laien den Anschein, dass es auf dem Mars Leben gab. In der Wissenschaft ist man jedoch skeptisch, hofft aber dennoch auf einen eindeutigen Beweis.

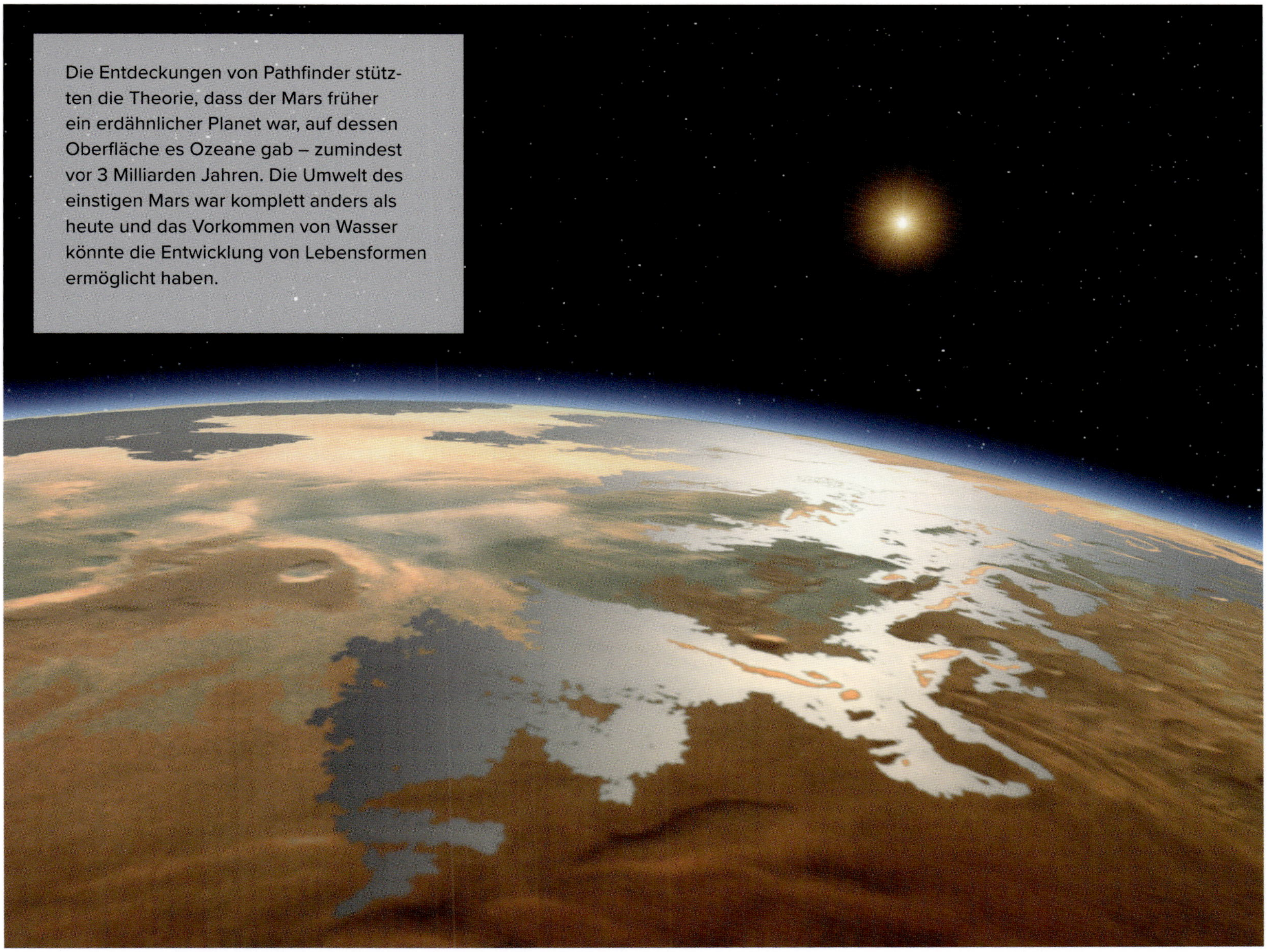

Die Entdeckungen von Pathfinder stützten die Theorie, dass der Mars früher ein erdähnlicher Planet war, auf dessen Oberfläche es Ozeane gab – zumindest vor 3 Milliarden Jahren. Die Umwelt des einstigen Mars war komplett anders als heute und das Vorkommen von Wasser könnte die Entwicklung von Lebensformen ermöglicht haben.

RECHTS Dieses Bild der Marsoberfläche wurde am 15. Juni 1998 von der MGS-Raumsonde aufgenommen. Es zeigt einen 25,1 x 31,3 Kilometer großen Bereich, der Wissenschaftler und Laien gleichermaßen in Aufregung versetzte, da darauf der Austritt und Abfluss von Grundwasser zu sehen ist. Es war eines der ersten und spektakulärsten Bilder, das bestätigte, dass sich die Strategie „immer dem Wasser nach" bei der Marsforschung lohnte.

GANZ RECHTS Ein Teil des Rings und des Bodens eines alten Einschlagskraters im Süden der verkraterten Region Noachis Terra, aufgenommen von der Raumsonde MGS im Jahr 2000. Viele glauben, dass die glatte, dunkle Fläche auf dem Boden des Kraters die Überreste eines Teichs oder Sees sein könnten.

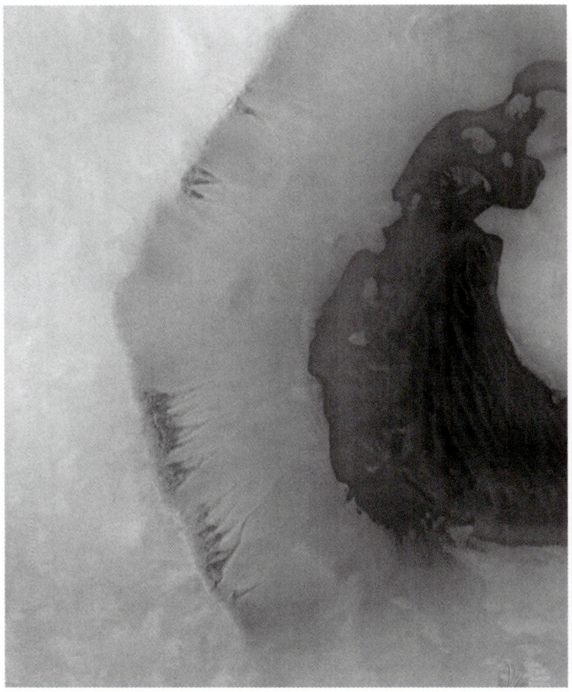

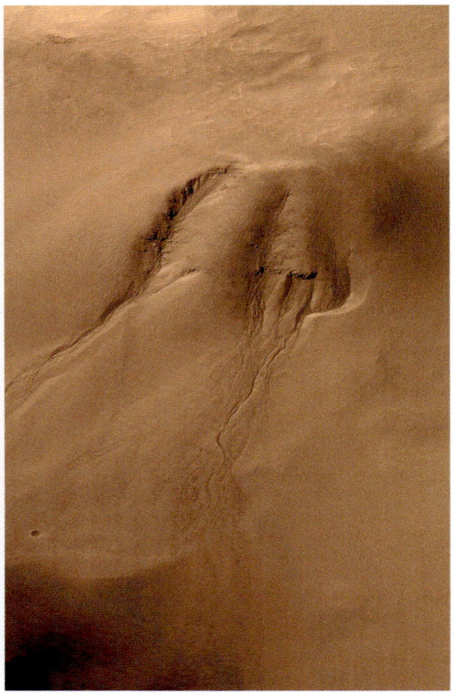

Im August 2005 wurde der Mars Reconnaissance Orbiter (MRO) gestartet. Er war mit besseren Instrumenten ausgestattet als sein Vorgänger und nahm am 10. März 2006 seine Arbeit auf dem Mars auf. Er war eine von mehreren Raumsonden, die den Planeten entweder in seiner Umlaufbahn oder auf der Oberfläche erkundeten. Zu ihnen gehörten der MGS, der Mars Express der ESA, die NASA-Sonde 2001 Mars Odyssey sowie die beiden Mars-Rover Spirit und Opportunity. Damit wurde ein neuer Rekord für die meisten funktionsfähigen Raumsonden auf dem Mars aufgestellt. Die Aufnahmen aus dem MRO sowie weitere Bilder aus dem MGS zeigten erneut ausgetrocknete Flussläufe, Flutebenen und Erosionsrinnen auf den Klippen und Kraterringen des Mars, die darauf hindeuten, dass es irgendwann in seiner Geschichte Fließgewässer auf der Oberfläche gegeben hatte. MRO geht weiterhin den Spuren des Wassers nach.

Am Faszinierendsten war jedoch die Erkenntnis, dass es auch heute noch Leben auf dem Mars geben könnte, etwa unter den Polkappen oder in unterirdischen heißen Quellen, die von Schloten aus dem Planetenkern erwärmt werden. Die Entdeckungen der Sonden sowie die Hinweise auf einstige Fließgewässer legen nahe, dass das Mars-Äquivalent zu den Einzellern im Gestein der Erde in unterirdischen Höhlen lebt. Bewiesen ist jedoch noch nichts.

RECHTS Der MGS in der Marsumlaufbahn.

UNTEN Wissenschaftliche Instrumente messen den Wasserkreislauf in der Marsatmosphäre und die damit verbundene Ablagerung und Sublimation von Wassereis auf der Oberfläche. Gleichzeitig untersuchen sie auch den Untergrund, um herauszufinden, wie weit das Wassereis-Reservoir in die Tiefe reicht. Ganz links sieht man, wie der MRO seine Radarantenne nach unten richtet und bis 1 Kilometer tief in die Marskruste „schaut“. Rechts daneben markiert der nächste Strahl die Daten, die er vom abbildenden Spektrometer, das Minerale an der Oberfläche identifiziert, erhalten hat. Der nächste Strahl stellt die hochauflösende Kamera dar, die in Ziele in der Umgebung hineinzoomen kann und die aus der Umlaufbahn Merkmale wie Krater, Rinnen oder Felsen in der bisher besten Bildqualität einfangen kann. Der horizontale Strahl gehört zum Instrument Mars Climate Sounder. Das elektromagnetische Spektrum ist oben rechts dargestellt, dazu die einzelnen Instrumente und wo ihre Fähigkeiten liegen. Die blauen Pfeile zeigen den geschätzten Wasserkreislauf auf dem Mars.

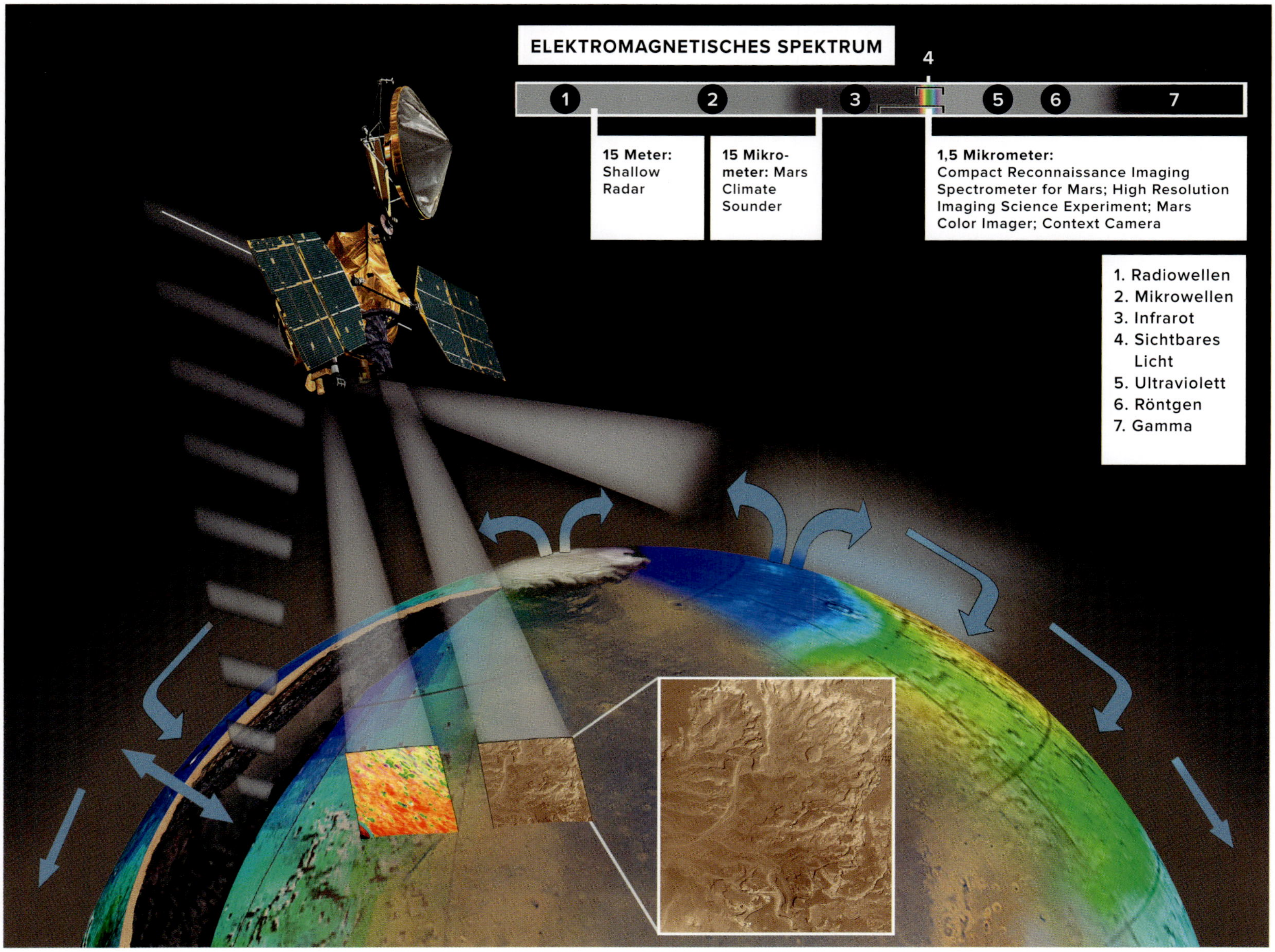

MARS GLOBAL SURVEYOR: TECHNISCHE DATEN

STARTDATUM 7. November 1996
ANKUNFT MARS 12. September 1997
STARTMASSE 1060 Kilogramm
TROCKENMASSE 1031 Kilogramm
NUTZLASTMASSE 78 Kilogramm
LEISTUNG 980 Watt
MISSIONSSTATUS Stellte am 2. November 2006 den Betrieb ein

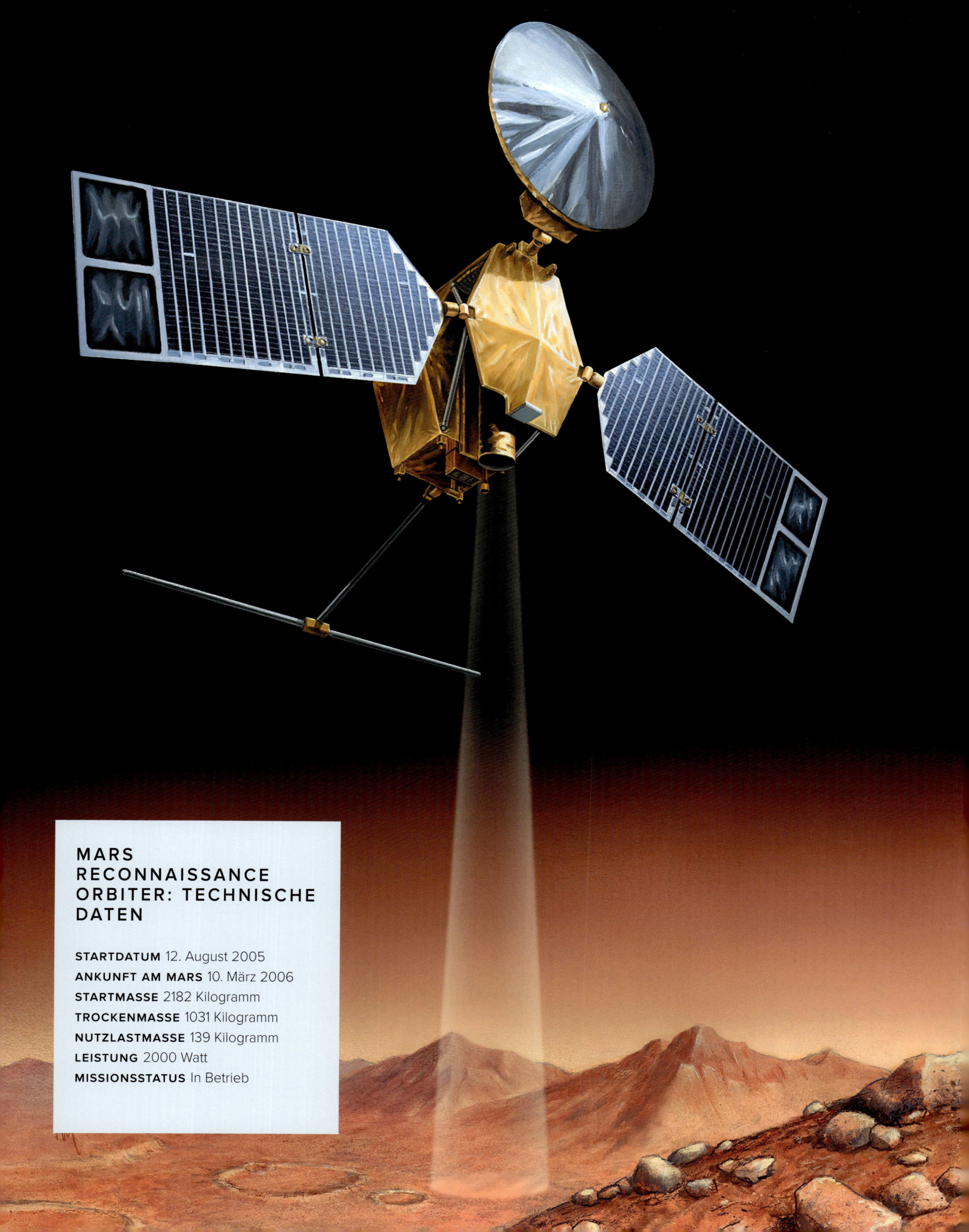

MARS RECONNAISSANCE ORBITER: TECHNISCHE DATEN

STARTDATUM 12. August 2005
ANKUNFT AM MARS 10. März 2006
STARTMASSE 2182 Kilogramm
TROCKENMASSE 1031 Kilogramm
NUTZLASTMASSE 139 Kilogramm
LEISTUNG 2000 Watt
MISSIONSSTATUS In Betrieb

OBEN Diese hypothetische Geschichte über den Rückgang des Wassers auf dem Mars wurde vom Wissenschaftler Chris McKay vom Ames Research Center erstellt. Sie basiert auf Beobachtungen des Planeten und zeigt den Wasserverlust von vor 4 Milliarden Jahren bis heute.

1. Vor 4 Milliarden Jahren
2. Vor 3,8 Milliarden Jahren
3. Vor 3,5 Milliarden Jahren
4. Vor 2 Milliarden Jahren
5. Vor 1 Milliarde Jahren
6. Heute

LINKS Der MRO untersucht die Oberfläche des Planeten.

RECHTS Mithilfe der Strategie „immer dem Wasser nach“ stoßen Menschen vielleicht eines Tages auf Fontänen voller Sand, die in den Polarhimmel schießen.

DAS GESICHT AUF DEM MARS

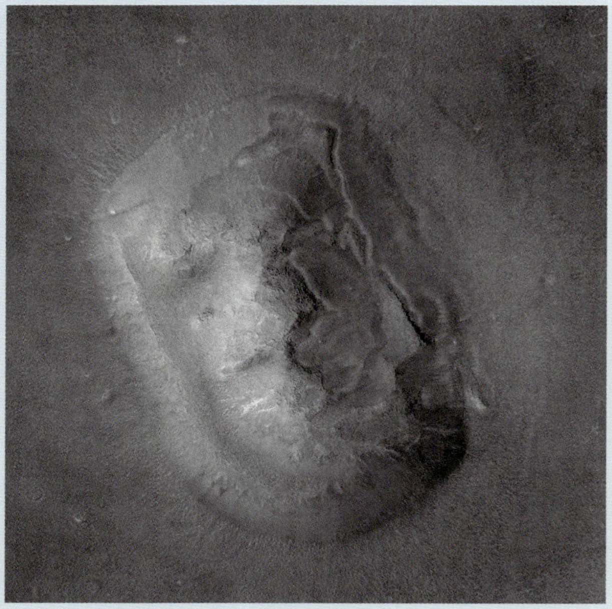

Am 25. Juli 1976 fotografierte der NASA-Orbiter Viking 1 eine Erhebung auf der Nordhalbkugel des Mars *(oben)*. Der Berg in der Mitte erinnert an ein menschliches Gesicht unter einem Helm und sorgt bis heute für wilde Spekulationen. Wurde diese Form etwa künstlich geschaffen?

Fast 20 Jahre später befand sich die Raumsonde MGS auf einer Umlaufbahn um den Mars und machte am 8. April 2001 ein Bild (*unten*) vom sogenannten „Marsgesicht" – die erste Gelegenheit, die Gegend zu fotografieren, seit der Ankunft der Sonde im April 1998. Diese neuere Aufnahme hatte mit rund 2 Metern pro Pixel eine viel höhere Auflösung als das Bild von Viking. Wie hier zu sehen ist, war das „Gesicht" nur eine optische Täuschung aus Licht und Schatten.

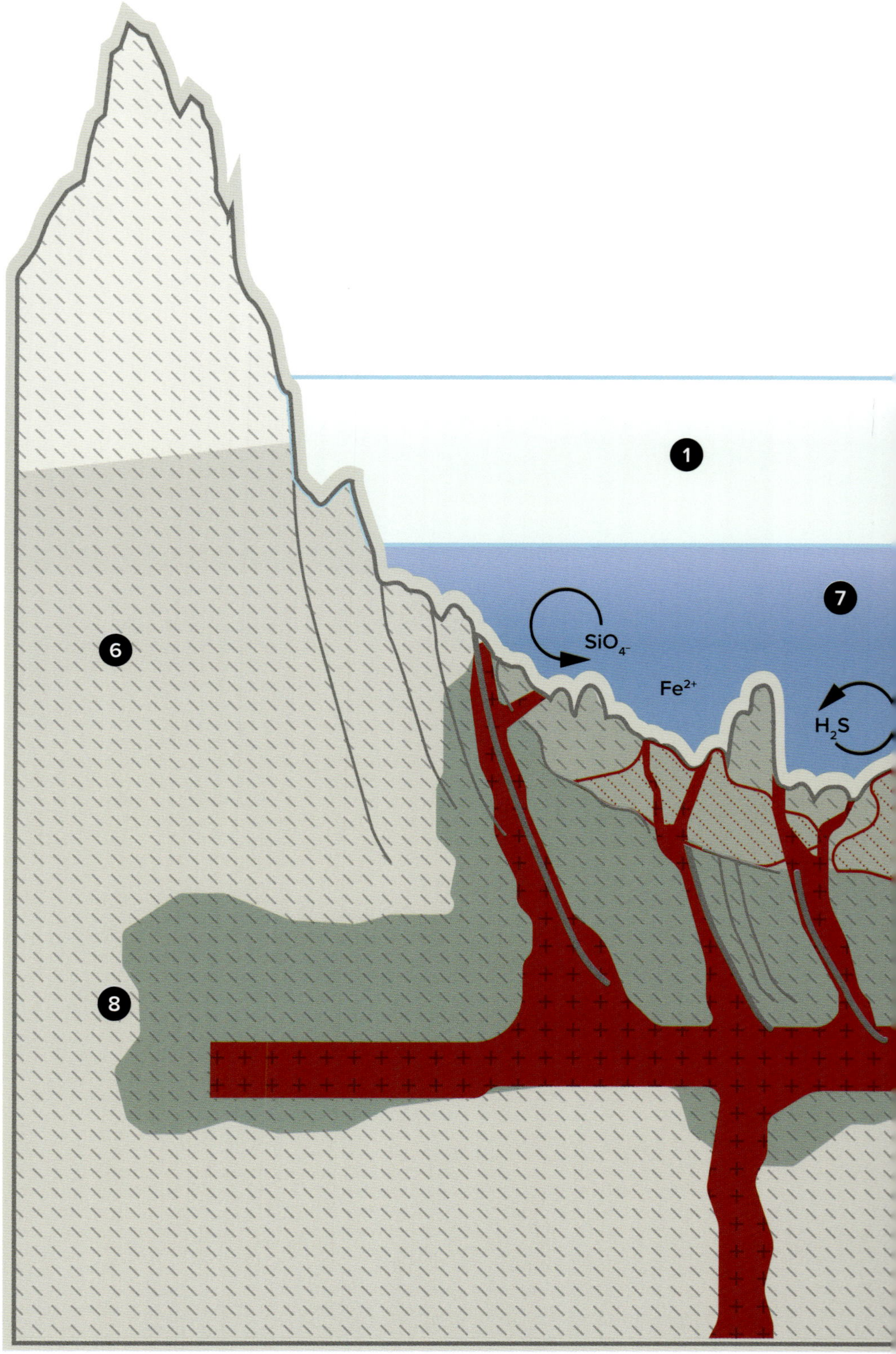

UNTEN Hydrothermale Aktivität am Grund des einstigen Eridania-Sees vor über 3 Millionen Jahren ist eine mögliche Erklärung für den Ursprung einiger der Ablagerungen dort.

1. Eisdecke
2. Maximaler Meeresspiegel (1100 Meter)
3. Niedrigerer Meeresspiegel (700 Meter)
4. Verdunstung
5. Ablagerungen von Chlorid
6. Grundwasser
7. Hydrothermale und vulkanische Aktivität
8. Unterirdische Gesteinsumwandlung
9. Magmatismus

UMSEITIG Vier Bilder des Mars, aufgenommen aus der Umlaufbahn, zeigen die krassen Unterschiede seiner Landschaft. *Oben links:* Aram Chaos, ein Krater mit einem Durchmesser von 280 Kilometern. Darin finden sich vulkanische Gesteinsformationen, die in der fernen Vergangenheit des Planeten durch starke Wasserflüsse erodiert wurden. *Oben rechts:* Dieses Bild vom 188 Kilometer breiten Savich-Krater, der in der Nähe des nordöstlichen Rands der viel größeren Hellas-Tiefebene liegt, weist alle Spuren von Erosion auf, wie sie auch woanders auf dem Mars und der Erde zu sehen sind. *Unten links:* Ein weiteres Beispiel für Wasserläufe auf dem einstigen Mars: Das ungefähr 800 Kilometer lange Stromtal Harmakhis Vallis im Osten der Hellas-Tiefebene. *Unten rechts:* Die nördliche Hochlandregion Arabia Terra ist voller Krater mit kuriosen Formationen, die möglicherweise durch treibendes Eis entstanden sind.

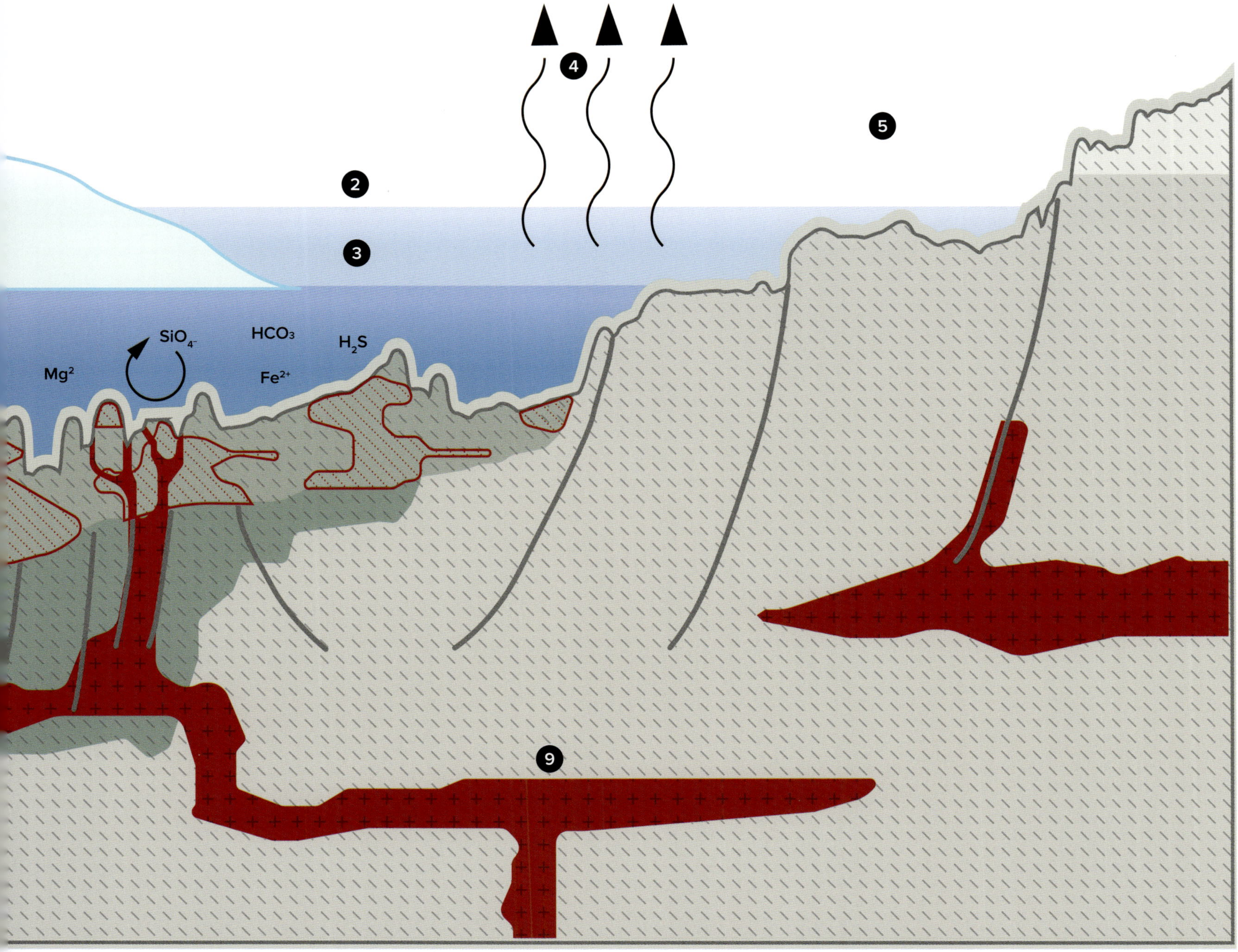

DER MARS – KEIN EINFACHES ZIEL

Wie die drei Karten auf den folgenden Seiten illustrieren, können von den 51 Marsmissionen, die seit Beginn des Weltraumzeitalters gestartet wurden, nur 26 – also etwas mehr als die Hälfte – als voller Erfolg betrachtet werden. Seit den 1990er-Jahren hat sich die Statistik verbessert und ist jetzt höher als 50 Prozent, dennoch waren von den 26 Marsmissionen, die seit 1992 ausgeführt wurden, acht Missionen teilweise oder völlige Misserfolge.

Warum ist die Erkundung des Mars so schwierig? Das liegt an mehreren Faktoren, aber ein wesentlicher ist die Entfernung des Planeten von der Erde und unsere gegenwärtigen technischen Möglichkeiten. Der Mars ist schwer zu erreichen und auch nach der Ankunft umständlich zu erkunden und zu untersuchen.

Die Geschichte der Marsmissionen holt alle Träumer, die sich schon in naher Zukunft Menschen auf dem Mars vorstellen, wieder auf den Boden der Tatsachen zurück. Bislang haben nur staatliche Organisationen Raumsonden auf den Mars geschickt, aber das könnte sich in Zukunft ändern, wenn eine profitable Motivation für eine Mission gefunden wird. Früher wurden Marsmissionen nur von den Vereinigten Staaten und der Sowjetunion durchgeführt, was sich in den letzten Jahrzehnten geändert hat. Seit Ende des Kalten Kriegs wurden sechs der 26 Missionen von anderen Staaten auf die Beine gestellt und es werden immer mehr.

Die verschiedenen Marsmissionen, die bisher unternommen wurden, umfassen Vorbeiflüge, Orbiter, Landefahrzeuge, Rover und in jüngster Zeit auch Flüge in der Marsatmosphäre (siehe Seite 238). In Zukunft werden wir noch mehr Lander, Rover und Flugkörper als Teil von Marsmissionen zu sehen bekommen.

PROBEN VOM MARS

Ein langjähriges Ziel der Marsmissionen ist die Rückführung von Proben zur Erde. Der Grund dafür klingt logisch: Wissenschaftler könnten Material vom Mars in den besten Laboren auf der Erde untersuchen. Die NASA zieht schon seit langer Zeit mehrere Möglichkeiten der Probenrückführung in Erwägung, aber bis jetzt hat noch keine davon den offiziellen Entwicklungsstatus erreicht.

Erst braucht es neue Technologien, um auf dem Mars zu landen, herumzufahren, Proben zu entnehmen und an die Erde zu senden. Bisher haben neun erfolgreiche Lander den Mars erkundet, aber noch fand kein Rückführungsflug statt. Ab 2035 könnte sich das ändern: Die NASA, die ESA und die nationalen Raumfahrtbehörden Chinas, Russlands und Japans haben entsprechende Konzepte entwickelt.

Bei diesem ehrgeizigen Projekt würde eine Sonde in der Nähe des Jezero-Kraters landen, wo sich Perseverance (*ganz links*) befindet. Die NASA würde ein Probenrückführungs-Landefahrzeug (*ganz rechts*) einsetzen, um das Mars Ascent Vehicle zu transportieren, das wie auf dem Bild gezeigt eine Probenkapsel in die Umlaufbahn des Mars schießen würde. Eine wartende Rückkehrsonde würde sie dort auffangen und zur Erde bringen.

LINKS Der Mars InSight Lander, der am 5. Mai 2018 gestartet wurde, ist eine der technisch aufwendigsten Raumsonden, die je den Mars erreichten. Die Missionsziele waren die Untersuchung des Planetenkerns, der Entstehung und seismischer Aktivitäten, etwa durch Meteoriteneinschläge. InSight war mit einem Seismometer ausgestattet (das runde Objekt, das durch ein Kabel mit dem Lander verbunden ist) – das erste Instrument dieser Art, das jenseits der Erde verwendet wurde. Es zeichnete mehrere „Marsbeben“ auf. Das Bild hier ist eines der letzten, die InSight machte, nur wenige Tage vor dem Missionsende am 11. Dezember 2022.

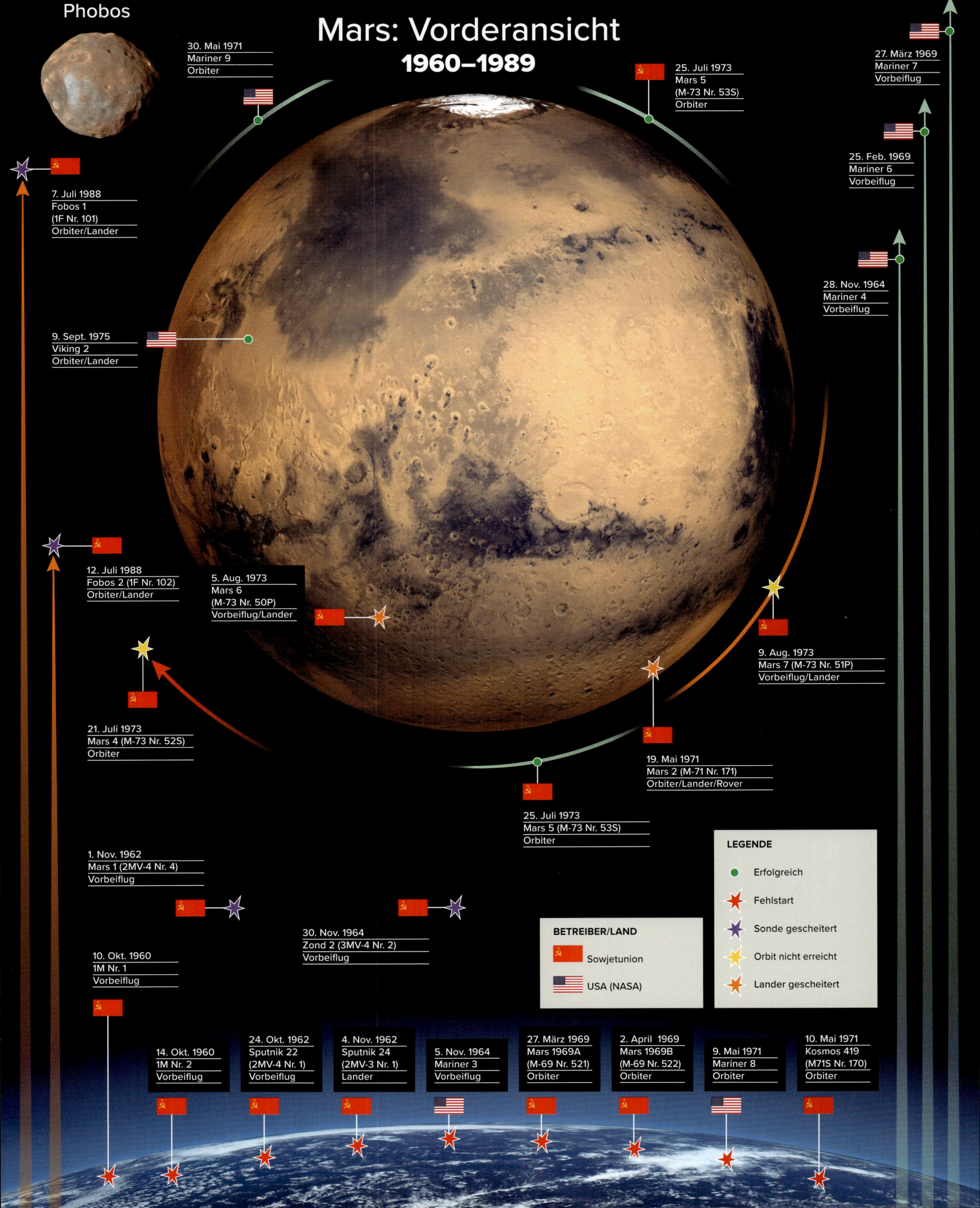
Mars: Vorderansicht
1960–1989
Phobos
30. Mai 1971
Mariner 9
Orbiter
25. Juli 1973
Mars 5
(M-73 Nr. 53S)
Orbiter
27. März 1969
Mariner 7
Vorbeiflug
25. Feb. 1969
Mariner 6
Vorbeiflug
7. Juli 1988
Fobos 1
(1F Nr. 101)
Orbiter/Lander
28. Nov. 1964
Mariner 4
Vorbeiflug
9. Sept. 1975
Viking 2
Orbiter/Lander
12. Juli 1988
Fobos 2 (1F Nr. 102)
Orbiter/Lander
5. Aug. 1973
Mars 6
(M-73 Nr. 50P)
Vorbeiflug/Lander
9. Aug. 1973
Mars 7 (M-73 Nr. 51P)
Vorbeiflug/Lander
21. Juli 1973
Mars 4 (M-73 Nr. 52S)
Orbiter
19. Mai 1971
Mars 2 (M-71 Nr. 171)
Orbiter/Lander/Rover
25. Juli 1973
Mars 5 (M-73 Nr. 53S)
Orbiter
1. Nov. 1962
Mars 1 (2MV-4 Nr. 4)
Vorbeiflug
30. Nov. 1964
Zond 2 (3MV-4 Nr. 2)
Vorbeiflug
10. Okt. 1960
1M Nr. 1
Vorbeiflug
LEGENDE
Erfolgreich
Fehlstart
Sonde gescheitert
Orbit nicht erreicht
Lander gescheitert
BETREIBER/LAND
Sowjetunion
USA (NASA)
14. Okt. 1960
1M Nr. 2
Vorbeiflug
24. Okt. 1962
Sputnik 22
(2MV-4 Nr. 1)
Vorbeiflug
4. Nov. 1962
Sputnik 24
(2MV-3 Nr. 1)
Lander
5. Nov. 1964
Mariner 3
Vorbeiflug
27. März 1969
Mars 1969A
(M-69 Nr. 521)
Orbiter
2. April 1969
Mars 1969B
(M-69 Nr. 522)
Orbiter
9. Mai 1971
Mariner 8
Orbiter
10. Mai 1971
Kosmos 419
(M71S Nr. 170)
Orbiter

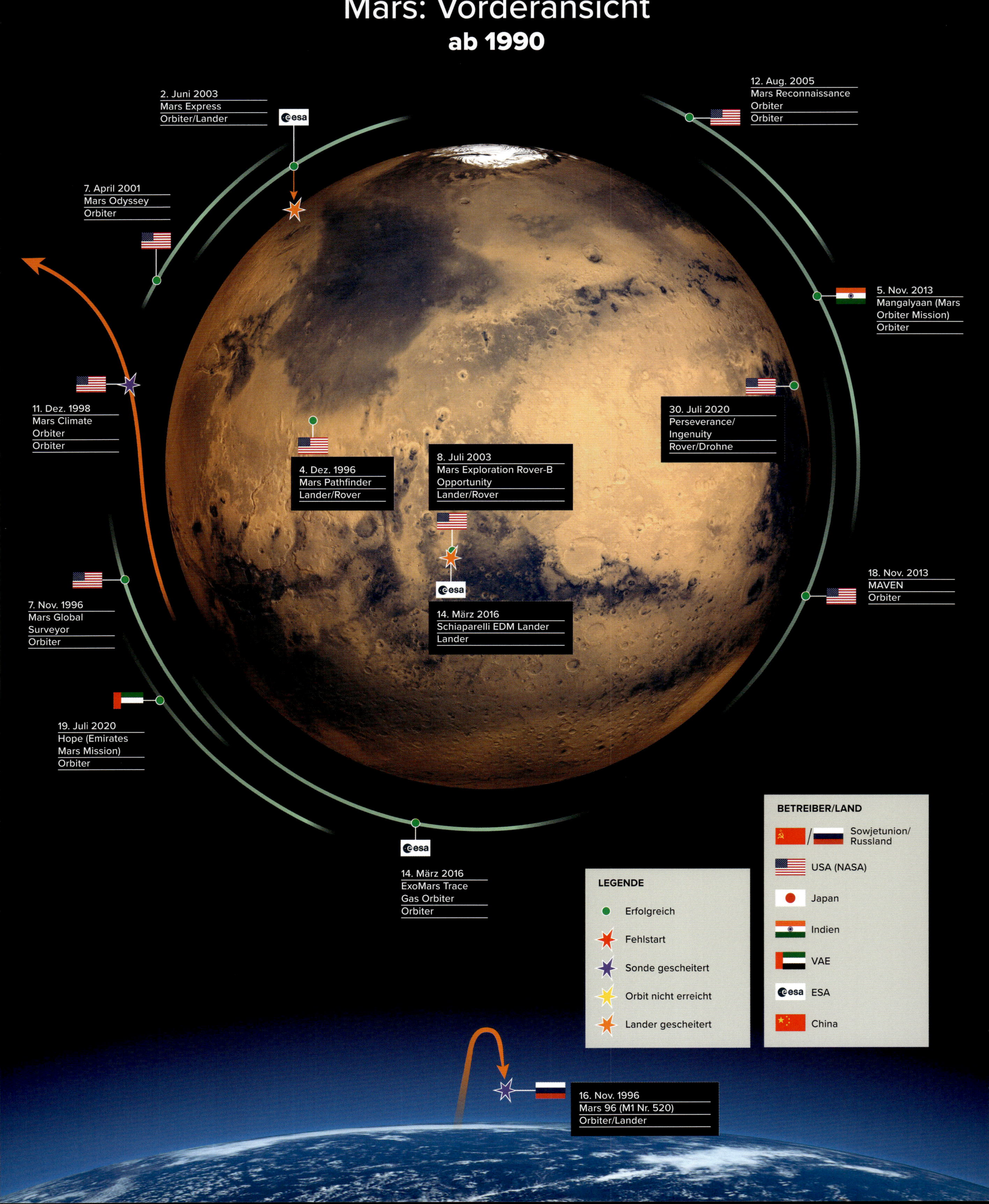

Mars: Vorderansicht
ab 1990
2. Juni 2003
Mars Express
Orbiter/Lander
esa
12. Aug. 2005
Mars Reconnaissance
Orbiter
Orbiter
7. April 2001
Mars Odyssey
Orbiter
5. Nov. 2013
Mangalyaan (Mars
Orbiter Mission)
Orbiter
11. Dez. 1998
Mars Climate
Orbiter
Orbiter
30. Juli 2020
Perseverance/
Ingenuity
Rover/Drohne
4. Dez. 1996
Mars Pathfinder
Lander/Rover
8. Juli 2003
Mars Exploration Rover-B
Opportunity
Lander/Rover
esa
14. März 2016
Schiaparelli EDM Lander
Lander
18. Nov. 2013
MAVEN
Orbiter
7. Nov. 1996
Mars Global
Surveyor
Orbiter
19. Juli 2020
Hope (Emirates
Mars Mission)
Orbiter
esa
14. März 2016
ExoMars Trace
Gas Orbiter
Orbiter
BETREIBER/LAND
Sowjetunion/
Russland
USA (NASA)
Japan
Indien
VAE
esa
ESA
China
LEGENDE
Erfolgreich
Fehlstart
Sonde gescheitert
Orbit nicht erreicht
Lander gescheitert
16. Nov. 1996
Mars 96 (M1 Nr. 520)
Orbiter/Lander

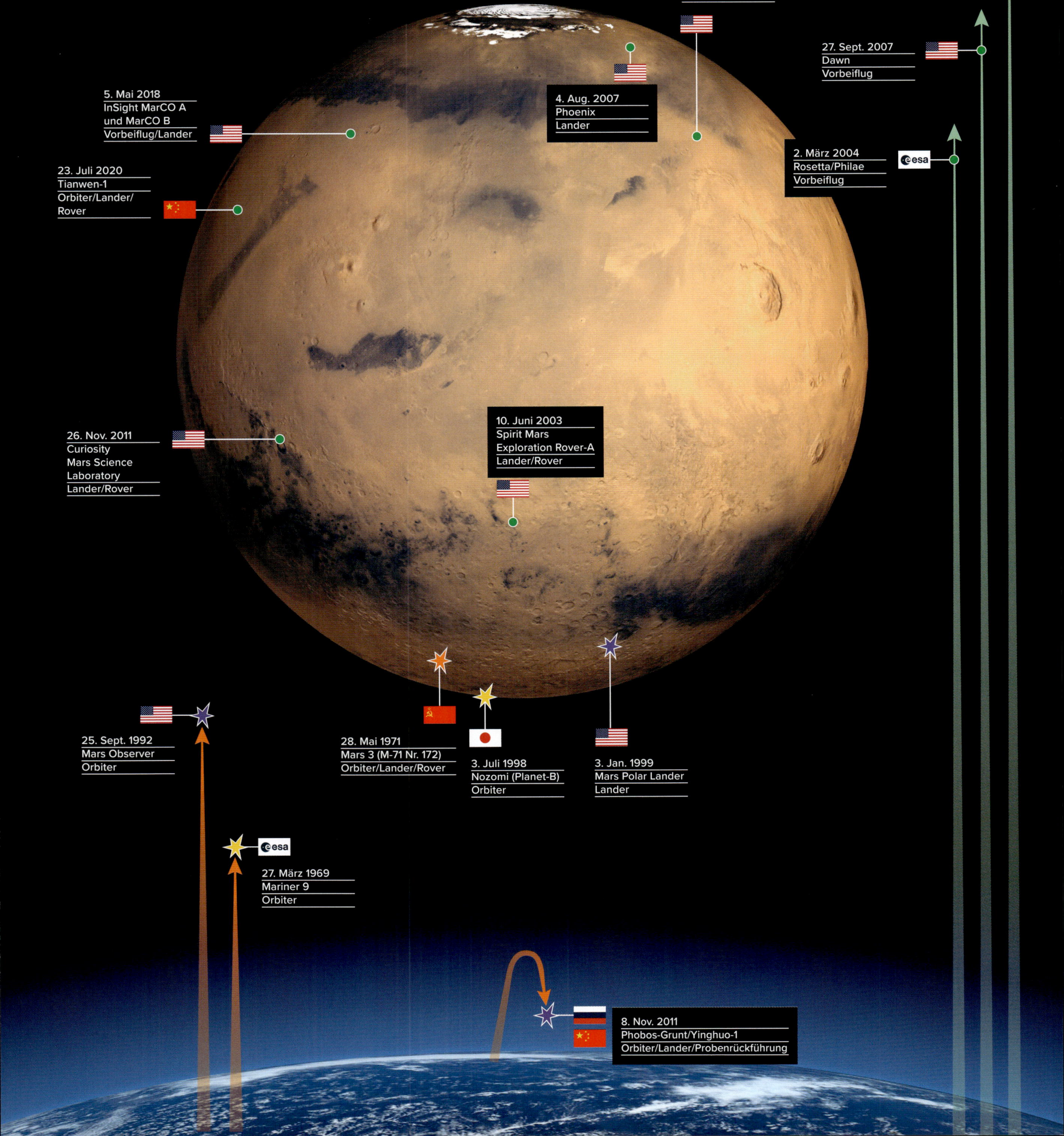

27. Sept. 2007
Dawn
Vorbeiflug
5. Mai 2018
InSight MarCO A
und MarCO B
Vorbeiflug/Lander
4. Aug. 2007
Phoenix
Lander
2. März 2004
Rosetta/Philae
Vorbeiflug
esa
23. Juli 2020
Tianwen-1
Orbiter/Lander/
Rover
26. Nov. 2011
Curiosity
Mars Science
Laboratory
Lander/Rover
10. Juni 2003
Spirit Mars
Exploration Rover-A
Lander/Rover
25. Sept. 1992
Mars Observer
Orbiter
28. Mai 1971
Mars 3 (M-71 Nr. 172)
Orbiter/Lander/Rover
3. Juli 1998
Nozomi (Planet-B)
Orbiter
3. Jan. 1999
Mars Polar Lander
Lander
esa
27. März 1969
Mariner 9
Orbiter
8. Nov. 2011
Phobos-Grunt/Yinghuo-1
Orbiter/Lander/Probenrückführung

ROBOTER AUF DEM MOND

Als im Jahr 1957 das Weltraumzeitalter begann, erwies sich der Lockruf des Mondes als unwiderstehlich. Sowohl die USA als auch die UdSSR, die ihren Kalten Krieg auf breiter Front austrugen, schickten Raumsonden zum Mond, um sich gegenseitig zu übertreffen. Der daraus resultierende „Wettlauf ins All" veränderte unser Wissen über den Trabanten der Erde dramatisch.

RECHTS Die Raumsonde Ranger 9 fotografierte am 24. März 1965 die Oberfläche des Mondes – Sekunden, bevor sie abstürzte.

GANZ RECHTS Die spätere Version der Raumsonde Block III Ranger, mit der Kamera außen an der Kapsel und entfalteten Sonnensegeln.

Nach zahlreichen gescheiterten Mondmissionen begann die NASA Ende 1959 im Jet Propulsion Laboratory mit der Entwicklung des Ranger-Programms – unter anderem, um sich aus dem PR-Schlamassel vorangegangener Fehlschläge herauszuwinden. Mehrere Ranger-Raumsonden blieben erfolglos, aber am 31. Juli 1964 übermittelte Ranger 7 4316 atemberaubende, hochauflösende Bilder des lunaren Wolkenmeers Mare Nubium, was auch Ranger 8 und 9 im Jahr 1965 gelang.

Mitte der 1960er-Jahre unternahm die NASA das Lunar-Orbiter-Projekt, um den Mond zu vermessen und einen Platz für eine bemannte Landung zu finden. Vom 10. August 1966 bis zum 1. August 1967 schickte sie fünf Mondsonden ins All, die alle ihre Missionsziele erfüllten. Heraus kamen die ersten hochauflösenden Fotos des Trabanten und die Mondlandung rückte in greifbare Nähe.

Im Jahr 1961 startete die NASA schließlich das Surveyor-Programm, um eine Sonde weich auf dem Mond zu landen, einige Fotos zu machen und Messungen durchzuführen. Am 2. Juni 1966 landete Surveyor 1 auf dem Mond und übertrug über 10 000 Bilder der Oberfläche. Zwar stürzte die zweite Sonde ab, aber die dritte lieferte Fotos, Messungen der Zusammensetzung und Festigkeit der Mondkruste sowie der Wärme- und Radarreflexion des Bodens.

UNTEN Am 23. August 1966 übertrug der Lunar Orbiter 1 das erste Bild der Erde, das vom Mond aus aufgenommen wurde. Es ist der Vorgänger eines der berühmtesten Fotos aus dem Weltraum, dem „Erdaufgang", den die Astronauten von Apollo 8 mit der Kamera einfingen (siehe Seite 274).

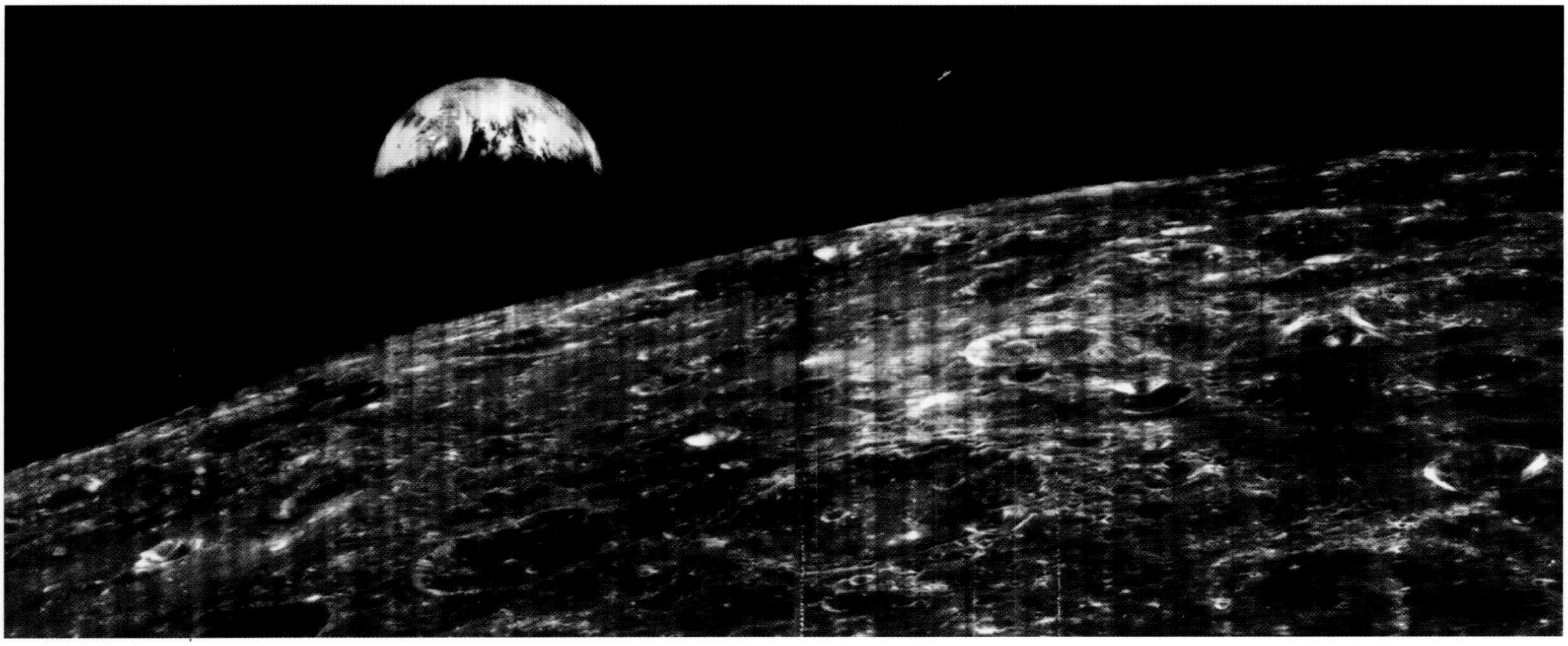

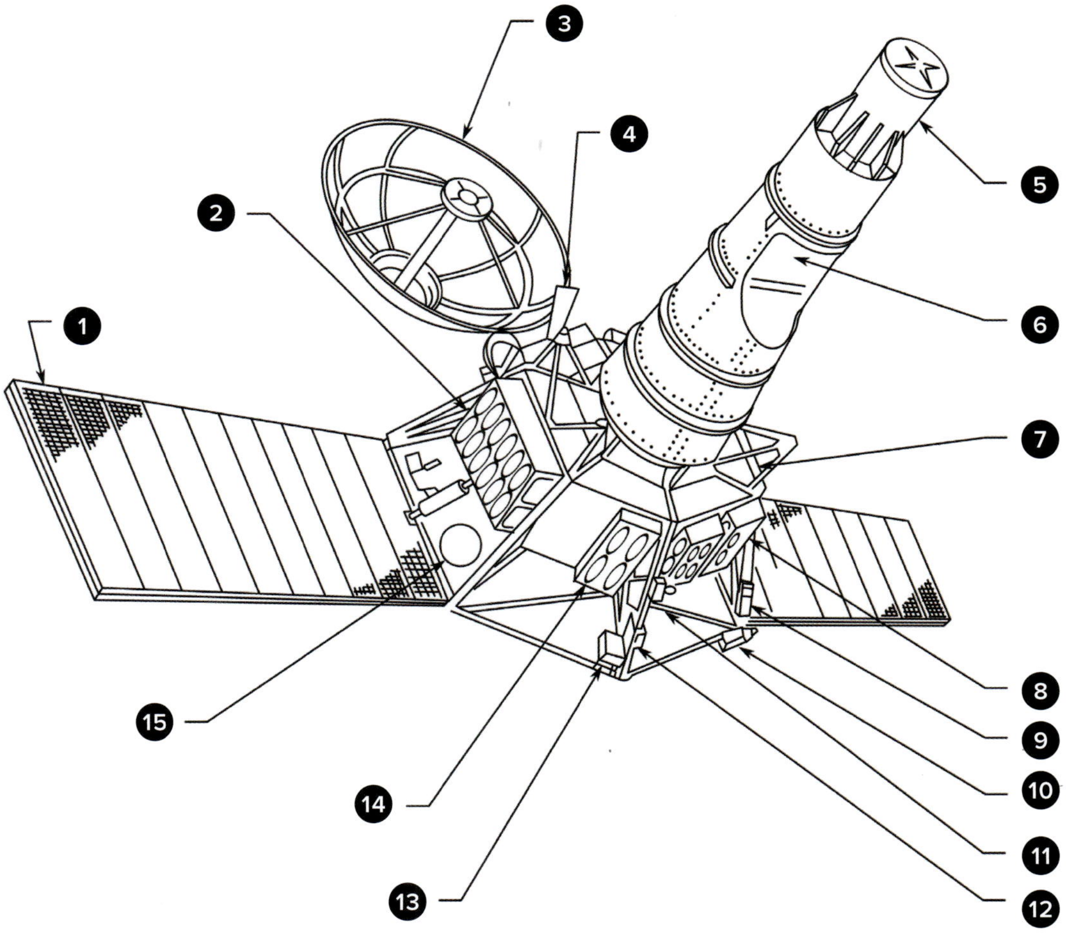

RECHTS Die Ranger-Raumsonde der 1960er-Jahre sollte hochwertige Bilder machen, bevor sie auf den Mond stürzte. Dieses Schema der Block-III-Version, die nach mehreren Fehlschlägen erfolgreich war, illustriert die wichtigsten Bestandteile der Sonde.

1. Solarpaneel
2. Lagekontrolle
3. Hochgewinn-Richtantenne
4. Sonnenschild
5. Rundstrahlantenne
6. Fernübertragungssystem der Radio Corporation of America
7. Kommunikations- und Kontrollsystem
8. Stromversorgung
9. Lagekontrolldüse Längsachse
10. Lagekontrolldüse Vertikalachse
11. Lagekontrolldüse Querachse
12. Primäre Sonnensensoren (4)
13. Reserve-Timer
14. Batterie (2)
15. Gasflasche für die Klimaanlage

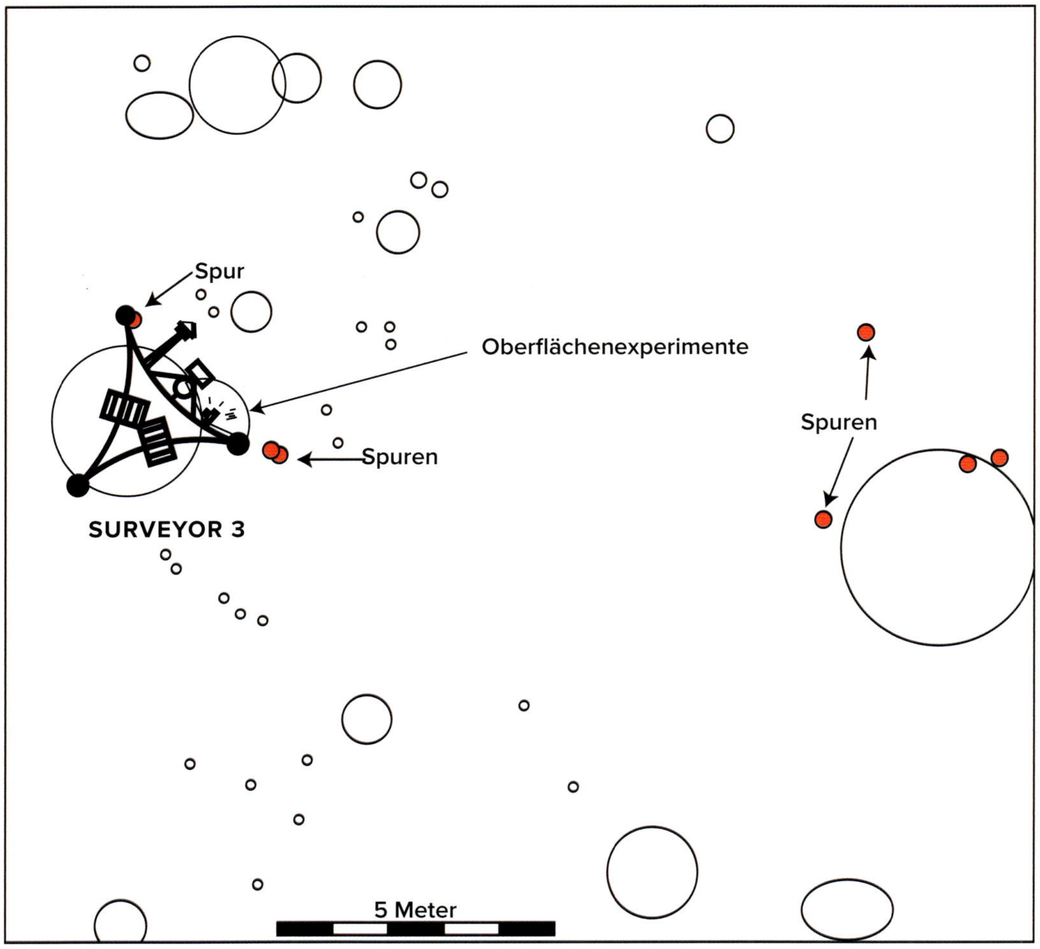

OBEN Dieses Mosaik aus Bildern, die Surveyor 3 im Jahr 1967 aufgenommen hat, zeigt den Block-Krater, direkt unter dem Rand des Surveyor-Kraters, der sich rechts von der Mitte befindet.

OBEN LINKS Der Apollo-12-Astronaut Alan Bean fotografierte auf seinem zweiten Außenbordeinsatz – oder Weltraumspaziergang – am 20. November 1969 die Raumsonde Surveyor 3. Die Sonde war am 19. April 1967 in einem kleinen Krater auf dem Mond gelandet, von wo aus sie Bilder von der Oberfläche machte und bodenmechanische Experimente durchführte. Auf ihrer rechten Seite sieht man den ausgestreckten Arm des Probenentnehmers. An der Oberseite des zentralen Masts befinden sich die Solarpaneele. Der weiße Zylinder rechts vom Mast enthält die Kamera. Der linke, nach oben gerichtete Arm, ist die Rundstrahlantenne. Die Raumsonde ist nur etwa 3 Meter hoch. Diese Ansicht blickt nach Norden, wo im Hintergrund die Mondlandefähre von Apollo 12 zu sehen ist.

LINKS Wie die Spuren verraten, hüpfte die Raumsonde Surveyor 3 bei der Landung zweimal hoch, bevor sie 10 Meter vom ersten Landepunkt zum Stillstand kam. Die anderen Kreise auf der Illustration sind kleine Krater im Bereich der Landestelle.

RECHTS Lunochod 1 – das erste erfolgreich ferngesteuerte Mondmobil – wurde von der Raumsonde Luna 17 zum Mond gebracht, bevor es seine Mission auf der Oberfläche erfüllte.

Obwohl Surveyor 4 ein Fehlschlag war, hatten die drei verbleibenden Surveyor-Sonden bis zum Ende des Programms 1968 eine beträchtliche Menge an Daten für die Apollo-Missionen und für die allgemeine Erforschung des Mondes geliefert.

In dieser Zeit besuchte auch die Sowjetunion mehrmals den Mond. Im Rahmen des Luna- oder Lunik-Programms flogen 15 Raumsonden zwischen 1959 und 1976 erfolgreich zum Mond. Viele von ihnen setzten Meilensteine auf dem Wettlauf ins All. Zwar erlebten auch die Sowjets Rückschläge, die zu jener Zeit nicht öffentlich gemacht wurden, aber zwei Rover landeten auf dem Mond und drei andere Missionen schickten Proben an die Erde.

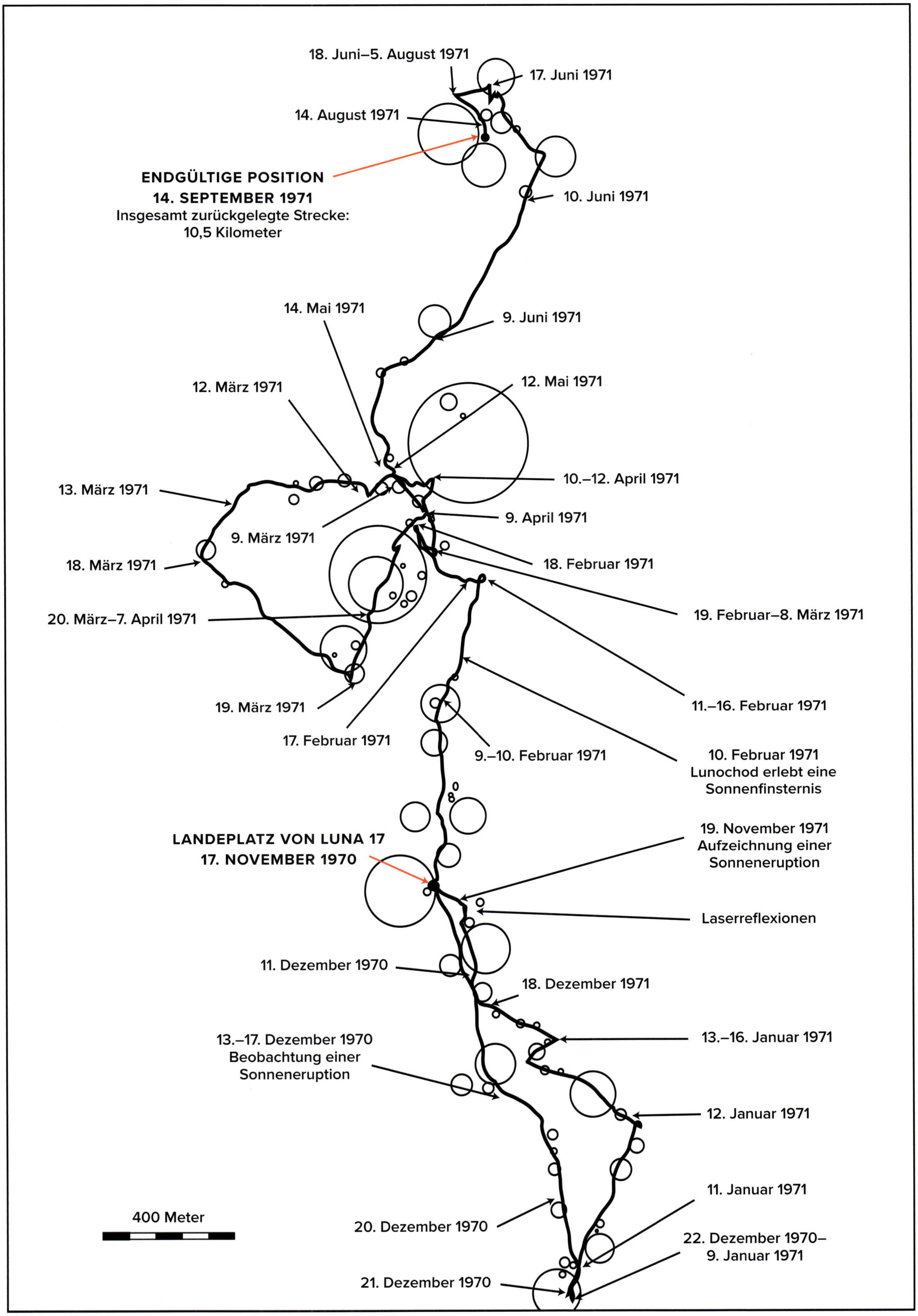
18. Juni–5. August 1971
17. Juni 1971
14. August 1971
ENDGÜLTIGE POSITION
14. SEPTEMBER 1971
Insgesamt zurückgelegte Strecke:
10,5 Kilometer
10. Juni 1971
14. Mai 1971
9. Juni 1971
12. März 1971
12. Mai 1971
13. März 1971
10.–12. April 1971
9. April 1971
9. März 1971
18. Februar 1971
18. März 1971
19. Februar–8. März 1971
20. März–7. April 1971
11.–16. Februar 1971
19. März 1971
17. Februar 1971
9.–10. Februar 1971
10. Februar 1971
Lunochod erlebt eine
Sonnenfinsternis
LANDEPLATZ VON LUNA 17
17. NOVEMBER 1970
19. November 1971
Aufzeichnung einer
Sonneneruption
Laserreflexionen
11. Dezember 1970
18. Dezember 1971
13.–17. Dezember 1970
Beobachtung einer
Sonneneruption
13.–16. Januar 1971
12. Januar 1971
400 Meter
11. Januar 1971
20. Dezember 1970
22. Dezember 1970–
9. Januar 1971
21. Dezember 1970

„Sowohl die USA als auch die UdSSR, die ihren Kalten Krieg auf breiter Front austrugen, schickten Raumsonden zum Mond, um sich gegenseitig zu übertreffen. Der daraus resultierende ‚Wettlauf ins All' veränderte unser Wissen über den Trabanten der Erde dramatisch."

RECHTS Lunochod 1 war einer der großen Erfolge der Sowjetunion. Es war das erste ferngesteuerte Fahrzeug, das auf einem anderen Himmelskörper landete. Am 10. November 1970 wurde es mit der Raumsonde Luna 17 gestartet und am 17. November landete es auf der Mondoberfläche. Dort fuhr es in kurzen Intervallen herum, bis am 14. September 1971 die Funkverbindung abbrach. Es legte über 10 Kilometer zurück (siehe Seite 265) und lieferte über 20 000 Bilder und 25 Bodenanalysen.

UNTEN Die Strecke des Rovers Lunochod 2, der von der Raumsonde Luna 21 zum Mond gebracht wurde. Die roten Punkte und Pfeile in der linken unteren Ecke zeigen an, wo der Rover am 13. und 14. Februar losfuhr und am 13. März 1973 ankam, bevor er wieder zum Ausgangspunkt zurückkehrte. Dann machte er den Weg ein weiteres Mal, da das Kontrollteam etwas Interessantes entdeckt hatte und den Bereich genauer untersuchen wollte. Anschließend bewegte er sich zur Position vom 14. März und von späteren Stationen, die auf der Karte rechts eingezeichnet sind. Die „Magnetometer-Strecke" auf der rechten Seite der Karte ergab sich, weil das Kontrollteam den Rover nach Westen schickte, um zusätzliche Messungen vorzunehmen.

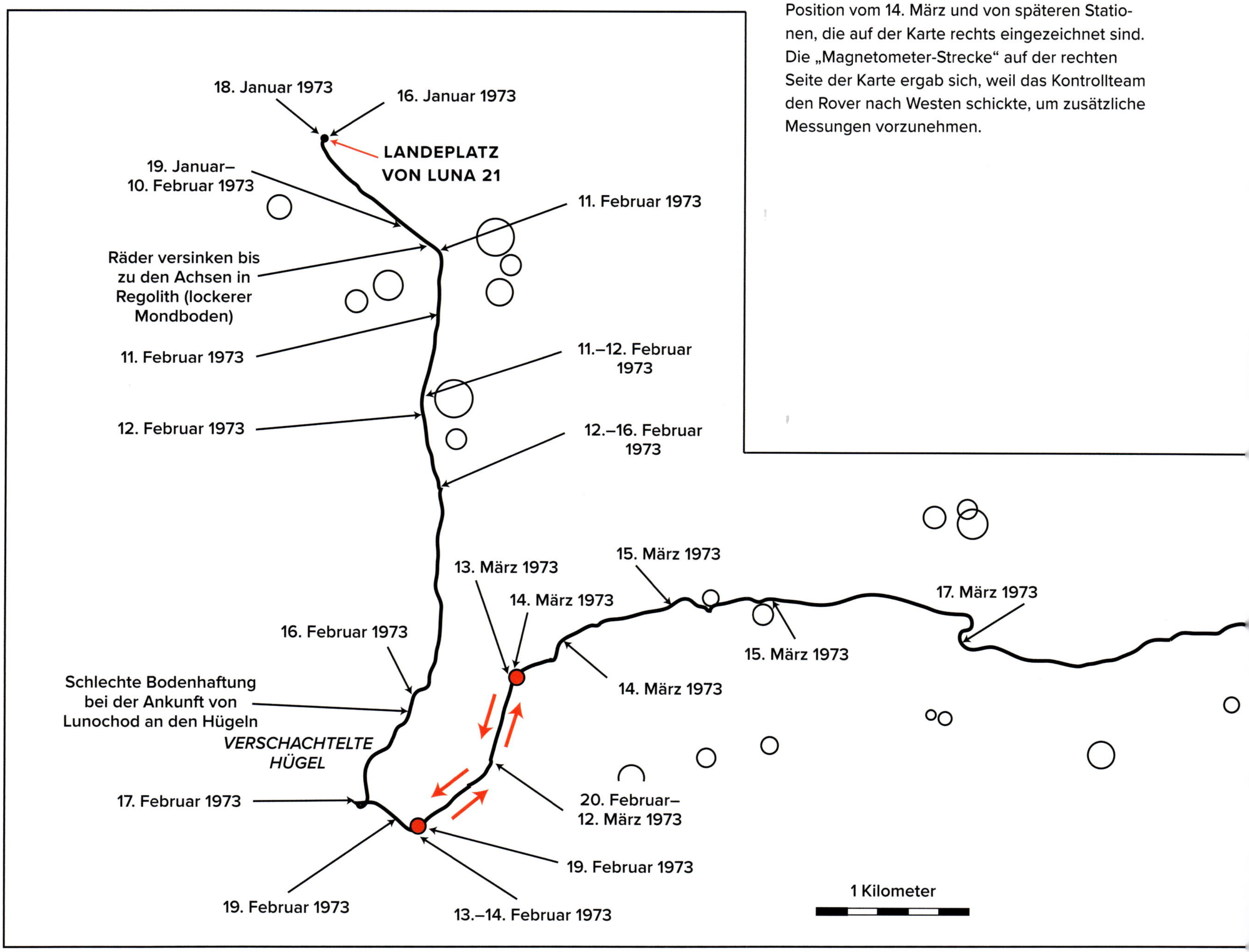

CCCP

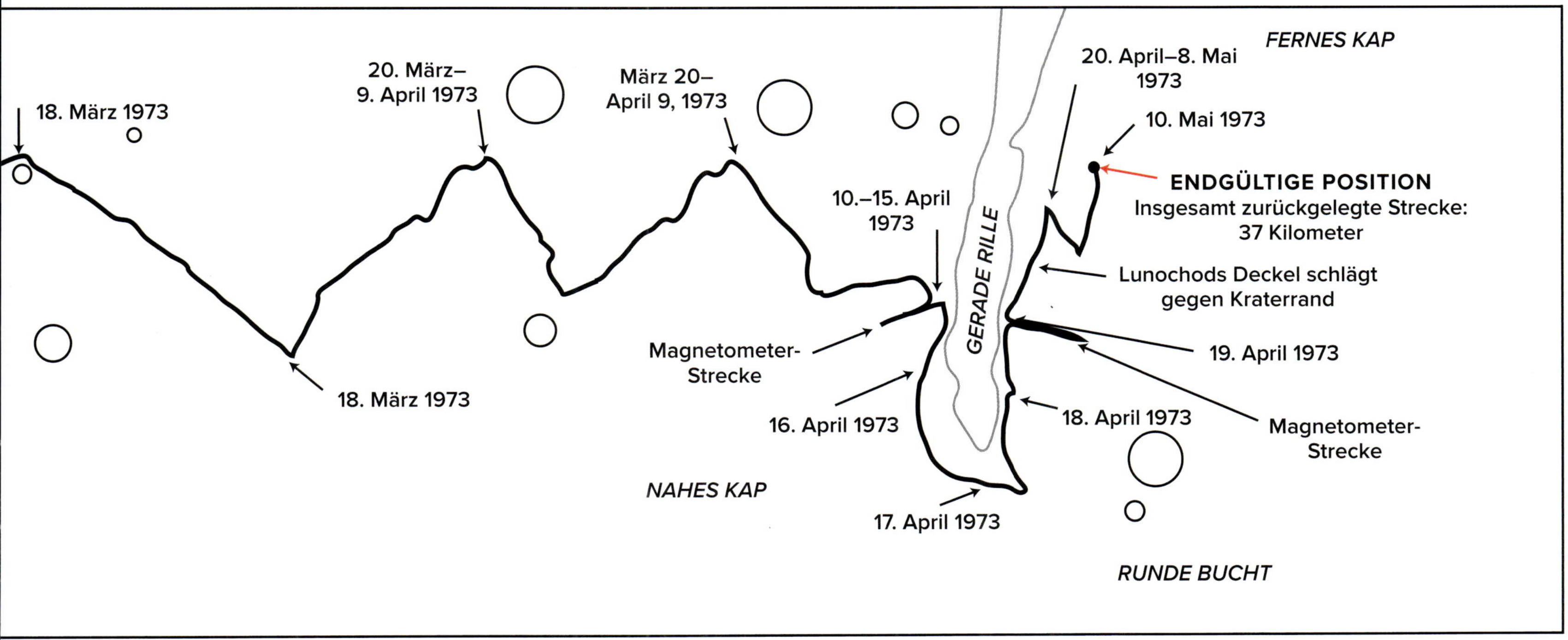
FERNES KAP
20. April–8. Mai 1973
18. März 1973
20. März–
9. April 1973
März 20–
April 9, 1973
10. Mai 1973
ENDGÜLTIGE POSITION
Insgesamt zurückgelegte Strecke:
37 Kilometer
10.–15. April 1973
GERADE RILLE
Lunochods Deckel schlägt gegen Kraterrand
Magnetometer-Strecke
19. April 1973
18. März 1973
16. April 1973
18. April 1973
Magnetometer-Strecke
NAHES KAP
17. April 1973
RUNDE BUCHT

Seit diesen Missionen in den 1960er- und 1970er-Jahren besuchten noch weitere Raumsonden den Mond. Eine davon war Clementine im Jahr 1994, eine Zusammenarbeit zwischen der NASA und dem US-Verteidigungsministerium. Die Sonde, die über 90 Prozent der Mondoberfläche kartierte, stieß am Shackleton-Krater auf dem Südpol auf Eis aus einem Asteroideneinschlag. Dieser Fund brachte wieder neuen Enthusiasmus in die Mondforschung.

Darauf folgte 1998 die Raumsonde Lunar Prospector, ein kleiner, spinstabilisierter Flugkörper, der die Kruste und Atmosphäre des Mondes auf Minerale, Wassereis und bestimmte Gase untersuchen sollte. Sie bestätigte, dass sich auf beiden Mondpolen fast 300 Millionen Tonnen in den Kratern verteiltes Wassereis befanden.

Auch China, Japan und Indien haben Raumsonden zum Mond geschickt. Die Mission Kaguya der japanischen Raumfahrtbehörde, die am 14. September 2007 gestartet wurde, umfasste einen Orbiter in 100 Kilometern Höhe und zwei kleine Satelliten (Relaissatellit und VLBI-Satellit) in der polaren Umlaufbahn. Ihr Ziel war die Erforschung der Mondevolution. Mithilfe von wissenschaftlichen Instrumenten wurden eine Karte der gesamten Mondoberfläche erstellt sowie Magnetfeld- und Gravitationsfeldmessungen durchgeführt. Erwähnenswert ist auch die chinesische Mondsonde Chang'e-4, die am 3. Januar 2019 den Yutu-2-Rover auf der Rückseite des Mondes aussetzte – der erste, der in diesem Bereich unterwegs war.

Da Wasser so vielfältig nutzbar ist, könnte sein Abbau eine Mondkolonie versorgen. Aus dem Eis könnten Menschen Wasser, Sauerstoff und Wasserstoff erzeugen und aus Wasserstoff wiederum Raketentreibstoff und Strom. Wegen seiner Ressourcen wird der Mond heute als Ziel für zukünftige Missionen angepeilt.

RECHTS Auf ihrer Mission im Jahr 1994 übermittelte die Raumsonde Clementine zahlreiche Bilder der Erde und des Mondes. Dieses kolorierte Foto zeigt den Erdball über dem lunaren Nordpol, als Clementine am 13. März 1994 den Kartierungsumlauf 102 abschloss. Über Afrika und der Arabischen Halbinsel scheint die Sonne. Der große Krater am unteren Rand des Bildes ist der Plaskett-Einschlagkrater.

UNTEN Diese topografische Karte des Mondes zeigt die Vorder- und Rückseite des Trabanten und wurde aus über 5000 Einzelbildern zusammengestellt – aufgenommen von der Raumsonde Clementine im Jahr 1994. Sie zeigt die Laser-Höhenmessung in Kilometern (rot = hoch; violett = flach); die Rückseite (rechts) ist hoch und gebirgig, die Vorderseite (links) ist flach. Auf der Rückseite gut zu sehen ist das große Südpol-Aitken-Becken mit einem Durchmesser von 2500 Kilometern, das am unteren Rand violett dargestellt ist.

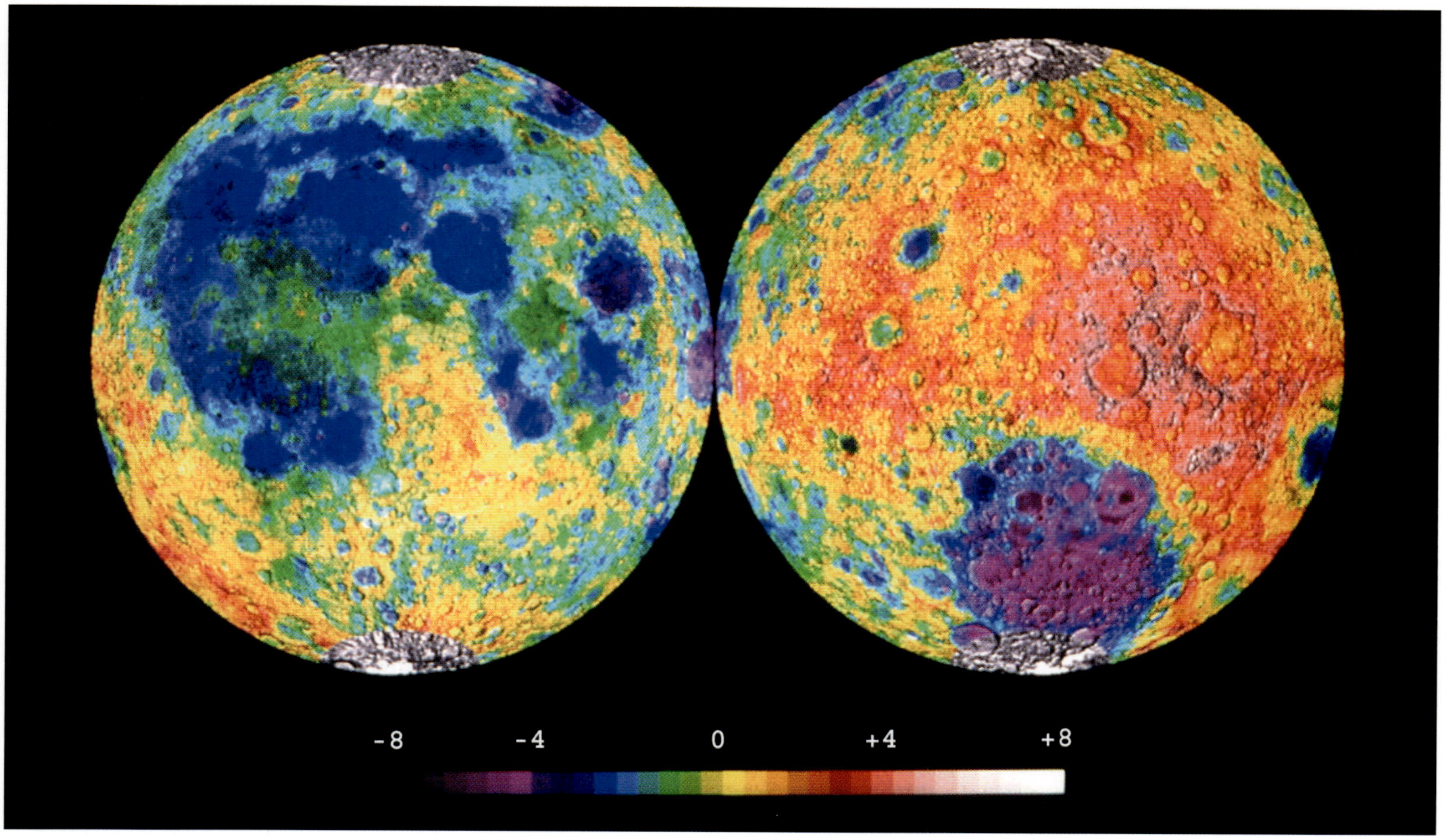

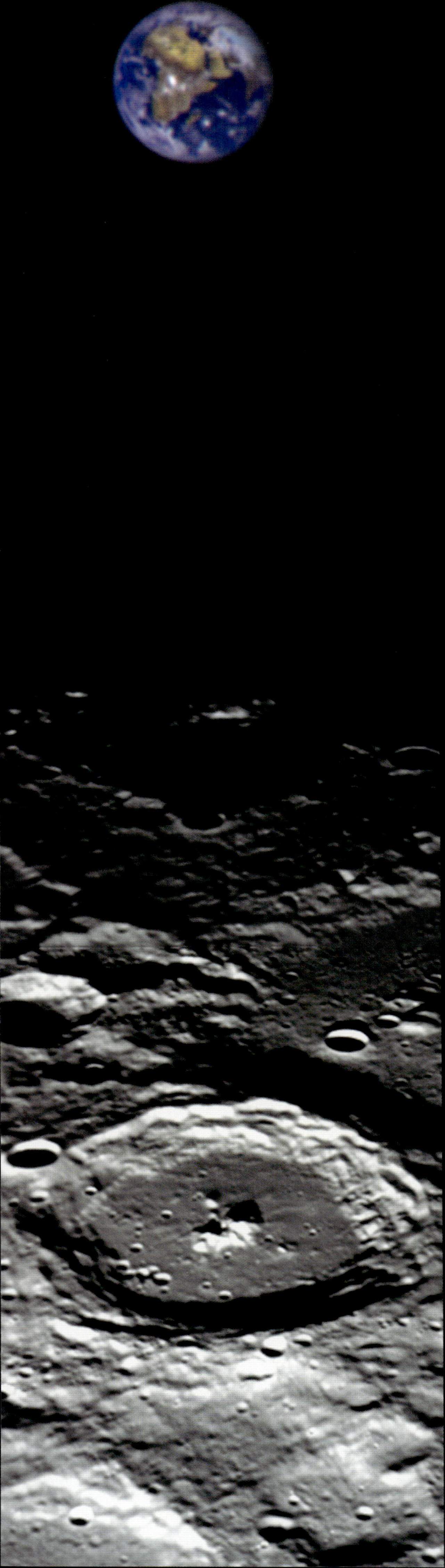

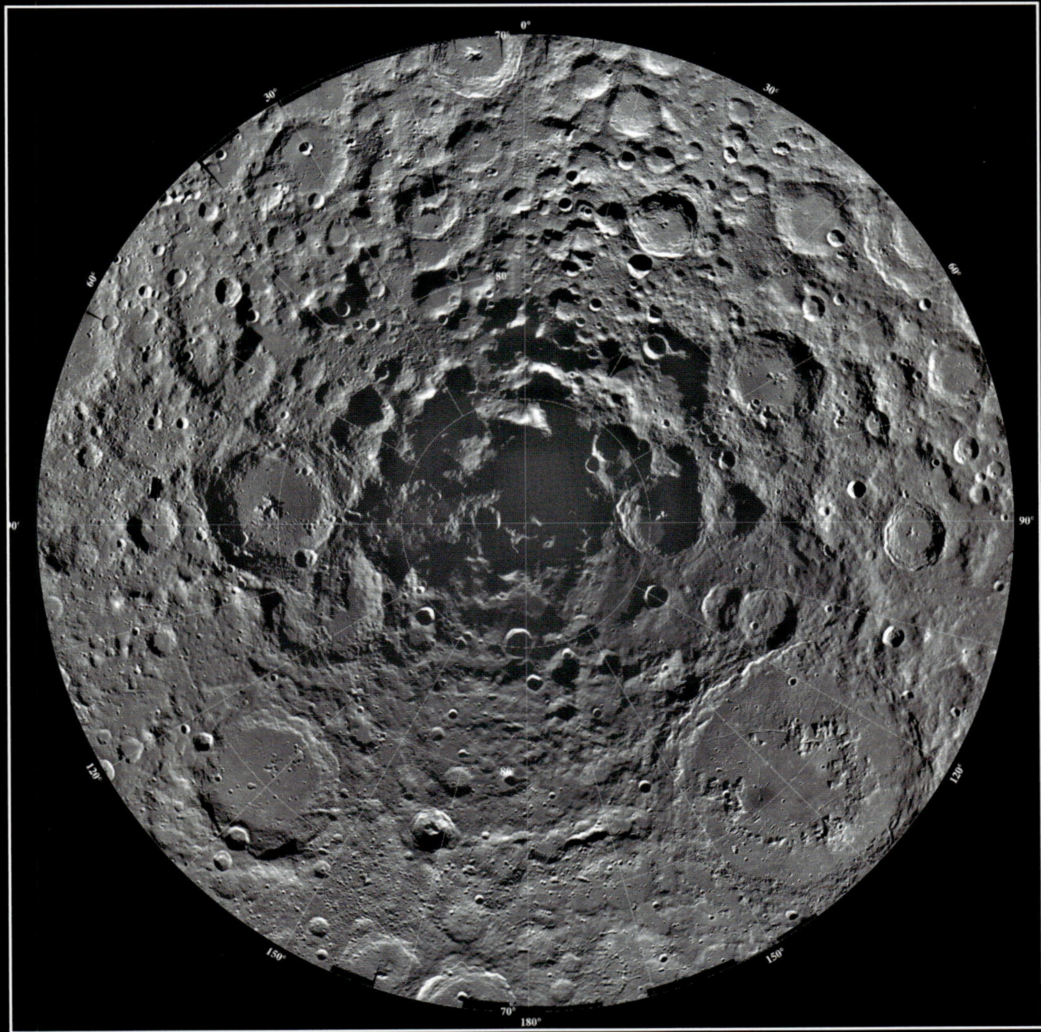

OBEN Aus insgesamt 1500 Bildern der Raumsonde Clementine wurde 1994 dieses Mosaik der Südpolarregion des Mondes erstellt. Ein beträchtlicher Teil des dunklen Bereichs in Polnähe liegt möglicherweise immer im Schatten und könnte kalt genug für Eis sein.

„Clementine war eine Zusammenarbeit zwischen der NASA und dem US-Verteidigungsministerium. Die Sonde kartierte über 90 Prozent der Mondoberfläche.“

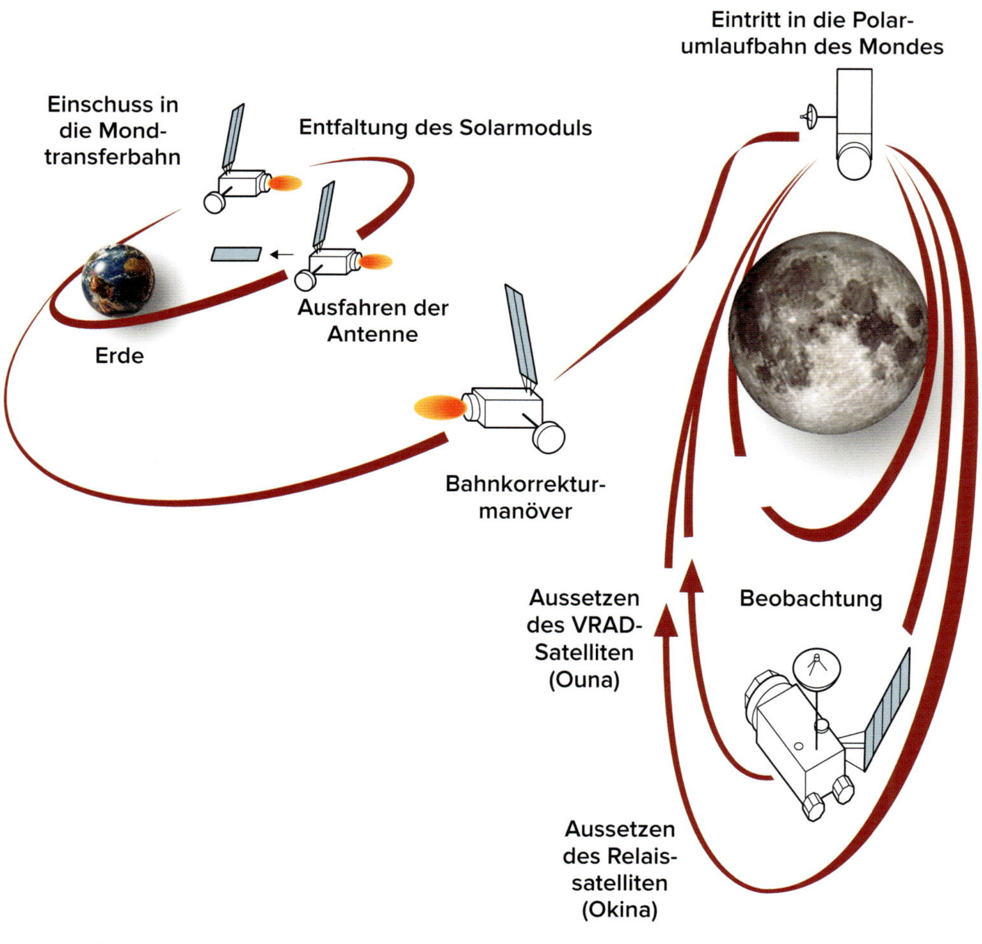

OBEN China hat bereits mehrere Robotermissionen zum Mond unternommen. Die Chang'e-Lander und der Yutu-2-Rover auf der Rückseite des Mondes lieferten spektakuläre Ergebnisse. Der Lander der Chang'e-4-Sonde wurde am 11. Januar 2019 wie hier gezeigt vom Rover Yutu 2 („Jadehase 2") aufgenommen.

LINKS Die von der japanischen Raumsonde Kaguya gesammelten Daten ermöglichten die Erstellung des bisher detailliertesten topografischen Modells des Mondes. Die Illustration zeigt den Ablauf der Mission, einschließlich des Aussetzens der kleinen Satelliten Okina und Ouna. Die JAXA nannte Kaguya „die größte Mondmission seit dem Apollo-Programm".

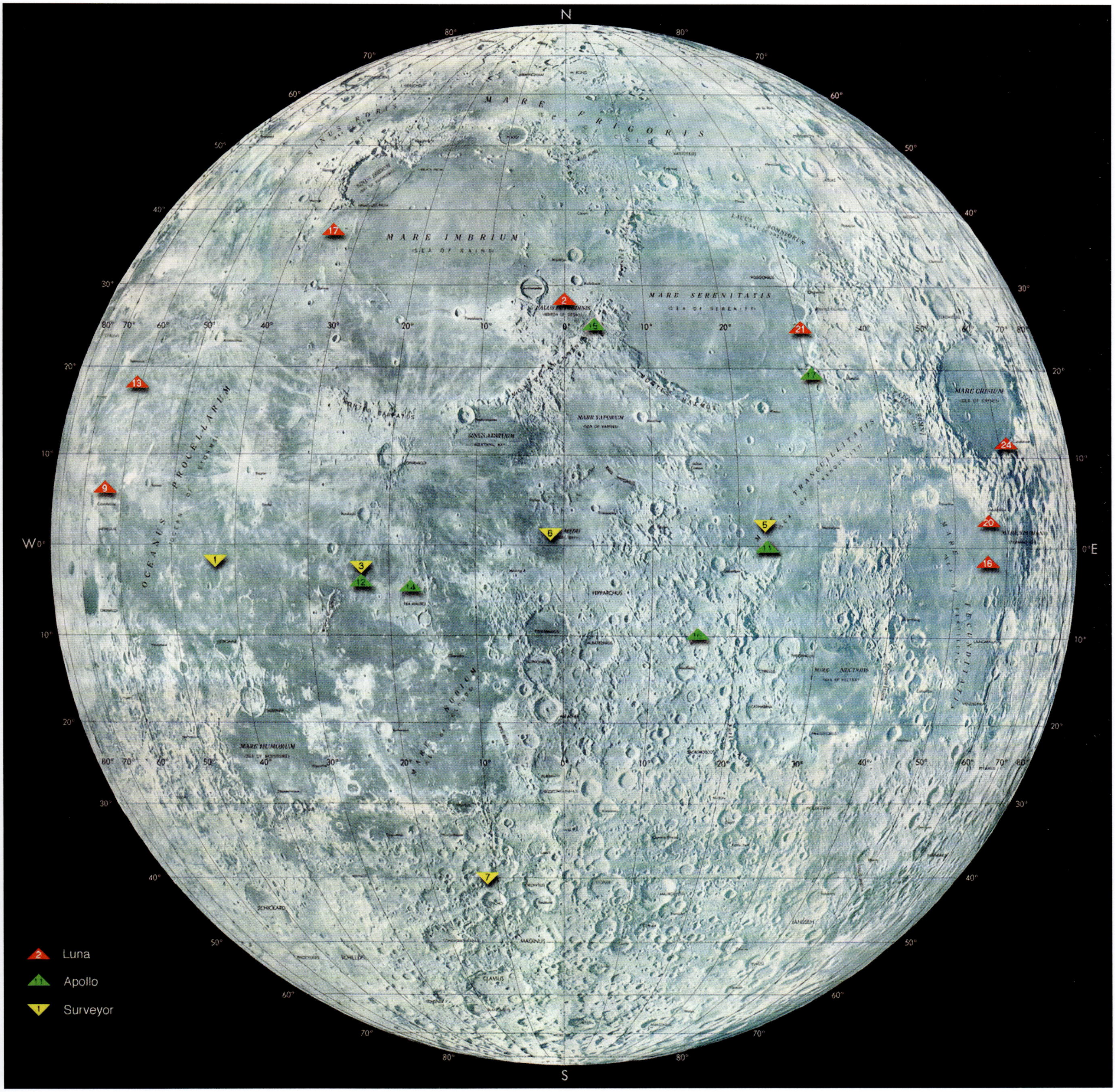

Auf dieser Karte der erdzugewandten Seite des Mondes sind die Positionen der Surveyor-Lander in Gelb, der sowjetischen Luna-Sonde in Rot und der Apollo-Lander in Grün markiert.

APOLLO UND DIE MONDLANDUNG

Die bemannte Mondlandung ist das wohl größte Abenteuer des 20. Jahrhunderts. Als Ergebnis des Kalten Krieges zwischen den USA und der Sowjetunion wurden im Rahmen des Apollo-Programms im Zeitraum von 1969 bis 1972 sechs Besatzungen auf den Mond geschickt.

Am 25. Mai 1961 gab der US-Präsident John F. Kennedy bekannt, dass ein Amerikaner auf dem Mond landen und wieder sicher zur Erde zurückkehren würde, „bevor dieses Jahrzehnt vorbei ist". Daraufhin begannen aggressive Bemühungen, dieses Ziel zu erreichen. Es wurde zur obersten Priorität der NASA in den ersten zehn Jahren ihres Bestehens. Das Projekt entstand als Antwort auf eine unbefriedigende Situation: dass die Sowjetunion weltweit als führende Kraft in Wissenschaft und Technik angesehen wurde. Doch neben diesen unmittelbaren politischen Motiven entwickelte das Apollo-Programm eine Eigendynamik und hinterließ den USA und den Befürwortern der Raumfahrt ein wichtiges Vermächtnis.

Die erste Apollo-Mission, die in den Blick der Öffentlichkeit rückte, war der Flug von Apollo 8 – ein historisches Unternehmen, den Mond zu umkreisen. Vor dem „Hauptakt", der Mondlandung im Jahr 1969, folgten noch zwei weitere Apollo-Missionen. Doch dann war es soweit: Am 16 Juli 1969 startete Apollo 11. Nachdem die Funktionstüchtigkeit der Technik bestätigt worden war, begann die dreitägige Reise zum Mond. Am 20. Juli 1969 um 22:18 MEZ setzte die Landefähre auf der Oberfläche des Mondes auf. An Bord befanden sich die Astronauten Neil Armstrong und Buzz Aldrin, während Michael Collins im Apollo-Kommandomodul in der Umlaufbahn zurückblieb. Später betrat Armstrong den Mond und sagte zu Millionen Zuschauern auf der Erde, dass es „ein kleiner Schritt für einen Menschen, aber ein großer Sprung für die Menschheit" sei.

Der aufregende Flug bereitete den Weg für weitere Apollo-Missionen, von denen fünf erfolgreich waren und bis Dezember 1972 stattfanden. Bei jeder wurde etwas mehr Zeit auf dem Mond verbracht und die dort durchgeführten Experimente wurden immer komplexer. Diese Versuche sowie die mitgebrachten Proben des Mondbodens liefern seither reichlich Stoff für Forschungsarbeiten. Wissenschaftler sind sich nun vor allem über den Ursprung des Mondes einig: Vor Milliarden Jahren schlug ein Objekt auf der Erde ein, das möglicherweise so groß wie der Mars war. Material aus beiden Himmelskörpern vermischte und verdichtete sich zum heutigen Mond. Außerdem fand man heraus, dass der Mond einzigartige Ressourcen besitzt, allen voran Helium-3, das vielleicht abgebaut und als Energiequelle genutzt werden könnte. Der wissenschaftliche Nutzen war signifikant, besonders der drei letzten Apollo-Missionen, bei denen die Astronauten mit einem Mondauto die Umgebung der Landestelle erkundeten.

WIE IST DER MOND ENTSTANDEN?

Die Besatzung von Apollo 11 – (*von links nach rechts*) Neil Armstrong, Kommandant; Michael Collins, Pilot des Kommandomoduls; und Buzz Aldrin, Pilot der Mondlandefähre – begutachten am 10. Juni 1969 die Kabine ihres Raumfahrzeugs, bevor es auf die große Reise geht. Die Astronauten waren sich der Bedeutung ihrer Mission bewusst, aber erst rückblickend wissen wir zu schätzen, welchen Beitrag das Apollo-Programm der NASA zu unserem Wissen über die Entstehung des Mondes geleistet hat.

Die sechs Mondlandemissionen, die zwischen 1969 und 1972 stattfanden, sowie die Proben, die von den sowjetischen Robotersonden zur Erde gebracht wurden, ermöglichten eine umfassende wissenschaftliche Analyse der von der Mondoberfläche entnommenen Materialien. Die Ergebnisse lieferten Antworten auf Fragen wie: Wie alt ist der Mond? Wie entstand er? Und woraus besteht er?

Das technische Rückgrat der bemannten Mondflüge war die leistungsstarke Rakete Saturn V, die beim Start einen Schub von 3,4 Millionen Kilogramm erzeugte. Hier sind einige der wichtigsten Komponenten der Rakete:

1. Apollo-Kapsel
2. Mondmodul
3. Flüssigsauerstofftank (LOX)
4. LOX-Tank
5. LOX-Tank
6. Treibstofftank
7. 1x J-2-Triebwerk
8. Treibstofftank
9. 5x J-2-Triebwerke
10. Treibstofftank
11. 5x F-1-Triebwerke

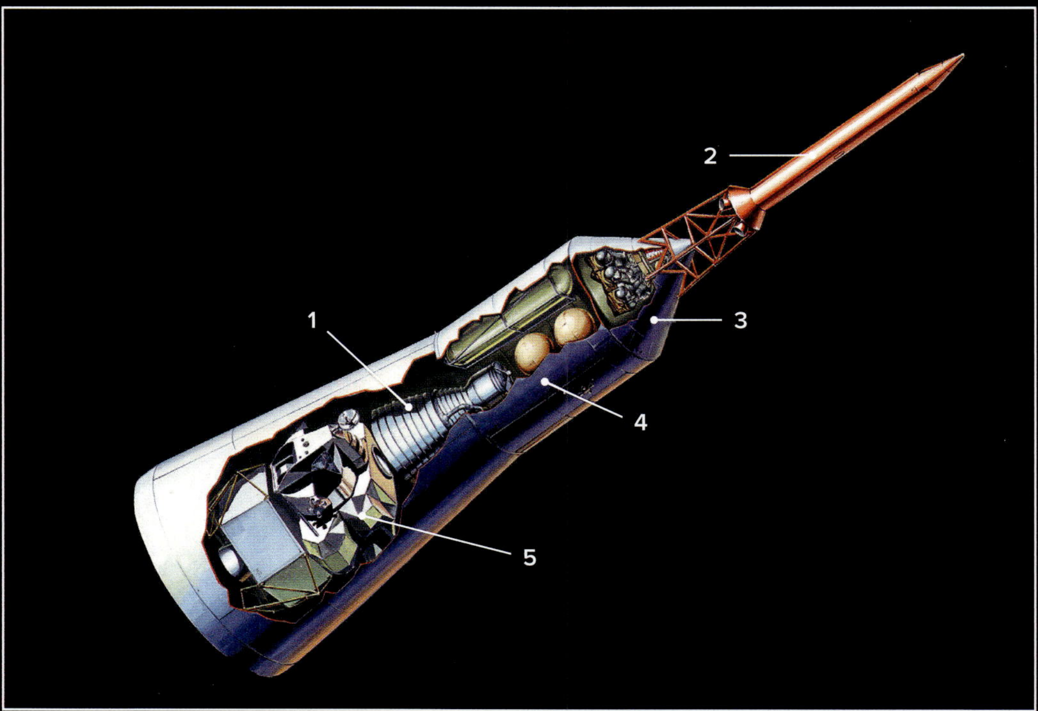

Die zweite Kernkomponente der für die Mondlandung benötigten Technik war das Apollo-Raumschiff. Diese Schnittzeichnung zeigt die wichtigsten Teile:

1. Triebwerk
2. Rettungsrakete
3. Kommandomodul
4. Servicemodul
5. Mondmodul

OBEN „Earthrise" („Erdaufgang") ist eines der berühmtesten Bilder aus dem Apollo-Programm. Es wurde im Dezember 1968 während der Apollo-8-Mission aufgenommen. Als das Raumschiff nach seinem ersten Mondumlauf hinter dem Trabanten hervorkam, wurden die Astronauten vom Anblick der aufgehenden Erde begrüßt. Das Foto, das die Verwundbarkeit unseres Planeten symbolisiert, zeigt den Kontrast zwischen dem grauen, unbelebten Mond im Vordergrund und der blau-weißen, vor Leben wimmelnden Erde, die aus der Schwärze des Weltraums erscheint.

„Die erste Apollo-Mission, die in den Blick der Öffentlichkeit rückte, war der Flug von Apollo 8 – ein historisches Unternehmen, den Mond zu umkreisen."

RECHTS Das Mondmodul von Apollo 9 wurde im März 1969, am fünften Tag des Apollo-9-Testflugs in der Erdumlaufbahn vom Kommando-/Servicemodul aus in einer Mondlandekonfiguration fotografiert. Dabei wurde die Landefähre von Apollo 9, die den Rufnamen „Spider“ bekam, vom Modul abgedockt.

UNTEN Bevor die ersten Mondmissionen stattfanden, bewarben die NASA und ihre Partnerunternehmen das Apollo-Programm mit der visuellen Darstellung des Ablaufs. Hier zündet das Aufstiegstriebwerk beim Start von Apollo 11 auf dem Mond. Als Abschussrampe diente dabei die Abstiegsstufe, die auf dem Mond blieb. Der Subunternehmer für das Aufstiegstriebwerk war Rocketdyne, eine Sparte der North American Rockwell Corporation. Der Hauptauftragnehmer war die Grumman Aircraft Engineering Corporation mit Sitz in Bethpage im US-Bundesstaat New York.

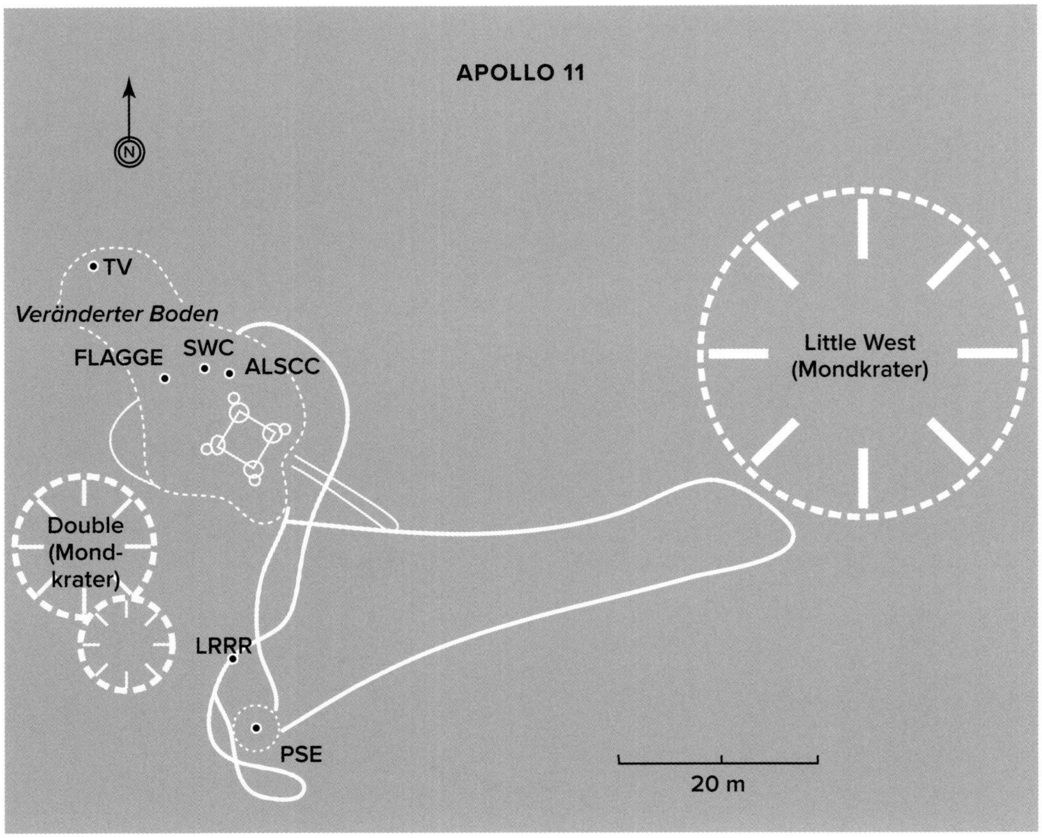

LINKS Diese Karte zeigt die Lage verschiedener Objekte im Bereich der Apollo-11-Landestelle sowie die Wege der Astronauten, die sie auf ihrem über zweistündigen Aufenthalt auf der Mondoberfläche zurücklegten. Die Kreise sind Krater; die durchgezogenen Linien sind die Spuren der Astronauten; die gepunktete Linie umfasst den Bereich, an dem der Boden durch menschliche Aktivitäten stark verändert wurde. Rund um die Landestelle wurden mehrere Gegenstände verwendet: eine Fernsehkamera (TV), eine Flagge der Vereinigten Staaten, das Experiment SWC (Solar Wind Composition Experiment), die Kamera ALSCC (Apollo Lunar Surface Close-up Camera) und die Experimente LRRR (Laser Ranging Retroreflector Experiment) und PSE (Passive Seismic Experiment).

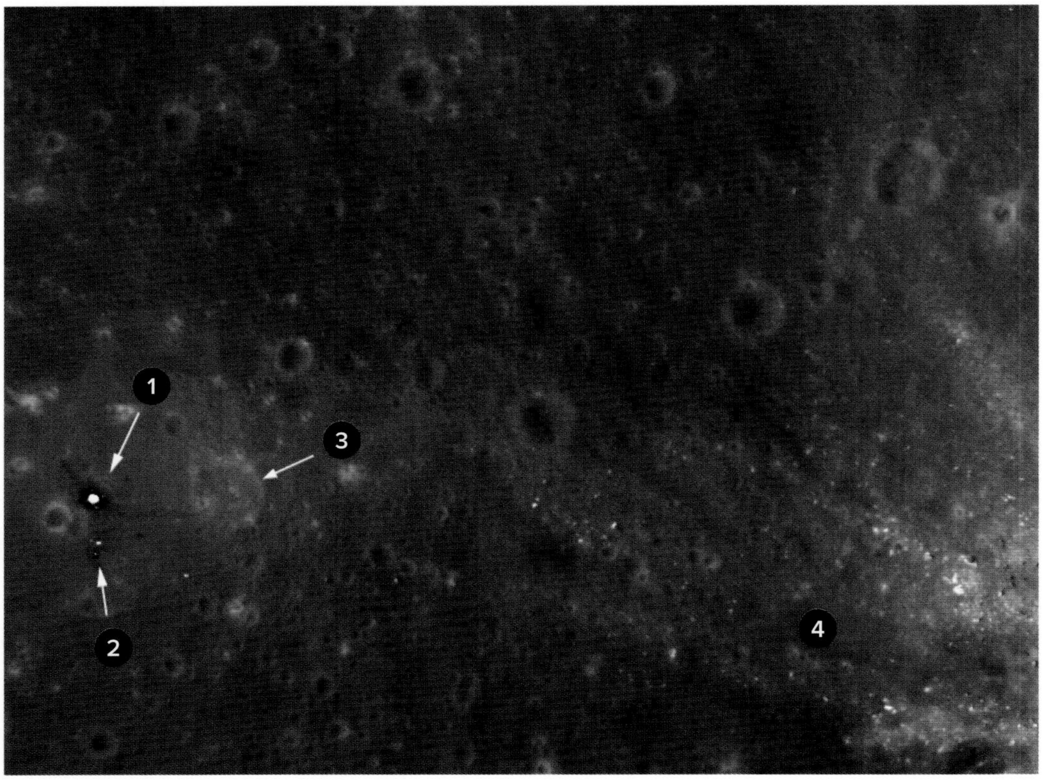

LINKS Der Platz der Apollo-11-Mondlandung vom 20. Juli 1969, aufgenommen vom Lunar Reconnaissance Orbiter im Jahr 2010. Das helle Objekt links ist die Abstiegsstufe der Mondlandefähre (LM – *Lunar Module*). Einige Gegenstände und Spuren der Astronauten sind zu sehen, wie auch der Pfad zum Krater rechts von der Landestelle. Die Astronauten berichteten, wie sie bei jedem Schritt Mondstaub aufwirbelten, ein extrem feines Pulver, das eine Schicht auf der Oberfläche bildet und Spuren darauf sichtbar macht. Ebenfalls zu sehen ist das Early Apollo Scientific Experiments Package (EASEP), ein Gerätekomplex für wissenschaftliche Experimente. „Ejekta" (4) bezeichnet den Mondstaub, der vom Landeplatz über 40 Meter weit ausgeworfen wurde.

1. LM-Abstiegsstufe von Apollo 11
2. EASEP
3. Little-West-Krater
4. Ejekta

RECHTS Dieser feierliche Moment der Mondlandung von Apollo 11 ist das Motiv eines der berühmtesten Bilder aus dem 20. Jahrhundert. Buzz Aldrin hatte kurz zuvor die Flagge der Vereinigten Staaten in den Mondboden gesteckt, am 20. Juli 1969. Die Flagge symbolisierte die amerikanische Ideologie, dass die USA allen anderen Staaten überlegen waren.

„Am 20. Juli 1969 um 22:18 MEZ setzte die Landefähre auf der Oberfläche des Mondes auf. An Bord befanden sich die Astronauten Neil Armstrong und Buzz Aldrin, während Michael Collins im Apollo-Kommandomodul in der Umlaufbahn zurückblieb. Später betrat Armstrong den Mond und sagte zu Millionen Zuschauern auf der Erde, dass es ‚ein kleiner Schritt für einen Menschen, aber ein großer Sprung für die Menschheit' sei."

Buzz Aldrin spaziert auf dem Mond, als er am 20. Juli 1969 im Rahmen der Apollo-11-Mission einige Arbeiten auf der Oberfläche erledigt. Dieses Bild wurde auf der ganzen Welt in vielen Varianten und für unterschiedliche Zwecke reproduziert. Im Vordergrund ist das Bein der Landefähre Eagle zu sehen. Das Foto hat Neil Armstrong geschossen – und er spiegelt sich im Visier von Aldrins Helm.

LINKS Zu jeder der sechs Mondlandungen gehörte eine Zusammenstellung aus Experimenten – das Apollo Lunar Surface Experiments Package. Hier baut der Apollo-12-Astronaut Alan Bean die Geräte am Landeplatz der zweiten Mondlandung im Herbst 1969 auf. Die Landestellen waren die Arbeitsplätze der Astronauten, die während ihres kurzen Aufenthalts auf der Mondoberfläche so viel wie möglich erledigen wollten.

LINKS Die Landefähre von Apollo 12 wurde am 19. November 1969 in einer Mondlandekonfiguration fotografiert.

RECHTS Der Geologische Dienst der USA stellte diese Karten der Landeplätze von Apollo 11, 12 und 14 zusammen. Neben den Landestellen und zurückgelegten Strecken zeigen die Karten auch die wichtigsten Aktivitäten, die auf der Mondoberfläche unternommen wurden.

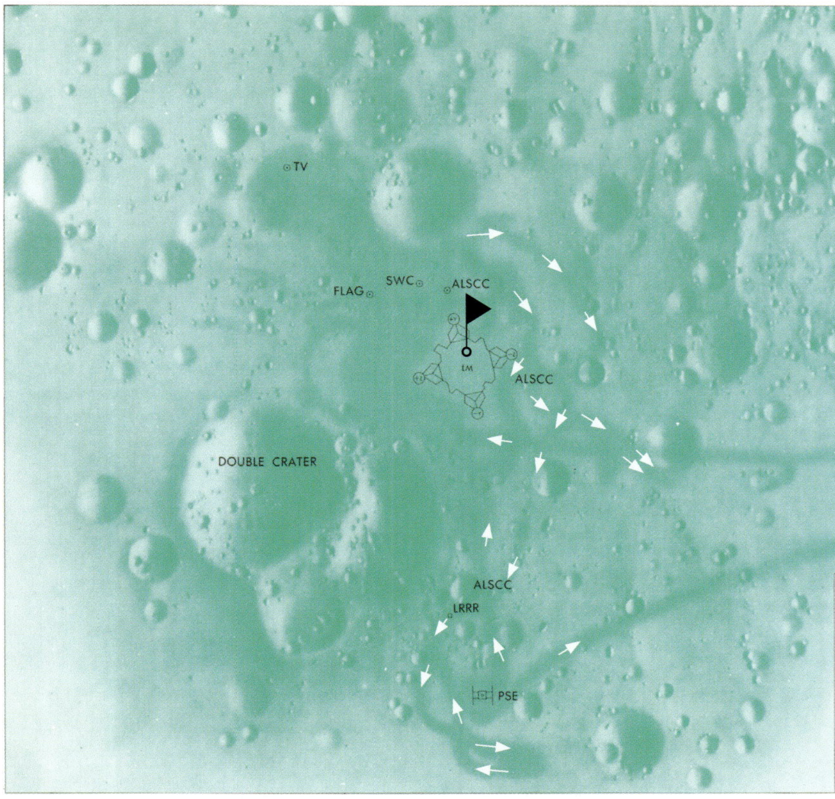

Landestelle
Zwischenstation

ZURÜCKGELEGTE STRECKE
Apollo 11
Apollo 12, 14

ABKÜRZUNGEN

ALSEP	Apollo Lunar Surface Experiments
EVA	Extravehicular Activity (Außeneinsatz)
LRRR; LR3	Laser Ranging Retroreflector
ALSCC	Apollo Lunar Surface Close-up Camera
SWC	Solar Wind Composition Experiment
PSE	Passive Seismic Experiment

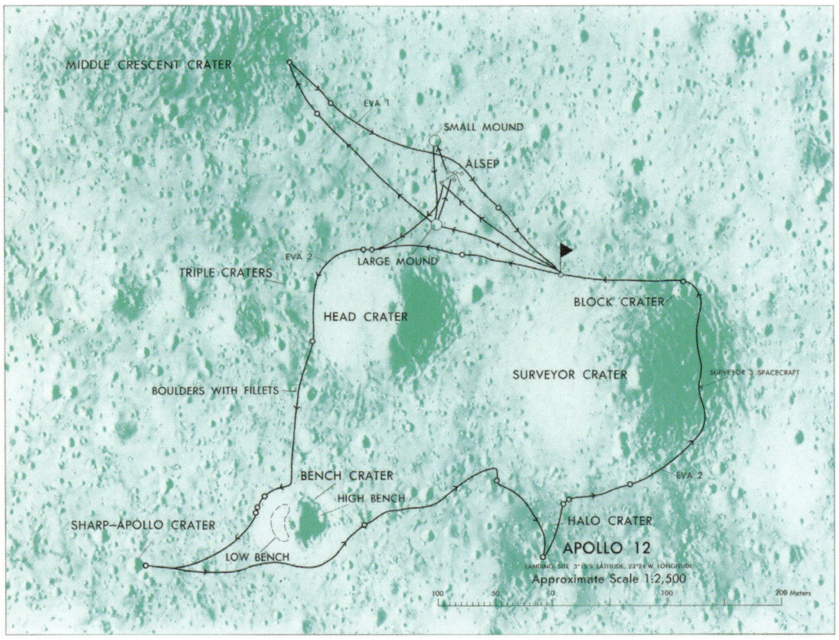

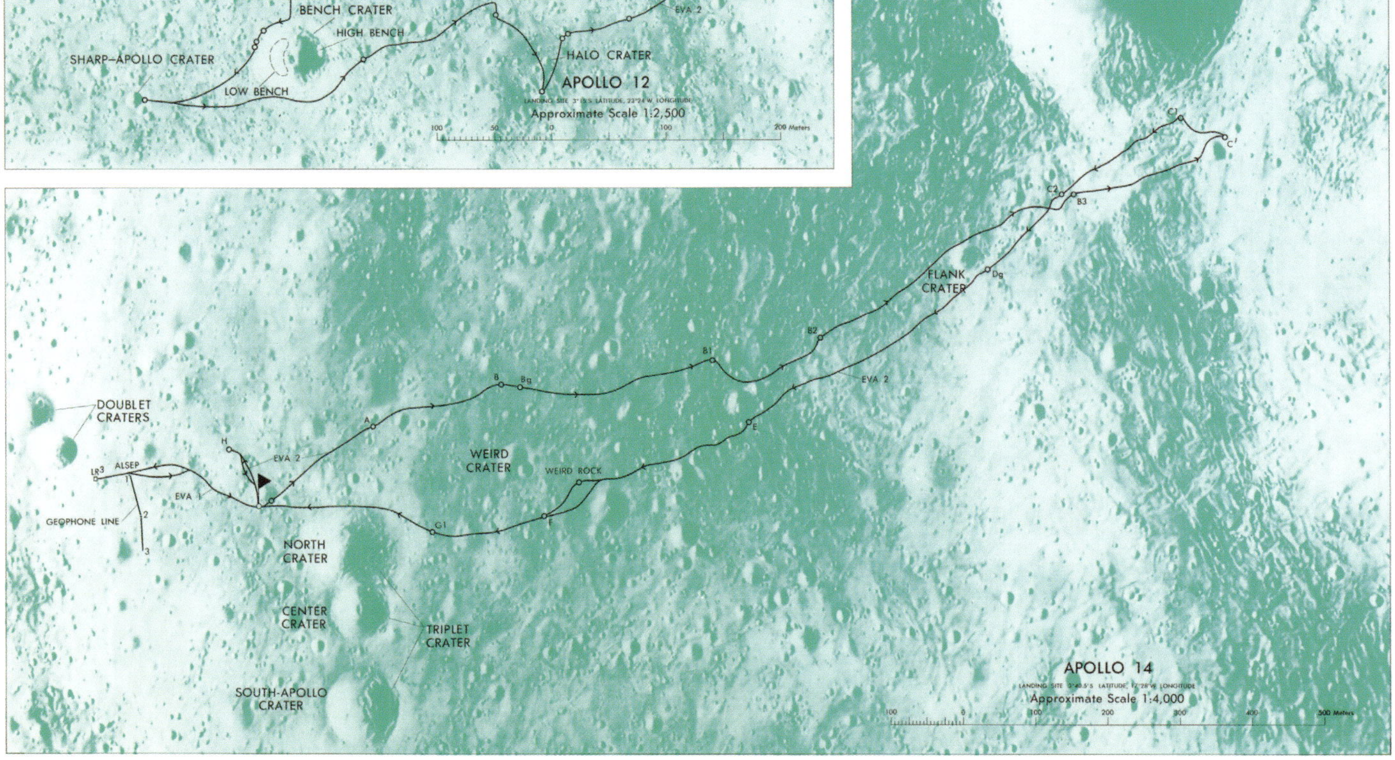

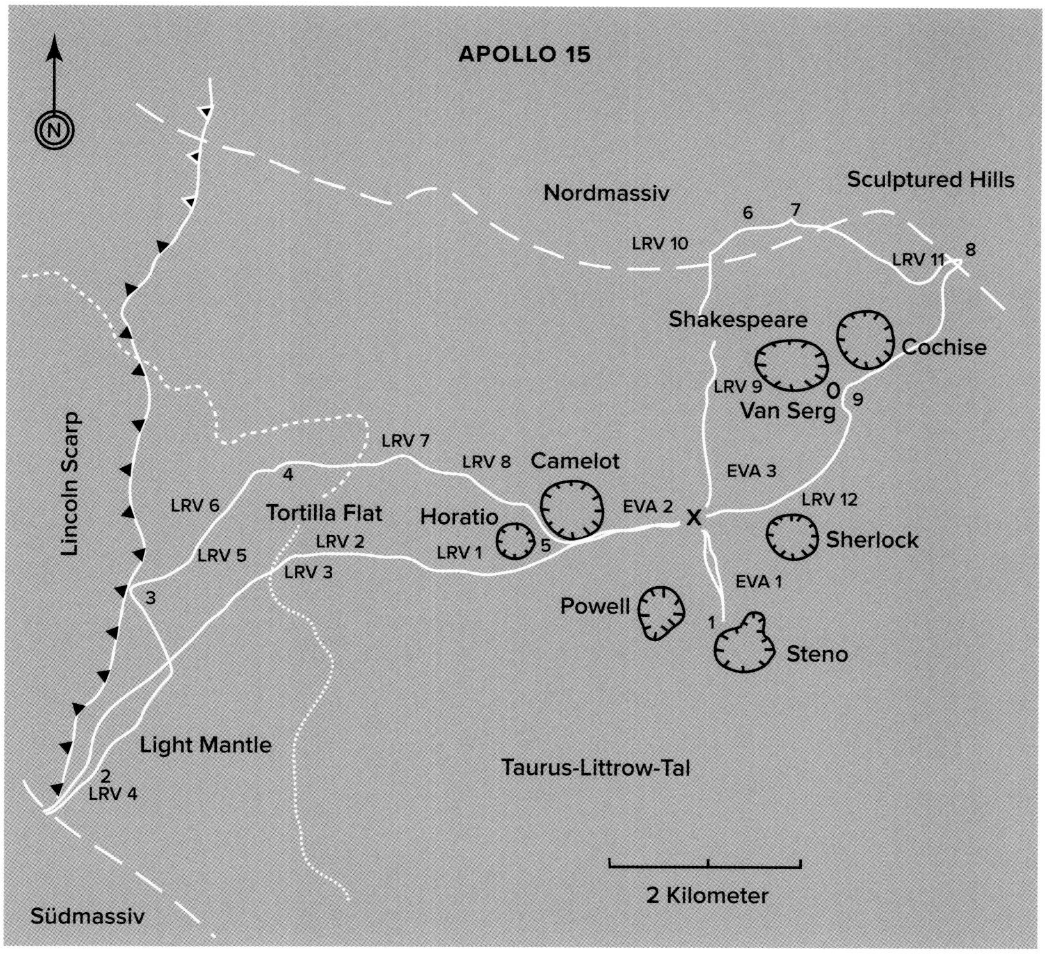

OBEN Der Astronaut David R. Scott, Kommandant der Apollo-15-Mission, betrachtet am 12. August 1971 im Lunar Receiving Laboratory in Houston den „Genesis Rock", eine Gesteinsprobe vom Mond. Dieser Stein lieferte wichtige Erkenntnisse über die geologische Geschichte des Mondes.

LINKS Diese Lagekarte der Apollo-15-Mission zeigt die ausgedehnte Erkundung des Mondes. Die dicken Linien kennzeichnen die Wege, die von den Astronauten auf ihren drei Ausflügen rund um den Landeplatz zurückgelegt wurd. Für diese Außenbordeinsätze („extravehicular activities") – EVA 1, EVA 2 und EVA 3 – stand ihnen ein Mondrover zur Verfügung, sodass sie weiter herumfahren und viel mehr verschiedene geologische Proben sammeln konnten. Jeder Aufenthaltsplatz auf diesen Erkundungsfahrten des *Lunar Roving Vehicle* ist von LRV 1 bis LRV 12 beschriftet.

OBEN Auf diesem Foto, das Apollo-15-Astronaut James Irwin auf dem zweiten Außenbordeinsatz der Mission machte, sieht man den Rover, die Mondlandefähre und im Hintergrund einen Teil des Gebirges Montes Apenninus.

RECHTS Blick aus der Mondlandefähre auf das Kommando- und Servicemodul von Apollo 15, kurz nach dem Rendezvous im Jahr 1971. Den Hintergrund bildet ein Stück der erdzugewandten Mondseite, auf der das relativ flache Gebiet des „Meers der Fruchtbarkeit" zu sehen ist.

LINKS Inmitten dieses eindrucksvollen Mondpanoramas ist der Apollo-17-Astronaut und Geologe Harrison (Jack) Schmitt an der Station-4 (Shorty-Krater) mit dem Mondrover unterwegs. Das ist der zweite Außenbordeinsatz dieser Mission an der Landestelle Taurus-Littrow. Der Shorty-Krater befindet sich rechts vom Bild. Dieses Foto fängt die „grandiose Trostlosigkeit“, wie Buzz Aldrin die Landschaft nannte, besser ein als jedes andere Bild von Astronauten auf dem Mond.

UNTEN Auf den letzten Apollo-Missionen in den frühen 1970er-Jahren (Apollo 16 und 17) wurden die Erkundungen der Mondoberfläche noch ausgeweitet. Die dicken Linien auf den Lagekarten kennzeichnen die Wege, die von den Astronauten jeder Mission auf ihren drei Außenbordeinsätzen in den Mondrovern zurückgelegt wurden. Die jeweilige Strecke ist mit EVA 1, 2 oder 3 beschriftet. Die Zahlen zeigen an, wo die Astronauten Halt gemacht haben. Die kreisförmigen Bereiche sind Krater, manche davon benannt, und die Strichlinien markieren andere geografische Merkmale, die von den Astronauten entdeckt wurden. Jede Mission dauerte länger als die vorhergehende und alle zusammen lieferten eine Fülle an wissenschaftlichen Erkenntnissen von immenser Bedeutung.

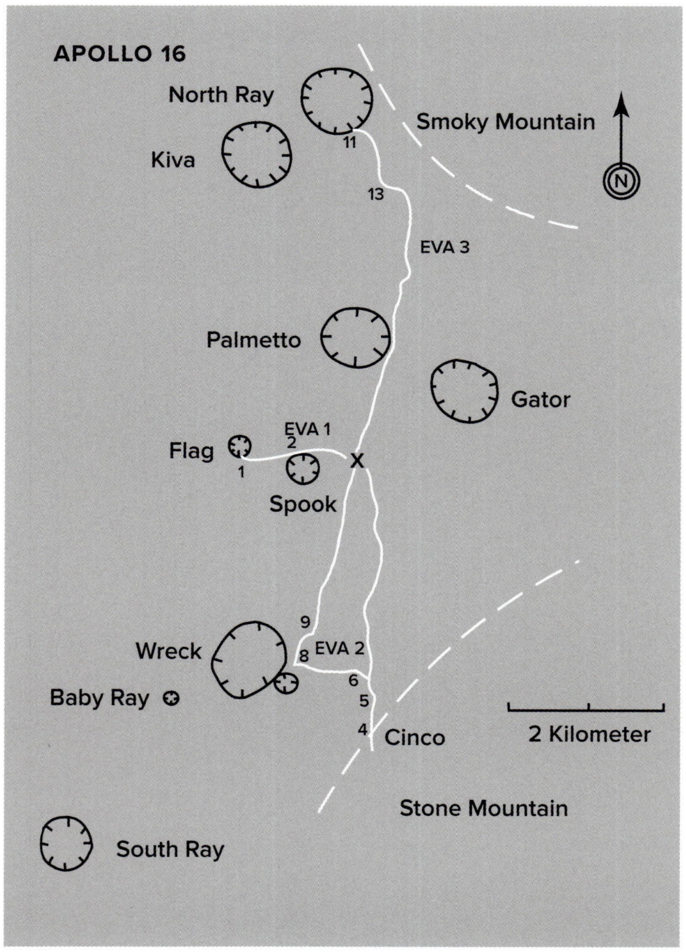

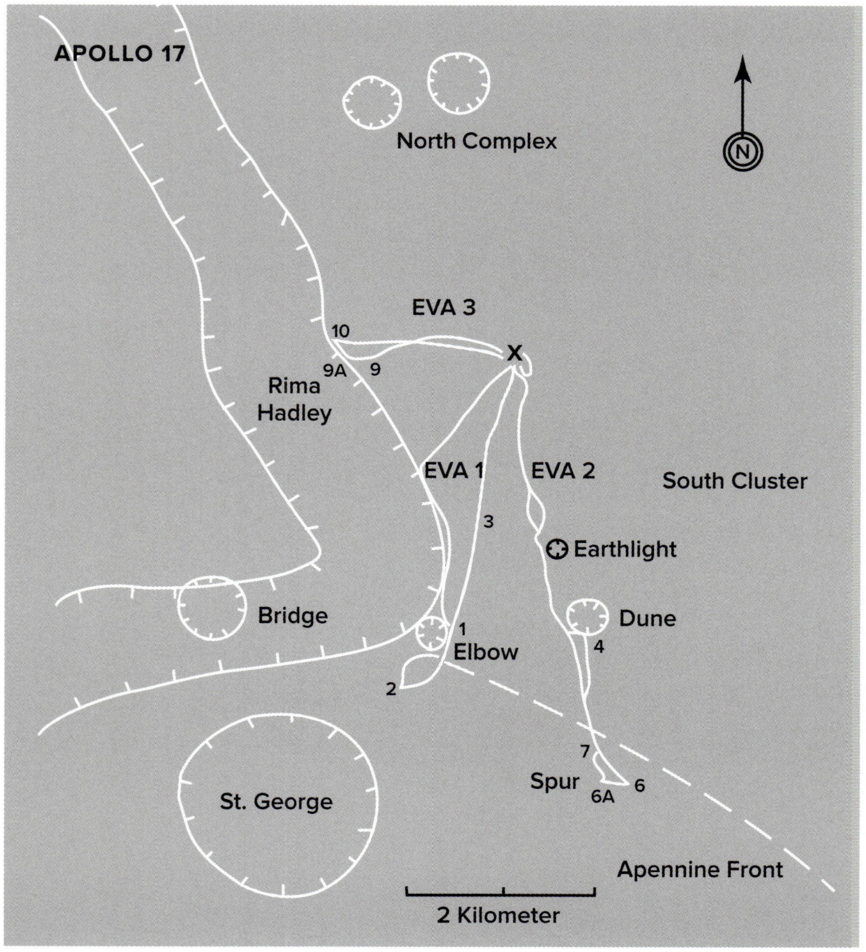

Der Apollo-17-Astronaut Eugene Cernan fährt auf seinem Außenbordeinsatz mit dem Mondrover durch die Landschaft. Hinter ihm ist die Mondlandefähre zu sehen.

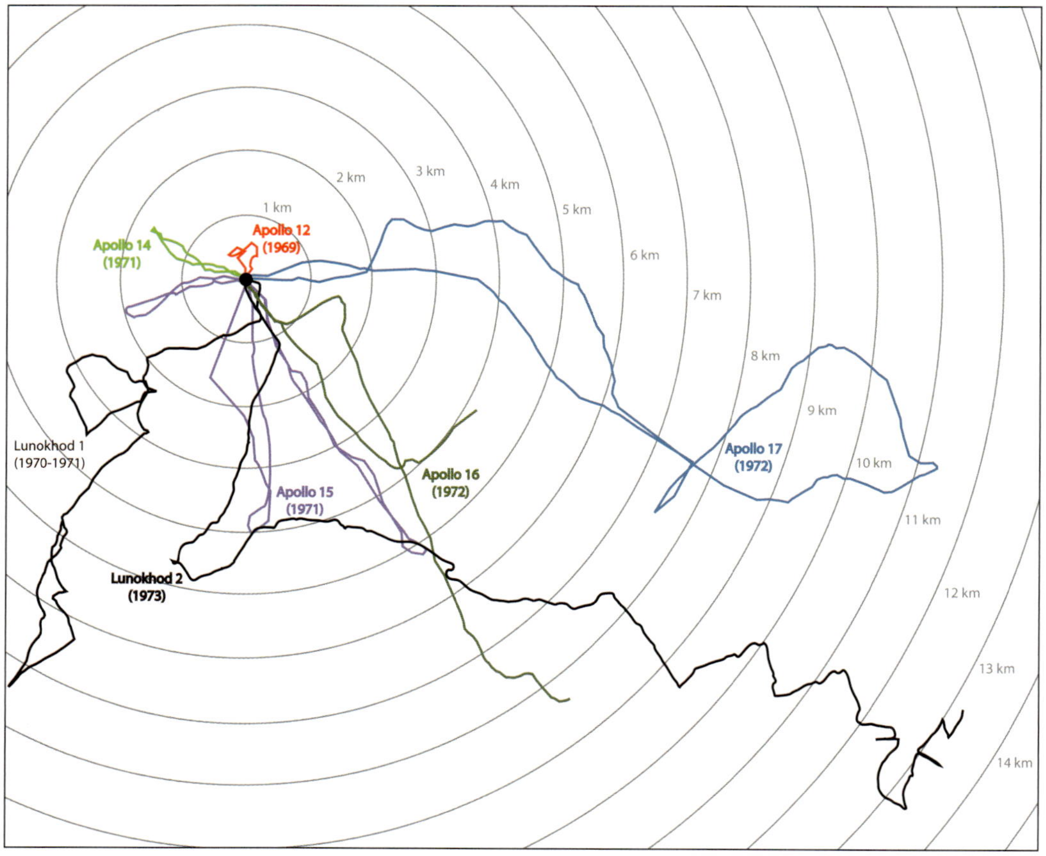

LINKS Auf dieser Karte sind die verschiedenen Strecken der Apollo-Monderkundung neben jenen der Lunochod-Missionen zu sehen, um die verschiedenen Entfernungen und Richtungen zu vergleichen. In Wirklichkeit haben weder die unbemannten Mondfahrzeuge noch die Apollo-Astronauten weite Wege auf dem Mond zurückgelegt. Auf der letzten bemannten Landemission, Apollo 17, bewegten sich die Astronauten etwa 30,5 Kilometer vom Landeplatz weg. Der chinesische Rover Yutu 2, der seit 2019 auf der erdabgewandten Seite des Mondes unterwegs ist, hat in über drei Jahren erst 1000 Meter auf der Oberfläche zurückgelegt.

UNTEN Dieses Farbmosaik basiert auf Bildern aus dem Lunar Reconnaissance Orbiter der NASA, die fotometrisch normalisiert und am 8. Oktober 2017 veröffentlicht wurden. Darauf ist der Großteil der Mondoberfläche zu sehen.

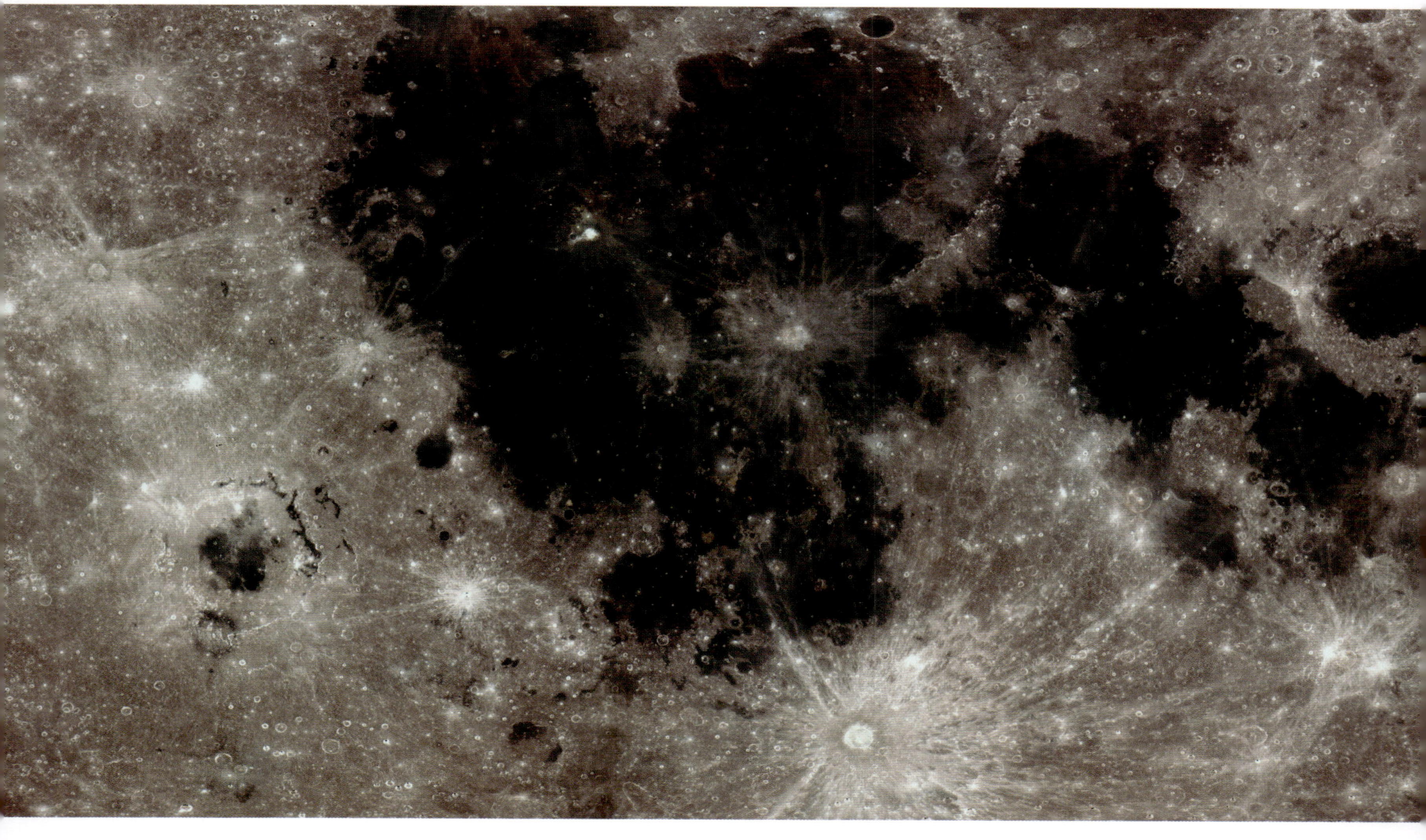

UNTEN Aufgrund seiner hohen Reflexionsstrahlung ist der Krater Aristarchus seit dem Beginn der Mondbeobachtung mit dem Teleskop eine beliebte Oberflächenformation. Für dieses atemberaubende Bild vom 6. August 2018 schwenkte der Lunar Reconnaissance Orbiter der NASA um 62 Grad (von West nach Ost) und erlangte einen Blick über den Krater.

„Wissenschaftler sind sich über den Ursprung des Mondes einig: Vor Milliarden Jahren schlug ein Objekt auf der Erde ein, das möglicherweise so groß wie der Mars war. Material aus beiden Himmelskörpern vermischte und verdichtete sich zum heutigen Mond."

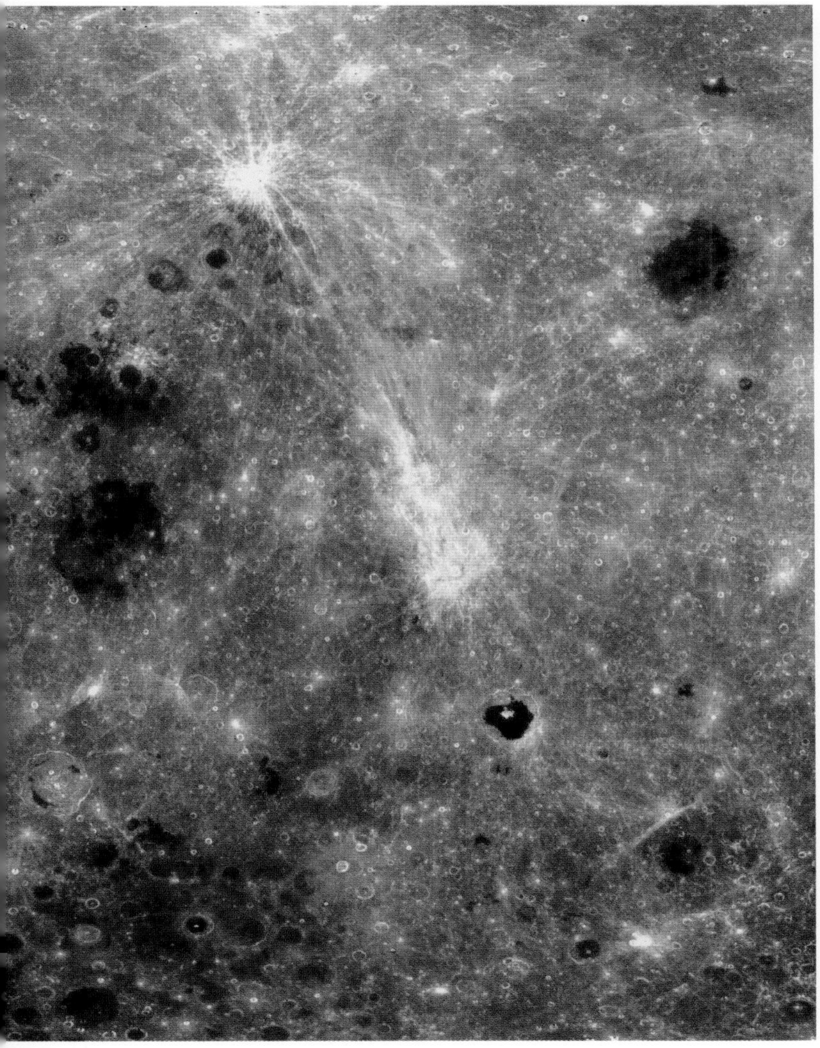

VORBEIFLÜGE UND ORBITER DER MONDMISSIONEN

Raumflugkörper/Trägerrakete	Datum	Betreiber/Land	Typ	Missionsstatus
Pioneer 0 (Able I)/Thor DM-18 Able I	17. Aug. 1958	USAF (USA)	Orbiter	Fehlstart
Pioneer 1 (Able II)/Thor DM-18 Able I	11. Okt. 1958	NASA (USA)	Orbiter	Fehlstart
Pioneer 2 (Able III)/Thor DM-18 Able I	8. Nov. 1958	NASA (USA)	Orbiter	Fehlstart
Pioneer 3/Juno II	6. Dez. 1958	NASA (USA)	Vorbeiflug	Fehlstart
Pioneer 4/Juno II	3. März 1959	NASA (USA)	Vorbeiflug	Teilerfolg
Luna 3 (E-2A Nr. 1)/Luna	4. März 1959	OKB-1 (UdSSR)	Vorbeiflug	Erfolg
Pioneer P-3 (Able IVB)/Atlas-D Able	26. Nov. 1959	NASA (USA)	Orbiter	Fehlstart
Luna E-3 Nr. 1/Luna	15. April 1960	OKB-1 (UdSSR)	Vorbeiflug	Fehlstart
Luna E-3 Nr. 2/Luna	16. April 1960	OKB-1 (UdSSR)	Vorbeiflug	Fehlstart
Pioneer P-30 (Able VA)/Atlas-D Able	25. Sept. 1960	NASA (USA)	Orbiter	Fehlstart
Pioneer P-31 (Able VB)/Atlas-D Able	15. Dez. 1960	NASA (USA)	Orbiter	Fehlstart
Zond 3 (3MV-4 Nr. 3)/Molnija	18. Juli 1965	Lawotschkin (UdSSR)	Vorbeiflug	Erfolg
Explorer 33 (AIMP-D)/Delta E1	1. Juli 1966	NASA (USA)	Orbiter	Fehlstart
Lunar Orbiter 1/Atlas SLV-3 Agena-D	10. Aug. 1966	NASA (USA)	Orbiter	Teilerfolg
Luna 11 (E-6LF Nr. 101)/Molnija-M	21. Aug. 1966	Lawotschkin (UdSSR)	Orbiter	Teilerfolg
Luna 12 (E-6LF Nr. 102)/Molnija-M	22. Okt. 1966	Lawotschkin (UdSSR)	Orbiter	Erfolg
Luna 13 (E-6M Nr. 205)/Molnija-M	21. Dez. 1966	Lawotschkin (UdSSR)	Orbiter	Erfolg
Lunar Orbiter 3/Atlas SLV-3 Agena-D	5. Feb. 1967	NASA (USA)	Orbiter	Erfolg
Lunar Orbiter 4/Atlas SLV-3 Agena-D	4. Mai 1967	NASA (USA)	Orbiter	Erfolg
Explorer 35 (AIMP-E)/Delta E1	19. Juli 1967	NASA (USA)	Orbiter	Erfolg
Lunar Orbiter 5/Atlas SLV-3 Agena-D	1. Aug. 1967	NASA (USA)	Orbiter	Erfolg
Sojus 7K-L1 Nr. 4L/Proton-K/D	27. Sept. 1967	Lawotschkin (UdSSR)	Vorbeiflug	Misserfolg
Sojus 7K-L1 Nr. 5L/Proton-K/D	22. Nov. 1967	Lawotschkin (UdSSR)	Vorbeiflug	Fehlstart
Luna E-6LS Nr. 112/Molnija-M	7. Feb. 1968	Lawotschkin (UdSSR)	Orbiter	Fehlstart
Luna 14 (E-6LS Nr. 113)/Molnija-M	7. April 1968	Lawotschkin (UdSSR)	Orbiter	Erfolg
Sojus 7K-L1 Nr. 7L/Proton-K/D	22. April 1968	Lawotschkin (UdSSR)	Vorbeiflug	Fehlstart
Zond 5/Proton-K/D	14. Sept. 1968	Lawotschkin (UdSSR)	Vorbeiflug	Erfolg
Zond 6/Proton-K/D	10. Nov. 1968	Lawotschkin (UdSSR)	Vorbeiflug	Erfolg
Apollo 8/Saturn V	21. Dez. 1968	NASA (USA)	Crewed Orbiter	Erfolg
Sojus 7K-L1 Nr. 13L/Proton-K/D	20. Jan. 1969	Lawotschkin (UdSSR)	Vorbeiflug	Fehlstart
Sojus 7K-L1S Nr. 3/N-1	21. Feb. 1969	Lawotschkin (UdSSR)	Orbiter	Fehlstart
Apollo 10/Saturn V	18. Mai 1969	NASA (USA)	Orbiter	Erfolg
Zond 7/Proton-K/D	14. Juni 1969	Lawotschkin (UdSSR)	Vorbeiflug	Erfolg
Sojus 7K-L1S Nr. 5/N1	3. Juli 1969	OKB-1 (UdSSR)	Orbiter	Fehlstart
Apollo 11/Saturn V	16. Juli 1969	NASA (USA)	Orbiter/Lander	Erfolg
Apollo 12/Saturn V	14. Nov. 1969	NASA (USA)	Orbiter/Lander	Erfolg
Apollo 13/Saturn V	11. April 1970	NASA (USA)	Orbiter/Lander	Teilerfolg
Zond 8 (7K-L1 Nr. 14L)/Proton-K/D	20. Okt. 1970	Lawotschkin (UdSSR)	Vorbeiflug	Erfolg
Apollo 14/Saturn V	31. Jan. 1971	NASA (USA)	Orbiter/Lander	Erfolg
Apollo 15/Saturn V	14. Feb. 1971	NASA (USA)	Orbiter/Lander	Erfolg
Luna 19/Proton-K/D	28. Sept. 1971	Lawotschkin (UdSSR)	Orbiter	Erfolg
Apollo 16/Saturn V	16. April 1972	NASA (USA)	Orbiter/Lander	Erfolg
Sojus 7K-LOK Nr. 1/N1	3. Juli 1972	OKB-1 (UdSSR)	Orbiter	Misserfolg
Apollo 17/Saturn V	7. Dez. 1972	NASA (USA)	Orbiter/Lander	Erfolg
Explorer 49 (RAE-B)/Delta 1913	10. Juni 1973	NASA (USA)	Orbiter	Erfolg
Mariner 10/Atlas SLV-3D Centaur-D1A	3. Nov. 1973	NASA (USA)	Vorbeiflug	Erfolg
Luna 22/Proton-K/D	29. Mai 1974	Lawotschkin (UdSSR)	Orbiter	Erfolg
ISEE-3/Delta 2914	12. Aug. 1978	NASA (USA)	Vorbeiflug	Erfolg
Geotail/Delta II 6925	24. Juli 1992	ISAS (Japan)/NASA (USA)	Vorbeiflug	Erfolg
Clementine (DSPES)/Titan II (23)G Star-37FM	24. Jan. 1994	USAF/NASA (USA)	Orbiter	Erfolg
WIND/Delta II 7925-10	1. Nov. 1994	NASA (USA)	Vorbeiflug	Erfolg
HGS-1/Proton-K/DM3	24. Dez. 1997	Hughes (USA)	Vorbeiflug	Erfolg

Raumflugkörper/Trägerrakete	Datum	Betreiber/Land	Typ	Missionsstatus
Lunar Prospector (Discovery 3)/Athena II	7. Jan. 1998	NASA (USA)	Orbiter	Erfolg
Nozomi/M-V	3. Juli 1998	ISAS (Japan)	Vorbeiflug	Erfolg
WMAP/Delta 7425-10	30. Juni 2001	NASA (USA)	Vorbeiflug	Erfolg
SMART-1/Ariane 5G	27. Sept. 2003	ESA (EU)	Vorbeiflug	Erfolg
STEREO A/STEREO B/Delta II 7925-10L	25. Okt. 2006	NASA (USA)	Vorbeiflug	Erfolg
THEMIS (ARTEMIS P1/ARTEMIS P2)/Delta II 7925-10L	17. Feb. 2007	NASA (USA)	Orbiter	Erfolg
SELENE (Kaguya/Okina/Ouna)/H-IIA 2002	14. Sept. 2007	JAXA (Japan)	Orbiter	Erfolg
Chang'e-1/Langer Marsch 3A	24. Okt. 2007	CNSA (China)	Orbiter	Erfolg
Chandrayaan-1/PSLV-XL C11	22. Okt. 2008	ISRO (Indien)	Orbiter/Impaktor	Erfolg
Lunar Reconnaissance Orbiter/LCROSS/Atlas V 401	18. Juni 2009	NASA (USA)	Orbiter/Impaktor	Erfolg
Chang'e-2/Langer Marsch 3C	1. Okt. 2010	CNSA (China)	Orbiter	Erfolg
GRAIL (Ebb (GRAIL-A) und Flow (GRAIL-B))	10. Sept. 2011	NASA (USA)	Orbiter	Erfolg
LADEE/Minotaur V	7. Sept. 2013	NASA (USA)	Orbiter	Erfolg
Chang'e-5-T1/Langer Marsch 3C	23. Okt. 2014	CNSA (China)	Orbiter	Erfolg
Manfred Memorial Moon Mission/Langer Marsch 3C	23. Okt. 2014	LuxSpace (Luxemburg)	Vorbeiflug/Impaktor (n. d. Mission)	Erfolg
TESS/Falcon 9 Full Thrust	18. April 2018	NASA (USA)	Vorbeiflug	Erfolg
Longjiang-1/Longjiang-2/Langer Marsch 4C	21. Mai 2018	CNSA (China)	Orbiter	Erfolg
Chandrayaan-2/LVM3	22. Juli 2019	ISRO (Indien)	Orbiter/Lander/Rover	Teilerfolg
Chang'e 5/Langer Marsch 5	23. Nov. 2020	CNSA (China)	Orbiter/Lander/Aufstiegsstufe/ Probenrückführung	Erfolg
CAPSTONE/Electron	28. Juni 2022	NASA (USA)	Orbiter	Erfolg
Danuri (Korea Pathfinder Lunar Orbiter)/Electron	4. Aug. 2022	KARI (Südkorea)	Orbiter	Erfolg
Artemis 1 Orion MPCV CM-002/Space Launch System (SLS) (Block 1)	16. Nov. 2022	NASA (USA)	Orbiter	Erfolg
LunaH-Map/Lunar IceCube/Space Launch System (SLS) (Block 1)	16. Nov. 2022	NASA (USA)	Orbiter	Erfolg
ArgoMoon/Space Launch System (SLS) (Block 1)	16. Nov. 2022	ASI (Italien)	Vorbeiflug	Erfolg
LunIR/Space Launch System (SLS) (Block 1)	16. Nov. 2022	Lockheed Martin (USA)	Vorbeiflug	Erfolg
Near-Earth Asteroid Scout/Space Launch System (SLS) (Block 1)	16. Nov. 2022	NASA (USA)	Vorbeiflug	Misserfolg
EQUULEUS/Space Launch System (SLS) (Block 1)	16. Nov. 2022	JAXA (Japan)	Vorbeiflug	Erfolg
OMOTENASHI/Space Launch System (SLS) (Block 1)	16. Nov. 2022	JAXA (Japan)	Orbiter/Bremsrakete/ Oberflächensonde	Misserfolg
BioSentinel/Space Launch System (SLS) (Block 1)	16. Nov. 2022	NASA (USA)	Vorbeiflug	Erfolg
CubeSat for Solar Particles/Space Launch System (SLS) (Block 1)	16. Nov. 2022	NASA (USA)	Vorbeiflug	Misserfolg
Team Miles/Space Launch System (SLS) (Block 1)	16. Nov. 2022	NASA (USA)	Vorbeiflug	Erfolg
Lunar Flashlight/Falcon 9 Block 5	11. Dez. 2022	NASA (USA)	Vorbeiflug	Misserfolg
Jupiter Icy Moons Explorer/Ariane 5 ECA	14. April 2023	NASA (USA)	Vorbeiflug	Erfolg
Chandrayaan-3/Lander *Vikram*/Rover *Pragyan*/LVM3	14. Juli 2023	ISRO (Indien)	Orbiter/Lander/Rover	Erfolg
SLIM (LEV-1/LEV-2 (Sora-Q)/H-IIA	6. Sept. 2023	JAXA (Japan)/Tomy/ Doshisha-Universität	Vorbeiflug/Lander/ Hopper/Rover	Erfolg
Odysseus (IM-1)/Space X Falcon 9	23. Feb. 2024	NASA (USA)	Lander	Erfolg

OBEN UND UMSEITIG Vorbeiflüge und Orbiter-Missionen, die den Mond zum Ziel hatten, sind in der obigen Tabelle aufgelistet, während die Mondlandemissionen auf der Karte auf den folgenden Seiten eingezeichnet sind.

Mond-Vorderseite

Fehlstarts

- 23. Sept. 1958
  Luna E-1 Nr. 1
  Impaktor (Einschlagsonde)
- 11. Okt. 1958
  Luna E-1 Nr. 2
  Impaktor
- 4. Dez. 1958
  Luna E-1 Nr. 3
  Impaktor
- 18. Juni 1959
  E-1A Nr. 1
  Impaktor
- 4. Jan. 1963
  Luna E-6 Nr. 2
  Lander
- 20. April 1964
  Luna E-6 Nr. 5
  Impaktor
- 3. Feb. 1963
  Luna E-6 Nr. 3
  Lander
- 1. März 1966
  Kosmos 111 (E-6S Nr. 204)
  Lander
- 19. Feb. 1969
  Luna E-8 Nr. 201
  Lander/Rover
- 14. Juni 1969
  Luna E-8-5 Nr. 402
  Lander/Probenrückführung
- 13. Juli 1969
  Kosmos 305
  Lander/Probenrückführung
- 23. Sept. 1969
  Kosmos 300 (E-8-5 Nr. 403)
  Lander/Probenrückführung
- 16. Okt. 1975
  Luna E-8-5M Nr. 412
  Lander/Probenrückführung

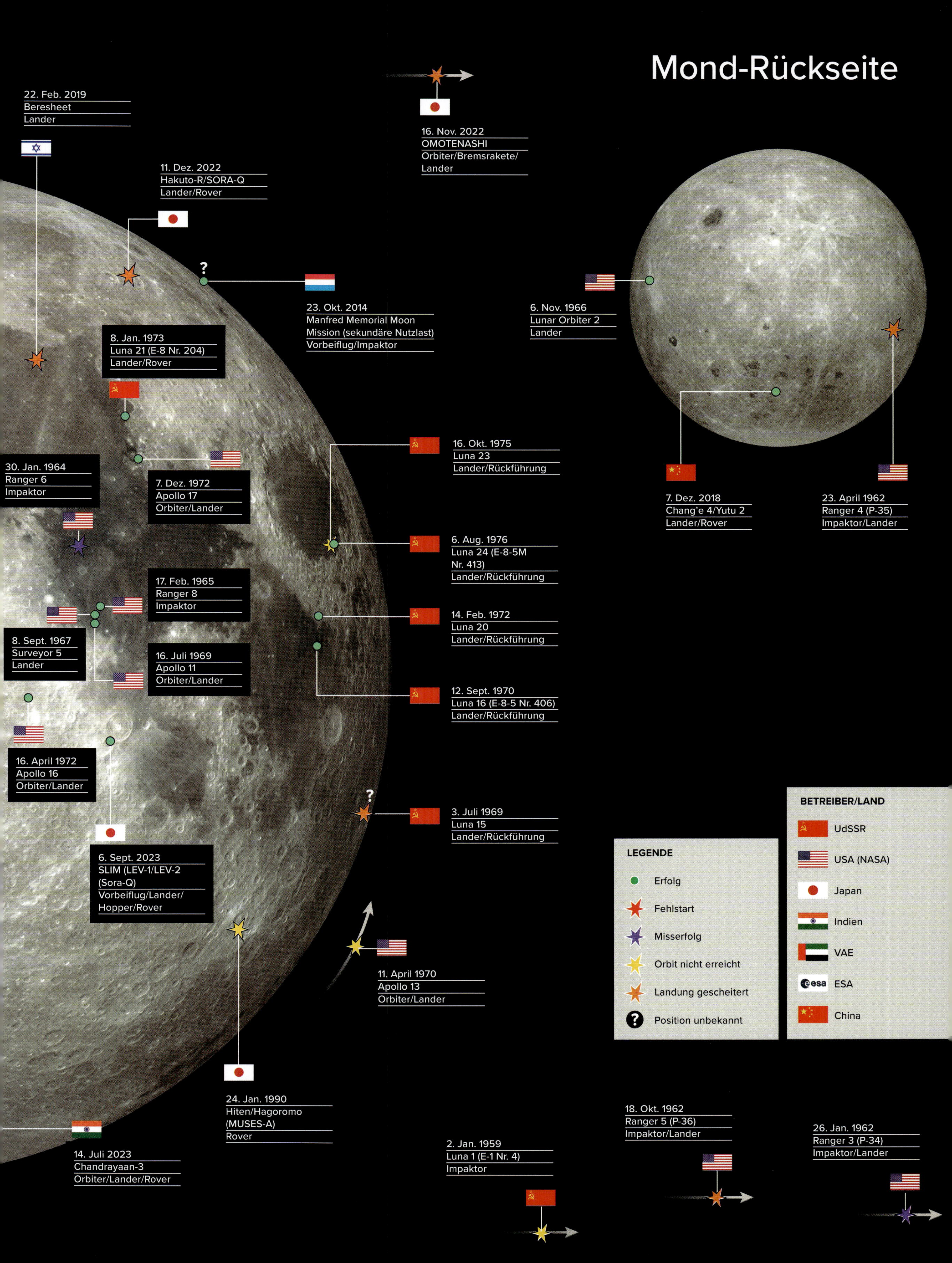
Mond-Rückseite
22. Feb. 2019
Beresheet
Lander
16. Nov. 2022
OMOTENASHI
Orbiter/Bremsrakete/
Lander
11. Dez. 2022
Hakuto-R/SORA-Q
Lander/Rover
?
23. Okt. 2014
Manfred Memorial Moon
Mission (sekundäre Nutzlast)
Vorbeiflug/Impaktor
6. Nov. 1966
Lunar Orbiter 2
Lander
8. Jan. 1973
Luna 21 (E-8 Nr. 204)
Lander/Rover
16. Okt. 1975
Luna 23
Lander/Rückführung
7. Dez. 2018
Chang'e 4/Yutu 2
Lander/Rover
23. April 1962
Ranger 4 (P-35)
Impaktor/Lander
30. Jan. 1964
Ranger 6
Impaktor
7. Dez. 1972
Apollo 17
Orbiter/Lander
6. Aug. 1976
Luna 24 (E-8-5M
Nr. 413)
Lander/Rückführung
17. Feb. 1965
Ranger 8
Impaktor
14. Feb. 1972
Luna 20
Lander/Rückführung
8. Sept. 1967
Surveyor 5
Lander
16. Juli 1969
Apollo 11
Orbiter/Lander
12. Sept. 1970
Luna 16 (E-8-5 Nr. 406)
Lander/Rückführung
16. April 1972
Apollo 16
Orbiter/Lander
?
3. Juli 1969
Luna 15
Lander/Rückführung
BETREIBER/LAND
UdSSR
USA (NASA)
Japan
Indien
VAE
esa
ESA
China
LEGENDE
Erfolg
Fehlstart
Misserfolg
Orbit nicht erreicht
Landung gescheitert
Position unbekannt
6. Sept. 2023
SLIM (LEV-1/LEV-2
(Sora-Q)
Vorbeiflug/Lander/
Hopper/Rover
11. April 1970
Apollo 13
Orbiter/Lander
24. Jan. 1990
Hiten/Hagoromo
(MUSES-A)
Rover
14. Juli 2023
Chandrayaan-3
Orbiter/Lander/Rover
18. Okt. 1962
Ranger 5 (P-36)
Impaktor/Lander
2. Jan. 1959
Luna 1 (E-1 Nr. 4)
Impaktor
26. Jan. 1962
Ranger 3 (P-34)
Impaktor/Lander

MISSION ERDE

Seit Jahrhunderten wird die Erde von Wissenschaftlern untersucht, aber erst mit dem Beginn der Raumfahrt im 20. Jahrhundert wurde es möglich, den Planeten in seiner Gesamtheit aus dem All zu beobachten und zu vermessen, wie auch andere Himmelskörper. Das hat unser Wissen über unseren Heimatplaneten revolutioniert.

Satellitenaufnahmen helfen uns, längerfristige Veränderungen auf der Erde besser zu verstehen. Sie ermöglichen präzisere Wetter- und Klimaprognosen und liefern uns genauere Daten für Landnutzung, Wassertemperatur, Anstieg des Meeresspiegel und zahlreiche andere geophysikalische Faktoren des Planeten.

Den Nutzen von Satelliten für die Erforschung der Erde konnte man sich bereits vor dem Weltraumzeitalter vorstellen, aber die Verwirklichung der Idee erforderte viel Zeit und Geld. In den 1960er-Jahren interessierten sich einige Wissenschaftler in den USA (die an Universitäten oder in staatlichen Forschungszentren arbeiteten) für den Einsatz von Satelliten für die Erdbeobachtung. In Zusammenarbeit mit europäischen und anderen Partnern wollten sie globale Messungen durchführen. Folglich startete die NASA in den ersten 20 Jahren ihres Bestehens drei Satelliten zur Erdbeobachtung: den Wettersatelliten Tiros im Jahr 1960, den Oberflächen-Fernerkundungssatelliten Landsat im Jahr 1972 und den Meeres-Fernerkundungssatelliten Seasat im Jahr 1978. Jeder von ihnen war ein großer Erfolg und lieferte wertvolle Daten.

Als etwa am 18. Mai 1980 der Vulkan Mount St. Helens ausbrach, beobachteten Satelliten die Ausbreitung der Aschewolken in Richtung Osten, was es Meteorologen ermöglichte, vor den Gefahren zu warnen und die Auswirkungen der Eruption auf das weltweite Klima zu untersuchen. Eine Entdeckung, die noch spektakulärer und beunruhigender war, machte Nimbus 7, der sich seit 1978 auf seiner Umlaufbahn befand: Die Ozonschicht über der Antarktis war seit Jahren kleiner geworden und hatte im Oktober 1991 ein Rekordtief erreicht. Diese Information führte im Jahr 1992 zusammen mit Daten aus anderen Quellen zur Entscheidung, gewisse Chemikalien, die die Ozonschicht angreifen, weltweit verbieten zu lassen.

In den 1980er-Jahren begann eine neue Ära der Erdwissenschaft vom Weltraum aus, als die NASA das Programm „Mission to Planet Earth" (MTPE) ins Leben rief, um die Erforschung des Planeten zu systematisieren. Als die Weltraumrobotik ausgereift war, konzentrierten sich Umweltwissenschaftler auf die Entwicklung einer Sichtweise der Erde als ganzheitliches, symbiotisches System und die Erstellung globaler Klimamodelle basierend auf Satellitenbeobachtungen. Im Jahr 1987 empfahl die ehemalige Astronautin Sally Ride in einem NASA-Bericht, das Konzept von MTPE zur Priorität der USA und der ganzen Welt zu machen. Zwar wurde der Umfang des Projekts im Laufe der Zeit geändert, aber der Bericht war der Anstoß für eine Investition von über 10 Milliarden Dollar für den Bau

EINIGE DATEN ZUR ERDE

MITTLERER ABSTAND ZUR SONNE 150 Millionen Kilometer bzw. 1 Astronomische Einheit (AE)
DURCHMESSER 12 756 Kilometer
DICHTE 5513 Gramm/Kubikzentimeter
OBERFLÄCHENGRAVITATION 9,80 m/s^2
ROTATIONSDAUER (LÄNGE EINES TAGES) 23 Stunden, 56 Minuten, 4 Sekunden
UMLAUFZEIT (LÄNGE EINES JAHRES) 365,242 Tage
DURCHSCHNITTSTEMPERATUR OBERFLÄCHE 15 Grad Celsius
NATÜRLICHE SATELLITEN Einer
ENTDECKT VON Die Erde wurde nicht von einer einzelnen Person entdeckt. Das erste Foto der Erde aus dem Weltall machte eine V-2-Rakete, die am 7. März 1947 im US-Bundesstaat New Mexico gestartet worden war.

RECHTS Dieses Bild der Erde wurde vom geostationären Satelliten GOES-8 (Geostationary Operational Environmental Satellite) aufgenommen. Das Satellitensystem, das von der US-amerikanischen Wetterbehörde NOAA (National Oceanic and Atmospheric Administration) betrieben wird, kann Stürme aller Art verlässlich vorhersagen.

und Betrieb mehrerer Raumflugkörper und der Analyse ihrer Daten zu Umweltzwecken. Die Erdbeobachtungssatelliten des Projekts sammelten in verschiedenen Bereichen Daten über die Atmosphäre, die Landmasse und die Gewässer des Planeten.

Diese Satelliten erwiesen sich später von unschätzbarem Wert. Als der Galveston-Hurrikan im Jahr 1900 scheinbar aus dem Nichts auftauchte, kam ein Sechstel der Bevölkerung der texanischen Stadt ums Leben. Im Gegensatz dazu warnten Satellitendaten im September 2005 die Einwohner von Galveston vor Hurrikan Rita, sodass Zeit zur Evakuierung blieb und nur 113 Menschen durch den Sturm im südlichen Texas starben. Wettersatelliten entdecken und verfolgen auch Waldbrände, Vulkanausbrüche und schwere Stürme und dokumentieren Messungen von Regenfällen und Winden. Der größte Nutzen der geosynchronen Wettersatelliten zeigt sich bei der Beobachtung von Unwettern und der Entscheidungsfindung bei Evakuierungen. Die Wetterbehörde NOAA hat eine Zusammenfassung von Wirtschaftsstatistiken zu Wetterkatastrophen vorgelegt und stellt darin fest, dass Maßnahmen zur Bewältigung dieser Ereignisse den USA jedes Jahr über 10 Milliarden Dollar ersparen.

Im Jahr 2000 war die Erdsystemwissenschaft ausgereift und eine Vielzahl von erdbeobachtenden Satelliten lieferte den Wissenschaftlern komplexe Daten über die physikalischen Eigenschaften unseres Planeten. Zu den Projekten gehören unter anderem die Tropical Rainfall Measuring Mission (TRMM), das Instrument SeaWiFS (Sea-viewing Wide Field-of-View Sensor), die Satelliten QuikSCAT (Quick Scatterometer) und TOPEX/Poseidon zur Meeresbeobachtung sowie die Satelliten ACRIMSAT (Active Cavity Radiometer Irradiance Monitor Satellite) und UARS (Upper Atmosphere Research Satellite). Ihre Instrumente messen die Chemie der Atmosphäre, die Verbrennung von Biomasse und Veränderungen der Landfläche von Grönland bis zum tropischen Pazifik. Gemeinsam haben diese Satelliten unser Verständnis von der Erde und der weltumspannenden Abläufe von Grund auf verändert.

Tiros 1, der erste Wettersatellit, wurde am 1. April 1960 von den USA ins All gebracht. Das Bild hier zeigt seine wichtigsten Instrumente.

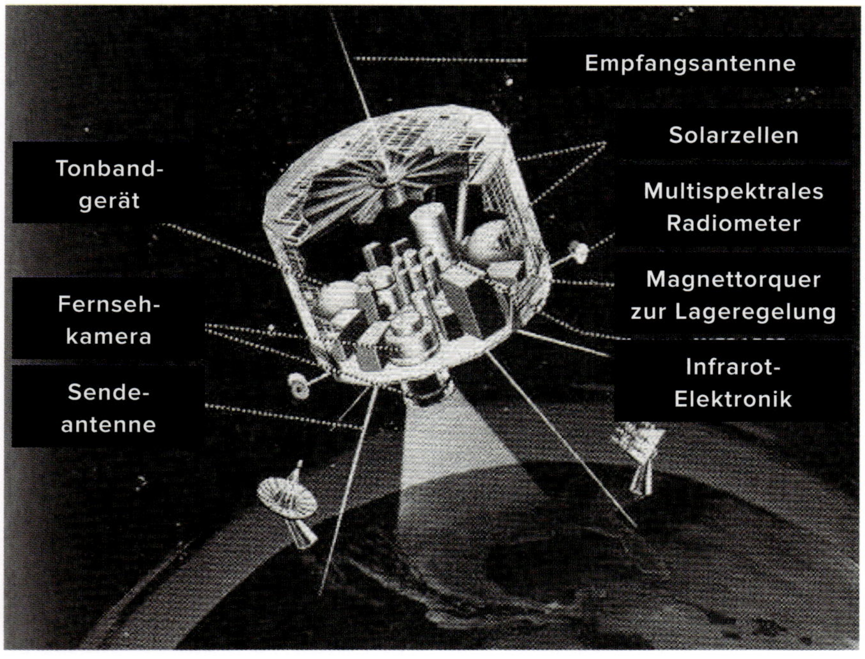

JAMES E. HANSEN UND DIE ANHALTENDE DEBATTE ÜBER DEN KLIMAWANDEL

In den 1980er-Jahren warnten Wissenschaftler vor einem weltweiten Klimawandel, manchmal auch „globale Erwärmung“ genannt. Dabei griffen sie vor allem auf die Daten aus Satellitenbeobachtungen zurück. Eine zentrale Figur dieser Diskussion ist der NASA-Klimaforscher James E. Hansen (geb. 1941), der sich seit Jahren mit der globalen Erwärmung beschäftigte. Sein Institut, das NASA Goddard Institute for Space Studies in Manhattan, verfolgte seit Beginn des Weltraumzeitalters den jährlichen Anstieg der globalen Temperaturen.

Hansen und viele andere Wissenschaftler mahnen, dass die Beweise uns zum Handeln drängen sollten – und wir die Erwärmung eindämmen, indem der Gehalt von Kohlendioxid in der Atmosphäre reduziert wird. Im Juni 1988 sprach er vor einem Ausschuss des US-Senats über die potenziellen Gefahren des Klimawandels. Ein Satz erregte die Aufmerksamkeit der Öffentlichkeit: „Es ist Zeit, mit dem Gerede aufzuhören . . . und zu sagen, dass der Treibhauseffekt hier ist und jetzt unser Klima beeinflusst.“ Mit einer solchen scharfen Äußerung machte sich Hansen bei den politischen Machthabern, die sich dem Widerstand der Lobbyisten ausgesetzt sahen, nicht beliebt.

Hansen war längst nicht der Einzige mit dieser Meinung und der US-Kongress verabschiedete bereits 1978 den National Climate Program Act, gefolgt vom Global Climate Change Research Act von 1990, die der Klimaforschung mehr Mittel zur Verfügung stellten.

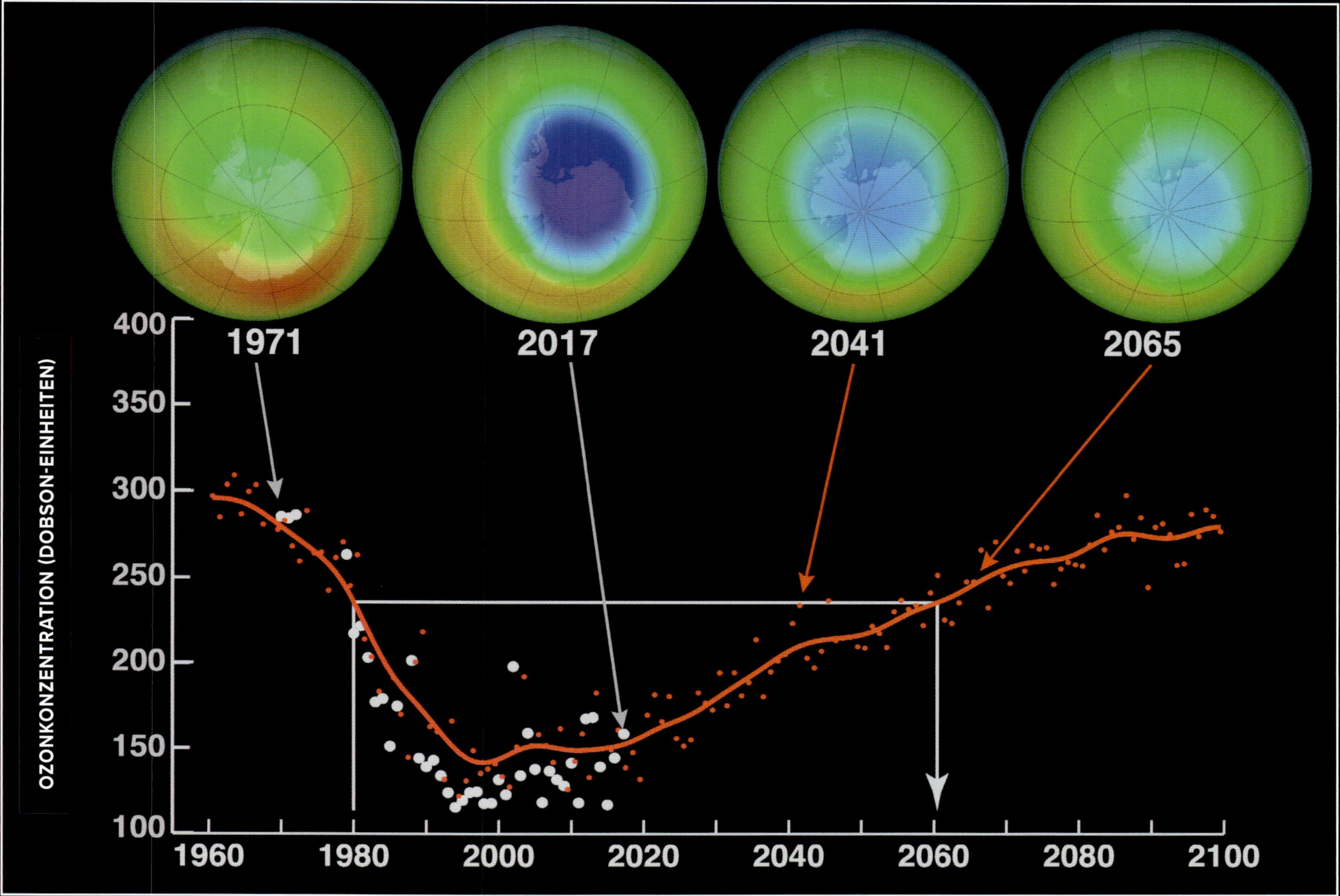

OBEN Satelliten in der Erdumlaufbahn machen jeden Tag Bilder vom Ozonloch über der Antarktis. Die genaue Beobachtung des Ozonschwunds verbessert das wissenschaftliche Verständnis, das erforderlich ist, um internationale Abkommen zur Einführung von Umweltmaßnahmen zu treffen. Die Grafik zeigt das durchschnittliche Ozonminimum über der Antarktis im Oktober jedes Jahres. Die rote Kurve illustriert die Tendenz der Erholung der Ozonschicht. Auf den vier Erdbällen sind die Veränderungen der Ozonschicht im Laufe der Zeit dargestellt – je blauer das Bild, desto weniger Ozon in der oberen Atmosphäre. Nach der Umsetzung des Montrealer Protokolls begann sich die Ozonschicht zu regenerieren.

LINKS Daten von Fernerkundungssatelliten helfen bei der Überwachung von Waldbränden, die bewohnte Gebiete bedrohen. Das MODIS-Instrument des Satelliten Terra übertrug im Oktober 2003 dieses Bild Südkaliforniens, auf dem mindestens fünf aktive Brände zu sehen sind – einige der größten, die in Kalifornien je ausgebrochen sind. Mindestens 13 Menschen starben bei diesen Bränden, von denen viele durch Fahrlässigkeit oder Brandstiftung verursacht wurden. Tausende wurden evakuiert und Hunderte Häuser brannten nieder.

VIRGINIA T. NORWOOD (1927–2023)

Virginia Norwood, die von vielen als die Mutter des Landsat-Satelliten angesehen wird, sitzt hier am Sturmmelderadar der Fernmeldetruppe des US-Militärs in New Jersey. Sie entwarf einen Multispektralscanner (MSS), eine revolutionäre Technik, die erstmals 1972 im Landsat 1 zum Einsatz kam.

Norwood hatte mathematische Physik am MIT studiert und bewies sich schon früh als talentierte Technikerin. Im Alter von 22 Jahren, vor ihrer Arbeit an Landsat, entwickelte und patentierte sie einen Radarreflektor, der Winde in großer Höhe aufspürte, die zuvor unentdeckt blieben. Als sie 39 Jahre alt war, im Jahr 1966, absolvierte Surveyor 1 eine weiche Landung auf dem Mond und schickte Bilder der Mondoberfläche an die Erde. Die Übertragung erfolgte durch ein Gerät, das von Norwoods Team entwickelt worden war. Norwood wirkte auch am Design der Antenne mit. Dank der Kommunikationsausrüstung, die sie mit ihrem Team entworfen hatte, gelang Surveyor eine erfolgreiche Landung und bereitete den Weg für die Apollo-Mondlandungen, die zwei Jahre später begannen.

Wenige Monate nach dem Start von Surveyor begann Norwood mit der Arbeit an einem Satelliten, der detaillierte Daten über die Ressourcen der Erde aufzeichnen sollte – dem MSS. Diese bahnbrechende Technik lieferte neue Erkenntnisse über Geologie, Bodenschätze, Verschmutzung, Waldbau und viele andere Bereiche der Erde. Für diese Arbeit und ihren wesentlichen Beitrag zu einem besseren Verständnis unseres Planeten durch Fernerkundung erhielt Norwood im Jahr 1979 den William T. Pecora Award.

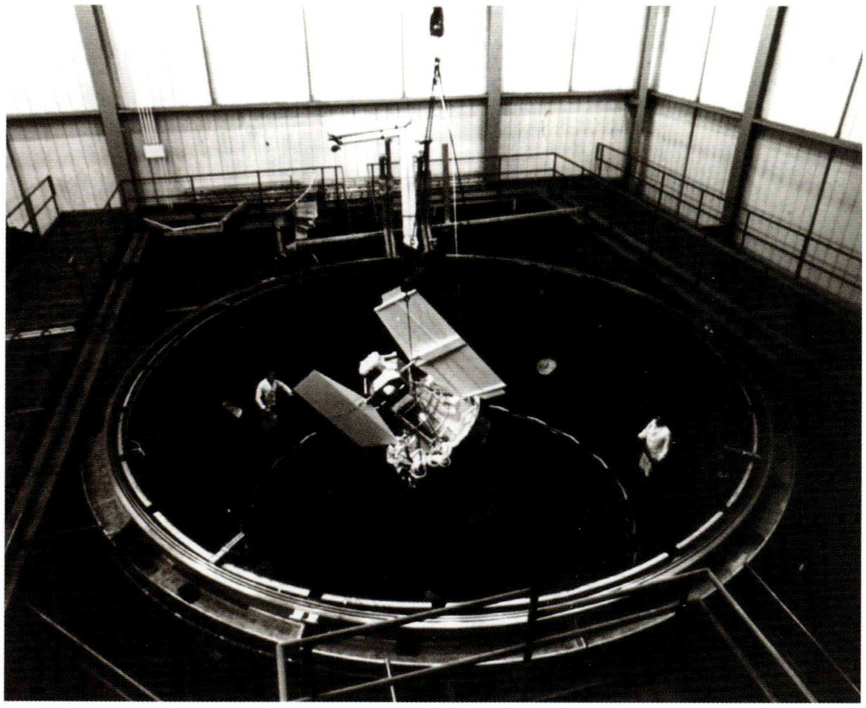

OBEN Ein Prototyp des Earth Resources Technology Satellite (der später in Landsat 1 umbenannt wurde) wird in einem Weltraumsimulator der General Electric Space Division getestet. Der erste Satellit wurde 1972 ins All geschickt und war mit mehreren Sensoren ausgestattet, die Massen von Daten übermittelten. Seitdem ging eine ganze Reihe leistungsfähigerer Satelliten dieser Serie in Betrieb.

UNTEN Landsat 1 kartierte im Laufe der Zeit die Erdoberfläche. Dieses Bild von Los Angeles wurde am 25. Juni 1974 aufgenommen. Das sichtbare Licht im grünen und im roten Spektral- sowie im Infrarotkanal sind jeweils in Blau, Grün und Rot dargestellt. Das Stadtzentrum erscheint als hellblauer Fleck unten rechts im Bild.

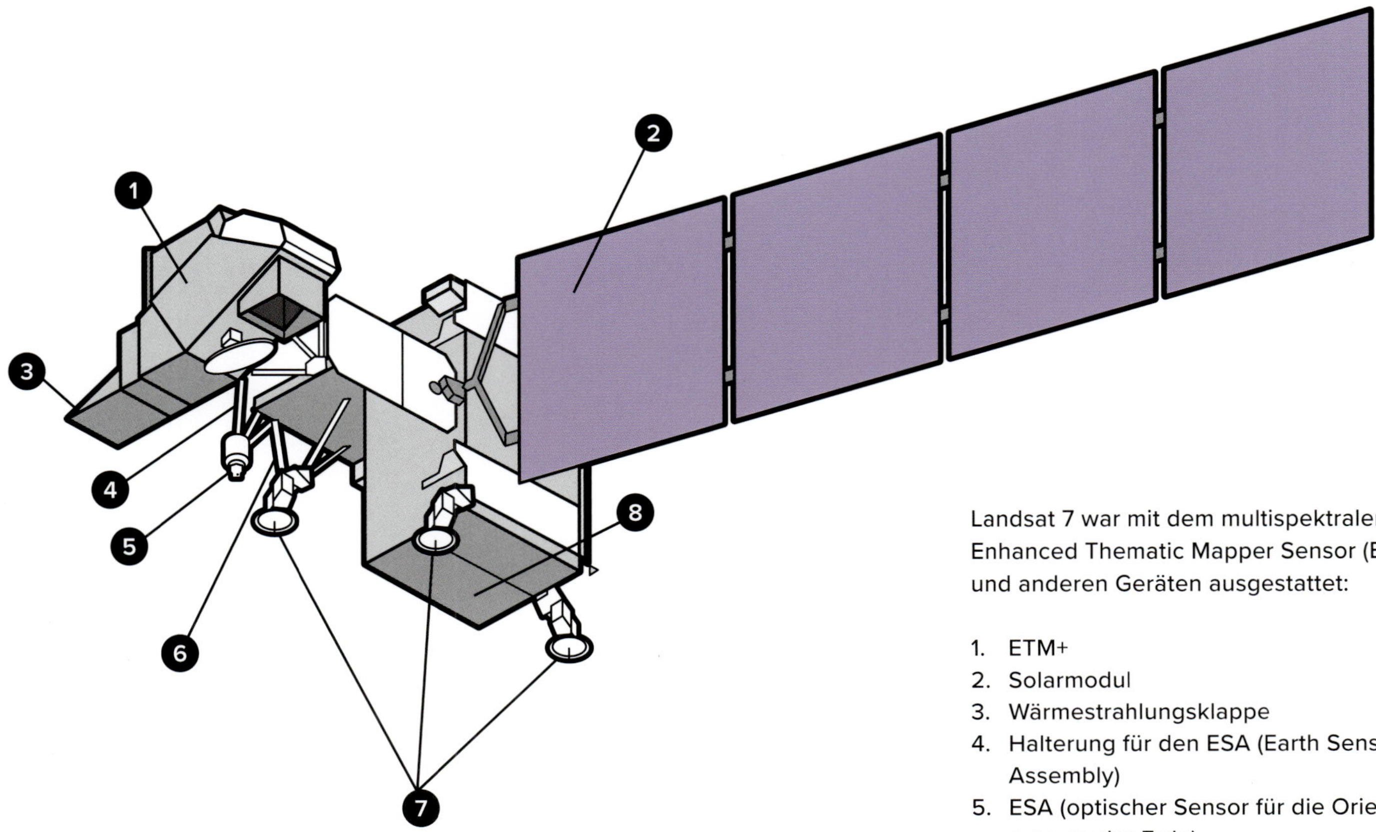

Landsat 7 war mit dem multispektralen Enhanced Thematic Mapper Sensor (ETM) und anderen Geräten ausgestattet:

1. ETM+
2. Solarmodul
3. Wärmestrahlungsklappe
4. Halterung für den ESA (Earth Sensor Assembly)
5. ESA (optischer Sensor für die Orientie rung an der Erde)
6. Halterung für X-Band-Antennen
7. Kardanisch aufgehängte X-Band-Antennen
8. S-Band-Rundstrahlantenne

RECHTS Dieses Bild ist ein Farbmosaik aus Aufnahmen des Satelliten Landsat 5 und Fernerkundungsdaten des Space Shuttle *Endeavour* aus dem Jahr 2000. Die Ansicht reicht vom Ontariosee und dem Sankt-Lorenz-Strom (*unten*) bis nach Long Island (*oben*) und zeigt die abwechslungsreiche Topografie im Osten des US-Bundesstaats New York und in Teilen Neuenglands. Das höher gelegene Gebiet im linken Vordergrund sind die Adirondack Mountains, eine tief erodierte Landschaft, in der sich das älteste Felsgestein im Osten der USA befindet. Auf der rechten Seite sieht man die Catskill Mountains, ein Teil der Appalachen. Zwischen diesen Gebirgszügen liegt ein breites Tal, in dem sich der Mohawk River und der Eriekanal befinden. Im Nordwesten (*unten rechts*) der Catskills liegen die Finger Lakes des Bundesstaats New York. Der Hudson River erstreckt sich von der linken Mitte bis nach New York City oben rechts.

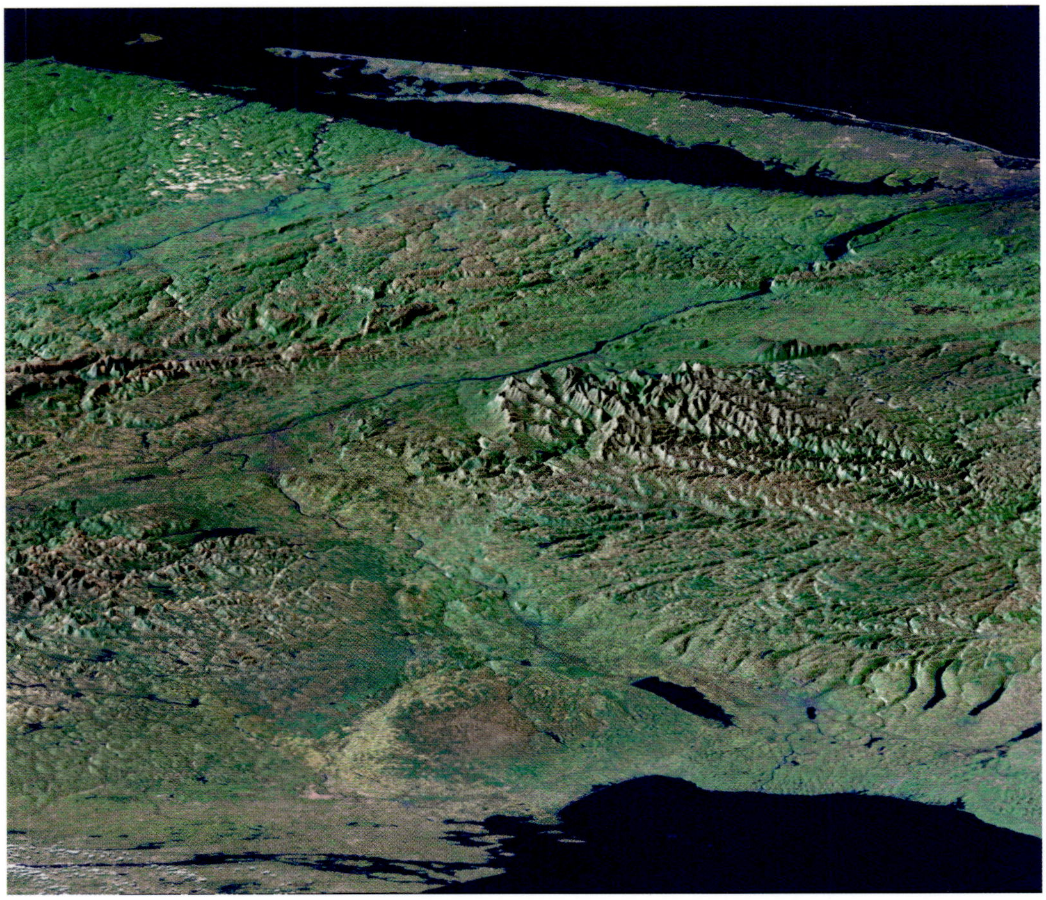

LINKS Aus sechs Bildern, die Landsat 5 in den Jahren 2009 und 2011 aufgenommen hatte, erstellte das Team des United States Geological Survey (USGS) dieses Mosaik des Mündungsgebiets Chesapeake Bay im Osten der USA. Der silbrig violette Bereich sind die ineinander übergehenden Stadtgebiete von Washington, Baltimore, Philadelphia und New York City.

UNTEN Eine schematische Darstellung des Satelliten Seasat, auf der seine wichtigsten Merkmale zu sehen sind.

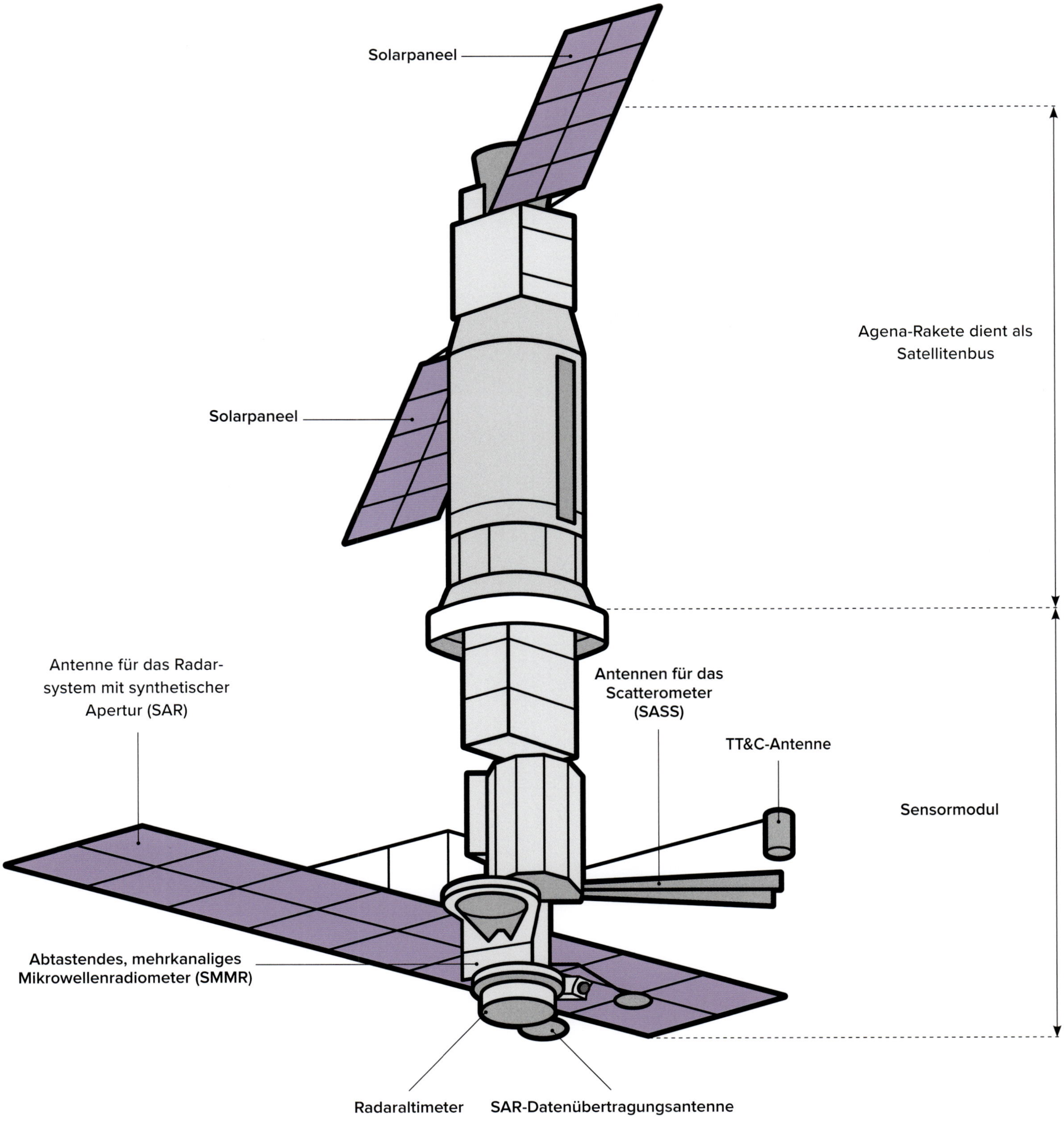

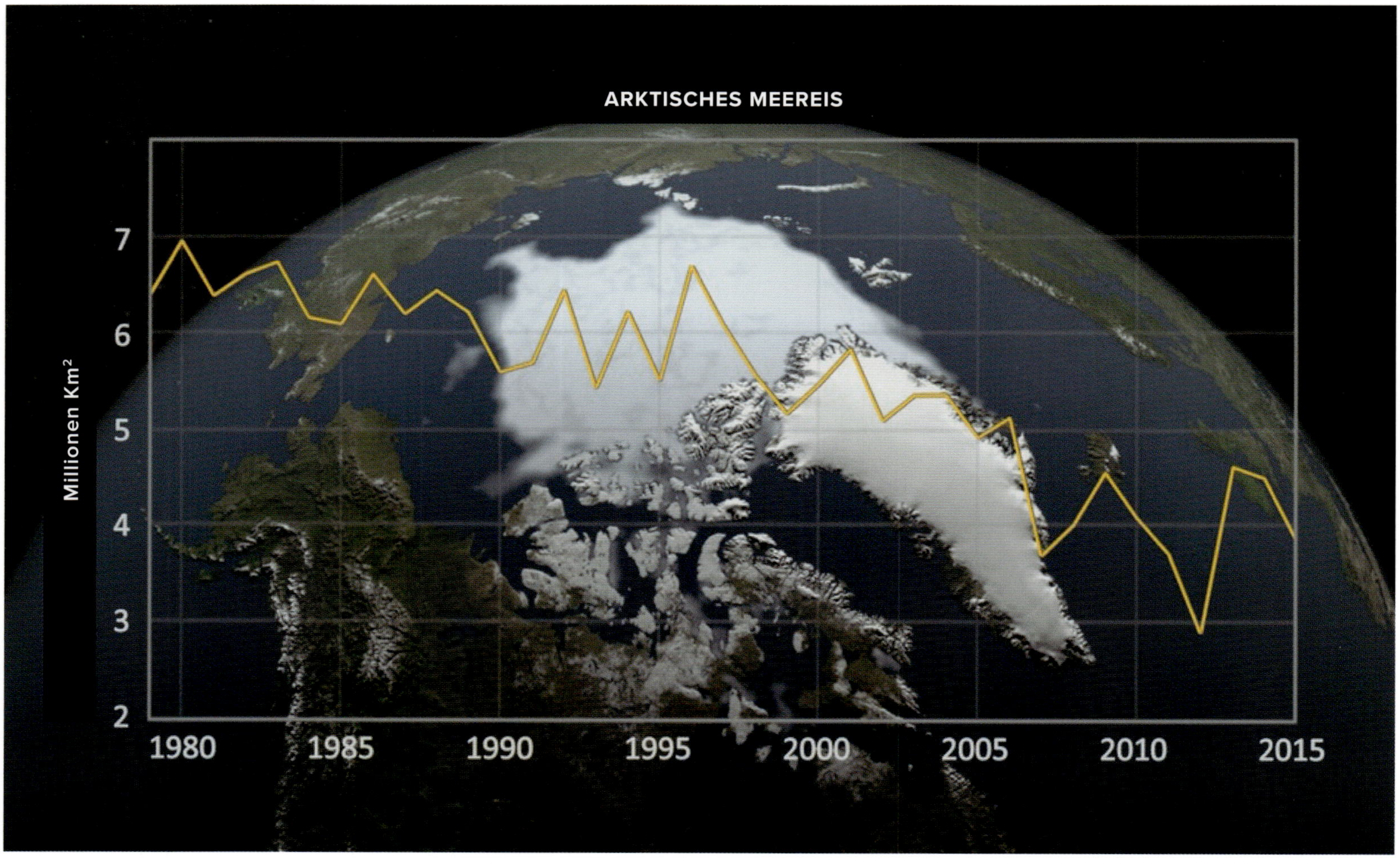

OBEN UND LINKS Seit 1979 beobachten Satelliten aus dem Weltraum die Eisdecke auf dem Nordpol. Das Diagramm oben zeigt, dass die Ausdehnung des Meereises im Laufe der Jahre schwankt, aber die Tendenz nach unten geht, was auf die Auswirkungen des Klimawandels auf die Arktis hinweist. Im Jahr 1979 (*oben*) gab es 6,4 Millionen Quadratkilometer Meereis, aber 2015 bedeckte das arktische Meereis-Minimum nur noch eine Fläche von rund 3,885 Millionen Quadratkilometern.

OBEN Aufnahmen aus dem Weltraum sind bei der Analyse unserer Umwelt eine große Hilfe. Dieses Bild vom 3. August 2023 zeigt die Barentssee in der Nähe von Russland und Skandinavien, wo in nährstoffreichem Wasser mikroskopisch kleines Phytoplankton wächst. Es dient als Nahrung für Wirbellose und kleine Krebstiere, die wiederum von Fischen, Seevögeln und Säugetieren gefressen werden. Einzelne Phytoplankton-Organismen sind mit dem freien Auge nicht sichtbar, aber der hellere blaue Bereich im Ozean in der Mitte des Bildes zeigt Milliarden dieser Lebewesen und wie sie das Wasser in einem Umkreis von hunderten Kilometern verändert haben.

RECHTS Auf dieser Karte wird die durchschnittliche Lufttemperatur der Jahre 2011–2021 den Werten aus dem Zeitraum 1956–1976 gegenübergestellt Die Skala unter der Grafik zeigt die Veränderungen. Die bisherigen Veränderungen der Lufttemperatur sind am größten in nördlichen Breiten und über Landmassen.

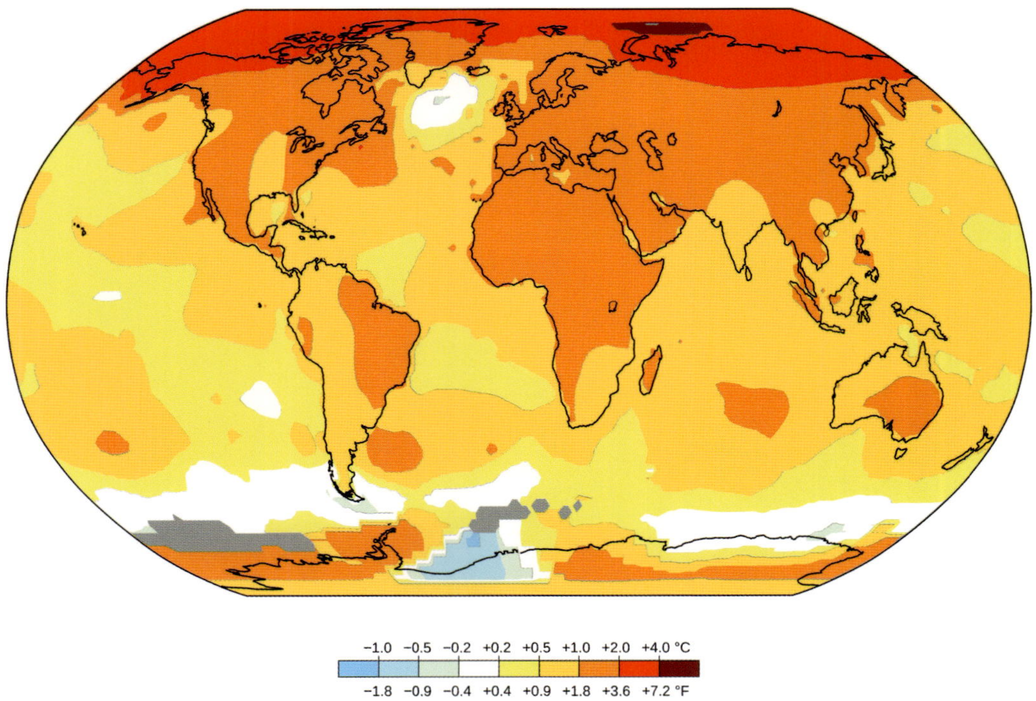

Ein atemberaubendes Zeitrafferbild der Milchstraße wurde im Jahr 2015 von der Internationalen Raumstation (ISS) aufgenommen. Neben einem Teil der Raumstation ist auch der Rand der Erdatmosphäre zu sehen, der wie ein Lichthof erscheint. Der Astronaut Kjell Lindgren schrieb am 2. September 2015 in den sozialen Medien zu dem Bild: „Großer Blitzschlag auf der Erde erleuchtet unsere Solarmodule."

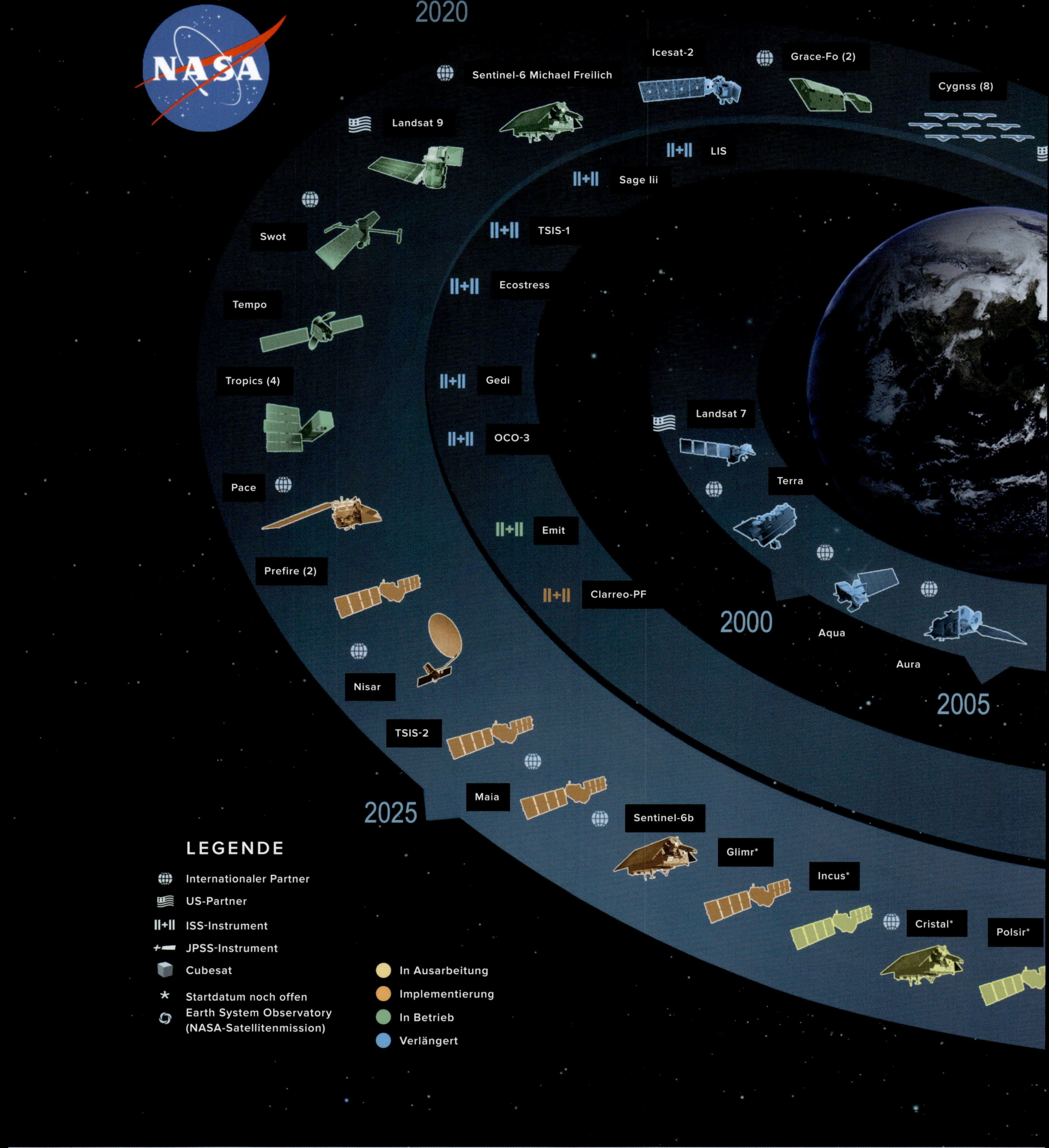
NASA
2020
Sentinel-6 Michael Freilich
Icesat-2
Grace-Fo (2)
Cygnss (8)
Landsat 9
LIS
Sage Iii
Swot
TSIS-1
Ecostress
Tempo
Tropics (4)
Gedi
Landsat 7
OCO-3
Pace
Terra
Emit
Prefire (2)
Clarreo-PF
2000
Aqua
Aura
Nisar
2005
TSIS-2
Maia
2025
Sentinel-6b
Glimr*
Incus*
Cristal*
Polsir*
LEGENDE
Internationaler Partner
US-Partner
ISS-Instrument
JPSS-Instrument
Cubesat
Startdatum noch offen
Earth System Observatory
(NASA-Satellitenmission)
In Ausarbeitung
Implementierung
In Betrieb
Verlängert

Die Bandbreite der von 1995 bis 2022 durchgeführten Satellitenmissionen der Earth Science Division ist groß. Viele der hier gezeigten Raumflugkörper finden sich auch in der Tabelle der Erdbeobachtungssatelliten auf Seite 312.

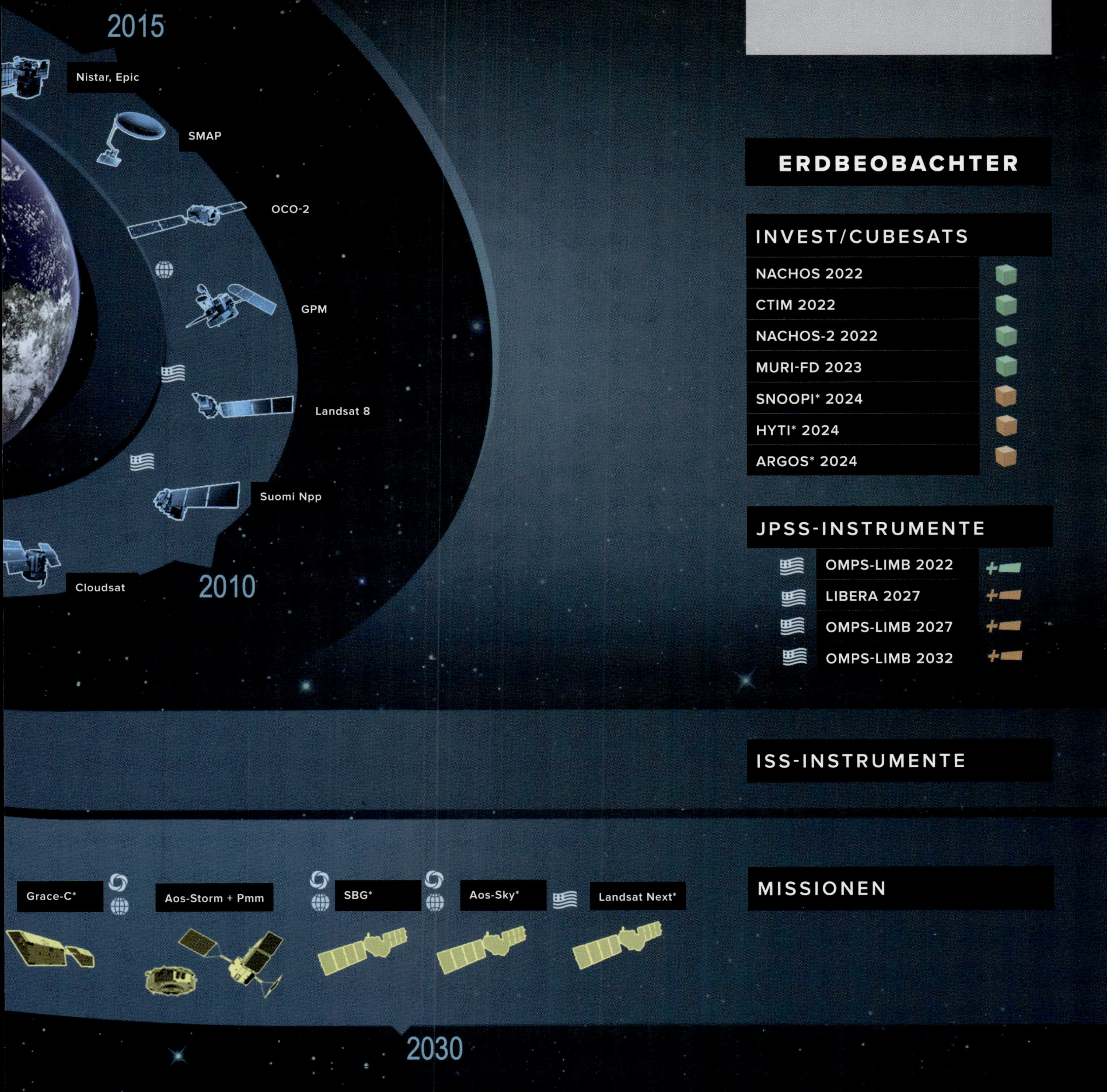

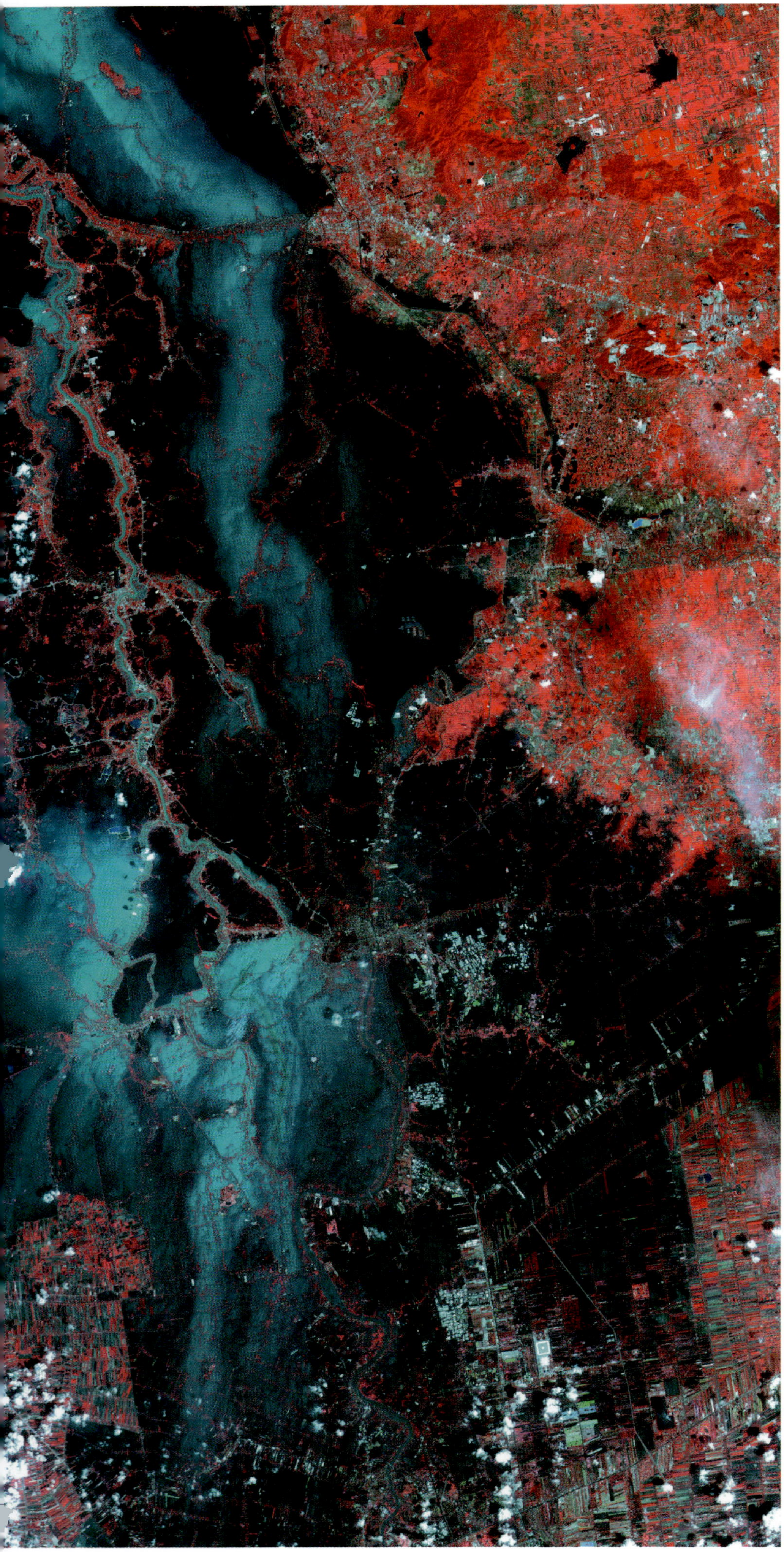

LINKS Am 23. Oktober 2011 machte der NASA-Satellit Terra diese Aufnahme der Überschwemmung, die sich der thailändischen Hauptstadt Bangkok näherte, als der Fluss Chao Phraya über die Ufer getreten war.

UNTEN Auf der Luftwaffenbasis Vandenberg in Kalifornien wird der NASA-Satellit Terra für den Start vorbereitet. Er wurde 1999 ins All gebracht und erstellte einen grundlegenden Datensatz, der für die Dokumentierung von Umweltveränderungen auf der Erde von großem Nutzen ist.

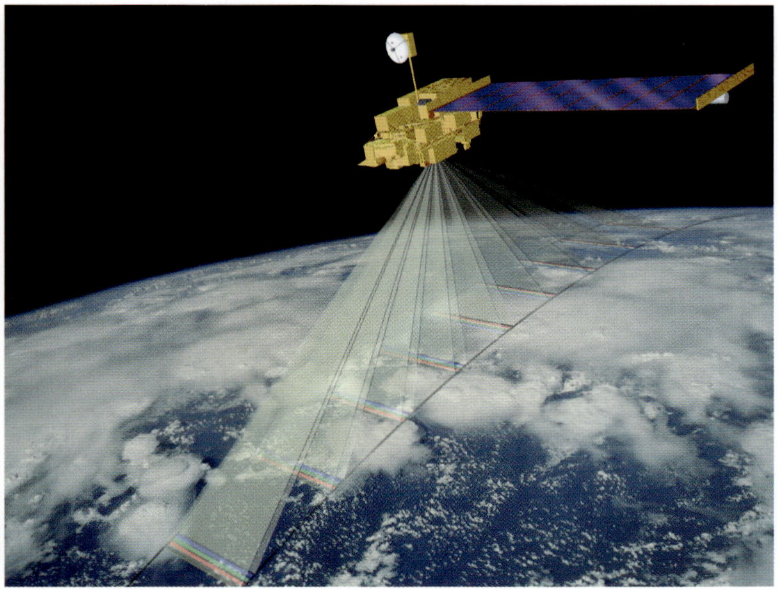

OBEN Der Satellit Terra lieferte wissenschaftliche Daten in hoher räumlicher Auflösung. Seine Bildgebung ist sorgfältig kalibriert, um genaue Messungen von Helligkeit, Kontrast und Farbe von Objekten zu ermöglichen.

UNTEN Das Satellitenobservatorium Aquarius/SAC-D war ein Gemeinschaftsprojekt der USA und Argentinien. Nach seinem Start von der Vandenberg Air Force Base am 10. Juni 2011 begann er, die Salzgehaltverteilung in den Ozeanen aufzuzeichnen.

OBEN In den frühen 2000er-Jahren startete die NASA eine neue Generation von Forschungssatelliten, die speziell für die Untersuchung der Erde entwickelt worden waren. Einer von ihnen war Aqua, der mit mehreren miteinander verbundenen Instrumenten kongruente Daten sammelte. Seit seinem Start in eine polare Umlaufbahn im Jahr 2002 lieferte er wertvolle Daten dazu, wie Luft, Wasser und Landmassen auf der Erde als System zusammenwirken.

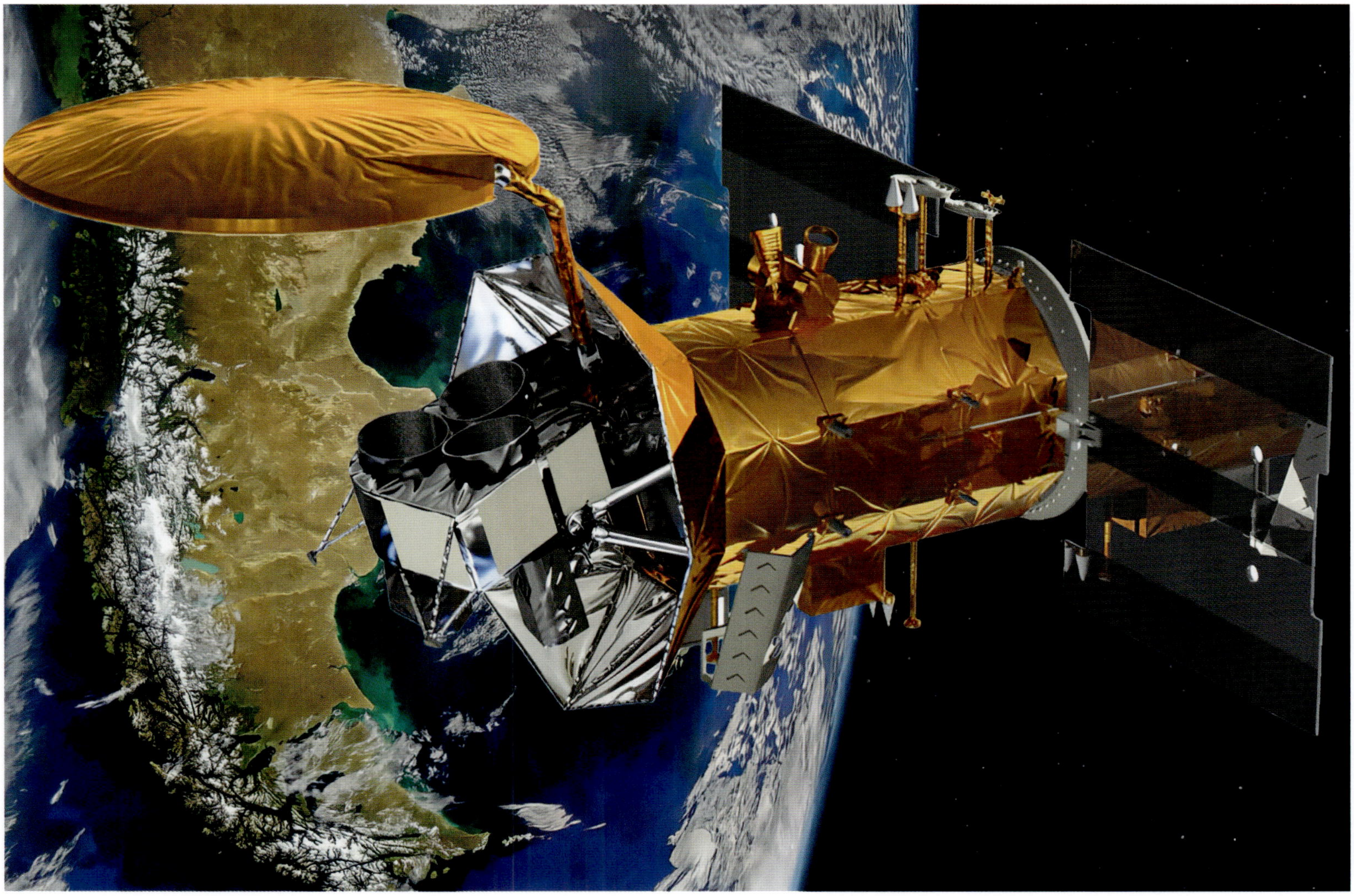

OBEN UND RECHTS Seit dem Start des Satelliten Suomi NPP (National Polar-orbiting Partnership, ein Gemeinschaftsprojekt der NASA und der US-Wetterbehörde NOAA) im Jahr 2011 analysiert ein Forschungsteam unter der Leitung des Geowissenschaftlers Miguel Román im Goddard Space Flight Center der NASA die nächtlichen Lichtemissionen auf der Erde und entwickelt neue Software und Algorithmen, um die Aufnahmen klarer, genauer und leichter zugänglich zu machen. Diese drei zusammengesetzten Bilder – von Nord- und Südamerika, Europa und Afrika sowie Asien – zeigen die Erde bei Nacht.

LINKS OBEN Meereis in der Hudson Bay im Norden Kanadas, aufgenommen vom Advanced Microwave Scanning Radiometer des Satelliten Aqua für das Forschungsprogramm Earth Observing System.

LINKS Satelliten wie GOES und Terra ermöglichen effektivere Extremwettervorhersagen als je zuvor. Das Instrument MODIS des NASA-Satelliten Terra machte am 12. August 2004 um 17:55 MESZ dieses Echtfarbenbild des Hurrikans Charley. Zum Zeitpunkt der Aufnahme hatte Charley eine maximale anhaltende Windgeschwindigkeit von rund 145 km/h mit stärkeren Böen und bewegte sich mit 23 km/h in nordwestliche Richtung.

2010
2015
ERS-1
ERS-2
MetOp-A
Envisat
Proba-1
SMOS
GOCE
CryoSat
Swarm
Proba-V
Meteosat 10 (MSG)
MetOp-B
Meteosat 11 (MSG)
Sentinel-1A
Sentinel-1B
Sentinel-2A
Sentinel-2B
MetOp-C
Sentinel-3A
Sentinel-3B
Sentinel-5P
Sentinel-6 Michael Freilic
Sentinel-1C
Sentinel-1D
Aeolus
EarthCARE
Biomass
Phisat-2
HydroGNSS
ALTIUS
FLEX
FORUM
Harmony
TRUTHS
MAGIC
Earth Explorer-11
Earth Explorer-12
Forschungssatelliten
esa

Wie die NASA unternimmt auch die Europäische Weltraumorganisation (ESA) vielseitige Bemühungen für ein besseres Verständnis der Erde. Die von der ESA entwickelten Erdbeobachtungsmissionen sind hier dargestellt. Sie fallen in drei Kategorien: die Forschungsmissionen der ESA, das Erdbeobachtungsprogramm Copernicus der EU und die Wettersatelliten der EUMETSAT (European Organisation for the Exploitation of Meteorological Satellites). Im Rahmen dieser Programme werden die Satelliten der ESA zur Wettervorhersage und zur Beantwortung wichtiger geowissenschaftlicher Fragen eingesetzt. Die Daten, die sie liefern, helfen neben vielen Alltagsanwendungen auch bei der Verbesserung landwirtschaftlicher Praktiken, der Sicherheit auf See und der Katastrophenhilfe.

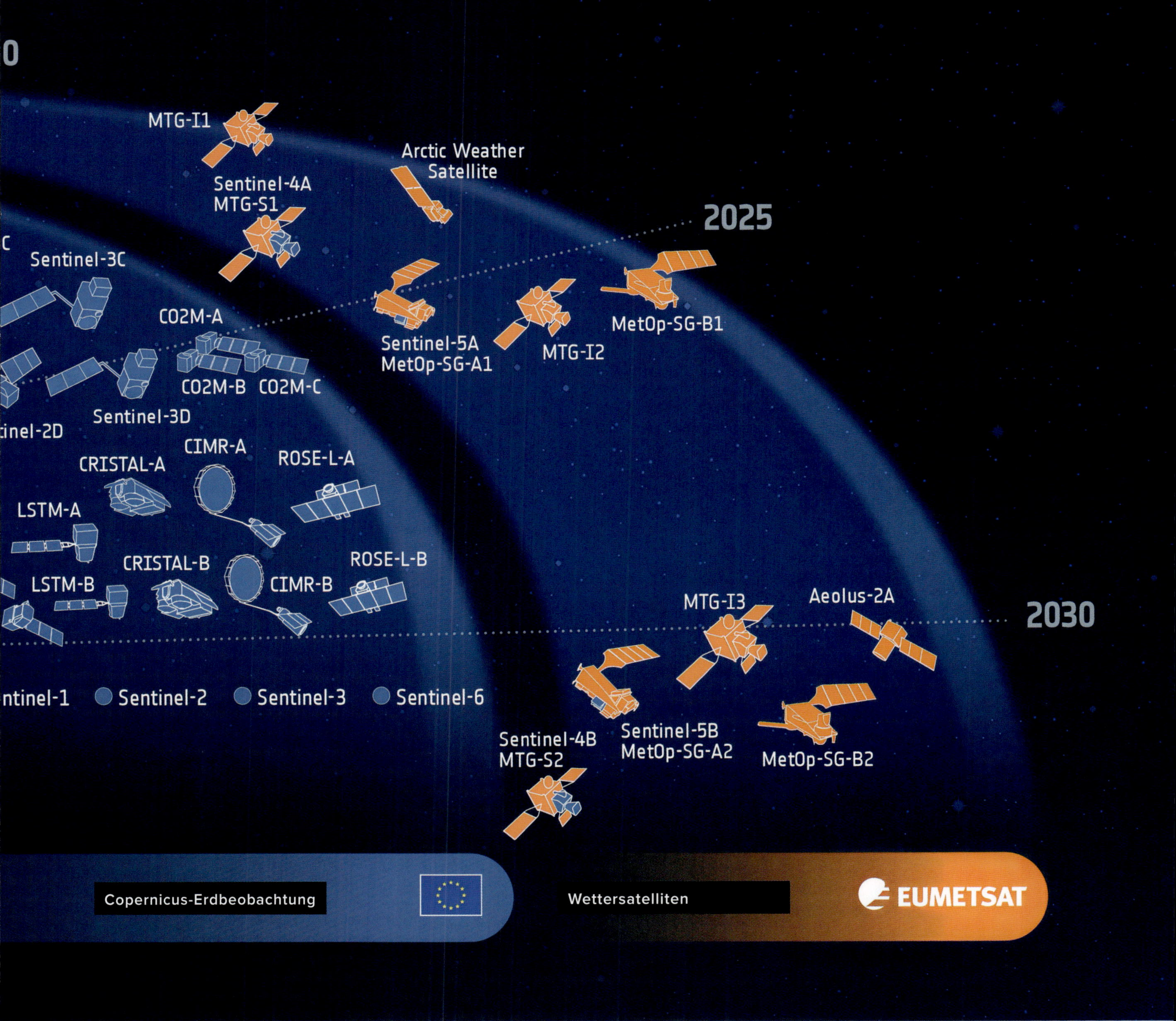

DIE VIELFALT DER ERDBEOBACHTUNGSSATELLITEN

Satellit	Betriebsdauer	Startplatz
ATS-3 (Advanced Technology Satellite)	7. Dez. 1966–1. Dez. 1978	Cape Canaveral
Landsat 1	23. Juli 1972–6. Jan. 1978	Vandenberg
Landsat 2	22. Jan. 1975–25. Feb. 1982	Vandenberg
GOES-1 (Geostationary Operational Environmental Satellite)	16. Okt. 1975–7. März 1985	Vandenberg
Landsat 3	5. März 1978–31. März 1983	Vandenberg
DE 1 und DE 2 (Dynamics Explorer)	3. Aug. 1981–28. Feb. 1991 und 19. Feb. 1983	Vandenberg
Landsat 4	16. Juli 1982–19. Dez. 1993	Vandenberg
ERBS (Earth Radiation Budget Satellite)	5. Okt. 1984–14. Okt. 2005	Cape Canaveral
Landsat 5	1. März 1984–5. Juni 2013	Vandenberg
CRRES (Combined Release and Radiation Effects Satellite)	25. Juli 1990–12. Okt. 1991	Cape Canaveral
ERS-1 (European Remote-Sensing Satellite)	17. Juli 1991–10. März 2000	Kourou
ATLAS-1 (Atmospheric Laboratory for Applications and Science)	24. März 1992–2. April 1992	Cape Canaveral
Landsat 6	5. Okt. 1993–5. Okt. 1993	Vandenberg
ESSA (Environmental Science Services Administration)	3. Feb. 1966– 12. Juni 1968	Cape Canaveral
ADEOS I (Advanced Earth Observing Satellite)	17. Aug. 1996–30. Juni 1997	Cape Canaveral
SeaWiFS	1. Aug. 1997–11. Dez. 2010	Vandenberg
TRMM	27. Nov. 1997–9. April 2015	Tanegashima
Landsat 7	15. April 1999–27. Sept. 2021	Vandenberg
QuikSCAT	19. Juni 1999–19. Nov. 2009	Vandenberg
Terra (EOS-AM)	18. Dez. 1999–	Vandenberg
ACRIMSAT	20. Dez. 1999–30. Juli 2014	Vandenberg
CHAMP (Challenging Minisatellite Payload)	15. Juli 2000–19. Sept. 2010	Plessezk 132/1
NMP (New Millennium Program)/EO-1 (Earth Observing 1)	21. Nov. 2000–30. März 2017	Vandenberg
Jason 1	7. Dez. 2001–1. Juli 2013	Vandenberg
Meteor 3M-1/SAGE III (Stratospheric Aerosol and Gas Experiment)	10. Dez. 2001–6. März 2006	Baikonur
GRACE (Gravity Recovery and Climate Experiment)	17. März 2002–27. Okt. 2017	Kosmodrom Plessezk
Aqua	4. Mai 2002–	Vandenberg
ADEOS II (Midori II)	14. Dez. 2002–24. Okt. 2003	Tanegashima
ICESat (Ice, Cloud and Land Elevation Satellite)	12. Jan. 2003–14. Aug. 2010	Vandenberg
SORCE (Solar Radiation and Climate Experiment)	25. Jan. 2003–25. Feb. 2020	Cape Canaveral
Aura	15. Juli 2004–	Vandenberg
CloudSat	28. April 2006–	Vandenberg
CALIPSO (Cloud-Aerosol Lidar and Infrared Pathfinder Satellite Observations)	28. April 2006–	Vandenberg
Aquarius	10. Juni 2011–17. Juni 2015	Vandenberg
Landsat 8	11. Feb. 2013–	Vandenberg
OCO-2 (Orbiting Carbon Observatory)	2. Juli 2014–	Vandenberg
SMAP (Soil Moisture Active Passive)	31. Jan. 2015–	Vandenberg
ICESat-2	15. Sept. 2018–	Vandenberg
Landsat 9	27. Sept. 2021–	Vandenberg

Betreiber	Missionsziele
NASA	Wetterbeobachtung
NASA/NOAA	Sammeln von Daten zur Landnutzung im Laufe der Zeit
NASA/NOAA	Sammeln von Daten zur Landnutzung im Laufe der Zeit
NOAA	Dreizehn GOES-Satelliten für: Wetterbeobachtung und -vorhersage; Forschung zum Verständnis der Dynamik von Land, Atmosphäre, Meer und Klima
NASA/NOAA	Sammeln von Daten zur Landnutzung im Laufe der Zeit
NASA	Erforschung der Wechselwirkungen zwischen dem Plasma der Magnetosphäre und Ionosphäre
NASA/NOAA	Sammeln von Daten zur Landnutzung im Laufe der Zeit
NASA	Untersuchung der Strahlenbilanz der Erde und der Aerosole und Gase in der Stratosphäre
NASA/NOAA	Sammeln von Daten zur Landnutzung im Laufe der Zeit
NASA	Untersuchung von Feldern, Plasma und geladenen Teilchen in der Magnetosphäre
ESA	Messung von Windgeschwindigkeit und -richtung sowie Meereswellenparametern
NASA	Im Frühling 1992 mit Space Shuttle *Atlantis* (STS-45) gestartet, um den Einfluss des Menschen auf die Umwelt zu erfassen
NASA/NOAA	Sammeln von Daten zur Landnutzung im Laufe der Zeit
ESSA/NASA	Fotografieren der Wolkenbedeckung
NASA/NASDA	Amerikanisch-japanischer Satellit zur Untersuchung von Windstreuung und Kartierung der Ozonschicht
GeoEye/NASA	Bereitstellung quantitativer Daten über die bio-optischen Eigenschaften der Weltmeere
NASA/JAXA	Beobachtung und Untersuchung tropischer Regenfälle
NASA/NOAA	Weltweite Bereitstellung von Bildern der gesamten Erdoberfläche
NASA/JPL	Ermittlung globaler Radarquerschnitte und bodennaher Windvektoren
NASA	Bereitstellung globaler Daten über den Zustand der Atmosphäre, Erdoberfläche und Ozeane
NASA	Untersuchung der gesamten Sonneneinstrahlung (Gesamtmenge des Sonnenlichts, das auf die Erde fällt)
GFZ (Geoforschungszentrum)	Atmosphären- und Ionosphärenforschung
NASA	Erprobung neuer Technologien und Strategien für verbesserte Erdbeobachtung
NASA/CNES	Amerikanisch-französische Mission zur Bereitstellung von Daten über die Strömungsverhältnisse an der Meeresoberfläche
Roskosmos	Messung von Ozon, Aerosolen, Wasserdampf und anderen wichtigen Parametern der Erdatmosphäre
NASA/DLR	Messung des mittleren und zeitvariablen Schwerefelds der Erde
NASA	Sammeln von Informationen zum Wasser im Ökosystem Erde
JAXA/NASA	Beobachtung des Wasser- und Energiekreislaufs als Teil des Weltklimas
NASA	Messung der Massenbilanz der Eisschilde und der damit verbundenen Merkmale
NASA	Vertiefung unseres Wissens über die Sonne
NASA	Untersuchung von Ozontrends und Veränderungen der Luftqualität sowie ihrem Zusammenhang mit dem Klimawandel
NASA	Messung der vertikalen Dicke und Überlappung von Wolkensystemen
NASA/CNES	Amerikanisch-französische Mission zum besseren Verständnis der Rolle von Aerosolen und Wolken in der Klimaregulation
NASA/CONAE	Amerikanisch-argentinische Mission zur Messung von Variationen im Salzgehalt der Meeresoberfläche
NASA/USGS	Weltweite Bereitstellung von Bildern der gesamten Erdoberfläche
NASA	Bereitstellung weltraumbasierter Messungen der Kohlendioxidkonzentration in der Erdatmosphäre
NASA	Messung der Bodenfeuchtigkeit und des Frost-Tau-Zustands
NASA	Messung der Massenbilanz der Eisschilde
NASA/USGS	Bereitstellung von Bildern der globalen Landoberfläche; Fortsetzung des Landsat-Programms

VENUS: INFERNO UNTER WOLKEN

Größenmäßig ist die Venus fast die Zwillingsschwester der Erde und wurde lange Zeit als potenzieller Lebensraum im Sonnensystem betrachtet. Diese Erwartungen beherrschten noch zu Beginn des Weltraumzeitalters das Denken und zerstreuten sich erst mit zunehmender Erkundung des Planeten, der sich als glühendes Inferno herausstellte. Oder gibt es doch noch Hoffnung?

Als die Erforschung des Weltraums ihren Anfang nahm, spekulierten viele Wissenschaftler, dass es auf der Venus Leben geben könnte, da der Planet in seiner Größe, Masse und Schwerkraft der Erde stark ähnelte. Charles Greeley Abbot (1872–1973), der Direktor des Smithsonian-Observatoriums, vermutete in den 1920er-Jahren, dass es der Venus „an nichts zu fehlen scheint, was für die Bewohnbarkeit erforderlich ist". Seine Einschätzung stellte sich jedoch als völlig falsch und reines Wunschdenken heraus. Die ersten Raumsonden, die zur Venus geschickt wurden, offenbarten nämlich eine äußerst lebensfeindliche Umgebung.

DER „GALOPPIERENDE TREIBHAUSEFFEKT"

Eine andere Theorie, die sich als richtig erwies, hielt die Venus für den unwirtlichen Ort, der sie in Wirklichkeit ist. Vor allem der Astrophysiker Carl Sagan demonstrierte, dass die Wolkendecke der Venus einen galoppierenden Treibhauseffekt fördert, wodurch der Atmosphärendruck und die Temperaturen viel höher sind als auf der Erde. Im Jahr 1961 schrieb Sagan: „Bei solch hohen Temperaturen und ohne flüssiges Wasser ist es sehr unwahrscheinlich, dass dort gegenwärtig einheimische Lebensformen existieren. . . . Da es jedoch, wie bereits erwähnt, keine nennenswerten Zeiträume gab, in denen die Venus ausgedehnte Wasservorkommen und Oberflächentemperaturen unter dem Siedepunkt von Wasser besaß, ist es unwahrscheinlich, dass auf ihr jemals Leben entstanden ist."

Auf der Suche nach Leben jenseits der Erde kamen Sagan und viele andere Wissenschaftler nur widerwillig zu diesem Schluss und hofften, dass die Raumfahrt ihn widerlegen würde. Aber das war nicht der Fall – der Treibhauseffekt ist eine Tatsache.

„Als die Erforschung des Weltraums ihren Anfang nahm, spekulierten viele Wissenschaftler, dass auf der Venus Leben möglich war, da sie in Größe, Masse und Schwerkraft der Erde stark ähnelte."

CARL SAGAN (1934–1996)

Als man in den 1980er- und 1990er-Jahren über die globale Erwärmung diskutierte, gab Carl Sagan die Venus als Beispiel dafür, was passieren könnte, wenn die Menschen es nicht schaffen, ihre CO_2-Emissionen und die Erwärmung des Planeten in den Griff zu bekommen. Im Jahr 1984 sagte Sagan vor dem US-Senat: „Die Natur hat uns eine Reihe von Planeten zur Verfügung gestellt. Auf einigen ist der Treibhauseffekt geringfügig, auf manchen ist er beträchtlich und auf einem ist er monströs. Darum lohnt es sich, zur Kenntnis zu nehmen, was die Natur für unsere Bildung zur Verfügung gestellt hat."

Er fügte hinzu: „Im Falle der Venus . . . beträgt die Oberflächentemperatur . . . ungefähr 430 Grad Celsius. Das ist heißer als der heißeste Backofen. Der Grund dafür ist, wie wir heute dank der Erkundung des Weltraums wissen, zuletzt mit den Raumsonden Pioneer-Venus der USA, ein massiver Treibhauseffekt, dessen Hauptbestandteil Kohlendioxid ist." Vor allem aber betonte Sagan, dass das, was die Wissenschaftler auf der Venus sahen, „genau das gleiche Treibhausgas ist, mit dem wir uns in dieser Anhörung auseinandersetzen."

EINIGE DATEN ZUR VENUS

MITTLERER ABSTAND ZUR SONNE 108 Millionen Kilometer bzw. 0,72 Astronomische Einheiten (AE)

DURCHMESSER 12 100 Kilometer – etwa 95 Prozent des Erddurchmessers

DICHTE 5243 Gramm/Kubikzentimeter, etwas weniger als die Dichte der Erde

OBERFLÄCHENGRAVITATION 8,87 m/s^2 – ungefähr 90 Prozent der Erdgravitation

ROTATIONSDAUER (LÄNGE EINES TAGES) 243 Erdentage

UMLAUFZEIT (LÄNGE EINES JAHRES) 225 Erdentage

DURCHSCHNITTSTEMPERATUR OBERFLÄCHE 464 Grad Celsius

NATÜRLICHE SATELLITEN Keine

ENTDECKT VON Die Venus wurde nicht von einer einzelnen Person entdeckt. Sie wird seit Jahrhunderten von der Erde aus beobachtet. Im Jahr 1610 wurde sie von Galileo Galilei erstmals durch ein Teleskop betrachtet.

Die wolkenverhüllte Venus regt seit Jahrhunderten die Fantasie der Menschen an. Im Jahr 1974 wurde sie von der NASA-Raumsonde Mariner 10 besucht. Heraus kam diese Ansicht des annähernd erdgroßen Planeten (oben), der kaum Merkmale aufweist. In jüngster Zeit wurde das Bild von der NASA neu bearbeitet (unten), um den Kontrast zu verstärken, sodass die Wolkendecke, die 65 Kilometer über der Oberfläche des Planeten hängt, deutlicher zu sehen ist. Die rötlichen Bereiche auf der größtenteils weißen Venus geben Rätsel auf. Möglicherweise handelt es sich um das Ergebnis von Schwefelverbindungen oder sogar um biologisches Material, aber noch sind sich Wissenschaftler darüber uneinig.

Mariner 2 – die erste interplanetare Raumsonde der Welt – flog im Dezember 1962 bis auf 34 000 Kilometer an die Venus heran und übermittelte die ersten Daten über die extrem lebensfeindlichen Bedingungen, die auf dem Planeten herrschen.

RAUMSONDEN AUF DER VENUS

Die USA und die Sowjetunion entsandten seit Beginn des Weltraumzeitalters schon sehr früh und viele Raumsonden zur Venus. Im Sommer 1962 startete NASA die Sonde Mariner 2, die im Dezember bei der Venus ankam. Sie bestimmte die Höhe der Wolkenschicht, ermittelte Temperatur und Druck, maß die geladenen Teilchen in der Umgebung und suchte nach einem Magnetfeld, das dem der Erde ähnelte (fand jedoch keines).

Diese Untersuchungen bestätigten die schlimmsten Vermutungen über die Venus. Sie ergaben, dass die Atmosphäre des Planeten aus ungefähr 97 Prozent Kohlendioxid bestand. Auf der steinigen Oberfläche gab es kein Wasser und die Temperaturen betrugen um die 464 Grad Celsius, ganz gleich, ob es Tag oder Nacht, Sommer oder Winter war. Schließlich war auch noch der Oberflächendruck auf der Venus 90-mal höher als auf der Erde.

Bis Ende der 1960er-Jahre schickten auch die Sowjets Raumsonden zur Venus, um Daten über die unwirtliche Oberfläche zu sammeln, aber keine war erfolgreich, bis Venera 7 im Dezember 1970 die ersten Informationen schickte. Dreiundzwanzig Minuten lang sendete der Lander Daten über die Bedingungen auf dem

OBEN Die letzten Vorbereitungen vor dem Start von Mariner 2 wurden in einer Montagehalle der Atlantic Missile Range (AMR) in Cape Canaveral im US-Bundesstaat Florida durchgeführt. Die Raumsonde war vom Jet Propulsion Laboratory entwickelt und gebaut worden und dann zur AMR geschickt, wo die Antenne und die Solarpaneele vor dem Test und Start angebracht wurden.

RECHTS Die Ingenieure im Jet Propulsion Laboratory der NASA begutachten die Daten, die ihnen die Raumsonde Mariner 2 im Jahr 1962 von der Venus übermittelt hatte.

Boden, bevor er der extremen Hitze und dem Druck erlag. Es war das erste Mal, dass eine Landesonde Informationen von der Oberfläche eines anderen Planeten zur Erde übertragen hatte.

In den 1990er-Jahren fand die Wissenschaft noch viel mehr über die Venus heraus, als die Raumsonde Magellan ungefähr 95 Prozent des Planeten kartierte. Dabei gab es einige Überraschungen, als Plattentektonik und Lavarinnen auf vulkanische Aktivitäten hindeuteten.

Seitdem unternahm die Raumsonde MESSENGER (Mercury Surface, Space Environment, Geochemistry and Ranging) auf ihrem Weg zum Merkur zwei Vorbeiflüge an der Venus. Diese Mission sowie die nachfolgenden Missionen der Europäischen Weltraumorganisation (ESA), Japans und der USA, konnten einige Wissenslücken über die Zwillingsschwester der Erde schließen und zeigten uns, dass die Venus ein „böser Zwilling" ist, der für eine Besiedelung durch den Menschen nicht geeignet ist.

Insgesamt wurden seit 1962 über 40 Raumsonden zur Venus geschickt. Eine von ihnen – die japanische Sonde Akatsuki – befindet sich gegenwärtig auf einer Umlaufbahn um die Venus. In den nächsten zehn Jahren sollen drei neue Venusmissionen gestartet werden.

„Sie ergaben, dass die Atmosphäre des Planeten aus ungefähr 97 Prozent Kohlendioxid bestand. Auf der steinigen Oberfläche gab es kein Wasser und die Temperaturen betrugen um die 464 Grad Celsius, ganz gleich, ob es Tag oder Nacht, Sommer oder Winter war."

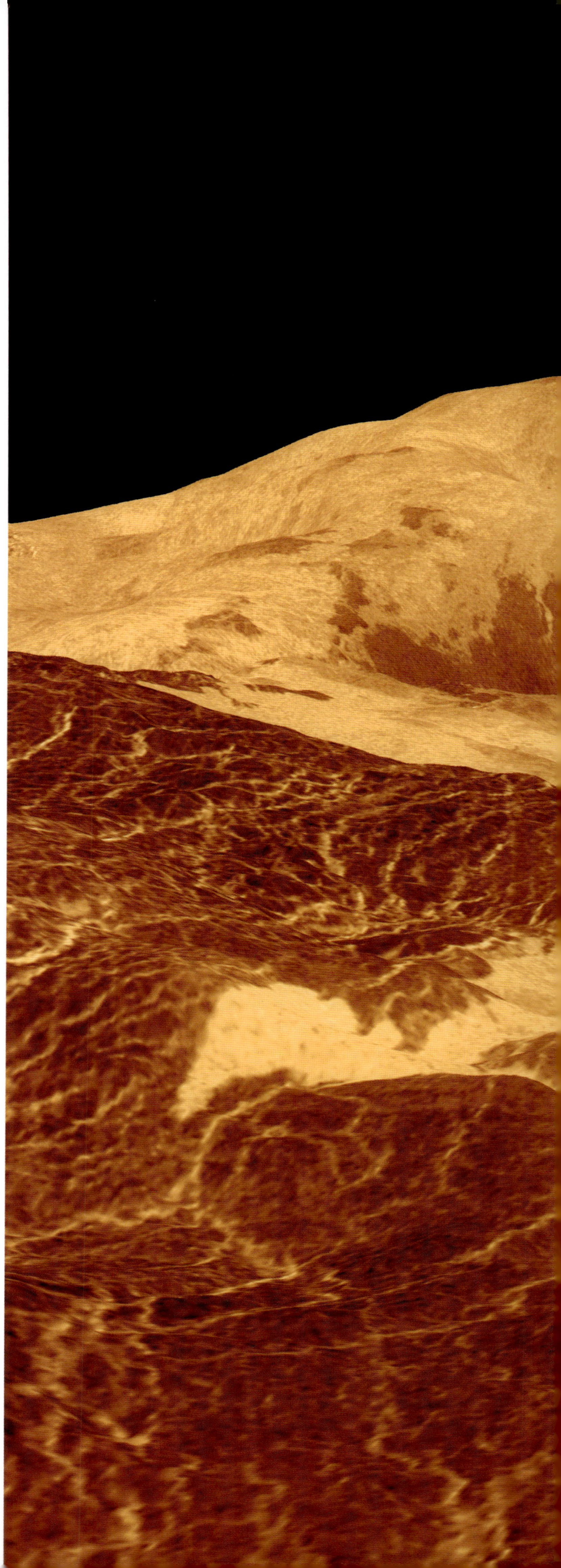

Radar mit synthetischer Apertur, der auch durch Wolken schauen kann, ermöglichte es der NASA-Raumsonde Magellan in den frühen 1990ern von einem Venus-Orbit aus den Planeten genauer zu untersuchen. Das Bild hier zeigt den Venus-Vulkan Maat Mons, der aus einer Entfernung von 558 Kilometern nördlich und in 1,6 Kilometer Höhe über dem Terrain aufgenommen wurde. Auf der Oberfläche, deren Hitze durch den extremen Treibhauseffekt der Wolkendecke noch verstärkt wird, gibt es Lavaflüsse wie diese, die sich hunderte Kilometer weit über die zerklüfteten Ebenen (im Vordergrund) erstrecken.

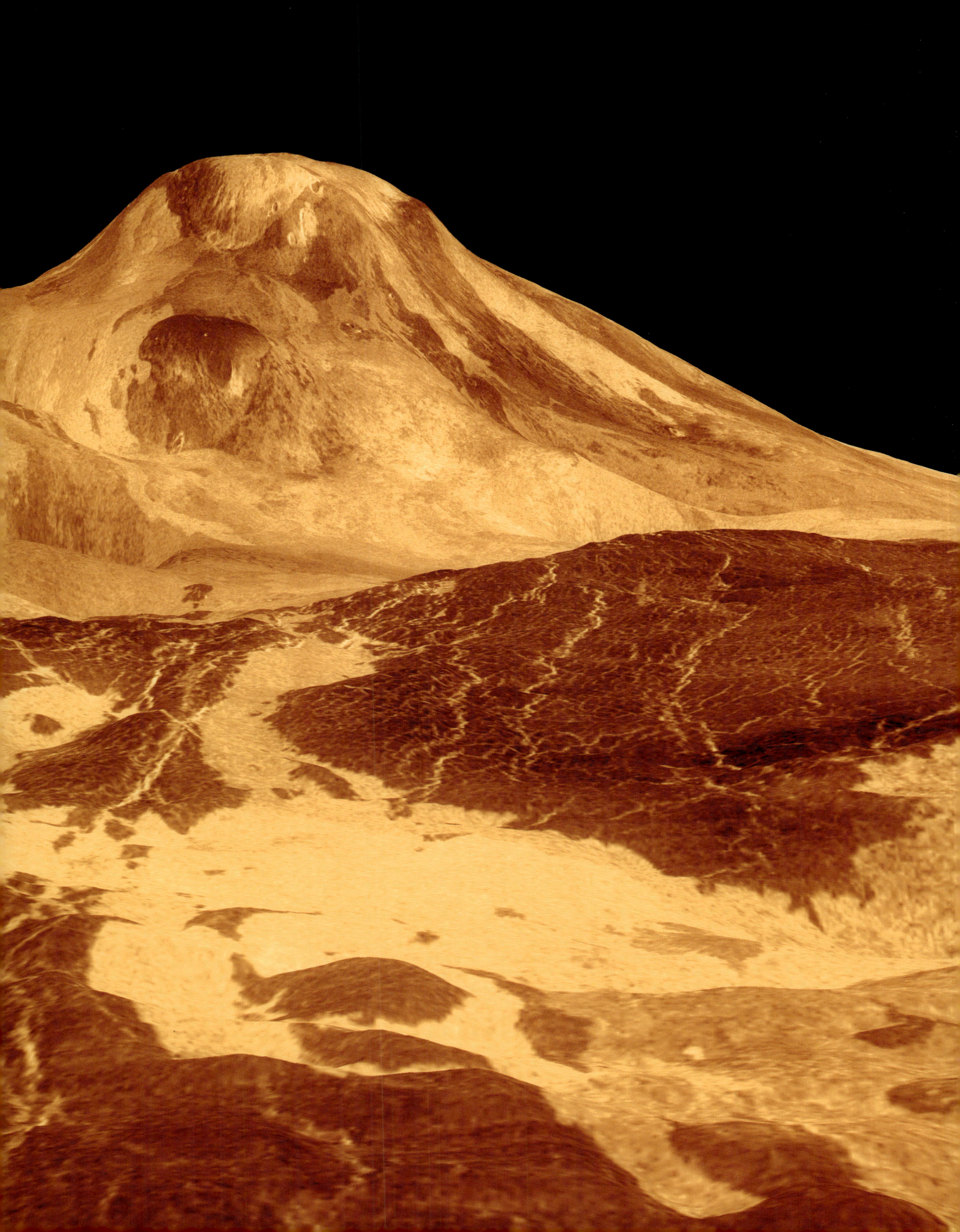

OBEN Die Raumsonde Magellan machte mit ihrem Radar mit synthetischer Apertur dieses Gesamtbild der Venus. Um kleinere Strukturen hervorzuheben, verwendete man simulierte Farben, die auf Farbbildern der Raumsonden Venera 13 und 14 sowie anderen Aufnahmen basieren. Der helle, gewundene Bereich am Äquator ist Ovda Regio, eine gebirgige Ebene im Hochland Aphrodite Terra. Die dunklen Flecken auf dem Planeten sind die Überbleibsel großer Meteoriteneinschläge.

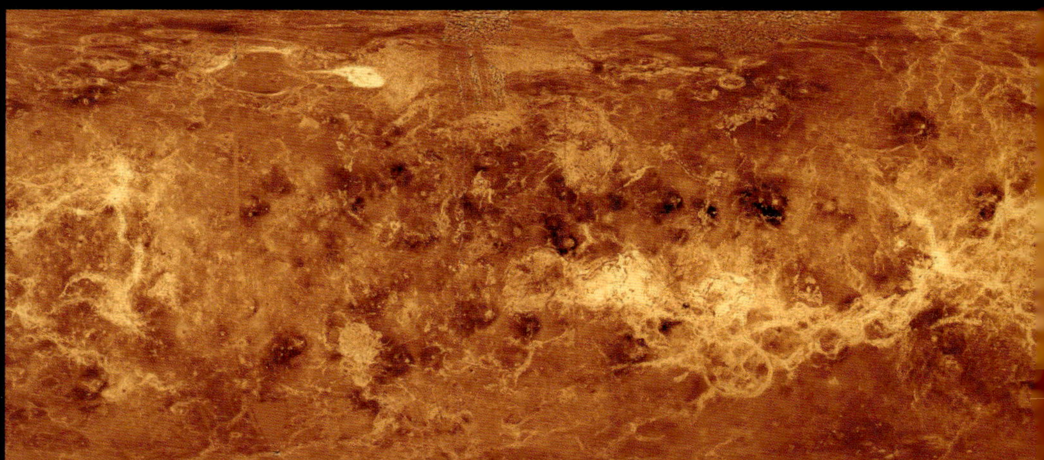

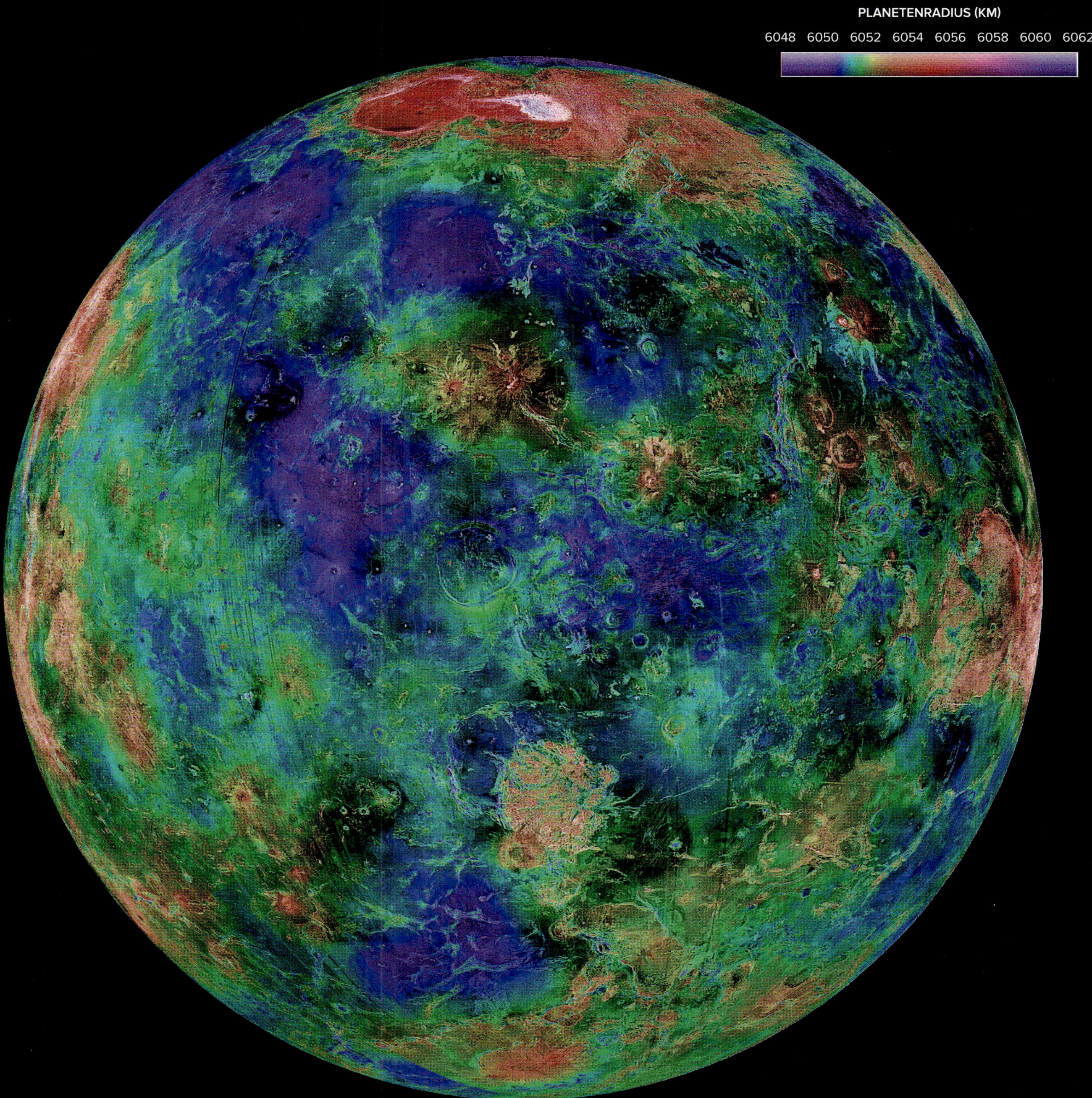

LINKS Diese Karte der Venusoberfläche wurde aus den gesamten Radarbildern der Magellan-Mission erstellt und 1995 veröffentlicht. Das abgebildete Gebiet reicht von 240 Grad östlicher bis westlicher Länge und 90 Grad nördlicher bis 90 Grad südlicher Breite. Der helle Bereich am oberen Bildrand, links von der Mitte, ist Maxwell Montes, das höchste Gebirge auf der Venus. Entlang des Äquators bis rechts von der Mitte erstreckt sich Aphrodite Terra, ein ausgedehntes Hochland. Die verstreuten dunklen Flecken sind Halos, die einige der jüngeren Einschlagkrater umgeben.

OBEN Dieses topografische Mosaik der Venus wurde aus den Aufnahmen der Raumsonde Magellan erstellt. Es ist auf 0 Grad Länge und 0 Grad Breite zentriert. Das zusammengesetzte Bild wurde kontrastverstärkt und farbkodiert, um die unterschiedlichen Höhenlagen darzustellen. Die Höhen reichen von 6048 Kilometern in Dunkelblau bis zu 6062 Kilometern in Violett. Die mittleren Höhenlagen sind in Gelb, Rot und Grün wiedergegeben. Datenlücken im Radaraltimeter von Magellan wurden mit Informationen aus den Missionen Venera und Pioneer-Venus gefüllt.

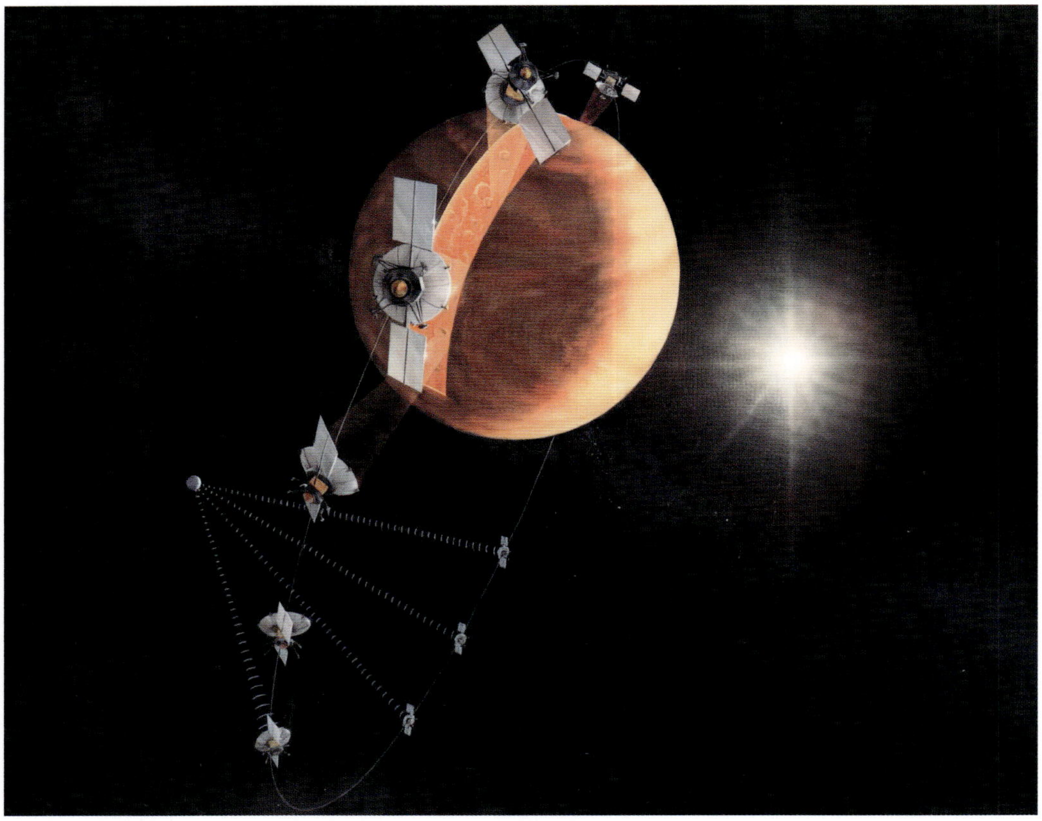

LINKS Die Raumsonde Magellan erstellte eine Radarkarte der Venus und fand heraus, dass 85 Prozent der Oberfläche von vulkanischen Strukturen bedeckt sind. Es gibt auch Anzeichen von tektonischer Bewegung, turbulenten Winden auf der Oberfläche, Lavaflüssen und pfannkuchenförmigen Kuppeln. Im Jahr 1994 schickte die NASA die Sonde in die Atmosphäre der Venus, als Teil eines letzten Experiments, bei dem Daten über die Gashülle gesammelt wurden.

UNTEN Die Raumsonde MESSENGER flog 2006 und 2007 an der Venus vorbei. Ein Schutzschild aus Spezialkeramik schirmte die Instrumente vor der Sonne ab.

RECHTS Die Raumsonde Akatsuki trat 2015 in eine Venus-Umlaufbahn ein, von wo aus sie die Atmosphäre des Planeten mit fünf Kameras in Wellenlängen von Ultraviolett bis Mittelinfrarot untersuchte. Nach drei Jahren begann die Sonde eine erweiterte Beobachtungsphase.

UNTEN Als die Parker Solar Probe im Februar 2021 an der Venus vorbeiflog, machte sie mit ihrer Weitwinkelkamera WISPR (Wide-Field Imager for Solar Probe) ein Foto von der Nachtseite des Planeten. Dieses ungewöhnliche Bild wurde in den Wellenlängen des sichtbaren Spektrums aufgenommen, die bis ins nahe Infrarot reichen. Darauf sieht man ein schwaches Glühen der Oberfläche, das charakteristische Merkmale wie kontinentale Regionen, Ebenen und Hochländer enthüllt. Die hellen Streifen entstehen in der Regel durch das Zusammenspiel aus geladenen Teilchen, vom Weltraumstaub reflektierten Sonnenlicht und Materialteilchen, die von der Raumsonde beim Aufprall von Staubkörnern abblättern

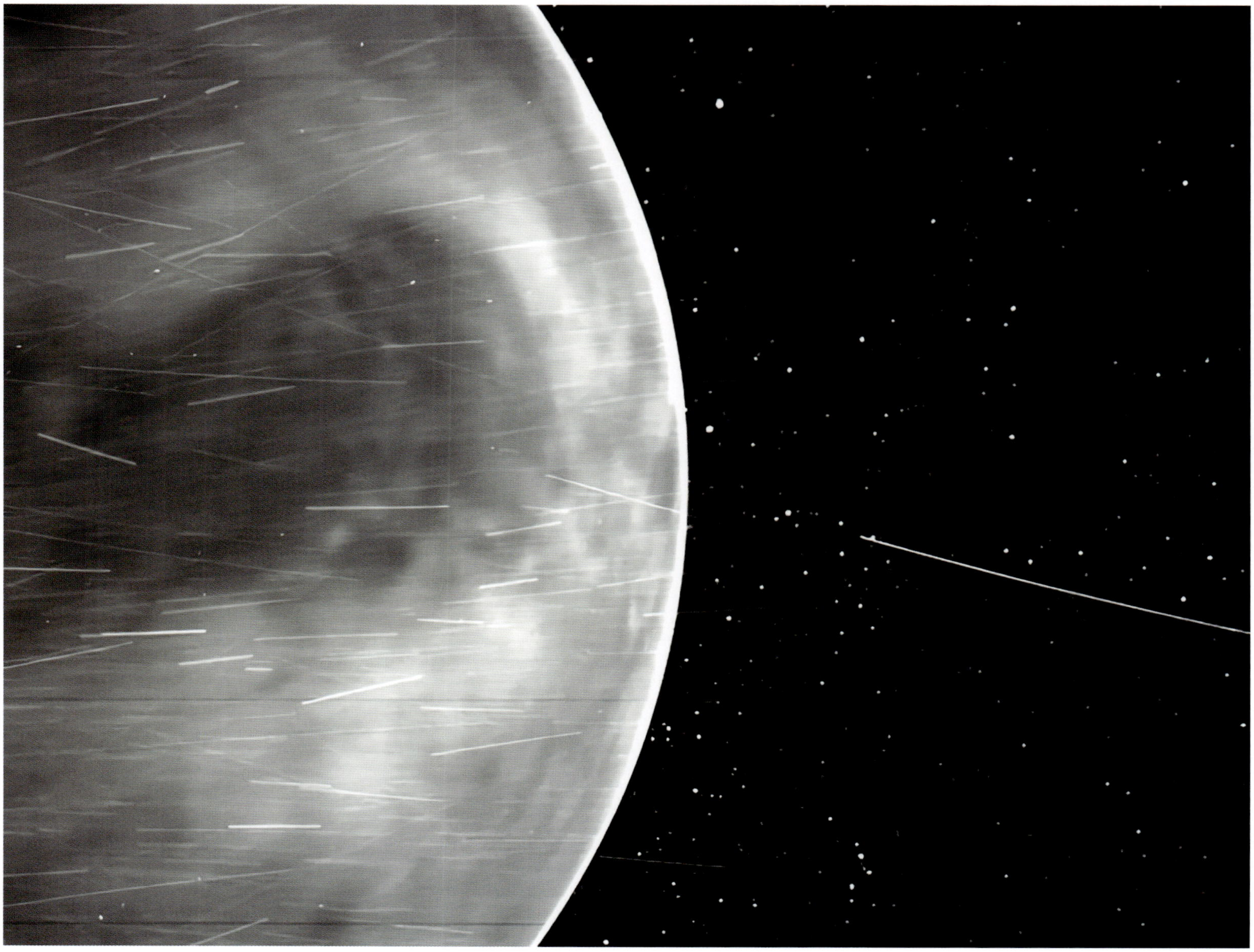

OBEN Die ESA-Raumsonde Venus Express verfügte über eine Hochgewinnantenne (HGA) mit einem Durchmesser von 1,3 Metern, die der Kommunikation diente, und einer kleineren, 30-Zentimeter-HGA, die oben auf der Sonde angebracht war und nach hinten zeigte. Zwischen den Solarzellen strahlten Radiatoren überschüssige Hitze ab, während sie in der extremen thermischen Umgebung der Venus arbeiten. Im April 2006 trat Venus Express in eine Venus-Umlaufbahn ein, wo sie bis zum 18. Januar 2015 in Betrieb war, bevor sie in die Atmosphäre des Planeten sank. Eines der wichtigsten Ergebnisse dieser Mission war die Entdeckung, dass die Venus in den letzten 3 Millionen Jahren vulkanisch aktiv war, was bedeutet, dass sie vielleicht noch geologisch aktiv ist.

OBEN Die Raumsonde Venera 4 wurde im Juni 1967 von der Sowjetunion gestartet und landete am 18. Oktober 1967 auf der Venus. Dort sammelte sie Daten über den Atmosphärendruck, die Temperatur und die chemische Zusammensetzung des Planeten, aber die Übertragung endete schon kurz nach der Landung.

UMSEITIG Eine Übersichtskarte aller Missionen, die bis heute zur Venus unternommen wurden, sowohl erfolgreiche als auch gescheiterte.

Venus – Vorderansicht

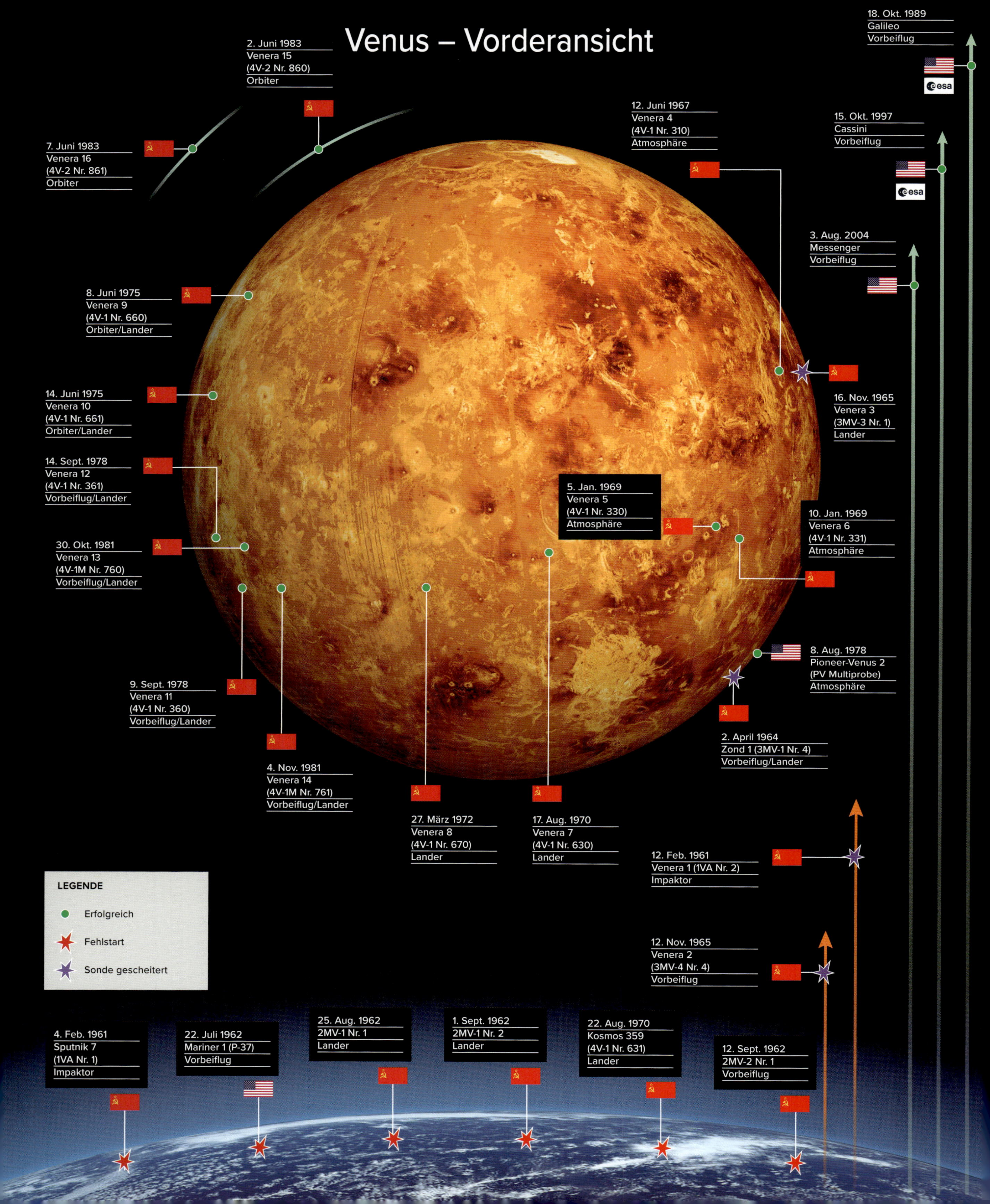

Venus – Rückansicht

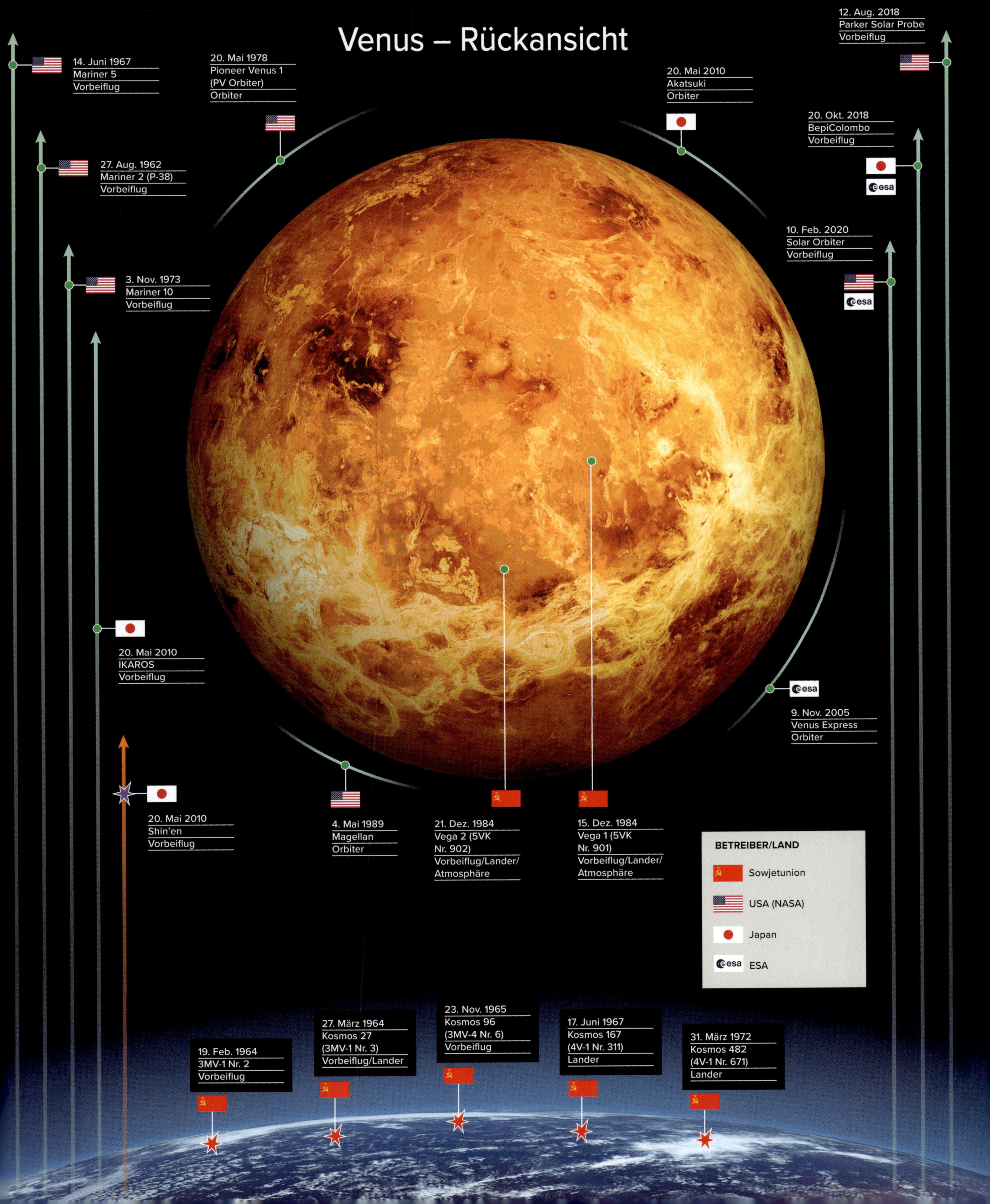

EXTREMPLANET MERKUR

Merkur ist der sonnennächste der Planeten und gilt schon lange als Ort der extremen Hitze, auf dem man laut manchen Science-Fiction-Darstellungen bei direkter Sonneneinstrahlung sofort verglühen würde. Das ist zwar eine Übertreibung, aber dennoch bietet der Merkur keinen Raum für die Art von Leben, die wir kennen.

Erst vier Raumsonden wurden zum Merkur entsandt. Die erste war Mariner 10, die am 3. November 1973 startete und nach einer dreimonatigen Flugzeit am 5. Februar 1974 die Venus erreichte. Auf drei Vorbeiflügen zeigte die Sonde, dass die Venus bestenfalls ein schwaches Magnetfeld besaß und ihre Ionosphäre bei der Begegnung mit dem Sonnenwind eine Bugstoßwelle erzeugt. (Diese Art von Schockwelle entsteht, wenn ein Plasmastrom auf ein anderes Medium trifft). Dabei bestätigte sie auch, dass der Merkur keine Atmosphäre, dafür Oberfläche voller Krater hatte.

Die NASA-Raumsonde MESSENGER (Mercury Surface, Space Environment, Geochemistry and Ranging) erkundete den Merkur auf drei Vorbeiflügen, bevor sie ihn vier Jahre lang umkreiste. Am Ende der Mission im Jahr 2015 stürzte sie auf seine Oberfläche. Seit dem Start im Jahr 2004 hatte MESSENGER rund 100 000 Bilder der sonnenverbrannten Kruste des Merkur gemacht. Die Sonde entdeckte große Mengen an Wasser in der Exosphäre, Wassereis an den Polen und Anzeichen für frühere vulkanische Aktivitäten.

Im Jahr 2018 schickten die Europäische Weltraumorganisation (ESA) und die japanische Raumfahrtbehörde (JAXA) eine gemeinsame Mission zum Merkur: BepiColombo, bestehend aus dem Mercury Planetary Orbiter (MPO) und dem Mercury Magnetospheric Orbiter (MMO). Der erste Vorbeiflug an Merkur geschah am 1. Oktober 2021 und nach mehreren weiteren soll die Sonde Ende 2026 den Merkur erreichen und ihre Forschungsarbeit aufnehmen.

EINIGE DATEN ZU MERKUR

MITTLERER ABSTAND ZUR SONNE 58 Millionen Kilometer bzw. 0,4 Astronomische Einheiten (AE)

DURCHMESSER 4876 Kilometer (etwa 38 Prozent des Erddurchmessers)

DICHTE 5427 Gramm/Kubikzentimeter – nur etwas geringer als die Dichte der Erde mit 5515 g/cm^3

OBERFLÄCHENGRAVITATION 3,7 m/s^2 (etwa 38 Prozent der Gravitation der Erde)

ROTATIONSDAUER (LÄNGE EINES TAGES) 176 Erdentage

UMLAUFZEIT (LÄNGE EINES JAHRES) 87,97 Tage (0,25 Erdenjahre)

DURCHSCHNITTSTEMPERATUR OBERFLÄCHE 167 Grad Celsius

NATÜRLICHE SATELLITEN Keine

ENTDECKT VON Der Merkur wurde nicht von einer einzelnen Person entdeckt. Seit Jahrhunderten wird er von der Erde aus beobachtet. Im Jahr 1610 wurde er von Galileo Galilei erstmals durch ein Teleskop betrachtet.

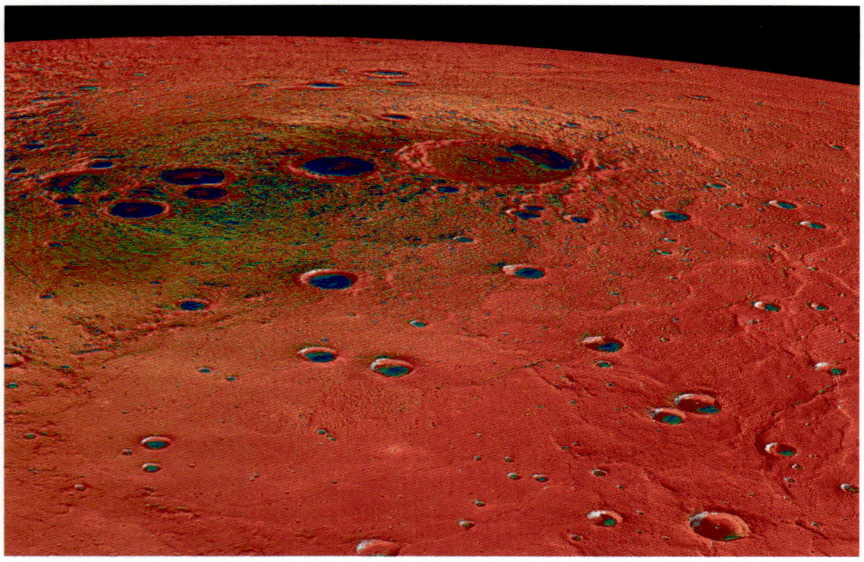

Der Merkur ist der sonnennächste Planet und wurde erst wenige Male von Raumsonden besucht – dafür mit spektakulären Ergebnissen. In den 2010er-Jahren umkreiste die NASA-Sonde MESSENGER den Merkur und sammelte wissenschaftliche Daten über den Planeten, wobei sich herausstellte, dass der Merkur nicht ganz so höllisch heiß war wie zuvor angenommen. Das Bild zeigt die Nordpolarregion des Merkurs, eingefärbt gemäß der maximalen halbjährlichen Oberflächentemperatur, die von >400 K (rot) bis 50 K (violett) reicht. Die der Sonne zugewandte Seite des Planeten ist am heißesten, aber manche Bereiche der Polargebiete sind immer im Schatten, wie man an den violetten Kratern hier sehen kann. In diesen Regionen können selbst die Höchsttemperaturen extrem niedrig sein. Die Sonde MESSENGER und erdbasierte Instrumente zeigten, dass es dort Wassereisvorkommen gibt. In den Kratern, die den Polen am nächsten sind, herrschen Temperaturen von unter 100 K (-173 Grad Celsius) und das Wassereis schmilzt nicht. Was mag es wohl sonst noch in diesen Gebieten geben?

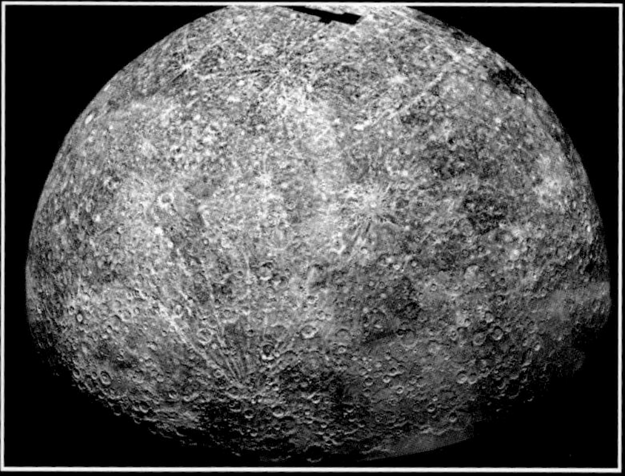

OBEN Auf dem ersten Vorbeiflug am Merkur im Jahr 1974 machte die Raumsonde Mariner 10 diese Aufnahme von der Südhalbkugel des Planeten.

MITTE Während der größten Annäherung am 18. Juli 1974 hielt die Raumsonde Mariner 10 diese Krater fotografisch fest. Nun wusste man, dass der Merkur in einem Zeitraum von Äonen von unzähligen Meteoriten getroffen worden war.

RECHTS Diese Beinahe-Vollansicht des Merkur wurde aus Bildern der Mission Mariner 10 im Jahr 1974 zusammengestellt.

UNTEN Die Instrumente der Raumsonde Mariner 10, die 1973 entsandt wurde, um Venus und Merkur zu besuchen.

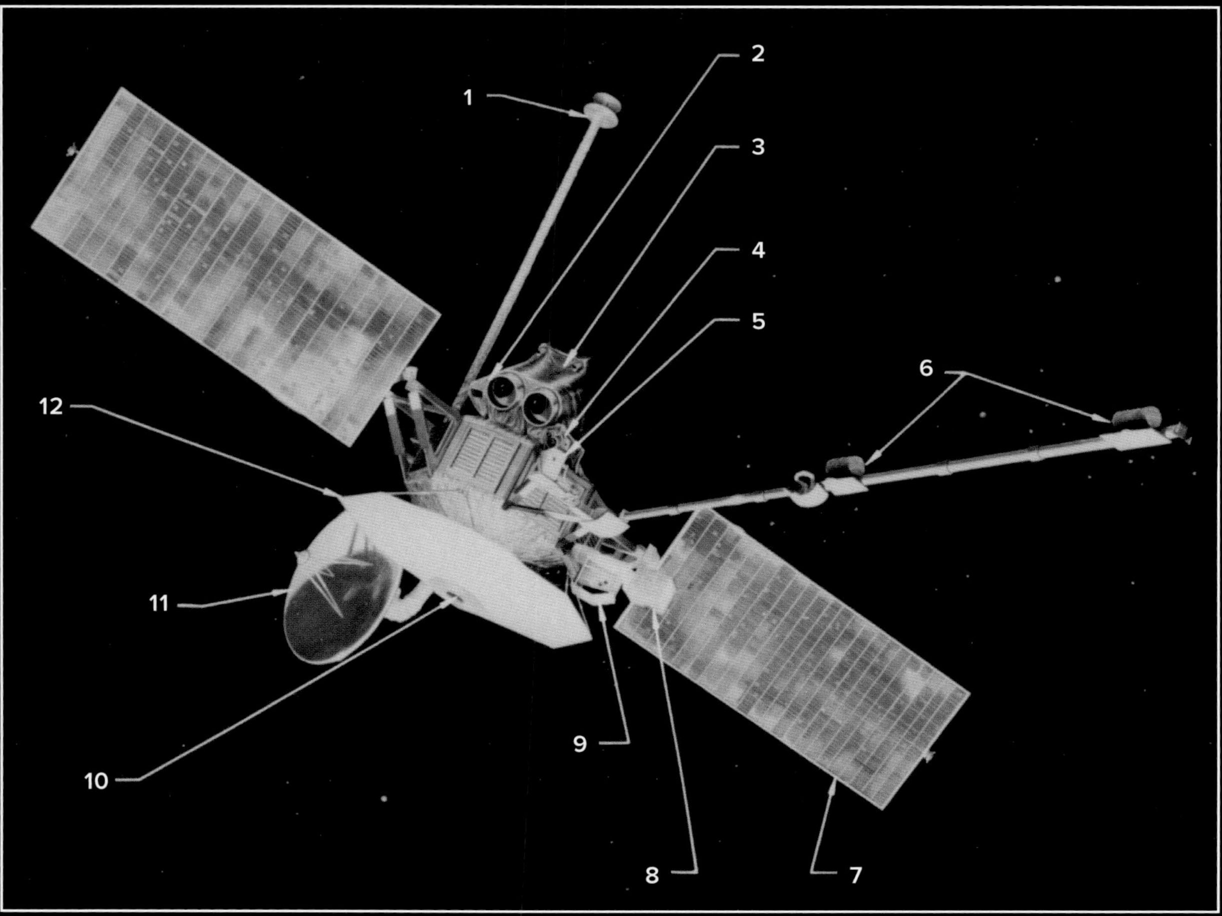

1. Niedriggewinnantenne
2. Airglow-UV-Spektrometer
3. Fernsehkameras
4. Teleskop für geladene Teilchen
5. Bedeckungs-UV-Spektrometer
6. Magnetometer
7. Kippbare Solarmodule
8. Plasmaexperiment
9. Infrarot-Radiometer
10. Raketendüse
11. Drehbare Hochgewinnantenne
12. Sonnenschutzschirm

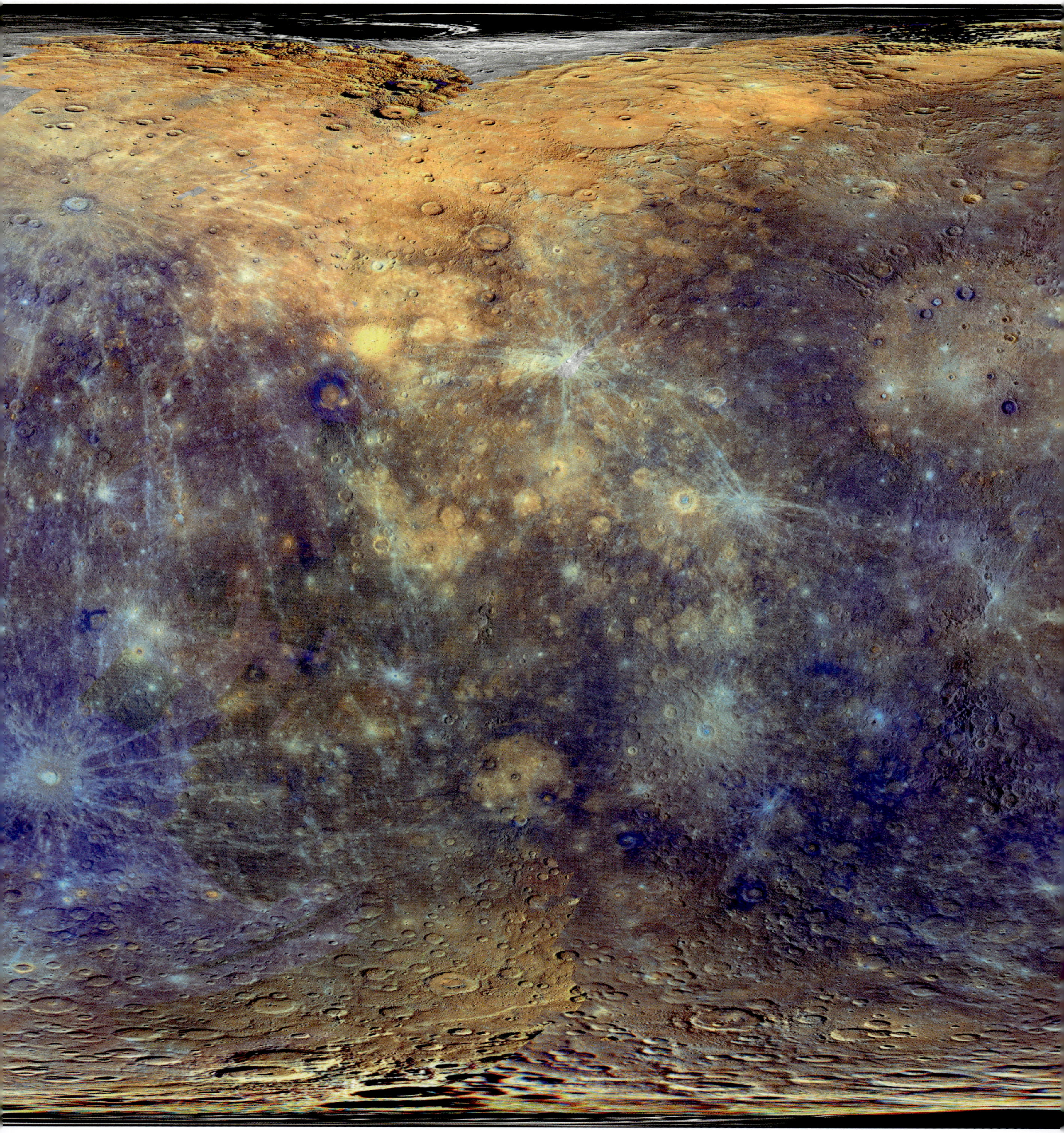

Auf ihrer erweiterten Mission zum Merkur erweiterte die Raumsonde MESSENGER unser Wissen über den sonnennächsten Planeten um zahlreiche Informationen. Die Farben in diesem Bild, das bei der vollständigen Kartierung des Merkurs entstand, wurden verstärkt, um die chemischen, mineralogischen und physikalischen Unterschiede zwischen den Gesteinen auf der Oberfläche des Merkurs zu zeigen.

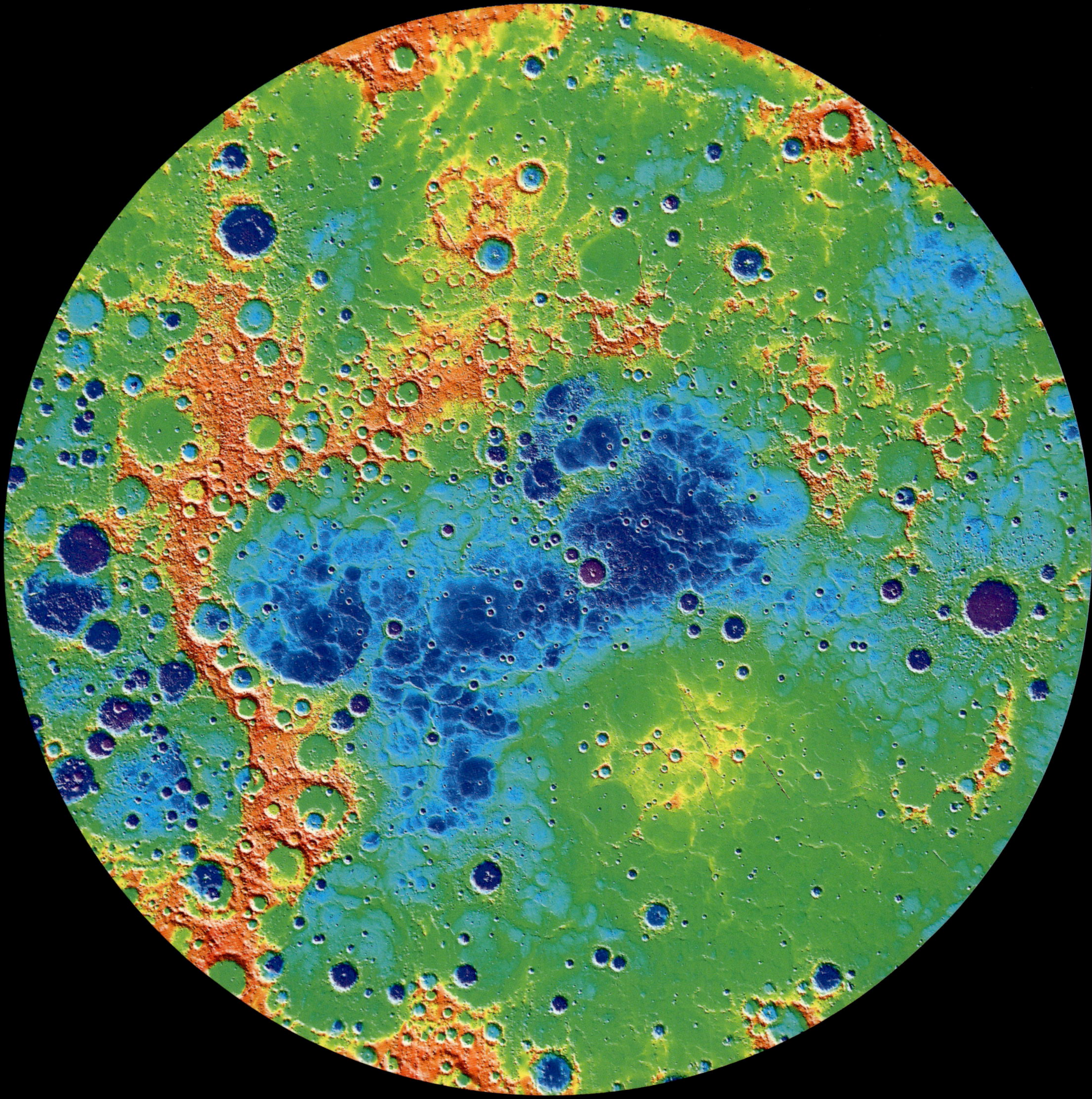

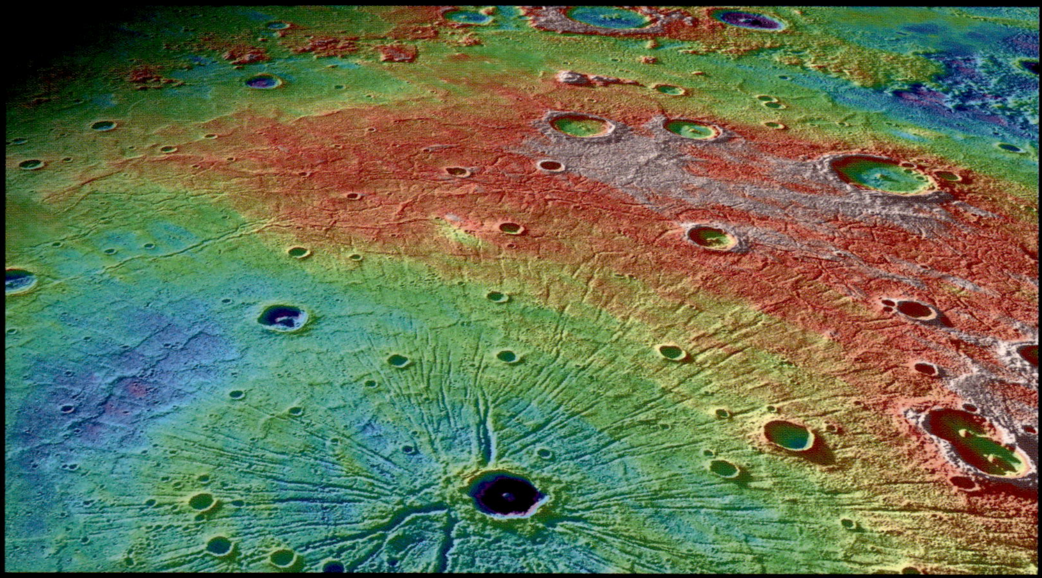

OBEN Auf diesem Mosaikbild aus Aufnahmen der Sonde MESSENGER sind die topografisch niedrigsten Bereiche violett und die höchsten Regionen rot eingefärbt. Das vorherrschende Grün kennzeichnet relativ flache Gebiete, die sich höhenmäßig zwischen den Hoch- und Tiefebenen befinden. Der Höhenunterschied zwischen den hier gezeigten höchsten und tiefsten Punkten beträgt 10 Kilometer.

LINKS Blick nach Nordwesten über das Caloris-Becken. Dieser Krater mit einem Durchmesser von 1500 Kilometern entstand vor Milliarden Jahren, als ein großes Objekt auf dem Merkur einschlug. Im Vordergrund sieht man die Pantheon Fossae, eine Reihe von tektonischen Gräben, die sich von der Beckenmitte aus strahlenförmig ausbreiten.

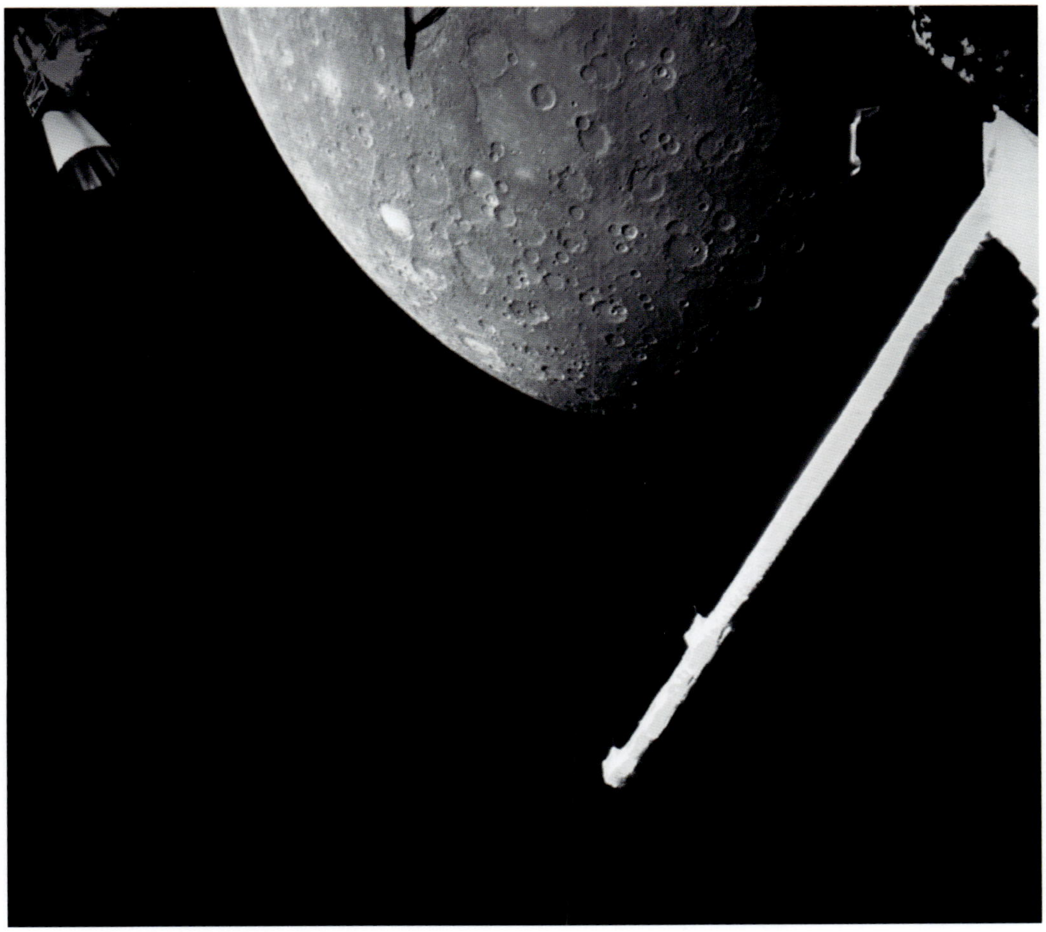

LINKS Die Raumsonde BepiColombo versetzte sowohl die Wissenschaft als auch die Öffentlichkeit in Aufregung, als sie am 1. Oktober 2021 aus einer Entfernung von 2418 Kilometern zur Oberfläche des Merkurs dieses Bild des Planeten machte. Die abgebildete Region ist ein Teil der nördlichen Hemisphäre des Merkurs und zeigt Anzeichen beträchtlicher vulkanischer Aktivität mit Lavaflüssen und Eruptionen.

UNTEN BepiColombo, die Gemeinschaftsmission von ESA und JAXA, startete im Oktober 2018. Nach Umwegen wird sie 2026 auf eine Merkur-Umlaufbahn einschwenken. Dort sollen ihre beiden Orbiter, der Mercury Planetary Orbiter und der Mercury Magnetospheric Orbiter, das Magnetfeld, die Magnetosphäre und die Zusammensetzung der inneren und Oberflächenstrukturen des Merkurs untersuchen.

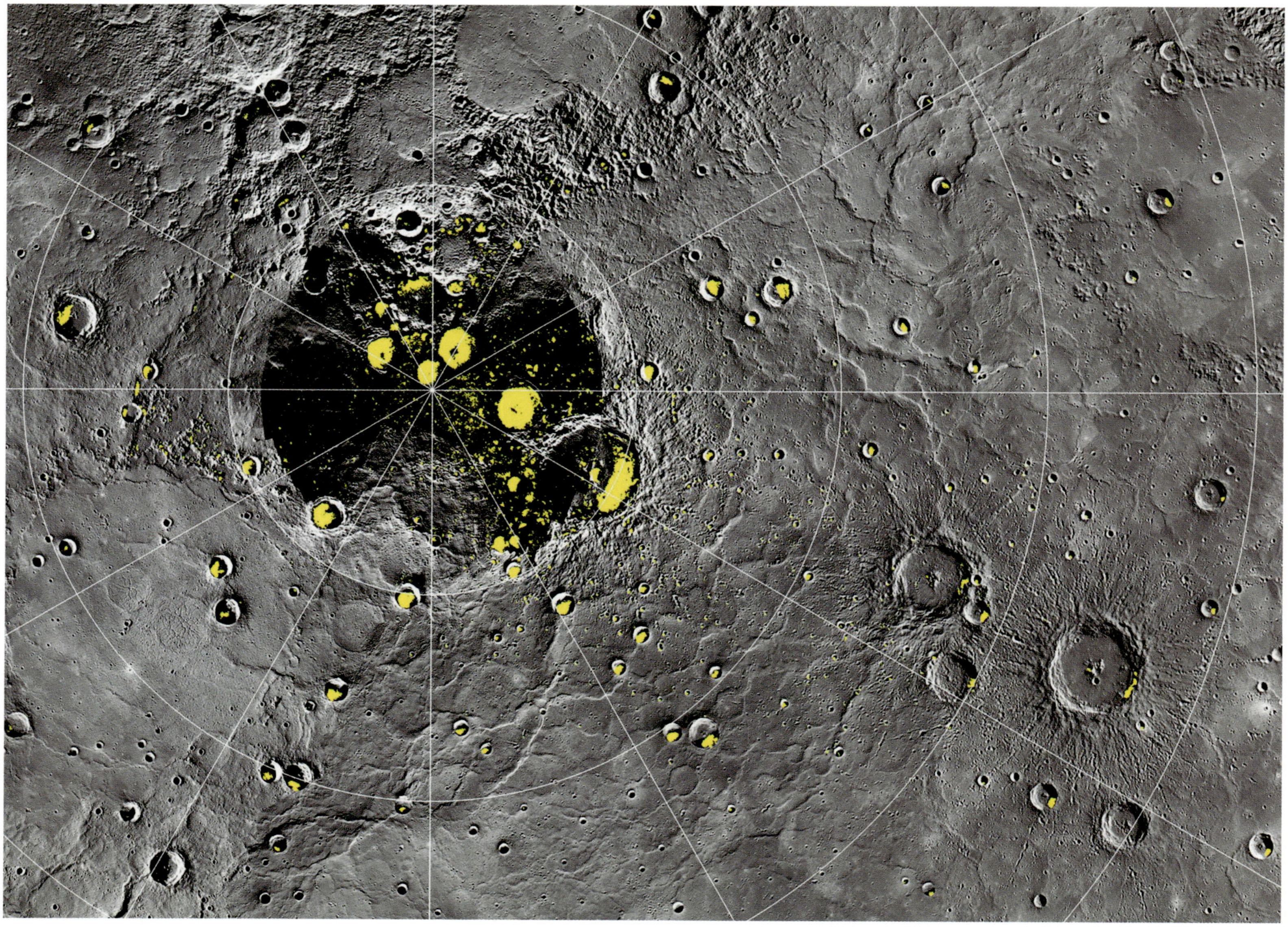

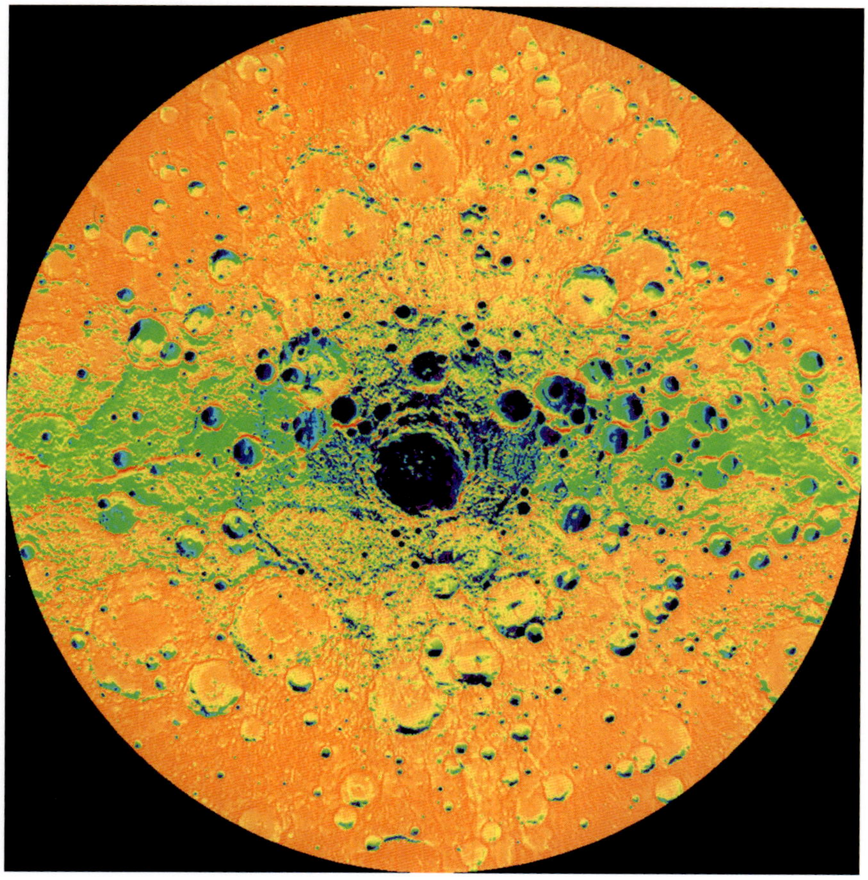

OBEN Das höchstauflösende Radarbild der Nordpolarregion des Merkurs wurde vom Arecibo-Observatorium erstellt und hier über ein Mosaik aus MESSENGER-Aufnahmen aus der Umlaufbahn gelegt. Man nimmt an, dass die gelben, radarhellen Bereiche Wassereis enthalten.

LINKS Diese Beleuchtungskarte der Südpolarregion des Merkurs wurde aus 89 Weitwinkelaufnahmen des Mercury Dual Imaging System (MDIS) erstellt. Die Bilder wurden im Laufe eines ganzen Sonnentags auf dem Merkur gemacht. Die Farbgebung der Karte orientiert sich am Prozentanteil der Zeit, in der ein bestimmter Bereich von der Sonne beleuchtet wird. Bereiche in Schwarz liegen immer im Schatten, Grün markiert eine Beleuchtung von 25 Prozent und Orange eine von 45 Prozent.

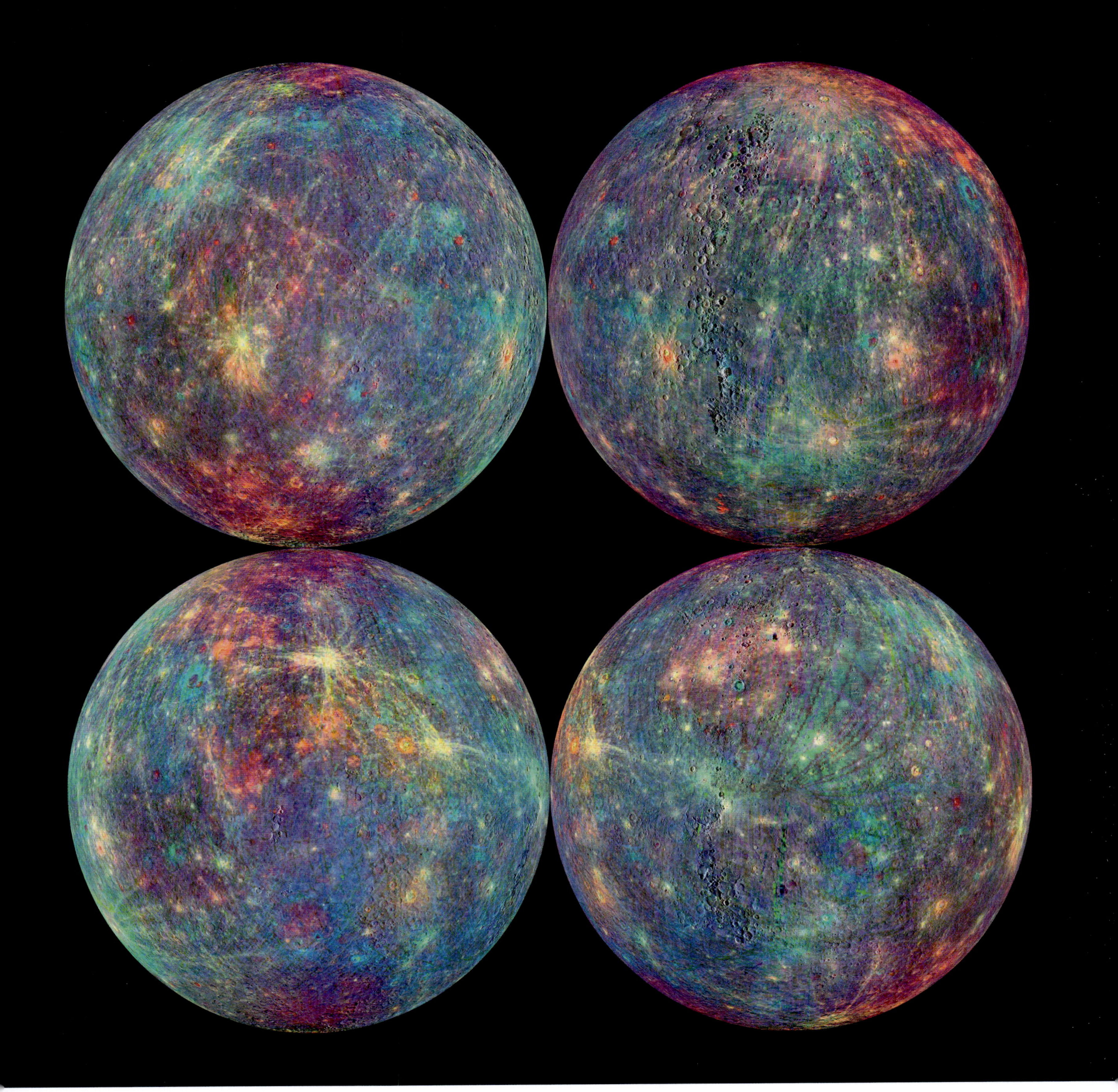

Das Visual and Infrared Spectrometer (VIRS) der Raumsonde MESSENGER sammelt Messdaten der Oberfläche, um mehr über die Minerale und Vorgänge auf der Kruste des Merkurs zu erfahren. Dabei entdeckte sie ausgedehnte Geländeformen und kleine, auffällige Merkmale wie pyroklastische Schlote und junge Krater. Das Bild zeigt die Vielfalt der Oberflächenstrukturen. Die Farben stellen die von VIRS gemessenen kombinierten Wellenlängen dar, wobei Rot für 575 Nanometer (nm) steht, Grün für 415 nm/750 nm und Blau für 310 nm/390 nm.

Mittlere Breite (*alle Bilder*): 0°
Mittlere Länge (*oben links*): 270° O
Mittlere Länge (*oben rechts*): 0° O
Mittlere Länge (*unten links*): 90° O
Mittlere Länge (*unten rechts*): 180° O

DIE SONNE DES LEBENS

Mit der Kraft ihrer Gravitation hält die Sonne das Sonnensystem zusammen und die Erde an ihrem Platz in der habitablen Zone. Seit Jahrhunderten erforschen Astronomen die Sonne mit ausgeklügelten erdbasierten Observatorien, aber mit Beginn des Weltraumzeitalters wurden auch zahlreiche Raumsonden ins All geschickt, um die Geheimnisse der Sonne zu ergründen und unser Verständnis vom Kosmos zu erweitern.

Ein Lied aus dem Jahr 1949 – „That Lucky Old Sun, Just Rolls Around Heaven All Day" – besingt, wie gut es die Sonne hat, da sie den ganzen Tag nur am Himmel herumrollt und sonst nichts zu tun hat. Dabei ist die Sonne alles andere als untätig: Ihre Gravitation hält das Sonnensystem an ihrem Platz, ihr Brennstoff liefert Wärme, Licht und Energie und ermöglicht das Leben auf der Erde. Sie wird seit Jahrhunderten beobachtet und mittlerweile auch von Raumsonden besucht, die von ihrer Atmosphäre bis zur Oberfläche alles untersuchen. Noch fehlt es an den technischen Möglichkeiten, um auf der Sonne zu landen, aber seit 1958 werden Sonnensonden eingesetzt. Ein Großteil der auf diese Weise gesammelten Daten dient dem Verständnis mehrerer Phänomene: die kosmische Strahlung, die regelmäßig auf die Erde trifft und Kommunikations- und andere elektronische Geräte stört; koronale Massenauswürfe, bei denen riesige Mengen Plasma aus der Sonne ausgestoßen werden; und das sogenannte „Weltraumwetter" – Sonnenaktivitäten, die das Leben auf der Erde und Raumflugkörper in der Umlaufbahn beeinflussen. Einige unserer Sonnensonden: Parker Solar Probe, Solar Orbiter, Solar and Heliospheric Observatory (SOHO), Advanced Composition Explorer (ACE), Interface Region Imaging Spectrograph (IRIS), Wind, Hinode, Solar Dynamics Observatory (SDO), Deep Space Climate Observatory (DSCOVR), CubeSat for Solar Particles (CuSP) und Solar Terrestrial Relations Observatory (STEREO).

Die Sonne und ihre Atmosphäre bestehen aus schalenförmigen Zonen – vom inneren Kern bis zur Korona. Die Sonnenaktivität führt zu Sonneneruptionen, zu denen Phänomene wie Sonnenflecken, Flares, Protuberanzen und koronale Massenauswürfe gehören, die wiederum das Weltraumwetter – die Bedingungen im erdnahen Bereich – beeinflussen. Die heutige Gesellschaft nutzt eine Vielzahl an Technologien, die von solchen Aktivitäten beeinträchtigt werden können. Die Sonne kann geomagnetische Stürme hervorrufen, die Satellitenkommunikation oder Navigationsgeräte stören und sogar Stromausfälle verursachen. Ein durchschnittlicher koronaler Massenauswurf, der auf die Erde trifft, führt der Atmosphäre zusätzliche 1500 Gigawatt Elektrizität zu. Das entspricht der doppelten Stromerzeugungskapazität der gesamten Vereinigten Staaten.

EINIGE DATEN ZUR SONNE

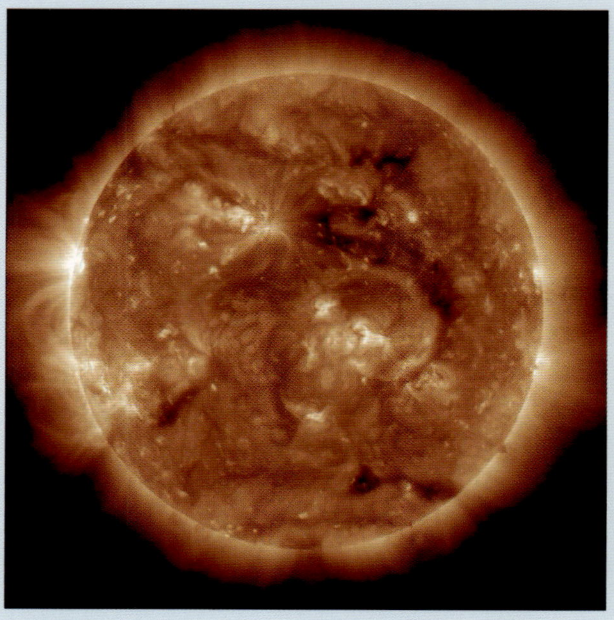

DURCHMESSER 1 391 400 Kilometer (etwa 109-mal größer als der Erddurchmesser)
DICHTE 1,4 Gramm/Kubikzentimeter
OBERFLÄCHENGRAVITATION 28,02 m/s^2
ROTATIONSDAUER (LÄNGE EINES TAGES) 26,24 Erdentage
UMLAUFZEIT (LÄNGE EINES JAHRES) Ungefähr 230 Millionen Jahre für eine Umrundung der Milchstraße
DURCHSCHNITTSTEMPERATUR OBERFLÄCHE 5500 Grad Celsius
NATÜRLICHE SATELLITEN Acht Planeten
ENTDECKT VON Die Sonne wurde von keiner einzelnen Person entdeckt. Sie wird seit Jahrhunderten von der Erde aus beobachtet.

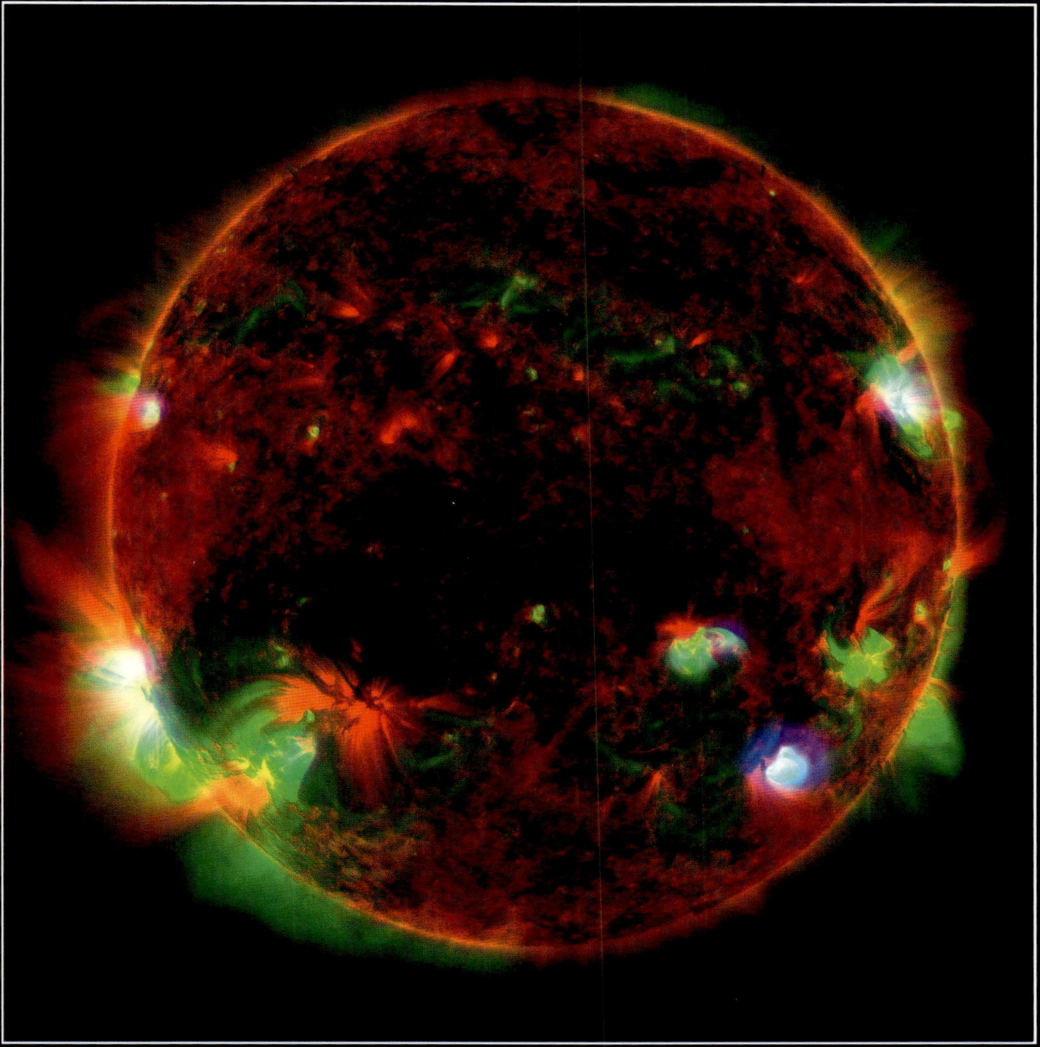

LINKS Dieses zusammengesetzte Bild der Sonne wurde am 9. Februar 2023 veröffentlicht und besteht aus Daten aus dem hochenergetischen Röntgenbereich des NASA-Teleskops NuSTAR (Nuclear Spectroscopic Telescope Array), hier in Blau dargestellt; Daten aus dem niederenergetischen Bereich des Röntgenteleskops (XRT) der japanischen Raumsonde Hinode, hier in Grün dargestellt; und Daten aus dem UV-Bereich vom Atmospheric Imaging Assembly (AIA) des NASA-Satelliten Solar Dynamics Observatory (SDO), hier in Rot dargestellt. Bemerkenswerterweise zeigt das Bild, dass die äußere Atmosphäre der Sonne – die Korona – über eine Million Grad heiß ist, hundertmal heißer als tiefer im Inneren der Sonne. Warum, ist noch nicht eindeutig geklärt, aber die Frage bleibt Gegenstand weiterer Untersuchungen.

UNTEN Diese Aufnahmen vom 27. Oktober 2017 zeigen die Sonne von ihrer Oberfläche bis zu ihrer äußeren Atmosphäre. Das erste Bild zeigt die Sonne in gefiltertem weißen Licht; die anderen sieben Bilder wurden in verschiedenen Wellenlängen des extremen UV-Bereichs aufgenommen, von denen jede andere Temperaturen und Merkmale aufweist.

Die Sonne setzt einen ständigen Strom von Teilchen und Magnetfeldern frei – den sogenannten Sonnenwind. Er beschießt Himmelskörper im gesamten Sonnensystem mit Teilchen und Strahlung – die bis zu den Oberflächen der Planeten vordringen können, wenn sie nicht durch eine Atmosphäre, ein Magnetfeld oder beides aufgehalten werden.

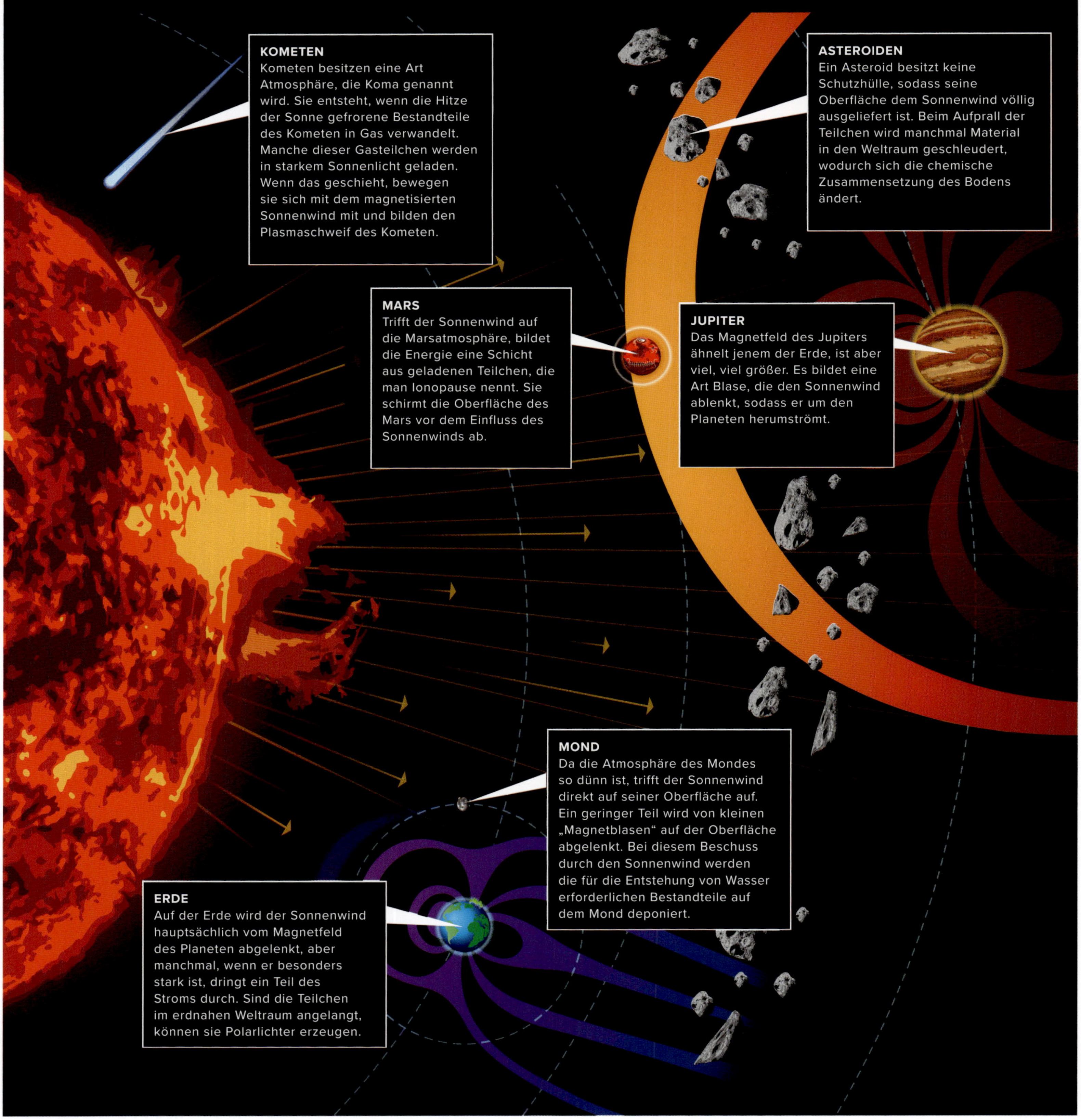

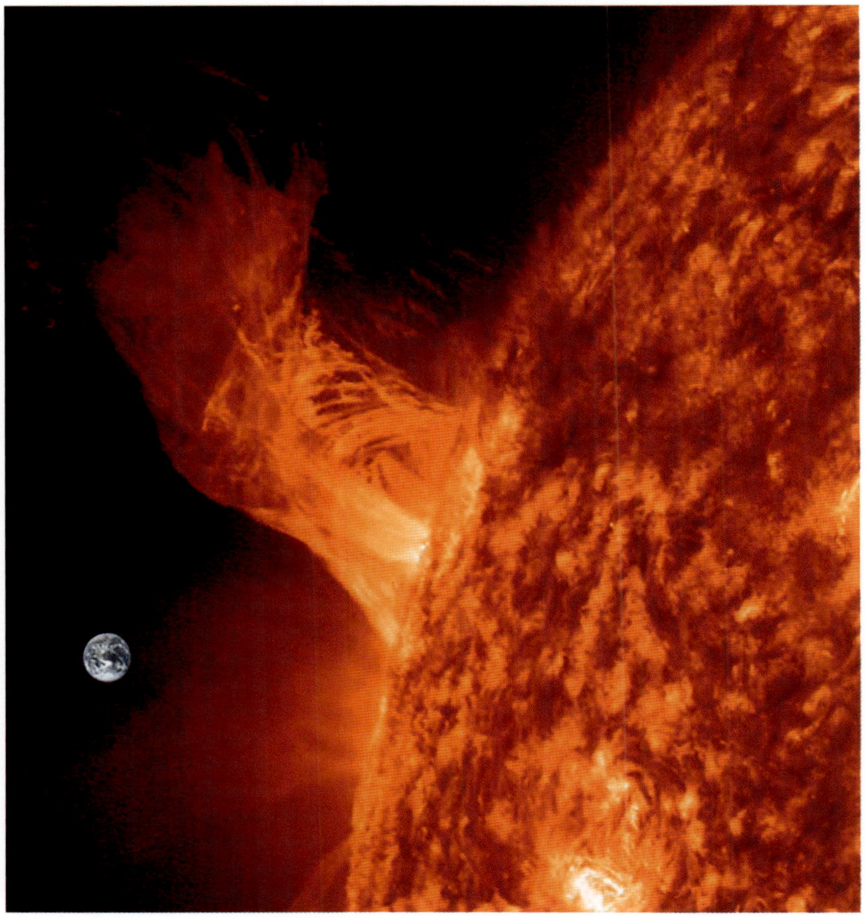

OBEN Am 23. April 2017 entdeckte der NASA-Satellit Swift auf einem Roten Zwerg in der Nähe die stärkste, heißeste und am längsten andauernde Sequenz von stellaren Flares, die je beobachtet wurden. Hier wurden sie in einer künstlerischen Darstellung nachgebildet.

LINKS Diese Sonneneruption erhebt sich rund 260 000 Kilometer von der Oberfläche der Sonne. Die Erde mit ihrem Durchmesser von 12 700 Kilometern wurde zum Größenvergleich in das Bild eingefügt. Die relativ kleine Sonneneruption ist etwa 20-mal so lang wie der Erddurchmesser.

UMSEITIG Um die Oberfläche und Phänomene der Sonne zu untersuchen, haben verschiedene Betreiber bereits einige spezielle Raumsonden zur Beobachtung der Sonne ins All geschickt. Ihre Umlaufbahnen sind auf der Grafik eingezeichnet. Die Pioneer-Sonden der NASA aus den 1960er-Jahren sind jedoch nicht dabei, da es über ihre Umlaufbahnen nicht genügend Informationen gibt.

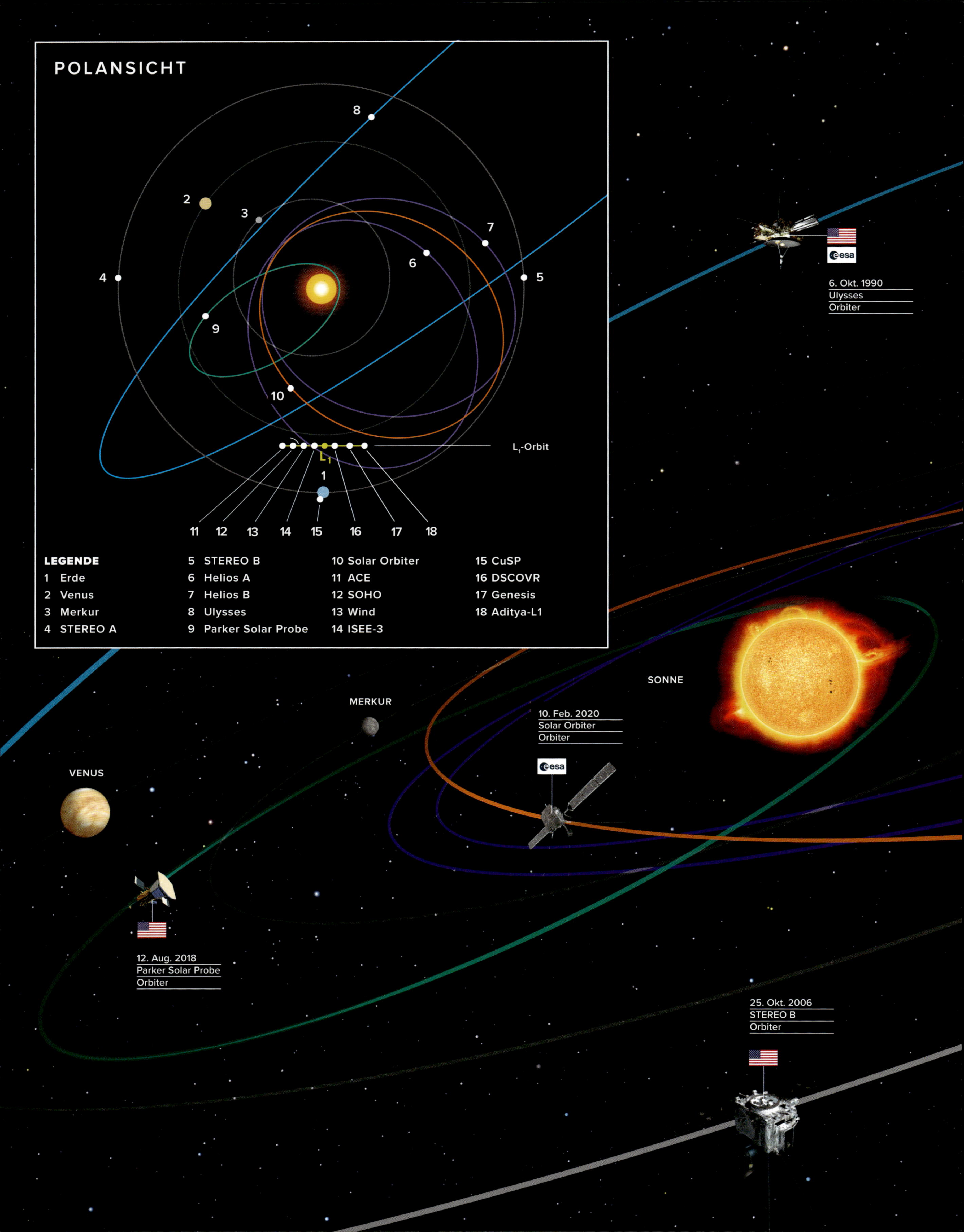
POLANSICHT
1
2
3
4
5
6
7
8
9
10
L1
L1-Orbit
11
12
13
14
15
16
17
18
LEGENDE
1 Erde
2 Venus
3 Merkur
4 STEREO A
5 STEREO B
6 Helios A
7 Helios B
8 Ulysses
9 Parker Solar Probe
10 Solar Orbiter
11 ACE
12 SOHO
13 Wind
14 ISEE-3
15 CuSP
16 DSCOVR
17 Genesis
18 Aditya-L1
6. Okt. 1990
Ulysses
Orbiter
esa
SONNE
MERKUR
VENUS
10. Feb. 2020
Solar Orbiter
Orbiter
esa
12. Aug. 2018
Parker Solar Probe
Orbiter
25. Okt. 2006
STEREO B
Orbiter

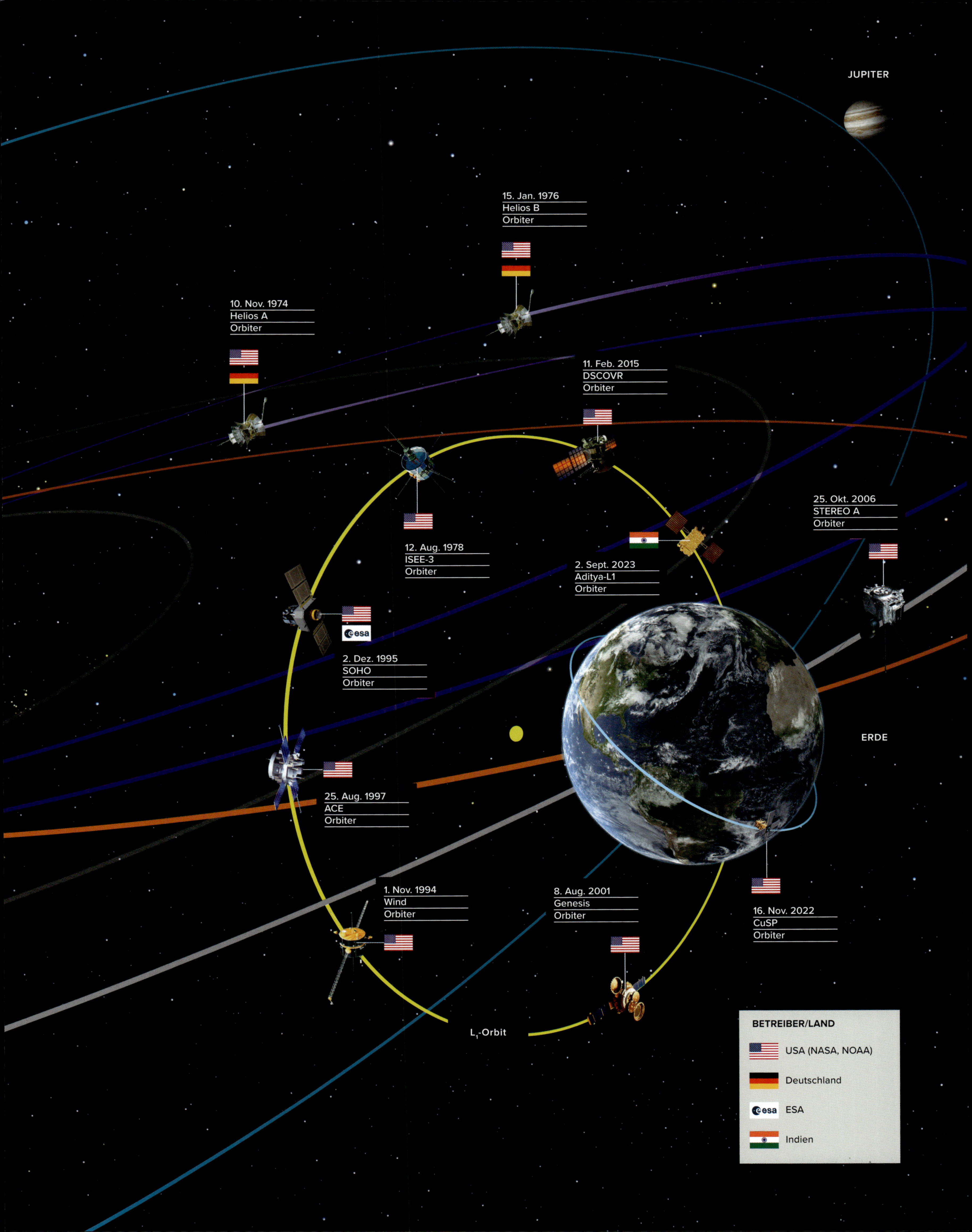

JUPITER
15. Jan. 1976
Helios B
Orbiter
10. Nov. 1974
Helios A
Orbiter
11. Feb. 2015
DSCOVR
Orbiter
12. Aug. 1978
ISEE-3
Orbiter
2. Sept. 2023
Aditya-L1
Orbiter
25. Okt. 2006
STEREO A
Orbiter
esa
2. Dez. 1995
SOHO
Orbiter
ERDE
25. Aug. 1997
ACE
Orbiter
1. Nov. 1994
Wind
Orbiter
8. Aug. 2001
Genesis
Orbiter
16. Nov. 2022
CuSP
Orbiter
L_1-Orbit
BETREIBER/LAND
USA (NASA, NOAA)
Deutschland
ESA
Indien

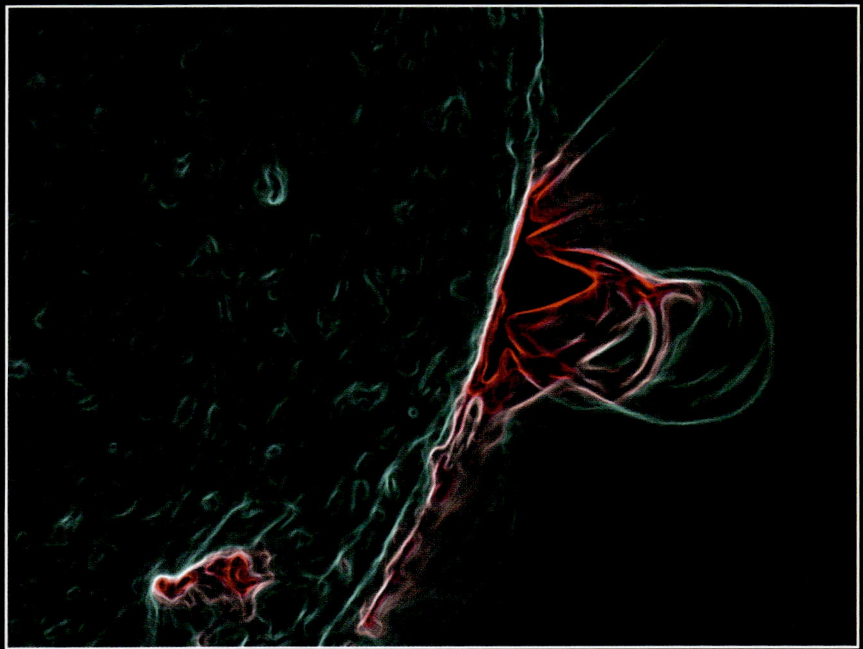

OBEN Das erste Bild, das vom NASA-Röntgenteleskop NuSTAR (Nuclear Spectroscopic Telescope Array) aufgenommen wurde, zeigt Röntgenstrahlung, die von der Sonne wegströmt. Die Daten von NuSTAR, die auf einem Bild des Solar Dynamics Observatory der NASA eingefügt wurden, sind in Grün und Blau dargestellt und offenbaren die hochenergetische Emission der Sonne. (Grün zeigt Energie im Bereich zwischen 2 und 3 Kiloelektronenvolt, Blau zeigt Energie zwischen 3 und 5 Kiloelektronenvolt.)

LINKS Magnetische Flussröhren, sogenannte „Flux Ropes", sind schleifenförmige Magnetfeldlinien auf der Oberfläche der Sonne. Durch jede dieser „Röhren" fließt eine enorme Menge elektrischer Strom und sie werden als Verursacher mächtiger koronaler Massenauswürfe angenommen. Dieses Bild wurde am 18. Juli 2012 vom NASA-Satelliten Solar Dynamics Observatory aufgenommen und wurde bearbeitet, um die Ränder jeder Schleife deutlicher zu zeigen, sodass die Struktur erkennbar wird.

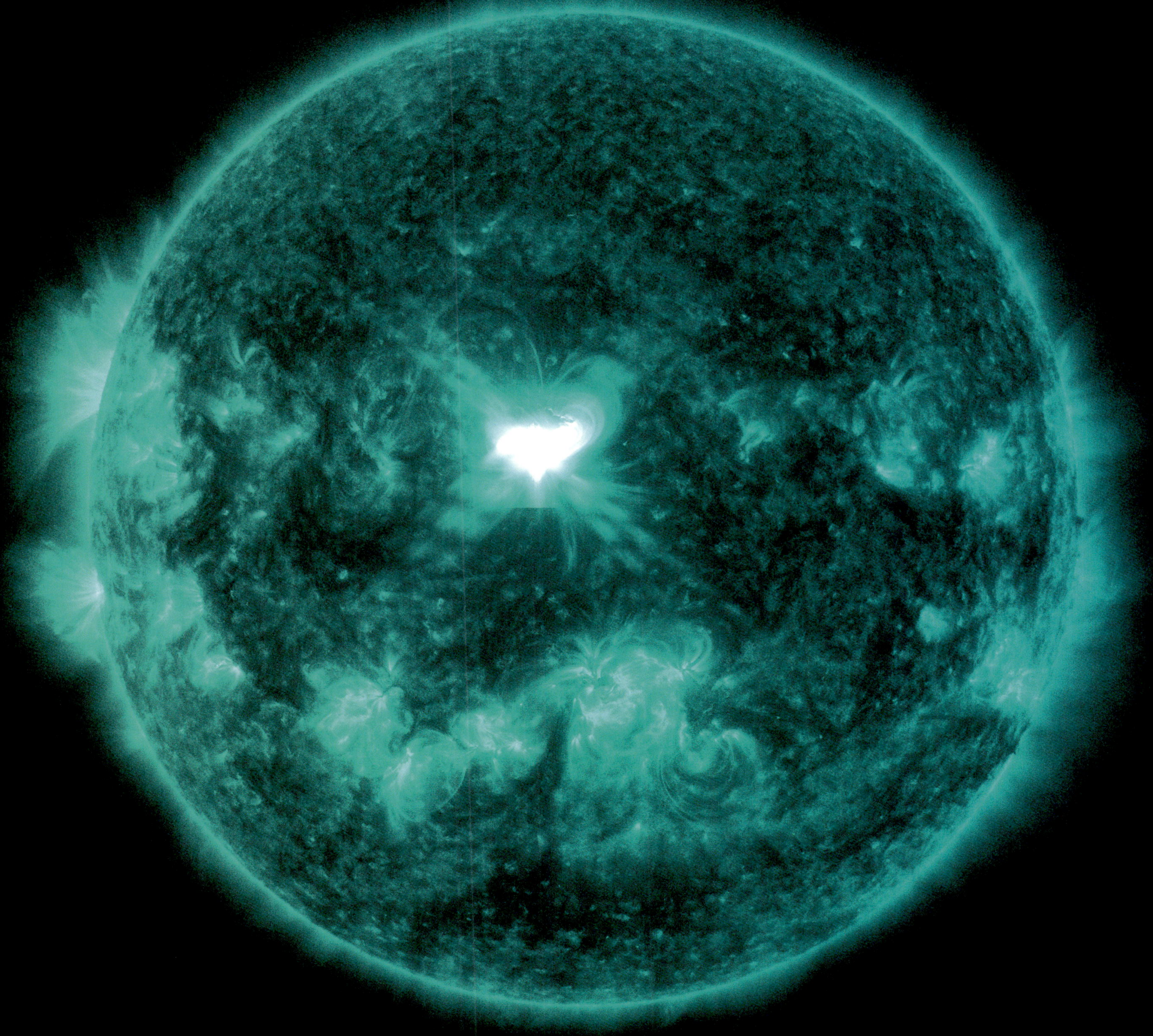

Der NASA-Satellit Solar Dynamics Observatory beobachtete eine gewaltige Sonneneruption, die am 10. September 2014 ihr größtes Ausmaß erreichte. Es handelte sich um einen Flare der Stärke X1,6. Die Klasse „X" bezeichnet Flares mit der größten Intensität, während die Zahl die Stärke angibt – X2 ist doppelt so stark wie X1, X3 ist dreimal so stark usw.

5 EIN BLICK IN DIE ZUKUNFT

Weltraumkolonien wie auf dieser Illustration stellen wir uns seit Beginn der Raumfahrt vor. Ob Menschen wirklich eines Tages außerhalb der Erde leben können, wird sich zeigen.

Die Erkundung des Weltraums bietet uns faszinierende Einblicke in unser Universum und liefert spektakuläre Entdeckungen. Das wird auch in Zukunft noch so sein. Was die Menschheit im verbleibenden 21. Jahrhundert noch im Weltraum erleben wird, könnte die Errungenschaften des 20. Jahrhunderts um ein Vielfaches übertreffen – die Möglichkeiten sind unermesslich.

Wahrscheinlich werden wir unsere Präsenz im Sonnensystem bedeutend erweitern. Noch in der ersten Hälfte dieses Jahrhunderts werden Menschen auf den Mond zurückkehren – dieses Ziel hat noch immer seinen Reiz. Die Staaten der Welt sowie einige unabhängige Unternehmen sehen ein Potenzial für ausgedehnte kommerzielle Aktivitäten auf unserem Trabanten. Wir befinden uns an einem Wendepunkt, an dem die erneute Nutzung des Mondes in den kommenden Jahrzehnten wahrscheinlich die Triebkraft für die Entwicklung von Beförderungs- und Umlauffähren, Forschungsstationen und kommerzielle Aktivitäten sein – und vielleicht auch für den Beginn dauerhafterer Siedlungen auf dem Mond.

Drei wichtige Phasen des Weltraumzeitalters gipfelten in diesen gegenwärtigen Punkt, an dem eine neue Phase der Mondnutzung gerade erst beginnt:

1950er–1980er: DIE HELDENTATEN DES WETTLAUFS INS ALL
In dieser Zeit dominierten zwei rivalisierende Staaten – die USA und die Sowjetunion – die Raumfahrt, und der Weltraum diente als Bühne für den Kalten Krieg. Während dieser Ära gelangen den Menschen die ersten Vorstöße ins All, das aber immer noch ein unbekanntes, unerforschtes Gebiet war.

1980er–2000er: DIE ERDUMLAUFBAHN WIRD FÜR DEN NORMALEN ALLTAG DER MENSCHEN GENUTZT
In dieser Zeit verbesserten lange und vielseitige Aufenthalte von Menschen in einer Erdumlaufbahn das wissenschaftliche Verständnis und die praktische Anwendung des Weltraums für den alltäglichen Nutzen. Der erdnahe Weltraum war kein Neuland mehr. Kommunikations-, Navigations- und andere Satelliten veränderten die Art, wie Menschen auf der Erde lebten.

2000er–GEGENWART: KOMMERZIELLE INTERESSEN
US-Präsident Bill Clintons Weltraumpolitik aus dem Jahr 1996, die private Investoren und Betreiber fördern sollte, war erfolgreich. Im ersten Jahrzehnt des 21. Jahrhunderts hat die NASA, der Weltführer in der Raumfahrt, viele Aktivitäten an externe Unternehmen vergeben, um den Schwerpunkt auf die „cislunaren" (zwischen Erde und Mond befindlichen) und sogar „translunaren" (jenseits des Mondes befindlichen) Erkundungen des Weltraums zu setzen.

Damit wurde eine Grundlage für weitreichende Aktivitäten auf dem Mond und auf dem Mars geschaffen sowie das Potenzial für Weltraumkolonien und die Erkundung anderer faszinierender Orte im Sonnensystem erkannt.

Auf einer bemannten Marsmission, die kurz nach Sonnenaufgang stattfindet, ist der Boden der Schlucht noch von Wolken bedeckt. Der Astronaut links seilt sich unter dem Einfluss der geringen Schwerkraft von einer Klippe ab, um geologische Formationen zu untersuchen, während der rechte Astronaut Messgeräte aufstellt, um das Klima zu beobachten. Diese Darstellung ist rein spekulativ, doch die NASA kreiert schon lange künstlerische Bilder, um Laune für ein Mars-Erkundungsprogramm zu machen. Und es gibt Grund zu glauben, dass eine solche Mission noch in diesem Jahrhundert stattfinden wird.

OBEN Viele Weltraumorganisationen und eine Reihe von kommerziellen Unternehmen stellen sich eine ertragreiche Zukunft im All vor, die durch die Ressourcengewinnung von Asteroiden und anderen Himmelskörpern ermöglicht werden soll. Technologien wie die hier gezeigte Asteroid Redirect Mission (ARM) mit Einfang- und Positionierungsfähigkeit wären für den Abbau von Ressourcen unerlässlich.

RECHTS OBEN Im Rahmen der NASA-Mission Artemis III sollen erstmals seit dem Ende des Apollo-Programms vor über 50 Jahren wieder Menschen den Mond betreten. Hier ist dargestellt, wie eine Aufstiegs- von einer Abstiegsfähre getrennt wird und die Oberfläche des Mondes verlässt.

RECHTS Das Raumfahrtunternehmen Axiom Space wurde von der NASA ausgewählt, um die neuen Anzüge für die Außenbordaktivitäten der Mission Artemis III zu entwerfen und herzustellen.

„Wahrscheinlich werden wir unsere Präsenz im Sonnensystem bedeutend erweitern. Noch in der ersten Hälfte dieses Jahrhunderts werden Menschen auf den Mond zurückkehren – dieses Ziel hat noch immer seinen Reiz.“

Die Raumsonde Europa Clipper wird den Jupiter umkreisen und soll eine der aufregendsten Destinationen im äußeren Sonnensystem genau unter die Lupe nehmen: den Jupitermond Europa. Auf früheren Missionen wurde entdeckt, dass es auf Europa vielleicht einen Ozean aus flüssigem Wasser unter einer Eiskruste geben könnte – Bedingungen, die für bestimmte Lebensformen günstig wären.

DER MOND ALS ROHSTOFFQUELLE

Der Mond ist seit langer Zeit ein Ziel der Forschung. In den ersten Jahrzehnten dieses Jahrhunderts wuchs das Interesse, dorthin zurückzukehren und eine permanente Basis für verschiedene Tätigkeiten einzurichten.

Seit dem Ende des Apollo-Programms der 1960er- und 1970er-Jahre bestand der Wunsch, eines Tages wieder auf den Mond zurückzukehren, aber erst in den 1990er-Jahren stellten Wissenschaftler fest, dass es dort realistische Möglichkeiten zur Gewinnung von Ressourcen gab – vor allem von Wassereis aus den Kratern der Polgebiete – und das Interesse war wieder geweckt. Diese neue Begeisterung trug dazu bei, dass der Google Lunar X-Prize ins Leben gerufen wurde – ein Wettbewerb, der bis 2015 eine kostengünstige Mondlandung hervorbringen sollte (und 20 Millionen Dollar für den ersten Platz bot). Siebenundzwanzig Teams nahmen daran teil und sollten einen Mondlander bauen. Viele von ihnen hielten einen Rover zur Ressourcengewinnung auf dem Mond nützlich und bauten das in ihr Konzept ein. Auch wenn es keinem der Teams gelang, das Preisgeld zu ergattern, regte der Wettbewerb zu einigen Innovationen im Bereich der Mondtechnologien an.

Mittlerweile sind eine Reihe von nationalen Raumfahrtprogrammen und kommerzielle Unternehmen zur Übereinstimmung gekommen, dass Aktivitäten auf dem Mond sowohl möglich als auch erstrebenswert sind. Die NASA arbeitet im Rahmen ihres Artemis-Programms an der Rückkehr von Astronauten zum Mond. Ein unbemannter Testflug, Artemis I, wurde am 16. November 2022 gestartet. Das Raumschiff absolvierte zwei Vorbeiflüge am Mond und kehrte am 11. Dezember wieder zur Erde zurück. Der Start von Artemis II, das erste bemannte Raumschiff des Programms, ist für April 2026 angesetzt. Es soll den Mond umrunden. Artemis III soll Mitte 2027 starten und wieder Menschen auf den Mond bringen.

Aber das sind nicht alle Bemühungen rund um den Mond. China erforscht die erdabgewandte Seite des Mondes mithilfe von Robotern und will in den 2030er-Jahren auch Menschen auf den Mond schicken. Weitere Robotermissionen sind in Arbeit, etwa in Russland – obwohl die russische Landesonde Luna-25 im August 2023 abstürzte. Auch Indien schickt Robotersonden zum Mond, etwa Chandrayaan-3, die dritte Mond-Erkundungsmission des Landes, die im August 2023 auf dem Trabanten landete. In der Zwischenzeit finden auch einige kommerzielle Bemühungen statt, auf dem Mond zu landen und Wassereis an seinen Polen abzubauen.

OBEN Über der NASA-Rakete Space Launch System (SLS) geht am 4. November 2022 der Mond auf. Bereits im Gange waren die Vorbereitungen für die Mission Artemis I, eines unbemannten Flugs, der auf einer Mondumrundung Systemkomponenten erproben sollte. Auf der Startrampe 39B ist das Orion-Raumschiff zu sehen.

RECHTS OBEN So soll es aussehen, wenn auf zukünftigen Artemis-Missionen Astronauten auf der Mondoberfläche arbeiten.

RECHTS Ein Astronaut hebt etwas Regolith (lockeres Mondgestein) vom Boden auf.

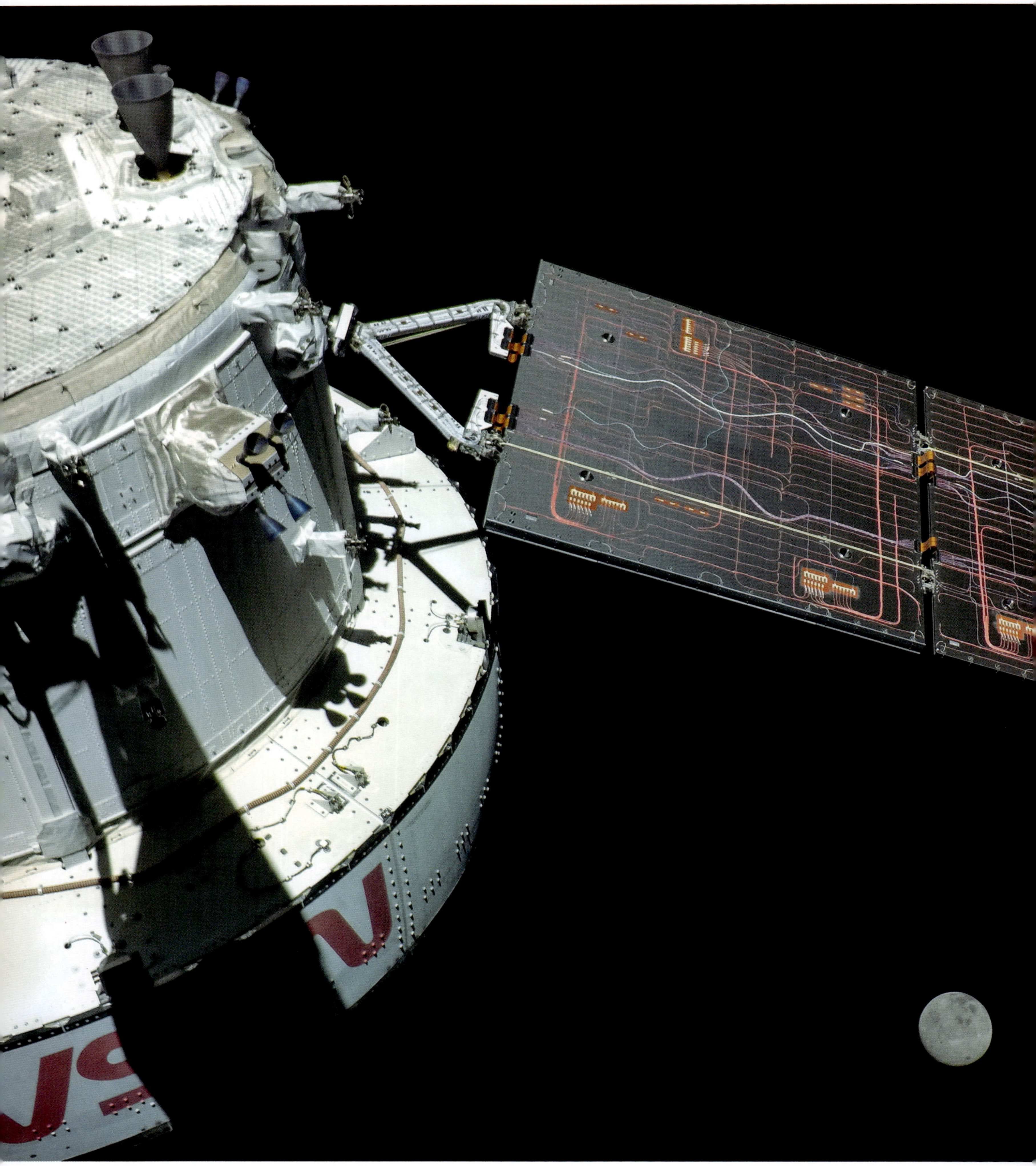

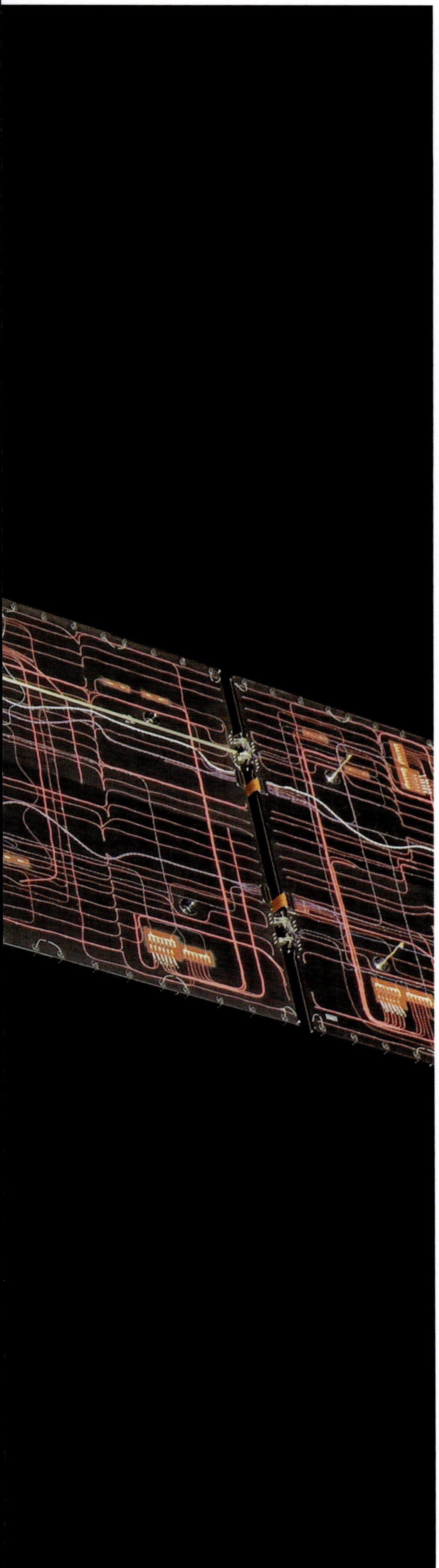

LINKS Am 16. Flugtag der Artemis-I-Mission gelang einer Kamera, die an einem der Solarmodule von Orion befestigt war, diese Aufnahme des Mondes, während das Raumschiff sich gerade darauf vorbereitete, die entfernte rückläufige Umlaufbahn zu verlassen.

OBEN Im Juli 2019 besuchte US-Vizepräsident Mike Pence das Kennedy Space Center der NASA in Florida und verkündete die Fertigstellung der Besatzungskapsel für das Raumschiff Orion, die er anschließend signierte.

RECHTS Bei Artemis I saßen in der Besatzungskapsel von Orion zwei Testpuppen, die mit Sensoren zur Strahlungsmessung ausgestattet waren. Nachdem sie wieder auf der Erde waren, wurden die Puppen untersucht, um die Strahlenbelastung für zukünftige bemannte Missionen einzuschätzen.

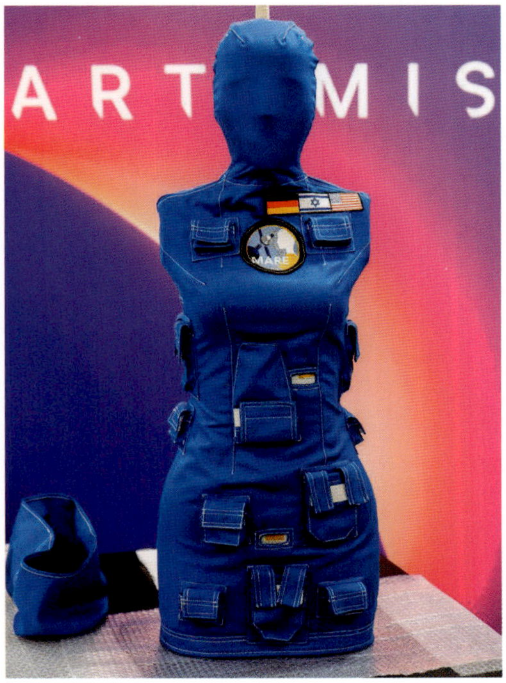

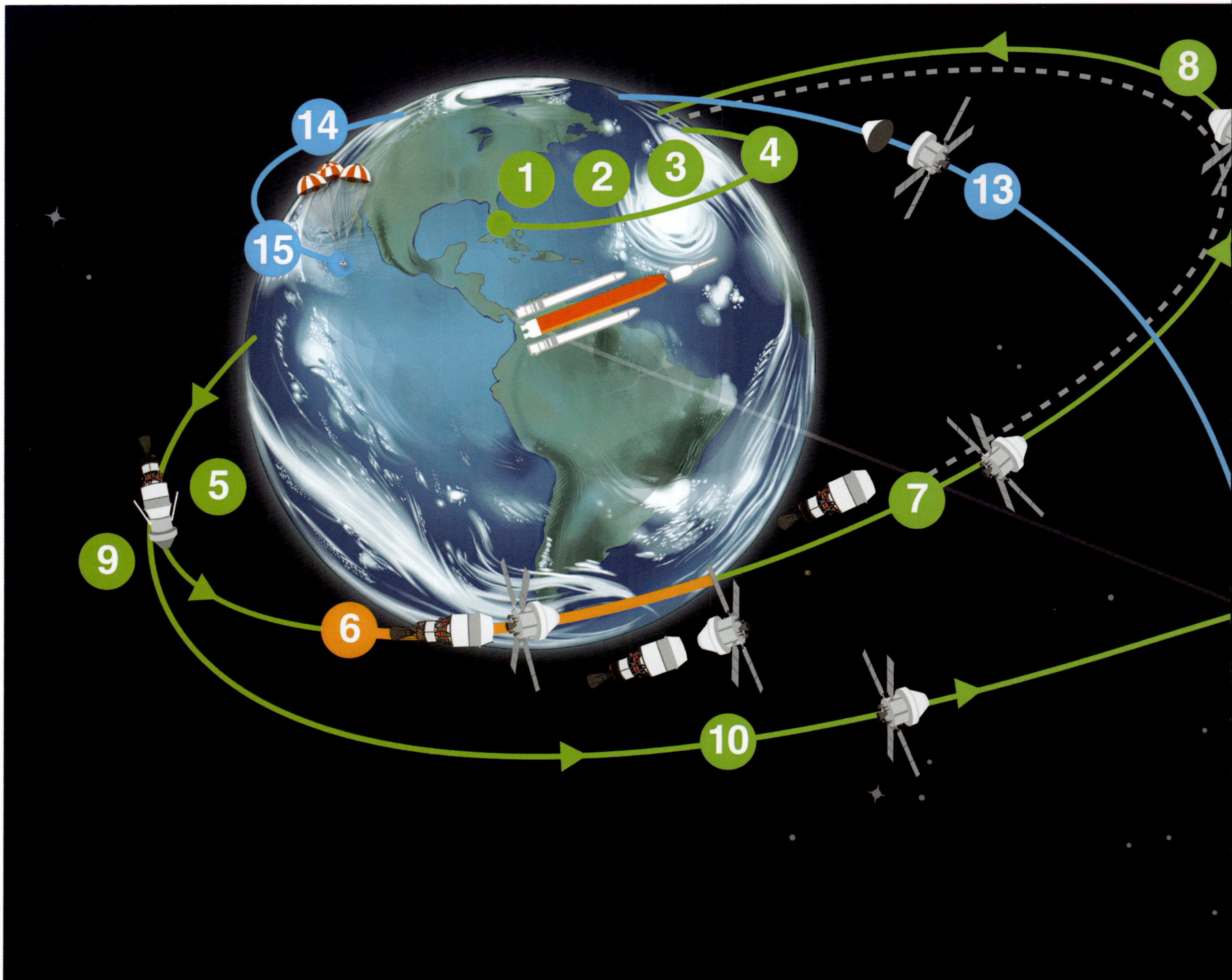

1. START
Start von der Rampe 39B des Kennedy Space Center.

2. ABWURF VON FESTSTOFFRAKETEN, NUTZLAST-VERKLEIDUNG UND RETTUNGSRAKETE

3. ABSCHALTUNG DER HAUPTTRIEBWERKE DER KERNSTUFE VOR TRENNUNG VON 1. UND 2. STUFE

4. PERIGÄUM-ANHEBEMANÖVER

5. APOGÄUM-ANHEBEZÜNDUNG IN EINE HOHE ERDUMLAUFBAHN
Beginn der 23,5-stündigen Funktionsprüfung des Raumschiffs.

6. TRENNUNG VON ORION UND ICPS (INTERIM CRYOGENIC PROPULSION STAGE), DANN MANÖVERPROBE
Plus zweistündiger Test der manuellen Steuerung.

7. ZÜNDUNG DER OBERSTUFE ZUR WEITEREN TRENNUNG VON ORION
Funktionsprüfung in hoher Erdumlaufbahn. Test von Notfall-, Fitness- und Lebenserhaltungssystemen.

8. PERIGÄUM-ANHEBEZÜNDUNG

9. TRANS-LUNAR INJECTION (TLI) – EINSCHUSS AUF DEN MONDKURS
Freie Rückkehrflugbahn durch das Europäische Servicemodul initiiert.

10. FLUG ZUM MOND
Nach Bedarf Triebwerkszündungen zur Kurskorrektur, um auf der freien Rückkehrflugbahn zu bleiben; Flugdauer: ungefähr vier Tage.

11. VORBEIFLUG AM MOND
10 427 Kilometer Höhe (Mittelwert) über der Rückseite des Mondes.

12. RÜCKKEHR ZUR ERDE
Nach Bedarf Triebwerkszündungen für Rückkehrkorrekturmanöver, um auf die Erdatmosphäre anzusteuern; Flugdauer: ungefähr vier Tage.

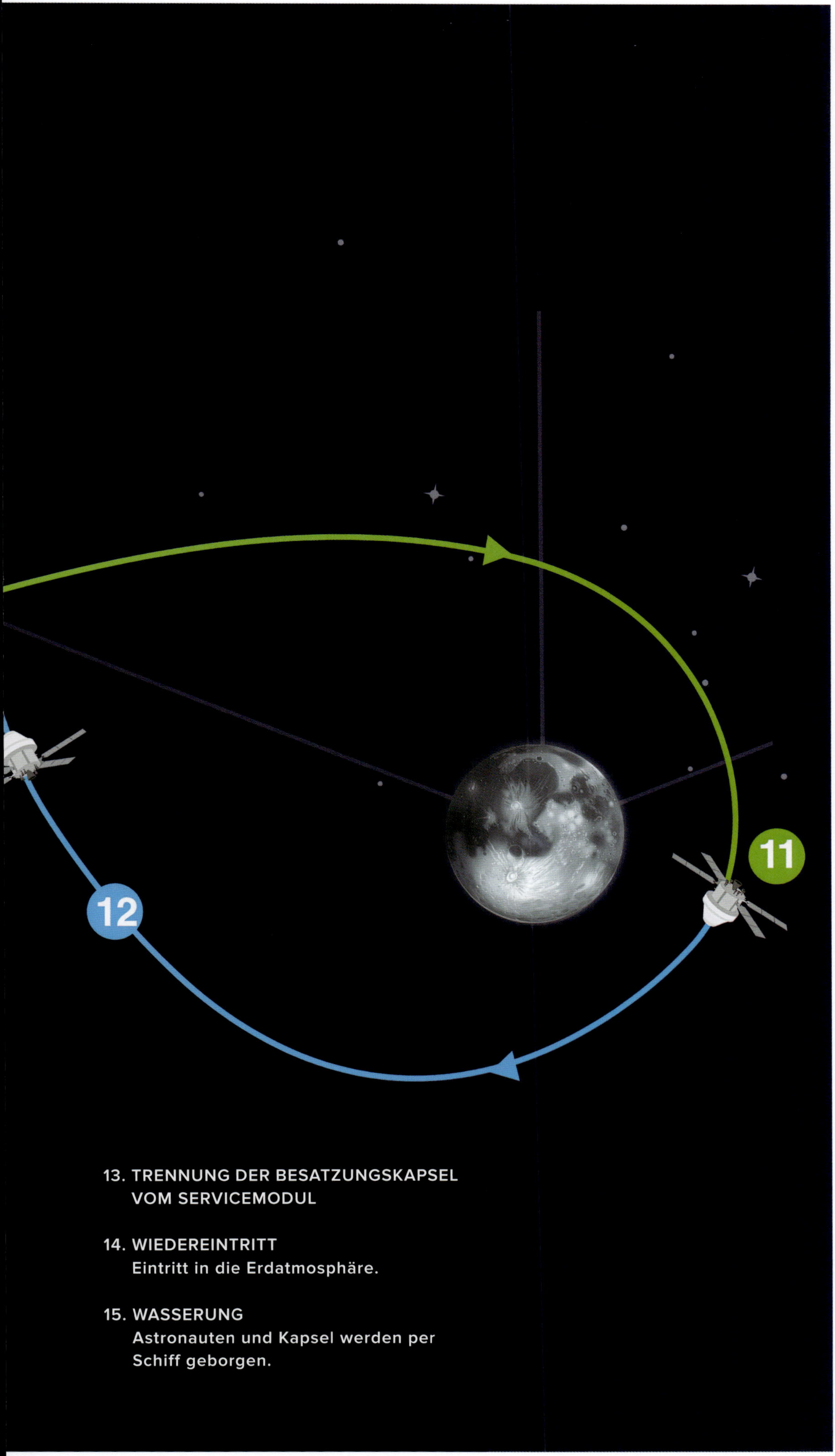

13. TRENNUNG DER BESATZUNGSKAPSEL VOM SERVICEMODUL

14. WIEDEREINTRITT
Eintritt in die Erdatmosphäre.

15. WASSERUNG
Astronauten und Kapsel werden per Schiff geborgen.

Artemis II, der erste bemannte Flug des neuen NASA-Mondprogramms, soll 2026 starten. Diese Karte der geplanten Flugbahn geht von der Trägerrakete SLS und der Orion-Raumkapsel mit einer Besatzung von vier Personen aus. Ähnlich wie bei Apollo 8 im Dezember 1968 soll das Raumschiff um den Mond herum fliegen. Die Mission könnte den Weg für langfristigen Betrieb auf dem Mond ebnen. Jede Station der Mission ist in der Illustration mit einer Nummer gekennzeichnet.

LINKS Die Besatzung von Artemis II steht vor der Orion-Raumkapsel im Neil Armstrong Operations and Checkout Building im Kennedy Space Center der NASA. Von links nach rechts: Jeremy Hansen, Missionsspezialist; Victor Glover, Pilot; Reid Wiseman, Kommandant; und Christina Hammock Koch, Missionsspezialistin.

RECHTS Für die Artemis-II-Mission wurden schon viele Werbeposter produziert. Dieses Exemplar zeigt die Missionsspezialistin Christina Hammock Koch. Die Artemis-II-Mission wird ihr zweiter Weltraumflug sein.

LINKS Die Testversion der Besatzungskapsel ist eine maßstabsgetreue Nachbildung der Orion-Raumkapsel. Hier befindet sie sich im Pazifischen Ozean, wo die NASA die Bergemanöver für die bemannten Artemis-Missionen übt.

CHRISTINA H. KOCH

ARTEMIS

Die NASA beauftragte Jeff Bezos' Unternehmen Blue Origin mit dem Bau eines Mondlanders für die Artemis-V-Mission. Neben diesem Hauptauftragnehmer arbeiten auch die Luftfahrtkonzerne Lockheed Martin und Northrop Grumman am Lander, außerdem noch das Draper Laboratory des Massachusetts Institute of Technology.

WARUM DIE RÜCKKEHR ZUM MOND?

Das ist eine entscheidende Frage, da Menschen bereits den Mond besucht haben. Warum nicht weiter zum Mars? Die Vorteile einer Erschließung des Mondes sind beträchtlich und durchaus umsetzbar, und die Raumfahrtorganisationen der Welt sind sich dessen mehr denn je bewusst.

Eine Rückkehr zum Mond könnte aus sieben überzeugenden Gründen sinnvoll sein:

- Die Flugzeit von der Erde beträgt nur drei Tage, was der Arbeit im Weltraum relative Sicherheit verleiht.
- Der Mond wäre der ideale Testplatz für Technologien und Systeme, die für eine umfassendere Erforschung des Weltraums erforderlich sind. Außerdem wäre jedes beteiligte Unternehmen angespornt, seine Technologien maximal zu entwickeln.
- Der Mond wäre eine hervorragende Basis für Astronomie, Geologie und andere Wissenschaften und würde dazu beitragen, unser Wissen über das Universum deutlich zu erweitern.
- Die Rückkehr zum Mond fördert ein internationales Abkommen über die Nutzung des Mondes für die gesamte Menschheit und erweitert die auf der Raumstation ISS in friedlicher internationaler Zusammenarbeit gewonnenen Erkenntnisse.
- Sie fördert die Entwicklung kostengünstiger Energiequellen und anderer Technologien, die nicht nur auf dem Mond, sondern auch auf der Erde genutzt werden können.
- Sie lädt uns ein, uns eine grenzenlose Zukunft vorzustellen, in der die Menschheit nicht nur die Erde, sondern das Sonnensystem und den Weltraum darüber hinaus bevölkern könnte.
- Der Mond birgt eine Fülle an Mineralen und anderen Ressourcen, die abgebaut und sowohl auf der Erde als auch für die Erkundung des weiteren Weltraums genutzt werden können.

STÜTZPUNKT AUF DEM MOND

Sobald der Mond regelmäßig erreichbar wird, kann dort ein Außenposten errichtet werden, da die für den Bau benötigten Materialien bereits vorhanden sind. Aus dem Eis von den Mondpolen könnten Wasser, Sauerstoff und Wasserstoff gewonnen werden. Diese Stoffe, die für einen dauerhaften Aufenthalt von Menschen erforderlich sind, gibt es auf dem Mond in Hülle und Fülle.

Eine Mondbasis könnte wie die Forschungsstationen in der Antarktis aussehen, zumindest für den kurzfristigen Einsatz. Anfangs würden dort Wissenschaftler, Ingenieure und Techniker Tätigkeiten ausüben, die allen zugute kommen. Das würde eine anhaltende friedliche und wachstumsfördernde internationale Zusammenarbeit ermöglichen.

Die Erforschung des Weltraums ist eine komplizierte Angelegenheit. Die größte Hürde bei der Einrichtung einer Mondbasis ist das Aushandeln internationaler Abkommen, um das bestehende für die ISS zu ergänzen. Dazu sind erfolgreiche politische Übereinkünfte nötig, von denen alle Raumfahrtorganisationen der Welt profitieren. Bislang haben sich solche kooperativen Weltraumprojekte immer auf allen Ebenen gelohnt – aus wissenschaftlicher, technischer, gesellschaftlicher und politischer Sicht.

Das Mondbasis-Konzept der Europäischen Weltraumorganisation (ESA) umfasst Astronauten, kuppelförmige Module für den Anbau von Pflanzen und Lagertanks für Wasser, Sauerstoff und Treibstoff. Außerdem sind hier noch Solarmodule für die Stromerzeugung und mit Regolith abgeschirmte Wohnkomplexe zu sehen.

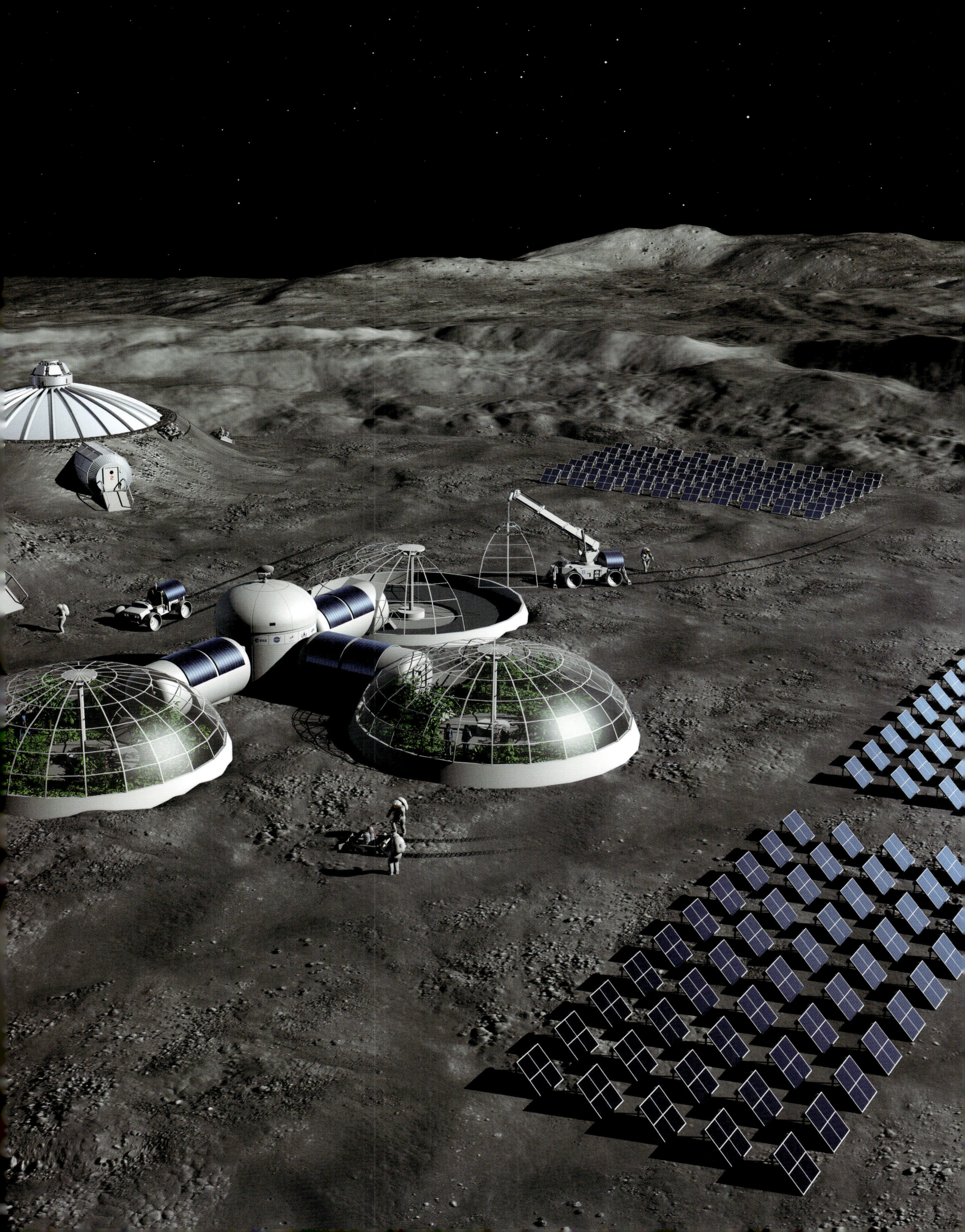

OBEN Mit der Errichtung einer Mondbasis können sich kommerzielle Aktivitäten auf dem Mond entwickeln. Bereiche der Mondoberfläche könnten dann für verschiedene Industrien genutzt werden, etwa für die Herstellung von Sauerstoff, für die Kommunikationstechnik oder für die Produktion von Helium-3.

LINKS Eine der kreativsten, aber noch abwegigen Zukunftsvisionen sind die Olympischen Spiele auf dem Mond. Bei Stabhochsprung, Weitsprung und anderen Bewerben würden sich bei der Schwerkraft auf dem Mond, die ein Sechstel der Erdgravitation ausmacht, sehr interessante Möglichkeiten bieten.

Ein Mondlandungskonzept aus dem Jahr 1995 visualisiert völlig andere Technologien als jene, die für das Artemis-Programm der NASA entwickelt wurden. Bei Artemis soll es zum Beispiel eine Raumstation in einer Mondumlaufbahn geben, von der aus Raumfähren von der Erde andocken und kleinere Lander auf den Mond schicken können. Außerdem sollen die meisten Lebensräume unter dem Regolith gebaut werden, um die Menschen vor der kosmischen Strahlung zu schützen, und nicht wie auf dem Bild gezeigt auf der Oberfläche.

„Sobald der Mond regelmäßig erreichbar wird, kann dort ein Außenposten errichtet werden, da die für den Bau benötigten Materialien bereits vorhanden sind. Aus dem Eis von den Mondpolen könnten Wasser, Sauerstoff und Wasserstoff gewonnen werden.“

Künstlerische Darstellungen von Mondbasen haben eine lange Tradition. Dieses Beispiel aus dem Jahr 1986 diente als Illustration für eine NASA-Studie zu möglichen zukünftigen Aktivitäten auf dem Mond. Der Schwerpunkt lag auf einem Mondfahrzeug, das im Vordergrund zu sehen ist und dem der Apollo-Missionen ähneln sollte.

DIE ZUKÜNFTIGE MARSFORSCHUNG

Im 20. Jahrhundert scheiterten mehrere Versuche der NASA, Zustimmung für eine bemannte Marsmission zu erhalten. Dennoch bleibt der Mars im neuen Millennium für viele ein wichtiges Ziel und es gibt guten Grund zu glauben, dass wir es im 21. Jahrhundert erreichen werden.

Seit Beginn dieses Jahrhunderts werden anhaltende Bemühungen unternommen, den Mars besser zu erforschen. Robotersonden entdeckten eine Welt voller Potenzial. Angetrieben wird die Marserkundung von der Suche nach Leben – wenn auch nur in Form von Mikroben, verborgen unter den Polkappen oder in unterirdischen heißen Quellen, die durch Schlote aus dem Planetenkern erwärmt werden. Diese Forschung wird auch in Zukunft fortgeführt.

Menschen auf den Mars zu schicken, ist ein reizvolles Ziel, aber auch eine erhebliche Herausforderung. Es gibt Konzepte, die funktionieren könnten, wenn die Astronauten in der Lage wären, sich auf dem Mars selbst zu versorgen. Die ersten Menschen auf dem Roten Planeten könnten Treibstoff und Verbrauchsmaterialien aus der Umgebung gewinnen. Diese Art von Mission würde in einem Zeitraum von über zwei Jahren durchgeführt werden. So lange bräuchte man, um zum Mars zu fliegen, dort zu arbeiten und zur Erde zurückzukehren. Benötigt werden eine Raumfähre, um zum Planeten zu gelangen, einen Lander mit einem Forschungslabor und einem Wohnmodul, ein Kraftwerk zur Stromerzeugung, Mondautos, eine Möglichkeit zum Nahrungsanbau und vor allem ein Aufstiegsfahrzeug für die Rückkehr zur Erde.

Treibstoff könnte aus der Marsatmosphäre, die hauptsächlich aus Kohlendioxid besteht, hergestellt werden. Das Gas würde in einem speziellen Reaktor in seine Elemente aufgespalten, nach einem Verfahren, das vom französischen Chemiker Paul Sabatier (1854–1941) entdeckt wurde. Die Endprodukte wären Methan und Wasser. Das Methan würde durch einen kryogenischen Kühler gepumpt und auf diese Weise verflüssigt und als Raketentreibstoff gelagert. Das Wasser könnte in Wasserstoff und Sauerstoff für die Nutzung durch die Astronauten umgewandelt werden.

Nach ihrer Ankunft müssten die Menschen ein Gewächshaus, wahrscheinlich ein aufblasbares, für den Anbau von Lebensmitteln aufstellen. Mit Mondautos könnten die Astronauten die Umgebung erkunden. Sie würden Proben zur Analyse entnehmen und auf der Suche nach Wasser und unterirdischem Leben die Bodenschichten anbohren. Sie könnten auch nach Fossilien suchen und herausfinden, ob es auf dem Mars noch andere natürliche Ressourcen gibt. Nach ihrem Aufenthalt würde die Besatzung den hunderttägigen Rückflug zur Erde antreten.

Eine solche Mission brächte erhebliche technische Schwierigkeiten mit sich, doch mit ausreichend Zeit und den erforderlichen

Die Vorstellung von Menschen auf dem Mars wurde schon oft fantasievoll illustriert. Dieses Beispiel aus dem Jahr 1990 zeigt eine Landung auf dem Roten Planeten – die ganz ambitioniert im Jahr 2019 stattfinden sollte. Die Astronauten im Vordergrund führen in einer romantisierten, ansprechenden Umgebung wissenschaftliche Untersuchungen durch. Ein Staubsturm braut sich zusammen und schon bald werden sie sich zum Schutz in ihre Landefähre zurückziehen und später damit zum Transferfahrzeug im Marsorbit fliegen, von wo aus sie schließlich zurück zur Erde reisen.

NASA
NASA
NASA
NASA

Mitteln wären sie überwindbar. Aber nur die Entwicklung von kostengünstigen, höchst verlässlichen Technologien könnte diese Zukunftsvision zur Realität machen.

Auf dem Flug und auf der Marsoberfläche wären die Astronauten verschiedenen Arten von Strahlung ausgesetzt. Eine schnelle Reise ist der beste Schutz gegen Strahlung, aber auch Sonneneruptionen könnten tödliche Folgen haben, besonders im ungeschützten Vakuum des Weltraums. Für den Erfolg der Mission müssten Schutzsysteme entwickelt werden. In der Raumfähre müsste ein gewisses Maß an künstlicher Schwerkraft aufrechterhalten werden, um die gesundheitlichen Auswirkungen eines längeren Aufenthalts in der Schwerelosigkeit zu minimieren. Das könnte durch Rotation von Teilen des Raumschiffs erzielt werden.

HÜRDEN ÜBERWINDEN

Falls Menschen noch in diesem Jahrhundert den Mars betreten, dann nur, weil die Verantwortlichen auf der Erde gewillt sind, die zur Überwindung aller Schwierigkeiten benötigten Ressourcen aufzubringen. Gegenwärtig gibt es für solche Ausgaben jedoch nur eine bescheidene öffentliche Unterstützung.

Ja, wir *könnten* Menschen auf den Mars schicken. Das wäre keine Hexerei, sondern ein Projekt, das in multinationaler Zusammenarbeit realisiert werden kann. Vor einer bemannten Marslandung müsste man den Entschluss treffen, erhebliche Risiken einzugehen und über einen längeren Zeitraum beträchtliche Ausgaben zu tragen. Nach dem Vorbild von Apollo muss sich jeder Entscheidungsträger eine wichtige Frage stellen: Welcher politische, militärische, gesellschaftliche oder wirtschaftliche Grund, welches kulturelle Problem oder Szenario oder welcher Notfall ist vorstellbar, auf den man am besten mit einer großen Verbindlichkeit in Form einer bemannten Marslandung reagiert?

Sind wir trotz der zahlreichen Misserfolge von Robotersonden auf dem Mars bereit, die erheblichen Risiken einer solchen Mission für die Menschen zu akzeptieren? Sofern nicht eine überraschende Wendung eintritt, ist es unwahrscheinlich, dass Menschen vor der zweiten Hälfte des 21. Jahrhunderts auf dem Mars landen.

LINKS Zwei Astronauten arbeiten im Rahmen einer bemannten Mission auf der Oberfläche des Mars, während eine Drohne über den Himmel fliegt. Der Flugkörper ähnelt der Helikopterdrohne Ingenuity (siehe Seite 238), die bereits den Mars erkundet hat.

OBEN Zwei Astronauten inspizieren in der Nähe der Landestelle am Canyon Ganges Chasma auf dem Mars einen Roboterlander und seinen kleinen Rover.

LINKS Ein internationales Astronautenteam landet auf dem Mars und steckt feierlich die Flaggen ihrer Länder in den Boden.

LINKS UNTEN Der Rover Sojourner, der 1997 den Mars erkundete, wurde nach der ehemaligen Sklavin und berühmten Abolitionistin Sojourner Truth benannt. Auf dem Bild wird das Fahrzeug von einem Astronauten und Nachkommen von Sojourner geborgen.

RECHTS Der große Schildvulkan Pavonis Mons, der sich in der Nähe des Marsäquators befindet, könnte als Landestelle und Forschungsstation auf der Oberfläche des Planeten dienen. Hier zu sehen sind Rover, Wohnmodule, ein Kraftwerk, Gewächshäuser, Start- und Landeplätze, Wartungsanlagen und sogar ein Marsflugzeug.

„Die ersten Menschen auf dem Roten Planeten könnten Treibstoff und Verbrauchsmaterialien aus der Umgebung gewinnen. Diese Art von Mission würde in einem Zeitraum von über zwei Jahren durchgeführt werden. So lange bräuchte man, um zum Mars zu fliegen, dort zu arbeiten und zur Erde zurückzukehren.“

NASA

DER MENSCH ALS INTERPLANETARE SPEZIES

Der dauerhafte Aufenthalt von Menschen jenseits der Erde ist schon lange ein wichtiges Ziel vieler Befürworter der Raumfahrt. Zwar sind die Hürden groß, aber die Möglichkeiten grenzenlos. Die ersten kleinen Schritte in diese Richtung sind bereits Teil der Verhandlungen über dauerhafte Aktivitäten auf dem Mond und dem Mars. Mit dem Fortschreiten des 21. Jahrhunderts könnten Weltraumkolonien durchaus mehr Aufmerksamkeit und eine höhere Priorität erhalten.

Es gibt mehrere Möglichkeiten, wie sich Menschen weiter in das Sonnensystem ausbreiten könnten. Am Naheliegendsten sind Außenposten auf dem Mond und Mars, aber es gibt auch Asteroiden und die Monde einiger Riesenplaneten, die besiedelt werden könnten. Diese Himmelskörper bieten realistische Flugzeiten für den Transport von Material, Ausrüstung und Personen auf verschiedenen Raumschiffen; außerdem die Gelegenheit, an Ort und Stelle mit Materialien, die nicht von der Erde stammen, zu bauen; und die Möglichkeit der Gründung von Siedlerfamilien, die Unternehmen zur Unterstützung von Tourismus und Bergbau betreiben.

Wo auch immer sich Menschen im Sonnensystem niederlassen, der Weltraumtourismus wird ihnen folgen. In den ersten Jahren würde er wohl dem heutigen Tourismus in der Antarktis ähneln. Zuerst würden nur kleine Gruppen die Forschungsstationen besuchen, dann könnten private touristische Einrichtungen entstehen. Wären der Mond oder der Mars attraktive Ziele für Abenteuerlustige? Start-up-Unternehmen bieten bereits Suborbitalflüge an und bereiten sich auf die Möglichkeit des Mondtourismus vor.

Menschen müssten sich aber nicht unbedingt auf Himmelskörpern niederlassen, sondern könnten auch autarke Kolonien im Weltraum gründen. Statt auf der Oberfläche eines Planeten würden die Siedler in gigantischen zylindrischen oder kugelförmigen Bauten wohnen. In jeder dieser Biosphären gäbe es eine atembare Atmosphäre sowie alles, was für die Erhaltung von Nutzpflanzen und Leben notwendig ist. Mithilfe von Rotation könnte eine künstliche Schwerkraft erzeugt werden. Jede der Kapseln wäre eine kosmische „Arche Noah“, in der Menschen, Tiere und Pflanzen im harmonischen Miteinander leben. Die Sonne würde saubere Energie liefern. Das Interesse an solchen Kolonien führte zu Studien über ihre Umsetzbarkeit, von denen einige Unterstützung erhielten.

Die Vorstellung von Siedlungen jenseits der Erde ist einladend und idyllisch, aber vor der zweiten Hälfte dieses Jahrhunderts werden sie wohl nicht Wirklichkeit werden. Die Aussicht darauf ist faszinierend und förderte auf der ganzen Welt visionäre Konzepte zur Umsetzung dieser Ideen.

Dieses aufblasbare Habitat mit einem Durchmesser von 16 Metern bietet Platz für ein Dutzend Astronauten, die auf dem Mond leben und arbeiten. Es umfasst ein Kontrollzentrum, einen Mondrover mit Druckkabine, eine voll ausgestattete Einrichtung für Biowissenschaften, einen Mondlander, Labore, Hydrokulturgärten, einen Gemeinschaftsraum, Unterkünfte für die Astronauten und eine Luftschleuse mit Geräten zur Staubentfernung. Da die Menschen vor kosmischer Strahlung geschützt werden müssen, befindet sich ein Großteil der Basis unter der Mondoberfläche.

HARDY

„Es gibt mehrere Möglichkeiten, wie sich Menschen weiter in das Sonnensystem ausbreiten könnten. Am Naheliegendsten sind Außenposten auf dem Mond und Mars, aber es gibt auch Asteroiden und die Monde einiger Riesenplaneten, die besiedelt werden könnten.“

Bei dieser Idee für eine zukünftige Mondbasis beherbergen die Kuppeln links die Wohn- und Laborbereiche. Die lange Röhre dahinter ist ein Massentreiber, in dem starke Elektromagnete aneinandergereiht sind. Rechts wird eine Nutzlast eingeladen und durch die sich hintereinander aktivierenden Magneten beschleunigt. Sie erreicht die für einen Direktflug zur Erde benötigte Geschwindigkeit und wird dort entweder in der Umlaufbahn eingefangen oder tritt von selbst in die Atmosphäre ein. Mit dieser Technik könnten Minerale oder in der Mondkolonie hergestellte Metalle oder Arzneimittel kostengünstig zur Erde geschickt werden.

OBEN Astronauten auf Phobos stellen sicher, dass eine Maschine zur Extraktion von Treibstoff richtig funktioniert. Könnte irgendwann ein ausgeklügelter Roboter diese Aufgabe übernehmen?

RECHTS OBEN In einer Marskolonie unter der Oberfläche werden reihenweise Pflanzen als Nahrung angebaut.

RECHTS Die Gewinnung von Ressourcen wird schon lange als eines der Hauptziele von Weltraumkolonien angesehen. Dieses NASA-Konzept zeigt den Abbau von Ilmenit, einem sauerstoffreichen Mineral, das auf dem Mond vorkommt.

LUNOX
Pat Rawlings

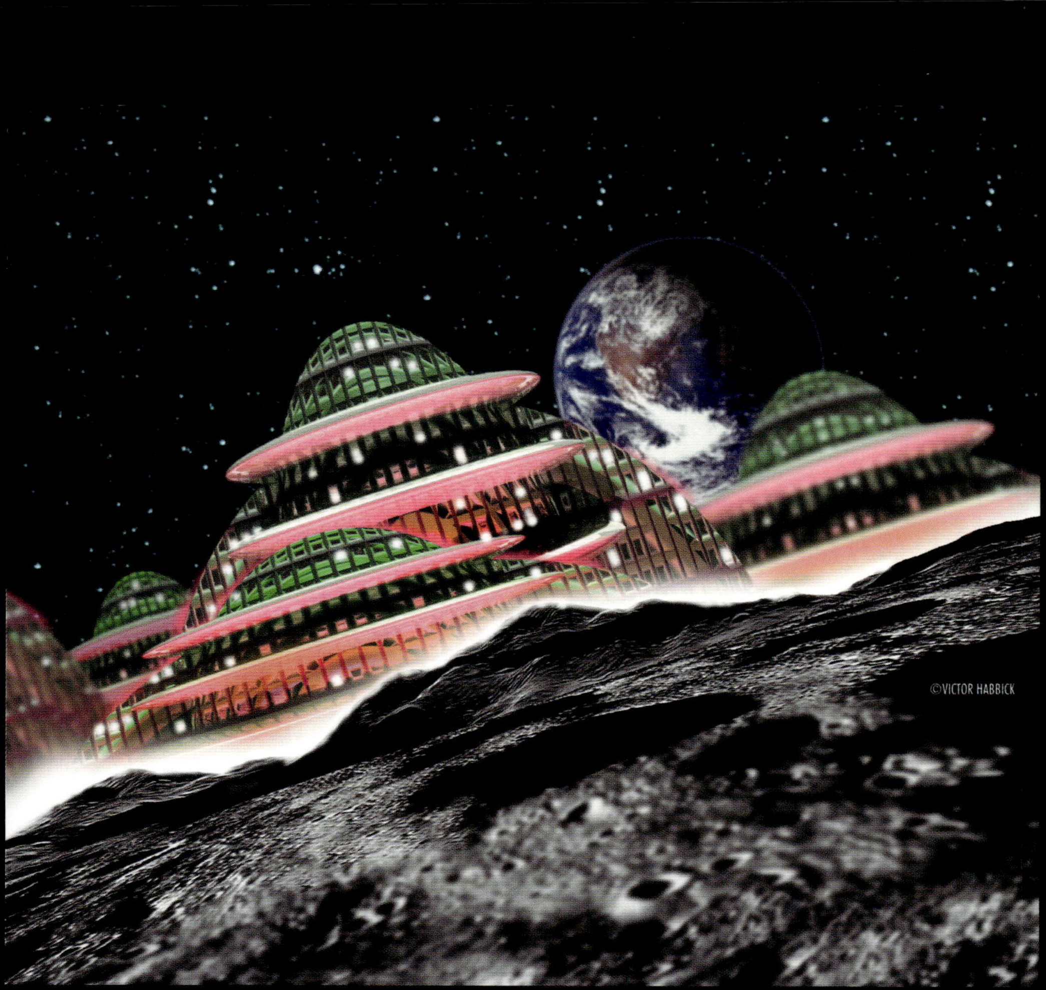

GANZ OBEN Der Tourismus wäre ein attraktives wirtschaftliches Unternehmen im Weltraum. Vielleicht gibt es eines Tages Hotels auf dem Mond.

OBEN Die Automatisierung ist der Schlüssel für zukünftige Aktivitäten im Weltraum.

OBEN So könnte ein Kontrollzentrum im Inneren aussehen. Von hier aus beaufsichtigen die Astronauten die Mondkolonie und leiten den Abbau von Ressourcen.

„Die Vorstellung von Siedlungen jenseits der Erde ist einladend und idyllisch, aber vor der zweiten Hälfte dieses Jahrhunderts werden sie wohl nicht Wirklichkeit werden. Die Aussicht darauf ist faszinierend und förderte auf der ganzen Welt visionäre Konzepte zur Umsetzung dieser Ideen.“

OBEN Flüssigsauerstoff (LOX – liquid oxygen) vom Mond könnte auf verschiedenen Routen zur Erde transportiert werden und dort als Treibstoff für Raumfahrzeuge dienen. Manche würden in die geosynchrone Umlaufbahn (GEO) geschickt, um Kommunikationssatelliten zu warten oder auszutauschen. Andere würden zwischen Erde und Mond hin- und herfliegen, um Flüssigwasserstoff zum Mond und Flüssigsauerstoff zu einer Raumstation in einer erdnahen Umlaufbahn (LEO – low earth orbit) zu bringen.

1. Trägerrakete mit Flüssigwasserstofftank (LH2) und GEO-Raumschiff auf dem Weg zur LEO-Raumstation
2. LEO
3. GEO
4. 28½-Grad-LEO
5. Raumstation/Treibstoffdepot
6. Experimenteller Orbiter (OTV – Orbital Test Vehicle) in die GEO mit Kommunikationssatellit, der mit auf dem Mond hergestellten LOX angetrieben wird
7. Mondfähre mit LH2 aus dem LEO
8. Mondfähre mit auf dem Mond hergestellten LOX auf dem Weg in den LEO
9. Aufstieg der Mondlandefähre mit LOX
10. Abstieg der Mondlandefähre mit LOX
11. Raumstation in einer Mondumlaufbahn

RECHTS Im Sommer des Jahres 1975 finanzierten das NASA-Forschungszentrum Ames, die amerikanische Gesellschaft für Ingenieurausbildung und die Universität Stanford die Studie „Space Settlements: A Design Study“, in der alle Aspekte eines permanenten Lebens im All beleuchtet wurden. Das ausgewählte Design war die Stanford-Torus-Weltraumkolonie, die hier von drei verschiedenen Künstlern dargestellt ist. Sie besteht aus einer ringförmigen Struktur (dem Torus) mit einem Durchmesser von 1,8 Kilometern. Er würde sich einmal in der Minute um seine eigene Achse drehen, um für die 10 000 Bewohner eine Schwerkraft wie auf der Erde zu erzeugen. Der Bau des Wohnrings könnte im Weltraum durchgeführt werden.

DON DAVIS
8·75

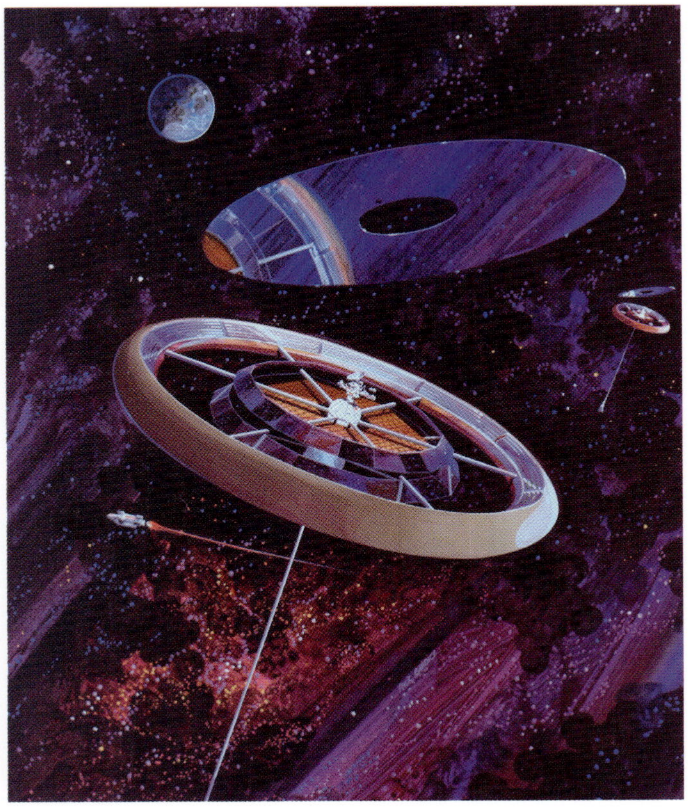

Der amerikanische Physiker Gerard K. O'Neill befürwortete die Idee einer Weltraumkolonie in seinem Buch *The High Frontier: Human Colonies in Space* aus dem Jahr 1976 (deutsche Ausgabe: *Unsere Zukunft im Raum*, 1983). Der hier gezeigte Zylinder ist 36 Kilometer lang und 9,2 Kilometer breit. Er dreht sich mit einer Geschwindigkeit von 210 Metern pro Sekunde an der Oberfläche um seine Längsachse und erzeugt durch die Zentripetalkraft eine künstliche Gravitation.

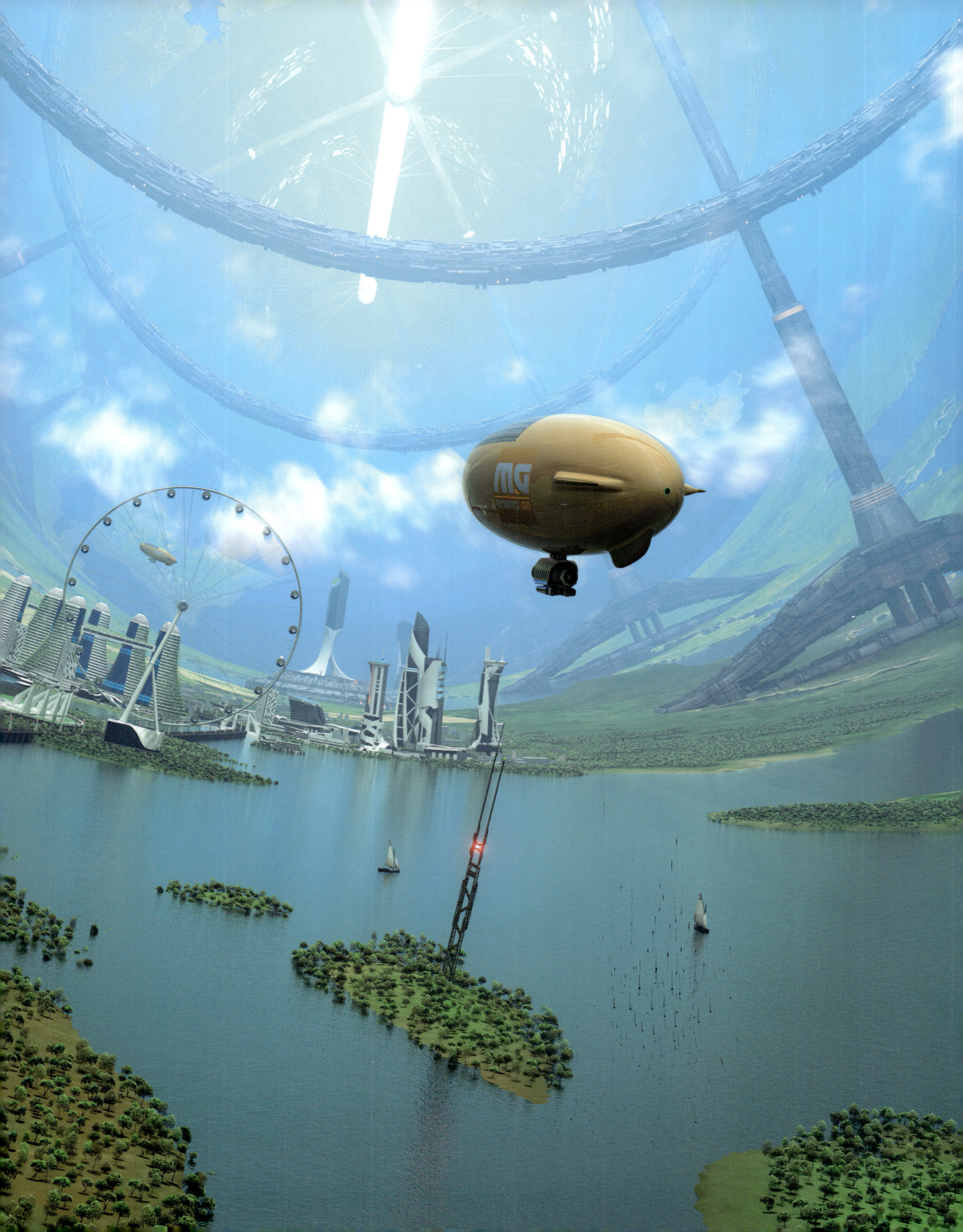
MG

In den Jahren 1976 und 1977 finanzierte die NASA zwei Studien über die Umsetzbarkeit von Weltraumkolonien, die nicht auf einem Planeten oder Mond, sondern frei schwebend im Weltraum errichtet würden. Der Künstler Rick Guidice wurde beauftragt, einige fantasievolle Darstellungen dieser Strukturen zu kreieren. Das Bild hier zeigt eine autarke Bernal-Sphäre, die durch Rotation eine künstliche Schwerkraft erzeugt und deren zentrale Kugel einen Wohnbereich beherbergt. Die Anbauflächen für Pflanzen befinden sich in den „Reifen". Mithilfe von Spiegeln wird Sonnenlicht in die Wohn- und Anbaubereiche reflektiert. Die großen, flachen Paneele strahlen überschüssige Hitze in den Weltraum ab und Solarmodule erzeugen Elektrizität. An den Enden der langen Röhre in der Mitte befinden sich Andockstationen für Raumschiffe und Produktionsstätten.

OBEN Die Möglichkeit des automatisierten Ressourcenabbaus im Weltraum wirft die Frage auf, ob die Anwesenheit von Menschen überhaupt notwendig ist. Links ist Robonaut 2, ein geschickter humanoider Roboter, der menschliche Astronauten vielleicht ersetzen könnte.

RECHTS In dieser Idee einer Bernal-Sphäre im Weltraum ähnelt der Innenbereich der Bay Area von San Francisco. Das ist kein Zufall, da die von der NASA-finanzierten Projektstudien zu Weltraumkolonien im Ames Research Center in der Bay Area stattfanden. In dieser idyllischen Darstellung des Inneren eines rotierenden Weltraumhabitats gibt es sogar einen Hängegleiter in der Mitte der Sphäre, wo Schwerelosigkeit herrschen würde.

„Statt auf der Oberfläche eines Planeten würden die Siedler in gigantischen zylindrischen oder kugelförmigen Bauten wohnen. In jeder dieser Biosphären gäbe es eine atembare Atmosphäre sowie alles, was für die Erhaltung von Nutzpflanzen und Leben nötig ist. Mithilfe von Rotation könnte eine künstliche Schwerkraft erzeugt werden."

INTERSTELLARE ERKUNDUNG: NACH DEM JAHR 2100

Die Faszination, die von einer Erkundung des Weltraums jenseits unseres Sonnensystems ausgeht, lässt uns über die Möglichkeiten spekulieren. Tatsache ist jedoch, dass eine solche Reise noch in ferner Zukunft liegt.

Die Distanzen zwischen den Sternen sind gigantisch – selbst das Sternsystem, das der Erde am nächsten liegt, ist 4,3 Lichtjahre entfernt. Darum sind die Aussichten, den interstellaren Raum zu erkunden, verschwindend gering. Nichtsdestotrotz bleibt der Wunsch, irgendwann einmal nahe und ferne Sterne besuchen zu können. Die Methoden, dorthin zu gelangen, sind der Stoff der Science-Fiction – etwa der „Warp-Antrieb" aus *Star Trek* oder der Kälteschlaf aus dem Film *Avatar*. Manchmal wird dieser jedoch auch zum Gegenstand ernsthafter technologischer Forschung.

Im Jahr 2010 finanzierte beispielsweise das US-Verteidigungsministerium in Zusammenarbeit mit der NASA das Projekt „100 Year Starship", das „die nächste Generation von Technologien für die bemannte interstellare Raumfahrt" erforschen sollte. Geleitet wurde das inspirierende Experiment von der Dorothy Jemison Foundation for Excellence, Icarus Interstellar und der Foundation for Enterprise Development. Auf mehreren Konferenzen wurde über die Möglichkeiten verschiedener Arten von Antriebssystemen, Methoden der Aufrechterhaltung eines jahrhundertelangen künstlichen Tiefschlafs sowie die Aussichten auf Mehrgenerationen-Raumschiffe diskutiert. Einige der Forschungsteams arbeiten sogar an der Entwicklung von Technologien für das Projekt.

Zwar existiert noch keine davon, aber vier Methoden könnten das Reisen jenseits des Sonnensystems eines Tages ermöglichen:

- Eine Fortbewegung mit Überlichtgeschwindigkeit, also schneller als 300 000 Kilometer pro Sekunde, etwa durch den Hyperraum, Wurmlöcher oder mithilfe eines neuartigen Antriebssystems.
- Eine Art künstlicher Tiefschlaf, in dem Menschen die extrem langen Flüge zwischen den Sternen überdauern könnten.
- Die Verlängerung der menschlichen Lebenszeit durch technische oder biologische Modifikation.
- Die Konstruktion von Generationen-Raumschiffen – eine Art Arche Noah im Weltraum, in der Menschen über mehrere Jahrhunderte hinweg leben könnten, während sie mit Unterlichtgeschwindigkeit unterwegs zu einem anderen Stern sind.

Diese Schwierigkeiten des interstellaren Reisens könnten durchaus überwunden werden. Die praktische Umsetzung ist aber enorm aufwendig und erfordert Technologien, die weitaus fortschrittlicher sind als die Raketen, die bisher unsere Raumfahrzeuge gestartet haben. Vielleicht wird die Wissenschaft eines Tages diese Probleme lösen, aber höchstwahrscheinlich nicht in diesem Jahrhundert.

RECHTS Ein hypothetisches Raumschiff nutzt einen Induktionsring für „negative Energie", um fast mit Lichtgeschwindigkeit durch ein schwarzes Loch zu fliegen. Negative Energie ist ein mysteriöses Konzept aus der Quantenmechanik, das Gravitation, Kernspaltung und andere Kräfte umfasst. Ihre Nutzung könnte eines Tages – in ferner Zukunft weit nach dem 21. Jahrhundert – die interstellare Raumfahrt ermöglichen.

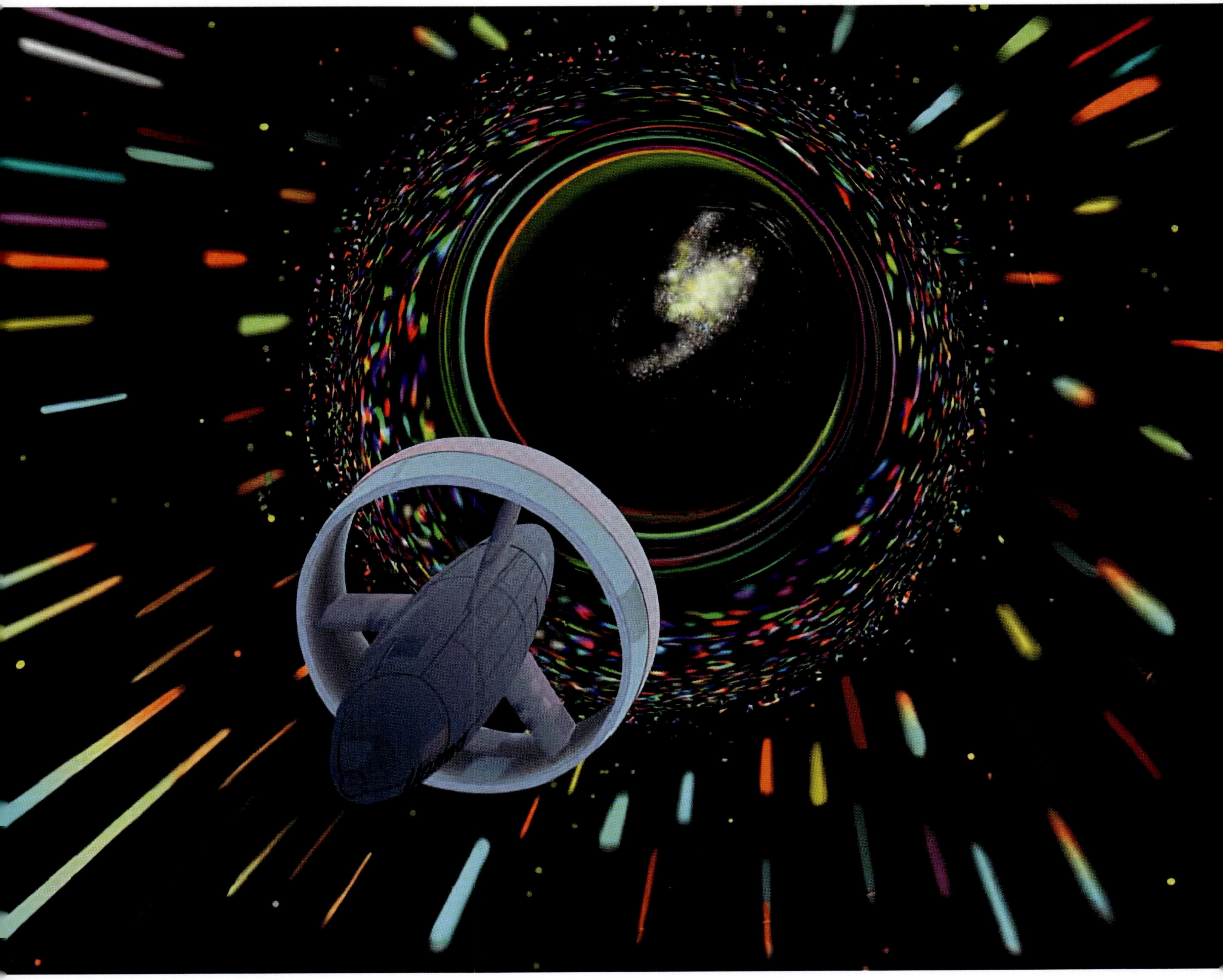

„Die praktische Umsetzung ist enorm aufwendig und erfordert Technologien, die weitaus fortschrittlicher sind als die Raketen, die bisher unsere Raumfahrzeuge ins All geschossen haben.“

Ein Antimaterie-Raumschiff nutzt die Energie, die bei der Reaktion zwischen Antimaterie und Materie entsteht – der sogenannten Annihilation. Die Effizienz beträgt 100 Prozent, da die gesamte Masse in Energie umgewandelt wird, wodurch 1000-mal mehr Energie erzeugt wird als bei der Kernspaltung. Diese immensen Energiemengen könnten den Menschen eines Tages das Reisen zu anderen Sternen ermöglichen. Bisher ist diese Art des Antriebs jedoch reine Theorie.

„Die Distanzen zwischen den Sternen sind gigantisch – selbst das Sternsystem, das der Erde am nächsten liegt, ist 4,3 Lichtjahre entfernt. Darum sind die Aussichten, den interstellaren Raum zu erkunden, verschwindend gering. Nichtsdestotrotz bleibt der Wunsch, irgendwann einmal nahe und ferne Sterne besuchen zu können."

REGISTER

Kursive Seitenzahlen verweisen auf Abbildungen.

DANKSAGUNG

Wenn Autoren ein Buch schreiben, bedienen sie sich an den Ideen anderer. Ich bedanke mich bei den Mitarbeitern des NASA History Office und den Historikern der ESA und anderer nationaler Raumfahrtbehörden, die mir bei meinen Recherchen halfen und Fehler korrigierten. Vielen Dank an Emma Harverson für die Betreuung dieser Arbeit; Katie Crous für das Lektorat; Gemma Wilson und das Team von Quarto für die Produktion; und Carolyn Gleason und Smithsonian Books für ihre Unterstützung.

Vor allem danke ich Andrew K. Johnston, mit dem ich den *Smithsonian Atlas of Space Exploration* (2009) schrieb. Darin ging es um die Erkundung des Sonnensystems und die wichtigsten Missionen. Wir zeigten eine Übersicht über die Startplätze auf der ganzen Welt und stellten viele Raumfahrt-Einrichtungen auf der Erde vor. Einige der Karten wurden für das vorliegende Werk überarbeitet und wiederverwendet.

Ich bedanke mich bei folgenden Personen, die mir auf vielfältige Weise geholfen haben: Daniel Adamo, Erik Conway, David H. DeVorkin, James Rodger Fleming, Jim Green, G. Michael Green, Wes Huntress, Dennis R. Jenkins, W. Henry Lambright, Jennifer Levasseur, John M. Logsdon, Howard E. McCurdy, Valerie Neal, Allan A. Needell, Michael J. Neufeld, Brian Odom, Asif A. Siddiqi und Margaret Weitekamp. Mein größter Dank gehört den Frauen in meinem Leben: meiner Frau Monique Laney und meinen Töchtern Dana und Sarah Launius. Sie alle würden nicht jeder Idee und Beobachtung in diesem Buch zustimmen, aber ich hoffe, sie halten es für einen nützlichen Wissensüberblick über das Universum.

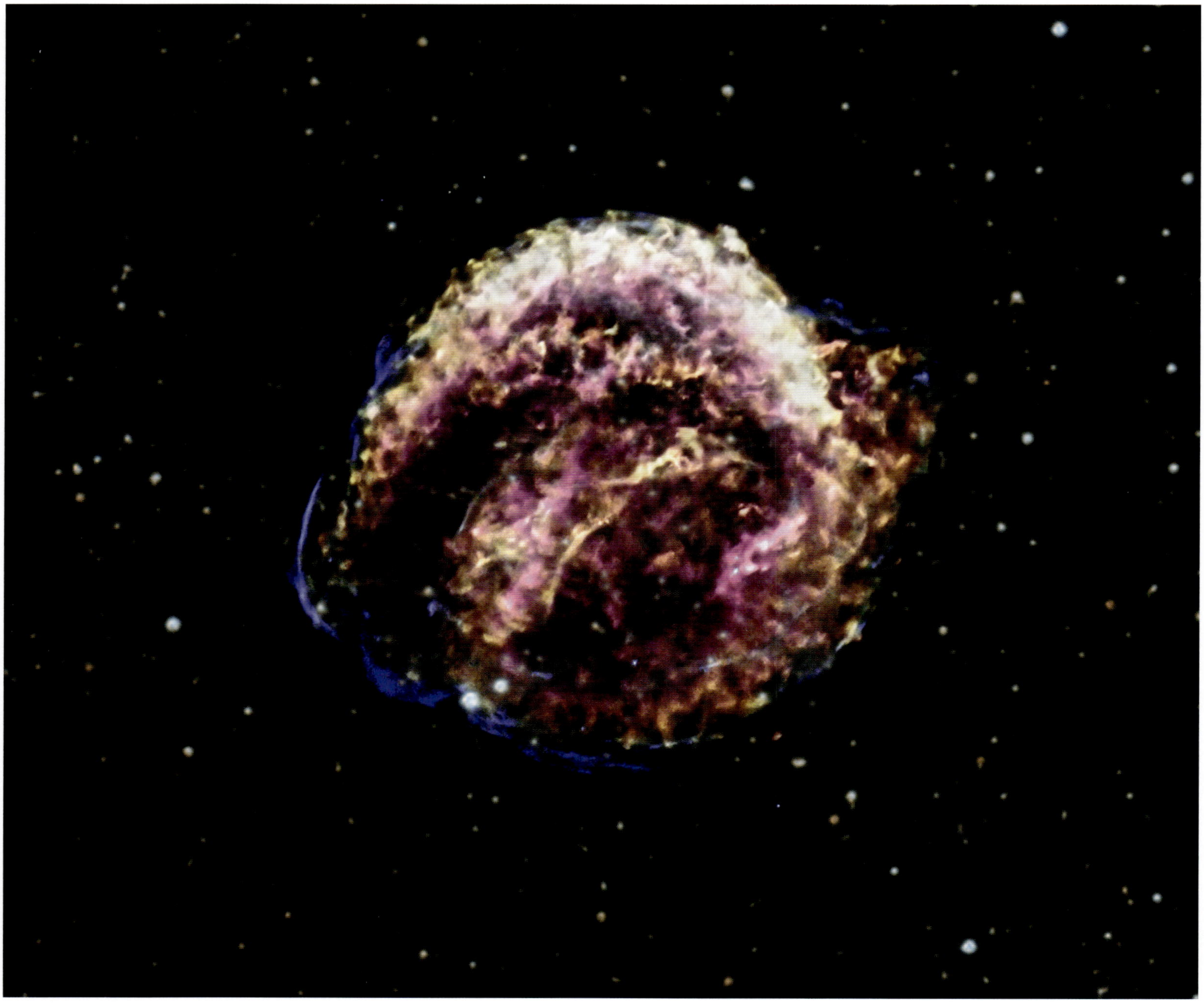

BILDNACHWEIS

Die Bilder auf den unten angeführten Seiten wurden mit freundlicher Genehmigung der Eigentümer reproduziert. Die Herausgeber haben alles getan, um die Eigentümer zu kontaktieren und entschuldigen sich für jede unbeabsichtigte Urheberrechtsverletzung. Einzelne Nachweise sind wie folgt :(**o=oben, u=unten, l=links, m=Mitte, r=rechts**):

Buchrückseite: (oben) ESO/M. Kornmesser; (Mitte) NASA/JPL; (unten) NASA, ESA und J. Olmsted (STScl).
Vor- und Nachsatz: NASA.

10–11 NASA, ESA, CSA und STScl. **12** Mark Garlick/Science Photo Library. **13** DATEN: NASA, ESA, CSA, Olivia C. Jones (UK ATC), Guido De Marchi (ESTEC), Margaret Meixner (USRA). BILDVERARBEITUNG: Alyssa Pagan (STScl), Nolan Habel (USRA), Laura Lenkić (USRA), Laurie E. U. Chu (NASA Ames). **14–15** NASA, ESA, CSA, STScl, Webb ERO Production Team. **16** NYPL/Science Source/Science Photo Library. **17** Purchase, Fletcher Fund and Joseph E. Hotung and Michael and Danielle Rosenberg Gifts, 1989. The Metropolitan Museum of Art, New York, 1989.140. **18l** Library of Congress, Washington D.C. **18r** Adler Planetarium and Astronomy Museum. **19o** National Archaeological Museum, Athens/ Photo: Tilemahos Efthimiadis, via Flickr (CC BY 2.0). **19u** Tony Freeth, 2020, nach Freeth, T., Higgon, D. et al. *A Model of the Cosmos in the ancient Greek Antikythera Mechanism*. Sci Rep 11, 5821 (2021) https://doi.org/10.1038/s41598-021-84310-w. **20–21** NASA, ESA, CSA, STScl. **22–23** Bibilotèque Nationale de France, Paris. **24l** Smithsonian Libraries, Digital Collections (PDM). **24r** Smithsonian Libraries and Archives, Washington D.C., SI-A-56122. **25o, 25u** Nach Karte aus: *Smithsonian Atlas of Space Exploration* (2009), Hintergrund Shutterstock/alexkoral. **26–27** NASA. **28** Marco Giannini. **29ol** Mit Genehmigung des NASA-Programms Gravity Probe B der Stanford University /Text bearbeitet von Quarto Publishing plc. **29or** NASA. **29u** Ferdinand Schmutzer / Wikipedia. **30–31** ESA/Webb, NASA & CSA, J. Rigby (CC BY 4.0). **32** Bild aus Edwin P. Hubble Papers, Huntington Library, San Marino, Kalifornien. **33** Mit Genehmigung der Carnegie Institution for Science. **34l** Wikicommons. **34–35** David (Deddy) Dayag, **36–37** NASA, ESA, Leah Hustak (STScl)/Text bearbeitet von Quarto Publishing plc. **38–39** NASA/STScl/CEERS/TACC/S. Finkelstein/M. Bagley/Z. Levay. **40–41** Elisabeth Roen Kelly. **42–43** NASA, ESA, Ann Feild (STScl) und Adam Riess (STScl/JHU)/Text bearbeitet von Quarto Publishing plc. **44–45** NASA, ESA, Adam G. Riess (STScl, JHU)/Layout bearbeitet von Quarto Publishing plc. **46** M. Blanton und Sloan Digital Sky Survey. Copyright © 2010-2013 SDSS-III/Text bearbeitet von Quarto Publishing plc. **47o** NASA/JPL-Caltech/A. Kashlinsky (GSFC)/Text bearbeitet von Quarto Publishing plc. **47u** NASA / WMAP Science Team. **48l** NASA/ Science Photo Library. **48r** European Space Agency/Planck. **49** NASA/JPL-Caltech/ESA/Text bearbeitet von Quarto Publishing plc. **50** NASA GSFC/CIL/Adriana Manrique Gutierrez. **51** NASA/Goddard/Chris Gunn. **52–53** Bild: NASA, ESA, CSA/Bildbearbeitung: Anton M. Koekemoer und Joseph DePasquale (STScl). **54** Royal Astronomical Society/Science Photo Library. **55o** NASA/ESA/CSA/T. Treu, UCLA/NAOJ/ J. Zavala/ T. Bakx, Nagoya University/Text bearbeitet von Quarto Publishing plc. **55u** C. Mullis et al./Text bearbeitet von Quarto Publishing plc. **56–57** DATEN: NASA, ESA, CSA, Tommaso Treu (UCLA)/ IMAGE PROCESSING: Zolt G. Levay (STScl) / Text bearbeitet von Quarto Publishing plc. **58** NASA, ESA, CSA, M. Zamani (ESA/Webb). **59** ESA-C. Carreau. **60–61** NASA, ESA, CSA und STScl. **62** Mit Genehmigung der Carnegie Institution for Science. **63o** NASA/JPL-Caltech. **63u** jivacore/ Shutterstock.com; Alexander Owen/Shutterstock.com; Alex Mit/Shutterstock.com. **64** NASA, ESA, D. Coe (NASA Jet Propulsion Laboratory/California Institute of Technology und Space Telescope Science Institute), N. Benitez (Astrophysikalisches Institut Andalusien, Spanien), T. Broadhurst (Universität des Baskenlandes, Spanien) und H. Ford (Johns Hopkins University). **65** NASA, ESA und M. Montes (University of New South Wales, Sydney, Australien). **66–67** ESA/Hubble & NASA, R. Tully SA/Hubble & NASA, R. Tully (Gagandeep Anand). **68** NASA, ESA. **69** NASA Goddard Space Flight Center. **70–71** Elisabeth Roen Kelly. **72–73** NASA, ESA und J. Olmsted (STScl). **74–75** Hubble – NASA, ESA, K. Kuntz (JHU), F. Bresolin (University of Hawaii), J. Trauger (Jet Propulsion Lab), J. Mould (NOAO), Y.-H. Chu (University of Illinois, Urbana) und STScl; CFHT – Canada-France-Hawaii Telescope/J.-C. Cuillandre/Coelum; NOAO – G. Jacoby, B. Bohannan, M. Hanna/NOAO/ AURA/NSF. 77 NASA/JPL-Caltech/R. Hurt (SSC/Caltech)/ Text bearbeitet von Quarto Publishing plc. **78o** ESA/Gaia/DPAC, CC BY-SA 3.0 IGO. **78u** NASA/ESA/ JPL-Caltech/Conroy et. al. 2021. **79o** NASA/ESA/J. Dalcanton, B.F. Williams und M. Durbin (University of Washington). **79u** ESA/NASA/JPL-Caltech/GBT/WSRT/IRAM/C. Clark (STScl). **80–81** Copyright © Robert Gendler/ESO. **82–83** Illustration: NASA, ESA, Z. Levay und R. van der Marel (STScl), T. Hallas und A. Mellinger. **84o** NASA, ESA, CSA und STScl. **84u** ESA/ATG medialab. **85** ESA/Webb, NASA & CSA, P. Kelly / Text bearbeitet von Quarto Publishing plc. **86l** Spencer Sutton/Science History Images / Alamy Stock Photo (Details). **86–87** Hubble – NASA, ESA, K. Kuntz (JHU), F. Bresolin (University of Hawaii), J. Trauger (Jet Propulsion Lab), J. Mould (NOAO), Y.-H. Chu (University of Illinois, Urbana) und STScl; CFHT – Canada-France-Hawaii Telescope/J.-C. Cuillandre/Coelum; NOAO – G. Jacoby, B. Bohannan, M. Hanna/NOAO/ AURA/NSF. **88–89** NASA's Goddard Space Flight Center/ESO/JPL-Caltech/DSS. **90–91** NASA/JPL-Caltech/SSC. 91 ESA/ Hubble & NASA. Dank an: Judy Schmidt. **92–93** NASA/JPL-Caltech/SSC. **94–95** ESA/Hubble & NASA, J. Lee. Dank an: Leo Shatz. **96l** NASA. **96r** NASA. **97** ESA/Hubble & NASA, J. Bally, M. Robberto. **98** Wikimedia Commons. **99** NASA/JPL-Caltech/GSFC/JAXA. **100–101** Chandra X-ray Center/Text bearbeitet von Quarto Publishing plc. **102** NASA, ESA, Hubble Heritage Team (STScl/AURA) und J. Hester und P. Scowen (Arizona State University). **103** NASA, ESA, Hubble Heritage Team (STScl/AURA) und J. Hester und P. Scowen (Arizona State University). **104** Daten: NASA, ESA, CSA, STScl. Bildbearbeitung: Joseph DePasquale (STScl), Anton M. Koekemoer (STScl), Alyssa Pagan (STScl). **105** ESO/M. Kornmesser. **106–107** ESA/Webb, NASA, CSA, T. Ray (Dublin Institute for Advanced Studies). **108** Röntgen: NASA/CXC/SAO; optisch: NASA/STScl, Palomar Observatory, DSS; Radio: NSF/NRAO/VLA; H-alpha: LCO/IMACS/MMTF. **108–109** Röntgen: NASA/CXC/Dublin Inst. Advanced Studies/S. Green et al.; Infrarot: NASA/JPL/Spitzer. **110** NASA, ESA, CSA, STScl. **111** NASA, ESA, CSA, STScl und Webb ERO Production Team. **112** National Gallery, Prag/Fine Art Images/Heritage Images/ Getty Images. **113o** Röntgen: NASA/CXC/SAO/D. Patnaude; optisch: DSS. **113u** Röntgen: NASA/SAO/CXC; Infrarot: NASA/JPL-Caltech/A. Tappe & J. Rho. **114–115** NASA, ESA und Hubble Heritage (STScl/AURA)-ESA/ Hubble Collaboration. Dank an: Robert A. Fesen (Dartmouth College, USA) und James Long (ESA/Hubble) (CC BY 4.0). **116** NASA/CXC/SAO. **117** NASA, ESA, CSA, STScl, Webb ERO Production Team. **118–119** ESA/Webb, NASA, CSA, M. Barlow (UCL), N. Cox (ACRI-ST), R. Wesson. (Cardiff University). **120** NASA/JPL-Caltech (Details) /Text bearbeitet von Quarto Publishing plc. **121** NASA, ESA, W. Fong (Northwestern University) und T. Laskar (University of Bath, UK)/Text bearbeitet von Quarto Publishing plc. **122o** NASA/JPL-Caltech/Text bearbeitet von Quarto Publishing plc. **122u** ESA – C. Carreau. **122–123** Event Horizon Telescope Collaboration. **124l, 124m, 125** NASA/C. Henze. **126** NASA. **127** NASA. **128** MSFC-0102550 ASA/Marshall Space Flight Center)/ Text bearbeitet von Quarto Publishing plc. **131o** MSFC-9134213. **131or** Dr. Seth Shostak/Science Photo Library. **132** NASA/CXC. **133** NASA/JPL. **134** ESA/Gaia/DPAC (CC BY-SA 3.0 IGO). **135** Elisabeth Roen Kelly. **136–137** Elisabeth Roen Kelly. **138–139** © ESA/AOES Medialab (STScl/ESA)/Text bearbeitet von Quarto Publishing plc. **140–141** Beobachtungssatelliten (aktualisiert 2023) © European Space Agency—ESA (CC BY-SA 3.0 IGO)/Text bearbeitet von Quarto Publishing plc. **141u** NASA. **142** Ursprünglich erstellt für *Smithsonian Atlas of Space Exploration*, 2009. **143o** ESA, NASA, M. Kornmesser (ESA/Hubble) und STSc. **143u** NASA. **144** NASA/ JPL-Caltech/Text bearbeitet von Quarto Publishing plc. **145** NASA/JPL-Caltech. **146–147** Elisabeth Roen Kelly. **148–149** NASA, ESA und M. Kornmesser (ESO). **150** Andrew Clegg, NSF. **151ol** NASA. **151or** NASA. **151ul** NASA. **151ur** Dr. Seth Shostak/Science Photo Library. **152–153** NASA/ESA/STScl. **154–155** NASA, ESA und G. Bacon (STScl). **156** Nationalarchiv, Niederlande/Anefo – Joop van Bilsen (Detail). **157o** NASA/JPL-Caltech. **157u** NASA/JPL-Caltech/JHUAPL. **158o** Everett Collection Historical/Alamy Stock Photo. **158u** NASA/Text bearbeitet von Quarto Publishing plc. **159u** Marco Giannini, nach einer Karte aus: *Smithsonian Atlas of Space Exploration* (2009). **159u** Europäische Südsternwarte. **160–161** NASA/ESA/STScl. **162–163** Elisabeth Roen Kelly. **164o** Science History Images/Alamy Stock Photo. **164u** NASA, ESA und M. Showalter (SETI Institute), Detail. **165** NASA/Johns Hopkins University Applied Physics Laboratory/Southwest Research Center/Chandra X-Ray Center. **166** NASA/Joel Kowsky. **167o** Johns Hopkins University Applied Physics Laboratory/Southwest Research Institute (JHUAPL/SwRI). **167u** NASA. **168** NASA/Johns Hopkins University Applied Physics Laboratory/Southwest Research Institute/Text bearbeitet von Quarto Publishing plc. **169** Johns Hopkins University Applied Physics Laboratory/Southwest Research Institute (JHUAPL/SwRI). **170** NASA/Text bearbeitet von Quarto Publishing plc. **171** Caltech (Details). **172** NASA. **173o** Nach einer Karte aus: *Smithsonian Atlas of Space Exploration* (2009). **173u** NASA. **174** NASA/JPL-Caltech/Text bearbeitet von Quarto Publishing plc. **175o** Nach einer Karte aus: *Smithsonian Atlas of Space Exploration* (2009). **175u** NASA/JPL-Caltech. **176–177** Elisabeth Roen Kelly. **178–179** NASA/JPL. **179o** NASA/JPL. **180** Marco Giannini, nach einer Karte aus: *Smithsonian Atlas of Space Exploration* (2009). **181** NASA/JPL. **182ol** NASA/JPL/ Universities Space Research Association/Lunar & Planetary Institute. **182ml** NASA/JPL. **182or** David Hardy/ Science Photo Library. **182u** Marco Giannini, nach einer Karte aus: *Smithsonian Atlas of Space Exploration* (2009). **183** Nach einer Karte aus: *Smithsonian Atlas of Space Exploration* (2009). **184** NASA/JPL. **185** NASA/ JPL/STSci. **186o** NASA/JPL. **186m** NASA/JPL. **186u** NASA/JPL. **187o** NASA/JPL. **187u** NASA/JPL/USGS. **188o** NASA/JPL. **188u** NASA/JPL-Caltech/Text und Layout bearbeitet von Quarto Publishing plc. **189o** Marco Giannini, nach einer Karte aus: *Smithsonian Atlas of Space Exploration* (2009). **189u** NASA/JPL/STScl. **190** NASA. **191** NASA. **193o** Nach einer Karte aus: *Smithsonian Atlas of Space Exploration* (2009). **193u** Marco Giannini, nach einer Karte aus: *Smithsonian Atlas of Space Exploration* (2009). **194o** NASA/JPL-Caltech. **194u** NASA/JPL-Caltech. **195o** NASA/JPL-Caltech. **195u** NASA/JPL-Caltech/USGS. **196–197** NASA/JPL-Caltech. **198ol** NASA. **198or** NASA. **199** NASA, ESA. **200** NASA. **201** Marco Giannini, nach einer Karte aus: *Smithsonian Atlas of Space Exploration* (2009). **202** NASA. **203o** Marco Giannini, nach einer Karte aus: *Smithsonian Atlas of Space Exploration* (2009). **203u** NASA/JPL-Caltech/SwRI/MSSS. Bildbearbeitung von Thomas Thomopoulos © CC BY. **204–205o** NASA. **204u** NASA/JPL. **205** NASA/JPL. **206** Daten: Geronimo Villanueva (NASA-GSFC). Illustration: NASA, ESA, CSA, STScl, Leah Hustak (STScl)/Text und Layout bearbeitet von Quarto Publishing plc. **207** NASA, ESA, CSA, Jupiter ERS Team; Bildbearbeitung von Ricardo Hueso (UPV/EHU) und Citizen Scientist Judy Schmidt/Text bearbeitet von Quarto Publishing plc. **208** NASA, ESA und (Vesta) L. McFadden (University of Maryland) und (Ceres) J. Parker (Southwest Research Institute)/Text bearbeitet von Quarto Publishing plc. **209o** NASA/ESA/Giotto Project. **209u** Marco Giannini, nach einer Karte aus: *Smithsonian Atlas of Space Exploration* (2009). **210ol** NASA/JPL. **210or** NASA/JPL. **211** Marco Giannini, nach einer Karte aus: *Smithsonian Atlas of Space Exploration* (2009). **212** NASA/JPL-Caltech. **213o** NASA/JPL. **213u** Marco Giannini, nach einer Karte aus: *Smithsonian Atlas of Space Exploration* (2009). **214l** NASA/ Goddard/University of Arizona. **214r** NASA/Keegan Barber. **215o** NASA. **215u** NASA/JPL/JHUAPL. **216** NASA/ Johns Hopkins APL/Steve Gribben. **217o** JAXA/Illustration von Akihiro Ikeshita. **217u** NASA. **218–219** NASA. **220–221** NASA/JSC/Terry Virts. **222** NASA, ESA, Zolt G. Levay (STScl). **223** NASA/JHUAPL/ESA/MPS/UPD/ LAM/IAA/RSSD/INTA/UPM/DASP/IDA. **224** Detlev van Ravenswaay/Science Photo Library. **225** NASA/JPL/ USGS. **226** University of California Libraries. **227o** U.S. Air Force/Lunar and Planetary Institute/Text bearbeitet von Quarto Publishing plc. **227u** Detlev van Ravenswaay/Science Photo Library. **228–229** Science History Images/Alamy Stock Photo. **230ol** NASA/Jet Propulsion Laboratory-Caltech. **230or** NASA/JPL-Caltech/Dan Goods. **230ul** NASA/JPL-Caltech/Dan Goods. **230ur** NASA/NSSDC/Mariner 4. **231o** NASA/JPL. **231u** Übermittelt von der NASA. **232-233** NASA/JPL-Caltech/University of Arizona. **234-235** NASA/JPL. **234o** NASA/JPL. **234u** NASA/JPL. **235u** NASA/Text bearbeitet von Quarto Publishing plc. **236-237** NASA/JPL. **237u** NASA/JPL. **238** NASA/JPL. **239o** NASA/JPL-Caltech/Cornell. **239u** NASA/JPL-Caltech/MSSS. **240** NASA/ JPL-Caltech/Text bearbeitet von Quarto Publishing plc. **240ol** NASA/JPL-Caltech/Text bearbeitet von Quarto Publishing plc. **241ur** NASA/JPL-Caltech/MSSS. **241ul** NASA/JPL-Caltech. **240–241** NASA/JPL-Caltech/Cornell University. **242–243** NASA/JPL-Caltech/Text bearbeitet von Quarto Publishing plc. **244o** NASA/HRSC FUB/ DLR/ESA **245o** NASA/JPL-Caltech/University of Arizona **244–255** NASA/JPL-Caltech. **246o** NASA/ JPL-Caltech/MSSS/Text bearbeitet von Quarto Publishing plc. **247o** NASA/JPL-Caltech/MSSS. **246-247** NASA/ JPL-Caltech/MSSS. **248o** NASA/JSC/Stanford University. **248u** NASA/JSC/Stanford University. **249o** Julian Baum/Science Photo Library. **249ul** NASA/JPL/MSSS. **249ur** NASA/JPL/MSSS. **250** NASA/JPL/Text bearbeitet von Quarto Publishing plc. **251** NASA/JPL-Caltech. **252** NASA/JPL. **253o** NASA/Grafik von Michael Carroll/ Text bearbeitet von Quarto Publishing plc. **253u** Arizona State University/Ron Miller. **254o** NASA/JPL. **254u** NASA/JPL/MSSS. **254–255** Marco Giannini, nach einer Karte aus: *Smithsonian Atlas of Space Exploration* (2009). **255** NASA/Grafik von Michael Carroll/Text bearbeitet von Quarto Publishing plc. **256–257** NASA/ JPL-Caltech/University of Arizona. **258o** NASA/ESA/JPL-Caltech. **258u** NASA/JPL-Caltech. **259–261** Elisabeth Roen Kelly. **262** NASA. **263ol** NASA. **263or** NASA. **263u** NASA/Text bearbeitet von Quarto Publishing plc. **264ol** NASA. **264or** NASA. **264u** Nach einer Karte aus: *Smithsonian Atlas of Space Exploration* (2009). **265** nach einer Karte aus: *Smithsonian Atlas of Space Exploration* (2009). **266** NASA/JPL-Caltech. Nach einer Karte aus: *Smithsonian Atlas of Space Exploration* (2009). **267o** Detlev van Ravenswaay/Science Photo Library. **268** BDMO/NASA/Lunar and Planetary Institute/Text bearbeitet von Quarto Publishing plc. **269l** NASA. **269or** NASA/Text bearbeitet von Quarto Publishing plc. **270o** China National Space Administration/ Xinhua/Alamy Stock Photo. **270u** Marco Giannini, nach einer Karte aus: *Smithsonian Atlas of Space Exploration* (2009). **271** NASA/Wikipedia. **272** NASA. **273o** NASA/MSFC/Text bearbeitet von Quarto Publishing plc. **273u** NASA/MSFC/Text bearbeitet von Quarto Publishing plc. **274** NASA. **275o** NASA. **275u** NASA. **276o** Nach einer Karte aus: *Smithsonian Atlas of Space Exploration* (2009). **276u** NASA/GSFC/Arizona State University/Text bearbeitet von Quarto Publishing plc. **277** NASA. **278–279** NASA/Wikipedia. **280o** NASA. **280u** NASA. **281** NASA/U.S. Geological Survey/Lunar and Planetary Institute. **282o** NASA. **282u** Nach einer Karte aus: *Smithsonian Atlas of Space Exploration* (2009). **283o** NASA. **283u** NASA. **284o** NASA. **284u** Nach einer Karte aus: *Smithsonian Atlas of Space Exploration* (2009). **286** NASA. **286o** Nach einer Karte aus: *Smithsonian Atlas of Space Exploration* (2009). **286-287** NASA/GSFC/Arizona State University. **287ur** NASA/ GSFC/Arizona State University. **290-291** Elisabeth Roen Kelly. **293** NASA. **294ol** NASA/Text bearbeitet von Quarto Publishing plc. **294or** NASA/Rye Livingston. **295o** NASA Goddard Space Flight Center; Abb. erstellt von Eric R. Nash, NASA/GSFC SSAI und Paul A. Newman, NASA/GSFC, Ozone Hole Watch/Text bearbeitet von Quarto Publishing plc. **295u** NASA, Jacques Descloitres, MODIS Rapid Response Team des NASA GSFC. **296ol** NASA/Rye Livingston. **296or** NASA. **296u** NASA/JPL. **297o** NASA. **297o** NASA/JPL. **298** NASA/USGS/ Landsat 5. **299** NASA. **300** NASA/Goddard Space Flight Center Scientific Visualization Studio; Blue Marble – Daten mit Genehmigung von Reto Stockli (NASA/GSFC)/Text bearbeitet von Quarto Publishing plc. **301o** NASA Earth Observatory – Bild von Michala Garrison, aus MODIS-Daten von NASA EOSDIS LANCE und GIBS/ Worldview. **301u** NASA's Scientific Visualization Studio, Erklärung und Titel von Uploader (Eric Fisk). **302–303** NASA/Kjell Lindgren. **304–305** © ESA (CC BY-SA 3.0 IGO)/Text bearbeitet von Quarto Publishing plc. **306l** NASA/GSFC/METI/ERSDAC/JAROS und U.S./Japan ASTER Science Team. **306r** NASA. **307ol** NASA. **307or** Bild mit Genehmigung von Shigeru Suzuki und Eric M. De Jong, Solar System Visualizaiton Project, NASA JPL. **307u** NASA. **308o** NASA/Goddard Space Flight Center Scientific Visualization Studio. **308u** NASA. **309** NASA Earth Observatory – Bild von Joshua Stevens, Daten aus Suomi NPP VIIRS von Miguel Román, NASA Goddard Space Flight Center. **310–311** © ESA (CC BY-SA 3.0 IGO). **314** NASA/JPL. 315 NASA/JPL-Caltech. **316** NASA/JPL. **317o** NASA/JPL. **317u** NASA/JPL-Caltech. **318–319** NASA/JPL. **320o** NASA/JPL. **320u** NASA/JPL. **321** NASA/JPL/USGS. **322o** NASA/JPL-Caltech. **322u** NASA/Johns Hopkins University Applied Physics Laboratory. **323o** NASA/JAXA. **323u** NASA/JPL/APL/NRL. **324** European Space Agency (ESA)/AEOS Medialab /Science Photo Library. **325** Detlev van Ravenswaay/Science Photo Library. **326–327** Elisabeth Roen Kelly. **328** NASA/Johns Hopkins University Applied Physics Laboratory/Carnegie Institution of Washington. **329ol** NASA/JPL. **329om** NASA/GRC. **329or** NASA/GRC. **329u** NASA/JPL/Text bearbeitet von Quarto Publishing plc. **330–331** NASA/Johns Hopkins University Applied Physics Laboratory/Carnegie Institution of Washington. **332o** NASA/Johns Hopkins University Applied Physics Laboratory/Carnegie Institution of Washington. **332u** NASA/Johns Hopkins University Applied Physics Laboratory/Carnegie Institution of Washington. **333o** ESA/ BepiColombo/MTM (CC BY-SA 3.0 IGO)/Text bearbeitet von Quarto Publishing plc. **333u** ESA/ATG medialab. **334o** NASA/Johns Hopkins University Applied Physics Laboratory/Carnegie Institution of Washington. NASA/ Johns. **334u** Hopkins University Applied Physics Laboratory/Carnegie Institution of Washington/Byrne et al. **335** NASA/Johns Hopkins University Applied Physics Laboratory/Carnegie Institution of Washington. **336** NASA/SDO/AIA. **337o** NASA/JPL-Caltech/JAXA. **337u** NASA/GSFC/Solar Dynamics Observatory. **338** NASA Goddard Space Flight Center/Mary Pat Hrybyk-Keith. **339o** NASA Goddard Space Flight Center/S. Wiessinger. **339u** NASA/SDO/Steele Hill/Text bearbeitet von Quarto Publishing plc. **340–341** Elisabeth Roen Kelly. **342o** NASA/JPL-Caltech/GSFC. **342u** NASA/Goddard Space Flight Center/SDO. **343** NASA/Goddard/SDO. **344–345** Mark Garlick/Science Photo Library. **346–347** NASA/Pat Rawlings. **348–349** NASA. **350–351** NASA/JPL-Caltech. **352** NASA/Bill Ingalls. **353o** NASA. **353u** NASA. **354** NASA. **355o** NASA. **355u** NASA/Kim Shiflett. **356–357** NASA/Text bearbeitet von Quarto Publishing plc. **358o** NASA/Kim Shiflett. **358u** NASA/ Frank Michaux. **359** NASA/Josh Valcarcel. **360–361** Blue Origin. **362–263** P. Carril/European Space Agency. **364o** NASA. **364u** NASA/Pat Rawlings. **365** NASA/Pat Rawlings. **366–367** NASA Imagery S86-27256 (Juni 1986): Künstlerische Darstellung einer Mondbasis. **368–369** NASA/Ren Wick. **370** NASA. **371** NASA/Pat Rawlings/SAIC. **372o** NASA/Jack Frassanito and Assocs. **372u** NASA/Pat Rawlings/SAIC. **373** NASA/Pat Rawlings. **374–375** NASA. **376–377** David Hardy/Science Photo Library. **378** NASA/Pat Rawlings. **379o** NASA. **378u** NASA/Pat Rawlings. **380o** Victor Habbick/Science Photo Library. **380u** NASA. **381** NASA. **382–383** NASA/Text bearbeitet von Quarto Publishing plc. **384–385** Mark Garlick/Science Photo Library. **386–387** NASA/Rick Guidice. **388l** NASA. **388–389** NASA/Rick Guidice. **391** NASA. **392–393** Gregoire Cirade/Science Photo Library.

Titel der Originalausgabe: *Atlas of Space*

Ursprünglich 2024 herausgegeben von Quintessence Editions,
einem Imprint von The Quarto Group

Leitende Redakteurin: Eszter Karpati
Redakteurin: Emma Harverson
Assistenzredakteurin: Ella Whiting
Gestaltung: GRADE
Design: Transmission
Illustrationen: Elisabeth Roen Kelly und Marco Giannini
Art-Direktorin: Gemma Wilson
Bildrecherche: Sara Ayad
Produktionsleiter: David Hearn
Stv. Verlegerin: Eszter Karpati
Verlegerin: Lorraine Dickey

Übersetzung aus dem Englischen:
Nina Kavelar, Köln
Redaktion und Satz der deutschen Ausgabe:
Print Company Verlagsges.m.b.H., Wien

Gedrukt in China

ISBN: 978-94-6499-122-2

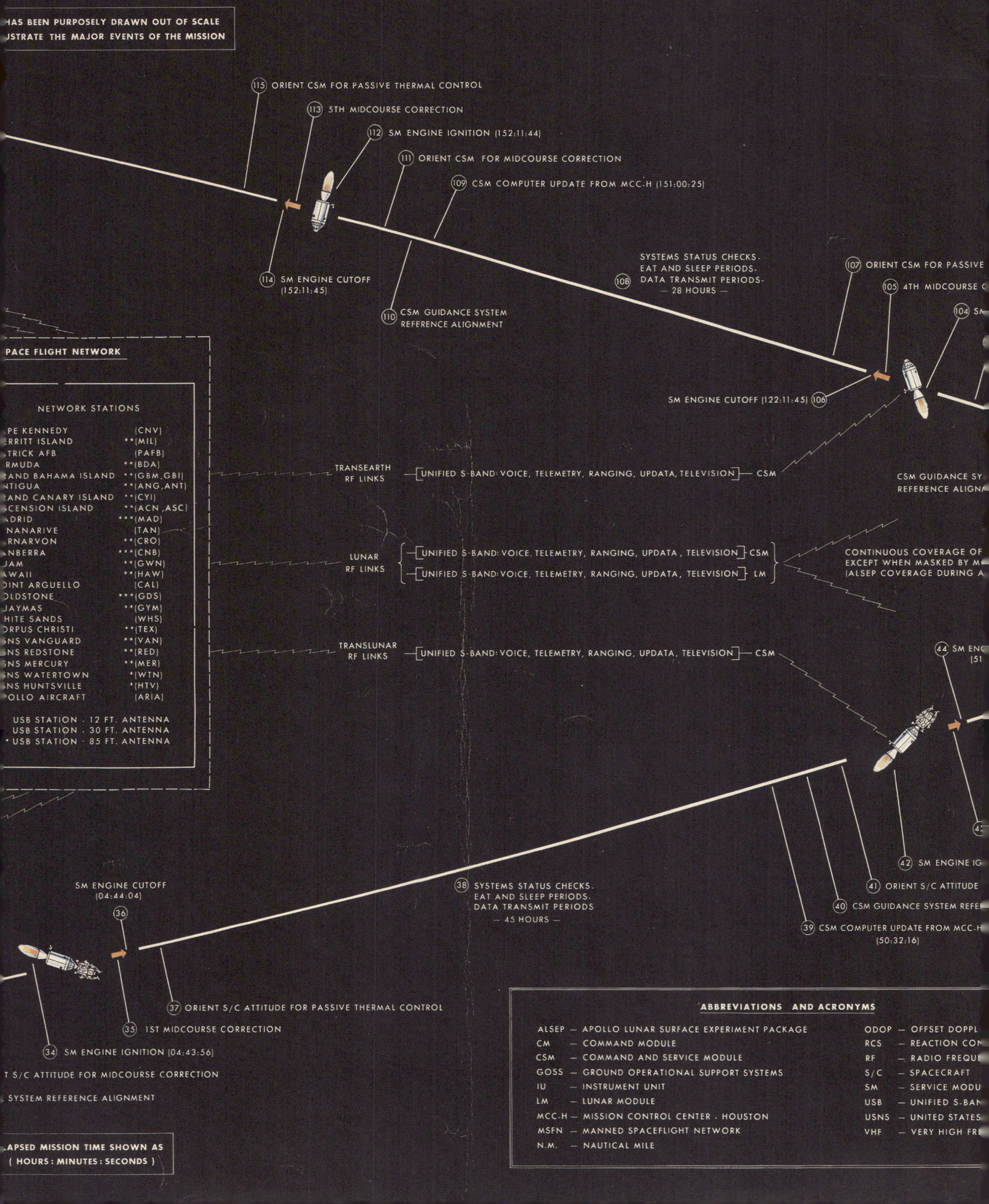

HAS BEEN PURPOSELY DRAWN OUT OF SCALE
USTRATE THE MAJOR EVENTS OF THE MISSION
115 ORIENT CSM FOR PASSIVE THERMAL CONTROL
113 5TH MIDCOURSE CORRECTION
112 SM ENGINE IGNITION (152:11:44)
111 ORIENT CSM FOR MIDCOURSE CORRECTION
109 CSM COMPUTER UPDATE FROM MCC-H (151:00:25)
114 SM ENGINE CUTOFF (152:11:45)
110 CSM GUIDANCE SYSTEM REFERENCE ALIGNMENT
108 SYSTEMS STATUS CHECKS. EAT AND SLEEP PERIODS. DATA TRANSMIT PERIODS - 28 HOURS -
107 ORIENT CSM FOR PASSIVE
105 4TH MIDCOURSE C
104 SM
SM ENGINE CUTOFF (122:11:45) 106
CSM GUIDANCE SY
REFERENCE ALIGN
PACE FLIGHT NETWORK
NETWORK STATIONS
PE KENNEDY (CNV)
ERRITT ISLAND **(MIL)
TRICK AFB (PAFB)
RMUDA **(BDA)
AND BAHAMA ISLAND **(GBM,GBI)
NTIGUA **(ANG,ANT)
AND CANARY ISLAND **(CYI)
CENSION ISLAND **(ACN,ASC)
ADRID ***(MAD)
NANARIVE (TAN)
RNARVON **(CRO)
NBERRA ***(CNB)
UAM **(GWN)
WAII **(HAW)
OINT ARGUELLO (CAL)
OLDSTONE ***(GDS)
UAYMAS **(GYM)
HITE SANDS (WHS)
ORPUS CHRISTI **(TEX)
SNS VANGUARD **(VAN)
SNS REDSTONE **(RED)
SNS MERCURY **(MER)
SNS WATERTOWN *(WTN)
SNS HUNTSVILLE *(HTV)
POLLO AIRCRAFT (ARIA)
USB STATION - 12 FT. ANTENNA
USB STATION - 30 FT. ANTENNA
* USB STATION - 85 FT. ANTENNA
TRANSEARTH RF LINKS
UNIFIED S-BAND: VOICE, TELEMETRY, RANGING, UPDATA, TELEVISION — CSM
LUNAR RF LINKS
UNIFIED S-BAND: VOICE, TELEMETRY, RANGING, UPDATA, TELEVISION — CSM
UNIFIED S-BAND: VOICE, TELEMETRY, RANGING, UPDATA, TELEVISION — LM
CONTINUOUS COVERAGE OF
EXCEPT WHEN MASKED BY M
(ALSEP COVERAGE DURING A
TRANSLUNAR RF LINKS
UNIFIED S-BAND: VOICE, TELEMETRY, RANGING, UPDATA, TELEVISION — CSM
44 SM ENG
(51
42 SM ENGINE IG
41 ORIENT S/C ATTITUDE
40 CSM GUIDANCE SYSTEM REFE
39 CSM COMPUTER UPDATE FROM MCC-H (50:32:16)
38 SYSTEMS STATUS CHECKS. EAT AND SLEEP PERIODS. DATA TRANSMIT PERIODS - 45 HOURS -
SM ENGINE CUTOFF (04:44:04) 36
37 ORIENT S/C ATTITUDE FOR PASSIVE THERMAL CONTROL
35 1ST MIDCOURSE CORRECTION
34 SM ENGINE IGNITION (04:43:56)
T S/C ATTITUDE FOR MIDCOURSE CORRECTION
SYSTEM REFERENCE ALIGNMENT
APSED MISSION TIME SHOWN AS
(HOURS : MINUTES : SECONDS)
ABBREVIATIONS AND ACRONYMS
ALSEP — APOLLO LUNAR SURFACE EXPERIMENT PACKAGE
CM — COMMAND MODULE
CSM — COMMAND AND SERVICE MODULE
GOSS — GROUND OPERATIONAL SUPPORT SYSTEMS
IU — INSTRUMENT UNIT
LM — LUNAR MODULE
MCC-H — MISSION CONTROL CENTER - HOUSTON
MSFN — MANNED SPACEFLIGHT NETWORK
N.M. — NAUTICAL MILE
ODOP — OFFSET DOPPL
RCS — REACTION CON
RF — RADIO FREQUE
S/C — SPACECRAFT
SM — SERVICE MODU
USB — UNIFIED S-BAN
USNS — UNITED STATES
VHF — VERY HIGH FR